普通高等教育
制药类"十三五"规划教材

有机化学及实验

供中药制药、制药工程、生物制药及相关专业使用

申东升　主　编
曹　高　杜　鼎　张　辉　副主编

YOUJI HUAXUE
JI SHIYAN

化学工业出版社
·北京·

《有机化学及实验》根据中药制药、制药工程和生物制药等专业的培养目标和培养要求编写。全书共20章,分上下两篇:上篇为有机化学基础,下篇为有机化学实验。有机化学基础部分以官能团为主线,系统叙述了脂肪烃、脂环烃、卤代烃、芳香烃、含氧化合物、含氮化合物、杂环化合物、生物有机化合物等典型化合物的结构、命名、性质、制备方法及反应机理。有机化学实验部分详尽介绍了有机化学实验的基本知识、基本操作技术和有机合成基本实验。全书力求使学生深入理解化合物结构与反应、理论与实验的基本规律,掌握有机化学基础理论、基本知识和基本操作技能。

《有机化学及实验》可作高等学校中药制药、制药工程、中药制药技术、生物制药及相关专业有机化学基础课程理论教材和实验教材,也可供中药、制药领域从事科研、医疗、生产、经营及管理工作者参考。

图书在版编目(CIP)数据

有机化学及实验/申东升主编. —北京:化学工业出版社,2018.2
ISBN 978-7-122-31352-2

Ⅰ.①有… Ⅱ.①申… Ⅲ.①有机化学-化学实验-高等学校-教材 Ⅳ.①O62-33

中国版本图书馆CIP数据核字(2018)第008829号

责任编辑:傅四周　　　　　　　　　　文字编辑:向　东
责任校对:宋　夏　　　　　　　　　　装帧设计:王晓宇

出版发行:化学工业出版社(北京市东城区青年湖南街13号　邮政编码100011)
印　　刷:大厂聚鑫印刷有限责任公司
装　　订:三河市宇新装订厂
787mm×1092mm　1/16　印张23½　字数612千字　2018年5月北京第1版第1次印刷

购书咨询:010-64518888(传真:010-64519686)　售后服务:010-64518899
网　　址:http://www.cip.com.cn
凡购买本书,如有缺损质量问题,本社销售中心负责调换。

定　　价:59.80元　　　　　　　　　　　　　　　　　　版权所有　违者必究

系列教材编委会

主　任：罗国安
编委（按姓名汉语拼音排序）：

冯卫生	河南中医药大学
韩　静	沈阳药科大学
柯　学	中国药科大学
陆兔林	南京中医药大学
罗国安	清华大学
孟宪生	辽宁中医药大学
齐鸣斋	华东理工大学
申东升	广东药科大学
铁步荣	北京中医药大学
万海同	浙江中医药大学
王淑美	广东药科大学
王　岩	广东药科大学
杨　明	江西中医药大学
张　丽	南京中医药大学
张师愚	天津中医药大学

《有机化学及实验》编委会

主　编　申东升
副主编　曹　高　杜　鼎　张　辉
编　委（按姓名汉语拼音排序）

曹　高	广东药科大学
杜　鼎	中国药科大学
房　方	南京中医药大学
冯秀娥	山西医科大学
顾生玖	桂林医学院
刘文杰	广东药科大学
申东升	广东药科大学
石秀梅	牡丹江医学院
徐莉英	沈阳药科大学
詹海莺	广东药科大学
张　辉	沈阳药科大学
张付利	河南大学医学院

序

普通高等教育制药类"十三五"规划教材是为贯彻落实教育部有关普通高等教育教材建设与改革的文件精神，依据中药制药、制药工程和生物制药等制药类专业人才培养目标和需求，在化学工业出版社精心组织下，由全国 11 所高等院校 14 位著名教授主编，集合 20 余所高等院校百余位老师编写而成。

本套教材适应中药制药、制药工程和生物制药等制药类专业需求，坚持育人为本，突出教材在人才培养中的基础和引导作用，充分展现制药行业的创新成果，力争体现科学性、先进性和适用性的特点，全面推进素质教育，可供全国高等中医药院校、药科大学及综合院校、西医院校医药学院的相关专业使用，也可供其他从事制药相关教学、科研、医疗、生产、经营及管理工作者参考和使用。

本套教材由下列分册组成，包括：北京中医药大学铁步荣教授主编的《无机化学及实验》、广东药科大学申东升教授主编的《有机化学及实验》、广东药科大学王淑美教授主编的《分析化学及实验》、天津中医药大学张师愚教授主编的《物理化学及实验》、华东理工大学齐鸣斋教授主编的《化工原理》、沈阳药科大学韩静教授主编的《制药设备设计基础》、辽宁中医药大学孟宪生教授主编的《中药材概论》、河南中医药大学冯卫生教授主编的《中药化学》、广东药科大学王岩教授主编的《中药药剂学》、南京中医药大学张丽教授主编的《中药制剂分析》、南京中医药大学陆兔林教授主编的《中药炮制工程学》、中国药科大学柯学教授主编的《中药制药设备与车间工艺设计》、浙江中医药大学万海同教授主编的《中药制药工程学》和江西中医药大学杨明教授主编的《中药制剂工程学》。

本套教材在编写过程中，得到了各参编院校和化学工业出版社的大力支持，在此一并表示感谢。由于编者水平有限，本书不妥之处在所难免，敬请各教学单位、教学人员及广大学生在使用过程中，发现问题并提出宝贵意见，以便在重印或再版时予以修正，不断提升教材质量。

清华大学
罗国安
2018 年元月

前言

中药是我国临床用药的重要组成部分,中药及生物制药产业是国家大力鼓励和发展的行业,中药制药、制药工程和生物制药等制药类专业为该行业培养高级专门人才。有机化学是中药制药、制药工程和生物制药各专业的重要专业基础课。学生通过有机化学的学习,能够掌握专业所需要的有机化学基本理论、基本知识和基本操作技能,掌握中药制药和生物制药的规律,促进理论和实践的创新发展。

本教材系化学工业出版社面向中药制药、制药工程、生物制药及相关专业而编写的系列教材之一。编写过程中,力求做到编写质量高、针对性强、知识系统、取材适当、内容精练、便于教学,满足制药类各专业要求,符合学生认知规律。

全书共20章,分上下两篇,上篇为有机化学基础,下篇为有机化学实验。有机化学基础以官能团为主线,系统叙述了脂肪烃、脂环烃、卤代烃、芳香烃、含氧化合物、含氮化合物、杂环化合物、生物有机化合物等典型化合物的结构、命名、性质、制备方法及反应机理。有机化学实验详尽介绍了有机化学实验的基本知识、基本操作技术和有机合成基本实验。全书力求使学生深入理解化合物结构与反应、理论与实验的基本规律,掌握有机化学基础理论、基本知识和基本操作技能。

本教材由申东升任主编,曹高、杜鼎、张辉任副主编。沈阳药科大学张辉副教授编写第1章和第10章,南京中医药大学房方教授编写第2章和第3章,桂林医学院顾生玖教授编写第4章,河南大学张付利教授编写第5章和第8章,广东药科大学申东升教授编写第6章和第19章,广东药科大学詹海莺编写第7章和第20章,山西医科大学冯秀娥副教授编写第9章,中国药科大学杜鼎副教授编写第11章和第12章,广东药科大学刘文杰副教授编写第13章和第18章,沈阳药科大学徐莉英教授编写第14章和第15章,牡丹江医学院石秀梅教授编写第16章,广东药科大学曹高副教授编写第17章并承担全书化学结构式和插图的描绘工作。

本书可作为高等学校中药制药、制药工程和生物制药及相关专业有机化学基础课程理论教材和实验教材,也可供其他从事制药相关科研、医疗、生产、经营及管理工作者参考和使用。

限于编者水平,书中难免有不妥之处,诚请广大师生和读者提出宝贵意见。

编　者

2018年2月

目录

上篇 有机化学基础

第 1 章 绪论 / 003
- 1.1 有机化合物与有机化学 / 003
- 1.2 有机化合物的分类 / 004
  - 1.2.1 按碳架分类 / 004
  - 1.2.2 按官能团分类 / 005
- 1.3 有机化合物的特征 / 005
- 1.4 有机化学反应类型 / 006
  - 1.4.1 均裂反应 / 006
  - 1.4.2 异裂反应 / 006
  - 1.4.3 协同反应 / 007
- 1.5 有机酸碱理论 / 007
  - 1.5.1 质子酸碱理论 / 007
  - 1.5.2 电子酸碱理论 / 008
- 1.6 有机化学研究的一般步骤 / 009
- 习题 / 010

第 2 章 烷烃：自由基取代反应 / 012
- 2.1 烷烃的结构、同分异构和命名 / 012
  - 2.1.1 烷烃的结构 / 012
  - 2.1.2 烷烃的同分异构 / 013
  - 2.1.3 烷烃的命名 / 014
- 2.2 烷烃的物理性质 / 017
- 2.3 烷烃的化学性质 / 019
  - 2.3.1 燃烧与氧化 / 019
  - 2.3.2 热裂反应 / 019
  - 2.3.3 卤代反应 / 019
- 2.4 自由基取代反应机理 / 021
- 2.5 重要的烷烃 / 023
- 习题 / 024

第 3 章 环烷烃：构象 / 026
- 3.1 环烷烃的分类和命名 / 026
  - 3.1.1 环烷烃的分类 / 026
  - 3.1.2 环烷烃的命名 / 026
- 3.2 环烷烃的结构 / 028
  - 3.2.1 环烷烃的燃烧热和环的稳定性 / 028
  - 3.2.2 拜耳"张力学说"的解释 / 028
  - 3.2.3 现代结构理论的解释 / 029
- 3.3 环烷烃的构象 / 029
  - 3.3.1 环丙烷、环丁烷和环戊烷的构象 / 029
  - 3.3.2 环己烷及其衍生物的构象 / 030
  - 3.3.3 二环环烷烃的构象 / 033
- 3.4 环烷烃的物理性质 / 033
- 3.5 环烷烃的化学性质 / 034
  - 3.5.1 取代反应 / 034
  - 3.5.2 加成反应 / 034
  - 3.5.3 氧化反应 / 034
- 3.6 重要的环烷烃 / 035
- 习题 / 036

第 4 章 烯烃：亲电加成反应 / 037
- 4.1 烯烃的结构和命名 / 037
  - 4.1.1 结构 / 037
  - 4.1.2 命名 / 039
- 4.2 烯烃的物理性质 / 040

4.3 烯烃的化学性质 / 040
    4.3.1 催化氢化 / 041
    4.3.2 硼氢化-氧化反应 / 042
    4.3.3 氧化反应 / 043
    4.3.4 α-氢的卤代反应 / 044
    4.3.5 聚合反应 / 046
4.4 亲电加成反应机理 / 046
    4.4.1 与卤化氢加成 / 046
    4.4.2 与硫酸加成 / 049
    4.4.3 与水的反应 / 049
    4.4.4 与卤素加成 / 050
    4.4.5 与次卤酸加成 / 051
4.5 自由基加成反应机理 / 052
4.6 重要的烯烃 / 053
习题 / 054

第 5 章 炔烃和二烯烃：共轭加成 / 056

5.1 炔烃 / 056
    5.1.1 炔烃的结构和命名 / 056
    5.1.2 炔烃的物理性质 / 057
    5.1.3 炔烃的化学性质 / 057
5.2 二烯烃 / 059
    5.2.1 二烯烃的结构和命名 / 060
    5.2.2 二烯烃的物理性质 / 062
    5.2.3 共轭二烯烃的化学性质 / 062
    5.2.4 重要的共轭二烯烃 / 064
习题 / 065

第 6 章 卤代烃：亲核取代，消除反应 / 067

6.1 卤代烃的分类和命名 / 067
    6.1.1 卤代烃的分类 / 067
    6.1.2 卤代烃的命名 / 068
6.2 卤代烃的物理性质 / 068
6.3 卤代烃的化学性质 / 069
    6.3.1 卤代烃的结构特点 / 069
    6.3.2 卤代烃的亲核取代反应 / 069
    6.3.3 卤代烃与金属镁的反应 / 071
6.4 卤代烃亲核取代反应机理 / 073
    6.4.1 卤代烃亲核取代反应机理 / 073
    6.4.2 卤代烃亲核取代反应立体化学 / 075
    6.4.3 影响亲核取代反应的因素 / 076
    6.4.4 不同类型卤代烃的化学活性 / 079
6.5 卤代烃消除反应及其机理 / 079
    6.5.1 卤代烃消除反应 / 079
    6.5.2 卤代烃消除反应机理 / 080
    6.5.3 消除反应与亲核取代反应的竞争 / 082
6.6 卤代烃的制备 / 083
    6.6.1 由醇制备 / 083
    6.6.2 由烯烃制备 / 084
    6.6.3 经卤素交换反应制备碘代烃 / 084
6.7 重要的卤代烃 / 084
习题 / 086

第 7 章 立体化学基础 / 088

7.1 手性与手性分子 / 088
    7.1.1 手性 / 088
    7.1.2 手性分子 / 088
    7.1.3 分子的手性与对称性 / 089
7.2 对映异构体构型的标记方法 / 090
    7.2.1 对映异构体的表示方法 / 090
    7.2.2 D/L 命名法 / 091
    7.2.3 R/S 命名法 / 092
7.3 含一个手性碳原子化合物的对映异构 / 093
7.4 含两个及多个手性碳原子化合物的对映异构 / 094
    7.4.1 含两个不同手性碳原子化合物的对映异构 / 094
    7.4.2 含两个相同手性碳原子化合物的对映异构 / 095
    7.4.3 含两个以上手性碳原子化合物

的对映异构 / 096
7.5　不含手性碳原子化合物的对映异构 / 096
　　7.5.1　环状化合物 / 097
　　7.5.2　取代丙二烯型化合物 / 097
　　7.5.3　取代联苯型化合物 / 097
7.6　拆分和不对称合成技术 / 098
　　7.6.1　外消旋体的拆分 / 098
　　7.6.2　不对称合成 / 099
习题 / 099

第 8 章　芳香烃：亲电取代 / 102

8.1　芳香烃的分类、结构和命名 / 102
　　8.1.1　苯的结构 / 102
　　8.1.2　芳烃的分类和命名 / 104
8.2　芳香烃的物理性质 / 105
8.3　芳香烃的化学性质 / 105
　　8.3.1　亲电取代反应 / 105
　　8.3.2　加成和氧化反应 / 108
　　8.3.3　芳环侧链的反应 / 108
8.4　芳环上亲电取代反应的定位规律 / 109
　　8.4.1　定位规律 / 109
　　8.4.2　定位规律的理论解释 / 109
　　8.4.3　二元取代苯环的定位规律 / 111
　　8.4.4　定位规律的应用 / 111
8.5　多环芳香烃 / 112
　　8.5.1　萘 / 112
　　8.5.2　蒽和菲 / 113
　　8.5.3　致癌烃 / 113
8.6　非苯芳香烃 / 113
　　8.6.1　休克尔规则 / 114
　　8.6.2　芳香离子 / 114
　　8.6.3　轮烯的芳香性 / 114
习题 / 115

第 9 章　醇、酚和醚 / 117

9.1　醇 / 117
　　9.1.1　醇的结构、分类和命名 / 117
　　9.1.2　醇的物理性质 / 119
　　9.1.3　醇的化学性质 / 121
　　9.1.4　邻二醇的特殊性质 / 123
　　9.1.5　醇的制备 / 125
9.2　酚 / 126
　　9.2.1　酚的结构和命名 / 126
　　9.2.2　酚的物理性质 / 127
　　9.2.3　酚的化学性质 / 128
　　9.2.4　酚的制备 / 131
9.3　醚和环氧化合物 / 132
　　9.3.1　醚的结构、分类和命名 / 132
　　9.3.2　醚的物理性质 / 133
　　9.3.3　醚的化学性质 / 133
　　9.3.4　环氧化合物的开环反应 / 135
　　9.3.5　冠醚 / 136
习题 / 136

第 10 章　醛、酮和醌，亲核加成 / 140

10.1　醛和酮的分类、结构和命名 / 140
　　10.1.1　醛和酮的分类 / 140
　　10.1.2　醛和酮的结构 / 140
　　10.1.3　醛和酮的命名 / 141
10.2　醛和酮的物理性质 / 142
10.3　醛和酮的化学性质 / 144
　　10.3.1　亲核加成反应 / 144
　　10.3.2　α-氢原子的反应 / 149
　　10.3.3　醛和酮的氧化反应和还原反应 / 152
　　10.3.4　其他反应 / 155
10.4　醛和酮的制备 / 156
　　10.4.1　醇的氧化 / 156
　　10.4.2　羧酸或酰氯制备 / 156
　　10.4.3　芳烃的氧化 / 157
　　10.4.4　瑞穆-梯曼反应 / 157
　　10.4.5　盖特曼-柯赫反应 / 157
10.5　重要的醛和酮 / 157
10.6　醌类化合物 / 158

10.6.1 分类与命名 / 158
10.6.2 醌的化学性质 / 159
习题 / 160

第 11 章 羧酸和取代羧酸 / 162

11.1 羧酸 / 162
    11.1.1 羧酸的分类、结构与命名 / 162
    11.1.2 羧酸的物理性质 / 164
    11.1.3 羧酸的化学性质 / 165
    11.1.4 羧酸的制备 / 174
11.2 取代羧酸 / 175
    11.2.1 含多官能团化合物命名 / 175
    11.2.2 卤代羧酸 / 177
    11.2.3 羟基羧酸 / 178
    11.2.4 酚酸 / 179
习题 / 180

第 12 章 羧酸衍生物：亲核加成-消除反应 / 183

12.1 羧酸衍生物的结构与命名 / 183
    12.1.1 结构 / 183
    12.1.2 命名 / 184
12.2 羧酸衍生物的物理性质 / 186
12.3 羧酸衍生物的化学性质 / 189
    12.3.1 亲核取代-消除反应 / 189
    12.3.2 与有机金属试剂的反应 / 192
    12.3.3 还原反应 / 194
    12.3.4 酰胺的特性 / 194
12.4 亲核加成-消除反应 / 195
    12.4.1 亲核加成-消除反应机理 / 195
    12.4.2 酯化反应中亲核加成-消除反应机理 / 196
    12.4.3 酯的水解反应中的亲核加成-消除反应机理 / 197
12.5 碳负离子的反应 / 198
    12.5.1 缩合反应 / 198
    12.5.2 乙酰乙酸乙酯 / 202
    12.5.3 丙二酸二乙酯 / 205
    12.5.4 迈克尔加成 / 205
12.6 油脂 / 206
12.7 蜡 / 207
12.8 磷脂 / 207
习题 / 207

第 13 章 含氮化合物 / 210

13.1 硝基化合物 / 210
    13.1.1 硝基化合物的结构 / 211
    13.1.2 硝基化合物的物理性质 / 211
    13.1.3 硝基化合物的化学性质 / 211
13.2 胺 / 213
    13.2.1 胺的分类、结构与命名 / 213
    13.2.2 胺的物理性质 / 215
    13.2.3 胺的化学性质 / 215
    13.2.4 胺的制备 / 219
13.3 季铵盐和季铵碱 / 220
    13.3.1 季铵盐 / 220
    13.3.2 季铵碱 / 220
13.4 重氮化合物和偶氮化合物 / 221
    13.4.1 芳香重氮盐的反应 / 221
    13.4.2 偶氮化合物 / 223
习题 / 224

第 14 章 杂环化合物 / 226

14.1 杂环化合物的分类与命名 / 226
    14.1.1 分类 / 226
    14.1.2 命名 / 227
14.2 含一个杂原子的五元杂环化合物 / 230
    14.2.1 含一个杂原子的五元杂环的结构与芳香性 / 230
    14.2.2 物理性质 / 231
    14.2.3 化学性质 / 231
14.3 含一个杂原子的六元杂环化合物 / 233
    14.3.1 吡啶 / 233
    14.3.2 含氧原子的六元杂环 / 235
14.4 含两个杂原子的五元杂环化合物 / 236

14.4.1　结构和芳香性 / 236
　　14.4.2　物理性质 / 236
　　14.4.3　化学性质 / 237
14.5　含两个杂原子的六元杂环化合物 / 237
　　14.5.1　结构与芳香性 / 238
　　14.5.2　物理性质 / 238
　　14.5.3　化学性质 / 238
14.6　稠杂环化合物 / 239
　　14.6.1　吲哚 / 239
　　14.6.2　喹啉和异喹啉 / 240
　　14.6.3　苯并吡喃酮 / 241
　　14.6.4　嘌呤 / 242
14.7　杂环类药物 / 242
习题 / 243

第15章　萜类和甾族化合物 / 246

15.1　萜类化合物 / 246
　　15.1.1　萜类化合物结构与分类 / 246
　　15.1.2　单萜类化合物 / 247
　　15.1.3　其他萜类化合物 / 250
15.2　甾族化合物 / 252
　　15.2.1　甾族化合物结构 / 253
　　15.2.2　甾族化合物命名 / 253
　　15.2.3　甾族化合物构型与构象 / 255
习题 / 258

第16章　糖类化合物 / 260

16.1　单糖 / 261
　　16.1.1　单糖的结构 / 261
　　16.1.2　单糖的物理性质 / 264
　　16.1.3　单糖的化学性质 / 264
　　16.1.4　重要的单糖及其衍生物 / 268
16.2　双糖 / 270
　　16.2.1　还原性二糖 / 270
　　16.2.2　非还原性二糖 / 271
16.3　多糖 / 271
　　16.3.1　淀粉 / 272
　　16.3.2　糖原 / 273
　　16.3.3　纤维素 / 273
习题 / 274

第17章　氨基酸、肽、蛋白质和核酸 / 275

17.1　氨基酸 / 275
　　17.1.1　氨基酸的分类、结构和命名 / 275
　　17.1.2　氨基酸的性质 / 278
17.2　肽 / 280
　　17.2.1　肽的结构和命名 / 280
　　17.2.2　多肽的结构测定 / 281
　　17.2.3　生物活性肽 / 283
17.3　蛋白质 / 283
　　17.3.1　蛋白质的分类 / 283
　　17.3.2　蛋白质的结构 / 284
　　17.3.3　蛋白质的性质 / 286
17.4　核酸 / 287
　　17.4.1　核酸的分类、化学组成 / 287
　　17.4.2　核酸的空间结构 / 288
　　17.4.3　核酸的性质 / 289
习题 / 290

下篇　有机化学实验

第18章　有机化学实验基础知识 / 293

18.1　有机化学实验室与安全知识 / 293
　　18.1.1　有机化学实验室使用规则 / 293
　　18.1.2　有机化学实验室安全知识 / 293
18.2　有机化学实验仪器与试剂 / 297
　　18.2.1　有机化学实验室常用普通玻璃仪器 / 297

18.2.2　有机化学实验室常用标准磨口玻璃仪器 / 298
　　18.2.3　玻璃仪器的清洗、干燥和保养 / 299
　　18.2.4　有机化学实验室常用机电仪器设备 / 300
　　18.2.5　化学试剂等级 / 301
　18.3　有机化学实验记录与实验报告 / 301
　　18.3.1　实验记录 / 301
　　18.3.2　实验报告 / 301
　实验　正溴丁烷的制备 / 302

第19章　有机化学实验基本技术 / 304

　19.1　加热、冷却与搅拌 / 304
　　实验一　回流、加热和冷却 / 304
　　实验二　搅拌和混合 / 308
　19.2　萃取、洗涤与干燥 / 310
　　实验三　萃取、乳化和盐析效应 / 310
　　实验四　干燥与干燥剂的选用 / 314
　　实验五　溶剂脱水与无水乙醇的制备 / 318
　19.3　液体化合物的分离与提纯 / 319
　　实验六　常压蒸馏和沸点测定 / 320
　　实验七　分馏 / 323
　　实验八　水蒸气蒸馏 / 324
　19.4　固体化合物的分离与提纯 / 327
　　实验九　重结晶和抽气过滤 / 327
　　实验十　升华 / 332
　19.5　色谱分离与分析技术 / 333
　　实验十一　色谱分离与分析 / 333
　19.6　有机化合物物理常数测定 / 336
　　实验十二　熔点测定与温度计校正 / 336

第20章　基本有机合成实验 / 340

　20.1　烃和卤代烃 / 340
　　实验十三　环己烯 / 340
　　实验十四　正溴丁烷 / 341
　20.2　醇和醚 / 343
　　实验十五　2-甲基-2-己醇 / 343
　　实验十六　苯甲酸和苯甲醇 / 345
　　实验十七　正丁醚 / 346
　20.3　醛和酮 / 348
　　实验十八　环己酮 / 348
　　实验十九　苯乙酮 / 349
　20.4　羧酸和羧酸酯 / 351
　　实验二十　己二酸 / 352
　　实验二十一　乙酸正丁酯 / 353
　20.5　含氮化合物 / 354
　　实验二十二　乙酰苯胺 / 355
　　实验二十三　甲基橙 / 356
　20.6　杂环化合物 / 358
　　实验二十四　呋喃甲醇和呋喃甲酸 / 358
　　实验二十五　8-羟基喹啉 / 360
　20.7　从植物中提取药物 / 362
　　实验二十六　从茶叶中提取咖啡因 / 362

参考文献 / 364

上篇
有机化学基础

第1章 绪　　论

1.1　有机化合物与有机化学

有机化学与人类生活有着极为密切的关系，人们对有机物的认识由浅入深。最初有机物是指由动植物有机体得到的物质，例如糖、染料、酒和醋等。在我国古代，早在周朝在生产生活中就开始使用胶，汉朝发明了造纸术，这是对有机物的最初认识。但这只是对其某些性质的一种运用，并不了解其结构与性质，并且这些均为混合物，尚未对有机物纯物质有所认识。18世纪，人们逐渐获得了一些纯物质，例如从葡萄汁中获得了酒石酸，从尿液中获得了尿素，从酸牛奶中取得了乳酸等。由于这些物质均为从有生命的物体中获得，同无机物例如矿石、金属相比，"有机"这一词便由此产生。19世纪初，一些化学家认为有机物只能在生命的细胞中受某些特殊力量的作用才能产生出来，提出了"生命力"学说。

1828年，德国化学家维勒（Friedrich Wöhler，1802—1882）首次用无机化合物氰酸铵合成了有机化合物尿素，这是有机合成的开端。

$$NH_4CNO \longrightarrow NH_2CONH_2$$
氰酸铵　　　尿素

尿素的人工合成，突破了无机化合物与有机化合物之间的绝对界限。维勒的实验结果动摇了"生命力"学说。此后随着合成技术的发展，越来越多的有机化合物不断被合成出来。如1845年，科永贝（A. W. H. Kolbe，1818—1884）合成了乙酸；1854年，贝特洛（M. Berthelot，1827—1907）合成了油脂；1856年，帕金（W. H. Perkin Jr，1838—1907）合成了染料苯胺紫等。有机化学进入了合成时代，"生命力"学说被彻底抛弃了。但由于习惯和历史的原因，"有机化学"一词一直沿用至今，但有机化学已不是原来的含义。

19世纪初期，由于测定物质组成方法的建立和发展，在测定许多有机化合物的组成时发现，它们都含有碳，是碳的化合物。因此，将含碳的化合物及其衍生物称为有机化合物。研究有机化合物的来源、制备、结构、性质、相互转化的规律及其应用的科学称为有机化学。

有机化学是一门具有创新性的学科，近年来计算机技术的发展，使有机化学在结构测定、分子设计和合成设计上如虎添翼，发展得更为迅速。在21世纪有机化学面临新的发展机遇，一方面，随着有机化学本身的发展及新的分析技术、物理方法以及生物学方法的不断涌现，人类在了解有机化合物的性能、反应以及合成方面将有更新的认识和研究手段；另一方面，材料科学和生命科学的发展，以及人类对环境和能源的新要求，都给有机化学提出新的课题和挑战。

随着科学技术迅猛发展，化学家合成了超过2000多万种有机化合物，在自然物质世界外建造了一个更加丰富多彩的人工合成物质世界。有机合成创造了成千上万的医药、农药、染料、香料、助剂以及各种光电功能材料的有机化合物。有机合成的创造性满足了人类追求美好生活的不断需求，促进了人类文明的不断进步。有机化学的发展日新月异，其发展速度越来越快。近两个世纪来，有机化学学科的发展，揭示了构成物质世界的有机化合物分子中原子链合的本质以及有机分子转化的规律，并设计合成了具有特定性能的有机分子，又为生命科学、环境科学等相关学科的发展提供了理论和技术。有机化学不仅为推动科技发展、社会进步、人类生活质量提高显示出高度开创性和解决问题的巨大能力，而且在帮助人们战胜疾病、延长寿命的过程中发挥着重要作用。目前临床应用的药物95%以上是有机化合物。因此，掌握有机化学基本理论和知识，对于学习与掌握药物的制备和质量控制，药物吸收、转化和代谢的规律非常重要。

1.2 有机化合物的分类

有机化合物数目繁多，为了对其进行系统研究，便于对实验事实进行整理与归纳，将有机化合物进行科学分类是非常有必要的。

1.2.1 按碳架分类

有机化合物是以碳为骨架的，可根据碳原子结合而成的基本骨架不同，分成三大类：

（1）链状化合物

化合物分子中的碳原子连接成链状，油脂分子中主要是这种链状结构，因此链状化合物又称为脂肪族化合物（aliphatic compound）。例如：

$$CH_3CH_2CH_3 \qquad CH_3CH_2CH_2OH \qquad CH_3CH_2COOH$$
$$\text{丙烷} \qquad\qquad \text{正丁醇} \qquad\qquad \text{丙酸}$$

（2）碳环化合物

化合物分子中的碳原子连接成环状结构，故称为碳环化合物。碳环化合物又可分成脂环族化合物和芳香族化合物。

① 脂环族化合物　这类化合物的性质与前面提到的脂肪族化合物相似，只是碳链连接成环状。例如：

环己烷 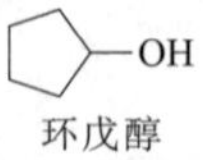　　　环戊醇 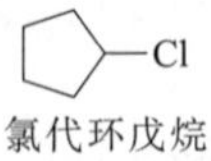　　　氯代环戊烷

② 芳香族化合物　化合物分子中含有苯环或稠合苯环，它们在性质上与脂环族化合物不同，具有一些特性。例如：

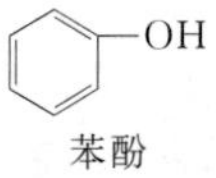

苯酚 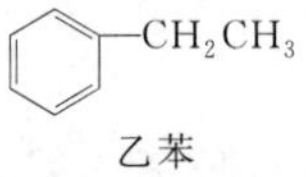　　　乙苯 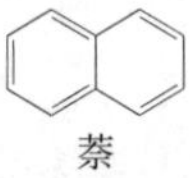　　　萘

（3）杂环化合物

化合物分子中含有由碳原子和氧、硫、氮等杂原子组成的环（heterocyclic compound）。例如：

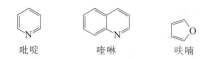

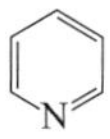

吡啶　　喹啉　　呋喃

1.2.2 按官能团分类

在有机化合物中,决定有机化合物主要性质和反应的原子或原子团称为官能团,又称为功能基。官能团是有机化合物分子中比较活泼的部位,含有相同官能团的有机化合物具有类似的化学性质。例如甲醇、乙醇和丙醇等一系列化合物,有一些共同的理化性质,是由于分子中都含有羟基,羟基是醇类化合物的官能团。因此,将有机化合物按官能团进行分类,便于对有机化合物的共性进行研究。表1.1列出了有机化合物中常见的官能团。

表1.1　有机化合物中常见的官能团

官能团		有机化合物类别	化合物举例
基团结构	名称		
$\mathrm{C{=}C}$	双键	烯烃	$H_2C{=}CH_2$ 乙烯
$-C{\equiv}C-$	三键	炔烃	$HC{\equiv}CH$ 乙炔
$-OH$	羟基	醇,酚	CH_3-OH 甲醇,苯酚 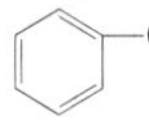
$C{=}O$	羰基	醛,酮	CH_3-CHO 乙醛, $CH_3-CO-CH_3$ 丙酮
$-COOH$	羧基	羧酸	CH_3-COOH 乙酸
$-NH_2$	氨基	胺	CH_3-NH_2 甲胺
$-NO_2$	硝基	硝基化合物	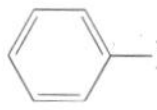 硝基苯
$-X$	卤素	卤代烃	CH_3Cl 氯甲烷, CH_3CH_2Br 溴乙烷
$-SH$	巯基	硫醇,硫酚	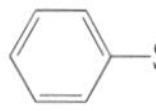 CH_3CH_2-SH 乙硫醇,苯硫酚
$-SO_3H$	磺酸基	磺酸	苯磺酸 
$-C{\equiv}N$	氰基	腈	$CH_3-C{\equiv}N$ 乙腈
$-C-O-C-$	醚键	醚	$CH_3CH_2-O-CH_2CH_3$ 乙醚

1.3 有机化合物的特征

在有机化学中,同分异构现象普遍存在。如碳化合物含有的碳原子数和原子种类愈多,分子中原子间的可能排列方式也愈多,其同分异构体数目也愈多。例如,分子式为$C_{10}H_{22}$的同分异构体可达75个。

同分异构现象是造成有机化合物数量繁多的原因之一,而同分异构现象在无机化合物中并不多见。典型的有机化合物具有如下特征。

(1) 同分异构现象普遍、分子结构复杂

组成有机化合物的元素并不多，通常来说只有碳、氢、氧、氮、硫等，但是由于碳原子之间的相互结合方式不同，使得很多有机化合物在组成与结构上比无机化合物要复杂得多。

(2) 容易燃烧

与无机化合物相比，有机化合物一般都容易燃烧，例如棉花、酒精等。但是有机化合物中也有不易燃烧的，近年来也发现了很多有机阻燃材料。

(3) 熔点低

与无机化合物比较，有机化合物的熔点一般比较低。有机化合物的熔点一般都在400℃以下。熔点是固体有机化合物非常重要的物理常数。

(4) 难溶于水

有机化合物大多数极性较弱，根据"相似相溶"原理，有机化合物在极性较强的水中的溶解度很小，易溶于有机溶剂。

(5) 反应速率慢、产物复杂

无机化合物的反应是离子间的反应，反应速率快。但是有机物的反应速率较慢，常需要采取加热、搅拌、使用催化剂等措施来加速反应。此外，由于大多数有机分子较复杂，在发生化学反应时，常常不是局限于某一特定部位，这就使反应结果变得复杂。往往发生主要反应的同时还伴随着一些副反应，导致反应收率偏低。

1.4 有机化学反应类型

有机化学反应的本质是原有共价键的断裂和新的共价键的形成。按照共价键的断裂方式，反应分为均裂和异裂，此外还有协同反应等。

1.4.1 均裂反应

所谓均裂，是成键的一对电子平均分给两个成键原子或基团。可表示为：

$$A : B \xrightarrow{均裂} A \cdot + B \cdot$$

共价键均裂所产生的带有一个孤单电子的原子或原子团称为自由基或游离基。自由基是有机反应中的一种活性中间体。上式中的符号"⌒"和"⌒"，表示单电子转移的方向。

通过均裂，即通过自由基中间体而进行的化学反应称为自由基反应。自由基反应一般在光、热或自由基引发剂的作用下进行。

1.4.2 异裂反应

所谓异裂，是成键的一对电子完全为成键原子中的一个原子或基团所占有，产生正离子和负离子。可表示为：

$$A : B \xrightarrow{异裂} A^- + B^+$$
$$\qquad\qquad\quad 负离子 \; 正离子$$

一般在酸、碱或极性溶剂中有利于共价键异裂，由共价键异裂生成正离子和负离子所引发的反应，是离子型反应。

离子型反应根据反应试剂的类型不同，将反应分为亲电反应和亲核反应。

亲电反应：反应试剂需要电子，容易与底物中提供电子的部位发生反应。在反应中缺电子试剂称为亲电试剂。

亲核反应：反应试剂能提供电子，容易与底物中较电正性的部位发生反应。在反应中能提供电子的试剂称为亲核试剂。

1.4.3 协同反应

在反应中旧键的断裂与新键的生成是同时进行的，无活性中间体生成，这类反应称为协同反应。简单地说协同反应是一步反应，比如周环反应，可在光或热作用下发生。如：

该反应经过一个环状过渡态，不存在中间步骤。

1.5 有机酸碱理论

酸和碱的最早定义是由阿伦尼乌斯（S. A. Arrhenius，1859—1927）在1884年提出的，他将在水中能离解给出质子（H^+）的物质称为酸，给出氢氧根离子（OH^-）的物质称为碱。这个概念在有机化学中的应用非常有限。下面介绍目前应用于有机化学中更新更广的酸碱概念。

1.5.1 质子酸碱理论

化学家布朗斯特（J. N. Brønsted，1879—1947）提出新的酸碱定义，能够给出质子的物质是酸，能接受质子的是碱。根据该理论，酸是质子的给予体，碱是质子的接受体，所以又称为质子酸碱理论。

碱接受质子后生成的物质称作该碱的共轭酸；而酸给出质子后生成的物质称作该酸的共轭碱，例如：当无机酸盐酸溶于水，发生了酸碱反应。

$$HCl + H_2O \rightleftharpoons H_3O^+ + Cl^-$$
  酸 碱 共轭酸 共轭碱

其他无机酸和有机酸在水中，也有类似情况。例如：

$$CH_3\text{-}CO\text{-}OH + H_2O \rightleftharpoons H_3O^+ + CH_3\text{-}CO\text{-}O^-$$
 酸   碱 共轭酸 共轭碱

酸的强度可用 K_a 或 pK_a 表示，pK_a 值越大，酸性越弱；pK_a 值越小，则酸性越强。表1.2为一些无机化合物和有机化合物的 pK_a 值（25℃）。

表1.2 一些无机化合物和有机化合物的 pK_a 值（25℃）

分子式	pK_a	分子式	pK_a
HI	−10.0	NH_4Cl	9.4
HBr	−9.0	CH_3CH_2OH	15.9
HCl	−8.0	HOH	15.7
HF	3.2	CH_3CH_2SH	10.6
HCN	9.4	C_6H_5OH	10.0
$HONO_2$	−1.3	NH_3	9.2
$HOSO_2OH$	(1)−3.0	CH_3COOH	4.7
	(2)1.99	CF_3COOH	0.2

共轭酸碱强弱的相互关系是：一个共轭酸的酸性越强，其共轭碱的碱性越弱，反之，一个共轭碱的碱性越强，则其共轭酸的酸性越弱。人们从一些化合物的 pK_a 值知其酸性的强弱次序，同时也就可推知它的共轭碱的碱性强弱次序。

例如：从 CH_3CH_2OH、HOH、CH_3COOH 的 pK_a 值可知它们的酸性强弱次序，从而推知它的相应共轭碱的碱性强弱次序。

化合物	CH_3COOH	HOH	CH_3CH_2OH
pK_a	4.7	15.7	15.9
酸性次序	CH_3COOH >	HOH >	CH_3CH_2OH
共轭碱的碱性次序	CH_3COO^- <	HO^- <	$CH_3CH_2O^-$

在酸碱反应中，总是较强的酸和较强的碱反应生成较弱的碱和较弱的酸。因此，可从各化合物的 pK_a 值预测该反应能否进行。例如下述反应中的 HCl（pK_a=−8.0）的酸性比生成物中 CH_3COOH（pK_a=4.7）的酸性强；而它们的共轭碱的碱性则是 CH_3COO^->Cl^-。故该反应可以发生。

$$HCl + CH_3COO^- \longrightarrow Cl^- + CH_3COOH$$
较强的酸　　较强的碱　　较弱的碱　　较弱的酸

再如，下述反应中的 CH_3CH_2OH（pK_a=15.9）的酸性比生成物 CH_3COOH（pK_a=4.7）的酸性弱，而它们的共轭碱的碱性则是 $CH_3CH_2O^-$>CH_3COO^-。故该反应不能发生。

$$CH_3CH_2OH + CH_3COO^- \longrightarrow CH_3CH_2O^- + CH_3COOH$$
较弱的酸　　较弱的碱　　较强的碱　　较强的酸

如何从化合物的结构来判断其酸碱性相对强弱的问题，将在后续章节中讨论。

在此要指出的是，同一个物质所表现出的酸碱性与介质有关。例如乙酸在酸性比其弱的水中，表现为酸（水作为碱），而在酸性比其强的硫酸中表现为碱（硫酸作为酸）。

$$CH_3-\overset{O}{\overset{\|}{C}}-O-H + H\ddot{O}H \rightleftharpoons CH_3-\overset{O}{\overset{\|}{C}}-O^- + H_3O^+$$
　　　　酸　　　　　　碱

$$CH_3-\overset{O}{\overset{\|}{C}}-O-H + HOSO_2OH \rightleftharpoons CH_3-\overset{\overset{+}{OH}}{\overset{\|}{C}}-OH + HOSO_2O^-$$
　　　　碱　　　　　　酸

1.5.2 电子酸碱理论

美国物理学家路易斯（C. N. Lewis，1875—1946）提出的路易斯酸碱理论。

路易斯酸碱理论认为：凡能提供电子对的物质称 Lewis 碱，而能接受电子对的物质则称为 Lewis 酸，因此路易斯酸碱理论又称为酸碱电子理论。

路易斯酸包括许多可以接受电子的分子（如 $AlCl_3$、$FeCl_3$、BF_3、$SnCl_2$、$EnCl_2$ 等）、金属离子（如 Ag^+、Li^+、Cu^{2+} 等）以及其他正离子（如 Br^+、NO_2^+、H^+ 等）。因此带正电荷的物质像 H^+ 都有接受电子对的倾向。而路易斯碱指具有未共用电子对的化合物。如：

$R\ddot{O}H$	$R\ddot{O}R$	$R-\ddot{N}H_2$	$R-\ddot{S}H$	$R-\overset{\ddot{O}}{\overset{\|}{C}}-H$	$R-\overset{\ddot{O}}{\overset{\|}{C}}-R$
醇	醚	胺	硫醇	醛	酮

还有一些负离子，如 OH^-、RO^-、SH^-、碳负离子（R^-）等。
根据这一理论，以下的反应都可以看作是酸碱反应。

$$(CH_3)_2O: + HBr \rightleftharpoons (CH_3)_2\overset{+}{O}H + Br^-$$
碱(甲醚)　　　酸

$$CH_3-\underset{\underset{碱(丙酮)}{}}{\overset{\overset{\ddot{O}:}{\|}}{C}}-CH_3 + H_2SO_4 \rightleftharpoons CH_3-\overset{\overset{+}{O}H}{\underset{}{C}}-CH_3 + HSO_4^-$$
碱(丙酮)　　　酸

有时产物不是盐，而是配合物，如：

$$H_3N: + BF_3 \rightleftharpoons H_3\overset{+}{N}\overset{-}{B}F_3$$
碱　　酸　　酸碱配合物

$$(CH_3)_3N: + AlCl_3 \rightleftharpoons (CH_3)_3N \cdot AlCl_3$$
碱(三甲胺)　　酸　　酸碱配合物

路易斯酸碱比布朗斯特酸碱的范围扩大了，因此又称广泛酸碱。

1.6 有机化学研究的一般步骤

（1）提纯

研究任何有机化学的结构和性质都需要是纯品，而天然产物或合成产物在多数情况下却是混合物，所以必须进行分离提纯，使其达到一定的纯度。提纯有机化合物常用结晶、升华、蒸馏、萃取、色谱、离子交换等方法。有机化合物的提纯是一项非常艰巨的工作，特别是从天然产物中提取具有生理活性的少量物质。近年来由于仪器和方法的改进，为更有效地提取纯的有机化合物提供了有利的条件。

（2）纯度检查

纯的有机化合物都有一定的物理常数，如熔点、沸点、密度、折射率等。因此，测定有机化合物的物理常数可以确定其纯度。

（3）实验式和分子式的确定

提纯后的有机化合物可以进行元素定性分析，确定其是由哪些元素组成，再进行元素定量分析，以确定各元素的含量。

有机化合物中所含元素的定量分析方法也是先使其分解转变成简单的无机化合物，再用一般定量分析法测定。但在常量分析中，每次所需样品量较多，约为 0.15~0.2g，因而对一些从天然界获得的微量有机化合物的研究来说，就很难进行。现在可采用半微量或微量分析法，其所需样品量仅为 1~3mg，而且准确度高。半微量或微量分析法也可用于许多有机反应。根据测定结果可计算出各种元素的含量，但氧的百分含量通常是从 100 减去其他元素的百分含量之和而得到的。从元素定量分析的结果计算出各原子的相对比例，导出实验式。

实验式是表示化合物分子中各元素原子相对数目的最简单化学式，它不能确切表明分子中原子的真实个数。例如甲醛、乙酸和葡萄糖的实验式都是 CH_2O，而它们的分子式却分别为 CH_2O、$C_2H_4O_2$ 和 $C_6H_{12}O_6$，因此，必需测定分子量以确定分子式。

分子量的测定方法很多，可用蒸气密度法、沸点升高法或凝固点降低法。近年来检测技术发展很快，采用质谱仪来测定分子量是目前最准确的方法。该方法中样品用量少，一般在 $1\mu g$~$0.1mg$ 的范围内。

得知分子量后，即可由实验式导出分子式。例如某有机化合物分子中不含 N、S 和 X；3.26g 的样品燃烧后，得到 4.74g 的 CO_2 和 1.92g 的 H_2O。照此求出 C、H 两元素百分含量之和不满 100；因未检出其他元素，故推知剩余的为氧。经计算，各元素的原子简单整数比为 C∶H∶O＝1∶2∶1，因此该化合物的实验式应为 CH_2O。再通过实验测得其分子量为 60，则 $(CH_2O)_n$ 分子量为 60，$n=2$，故此化合物的分子式为 $C_2H_4O_2$。

（4）化学结构的确定

由于同分异构现象的存在，不同的化合物往往具有相同的分子式，因此还必须进行化学结构的测定。结构式的测定有化学方法和物理方法两种，而这些方法在很多场合是相辅相成的。往往通过一种方法得到一个线索，再利用另一种方法加以证实。

① 化学方法　在确定结构时，一般先从化合物的性质确定其所含官能团，推测可能的结构式；再用合成方法使之转变成已知结构的化合物，或由已知结构的化合物来合成。例如：分子式为 C_2H_6O 的化合物可能是乙醇和二甲醚，但这两个化合物的性质不同。乙醇在室温下是液体；与金属钠作用放出氢并生成分子式为 C_2H_5ONa 的化合物；与三氯化磷作用生成氯乙烷。

$$2C_2H_6O + 2Na \longrightarrow 2C_2H_5ONa + H_2$$
$$3C_2H_6O + PCl_3 \longrightarrow 3C_2H_5Cl + H_3PO_3$$

根据以上反应，可知乙醇分子中的一个氢原子与其他五个氢原子不同，并且可推知分子中含有一个羟基，因而其分子式可写为 C_2H_5OH。根据结构理论，碳原子为四价，氢原子为一价，故 C_2H_5— 只能写成式 1，因此，乙醇的结构式需要用式 2 表示。

二甲醚在常温下为气体，与金属钠不反应，但与氢碘酸共热，能得到两分子的碘甲烷。

$$C_2H_6O + 2HI \longrightarrow 2CH_3I + H_2O$$

推测出二甲醚是由 —CH_3 通过氧原子连接起来的，可用式 3 表示。当甲醇钠与碘甲烷作用时，产物为二甲醚，证明式 3 的结构是正确的。

复杂分子的结构也可通过类似的方法来确定。例如应用选择性较强的试剂，使样品在一定位置上发生反应而分解转变成两个或两个以上的碎片分子，通过对这些碎片的检定，可以推知样品分子的结构。虽然用上述方法有时并不能正确反映客观实际，还需辅以其他方法进行证实。但在大量的实践中，证明这种方法推断出来的结构，绝大部分是可靠的。用化学方法测定结构，需时较长，样品用量也较大。

② 物理方法　物理方法是近二三十年中发展起来的非常重要的检测手段。这种方法测定分子结构的优点是所需时间短、样品用量少，因而大大促进了对复杂有机化合物的研究。物理方法中目前最广泛应用的是红外光谱、紫外光谱、核磁共振谱及质谱等。

习　题

1. 什么是有机化学？什么是有机化合物？中药类专业、制药类专业学生为什么要学好有机化学？

2. 与无机化合物比较，有机化合物有何特点？

3. 若按官能团分类，有机化合物有哪几种？

4. 根据下列元素定量分析结果，计算出各有关化合物的实验式。

(1) C 83.23%，H 16.77%

(2) C 68.23%，H 7.33%，N 11.38%

(3) C 29.30%，H 5.73%，Br 64.96%

5. 按照质子酸碱理论，下列化合物哪些是酸？哪些是碱？哪些既可以是酸，也可以是碱？

(1) Cl^- (2) HBr (3) NH_2OH (4) H_3O^+ (5) HSO_4^- (6) NH_4^+

第2章 烷烃：自由基取代反应

由碳氢两种元素组成的化合物称为碳氢化合物，简称为烃（hydrocarbons）。若分子中的碳原子都以单键相连，碳的其余价键完全被氢原子所饱和的开链化合物，称为烷烃（alkanes）或饱和脂肪烃。当烷烃中的氢原子被其他原子或基团所取代，称为烷烃衍生物。

最简单的烷烃是甲烷，其次是乙烷、丙烷、丁烷、戊烷等，它们的分子式分别为 CH_4、C_2H_6、C_3H_8、C_4H_{10}、C_5H_{12} 等。可以看出，在烷烃的一系列化合物中，可以用通式 C_nH_{2n+2} 表示。这些具有同一分子通式，组成上相差一个或若干个 CH_2 的一系列化合物，称为同系列（homologous series），同系列中的各个化合物称为同系物（homologue）。同系列是有机化学的普遍现象。同系物的化学性质相似，物理性质随分子量增加而有规律地变化。

2.1 烷烃的结构、同分异构和命名

2.1.1 烷烃的结构

烷烃分子中的碳原子都是 sp^3 杂化。在甲烷分子中，四个 sp^3 杂化轨道分别与四个氢原子的 1s 轨道形成四个 C—H σ键。甲烷分子为正四面体结构，四个氢原子位于以碳原子为中心的正四面体的四个顶点上，C—H 的键长为 110pm，∠HCH 为 109.5°。图 2.1 为甲烷的结构。

在乙烷分子中，两个碳原子各以一个 sp^3 杂化轨道相互重叠形成 C—C σ键，其余的六个 sp^3 杂化轨道分别与氢原子的 1s 轨道重叠形成六个 C—H σ键。乙烷分子中 C—C 键长为 154pm，C—H 键长为 110pm，键角也是 109.5°。图 2.2 为乙烷的结构。

其他烷烃分子的 C—C 键长和 C—H 键长与乙烷相近，键角接近 109.5°，基本符合正四面体的结构。除乙烷外，烷烃分子中的碳原子并不排布在一条直线上，而是以锯齿形或其他可能的形式存在。

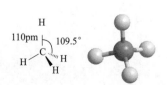

图 2.1 甲烷的结构

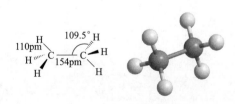

图 2.2 乙烷的结构

2.1.2 烷烃的同分异构

有机化合物普遍存在同分异构现象，即分子式相同而结构不同的化合物称为同分异构体（isomer），这种现象称为同分异构现象（isomerism）。有机化合物的异构现象有构造异构（constitutional isomerism）和构象异构（stereoisomerism）两大类。

（1）构造异构

在同分异构体中，凡因分子中原子间的连接次序或连接方式不同而产生的异构称为构造异构。构造异构又可细分为几类，在后面的章节中会陆续学习。烷烃从丁烷开始，碳原子之间不只有一种连接方式，可出现碳链异构（carbon chain isomerism），即构成的基本骨架不同而产生的异构现象。例如丁烷有两种碳链异构体，戊烷有三种碳链异构体。

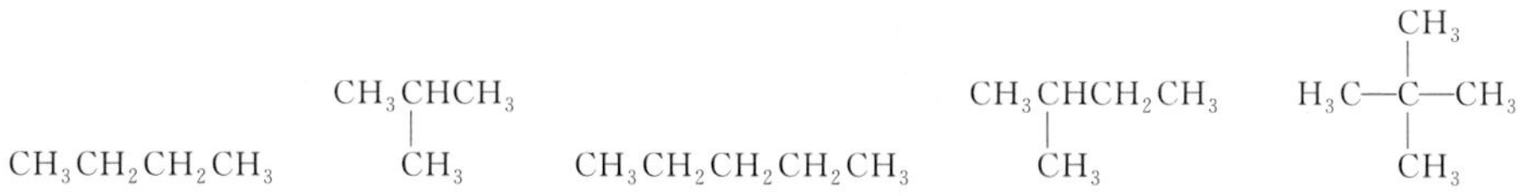

$$CH_3CH_2CH_2CH_3 \quad CH_3CHCH_3 \quad CH_3CH_2CH_2CH_2CH_3 \quad CH_3CHCH_2CH_3 \quad H_3C-\overset{CH_3}{\underset{CH_3}{C}}-CH_3$$
$$\text{正丁烷} \qquad \text{异丁烷} \qquad \text{正戊烷} \qquad \text{异戊烷} \qquad \text{新戊烷}$$

烷烃碳链异构体数目随着碳原子数的增加而迅速增加，例如 C_6H_{14}、C_7H_{16}、C_8H_{18}、C_9H_{20}、$C_{10}H_{22}$ 碳链异构体的数目分别为 5、9、18、35、75。

从烷烃的异构体可以看出，烷烃中各个碳原子所处的位置并不是完全等同的。若碳原子只有一个价键与其他碳原子直接相连，这类碳原子称为伯碳原子或一级（1°）碳原子；有两个价键与其他碳原子直接相连，称为仲碳原子或二级（2°）碳原子；有三个价键与其他碳原子直接相连，称为叔碳原子或三级（3°）碳原子；若四个价键都与其他碳原子直接相连，则称为季碳原子或四级（4°）碳原子。伯、仲、叔碳原子上所连接的氢原子，分别称为伯、仲、叔氢原子。例如下列烷烃分子中含四种不同级别的碳原子。

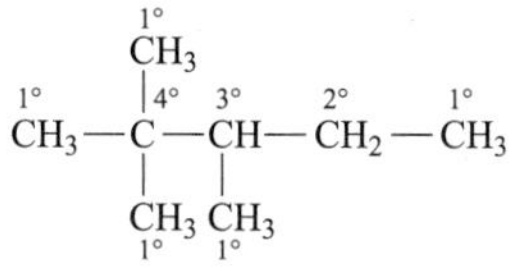

$$\overset{1°}{CH_3}-\overset{4°}{\underset{\underset{1°}{CH_3}}{\overset{\overset{1°}{CH_3}}{C}}}-\overset{3°}{CH}-\overset{2°}{CH_2}-\overset{1°}{CH_3}$$

（2）构象异构

当围绕烷烃分子的 C—C σ 键旋转时，分子中的氢原子或烷基在空间的排列方式即分子的立体形象不断变化，这种围绕 σ 键旋转所产生的分子的各种立体形象称为构象（conformation），这种立体异构现象称为构象异构（conformational isomerism）或旋转异构（rotational isomerism）。

① 乙烷的构象　乙烷分子中一个碳原子不动，另一个碳原子绕 C—C 键轴自由旋转，则一个碳原子上的三个氢原子相对于另一碳原子上的三个氢原子，可以产生无数种空间排列方式，即乙烷可以有无数种构象，但它的典型构象只有两种，即重叠式和交叉式。图 2.3 为乙烷的锯架式和纽曼投影式。

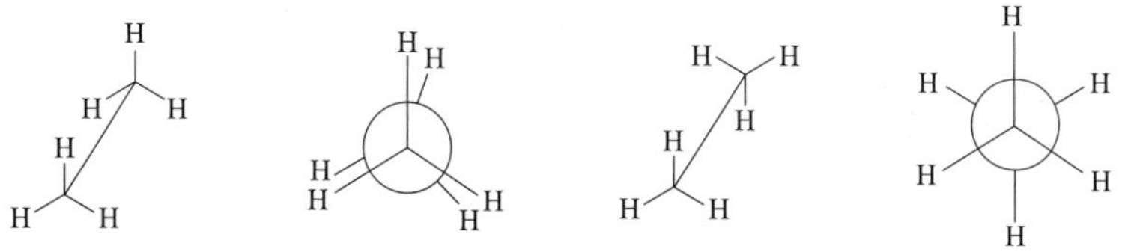

重叠式　　　　　　　　　交叉式

图 2.3　乙烷的锯架式和纽曼投影式

交叉式构象中两个碳上的氢原子距离最远，相互间斥力最小，能量最低，是乙烷所有构象中最稳定的，称为优势构象。重叠式构象中两个碳上的氢原子距离最近，斥力最大，能量最高，是乙烷所有构象中最不稳定的。而其他构象的能量介于二者之间。交叉式构象与重叠式构象的内能相差约为 12.5kJ/mol，室温下分子的热运动就可使两种构象越过此能垒以极快的速度相互转换。因此，室温下乙烷分子处于重叠式、交叉式和介于二者之间的无数构象异构体的平衡混合物中，而不能进行分离。构象之间转化所需要的能量称为扭转能（torsional energy）。重叠式构象以及其他非交叉式构象之所以不稳定，是由于分子中存在着扭转张力（torsional strain）。不稳定构象有转化成稳定构象而消除张力的趋势。乙烷分子围绕 C—C σ 键旋转 360°时，不同构象和能量的关系，如图 2.4 所示。

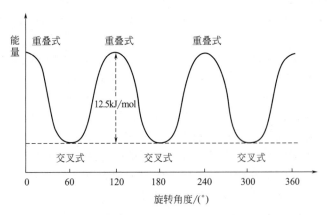

图 2.4　乙烷各种构象的内能变化图

② 正丁烷的构象　正丁烷可以看作是乙烷分子中每个碳原子上的一个氢原子被甲基取代而得。围绕正丁烷的 C2—C3 键轴旋转，它有四种典型构象，如图 2.5 所示。

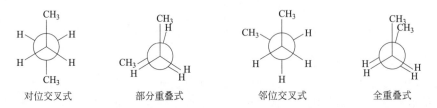

对位交叉式　　　部分重叠式　　　邻位交叉式　　　全重叠式

图 2.5　正丁烷的纽曼投影式

在对位交叉式中，两个甲基相距最远，彼此间的斥力最小，能量最低，是正丁烷的优势构象；在邻位交叉式中两个甲基相距较近，能量较低，是较稳定的构象；部分重叠式的两个甲基虽比邻位交叉式远一点，但两个甲基都和另一碳原子上的氢原子处于相重叠的位置，距离较近，能量较高，属不稳定构象；全重叠式中两个甲基处于重叠位置，氢原子也处于重叠位置，距离最近，斥力最大，能量最高，是正丁烷中最不稳定的构象。正丁烷分子围绕 C2—C3 σ 键旋转 360°时，不同构象和能量的关系，如图 2.6 所示。

2.1.3　烷烃的命名

（1）次序规则

按照元素周期表中原子序数的大小把各种取代的原子或基团按先后顺序排列的规则，称为次序规则（sequence rule），其主要内容如下。

第 2 章 烷烃：自由基取代反应

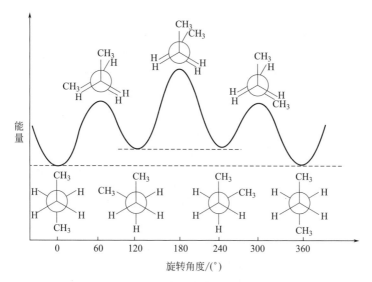

图 2.6 正丁烷各种构象的内能变化图

① 对于不同的原子，按原子序数由大到小进行排序，原子序数大者优先，同位素原子以质量高者优先。例如：

$$I>Br>Cl>F>O>N$$
$$^{14}C>^{13}C>^{12}C, D>H$$

② 比较各种取代原子或基团的排列次序时，首先比较第一个原子的原子序数，如果相同，就比较第二个，大者优先，以此类推。例如：

$$-C(CH_3)_3>-CH(CH_3)_2>-CH_2CH_3>-CH_3$$

这是因为，这四个基团的第一个原子都是碳，但依次向后比较时，—C(CH$_3$)$_3$ 可看成 C(C、C、C)，—CH(CH$_3$)$_2$ 可看成 C(C、C、H)，—CH$_2$CH$_3$ 可看成 C(C、H、H)，—CH$_3$ 则可看成 C(H、H、H)，碳原子比氢原子优先，因此优先次序如上排列。

③ 对于不饱和基团，则是将双键或三键展成单键，分别看作连有两个或三个相同的原子。例如：

$$-CH=CH_2 \quad -C\equiv CH \quad \underset{H}{-C}=O \quad \underset{OH}{-C}=O$$

可分别看成是以下方式连接的基团：

$$\underset{(C)}{-CH}\underset{(C)}{-CH_2} \quad \underset{(C)(C)}{-C}\underset{(C)(C)}{-CH} \quad \underset{H}{\overset{(O)}{-C}}-(O) \quad \underset{OH}{\overset{(O)}{-C}}-(O)$$

因此，上述四个基团的优先次序为：

$$-COOH>-CHO>-C\equiv H>-CH=CH_2$$

（2）普通命名法

普通命名法又称为习惯命名法，适用于结构简单的烷烃。

对于 C$_1$～C$_{10}$ 的烷烃，常用天干名称"甲、乙、丙、丁、戊、己、庚、辛、壬、癸"来表示，从第 11 个碳原子起用汉字数字"十一、十二"等来表示。

对于直链烷烃，常称为"正某烷"。因为甲烷、乙烷、丙烷无异构体，就无需在其名称前面加上"正"的称呼。从丁烷开始，烷烃出现了异构体，为避免引起歧义，直链的丁烷、

戊烷等,要称呼为正丁烷、正戊烷等。例如:

$$CH_3(CH_2)_5CH_3 \qquad CH_3(CH_2)_{13}CH_3$$

正庚烷　　　　　正十五烷
n-heptane　　　　n-pentadecane

"正"(normal 或 n-)表示直链烷烃,"异"(iso 或 i-)和"新"(neo)分别表示碳链一端具有$(CH_3)_2CH$—和$(CH_3)_3C$—结构,且链的其他部位无支链的烷烃。例如戊烷的三个异构体:

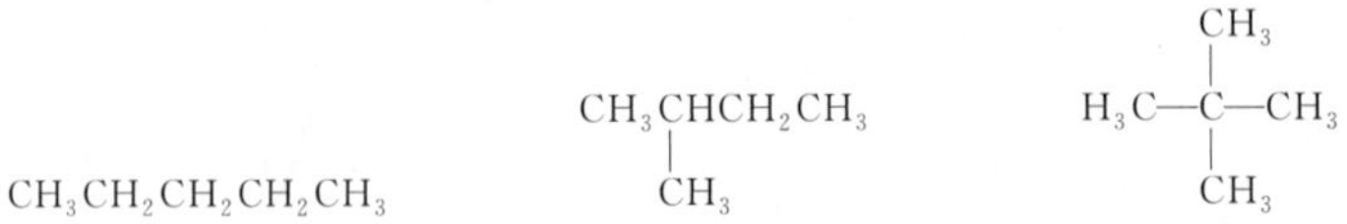

$$CH_3CH_2CH_2CH_2CH_3 \qquad CH_3CHCH_2CH_3 \qquad \underset{CH_3}{\underset{|}{H_3C-\overset{CH_3}{\overset{|}{C}}-CH_3}}$$

正戊烷　　　　　异戊烷　　　　　新戊烷
n-pentane　　　　i-pentane　　　　neopentane

这种命名方法应用有限,从含六个碳原子以上的烷烃开始便不能用本方法区分所有的构造异构体。

(3) 系统命名法

系统命名法是由国际纯粹和应用化学联合会(International Union of Pure and Applied Chemistry,IUPAC)来确定的,也称为IUPAC命名法。中国化学会以IUPAC命名法为基础,结合我国文字特点,于1960年制定了《有机化学物质的系统命名原则》,1980年修订为《有机化学命名原则》。系统命名法的主要内容如下。

① 选择最长的碳链作为主链,按所含碳原子数称为"某烷",作为母体。例如下列烷烃的母体均为庚烷:

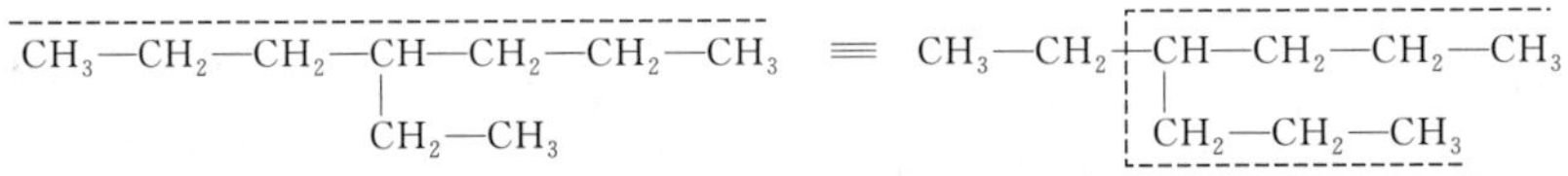

② 如有几条碳链等长,选择含有取代基最多的碳链为主链。例如:

③ 支链作为取代基。烷烃分子中去掉一个氢后的剩余基团称为烷基,通常用"—R"表示。例如:

—CH_3　　—CH_2CH_3　　—$CH_2CH_2CH_3$　　—$\overset{CH_3}{\overset{|}{CHCH_3}}$　　—$CH_2CH_2CH_2CH_3$

甲基　　　乙基　　　正丙基　　　异丙基　　　正丁基
methyl　　ethyl　　n-propyl　　i-propyl　　n-butyl

—$CH_2\overset{CH_3}{\overset{|}{CHCH_3}}$　　—$CH_3CHCH_2CH_3$　　—$\overset{CH_3}{\underset{CH_3}{\overset{|}{\underset{|}{CCH_3}}}}$　　—$CH_2\overset{CH_3}{\underset{CH_3}{\overset{|}{\underset{|}{CCH_3}}}}$

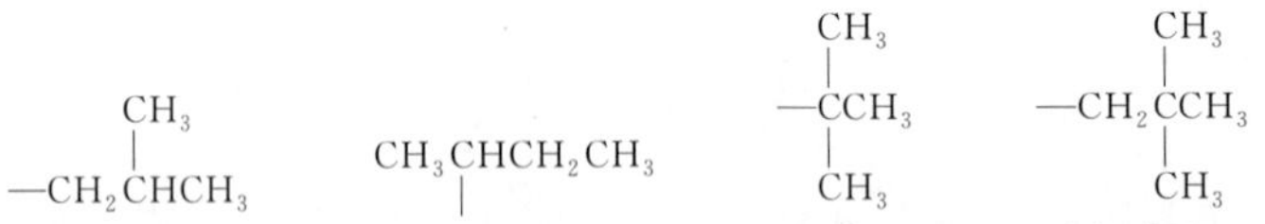

异丁基　　　仲丁基　　　叔丁基　　　新戊基
i-butyl　　sec-butyl　　tert-butyl　　neopentyl

④ 从靠近取代基的一端开始,用阿拉伯数字将主链碳原子依次编号,命名时将取代基的位置和名称写在母体名称前面,阿拉伯数字与汉字之间用"-"隔开。例如:

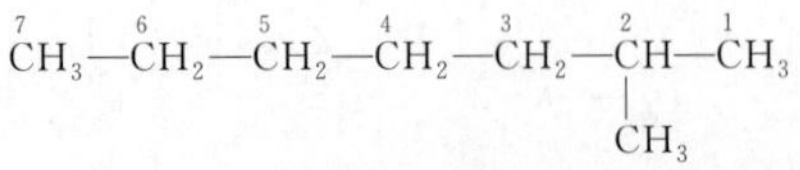

$$\overset{7}{C}H_3-\overset{6}{C}H_2-\overset{5}{C}H_2-\overset{4}{C}H_2-\overset{3}{C}H_2-\overset{2}{C}H-\overset{1}{C}H_3$$
$$\underset{CH_3}{|}$$

2-甲基庚烷
2-methylheptane

第2章 烷烃：自由基取代反应

⑤ 相同的取代基合并在一起，用"二"或"三"等表示出其数目，各取代基位次数字之间要用"，"隔开。例如：

$$\begin{array}{c}CH_3\\|\\CH_3-C-CH_2-CH_2-CH_3\\|\\CH_3\end{array}$$

2,2-二甲基戊烷
2,2-dimethylpentane

⑥ 若主链有几种编号可能时，按"最低系列"编号方法，即逐个比较两种编号的取代基位次数字，最先遇到位次较小者为"最低系列"。例如：

$$\overset{1}{\underset{8}{CH_3}}-\overset{2}{\underset{7}{CH}}-\overset{3}{\underset{6}{CH_2}}-\overset{4}{\underset{5}{CH_2}}-\overset{5}{\underset{4}{CH}}-\overset{6}{\underset{3}{CH_2}}-\overset{7}{\underset{2}{CH}}-\overset{8(错误编号)}{\underset{1}{CH_3}}$$

（主链上2、5、7位各带一个CH₃）

2,4,7-三甲基辛烷（正确）
2,4,7-trimethyloctane
2,5,7-三甲基辛烷（错误）

⑦ 主链上取代基不同时，取代基在名称中的排列顺序按"次序规则"，较优基团后列出（英文命名则按照取代基的首字母排列顺序列出）。例如：

$$\begin{array}{c}CH_3\\|\\CH_3-CH_2-CH-CH-CH_2-CH_2-CH_3\\|\\CH_2-CH_3\end{array}$$

4-甲基-3-乙基庚烷
3-ethyl-4-methylheptane

⑧ 当取代基较为复杂时，可将取代基再次编号。编号从与主链直接相连的碳原子开始，命名时支链全名用括号括上，也可用带"′"的数字编号，以示与主链编号有别。例如：

$$\begin{array}{c}CH_3\\|\\CH_3-C-CH_2-CH-CH_2-CH_2-CH_2-CH_2-CH_3\\|\quad\quad\quad |\quad\quad\quad\quad\quad\quad |\\CH_3\quad H_3C-C-CH_3\quad CH_2CH_3\\\quad\quad\quad |\\\quad\quad\quad CH_2\\\quad\quad\quad |\\\quad\quad\quad CH_3\end{array}$$

2,2-二甲基-7-乙基-5-(1,1-二甲基丙基)癸烷 或 2,2-二甲基-7-乙基-5-(1′,1′-二甲基丙基)癸烷
7-ethyl-2,2-dimethyl-5-(1,1-dimethylpropyl)decane

2.2 烷烃的物理性质

有机化合物的物理性质包括物质状态、气味、颜色、熔点、沸点、密度、折射率、溶解度和比旋光度等普通物理性质，还包括红外光谱、核磁共振谱、紫外光谱和质谱等波谱性质。

纯物质的物理性质在一定条件下都有固定的数值，称为物理常数（physical constant）。通常测定化合物的物理常数，可对化合物进行鉴别或鉴定其纯度。

在常温常压下，$C_1 \sim C_4$ 的直链烷烃是气体；$C_5 \sim C_{17}$ 的直链烷烃是液体；含 18 个碳原子以上的直链烷烃是固体。烷烃的相对密度随着分子量的增加而增加，但都小于 1。烷烃几乎不溶于水，易溶于有机溶剂，例如四氯化碳、乙醇、乙醚、氯仿等。直链烷烃的物理常数见表 2.1。

表 2.1　直链烷烃的物理常数

名称	分子式	沸点/℃	熔点/℃	相对密度 d_4^{20}	折射率 n_D^{20}
甲烷	CH_4	−161.7	−182.6	—	—
乙烷	CH_3CH_3	−88.6	−172.0	—	—
丙烷	$CH_3CH_2CH_3$	−42.2	−187.1	0.5000	—
丁烷	$CH_3(CH_2)_2CH_3$	−0.5	−135.0	0.5788	—
戊烷	$CH_3(CH_2)_3CH_3$	36.1	−129.7	0.6260	1.3575
己烷	$CH_3(CH_2)_4CH_3$	68.7	−94.0	0.6594	1.3749
庚烷	$CH_3(CH_2)_5CH_3$	98.4	−90.5	0.6837	1.3876
辛烷	$CH_3(CH_2)_6CH_3$	125.7	−56.8	0.7028	1.3974
壬烷	$CH_3(CH_2)_7CH_3$	150.7	−53.7	0.7179	1.4054
癸烷	$CH_3(CH_2)_8CH_3$	174.0	−29.7	0.7298	1.4119
十一烷	$CH_3(CH_2)_9CH_3$	195.8	−25.6	0.7404	1.4176
十二烷	$CH_3(CH_2)_{10}CH_3$	216.3	−9.6	0.7493	1.4216
十三烷	$CH_3(CH_2)_{11}CH_3$	235.5	−6	0.7568	1.4233
十四烷	$CH_3(CH_2)_{12}CH_3$	251	5.5	0.7636	1.4290
十五烷	$CH_3(CH_2)_{13}CH_3$	268	10	0.7688	1.4315
十六烷	$CH_3(CH_2)_{14}CH_3$	280	18.1	0.7749	1.4345
十七烷	$CH_3(CH_2)_{15}CH_3$	303	22.0	0.7767	1.4369
十八烷	$CH_3(CH_2)_{16}CH_3$	308	28.0	0.7767	1.4349
十九烷	$CH_3(CH_2)_{17}CH_3$	330	32.0	0.7776	1.4409
二十烷	$CH_3(CH_2)_{18}CH_3$	343	36.4	0.7777	1.4425

从表 2.1 中可以看出：①正烷烃的沸点 (boiling point, bp)、熔点 (melting point, mp) 随着分子量的增加而升高。因为分子量越大，分子运动所需要的能量越高。此外，随着分子量的增加，分子的表面积也增加，分子间的接触面积变大，分子间作用力增强，则改变分子间作用力所需要的能量增加。②相邻的低级烷烃之间沸点差较大，但随着分子量的增加，相邻烷烃的沸点差逐渐减少。③含偶数碳原子烷烃的熔点比含奇数碳原子烷烃的熔点升高较多，但随分子量的增加，这种差别越来越小。

在同数碳原子的烷烃异构体中，支链越多，沸点越低。因为当分子的分支增多时，分子间的接触面积减小，因而分子间作用力小，沸点低。例如：

	$CH_3CH_2CH_2CH_2CH_3$	$CH_3-CH(CH_3)-CH_2-CH_3$	$H_3C-C(CH_3)_2-CH_3$
bp/℃	36.1	29.9	9.4
mp/℃	−130	−160	−17

分子的熔点除了和分子量以及分子间作用力有关外，还与分子在晶格中的排列有关。通常分子的对称性越高，在晶格中的排列越整齐、规则，则分子间的作用力大，熔点高。所以在戊烷的三种异构体中以新戊烷熔点最高。

2.3 烷烃的化学性质

烷烃分子中的 C—C、C—H 键都是牢固的 σ 键,且烷烃分子都是非极性或极性很弱的分子,所以烷烃的化学性质稳定。一般情况下,烷烃与强酸、强碱、强氧化剂、强还原剂都不起反应。但在一定条件下,如适当的温度、压力以及催化剂的作用下,烷烃也可以发生一些化学反应。

2.3.1 燃烧与氧化

在空气或氧气存在下点燃烷烃,完全燃烧生成二氧化碳和水,同时放出大量的热。

$$C_nH_{2n+2} + \left(\frac{3n+1}{2}\right)O_2 \xrightarrow{\text{点燃}} nCO_2 + (n+1)H_2O + \text{热量}$$

烷烃燃烧时放出的热量是人类应用的重要能源之一。如果烷烃在燃烧时供氧不足,燃烧不完全,就有大量的一氧化碳等有毒物质产生。

控制反应条件,烷烃可以被部分氧化,生成烃的含氧衍生物。例如石蜡在特定条件下氧化得到高级脂肪酸:

$$RCH_2CH_2R' \xrightarrow[107\sim110℃]{MnO_2} RCOOH + R'COOH$$

2.3.2 热裂反应

化合物在没有氧气存在下进行的热分解反应称为热裂反应(pyrolysis reaction)。烷烃发生热裂反应时,分子中含有的碳原子数越多,热裂产物越复杂;反应条件不同,产物也不同。例如:

$$CH_3CH_2CH_2CH_3 \xrightarrow{250℃} CH_4 + CH_3CH_3 + CH_3CH_2CH_3 + CH_2\!=\!CHCH_3 + CH_2\!=\!CH_2 + \cdots$$

烷烃的热裂反应主要用于生产燃料、低分子量的烷烃和烯烃等化工原料。近年来烷烃的热裂已被催化裂解所代替,从而进一步提高了石油的利用率和汽油的品质,亦为生产更多的乙烯、丙烯、丁二烯等化工原料提供了良好的途径。

2.3.3 卤代反应

烷烃和卤素在光照或高温条件下,烷烃分子中的氢原子被卤素取代的反应,称为卤代反应,具有实用意义的是氯代和溴代反应。

(1)氯代反应

甲烷在紫外线或高温(250~400℃)作用下,与氯反应得到各种氯代烃。

$$CH_4 + Cl_2 \xrightarrow[\text{或}h\nu]{\triangle} CH_3Cl + HCl$$

$$CH_3Cl + Cl_2 \xrightarrow[\text{或}h\nu]{\triangle} CH_2Cl_2 + HCl$$

$$CH_2Cl_2 + Cl_2 \xrightarrow[\text{或}h\nu]{\triangle} CHCl_3 + HCl$$

$$CHCl_3 + Cl_2 \xrightarrow[\text{或}h\nu]{\triangle} CCl_4 + HCl$$

因此,甲烷的氯代反应得到的是混合物。反应条件对反应产物的组成有很大的影响,控制一定的反应条件，也可使其中一种氯代烃为主产物。例如：

$$CH_4\ (10mol) + Cl_2\ (1mol) \xrightarrow{400\sim500℃} CH_3Cl + HCl$$

其他烷烃在相似条件下也可以发生氯代反应，但产物更复杂。例如：

$$CH_3CH_2CH_3 + Cl_2 \xrightarrow[25℃,CCl_4]{h\nu} \underset{(45\%)}{CH_3CH_2CH_2Cl} + \underset{(55\%)}{CH_3CHCH_3}\ |\ Cl$$

$$\underset{|\ CH_3}{CH_3CHCH_3} + Cl_2 \xrightarrow{h\nu}{127℃} \underset{(64\%)}{\underset{|\ CH_3}{CH_3CHCH_2Cl}} + \underset{(36\%)}{\underset{|\ CH_3}{CH_3\overset{Cl}{\underset{|}{C}}CH_3}}$$

在丙烷分子中共有 6 个 $1°H$ 和 2 个 $2°H$，如果从氢原子被取代的概率讲，$1°H$ 和 $2°H$ 被取代的概率应为 3∶1，但实验得到的两种一氯丙烷产物分别为 45% 和 55%，这说明丙烷分子中两类氢的反应活性是不相同的。$1°H$ 和 $2°H$ 的相对反应活性比为：

$$1°H : 2°H = \frac{45}{6} : \frac{55}{2} = 1 : 3.7$$

同样，在异丁烷分子中有 9 个 $1°H$ 和 1 个 $3°H$，$1°H$ 和 $3°H$ 被取代的概率为 9∶1，而实际上这两种产物分别为 64% 和 36%。$1°H$ 和 $3°H$ 的相对反应活性为：

$$1°H : 3°H = \frac{64}{9} : \frac{36}{1} = 1 : 5$$

通过大量烷烃氯代反应的实验表明，烷烃分子中氢原子的活性次序为：

$$3°H > 2°H > 1°H > CH_3-H$$

（2）溴代反应

烷烃发生溴代反应的条件和氯代反应相似。由于溴代反应活性比氯代反应小，故反应比较缓慢，但溴代反应更具有选择性。例如：

$$CH_3CH_2CH_3 + Br_2 \xrightarrow{h\nu}{127℃} \underset{(3\%)}{CH_3CH_2CH_2Br} + \underset{(97\%)}{\underset{|\ Br}{CH_3CHCH_3}}$$

$$\underset{|\ CH_3}{CH_3CHCH_3} + Br_2 \xrightarrow{h\nu}{127℃} \underset{(<1\%)}{\underset{|\ CH_3}{CH_3CHCH_2Br}} + \underset{(>99\%)}{\underset{|\ CH_3}{CH_3\overset{Br}{\underset{|}{C}}CH_3}}$$

根据三种氢被取代所生成的一溴代物的比例，计算得出三种氢发生溴代反应的相对反应活性为：

$$1°H : 2°H : 3°H = 1 : 82 : 1600$$

可以看出，三种氢在溴代反应中的活性顺序与氯代反应一致，但溴代反应对三种氢的选择性更大。通常反应活性大的，选择性差，反应活性小的，选择性强。

（3）其他卤代反应

烷烃的氟代反应非常剧烈并放出大量热，不易控制，甚至会引起爆炸，因此在实际应用中用途不大。而碘代反应是吸热反应，活化能也很大，同时反应中产生的 HI 是还原剂，可把生成的 RI 还原成原来的烷烃，若使反应顺利进行，需要加入氧化剂以破坏生成的 HI，因此碘代烷不宜用此法制备。

$$CH_4 + I_2 \rightleftharpoons CH_3I + HI$$

由此可见，卤代反应中卤素的相对反应活性顺序是：

$$F_2 > Cl_2 > Br_2 > I_2$$

在烷烃的卤代反应中，有实际意义的只有氯代和溴代；而溴代反应因为具有更强的选择性，所以它在有机合成中更有用。

2.4 自由基取代反应机理

反应机理（reaction mechanism）又称反应机制或反应历程，是指由反应物到产物所经历的过程。反应机理是综合大量实验事实做出的理论假设，有些已得到公认，有些尚待完善，有些还不清楚。研究反应机理的目的在于理解和掌握反应本质，以便更好地控制反应和改进反应。

（1）自由基取代反应过程

自由基是指分子在光或热的外部条件下，共价键发生均裂而形成的不成对电子的原子或基团。自由基能量较高，非常活泼，一般情况下不能捕获。

研究表明，烷烃的卤代反应机理是自由基取代反应机理。例如甲烷氯代的反应机理：

链引发：① $Cl—Cl \xrightarrow{h\nu} 2Cl\cdot$

链增长：② $Cl\cdot + H—CH_3 \longrightarrow HCl + CH_3\cdot$

③ $CH_3\cdot + Cl—Cl \longrightarrow CH_3Cl + Cl\cdot$

再重复②、③……

链终止：④ $CH_3\cdot + Cl\cdot \longrightarrow CH_3Cl$

⑤ $CH_3\cdot + CH_3\cdot \longrightarrow CH_3CH_3$

⑥ $Cl\cdot + Cl\cdot \longrightarrow Cl_2$

首先，氯分子在光照或者高温条件下，均裂形成两个氯自由基，为链的引发阶段。

氯自由基很活泼，外围有7个电子，它有夺取一个电子形成八隅体结构的倾向。所以当氯自由基和甲烷碰撞时，它能夺取甲烷分子中的一个氢原子形成氯化氢和甲基自由基。甲基自由基也很活泼，碳原子外围有7个电子，它也有夺取一个电子形成八隅体结构的倾向。当甲基自由基和氯分子碰撞时，它能夺取一个氯原子形成一氯甲烷和一个新的氯自由基。这个新产生的氯自由基可以再和甲烷碰撞，重复反应②和③，这样反复进行反应②和③，就生成了大量的一氯甲烷。这个阶段称为链的增长阶段。

反应开始时，烷烃大量存在，氯自由基主要与甲烷分子碰撞，但随着反应的进行，甲烷的量逐渐减少，氯自由基和甲烷的碰撞概率也随之减小，反应最后自由基之间的碰撞增多，自由基相互结合，整个反应就逐渐停止，这个阶段称为链的终止阶段。

由以上反应机理可以看出，只要反应开始时有少量的氯自由基产生，反应就能像锁链一样一环扣一环连续不断进行下去，直至反应停止，因此称为自由基链锁反应（free radical chain reaction）。

（2）自由基取代反应能量变化

甲烷卤代反应中的能量变化反应热也称为热焓差（ΔH），是在标准状态下反应物与生成物的焓之差。化学反应涉及旧键的断裂和新键的形成，断裂共价键需要吸收能量，形成共价键则会放出能量，反应热是这两种能量的总和。ΔH可通过键的离解能数据估算出来。ΔH 为正值表示吸热反应，负值则表示放热反应。一般来说，吸热反应比放热反应难进行。

在甲烷氯代反应的②、③中，断裂两个共价键，即 CH_3—H 和 Cl—Cl 键，共需要吸收的能量为：$435+243=678(kJ/mol)$。在反应中也生成了两个共价键，即 CH_3—Cl 和 H—Cl 键，共放出的能量为：$349+431=780(kJ/mol)$。整个反应的反应热 ΔH 为：$678-780=-102(kJ/mol)$。

$$CH_3—H+Cl—Cl \longrightarrow CH_3—Cl+H—Cl$$
$H/(kJ/mol)$　　　435　　243　　　　349　　431　　　$\Delta H=-102kJ/mol$

用同样的方法计算甲烷的溴代反应：

$$CH_3—H+Br—Br \longrightarrow CH_3—Br+H—Br$$
$H/(kJ/mol)$　　　435　　192　　　　293　　366　　　$\Delta H=-32kJ/mol$

甲烷的氟代反应和碘代反应的 ΔH 分别为 $-426.9kJ/mol$ 和 $+54.3kJ/mol$。

通过反应热的数据可知：甲烷的溴代反应比氯代反应速率慢；氟代反应由于释放大量的热而使反应无法控制，易引起爆炸；碘代反应是吸热反应，所以一般情况难以进行。

甲烷氯代反应中各步反应的反应热数值如下：

① $Cl—Cl \xrightarrow{h\nu} 2Cl\cdot$　　　　　　　$\Delta H=+243.4kJ/mol$
② $Cl\cdot+H—CH_3 \longrightarrow HCl+CH_3\cdot$　　$\Delta H=+4kJ/mol$
③ $CH_3\cdot+Cl—Cl \longrightarrow CH_3Cl+Cl\cdot$　$\Delta H=-108.7kJ/mol$

由此可知，在反应①链的引发阶段，体系需要吸收 $243.4kJ/mol$ 的能量才能产生自由基。这说明卤代反应虽然是放热反应，但在反应开始时必须提供必要的能量（光照或高温），否则，反应不能发生。

反应②经过了一个过渡态，这是因为化学反应是一个由反应物逐渐变为产物的连续过程。当旧键（C—H 键）尚未断裂及新键（H—Cl 键）尚未形成时，体系的能量达到最高，此时的结构称为过渡态（transition state）。

$$Cl\cdot+H—CH_3 \longrightarrow [\ Cl\cdots H\cdots CH_3\ ] \longrightarrow HCl+CH_3\cdot$$
过渡态

反应物和过渡态之间的能量差称为活化能（activation energy），用 E_a 表示。活化能是形成过渡态所必需的最低能量，也是使这步反应进行所必需的最低能量。

然后，随着 C—H 键逐渐断裂，H—Cl 键逐渐形成，体系的能量不断降低，生成氯化氢和甲基自由基，如图 2.7 所示。

由图 2.7 可知，反应物和产物之间的能量差就是反应热 ΔH，也是完成反应②需要的能量为 $4kJ/mol$，但完成反应②至少需要提供 $17kJ/mol$ 的能量，这是因为反应②需要越过一个活化能为 $17kJ/mol$ 的能垒。反应③是放热反应，甲基自由基与氯分子的反应过程也经过一个过渡态，其活化能为 $8.4kJ/mol$。由于反应③的活化能比反应②小，又是放热反应，显然，这步反应更容易进行。

$$CH_3\cdot+Cl—Cl \longrightarrow [\ H_3C\cdots Cl\cdots Cl\ ] \longrightarrow CH_3Cl+Cl\cdot$$
过渡态

在一个多步反应中，整个反应的速率取决于其中最慢的一步。在生成 CH_3Cl 的反应中，反应②的活化能比反应③大，所以反应②速率慢，是决定整个反应速率的步骤。

如图 2.7 所示，甲基自由基处于两个过渡态之间的谷底，其能量比两个过渡态低，即比过渡态稳定，但比反应物甲烷能量高，它是个活性中间体，一经形成马上进行下一步反应。

第 2 章 烷烃：自由基取代反应

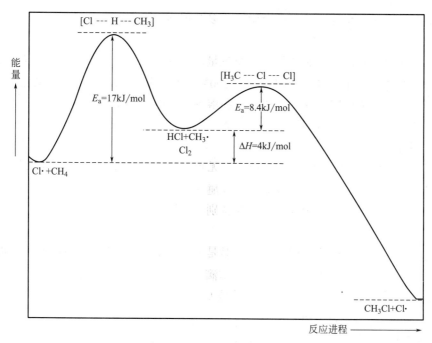

图 2.7 甲烷氯代反应的能量变化

关于自由基的结构，研究表明，可以认为是平面结构，其中心碳原子为 sp^2 杂化。

自由基的稳定性与键的离解能有关，不同类型 C—H 键的离解能如下：

CH_3—H ⟶ $CH_3 \cdot$ + H· $D = 435 kJ/mol$
$CH_3CH_2CH_2$—H ⟶ $CH_3CH_2CH_2 \cdot$ + H· $D = 410 kJ/mol$
$(CH_3)_2CH$—H ⟶ $(CH_3)_2CH \cdot$ + H· $D = 395 kJ/mol$
$(CH_3)_3C$—H ⟶ $(CH_3)_3C \cdot$ + H· $D = 380 kJ/mol$

键的离解能愈小，形成自由基所需要的能量愈低，自由基愈容易形成，所含有的能量就愈低，结构就愈稳定。所以自由基的稳定性顺序为：

$$3°R \cdot > 2°R \cdot > 1°R \cdot > CH_3 \cdot$$

这个次序和烷烃卤代反应中伯、仲、叔氢原子被取代的难易程度是一致的。

2.5 重要的烷烃

（1）甲烷

甲烷（CH_4）在自然界分布很广，是天然气、沼气、油田气、可燃冰及煤矿坑道气的主要成分。它主要用作民用或工业燃料，也用于氢气、炭黑、一氧化碳、乙炔、氢氰酸及甲醛等物质的合成原料。

甲烷水合物又称天然气水合物，俗称可燃冰，分布于海底或陆地永久冻土内。它是由天然气与水长期在高压和低温条件下形成的一种固态类冰状结晶物质。纯净的天然气水合物是白色固体，外貌极似冰雪，遇火即可燃烧。可燃冰燃烧效率高，环境污染小，储存量大，但开采技术难度大。我国在这一领域已经做了很多开创性工作。

（2）汽油

汽油主要成分是 $C_4 \sim C_{12}$ 脂肪烃，以及少量环烷烃和芳香烃，为无色或淡黄色液体，易燃、易挥发，有特殊气味，沸点范围为 40～200℃。汽油按制造过程可分为直馏汽油、裂化汽油等，按用途可分为航空汽油、车用汽油和溶剂汽油等。汽油主要用作内燃机燃料，也可用于橡胶、油漆、油脂、香料等工业。

（3）石油醚

石油醚是 $C_5 \sim C_8$ 低级烷烃的混合物，为无色透明易挥发的液体，主要用作有机溶剂，可用于提取和纯化某些中药的有效成分。石油醚一般有 30～60℃、60～90℃、90～120℃ 等沸程规格，由于极易燃烧，使用及存储时要特别注意防火。

（4）石蜡

石蜡分为液体石蜡和固体石蜡。液体石蜡是 $C_{18} \sim C_{24}$ 烷烃的混合物，为无色透明液体，不溶于水和醇，溶于醚和氯仿中，医药上用作滴鼻或喷雾剂的溶剂或基质，也用作缓泻剂，实验室可作为测熔点的导热液体。固体石蜡是 $C_{25} \sim C_{34}$ 固体烷烃的混合物，医药上用作蜡疗和成药密封材料，也是制造蜡烛的原料。

（5）凡士林

凡士林是 $C_{18} \sim C_{34}$ 液体和固体石蜡的混合物，呈软膏状半固体，不溶于水，溶于醚和石油醚。由于它不被皮肤吸收、无刺激性、稠度适当、易于涂布、性质稳定、不与主药成分作用，因此在医药与化妆品中常用作软膏基质。

习 题

1. 写出 C_7H_{16} 的各种碳链异构体，并用 IUPAC 命名法命名。

2. 写出下列各基团的名称。

(1)  $CH_3CHCH_2CH_3$ |

(2) CH_3CHCH_2- 上接 CH_3

(3) $H_3C-C(CH_3)_2-CH_3$

(4) $CH_3CHCH_2CH_2-$ 上接 CH_3

(5) CH_3CCH_2- 上下接 CH_3

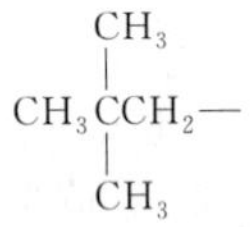

3. 写出下列各化合物的 IUPAC 名称。

(1) 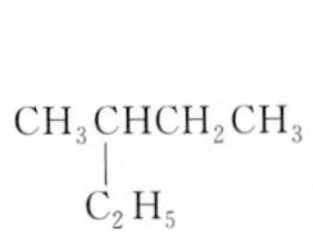 $CH_3CHCH_2CH_3$ 下接 C_2H_5

(2) $CH_3CH_2CHCH_2CHCH_3$ 上接两个 CH_3

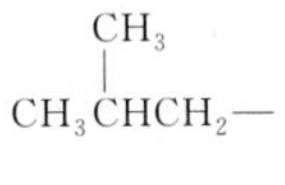

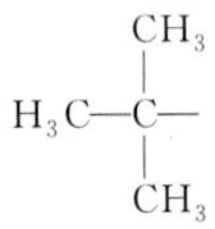

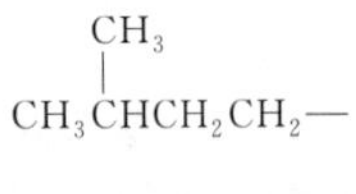

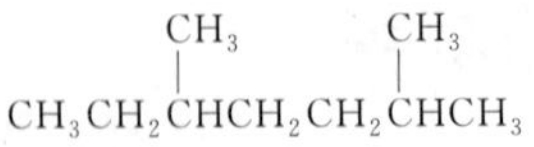

(3) $CH_3CH_2C(CH_2CH_3)_2CH_2CH_3$

(4) $(CH_3)_2CHCH_2CH_2CH(C_2H_5)_2$

(5) $(CH_3)_3CCH_2C(CH_3)_3$

(6) 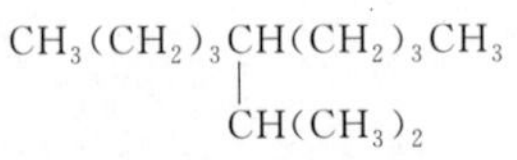 $CH_3(CH_2)_3CH(CH_2)_3CH_3$ 下接 $CH(CH_3)_2$

4. 写出下列化合物的结构式。

(1) 异丁烷　　　　　　　　　　(2) 新戊烷
(3) 2-甲基-3-乙基戊烷　　　　　(4) 2,4-二甲基-4-乙基壬烷

(5) 2,5-二甲基-3,4-二氯己烷 　　　　　(6) 3,4,4,5-四甲基庚烷

5.将下列化合物按沸点由高至低排列。

(1) 3,3-二甲基戊烷、2-甲基庚烷、正庚烷、正戊烷、2-甲基己烷

(2) 辛烷、2,2,3,3-四甲基丁烷、3-甲基庚烷、2,3-二甲基戊烷、2-甲基己烷

6.哪一种或几种分子量为 86 的烷烃具有：

(1) 两个一溴代衍生物　　　　　　(2) 三个一溴代衍生物

(3) 四个一溴代衍生物　　　　　　(4) 五个一溴代衍生物

7.将下面的纽曼式改写为锯架式，锯架式改写为纽曼式，并写出优势构象。

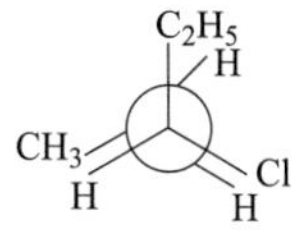

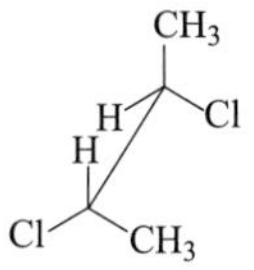

8.分子式为 C_8H_{18} 的烷烃与氯在紫外线照射下反应，产物中的一氯代烷只有一种，写出这个烷烃的结构式。

第3章 环烷烃：构象

具有环状骨架的烷烃称为环烷烃（cycloalkanes），其性质与链烷烃相似，属脂环化合物。单环烷烃比相应的链烷烃少两个氢原子，通式为 C_nH_{2n}。

3.1 环烷烃的分类和命名

3.1.1 环烷烃的分类

根据环烷烃中的碳环数目不同，可分为单环、双环和多环烷烃。根据单环烷烃中成环碳原子数目，可分为小环（3～4个C）、普通环（5～6个C）、中环（7～12个C）和大环（多于12个C）。

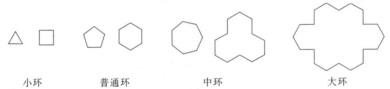

小环　　　　普通环　　　　　中环　　　　　　大环

在双环和多环烷烃中，根据分子内两个碳环共用的碳原子数目可分为螺环烷烃和桥环烷烃。两个碳环共用一个碳原子的称为螺环烷烃（spiro alkanes）；两个碳环共用两个或两个以上碳原子的称为桥环烷烃（bridged alkanes）。

螺环烷烃　　桥环烷烃

3.1.2 环烷烃的命名

（1）单环烷烃的命名

单环烷烃的命名与链烷烃相似，只需在相应的链烷烃名称前冠以"环"字，根据成环碳原子数目称为"环某烷"。若环上带有支链，一般以环为母体，支链为取代基。例如：

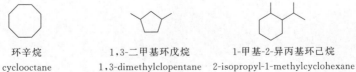

环辛烷　　　　　1,3-二甲基环戊烷　　　　1-甲基-2-异丙基环己烷
cyclooctane　　1,3-dimethylclopentane　　2-isopropyl-1-methylcyclohexane

第 3 章 环烷烃：构象

环上取代基比较复杂时，可将环作为取代基来命名。例如：

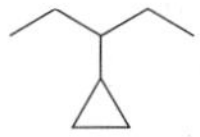

3-环丙基戊烷
3-cyclopropylpentane

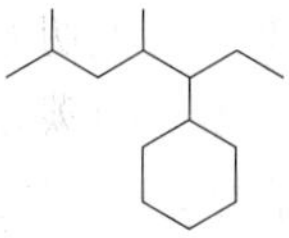

2,4-二甲基-5-环己基庚烷
5-cyclohexyl-2,4-dimethyl-heptane

当两个取代基位于环烷烃的不同碳原子上时，会存在顺反异构（*cis/trans* isomerism）。例如：

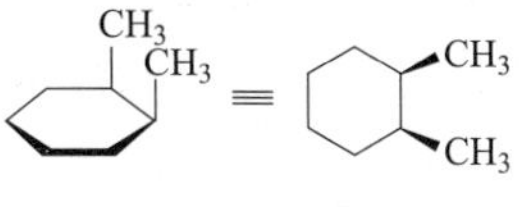

顺-1,2-二甲基环己烷
cis-1,2-dimethylcyclohexane

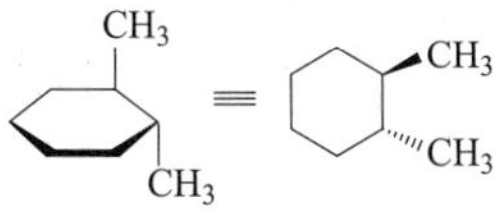

反-1,2-二甲基环己烷
trans-1,2-dimethylcyclohexane

显然，上述两个化合物虽然分子式、构造都相同，但它们是两种不同的化合物。这种异构现象的产生是由于环的存在限制了σ键的自由旋转，使得两个甲基和两个氢原子在空间有两种不同的排列方式，即两个相同基团在环平面同一侧的称为顺式，在异侧的称为反式。这种由于分子中的原子或基团在空间的排列方式不同而产生的同分异构现象，称为顺反异构，也称为几何异构（geometric isomerism）。

需要指出的是，并不是所有的多取代环烷烃都有顺反异构现象。例如下列化合物就不存在顺反异构：

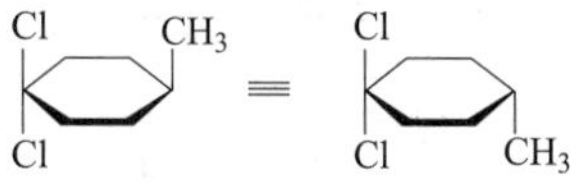

1-甲基-4,4-二氯环己烷
4,4-dichloro-1-methylcyclohexane

（2）螺环烷烃的命名

在螺环烷烃中，两个碳环共用一个碳原子，这个碳原子称为螺原子。根据所含螺原子的数目，螺环烷烃又分为单螺、双螺等。

对于单螺烷烃，根据参与成环的碳原子总数称为"螺 [ ] 某烷"，方括号内用阿拉伯数字注明每个环上除螺原子以外的碳原子数，从小环到大环，数字之间用圆点隔开。例如：

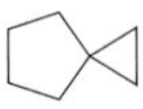

螺 [2.4] 庚烷
spiro [2.4] heptane

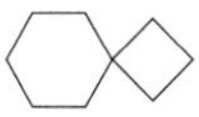

螺 [3.5] 壬烷
spiro [3.5] nonane

编号从小环紧邻螺原子的碳原子开始，通过螺原子编到大环。若环上有取代基，应使取代基编号尽可能小。例如：

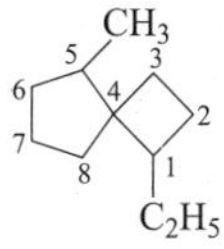

5-甲基-1-乙基螺 [3.4] 辛烷
1-ethyl-5-methylspiro [3.4] octane

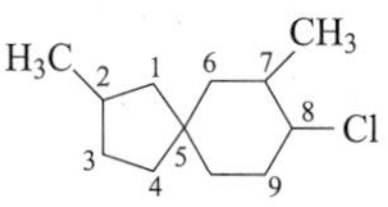

2,7-二甲基-8-氯螺 [4.5] 癸烷
8-chloro-2,7-dimethylspiro [4.5] decane

（3）桥环烷烃的命名

在桥环烷烃中，桥碳链交汇点的碳原子称为桥头碳原子。根据桥环烷烃所含环的数目不同可分为二环烷烃、三环烷烃等。桥环化合物中环的数目是这样确定的：切断碳碳键使其转

变为链烃,在此过程中所需切断的最少次数,即为该桥环化合物的环数目。例如,至少切断两个键才能成为链烃的叫二环,至少切断三个键成链烃的叫三环。

对于二环烷烃,根据参与成环的碳原子总数称为"二环[　]某烷",方括号内注明各桥所含碳原子数(桥头碳原子除外),从大到小,数字之间用圆点隔开。例如:

二环[4.4.0]癸烷(十氢萘)
bicyclo[4.4.0]decane(decalin)

二环[2.2.1]庚烷
bicyclo[2.2.1]heptane

二环烷烃的编号是从一个桥头碳原子开始,沿最长的桥编到另一个桥头碳原子,再沿次长桥编回到第一个桥头碳原子,最短的桥最后编,并使官能团或取代基的编号较小。例如:

8-甲基-2-乙基-1-溴二环[3.2.1]辛烷
1-bromo-2-ethyl-8-methylbicyclo[3.2.1]octane

7,7-二甲基二环[2.2.1]庚烷
7,7-dimethylbicyclo[2.2.1]heptane

3.2 环烷烃的结构

普通环、中环和大环等结构与烷烃类似,这里主要讨论小环的结构。

3.2.1 环烷烃的燃烧热和环的稳定性

燃烧热是指 1mol 有机物完全燃烧所释放出来的热量,单位是 kJ/mol,常见环烷烃的燃烧热见表 3.1。

表 3.1　常见环烷烃的燃烧热　　　　　　　　　　单位:kJ/mol

名称	成环碳原子数	燃烧热	每个 CH_2 的平均燃烧热
环丙烷	3	2091.3	697.1
环丁烷	4	2744.1	686.2
环戊烷	5	3320.1	664.0
环己烷	6	3951.7	658.6
环庚烷	7	4636.7	662.3
环辛烷	8	5313.9	664.2
环壬烷	9	5981.0	664.4
环癸烷	10	6635.8	663.6
环十五烷	15	9884.7	659.0
开链烷烃			658.6

从燃烧热数值可以看出分子内能的高低。燃烧热数值越高,分子内能越高,则分子越不稳定。从表 3.1 燃烧热数据可以看出环烷烃的稳定性顺序为:六元环>五元环>四元环>三元环;从七元环开始,每个 CH_2 的平均燃烧热值趋于恒定,稳定性也相似,是比较稳定的环烷烃。

3.2.2 拜耳"张力学说"的解释

实验证明,环的大小不同,化学稳定性就不同。为了解释这一现象,1885 年德国化学家拜耳(Baeyer,1835—1917)提出了"张力学说"。他假设成环的碳原子为处在同一平面上的正多边形，这就使环烷烃的键角与饱和碳原子正四面体的键角（109°28′）产生了偏差。例如环丙烷向内偏转（109°28′－60°）/2＝24°44′，环丁烷向内偏转 9°44′、环戊烷向内偏转 0°44′，如图 3.1 所示。

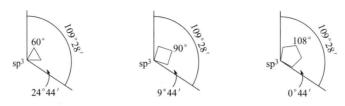

图 3.1　环丙烷、环丁烷和环戊烷与正四面体的键角偏差

正常键角向内偏转的结果，使环烷烃分子产生了张力，即恢复正常键角的力，称为角张力（angle strain）或拜耳张力。环烷烃的键角偏差越大，角张力越大，稳定性越差，即环烷烃的稳定性顺序为：五元环＞四元环＞三元环。

按照拜耳"张力学说"，环己烷向外偏转了 5°16′，大于环戊烷的键角偏差，环己烷应不如环戊烷稳定；随着环的增大，角张力增大，六元环以上的环烷烃应越来越不稳定。事实上，环己烷比环戊烷稳定，中环和大环亦比较稳定。造成这种矛盾的原因是拜耳把成环碳原子视为在同一平面上的错误假设。

3.2.3　现代结构理论的解释

现代结构理论认为，共价键的形成是成键原子轨道相互重叠的结果，重叠程度越大，形成的共价键就越稳定。环丙烷分子显然处于同一平面，C—C 键间夹角为 60°，而 sp³ 杂化碳原子沿键轴方向重叠，键角为 109°28′。因此，在环丙烷分子中，两个碳原子的 sp³ 杂化轨道不可能沿键轴方向重叠，只能偏离一定的角度形成弯曲键，由于其形状像香蕉，又称为香蕉键，如图 3.2 所示。弯曲键使环丙烷分子中原子轨道重叠程度小，键的稳定性差。另外环丙烷中的碳氢键在空间处于重叠式位置，具有较高的能量，易开环。

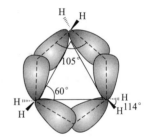

图 3.2　环丙烷 sp³ 杂环轨道重叠图

除环丙烷外，其他环烷烃均可通过环内碳碳单键的旋转，采取非平面的构象存在。特别是环己烷由于采取了非平面的构象存在，成环碳原子保持了正常的键角 109°28′，成环碳原子沿键轴方向重叠，保证了轨道之间的最大重叠，形成了稳定的共价键，不存在张力，所以环己烷最稳定。

3.3　环烷烃的构象

3.3.1　环丙烷、环丁烷和环戊烷的构象

环丙烷的碳原子只能处于同一平面，C—H 键都处于重叠式构象，如图 3.3 所示。

环丁烷的四个碳原子不在同一平面，为折叠式排列，可形象化地称其为蝶式构象，如图 3.4 所示。碳环皱折为蝶形，两"翼"上下摆动，与平面之间的夹角约为 25°。环丁烷的环折叠后，角张力有所增加，但扭转张力减小，由于两种张力的协调，使分子具有最低的能量。

图 3.3 环丙烷的构象　　　　　　图 3.4 环丁烷的蝶式构象

环戊烷若为平面正五边形构象时,C—C 键夹角为 108°,接近正四面体的键角 109°28′,几乎没有角张力,但环中所有的 C—H 键都是重叠式,分子约有 42kJ/mol 的扭转张力。事实上,环戊烷通过环内 C—C 键的旋转,可形成如图 3.5 所示的信封式构象。其中四个碳原子在一个平面上,一个碳原子离开此平面。在这个非平面结构中,虽然环内角张力

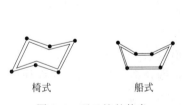

图 3.5 环戊烷的信封式构象

略有提高,但离开平面的 CH₂ 与相邻碳原子以接近交叉式构象的方式连接,使 C—H 键间的扭转张力降低较大,因此比平面结构能量低,较为稳定,是环戊烷的优势构象。环戊烷在一系列构象的动态转换中,环上每一个碳原子可依次交替离开平面,从一个信封式构象转换成另一个信封式构象。

3.3.2 环己烷及其衍生物的构象

（1）椅式和船式构象

环己烷的六个碳原子不在同一平面,保持了 C—C 键角为 109°28′,这种无角张力的环己烷的典型构象有椅式构象和船式构象,如图 3.6 所示。

环己烷的椅式构象不仅没有角张力,而且所有相邻碳原子上的氢原子都处于邻位交叉式,因而不存在重叠式所引起的扭转张力,此外,C1 和 C5 环平面上的两个氢原子距离最大,约为 230pm,这些因素导致环己烷的椅式构象非常稳定,是环己烷的优势构象,如图 3.7 所示。

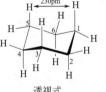
椅式　　　船式

图 3.6 环己烷的构象

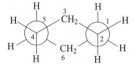
透视式　　　纽曼投影式

图 3.7 环己烷椅式构象的透视式及纽曼投影式

在环己烷的船式构象中,C2 和 C3、C5 和 C6 处于全重叠式,有较大的扭转张力。另外,船头 C1 和 C4 上两个氢原子称为旗杆氢（flagpole hydrogen）,它们相距较近,约为 183pm,远小于两个氢原子半径之和 250pm,因而存在由于空间拥挤所引起的斥力,称为跨环张力,这两种张力的存在使船式构象能量升高,比椅式构象能量高 29.7kJ/mol。因此环己烷的船式构象极不稳定,如图 3.8 所示。

因为椅式构象是环己烷的优势构象,虽然椅式和船式可以相互转变而处于动态平衡,但在室温条件下 99.9% 的环己烷以椅式构象存在。

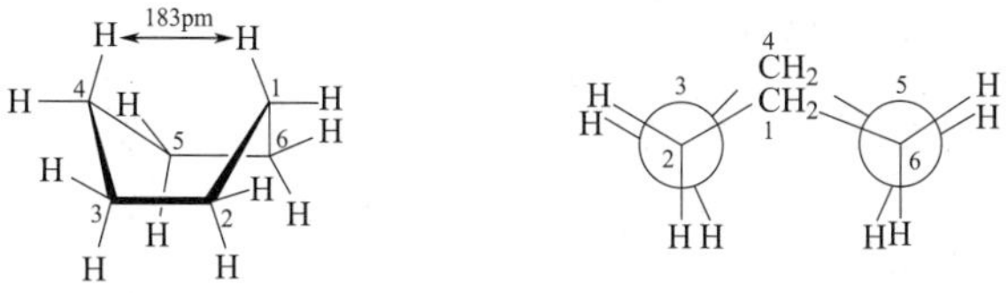

图 3.8 环己烷船式构象的透视式及纽曼投影式

（2）椅式构象中的直立键和平伏键

在环己烷的椅式构象中，C1、C3、C5 在同一环平面上，C2、C4、C6 在另一环平面上，这两个环平面相互平行，其间距约 50pm。穿过环中心并垂直于环平面的轴称为对称轴。据此环己烷中 12 个 C—H 键分为两种类型：一类是 6 个 C—H 键垂直于环平面，即与对称轴平行，称为直立键，也称 a 键（axial bond），其中 3 个竖直向上、3 个竖直向下，交替排列；另一类是 6 个 C—H 键略与环平面平行，即与对称轴大致垂直，伸出环外，实际形成 $109.5°-90°=19.5°$ 的角，称为平伏键，也称 e 键（equatorial bond），其中 3 个向上、3 个向下，交替排列，如图 3.9 所示。

（3）椅式构象的翻环作用

环己烷通过环内 C—C 单键的旋转，可以从一种椅式构象转变成另一种椅式构象，称为翻环作用（ring inversion）。翻环时大约需要克服 46kJ/mol 的能垒，室温下分子具有足够的动能克服此能垒，因此翻环作用极其迅速，每秒钟可以翻转约 10^6 次。翻环后，原来的 a 键变为 e 键，e 键变为 a 键，但其空间的相对位置不变，即向上和向下的取向并不改变，如图 3.10 所示。

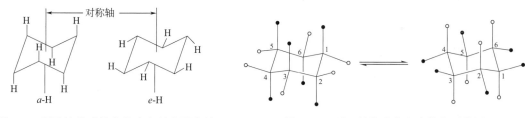

图 3.9 环己烷椅式构象的直立键和平伏键　　图 3.10 环己烷椅式构象中的翻环作用

（4）环己烷衍生物的构象

① 单取代环己烷　单取代环己烷有两种可能构象，即取代基在 a 键或 e 键。一般情况下，以取代基在 e 键的构象占优势。因为取代基在 e 键时，与 3-位 CH_2 成对位交叉式，而取代基在 a 键时，与 3-位 CH_2 成邻位交叉式；同时，处于 a 键的取代基与 3-位及 5-位上的 a-H 之间由于空间拥挤所引起的跨环张力较大，分子内能较高。甲基环己烷的两种构象如图 3.11 所示，甲基在 e 键的构象占 95%。随着取代基体积的增大，取代基在 e 键的构象优势更为明显，如叔丁基环己烷中的叔丁基几乎全部位于 e 键。

② 二取代环己烷　环己烷分子中有两个或两个以上氢原子被取代时，在进行构象分析时，不仅要考虑取代基 e 键或 a 键，还要考虑顺反异构问题。

如 1,2-二甲基环己烷有顺式和反式两种异构体，顺式的两种椅式构象均有一个甲基在 e 键，一个甲基在 a 键，它们能量相等，平衡混合物中各占 50%；反式的两种椅式构象能量不相等，一种是两个甲基都在 e 键，另一种是两个甲基都在 a 键。由于在 1,2-二取代环己烷

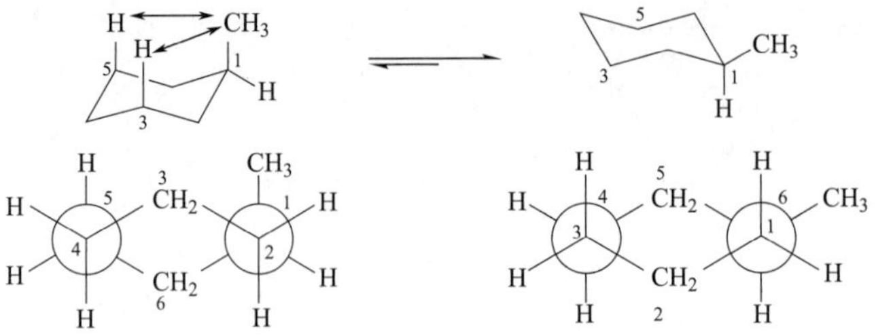

图 3.11 甲基环己烷的构象

中，ee 构象的能量最低，所以反式 ee 构象为优势构象。

顺式： ae 构象 ⇌ ea 构象

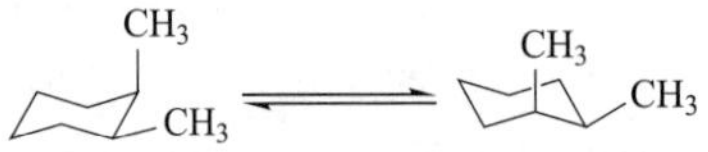

反式： ee 构象（优势构象） ⇌ aa 构象

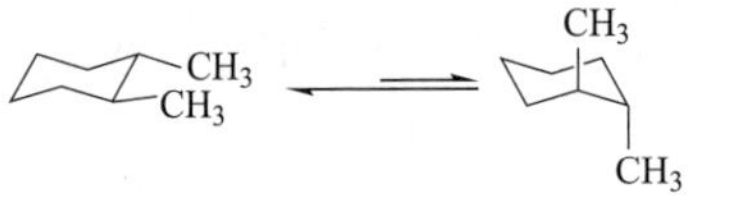

1,3-二取代环己烷顺式异构体有 ee 构象，比反式异构体稳定，所以在 1,3-二取代环己烷中，顺式 ee 构象为优势构象。

顺式： ee 构象（优势构象） ⇌ aa 构象

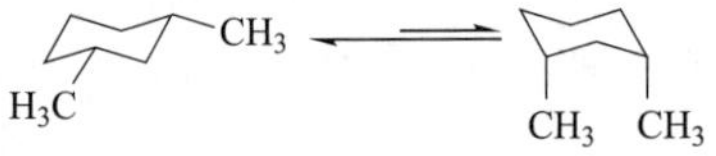

反式： ea 构象 ⇌ ae 构象

1,4-二取代环己烷反式异构体有 ee 构象，比顺式异构体稳定，所以在 1,4-二取代环己烷中，反式 ee 构象为优势构象。

顺式： ea 构象 ⇌ ae 构象

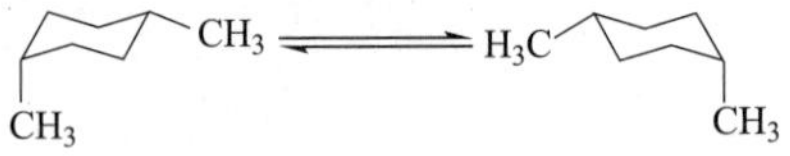

反式： ee 构象（优势构象） ⇌ aa 构象

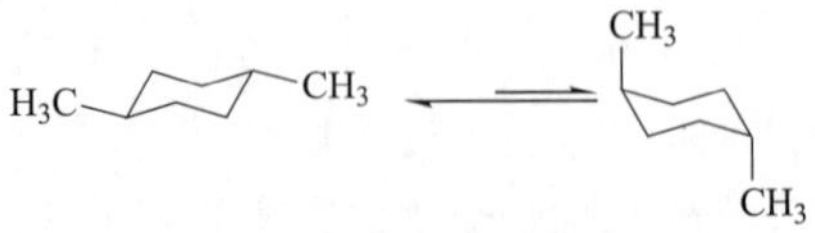

根据构象分析得知：单取代环己烷以取代基在 e 键为优势构象；多取代环己烷以 e 键取代最多的为优势构象；当环上有不同取代基时，体积最大的基团在 e 键为优势构象，例如在顺-1-甲基-2-叔丁基环己烷中，叔丁基位于 e 键为优势构象。

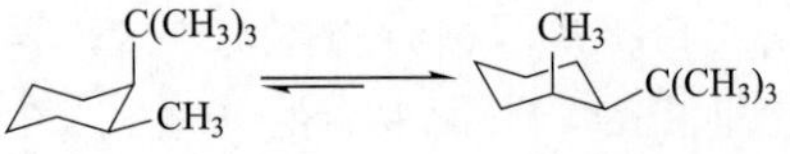

优势构象

3.3.3 二环环烷烃的构象

一些二环结构桥头位置的立体结构是固定的，例如二环[2.2.1]庚烷，它的亚甲基只能以顺式连接于环己烷船式构象的1,4-位，反式方向的连接不可能存在。

二环[2.2.1]庚烷

对于一些较大的环系则无上述限制，例如二环[4.4.0]癸烷（十氢萘）的两个环可以通过顺式或反式两种方式连接。

顺-十氢萘　　　　　　反-十氢萘

当两个环己烷相并合时，因为环己烷的椅式构象稳定，相互连接的环都采取椅式构象。

顺-十氢萘　　　　　　反-十氢萘

因为顺式十氢萘的两个六元环相互以 ae 键并合，而反式十氢萘的两个六元环相互以 ee 键并合，因此，反式十氢萘比顺式十氢萘稳定。

顺式十氢萘的两个椅式环可以翻环，并且两者能量相等，在平衡混合物中各占50%。

反式十氢萘不能翻环，因为翻环后意味着两个椅式环己烷相互要以反式 aa 键并合，这在空间上是不可能的。因此，反式十氢萘是刚性结构，没有构象异构体。

3.4 环烷烃的物理性质

一般在常温下，环烷烃中的小环为气体，普通环为液体，中环、大环为固体。环烷烃与开链烷烃一样，难溶于水，比水轻。环烷烃的熔点、沸点和相对密度均比含相同碳原子数的开链烷烃高，其物理性质递变规律与开链烷烃相似，即随着成环碳原子数的增加，熔点和沸点升高。常见环烷烃的物理常数见表3.2。

表3.2 常见环烷烃的物理常数

名称	分子式	mp/℃	bp/℃	d_4^{20}（液态）
环丙烷	C_3H_6	−127.6	−32.9	0.720(−79℃)
环丁烷	C_4H_8	−80.0	11.0	0.703(0℃)
环戊烷	C_5H_{10}	−94.0	49.5	0.745
环己烷	C_6H_{12}	6.5	80.8	0.779
环庚烷	C_7H_{14}	−12.0	117.0	0.810
环辛烷	C_8H_{16}	11.5	147.0	0.830

3.5 环烷烃的化学性质

3.5.1 取代反应

一般环烷烃的化学性质与烷烃相似，在光照或高温条件下，可与卤素发生自由基取代反应。

$$\text{环戊烷} + Br_2 \xrightarrow{300℃} \text{溴代环戊烷}$$

$$\text{环己烷} + Cl_2 \xrightarrow{h\nu} \text{氯代环己烷}$$

3.5.2 加成反应

由于在小环烷烃的碳环结构中存在较强的张力，而易发生开环反应，形成相应的开链化合物。而在相同条件下，环戊烷、环己烷等不发生开环反应。

（1）催化加氢

环烷烃催化加氢，环破裂生成开链烷烃，其反应的活性为：环丙烷＞环丁烷＞环戊烷。环己烷及以上的环烷烃加氢开环非常困难。

$$\triangle + H_2 \xrightarrow[80℃]{Ni} CH_3CH_2CH_3$$

$$\square + H_2 \xrightarrow[120℃]{Ni} CH_3CH_2CH_2CH_3$$

$$\pentagon + H_2 \xrightarrow[300℃]{Ni} CH_3CH_2CH_2CH_2CH_3$$

（2）与卤素加成

小环可与卤素发生亲电加成反应而开环，环戊烷及以上的环烷烃与卤素加成非常困难，随着温度升高可发生自由基取代反应。

$$\triangle + Br_2 \xrightarrow[\text{室温}]{CCl_4} CH_2CH_2CH_2 \\ \quad\quad\quad\quad\quad\quad |\quad\quad\quad | \\ \quad\quad\quad\quad\quad\quad Br\quad\quad\quad Br$$

$$\square + Br_2 \xrightarrow[\triangle]{CCl_4} CH_2CH_2CH_2CH_2 \\ \quad\quad\quad\quad\quad\quad |\quad\quad\quad\quad\quad | \\ \quad\quad\quad\quad\quad\quad Br\quad\quad\quad\quad Br$$

（3）与卤化氢加成

环丙烷及其衍生物在常温下易与卤化氢发生亲电加成反应而开环，开环发生在含氢最多和最少的两个碳原子之间。加成取向遵循马尔科夫尼科夫规则（Markovnikov's rule），简称马氏规则，即氢与含氢最多的碳原子结合，卤素与含氢最少的碳原子结合。

$$\triangle + HBr \xrightarrow{\text{室温}} CH_3CH_2CH_2Br$$

$$\text{二甲基环丙烷} + HBr \xrightarrow{\text{室温}} (CH_3)_2CCH_2CH_3 \\ \quad\quad\quad\quad\quad\quad\quad\quad\quad\quad\quad\quad | \\ \quad\quad\quad\quad\quad\quad\quad\quad\quad\quad\quad\quad Br$$

3.5.3 氧化反应

环烷烃与烷烃相似，在室温下不与高锰酸钾水溶液反应，可用于鉴别烯烃与环丙烷及其衍生物。但在高温和催化剂作用下，环烷烃也可以被氧化；若在更强烈氧化条件下，环烷烃则发生开环反应。

$$\text{环己烷} \xrightarrow[140\sim180℃,1\sim2.5\text{MPa}]{Co/O_2} \text{环己醇} + \text{环己酮}$$

$$\text{环己烷} \xrightarrow[\text{或 } HNO_3/\triangle]{Co/O_2/HOAc/100℃} \begin{array}{c} CH_2CH_2COOH \\ | \\ CH_2CH_2COOH \end{array}$$

3.6 重要的环烷烃

环烷烃及其衍生物广泛存在于自然界中，如石油、煤焦油、天然动植物药物及合成药物中都存在环烷烃结构，特别是五元、六元环。环己烷及其衍生物是自然界存在最广泛的环状化合物。

（1）环己烷

环己烷（cyclohexane）又称六氢化苯，分子式为C_6H_{12}；是无色、易燃、有刺激性气味的液体；不溶于水，溶于乙醇、乙醚、丙酮等多数有机溶剂；蒸气对眼睛、皮肤和呼吸系统有刺激作用；高浓度蒸气具有麻醉效应，对神经系统影响较大；吸入后能导致头晕、恶心、呕吐、失去知觉。

环己烷可由苯催化加氢而制得。作为一种重要的工业原料，环己烷主要用于合成尼龙的原料己二酸及己内酰胺；环己烷是非极性溶剂，在涂料和清漆中有较广泛的应用；环己烷毒性比苯小，因此在医药上用环己烷作为苯的替代溶剂使用。

（2）十氢化萘

十氢化萘（naphthane）又称萘烷、十氢萘、二环[4.4.0]癸烷，分子式为$C_{10}H_{18}$；是无色透明液体，微带薄荷脑气味；不溶于水，能与甲醇、乙醇、氯仿、丙酮和苯等多种有机溶剂混溶；熔点较低，沸点较高，很容易挥发。

目前，市场上十氢化萘商品一般为顺式和反式两者的混合物，是由含大约60%的反式十氢化萘组成的同分异构体。十氢化萘是重要的有机溶剂，主要用作油脂、树脂、橡胶等的溶剂和脱漆剂、润滑剂，还用于染料、农药与制药工业。

（3）金刚烷

金刚烷（adamantane）由于分子中碳原子的排列方式相当于金刚石晶格中的部分碳原子排列而得名，属于三环桥环化合物，命名为三环[3.3.1.1^{3,7}]癸烷，分子式为$C_{10}H_{16}$；白色结晶粉末，有类似樟脑气味；不溶于水，溶于有机溶剂；205℃升华，熔点为268℃（封管），是烷烃中最高的，具较高的挥发性和化学惰性。

金刚烷及其衍生物的用途极其广泛，许多领域都在研制以金刚烷为主体原料的新产品，并取得了可喜的成果。例如在金刚烷结构中引入聚合物分子链，可以形成许多性能优良的光学和电子材料；金刚烷衍生物作为烷基化助催化剂，用量较大；引入金刚烷的合成润滑油，不仅润滑性能非常好，其耐热性和抗氧化性也相当出色；金刚烷基类药物具有药效高、毒性低、不良反应小等特点，受到许多医药工作者的青睐。

习 题

1. 写出分子式为 C_5H_{10} 的环烷烃的构造异构体。

2. 用 IUPAC 命名法命名下列化合物。

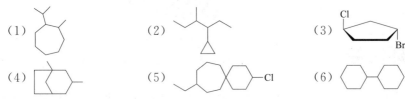

3. 下列各组化合物中哪一个燃烧热大？

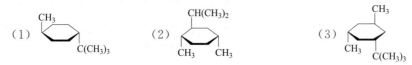

4. 写出下列化合物的优势构象。

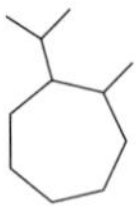

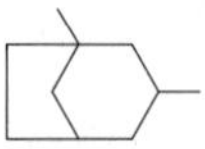

(1) 一甲基-氢的六元环（CH₃ 与 C(CH₃)₃ 取代） (2) 一异丙基与二甲基取代的六元环 (3) 一甲基与叔丁基取代的六元环

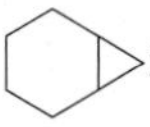

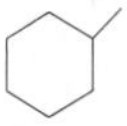

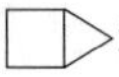

5. 写出下列产物的主要产物。

(1) 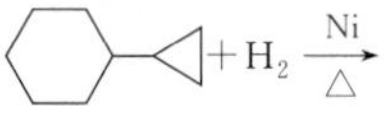 环己基环丙烷 + H₂ —Ni/Δ→

(2) 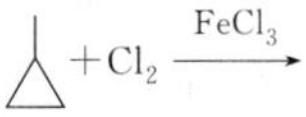 环丙烷 + Cl₂ —FeCl₃→

(3) 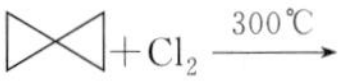 螺环化合物 + Cl₂ —300℃→

(4) 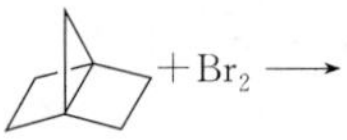 双环化合物 + Br₂ →

6. 环己烷与氯气在光照下反应，生成一氯环己烷，试写出其反应机理。

7. 甲基环己烷的一溴代物有几种？试推测其中哪一种较多？哪一种较少？

8. 已知环烷烃的分子式为 C_5H_{10}，一元氯代产物有三种，试推测环烷烃的构造式。

第4章 烯烃：亲电加成反应

烯烃（alkenes）是分子中含碳碳双键的不饱和碳氢化合物。烯烃与相同碳原子数的烷烃相比，含有较少的氢原子数，因此烯烃也称为不饱和烃（unsaturated hydrocarbons）。烯烃与相应烷烃相比，每少两个氢原子，分子就增加一个不饱和度（degree of unsaturation）。当分子中存在一个环或一个双键就会减少两个氢原子，其不饱和度就为1。若不饱和度为2，则可能是含有三键或两个双键或一个双键和一个环。因此，不饱和度对于推断化合物的结构十分有用。不饱和度的计算方法为：

$$\text{不饱和度 } u = \frac{\text{同碳饱和烃的氢原子数} - \text{实际氢原子数}}{2}$$

4.1 烯烃的结构和命名

4.1.1 结构

链状单烯烃比相应的烷烃少两个氢原子，其通式为 C_nH_{2n}。最简单的烯烃是乙烯，两个碳原子通过双键连接。电子衍射等物理方法研究表明，乙烯碳原子和氢原子均在同一平面上，丙烯结构与乙烯结构相似，它们的键长和键角如图4.1所示。

图4.1 乙烯、丙烯中的C—H和C—C的键长和键角

杂化轨道理论认为，乙烯中形成双键的碳原子为 sp^2 杂化，三个杂化轨道在同一平面上彼此成120°夹角，其中一个 sp^2 杂化轨道与另一个碳原子的 sp^2 杂化轨道彼此"头碰头"重叠形成C—C σ 键，另外两个 sp^2 杂化轨道分别与两个氢原子的s轨道"头碰头"重叠形成C—H σ 键，因此乙烯的六个原子均在同一平面上。此外，每个碳原子上还有一个未参与杂化的p轨道，它与三个 sp^2 杂化轨道相互垂直，并填充有一个电子，与另一个碳原子的p轨道彼此"肩并肩"重叠，形成 π 键，π 电子云分布在平面的上方和下方。由于 π 键重叠较

少，因此比碳碳σ键弱。这样，碳碳双键是由一个强的σ键和一个弱的π键组成的。图4.2为乙烯分子的结构示意图。

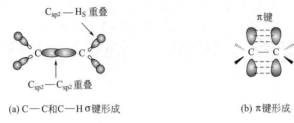

图 4.2　乙烯分子结构

根据分子轨道理论，p轨道线形组合形成两个π键分子轨道时，一个为成键π分子轨道，一个为反键π*分子轨道。成键轨道能量较低，分子处于基态时，两个自旋相反的π电子均填充在成键π分子轨道上，它在乙烯分子平面的上方和下方区域出现的概率最大。反键轨道能量较高，基态时没有填充电子，不过当其吸收能量成为激发态时，基态的一个电子可以跃迁至反键轨道上，反键π*分子轨道在两个碳原子之间有一个节面，节面处电子云密度为零，如图4.3所示。

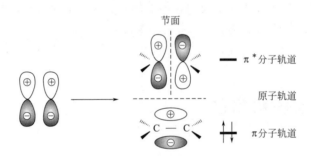

图 4.3　乙烯的π分子轨道

由于碳碳双键不能旋转，因此，若构成双键的两个碳原子上连有不同的原子或基团时，就会产生不同的异构体，例如，2-丁烯就存在两种不同的异构体：

(1)　　　　(2)

式（1）中，两个甲基处于双键的同一侧，称为顺-2-丁烯，式（2）中的两个甲基处于双键的异侧，称为反-2-丁烯。这两种烯烃构造相同，但属于不同的化合物。室温下不能通过化学键的旋转相互转化，不同的仅仅是分子中的原子或基团的空间位置不同，所以属于立体异构体。但是，它们不具有对映关系，因此不是对映异构体。与二取代环烷烃类似，我们将这种异构体也称为几何异构体或顺-反异构体。顺-反异构体具有不同的物理性质，两者可用简单的物理方法分离。例如：

	顺-2-丁烯	反-2-丁烯
沸点/℃	3.5	0.9
熔点/℃	−139	−106
偶极矩/C·m	1.1×10^{-30}	0

并不是所有的烯烃都有顺-反异构现象。有顺-反异构的烯烃必须是构成双键的两个碳原

子上各自连有两个不同的原子或原子团。

$$\underset{\text{同一化合物}}{\overset{A}{\underset{B}{>}}=\overset{D}{\underset{D}{<}} \quad \overset{B}{\underset{A}{>}}=\overset{D}{\underset{D}{<}}} \quad \underset{\text{顺反异构体}}{\overset{A}{\underset{B}{>}}=\overset{D}{\underset{E}{<}} \quad \overset{B}{\underset{A}{>}}=\overset{D}{\underset{E}{<}}}$$

4.1.2 命名

(1) 烯烃系统命名法规则

烯烃的普通命名法与烷烃的命名类似，即可根据烯烃含有的碳原子数目，称为"某烯"。该法也是只适用于简单烯烃的命名。例如：

$$CH_3CH=CH_2 \qquad CH_3-\underset{CH_3}{\overset{CH_3}{C}}=CH_2$$

丙烯　　　　　　异丁烯
propylene　　　　isobutylene

结构复杂的烯烃必须用系统命名法进行命名，命名方法与烷烃的系统命名法相似。

① 选择含有双键的最长的连续碳链作为主链，并根据其碳原子数命名为"某烯"。

② 从靠近双键的一端对主链进行编号，使双键碳原子的编号尽可能低，并将双键碳原子编号低的数字置于主链名称前，用"-"隔开。

$$CH_2=CHCH_2CH_3 \qquad CH_3CH=CHCH_2CH_3$$

1-丁烯　　　　　　2-己烯
1-butylene　　　　2-hexene

③ 将取代基的位次与名称置于母体名称之前。

3-甲基-1-丁烯　　　　6-溴-3-丙基-1-己烯
3-methyl-1-butene　　6-bromo-3-propyl-1-hexene

④ 环状烯烃（环上含有双键的烯烃）的命名与开链烯烃的命名相似。根据环的大小，将其命名为"环某烯"，而且双键碳原子的编号总为最低，同时按照使环上其他取代基编号尽可能低的方向进行编号。例如：

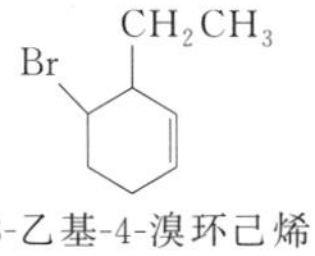

3-乙基-4-溴环己烯　　　　1-甲基环辛烯
4-bromo-3-ethylcyclohexene　　1-methylcyclooctene

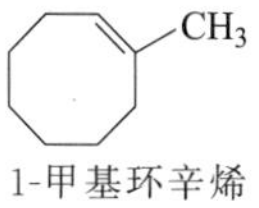

烯烃分子中去掉一个氢原子的基团称为"烯基（alkenyl group）"。烯基命名时，原子的编号总是从游离的价键处开始。例如：

$$CH_3CH=CH-$$

丙烯基或 1-丙烯基　　　　2-甲基-3-环己烯基
1-propenyl group　　　　　2-methyl-3-cyclohexen-1-yl

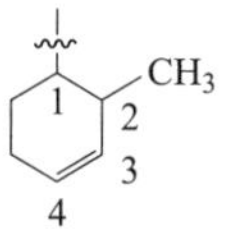

有时也可将碳碳双键的一端看作是失去两个氢原子的基团，称为"亚基（-ylidene）"。例如：

$$CH_2=\!\!\!\!\!\!\!\!\!\!\!\!\quad \qquad\qquad CH_3CH=\!\!\!\!\!\!\!\!\!\!\!\!$$

亚甲基
methylidene

亚乙基
ethylidene

（2）烯烃构型的标示方法

当烯烃存在几何异构现象时，还必须标示出其构型，烯烃的构型有两种标示方法。一种为顺/反构型标示法，另一种为 Z/E 构型标示法。

① 顺/反构型标示法　该法适用于简单烯烃构型的标示。当双键两个碳原子上有相同的原子或基团时，若它们在双键的同侧，称为顺式；若在双键的异侧，则称为反式。例如：

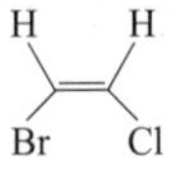

两个氢原子在同侧
顺式

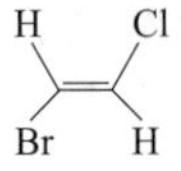

两个氢原子在异侧
反式

有些烯烃（如下例），无法用顺/反标示法标记构型时，则可采用 Z/E 构型标示法。

② Z/E 构型标示法　采用该法标示烯烃构型时，首先将每个双键碳原子上的取代基按次序规则排列优先次序，双键两个碳原子上的优先基团若在同侧，称为 Z 型；若在异侧，则称为 E 型。例如：

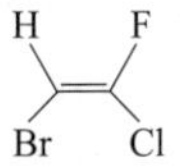

Z 型 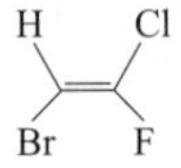　　　　　　　　　E 型

4.2 烯烃的物理性质

烯烃的物理性质与烷烃非常类似。它们不能溶于水，但是在非极性有机溶剂如苯、烷烃、氯仿和四氯化碳中能很好地溶解。表 4.1 列出了一些常见烯烃的物理常数。

表 4.1　一些常见烯烃的物理常数

名称	分子式	熔点/℃	沸点/℃	密度/(g/cm³)
乙烯	C_2H_4	−169.4	−102.4	0.610
丙烯	C_3H_6	−185.0	−47.7	0.610
1-丁烯	C_4H_8	−185.0	−6.3	0.643
异丁烯	C_4H_8	−140.7	−6.6	0.627
顺-2-丁烯	C_4H_8	−139.0	3.7	0.621
反-2-丁烯	C_4H_8	−106.0	0.9	0.604
1-戊烯	C_5H_{10}	−165.0	30	0.641
2-甲基-1-丁烯	C_5H_{10}	−138.0	31	0.604
1-己烯	C_6H_{12}	−138.0	64.0	0.675

从表 4.1 看出，烯烃的沸点比相应烷烃的沸点稍高，这是由于烯烃中双键的可极化性要比单键强，分子间的作用力稍大。在烯烃的几何异构体中，顺式的沸点要比反式高，是因为顺式具有一定的极性。反式则由于具有更高的对称性，因而其熔点稍高。

4.3 烯烃的化学性质

烯烃中的双键是由一个相对较强的 σ 键和一个相对较弱的 π 键组成，π 电子云分布在双

第 4 章 烯烃：亲电加成反应

键平面的上、下方，受核的束缚力小，键能小，可极化性大，易给出电子，故烯烃的化学性质较活泼。烯烃的化学反应主要包括两个方面：①发生在双键上的反应，反应类型很多，是烯烃的主要化学反应，反应中双键被破坏；②发生在与双键相连的 α-碳上，即 α-氢的反应，反应中双键保持不变。

4.3.1 催化氢化

在分散程度很高的金属铂（Pt）、钯（Pd）、镍（Ni）等粉末的催化下，烯烃能够与氢气反应生成烷烃，该反应称为加成反应（addition reaction），也称催化氢化（catalytic hydrogenation）。催化氢化反应属于还原反应。例如：

$$CH_3CH=CH_2 + H_2 \xrightarrow{催化剂} CH_3CH_2CH_3$$

该反应一般是定量进行的，可以通过测定氢化过程中所消耗氢气的体积推测烯烃中双键的数目，为有机分子的结构测定提供依据。

反应中的催化剂不能够溶解在反应溶剂中，因此反应是在两相中进行的，称为异相催化反应（heterogeneous hydrogenation）。反应过程中，氢气被吸附到催化剂表面，在催化剂的作用下，氢氢键发生均裂，氢原子与金属中的未配对电子成键；同时烯烃也被吸附到金属表面；然后氢原子从双键的同一侧加到双键上生成烷烃，这种加成方式称为顺式加成（syn addition），最后产物从金属表面释放出来。该反应过程如图 4.4 所示。

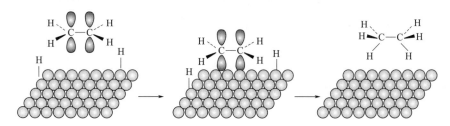

图 4.4 烯烃催化氢化过程示意图

烯烃的催化氢化无论是在实验室还是在工业上都有广泛的应用。例如：

$$\begin{array}{c}\text{(环己烯-1,2-二甲基)} \xrightarrow[CH_3COOH]{H_2, Pt} \text{(顺-1,2-二甲基环己烷)} \quad (82\%)\end{array}$$

烯烃在催化氢化过程中，断裂了一个 π 键和一个氢氢键，生成了两个碳氢键。由于生成两个键放出的能量高于断裂两个键所吸收的能量，因此烯烃的催化氢化是放热反应。1mol 不饱和化合物（含一个双键）氢化时所放出的热量称为氢化热（heat of hydrogenation）。氢化热就是反应的 ΔH。例如：

$$CH_3CH_2CH=CH_2 + H_2 \xrightarrow{Pt} CH_3CH_2CH_2CH_3 \quad \Delta H = 127\text{kJ/mol}$$

$$\underset{H}{\overset{H_3C}{>}}C=C\underset{H}{\overset{CH_3}{<}} + H_2 \xrightarrow{Pt} CH_3CH_2CH_2CH_3 \quad \Delta H = 120\text{kJ/mol}$$

$$\underset{H}{\overset{H_3C}{>}}C=C\underset{CH_3}{\overset{H}{<}} + H_2 \xrightarrow{Pt} CH_3CH_2CH_2CH_3 \quad \Delta H = 116\text{kJ/mol}$$

在上述反应中，它们的产物都是丁烷，而且其中一种反应物（H_2）也相同，然而反应热却不相同。因此，这种差异一定是由另一种反应物（三种丁烯异构体）的内能引起的。1-

丁烯氢化时放出的热量最高，反-2-丁烯的氢化热最低。因此 1-丁烯的势能最高，是最不稳定的异构体，反-2-丁烯的势能最低，稳定性最好。顺-2-丁烯的势能与稳定性均介于中间。

一般说来，反式烯烃比顺式烯烃稳定，这是由于顺式烯烃中的两个取代基处于双键的同一侧，空间比较拥挤。此外，从氢化热的数据可以看出，烷基取代基较多的烯烃比烷基取代基少的烯烃稳定，如 2-丁烯比 1-丁烯稳定。因此，烯烃有如下的稳定性顺序：

$$\underset{\text{四取代}}{\overset{R}{\underset{R}{>}}C=C\overset{R}{\underset{R}{<}}} > \underset{\text{三取代}}{\overset{R}{\underset{R}{>}}C=C\overset{R}{\underset{H}{<}}} > \underset{\text{二取代}}{\overset{R}{\underset{H}{>}}C=C\overset{R}{\underset{H}{<}}} > \underset{\text{二取代}}{\overset{R}{\underset{H}{>}}C=C\overset{H}{\underset{H}{<}}} > \underset{\text{单取代}}{\overset{R}{\underset{H}{>}}C=C\overset{H}{\underset{H}{<}}}$$

上述烯烃稳定性顺序还可由超共轭效应（hyperconjugation）加以说明。围绕 C_{sp^2}—C_{sp^3} σ 键旋转，当 C_{sp^3}—H σ 轨道与 $π^*$ 轨道共平面时，二者重叠组成共轭体系，这种作用就称为超共轭效应。当双键上的取代基越多，超共轭效应就越强。因此，烯烃具有上述稳定性顺序。

4.3.2 硼氢化-氧化反应

烯烃与硼烷的加成反应可用于制备许多重要化合物，这种反应称为硼氢化反应（hydroboration），是由 1979 年诺贝尔化学奖获得者、美国普渡大学的布朗（H. C. Brown，1912—2004）于 1959 年发展起来的。硼烷与烯烃加成得到的化合物为有机硼化合物，例如：

$$\underset{}{C=C} + H-\underset{\underset{H}{|}}{\overset{\overset{H}{|}}{B}} \longrightarrow \underset{\text{有机硼}}{\overset{H}{\underset{}{C}}-\overset{BH_2}{\underset{}{C}}}$$
甲硼烷　　　　有机硼

生成的有机硼化合物仍然含有硼氢键，它能继续与另一分子烯烃反应，直至最终形成三烷基硼中间体。

$$\overset{H}{\underset{}{C}}-\overset{BH_2}{\underset{}{C}} \xrightarrow{C=C} \left[\overset{H}{\underset{}{C}}-\overset{BH_2}{\underset{}{C}}\right]_2 \xrightarrow{C=C} \left[\overset{H}{\underset{}{C}}-\overset{BH}{\underset{}{C}}\right]_3$$
三烷基硼

甲硼烷很容易二聚为乙硼烷，乙硼烷是一种剧毒、可自燃的气体。

$$2BH_3 \rightleftharpoons B_2H_6$$
乙硼烷

乙硼烷可溶于醚中，如乙醚、四氢呋喃（tetrahydrofuran，THF）、二缩乙二醇二甲醚（$CH_3OCH_2CH_2OCH_2CH_2OCH_3$）等。当乙硼烷溶于醚时，它可以分解为甲硼烷并从醚的氧原子中接受一对电子形成复合物，如 BH_3-THF 复合物。

现在已有商品化的 BH_3-THF 复合物。虽然 BH_3-THF 复合物比硼烷稳定，但在使用过程中仍然需要多加小心，应避免与空气接触。

由于硼烷的硼原子外层只有六个价电子，因此具有很高的反应活性。当其与烯烃接触时，加成反应立即发生。并且由于 BH_3 有三个氢原子，因此加成反应会连续发生三次，最终形成三烷基硼 R_3B。当三烷基硼在碱性条件下用双氧水氧化时，碳硼键断裂，产生三分子的醇。这一完整过程称为硼氢化-氧化反应（hydroboration-oxidation），是由烯烃制备醇的一种十分简便的方法。

烯烃的硼氢化-氧化反应是一种十分重要、有用的反应。其中一个重要原因是当不对称烯烃与硼烷发生反应时，产物具有高度的区域选择性和立体选择性。例如：

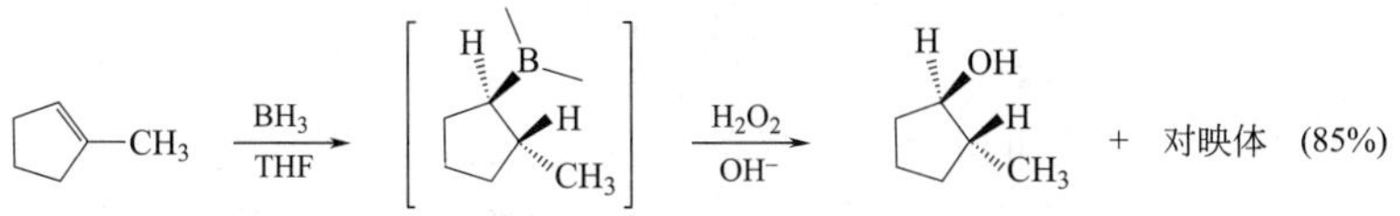

从上面的例子可以看出，烯烃的硼氢化-氧化产物为反马氏产物，并且是按照顺式加成方式进行的。

4.3.3 氧化反应

烯烃很容易给出电子发生加成反应。如果在更剧烈的条件下反应，烯烃还可以发生氧化反应，其产物取决于使用的氧化剂和反应条件。

（1）用高锰酸钾氧化

烯烃与冷的、稀的高锰酸钾水溶液反应，烯烃被氧化为邻二醇，而高锰酸钾被还原为二氧化锰。反应中有明显的现象变化，即高锰酸钾的紫红色会褪去，产生的二氧化锰为棕色沉淀。因此，该反应可作为烯烃的鉴别反应。

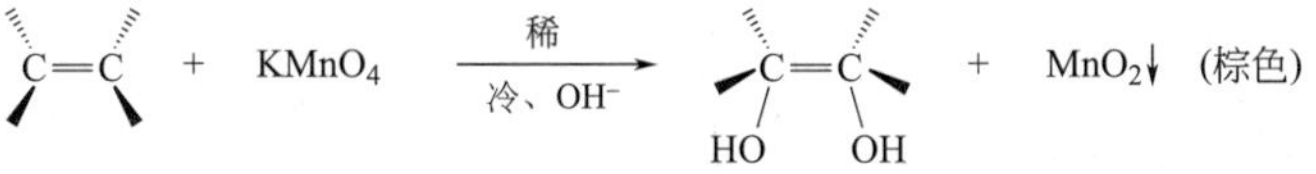

反应经环状锰酸酯中间体进行，因此，两个羟基在双键的同侧生成。

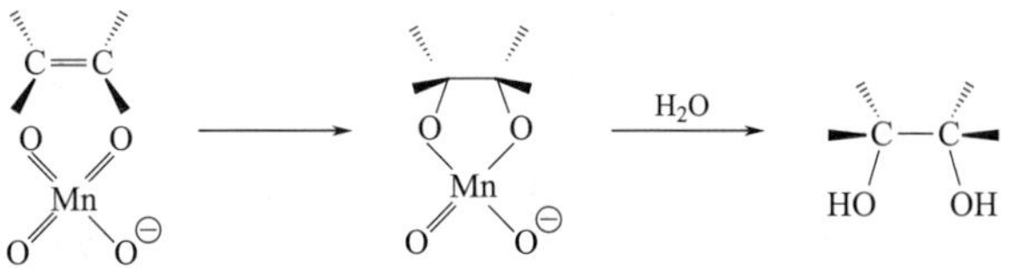

锰酸酯　　　　邻二醇

此反应属于顺式加成。因产物邻二醇很容易继续被氧化，故产率不高。如用热的、浓的或酸性高锰酸钾氧化，烯烃的双键会发生断裂，生成酮、酸等产物。构成双键的碳原子上没有氢，裂解后生成酮；有一个氢，生成羧酸；有两个氢则生成甲酸，甲酸不稳定分解成二氧化碳。可用通式表示如下：

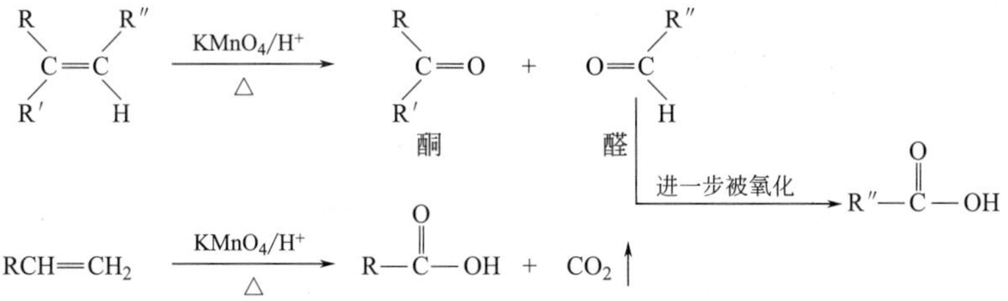

以上反应可用于烯烃结构的推测。

（2）用臭氧氧化

双键除了可以被高锰酸钾氧化断裂外，臭氧是另一种使用更为广泛、更为有用的断裂双键的试剂。臭氧分解（ozonolysis）反应分两个阶段：第一阶段，低温下将臭氧气体通入烯烃的惰性溶剂（如四氯化碳）中，反应剧烈进行，首先得到的是分子臭氧化物（molozonide），一经形成后，立即重排为臭氧化物，该臭氧化物具有爆炸性，故无需分离纯化；第二阶段，所得的臭氧化物在还原剂存在下用水或酸处理，生成两个羰基化合物及过氧化氢。

整个反应过程可表示如下:

$$\ce{>C=C<} \xrightarrow[-78^\circ C]{O_3} [\text{分子臭氧化物}] \longrightarrow \text{臭氧化物} \xrightarrow[CH_3COOH/H_2O]{Zn} \ce{>C=O} + \ce{O=C<}$$

常用的还原剂是锌粉,它可以防止形成的过氧化氢使生成的醛进一步被氧化。产物的结构也是与构成双键碳上的氢原子数有关。双键碳上没有氢,生成酮;有氢生成醛(有两个氢,生成甲醛)。

$$\underset{R}{\overset{R}{>}}C=C\underset{H}{\overset{R''(H)}{<}} \xrightarrow{O_3} \xrightarrow{Zn/H_2O} \underset{R'}{\overset{R}{>}}C=O + O=C\underset{H}{\overset{R''(H)}{<}}$$

               酮   醛

臭氧化反应除了用来制备羰基化合物,还可以通过分析氧化产物推测原烯烃的结构。

$$CH_3(CH_2)_4CH=CH_2 \xrightarrow[\textcircled{2}(CH_3)_2S]{\textcircled{1}O_3, CH_3OH} CH_3(CH_2)_4CHO + HCHO$$

$$\underset{\underset{CH_3}{|}}{CH_3(CH_2)_3C}=CH_2 \xrightarrow[\textcircled{2}H_2O,Zn]{\textcircled{1}O_3} CH_3CH_2CH_2\overset{O}{\overset{\|}{C}}CH_3 + HCHO$$

(3)用过氧酸氧化

烯烃与过氧酸反应生成环氧化物。通式如下:

$$\ce{>C=C<} + RC\overset{O}{\overset{\|}{-}}OOH \longrightarrow \underset{O}{\overset{}{\underset{\diagdown\diagup}{C-C}}} + RC\overset{O}{\overset{\|}{-}}OH$$

      过氧酸   环氧化物 酸

常见的过氧酸有过氧苯甲酸、间氯过氧苯甲酸,它们都是比较稳定的固体。例如:

$$\text{环己烯} + \text{C}_6\text{H}_5\text{C(O)OOH} \longrightarrow \text{环氧环己烷} + \text{C}_6\text{H}_5\text{COOH}$$

环氧化合物在有机合成中具有很重要的应用价值,通过它可以得到一系列的化合物,如邻二醇、氨基醇、卤代醇、氰基醇等,将在后续章节中讨论。

4.3.4 α-氢的卤代反应

与碳碳双键相邻的碳原子称为α-碳原子或烯丙位碳原子,与此碳相连的氢原子称为α-氢或烯丙位氢。在光照或高温的情况下,α-氢很容易被卤素取代。通式如下:

$$\ce{>CHC=C<} + X_2 \xrightarrow{\text{高温或光照}} \underset{X}{\overset{|}{\ce{>C-C=C<}}}$$

例如,在光照或高温的情况下,α-氢很容易被取代,如丙烯高温氯代生成 3-氯丙烯。

$$CH_3CH=CH_2 + Cl_2 \xrightarrow[500\sim 600^\circ C]{\text{气相}} Cl-CH_2CH=CH_2$$

该反应与烷烃的卤代反应一样,也是自由基取代反应,可表示如下:

链的引发 $Cl_2 \xrightarrow{\text{高温}} 2Cl\cdot$

链的延伸 $Cl\cdot + CH_3CH=CH_2 \longrightarrow \dot{C}H_2CH=CH_2 + HCl$

第4章 烯烃：亲电加成反应

$$\dot{C}H_2CH=CH_2 + Cl_2 \longrightarrow ClCH_2CH=CH_2 + Cl\cdot$$

链的终止 略

研究发现，烯烃的自由基取代反应具有很高的区域选择性，取代反应总是发生在 α-位，即 α-氢具有较高的反应活性。这可以从不同类型碳氢键解离能的大小得到很好的说明。

$$CH_2=CHCH_2-H \longrightarrow CH_2=CHCH_2\cdot + H\cdot \qquad \Delta H \approx 355 \text{kJ/mol}$$
$$(CH_3)_3C-H \longrightarrow (CH_3)_3C\cdot + H\cdot \qquad \Delta H \approx 381 \text{kJ/mol}$$
$$(CH_3)_2CH-H \longrightarrow (CH_3)_2C\cdot + H\cdot \qquad \Delta H \approx 394 \text{kJ/mol}$$
$$CH_3CH_2CH_2-H \longrightarrow CH_3CH_2CH_2\cdot + H\cdot \qquad \Delta H \approx 410 \text{kJ/mol}$$
$$CH_2=CH-H \longrightarrow CH_2=CH\cdot + H\cdot \qquad \Delta H \approx 452 \text{kJ/mol}$$

从烷烃一章中已经知道，解离能越小，生成的自由基越稳定，反应就越容易进行，因此反应活性就高。从上面的数据可以看出，自由基的稳定性有如下顺序：

烯丙基自由基＞3°自由基＞2°自由基＞1°自由基＞乙烯自由基

前面学过，在过氧化物存在的条件下，烯烃能发生自由基加成。在这里也同样产生了自由基，为什么不发生自由基加成反应而是自由基取代反应？

$$CH_3CH=CH_2 + Cl\cdot \begin{cases} \longrightarrow \dot{C}H_2CH=CH_2 \xrightarrow{Cl_2} CH_2CH=CH_2 + Cl\cdot \quad \text{取代产物} \\ \quad\quad\quad\quad\quad\quad\quad\quad\quad\quad\quad\quad | \\ \quad\quad\quad\quad\quad\quad\quad\quad\quad\quad\quad\quad Cl \\ \longrightarrow CH_3-\dot{C}H-CH_2 \xrightarrow{Cl_2} CH_3-CH-CH_2 + Cl\cdot \quad \text{加成产物} \\ \quad\quad\quad\quad\quad\quad\quad | \quad\quad\quad\quad\quad | \quad\quad | \\ \quad\quad\quad\quad\quad\quad\quad Cl \quad\quad\quad\quad\quad Cl \quad Cl \end{cases}$$

美国普渡大学的赫伯特·查尔斯·布朗（Herbert Charles Brown，1912—2004）认为，氯原子其实与烯烃发生了加成，产生了烷基自由基中间体。但是其稳定性很差，存在的寿命很短，很难与氯气发生碰撞进一步反应，因此，由于反应的可逆性，它又转化为反应物。而在取代反应中，产生的自由基很稳定，寿命较长，除了与氯气碰撞发生反应生成产物外，没有其他选择。因此随着反应的进行，最终得到的主要就是取代产物。因此，可以看出，取代与加成其实是一对竞争反应，在较低卤素浓度的情况下更有利于取代反应的发生。因此，烯烃的 α-氢卤代反应必须在高温、低浓度的卤素条件下进行，工业上制备 3-氯丙烯就是在这样的条件下进行的。

在实验室进行烯丙位氢取代反应，常用的方法是用 N-溴代丁二酰亚胺（N-bromosuccinimide，NBS）在光照或过氧化物引发剂的作用下，在惰性溶剂如四氯化碳中进行的。

$$CH_2=CHCH_3 + \underset{\underset{O}{\|}}{\overset{\overset{O}{\|}}{\underset{}{\bigcirc}}}\!\!N-Br \xrightarrow[CCl_4]{\text{光照或过氧化物}} CH_2=CHCH_2Br + \underset{\underset{O}{\|}}{\overset{\overset{O}{\|}}{\underset{}{\bigcirc}}}\!\!N-H$$

该反应首先是 NBS 与体系中少量酸或水作用产生少量溴，再在光照或引发剂的作用下引发链反应的进行。NBS 在 CCl_4 中的溶解度很小，因此它能够不断提供低浓度的溴，使得反应有利于取代。

$$\underset{\underset{O}{\|}}{\overset{\overset{O}{\|}}{\underset{}{\bigcirc}}}\!\!N-Br + HBr \longrightarrow \underset{\underset{O}{\|}}{\overset{\overset{O}{\|}}{\underset{}{\bigcirc}}}\!\!N-H + Br_2$$

4.3.5 聚合反应

烯烃的聚合反应（polymerization）是其最具有应用价值的反应，是在催化剂或引发剂的作用下，使烯烃的双键断裂，并将其按照一定的方式连接在一起形成一个链状的分子量巨大的产物，这种产物称为聚合物（polymers）或大分子化合物（macromolecules）。反应中使用的烯烃称为单体（monomers）。现代化学工业中常用的单体有乙烯、丙烯、异丁烯、氯乙烯、苯乙烯、乙酸乙烯酯、丙烯腈等。

烯烃单体的聚合大多属于链聚合反应，聚合方式多样，根据反应中产生的中间体的种类，聚合反应可分为自由基聚合、碳正离子聚合、碳负离子聚合等。其中自由基聚合过程与自由基链锁反应十分相似，需要在引发剂的引发下才能进行。常用的引发剂有过氧化苯甲酰、过氧化异丙苯、过苯甲酸叔丁酯、偶氮异丁氰等。

$$m\text{CH}_2=\text{CH}_2 \xrightarrow{\text{聚合}} -\text{CH}_2\text{CH}_2\cfrac{}{}(\text{CH}_2\text{CH}_2)_n\text{CH}_2\text{CH}_2-$$
单体 　　　　　　　　　聚乙烯

4.4 亲电加成反应机理

烯烃除了能发生催化氢化这样的加成反应外，还能与很多其他物质发生加成反应，如卤化氢、卤素、水等。

这是由于碳碳双键的 π 电子云分布于平面的上下两侧，暴露在外，因此很容易受到缺电子试剂的进攻，这种缺电子试剂称为亲电试剂（electrophile），因此，这种反应称为亲电加成反应。亲电试剂包括质子、电中性试剂（如溴）和路易斯酸（如 BF_3、$AlCl_3$）等；含有空轨道的金属离子（如 Ag^+、Hg^{2+}、Pt^{2+} 等）也可作为亲电试剂。

烯烃亲电加成反应的结果也是断裂了一个 π 键和一个 σ 键，形成两个 σ 键。由于形成化学键放出的能量高于断键所需的能量，因此亲电加成反应通常也是放热的。

4.4.1 与卤化氢加成

烯烃与卤化氢加成反应的通式为：

$$\text{C}=\text{C} + \text{H}-\text{X} \longrightarrow -\overset{|}{\underset{X}{\text{C}}}-\overset{|}{\underset{H}{\text{C}}}- \quad \text{卤代烷} \quad X=Cl, Br, I$$

该反应一般是将卤化氢气体通入烯烃中进行反应，有时也使用中等极性的溶剂，如乙酸，它能溶解极性卤化氢气体和非极性的烯烃。一般不用普通的卤化氢水溶液，以避免水和烯烃的加成。

当不对称烯烃与卤化氢反应时，预计可得到两种不同的产物。但实际上，产物往往以一种为主。例如：

$$\text{CH}_2=\text{CHCH}_3 + \text{HBr} \longrightarrow \underset{\text{主要产物}}{\text{CH}_3\overset{\text{Br}}{\underset{|}{\text{CH}}}\text{CH}_3} + \underset{\text{次要产物}}{\text{BrCH}_2\text{CH}_2\text{CH}_3}$$

$$\underset{\text{H}_3\text{C}}{\overset{\text{H}_3\text{C}}{>}}\text{C}=\text{CH}_2 + \text{HCl} \longrightarrow \underset{\text{主要产物}}{\text{H}_3\text{C}-\overset{\text{CH}_3}{\underset{\text{Cl}}{\overset{|}{\text{C}}}}-\text{CH}_3} + \underset{\text{次要产物}}{\overset{\text{CH}_3}{\text{CH}_3\text{CHCH}_2\text{Cl}}}$$

第4章 烯烃：亲电加成反应

像这种有可能产生两种或更多种异构体产物，而实际只产生一种或以一种产物为主的反应称为区域选择性反应（regioselective reaction）。

在考察了大量实验结果的基础上，1870年，俄国有机化学家马可尼科夫（V. V. Markovnikov，1838—1904）总结出如下的经验规律：在烯烃与卤化氢的加成反应中，氢原子总是优先加到含氢较多的双键碳原子上，卤素则加在含氢较少的双键碳原子上，这个经验规律简称马氏规则（Markovnikov's rule）。

根据马可尼科夫规则可以预测许多反应的主要产物。例如：

$$\text{1-甲基环己烯} + HBr \xrightarrow{Et_2O} \text{1-甲基-1-溴环己烷}$$

主要产物

在2-戊烯中，每个双键碳原子上都有一个氢，因此按照马可尼科夫规则，两种产物不论哪一种都不占优势，两种产物差不多是等量的，这种预测与实际十分吻合。

$$CH_3CH_2CH=CHCH_3 + HI \longrightarrow CH_3CH_2CHICH_2CH_3 + CH_3CH_2CH_2CHICH_3$$

马氏规则还可以从反应机理得到解释。

（1）反应机理

烯烃与卤化氢的反应机理包括如下两步：

第一步：

$$C=C + H^{\oplus}-X^{\ominus} \xrightarrow{慢} -\overset{+}{C}-\overset{H}{\underset{|}{C}}- + :X^-$$

碳正离子

第二步：

$$-\overset{+}{C}-\overset{H}{\underset{|}{C}}- + :X^- \xrightarrow{快} -\overset{X}{\underset{|}{C}}-\overset{H}{\underset{|}{C}}-$$

（2）碳正离子的结构及稳定性

在第一步形成的有机正离子中，带一个正电荷的碳的价电子为六，这种带一个单位正电荷的有机正离子称为碳正离子（carbocation）。与自由基一样，根据带正电荷碳原子的类型可将碳正离子分为三种：伯、仲、叔碳正离子。由于碳正离子仅有六个价电子，有可强烈获得一对电子形成一个新化学键的趋势，因此，碳正离子为很好的亲电试剂。碳正离子的稳定性与自由基相似，具有如下的稳定性顺序：$R_3C^+ > R_2CH^+ > RCH_2^+ > CH_3^+$。因此，取代程度高的碳正离子具有更高的稳定性。

这种稳定性顺序与共价键异裂的离解能大小密切相关，还可以从诱导效应和超共轭效应两个方面来理解。根据物理学基本规律，一个带电荷的体系（不管是正电荷还是负电荷），其电荷越分散，稳定性就越好。根据这样的基本原理，至少有两个因素与碳正离子的稳定性有关。一方面是诱导效应。与氢原子相比，碳原子体积较大，电子云的可极化性大，因而比氢原子具有更强的供电子能力，烷基通过给电子诱导效应对碳正离子有稳定化作用。因此，烷基取代程度高的碳正离子的稳定性就高。另一方面是超共轭效应。当围绕C—Cσ键旋转，使得相邻碳原子的C—H键的σ轨道与正电荷碳的空p轨道处于同一平面时，可发生超共轭效应，使正电荷分散。很显然，烷基取代基越多，这种超共轭效应就越强，碳正离子就越稳定。

相邻碳氢键的σ电子离域至正电荷的空p轨道上

（3）马可尼科夫规则的理论解释

马可尼科夫规则可以从反应机理以及碳正离子稳定性来加以解释（以丙烯与氯化氢的加成为例）。

当丙烯与氯化氢加成时，在第一步中，可能产生仲和伯两种碳正离子。由于前者较后者稳定，因此，形成仲碳正离子所需活化能较低，反应速率较快，而形成碳正离子这一步是整个加成反应的速率控制步骤，故由仲碳正离子形成的产物2-氯丙烷为主要产物。

$$CH_3CH=CH_2 + H-Cl \xrightarrow{慢} \begin{cases} CH_3\overset{+}{CH}-CH_2-H \xrightarrow{快} CH_3CHCH_3 \text{（主要产物）} \\ \quad \text{仲正碳离子} \quad \quad \quad \quad \quad \quad \quad \quad \mid \\ \quad \quad \quad \quad \quad \quad \quad \quad \quad \quad \quad \quad \quad \quad Cl \\ \\ CH_3\overset{H}{\underset{}{CH}}-\overset{+}{CH_2} \xrightarrow{快} CH_3CH_2CH_2Cl \text{（次要产物）} \\ \quad \text{伯碳正离子} \end{cases}$$

这样，马可尼科夫经验规则可以表述为：当不对称试剂与双键发生加成反应时，试剂中电正性部分主要加到能形成稳定碳正离子的那个碳原子上。这就是马可尼科夫规则的实质。由此可以预测各种烯烃与卤化氢加成的主要产物。例如：

$$\overset{3}{CF_3}\overset{2}{CH}=\overset{1}{CH_2} + H-Cl \longrightarrow \begin{cases} CF_3CHCH_2^+ \longrightarrow CF_3CH_2CH_2Cl \text{（主要产物）} \\ \quad \mid \\ \quad H \\ \text{较稳定} \\ \\ CF_3\overset{+}{CH}CH_3 \longrightarrow CF_3CHClCH_3 \text{（次要产物）} \\ \text{不稳定} \end{cases}$$

在第一步中，氢加到C1和C2上分别产生的碳正离子$CF_3\overset{+}{CH}CH_3$和$CF_3CH_2\overset{+}{CH_2}$具有不同的稳定性。由于氟的电负性很大，使得三氟甲基成为强的吸电子基团。因此，三氟甲基直接与带正电荷碳相连的$CF_3\overset{+}{CH}CH_3$的稳定性比$CF_3CH_2\overset{+}{CH_2}$差。较稳定的碳正离子较易生成，反应速率快，故经后者生成的产物为主要产物。

（4）烯烃的反应活性

不同结构的烯烃加成时具有不同的反应活性。这是因为反应第一步（反应速度决定步骤）所产生的碳正离子中间体稳定性不同。碳正离子的稳定性越大，加成反应的速率就越快。例如，丙烯、乙烯和氯乙烯与溴化氢反应的相对反应活性次序是：

$$CH_3CH=CH_2 > CH_2=CH_2 > CH_2=CHCl$$

这是因为它们在反应中形成的相应碳正离子的稳定性次序为：

$$CH_3\overset{+}{CH}CH_3 > CH_3\overset{+}{CH_2} > \overset{+}{CH_2}CH_2-Cl$$
仲碳正离子　　伯碳正离子　　氯的吸电子作用使稳定性降低

对于氯乙烯而言，由于氯原子的强吸电子诱导效应超过了给电子的共轭作用，总的结果起了吸电子作用，使得产生的碳正离子中间体稳定性下降。

（5）碳正离子的重排

研究发现，在有些烯烃的加成反应中，除了预期产物外，还有"异常"产物生成。例如：

第 4 章 烯烃：亲电加成反应

$$CH_3CHCH=CH_2 + HCl \longrightarrow CH_3CHCHCH_3 + CH_3CCH_2CH_3$$
$$\underset{CH_3}{|} \qquad \underset{CH_3 \quad Cl}{|\quad|} \quad \underset{CH_3 \;\; Cl}{|\quad|}$$

3-甲基-1-丁烯　　　　　预期产物(40%)　　"异常"产物(60%)

在 3-甲基-1-丁烯与氯化氢的加成反应中，只形成了 40% 的预期产物，而主要产物与起始原料相比，具有完全不同的碳架。上述反应是按照以下的过程进行的。

第一步，首先产生一个仲碳正离子。第二步，带正电荷碳的邻位碳上的氢带着一对电子迁移过来，得到更稳定的叔碳正离子。通常将基团的迁移称作重排（rearrangement）。这种邻近原子之间的迁移称作 1,2-迁移（1,2-shift）。第三步，重排形成的碳正离子与氯负离子反应最终形成重排产物。

第一步　　$(CH_3)_2CHCH=CH_2 + H-Cl \xrightarrow{慢} CH_3\overset{CH_3}{\underset{H}{|}}\overset{+}{C}-CHCH_3 + Cl^-$　　仲碳正离子

第二步　　$CH_3\overset{CH_3}{\underset{H}{|}}\overset{+}{C}-CHCH_2 \xrightarrow{\substack{快\\重排}} CH_3\overset{CH_3}{\underset{|}{C}}-CHCH_3$　　叔碳正离子

第三步　　$CH_3\overset{CH_3}{\underset{H}{|}}\overset{+}{C}-CHCH_3 + Cl^- \xrightarrow{快} CH_3\overset{CH_3}{\underset{Cl}{|}}C-CHCH_3$　　重排产物

在碳正离子的重排中，也可以是烷基带着一对电子发生迁移。碳正离子重排是碳正离子的一个重要性质。

4.4.2　与硫酸加成

当烯烃用冷的浓硫酸处理时，它们因发生反应生成了烷基硫酸氢酯而相互溶解。该反应的机理与烯烃与卤化氢的反应机理相似。第一步，烯烃接受来自硫酸的一个质子形成碳正离子；第二步，碳正离子与硫酸氢根负离子反应形成产物烷基硫酸氢酯。

$$C=C + HO-\underset{O}{\overset{O}{\underset{\|}{S}}}-OH \longrightarrow -\overset{+}{C}-\overset{}{C}- + ^-O-\underset{O}{\overset{O}{\underset{\|}{S}}}-OH \longrightarrow -\overset{OSO_3H}{\underset{H}{C}}-C-$$

硫酸的加成反应同样存在区域选择性，并遵守马可尼科夫规则。例如：

$$CH_3CH=CH_2 + HOSO_2OH \longrightarrow CH_3CHCH_3$$
$$\underset{OSO_2OH}{|}$$

烷基硫酸氢酯很容易与水通过加热、水解转化为醇。例如：

$$CH_3CH=CH_2 + HOSO_2OH \longrightarrow CH_3CHCH_3 \xrightarrow[加热]{H_2O} CH_3CHCH_3$$
$$\underset{OSO_2OH}{|} \qquad \underset{OH}{|}$$

这是工业上大规模制备醇的一种方法，称为间接水合法。

烷烃、氯代烷不溶于浓硫酸，烯烃能溶于冷的浓硫酸，因此利用烯烃的这一性质，可以除去其中所含的少量烯烃杂质。

4.4.3　与水的反应

烯烃也可以在无机酸如稀硫酸、稀磷酸催化下，直接与水反应生成醇，称为烯烃的直接水合法。

$$\text{C}=\text{C} \xrightarrow[\text{H}_2\text{O}]{\text{H}^+} -\overset{|}{\underset{\text{H}}{\text{C}}}-\overset{|}{\underset{\text{OH}}{\text{C}}}-$$

例如：

$$\text{CH}_2=\text{CH}_2 + \text{H}_2\text{O} \xrightarrow[300\text{℃},7\text{MPa}]{\text{H}_3\text{PO}_4} \text{CH}_3\text{CH}_2\text{OH}$$

这种方法简单、便宜，但是对设备要求很高，而且往往有重排产物形成。由于石油工业的发展，乙烯、丙烯等来源较充足，乙醇及异丙醇可大规模采用此法生产。

烯烃与水的反应很类似于烯烃加硫酸的反应，该反应同样遵循马氏规则。由于受到马氏规则的限制，通过烯烃（乙烯除外）的直接、间接水合法制得的都是仲醇和叔醇。

在实验室中，烯烃的水合通常采用羟汞化-脱汞（oxymercuration-demercuration）过程来进行。该反应是在四氢呋喃和水为溶剂的条件下，首先将烯烃与乙酸汞作用形成有机汞中间体，然后该中间体用硼氢化钠（$NaBH_4$，sodium borohydride）处理，最后生成醇。该反应的特点是，相当于烯烃与水的加成，条件温和，产率高，反应过程中不发生重排，并且几乎都得到马氏产物。例如：

$$\text{环戊烯-CH}_3 \xrightarrow[\text{②NaBH}_4, \text{OH}^-]{\text{①Hg(OAc)}_2, \text{H}_2\text{O/THF}} \text{环戊烷(CH}_3)(\text{OH}) \quad (92\%)$$

4.4.4 与卤素加成

烯烃与卤素发生加成反应得到邻二卤代烷烃。

$$\text{C}=\text{C} \xrightarrow{\text{X}_2} -\overset{|}{\underset{\text{X}}{\text{C}}}-\overset{|}{\underset{\text{X}}{\text{C}}}-$$

例如：

$$\text{CH}_3\text{CH}=\text{CHCH}_3 + \text{Br}_2 \xrightarrow{\text{CCl}_4} \text{CH}_3\overset{|}{\underset{\text{Br}}{\text{CH}}}-\overset{|}{\underset{\text{Br}}{\text{CH}}}\text{CH}_3$$

卤素的反应活性顺序是：$F_2 > Cl_2 > Br_2 > I_2$。

氟与烯烃的反应十分猛烈，无法控制，除了有加成产物外，还有取代产物。而碘则几乎不发生反应。因此通常用氯和溴与烯烃发生加成反应。

烯烃与卤素的加成反应往往是在有机溶剂（如四氯化碳）中进行的，在室温条件下也十分迅速。例如，将棕红色溴的四氯化碳溶液加入至烯烃中，反应立即发生，同时溴的特征颜色会很快消失，而烷烃在此条件下则不能发生反应。因此，该反应常常用于烯烃的定性鉴别。

基于已有的有关烯烃亲电加成反应的知识，我们很容易给出该反应的可能机理。溴在溶剂的溶剂化效应作用下，使得溴溴键极化，一个溴原子带部分的负电荷，另一个溴原子带部分正电荷。带正电荷的溴进攻双键的π键，使π键断裂，形成一个碳正离子中间体和溴负离子，最后碳正离子中间体与溴负离子反应生成产物邻二溴代烷。

$$\text{CH}_3\text{CH}=\text{CHCH}_3 + \overset{\delta^+}{\text{Br}}-\overset{\delta^-}{\text{Br}} \xrightarrow{\text{CCl}_4} \text{CH}_3\overset{+}{\text{CH}}-\overset{|}{\underset{\text{Br}}{\text{CH}}}\text{CH}_3 + \text{Br}^-$$

$$\text{CH}_3\overset{+}{\text{CH}}-\overset{|}{\underset{\text{Br}}{\text{CH}}}\text{CH}_3 + \text{Br}^- \xrightarrow{\text{CCl}_4} \text{CH}_3\overset{|}{\underset{\text{Br}}{\text{CH}}}-\overset{|}{\underset{\text{Br}}{\text{CH}}}\text{CH}_3$$

该反应机理能够解释很多实验结果。例如，如果与烯烃反应的是含有无机盐的溴溶液，那么除了邻二溴代产物外，还有其他产物生成。

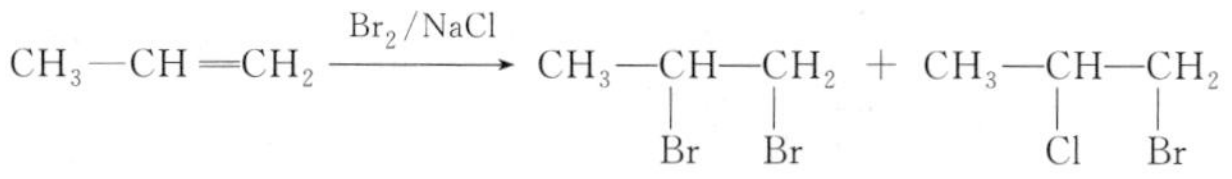

$$CH_3-CH=CH_2 \xrightarrow{Br_2/NaCl} CH_3-\underset{Br}{\underset{|}{CH}}-\underset{Br}{\underset{|}{CH_2}} + CH_3-\underset{Cl}{\underset{|}{CH}}-\underset{Br}{\underset{|}{CH_2}}$$

然而该机理还不能解释所有的实验事实，比如，不能解释反应的许多立体化学现象。例如，环戊烯与溴加成，只产生一对反式邻二溴代对映异构体，而没有产生顺式邻二溴代异构体。如果按照上述机理，应该得到等量的顺式和反式异构体。为了解释这样的反应事实，又提出了另一种反应机理。该机理认为，在溴与烯烃的加成反应中，非极性溴分子在烯烃π电子的极化下，使其成为极性分子，靠近π电子的溴带部分正电荷，并与π电子相互作用，使得π键断裂，形成一个环状溴鎓离子（bromonium ion），同时产生一个溴负离子。环状溴鎓离子的每一个原子外层都有八个电子，比缺电子的碳正离子稳定。但是三元环张力很大，其活性仍很高。所以，溴负离子很容易从环的背面进攻，生成二溴代产物。反应结果是溴从双键的两侧加到烯烃分子中，这种加成方式称为反式加成（anti addition）。

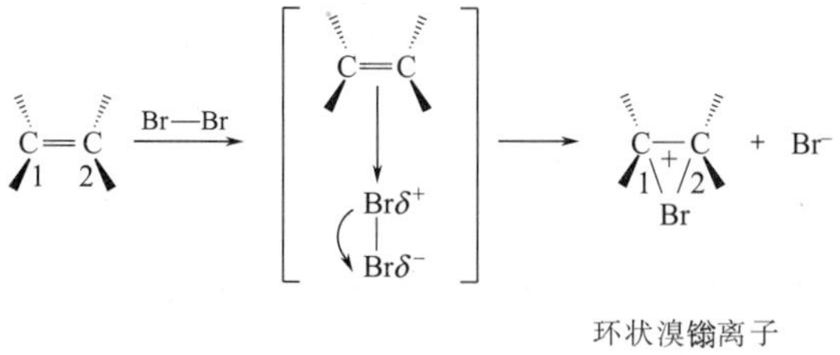

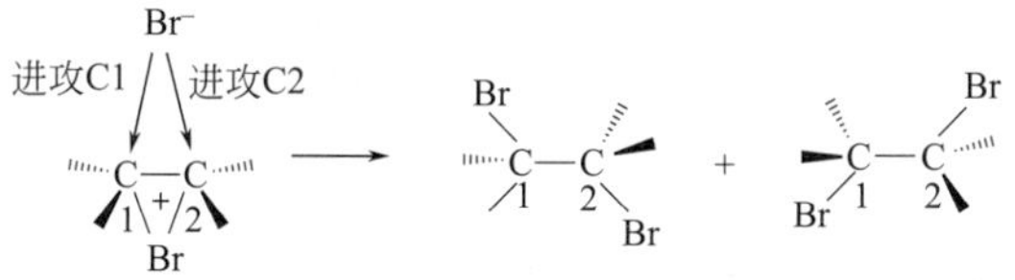

在上述的两步反应中，第一步较困难，是反应速率的决定步骤。

用该机理就能很好地解释以上提到的反应事实。若反应体系中还含有其他负离子，它们也能够进攻溴鎓离子，形成相应的产物。例如环戊烯与溴的加成反应，如果加入了氯化钠，不但能够按照上述机理产生二溴代产物，同时还会产生 1-氯-2-溴环戊烷。像这种有可能生成几种立体异构体，而实际只产生或优先产生一种立体异构体（或一对对映异构体）的反应，称为立体选择性反应（stereoselective reaction）。开链烯烃与溴的加成结果同样也能够很好地用上述机理进行解释。例如，反-2-丁烯与溴加成的产物是内消旋体，而顺-2-丁烯与溴的加成产物则为一对对映异构体。这两个反应中，反应物在立体化学上是有区别的，经过反应之后，形成的产物在立体化学上也是不同的，这样的反应称为立体专一性反应（stereospecific reaction）。

通过上述的讨论，我们知道溴与烯烃的加成是通过环状溴鎓离子的机理进行的，得到反式加成产物。而对于氯来说，由于其电负性比溴大，原子半径较小，形成环状氯鎓离子的可能性很小，因此氯与烯烃的加成反应一般仍按照碳正离子的机理进行。不过，应当注意的是，影响烯烃与卤素加成反应机理的因素还有很多，比较复杂，这里不作进一步讨论。

4.4.5　与次卤酸加成

当烯烃与卤素的加成不是在四氯化碳而是在大量水中进行时，主要产物不是邻二卤代烷，而是邻卤代醇（halohydrin），相当于在双键上加了一个次卤酸分子。

$$\text{C=C} + X_2 + H_2O \longrightarrow HO-\overset{|}{\underset{|}{C}}-\overset{|}{\underset{|}{C}}-X + HX$$

烯烃在卤素水溶液中可发生次卤酸加成反应。次卤酸与卤化氢类似，是不对称试剂，当它与不对称烯烃反应时，反应具有立体选择性。

$$\text{环戊二烯} + Cl_2 \xrightarrow{H_2O} \text{(反式-2-氯环戊醇)} \quad (52\%\sim56\%)$$

$$(CH_3)_2C=CH_2 + Br_2 \xrightarrow{H_2O} (CH_3)_2\underset{OH}{\overset{|}{C}}-CH_2Br \quad (77\%)$$

大量实验证明，该反应过程是烯烃首先与卤素正离子形成环卤鎓离子，然后 H_2O 或 OH^- 再与环卤鎓离子反应，得到反式加成产物。

$$\text{C=C} \xrightarrow{X_2} \overset{X^+}{\underset{H_2O}{\triangle}} \longrightarrow -\overset{X}{\underset{|}{C}}-\overset{|}{\underset{+OH_2}{C}}- \xrightarrow{-H^+} -\overset{X}{\underset{|}{C}}-\overset{|}{\underset{OH}{C}}-$$

卤素与烯烃在水溶液中反应，溶剂水是实际进攻环卤鎓离子的主要试剂，生成卤代醇和少量邻二卤代烷的混合物。

$$CH_2=CH_2 + Cl_2 + H_2O \longrightarrow \underset{\text{主要产物}}{ClCH_2CH_2OH} + ClCH_2CH_2Cl$$

如果该反应在醇溶液中进行，含有未共用电子对的醇的氧原子可进攻环卤鎓离子而生成邻烷氧基卤代烷。

$$(CH_3)_2C=CH_2 + Br_2 \xrightarrow{CH_3OH} (CH_3)_2\underset{OCH_3}{\overset{|}{C}}-CH_2Br$$

4.5 自由基加成反应机理

从上一节的讨论已知，卤化氢与烯烃的加成反应遵循马氏规则。但是，在 1933 年以前，有关溴化氢与烯烃的加成取向的报道十分混乱。有学者报道，溴化氢与烯烃的加成符合马氏规则，也有学者的研究结果与马氏规则相反，还有些研究结果认为马氏和反马氏产物都存在。至于其原因，说法不一，有的报道认为与反应中是否有水存在有关，有的认为取决于光或某种金属的存在，甚至还有报道与反应器皿的表面性质有关。

直至 1933 年，美国芝加哥大学卡拉施（M. S. Kharasch，1895—1957）和梅奥（F. R. Mayo，1908—1987）才澄清了这一混乱局面。他们发现，溴化氢与烯烃的加成取向完全取决于有无有机过氧化物或有机过氧化氢存在。

$$R-\overset{..}{\underset{..}{O}}-\overset{..}{\underset{..}{O}}-R \qquad R-\overset{..}{\underset{..}{O}}-\overset{..}{\underset{..}{O}}-H$$
$$\text{有机过氧化物} \qquad\qquad \text{有机过氧化氢}$$

最常用的过氧化物是过氧化苯甲酰。

$$C_6H_5\overset{O}{\overset{\|}{C}}-O-O-\overset{O}{\overset{\|}{C}}C_6H_5$$

他们认为，在有过氧化物存在的条件下，得到的产物为反马氏加成产物；而在不存在过氧化物条件下，或存在过氧化物捕捉剂（即自由基抑制剂，free radical inhibitors），将得到正常的马氏产物。例如：

第4章 烯烃：亲电加成反应

$$CH_3CH=CH_2 + HBr \xrightarrow{ROOR} CH_3CH_2CH_2Br \quad \text{反马氏产物}$$

$$CH_3CH=CH_2 + HBr \longrightarrow CH_3CHCH_2Br \quad \text{马氏产物}$$
$$\qquad\qquad\qquad\qquad\qquad\qquad |$$
$$\qquad\qquad\qquad\qquad\qquad\;\; Br$$

氯化氢和碘化氢与烯烃即使在过氧化物存在的条件下，也不能得到反马氏产物。

根据卡拉施和梅奥提出的理论，溴化氢的反马氏加成反应机理是过氧化物引发的自由基链锁反应，现以丙烯为例。

链的引发

第一步　$R-O-O-R \xrightarrow[\text{或光照}]{\text{加热}} 2R-O\cdot$

第二步　$2R-O\cdot + HBr \longrightarrow R-OH + Br\cdot$

链的延伸

第三步　$Br\cdot + CH_2=CHCH_3 \longrightarrow$
- $BrCH_2\dot{C}HCH_3$　　2°自由基
- $\dot{C}H_2CHCH_3$　　1°自由基
  $\qquad\;\; |$
  $\qquad\; Br$

第四步　$BrCH_2\dot{C}HCH_3 + H-Br \longrightarrow BrCH_2CHCH_3 + Br\cdot$
$\qquad\qquad\qquad\qquad\qquad\qquad\qquad\qquad\qquad\quad |$
$\qquad\qquad\qquad\qquad\qquad\qquad\qquad\qquad\quad\;\, H$

链的终止（反应式略）

在链的引发阶段，过氧化物中的氧氧键较弱，容易发生均裂形成自由基，该自由基再夺取溴化氢中的氢，形成溴自由基。在链的延伸阶段，溴自由基进攻烯烃，这一步就决定了加成的取向。由于溴原子加到双键的C1上，形成更稳定的自由基，所需的活化能较小，因此，溴原子优先进攻C1。而且这一步是整个反应的速率控制步骤，因此主要得到反马式产物。由此可见，在过氧化物存在条件下，溴化氢与烯烃加成的"反常"产物是由自由基机理引起的，对于自由基机理来说是正常的。这种由于过氧化物存在，使得加成方向发生改变的效应，常常称为"过氧化物效应"（peroxide effect）。

氯化氢和碘化氢没有过氧化物效应，加成方向仍服从马氏规则。此因氯化氢中的氢氯键比氢溴键强很多，需要较高的活化能才能使氯化氢均裂成自由基，这就阻碍了链反应的进行，因此，氯化氢不能进行自由基加成反应。碘化氢均裂的离解能不大，但碘原子与双键加成需要较高的活化能，所以也不能进行自由基加成反应。

4.6 重要的烯烃

（1）乙烯

乙烯是重要的有机化工基本原料，主要用于生产聚乙烯（PE）、乙丙橡胶（EPR）、聚氯乙烯（PVC）等；是石油化工最基本的原料之一。乙烯是一种植物激素，能促进水果的成熟。乙烯用于医药合成、新材料合成；是产量最大的化工产品之一，其产量和相关产品已作为衡量一个国家石油化工生产水平的重要标志之一。

（2）丙烯

丙烯（propylene，$CH_2=CH-CH_3$）常温下为无色、稍带有甜味的气体，不溶于水，溶于有机溶剂，是一种低毒类物质。丙烯是三大合成材料的基本原料，主要用于生产聚丙烯、丙烯腈、异丙醇、丙酮和环氧丙烷等。

（3）苯乙烯

苯乙烯（styrene，C_8H_8）是用苯取代乙烯的一个氢原子形成的有机化合物，乙烯基的电子与苯环共轭。苯乙烯不溶于水，溶于乙醇、乙醚，暴露于空气中逐渐发生聚合及氧化，工业上是合成树脂、合成橡胶及离子交换树脂等的重要单体。

（4）α-蒎烯

α-蒎烯（α-pinene）是一种合成香料的重要原料，无色透明液体，主要用于合成松油醇、芳樟醇以及一些檀香型香料，有松木、针叶及树脂样的气息，香气透发，不留长。α-蒎烯可用于日化用品及其他工业品的加香，也是合成润滑剂、增塑剂、萜烯树脂等的原料。α-蒎烯是松节油的主要成分。

习　题

1. 命名下列化合物，有构型者标明其构型。

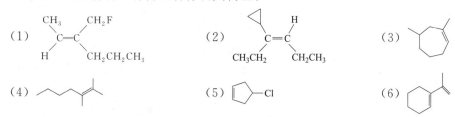

2. 写出下列化合物或取代基的结构式。

(1) (E)-3,4-二甲基-3-庚烯　　　(2) 乙烯基环戊烷　　　(3) 2-戊烯基

3. 用 Z/E 构型标示法标记下列化合物的构型。

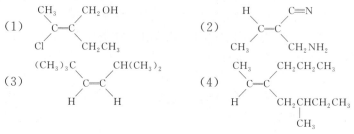

4. 写出 1-己烯分别与下列试剂反应的主要产物。

(1) HCl　　　(2) Br_2/CCl_4，室温　　　(3) H_3O^+，H_2O，△

(4) 冷，H_2SO_4；H_2O，△　　　(5) HBr　　　(6) H_2/Pt

(7) 冷，稀 $KMnO_4$；H^+　　　(8) O_3；Zn/H_2O　　　(9) Br_2/H_2O

(10) HBr/过氧化物

5. 烯烃经臭氧氧化，再还原水解后得到下述产物，试写出原烯烃的结构。

(1) CH_3CHO；　　　(2) CH_3COCH_3，CH_3CH_2CHO；

(3) HCHO，CH_3CHO，$OHCCH_2CHO$

6. 试写出与高锰酸钾反应后得到下列产物的烯烃的结构。

(1) CO_2，CH_3COOH；　　　(2) CH_3COOH，$(CH_3)_2CHCOOH$；

(3) $(CH_3)_2CHCOOH$

7. 写出下列反应的主要产物。

(1) $\underset{H}{\overset{H_3C}{>}}C=C\underset{H}{\overset{CH_3}{<}} + Br_2 \xrightarrow{CCl_4}$

(2) $CH_2=CHBr \xrightarrow{HI}$

(3) 环戊基-CH=CH$_2$ $\xrightarrow[\text{②}NaBH_4]{\text{①}Hg(OAc)_2 \cdot H_2O}$

(4) 亚甲基环己烷 $+ HBr \xrightarrow{\text{过氧化物}}$

(5) 1,2-二取代环己烯(CH$_3$, CH$_2$CH$_3$) $\xrightarrow{H_2, Pt}$

(6) $CH_3-\underset{\overset{|}{CH_3}}{C}=CH_2 \xrightarrow[\triangle]{KMnO_4, H^+}$

(7) $\underset{H_3C}{\overset{H_3C}{>}}C=C\underset{CH_3}{\overset{H}{<}} \xrightarrow{50\% H_2SO_4/H_2O}$

(8) $\underset{H}{\overset{CH_3}{>}}C=C\underset{C_6H_5}{\overset{H}{<}} + CH_3CO_2H \xrightarrow{Na_2CO_3}$

8. 试预测，当只有1mol溴与下列化合物加成所得的产物。

(1) $CH_3CH_2CH=CHCH_2CH=CHCl$

(2) $CH_2=CHCH_2CH_2-\underset{\overset{|}{CH_3}}{\overset{CH_3}{C}}-CHCH_3$

(3) $CH_3CH=CHCH_2CH=CHCF_3$

9. 根据反应条件、产物的结构，试推测出可能的反应物（可能有多种）。

(1) $C_5H_{10} + H_2O \xrightarrow{H_2SO_4} CH_3-\underset{\overset{|}{OH}}{\overset{CH_3}{C}}-CH_2CH_3$

(2) $C_7H_{12} + HCl \longrightarrow$ 1-甲基-1-氯环己烷

10. 氯化氢与3,3-二甲基-1-丁烯的加成反应能够生成两种产物：3-氯-2,2-二甲基丁烷和2-氯-2,3-二甲基丁烷。写出形成上述两种产物的反应机理。

11. 烯烃经臭氧氧化，再还原水解后得到下述产物，试写出原烯烃的结构。

(1) CH_3CHO

(2) CH_3COCH_3，CH_3CH_2CHO

(3) $HCHO$，CH_3CHO，$HOCCH_2CHO$

12. 如何制备下面的化合物？

$CH_3CH_2CH-CHCH_2CH_3$
$\underset{CH_3}{|}\underset{OH}{|}$

13. 月桂烯是一种从杨梅蜡中分离出的具有芳香气味的化合物，分子式为$C_{10}H_{16}$，并且已知不含三键。（1）该化合物的不饱和度为多少？当对其催化氢化时，月桂烯将转化为2,6-二甲基辛烷。（2）对月桂烯进行臭氧化并经锌还原将得到2mol甲醛（HCHO），1mol丙酮（CH_3COCH_3），以及另一化合物（A），分子式为$C_5H_6O_3$，试推测月桂烯和化合物（A）的结构。

第5章 炔烃和二烯烃：共轭加成

分子中含有碳碳三键（—C≡C—）的不饱和烃称为炔烃（alkyne）。含有两个碳碳双键的烃称为二烯烃（diene）。单炔烃和链状二烯烃的分子通式均为 C_nH_{2n-2}，二者互为同分异构体。

5.1 炔烃

5.1.1 炔烃的结构和命名

（1）炔烃的结构

最简单的炔烃是乙炔，分子式为 C_2H_2。电子衍射光谱等物理方法测得，乙炔是一直线形分子，C≡C 键长 0.120nm，C—H 键长 0.106nm，三键与碳氢键间夹角为 180°。

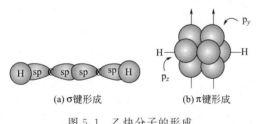

图 5.1 乙炔分子的形成

结构理论认为，乙炔分子中，碳原子为 sp 杂化，两个碳原子各以一个 sp 杂化轨道沿轴方向互相重叠，形成 C—C σ 键，又各用一个 sp 杂化轨道分别与氢原子的 1s 轨道形成 C—H σ 键，得到乙炔分子的 σ 分子骨架。未参加杂化的 p 轨道两两平行重叠，形成两个彼此相垂直的 π 键，如图 5.1 所示。

其他炔烃分子中三键的结构和乙炔相似，均为 sp 杂化，直线形，三键由一个 σ 键和两个 π 键组成，和碳碳双键相类似，也是不饱和键。实际上三键中两对 π 电子呈圆桶形分布在 σ 键的四周。

由于碳架不同或三键位置不同而引起炔烃的异构，三键碳原子上不可能连支链，炔烃也没有顺反异构体，因此炔烃同分异构体的数目比相应烯烃的要少。

（2）炔烃的命名

炔烃的普通命名法是以乙炔为母体的衍生物命名法，用于简单炔烃的命名。例如：

$CH_3CH_2C\equiv CH$ 　　　　　　　$CH_3C\equiv CCH_3$

乙基乙炔 　　　　　　　　　　　二甲基乙炔
ethylacetylene 　　　　　　　　dimethylacetylene

炔烃的系统命名和烯烃相似，只需将"烯"改为"炔"，英文命名是将烷烃的"-ane"

改为"-yne"。例如：

$$CH_2CH_3C\equiv CH \qquad CH_3CH_2\overset{\overset{H_3C}{|}}{C}HC\equiv CCH_2CH_3 \qquad CH_3C\equiv C-C\equiv C-C\equiv CCH_3$$

1-丁炔　　　　　　　5-甲基-3-庚炔　　　　　　　2,4,6-辛三炔
1-butyne　　　　　　5-methyl-3-heptyne　　　　　2,4,6-octtriyne

如分子中同时具有三键和双键，则应选择同时含有两者在内的最长碳链为主链，称为"烯炔"，烯在前，炔在后。碳链编号从最先遇到双键或三键的一端开始，若在主链两端等距离处遇到双键或三键，应优先考虑双键。例如：

$$CH_3CH=CHC\equiv CH \qquad CH_3C\equiv CCH=CH_2 \qquad CH_3C\equiv C\overset{\overset{CH_3}{|}}{C}HCH_2CH=CHCH_3$$

3-戊烯-1-炔　　　　　1-戊烯-3-炔　　　　　　5-甲基-2-辛烯-6-炔
3-penten-1-yne　　　　1-penten-3-yne　　　　　5-methyl-2-octen-6-yne

复杂炔烃也可将分子中炔键结构部分作为取代基来命名。常见的炔基有：

$$CH\equiv C-\qquad CH_3C\equiv C-\qquad CH\equiv CCH_2-$$

乙炔基　　　　　1-丙炔基（丙炔基）　　　2-丙炔基（炔丙基）
ethynyl　　　　　1-propynyl　　　　　　　2-propynyl

5.1.2　炔烃的物理性质

常温下，$C_2 \sim C_4$ 的炔烃为气体，$C_5 \sim C_{15}$ 的炔烃为液体，C_{16} 以上的炔烃为固体。炔烃和烷烃、烯烃相似，熔点和沸点随分子量的增加而升高，但由于炔键中 π 电子增多，同时炔键呈直线型结构，分子间较易靠近，分子间作用略增大，其沸点、熔点、密度均比烷烃和烯烃略高。炔烃在水中的溶解度很小，但易溶于有机溶剂。表 5.1 为常见炔烃的物理常数。

表 5.1　常见炔烃的物理常数

名称	结构式	熔点/℃	沸点/℃	密度/(g/cm³)
乙炔（ethyne）	HC≡CH	−81.8	−75	0.6179(l)
丙炔（propyne）	HC≡CCH₃	−101.5	23.3	0.6714(l)
1-丁炔（1-butyne）	HC≡CCH₂CH₃	−122.5	8.6	0.6682(l)
2-丁炔（2-butyne）	CH₃C≡CCH₃	−24	27	0.6937
1-戊炔（1-pentyne）	HC≡C(CH₂)₂CH₃	−98	39.7	0.6950
2-戊炔（2-pentyne）	CH₃C≡CCH₂CH₃	−101	55.5	0.7127
3-甲基-1-丁炔（3-methyl-1-butyne）	HC≡CCH(CH₃)₂	—	28	0.6650
1-己炔（1-hexyne）	HC≡C(CH₂)₃CH₃	−124	71	0.7195
2-己炔（2-hexyne）	CH₃C≡C(CH₂)₂CH₃	−92	84	0.7305
3-己炔（3-hexyne）	CH₃CH₂C≡CCH₂CH₃	−51	82	0.7255
3,3-二甲基-1-丁炔（3,3-dimethyl-1-butyne）	HC≡CC(CH₃)₃	−81	38	0.6686
1-庚炔（1-heptyne）	HC≡C(CH₂)₄CH₃	−80	100	0.7330
1-辛炔（1-octyne）	HC≡C(CH₂)₅CH₃	−70	126	0.7470
1-壬炔（1-nonyne）	HC≡C(CH₂)₆CH₃	−65	151	0.7630
1-癸炔（1-decyne）	HC≡C(CH₂)₇CH₃	−36	182	0.7700

5.1.3　炔烃的化学性质

炔烃的官能团是碳碳三键，C≡C 键中有两个较弱的 π 键，因此和烯烃相似，炔烃亦可以发生加成、氧化、聚合等反应。不同的是 C≡C 键中的碳原子为 sp 杂化，使得 C≡C—H 中的 C—H 键极性增大，炔氢具有弱酸性，可以和金属作用生成金属炔化物。

5.1.3.1 加成反应

（1）加氢

炔烃催化加氢时，先生成烯，继续加氢得到烷烃。

$$R-C\equiv CH \xrightarrow{H_2}{催化剂} RCH=CH_2 \xrightarrow{H_2}{催化剂} RCH_2CH_3$$

用 Pt、Pd、Ni 等催化剂，反应很难停留在烯烃阶段，氢气过量，炔烃加氢可直接生成烷烃。用活性较低的催化剂，如林德拉（H. Lindlar，1909—2009）催化剂，可高收率得到烯烃，且得到的烯烃为顺式构型。例如：

$$H_3C-C\equiv C-CH_3 \xrightarrow{H_2}{Pd/CaCO_3} \begin{array}{c} CH_3 \quad CH_3 \\ \diagdown \ \diagup \\ C=C \\ \diagup \ \diagdown \\ H \quad\quad H \end{array}$$

Lindlar 催化剂是将钯附着在碳酸钙或硫酸钡表面，使催化剂活性降低。

（2）亲电加成反应

① 加卤素　炔烃加卤素首先生成邻二卤代烯，进一步加成生成四卤代烷。例如：

$$CH\equiv CH \xrightarrow{Br_2} BrHC=CHBr \xrightarrow{Br_2} Br_2CHCHBr_2$$

Br_2 与炔烃的加成使溴水褪色，此反应可用于三键的定性鉴定。炔烃与卤素的加成可以控制在邻二卤代烯的阶段，并且按反式加成（机理引起）方式发生，主要生成反式加成产物。例如：

$$CH_3CH_2C\equiv CCH_2CH_3 + Br_2 \longrightarrow \begin{array}{c} CH_3CH_2 \quad\quad Br \\ \diagdown \quad\quad\quad \diagup \\ C=C \\ \diagup \quad\quad\quad \diagdown \\ Br \quad\quad CH_2CH_3 \end{array}$$

② 加卤化氢　炔烃和一分子 HX 加成，生成一卤代烯，进一步加成生成同碳二卤代烷（也称为偕二卤代烷）。例如：

$$HC\equiv CH \xrightarrow{HCl}{HgCl_2} H_2C=CHCl \xrightarrow{HCl} CH_3CHCl_2$$

不对称炔烃和卤化氢加成时符合马氏规则。例如：

$$CH_3C\equiv CH \xrightarrow{HBr} H_3C\underset{Br}{\overset{Br}{C}}=CH_2 \xrightarrow{HBr} H_3C\underset{Br}{\overset{Br}{-\overset{|}{C}-}}CH_3$$

炔烃与溴化氢加成时，也存在过氧化物效应。例如：

$$n\text{-}C_4H_9C\equiv CH \xrightarrow{HBr}{过氧化物} n\text{-}C_4H_9CH=CHBr$$

（3）酸催化加水

乙炔在硫酸汞和硫酸的催化下与水反应，先生成乙烯醇，乙烯醇非常不稳定，立刻转变成稳定的乙醛。

$$HC\equiv CH + H_2O \xrightarrow{HgSO_4}{H_2SO_4} \left[\begin{array}{c} HC=CH_2 \\ | \\ OH \end{array}\right] \longrightarrow CH_3CHO$$
$$\text{乙烯醇（不稳定）}$$

其他炔烃的水合符合马氏规则，只有乙炔水合生成醛，其他炔烃生成酮。例如：

$$HC\equiv C(CH_2)_5CH_3 + H_2O \xrightarrow{HgSO_4}{H_2SO_4} H_3C-\overset{O}{\overset{\|}{C}}-(CH_2)_5CH_3$$

5.1.3.2 氧化反应

炔烃经高锰酸钾氧化，可发生碳碳三键的断裂，一般"RC≡"部分氧化成羧酸，"≡CH"部分氧化成 CO_2，例如：

$$CH_3CH_2CH_2C\equiv CCH_2CH_3 \xrightarrow[H_3^+O]{KMnO_4/H_2O} CH_3CH_2CH_2COOH + CH_3CH_2COOH$$

与烯烃的氧化一样，可由产物推测原炔烃的结构。

炔烃和 $KMnO_4$ 反应，$KMnO_4$ 很快褪色，可用于炔烃的定性鉴定。

5.1.3.3 炔氢的反应

sp 杂化碳原子杂化轨道中 s 成分占 1/2，sp^2 和 sp^3 杂化碳原子杂化轨道中 s 成分分别占 1/3 和 1/4，sp 杂化碳原子杂化轨道中 s 成分占比例大，电负性大，所以，炔烃中与 sp 杂化碳原子直接相连的氢原子具有酸性，可被某些金属离子取代，生成金属炔化物。

例如，乙炔与金属钠反应放出氢气，并生成乙炔钠。

$$2CH\equiv CH \xrightarrow[液氨]{2Na} 2CH\equiv CNa + H_2$$

炔钠与卤代烷反应，得到烷基取代的炔烃，称为炔烃的烷基化反应，利用此反应可以制备一系列高级炔烃。例如：

$$HC\equiv CNa + CH_3CH_2Br \longrightarrow HC\equiv CCH_2CH_3$$

末端炔烃与硝酸银或氯化亚铜的氨溶液反应，立即生成炔化银白色沉淀或炔化亚铜砖红色沉淀。

$$RC\equiv CH \xrightarrow{[Ag(NH_3)_2]^+} RC\equiv CAg\downarrow \quad 炔化银（白色）$$

$$RC\equiv CH \xrightarrow{[Cu(NH_3)_2]^+} RC\equiv CCu\downarrow \quad 炔化亚铜（砖红色）$$

上述反应速率快、灵敏，现象明显，可用来鉴别末端炔烃。重金属炔化物在干燥状态下受热和受到撞击易发生爆炸，所以要用稀硝酸及时处理。

5.1.3.4 乙炔的聚合

乙炔在一定条件下可聚合成二聚体或三聚体。

$$2HC\equiv CH \xrightarrow[NH_4Cl]{Cu_2Cl_2} H_2C=CHC\equiv CH \quad 乙烯基乙炔$$

$$3HC\equiv CH \xrightarrow{高温} \bigcirc \quad 苯$$

5.2 二烯烃

分子中具有两个碳碳双键的烯烃，称为二烯烃（diene）。二烯烃中，根据两个双键的相对位置不同可分为三类：聚集二烯烃（cumulative diene），例如，$CH_2=C=CH_2$；共轭二烯烃（conjugated diene），例如，$CH_2=CH-CH=CH_2$；隔离二烯烃（isolated diene），又称孤立二烯烃，例如，$CH_2=CH-CH_2-CH=CH_2$。

三类二烯烃中，聚集二烯烃比较少见；隔离二烯烃中的两个双键间隔较远，相互间基本没有影响，各自表现简单烯烃的通性；共轭二烯烃中两双键之间相互影响的结果使其具有特殊的结构及独特的性质。

5.2.1 二烯烃的结构和命名

（1）共轭二烯烃的结构

最简单的共轭二烯烃是1,3-丁二烯。物理方法测得，1,3-丁二烯的所有原子在同一平面上，键长和键角如图5.2所示。

1,3-丁二烯分子中C1和C2，C3和C4之间的键长较乙烯中的双键键长（0.134nm）略长；C2和C3间的键长较乙烷中C—C键键长（0.154nm）明显缩短，即键长发生了平均化。说明1,3-丁二烯分子中不存在典型的单键和双键，特别是C2和C3间具有部分双键的性质。

① 杂化轨道理论解释 杂化轨道理论认为，在1,3-丁二烯分子中，4个碳原子均为sp^2杂化，相邻碳原子之间均以sp^2杂化轨道沿轴向重叠形成3个C—C σ键，其余的sp^2杂化轨道分别与氢原子的1s轨道形成6个C—H σ键，分子中所有σ键处于同一平面。每个碳原子上未参加杂化的p轨道同时垂直于该平面，相互平行。这样，4个p轨道之间彼此侧面重叠，形成一个以4个碳原子为中心，包含4个p轨道的大π键，称为共轭大π键（conjugated π bond），如图5.3所示。

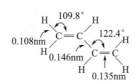

图5.2　1,3-丁二烯的键长和键角

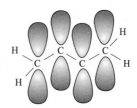

图5.3　1,3-丁二烯的大π键

共轭大π键中，所有π电子在整个大π键中运动，π电子扩大到更大区域的这种运动称为离域（delocalization），有电子离域的体系称为共轭体系。π电子离域使分子中电子云密度分布趋向于平均化，键长平均化；π电子离域使整个体系内能降低，分子稳定性增加。

像1,3-丁二烯分子，由单双键相间形成的共轭体系称为π-π共轭体系。共轭现象是有机分子中普遍存在的一种现象，除π-π共轭体系外，还可形成p-π共轭体系以及超共轭体系等。

共轭体系中电子可以自由流动，当共轭体系受到外界影响时，通过π电子流的自由流动迅速传递到整个共轭体系而不减弱，存在于共轭体系中的电子效应称为共轭作用，用"C"表示。

共轭作用有方向性，分为吸电子共轭作用（用-C表示）和供电子共轭作用（用+C表示）。凡共轭体系上的取代基能降低体系的π电子云密度，则这些基团均产生吸电子的共轭作用，如—NO_2，—C≡N，—COOH，—COR等；凡共轭体系上的取代基能增高体系的π电子云密度，则这些基团均产生供电子的共轭作用，如—NH_2，—NHCOR，—OH，—OR，—OCOR等。

② 分子轨道理论解释 共轭二烯烃中π电子的离域现象也可以用分子轨道理论加以说明。

分子轨道理论认为，1,3-丁二烯分子中不存在孤立的π键，而是4个p轨道线性组合形成4个π分子轨道π_1、π_2、π_3^*和π_4^*，如图5.4所示。其中π_1和π_2的能级低于原子轨道，为成键分子轨道，π_3^*和π_4^*的能级高于原子轨道，为反键分子轨道。

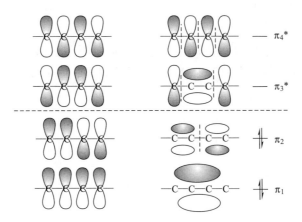

图 5.4　1,3-丁二烯的分子轨道

基态下 4 个 π 电子填充在 2 个成键分子轨道中，它们在这 2 个成键分子轨道中围绕 4 个原子核运动。在成键轨道 π_1 中，C2 和 C3 间有成键电子分布；但在 π_2 中，C2 和 C3 间成键电子云密度为零。所以，C2 和 C3 间有部分双键的特征，使键长缩短，如图 5.4 所示。

③ 共振论解释　共轭二烯烃中 π 电子的离域现象还可以用共振论加以说明。

共振论则认为，不能用一个经典结构式表示一个分子（或离子、自由基）的结构时，可用几个经典结构式（称共振极限式）来共同表示，分子的真实结构是这些极限式的共振杂化体，共振的结果使体系的能量降低。

如 1,3-丁二烯的真实结构为下列极限式的共振杂化体。

$$\underset{①}{CH_2=CH-CH=CH_2} \longleftrightarrow \underset{②}{\bar{C}H_2-CH=CH-\overset{+}{C}H_2} \longleftrightarrow \underset{③}{\overset{+}{C}H_2-CH=CH-\bar{C}H_2} \longleftrightarrow$$

$$\underset{④}{\overset{+}{C}H_2-\bar{C}H-CH=CH_2} \longleftrightarrow \underset{⑤}{\bar{C}H_2-\overset{+}{C}H-CH=CH_2} \longleftrightarrow \underset{⑥}{CH_2=\overset{+}{C}H-\bar{C}H-CH_2} \longleftrightarrow$$

$$\underset{⑦}{CH_2=CH-\overset{+}{C}H-\bar{C}H_2}$$

其中极限式①最稳定，对真实结构贡献最大，与真实结构最接近。因此，平时用式①表示 1,3-丁二烯。

双向箭头"⟷"表示两个极限式间的共振，不能与平衡符号"⇌"混淆。共振杂化体不是几个极限式的混合物，也不能看成是几种极限式的互变平衡体系；实际上极限式是不存在的，只是目前尚未找到一个合适的方法来表示杂化体，所以用一些极限式来共同表示。

应用共振论描述分子（或离子等）结构时，首先要写出极限式。写极限式时应遵循以下原则：

a. 所有的极限式必须符合路易斯结构的要求。
b. 各极限式中原子的排列顺序应相同，不同的仅是电子的排布。
c. 各极限式中配对或未配对的电子数应相等。

不同的共振极限式稳定性不同，对共振杂化体的贡献也不同。极限式的稳定性越高，对共振杂化体的贡献越大，如在 1,3-丁二烯共振杂化体中，极限式①最稳定，对共振杂化体的贡献也就最大。一个化合物往往可以写出多个极限式，但实际上只要将对分子结构和性质有较大贡献的重要极限式写出即可。

（2）二烯烃的命名

二烯烃的命名原则和单烯烃相似，只是选择主链时要包括两个双键，称为"某二烯"；编号从靠近双键的一端开始；在某二烯前标出双键位置和取代基的位置及名称。例如：

$$CH_3HC=C=CH_2 \qquad CH_2=CHCH(CH_3)(CH_2CH_3)C=CH_2$$

1,2-丁二烯　　　　　3-甲基-2-乙基-1,4-戊二烯
1,2-butadiene　　　　2-ethyl-3-methyl-1,4-pentadiene

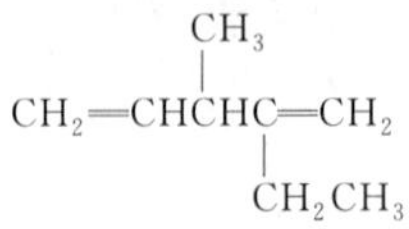

具有顺反异构体的二烯烃及多烯烃，需要标明其构型。例如：

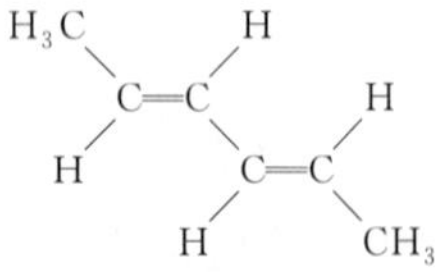

(2E,4E)-2,4-己二烯
(2E,4E)-2,4-hexdiene

5.2.2 二烯烃的物理性质

二烯烃中最重要的是共轭二烯烃，碳原子数较少的共轭二烯烃为气体，如 1,3-丁二烯为沸点 $-4℃$ 的气体；碳原子数较多的共轭二烯烃为液体，如 2-甲基-1,3-丁二烯为沸点 $34℃$ 的液体；共轭二烯烃不溶于水，而易溶于有机溶剂。

由于共轭二烯烃的特殊结构，使其易极化，熔点、沸点比相应烷烃和烯烃略高，折射率增大，分子稳定性增大。烯烃的稳定性可以从其氢化热值反映出来，氢化热大，表明分子内能高，分子稳定性小；反之，分子稳定性大。表 5.2 是几种烯烃的氢化热数据。

表 5.2　烯烃的氢化热

化合物	分子的氢化热/(kJ/mol)	平均每个双键的氢化热/(kJ/mol)
$CH_3CH=CH_2$	125.2	125.2
$CH_3CH_2CH=CH_2$	126.8	126.8
$CH_2=CH-CH=CH_2$	238.9	119.5
$CH_3CH_2CH_2CH=CH_2$	125.9	125.9
$CH_2=CHCH_2CH=CH_2$	254.4	127.2
$CH_2=CH-CH=CHCH_3$	226.4	113.2

可以看出，孤立二烯烃的氢化热约为单烯烃氢化热的两倍，因此，孤立二烯烃中的两个双键可以看作是各自独立起作用。共轭二烯烃的氢化热比孤立二烯烃的氢化热低，说明共轭二烯烃比孤立二烯烃稳定。

5.2.3 共轭二烯烃的化学性质

共轭二烯烃的化学性质和单烯烃相似，可发生加成、氧化等反应。但是由于两个双键共轭的影响，使它在发生这些反应时表现出自己的特殊性。

（1）1,2-加成反应和 1,4-加成反应

1,3-丁二烯与一分子卤素或卤化氢等亲电试剂发生加成反应时，可生成两种加成产物。

第5章 炔烃和二烯烃：共轭加成

$$CH_2=CH-CH=CH_2 + Br_2 \longrightarrow \begin{array}{c} ① \ CH_2-CH-CH=CH_2 \\ \quad\ \ | \quad\ \ | \\ \quad\ \ Br \quad Br \\ ② \ CH_2-CH=CH-CH_2 \\ \quad\ \ | \qquad\qquad | \\ \quad\ \ Br \qquad\qquad Br \end{array}$$

产物①是溴原子分别加在 C1、C2 上的产物，称为 1,2-加成；产物②是溴原子分别加在 C1、C4 上的产物，称为 1,4-加成。

以 1,3-丁二烯和氯化氢的加成为例，讨论其反应机理，反应分两步进行。

第一步：质子加到共轭体系一端的碳上，产生碳正离子。

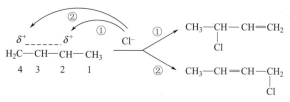

该碳正离子是烯丙基型碳正离子，其中存在 p-π 共轭。正电荷在整个共轭体系中分布，使碳正离子趋于稳定。

该碳正离子也可用如下共轭式表示。

$$[H_2C=CH-\overset{+}{C}H-CH_3 \longleftrightarrow H_2\overset{+}{C}-CH=CH-CH_3] \equiv H_2\overset{\delta+}{\underset{4}{C}}\cdots\underset{3}{CH}\cdots\underset{2}{\overset{\delta+}{CH}}\cdots\underset{1}{CH_3}$$

从上式看出，正电荷主要分布在 C2 和 C4 上。

第二步：氯负离子与碳正离子结合生成产物。氯负离子如果进攻 C2，生成 1,2-加成产物；如果进攻 C4，则生成 1,4-加成产物。

$$\underset{4}{\overset{\delta+}{H_2C}}\cdots\underset{3}{CH}\cdots\underset{2}{\overset{\delta+}{CH}}\cdots\underset{1}{CH_3} + Cl^- \longrightarrow \begin{array}{l} ① \ CH_3-CH-CH=CH_2 \\ \qquad\qquad | \\ \qquad\qquad Cl \\ ② \ CH_3-CH=CH-CH_2 \\ \qquad\qquad\qquad\qquad | \\ \qquad\qquad\qquad\qquad Cl \end{array}$$

所以，共轭二烯烃加成时，有 1,2-加成和 1,4-加成两种加成方式，是由其特殊结构所引起的必然结果。

1,2-加成产物和 1,4-加成产物的比例取决于反应条件。图 5.5 为 1,3-丁二烯与 HBr 加成反应的势能变化过程。

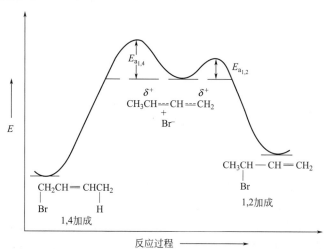

图 5.5　1,3-丁二烯和溴化氢加成反应过程势能变化图

可以看出,1,2-加成反应所需的活化能较小,反应速率比 1,4-加成快,1,2-加成产物为速率控制产物;1,4-加成产物比 1,2-加成产物稳定,所以,从产物稳定性的角度考虑,有利于 1,4-加成,1,4-加成产物为平衡控制产物。

(2)狄尔斯-阿尔德反应

共轭二烯烃与某些含碳碳双键或三键的化合物进行 1,4-加成,生成环状化合物的反应称为狄尔斯-阿尔德(Diels-Alder;Diels,1876—1954;Alder,1902—1958)反应,又叫双烯合成反应。共轭二烯称为双烯体,含双键或三键的化合物称为亲双烯体。例如:

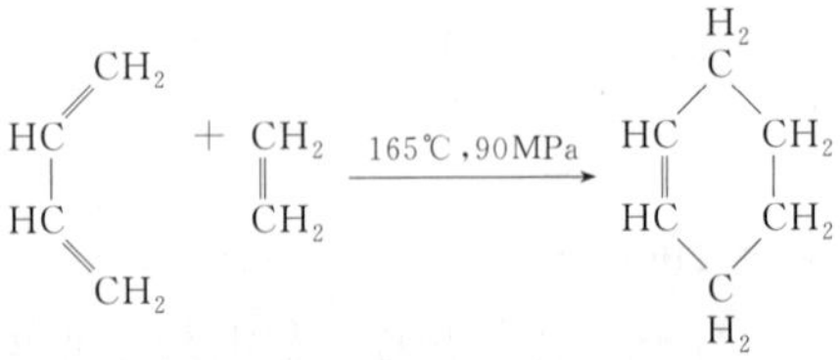

实验表明,如果亲双烯体的双键上连有吸电子基团(如—CHO,—COOR,—CN,—NO$_2$ 等)或双烯体上连有供电子基团时,反应比较容易进行。

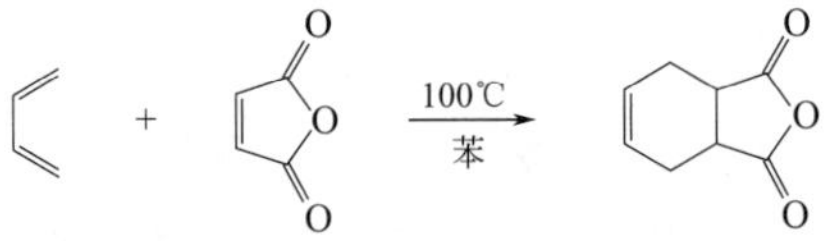

狄尔斯-阿尔德反应是一种协同反应,反应中旧键的断裂和新键的形成同时进行。

5.2.4 重要的共轭二烯烃

(1)1,3-丁二烯

1,3-丁二烯为具有微弱芳香气味的无色气体,易液化,不溶于水,可溶于醇、醚、丙酮、苯等。1,3-丁二烯毒性较小,其毒性与乙烯类似,但对皮肤和黏膜的刺激较强,高浓度时有麻醉作用。1,3-丁二烯在储存中易聚合,主要用于合成橡胶、合成树脂、有机合成等方面。

(2)异戊二烯

异戊二烯为无色易挥发液体,不溶于水,溶于乙醇、乙醚等多数有机溶剂。异戊二烯有麻醉和刺激作用,是合成橡胶的重要单体,是有机合成的重要中间体,是天然产物萜类化合物的基本组成单元。

(3)环戊二烯

环戊二烯主要存在于煤焦油中,为无色液体,极易挥发,有类似萜烯气味,不溶于水,可溶于乙醇、乙醚、苯等多数有机溶剂。环戊二烯蒸气具有麻醉性,能抑制中枢神经,主要用于合成石油树脂和合成橡胶,是有机合成的重要中间体。

(4)共轭亚油酸

共轭亚油酸(CLA)是一种主要从反刍动物脂肪和牛奶产品中发现的天然活性物质,是一类含有共轭双键的十八碳二烯酸(亚油酸)异构体混合物。亚油酸和亚麻酸在反刍动物瘤胃内通过异构化和生物脱氢反应形成 CLA,反式脂肪酸在动物细胞内经 Δ^9-脱氢酶的脱氢作用也能形成 CLA。共轭亚油酸作为一种新发现的营养素,目前在欧美的健康食品界,几乎已经成了预防现代文明病的万灵丹,从抗癌到预防心血管疾病、糖尿病,到体重控制上,几乎是生活在 21 世纪现代人不可或缺的健康食品。

第5章 炔烃和二烯烃：共轭加成

(5) β-胡萝卜素

β-胡萝卜素是类胡萝卜素之一，是橘黄色脂溶性化合物，因富含于胡萝卜中而得名，是自然界中普遍存在的天然色素。β-胡萝卜素具有共轭多烯的结构，为红紫色至暗红色结晶性粉末，略有特异臭味，可溶于丙酮、氯仿、石油醚、苯和植物油，不溶于水、丙二醇和甘油，难溶于甲醇和乙醇。

许多天然食物中，如绿色蔬菜、甘薯、胡萝卜、菠菜、木瓜、芒果等，皆含有丰富的β-胡萝卜素。β-胡萝卜素是一种抗氧化剂，具有解毒作用，是维护人体健康不可缺少的营养素，在抗癌、预防心血管疾病、预防白内障及抗氧化上有显著的功能，并进而防治老化和衰老引起的多种退化性疾病。

(6) 维生素 A

维生素 A 是一种含有共轭双键的脂溶性醇类物质，有多种分子形式，其中维生素 A_1 主要存在于动物肝脏、血液和眼球的视网膜中，又叫视黄醇，熔点为 64℃，分子式为 $C_{20}H_{30}O$；维生素 A_2 主要在淡水鱼中存在，熔点只有 17~19℃，分子式为 $C_{20}H_{28}O$。

维生素 A 可治疗干眼病、角膜软化症、皮肤干燥及夜盲症等，此外，对烫伤、冻伤和溃疡也有疗效。维生素 A 可增加绵羊红细胞或蛋白质免疫小鼠的脾脏 PFC 数目，增强非 T 细胞依赖抗原所导致抗体的产生。它还可增强人外周血淋巴细胞对 PHA 反应和 NK 细胞活性，提高巨噬细胞活性，刺激 T 细胞增殖和 IL2 产生。

习 题

1. 命名下列化合物。

(1) $CH_3CH=C=C(CH_3)_2$

(2) $CH_2=CH-CH=C(CH_3)_2$

(3) $CH_3-\underset{CH_3}{\overset{CH_3}{C}}=\underset{CH_2CH_3}{C}-CHCH_3$

(4) $CH_3C≡CCH_2C(CH_3)_3$

(5)
$\underset{H_3C}{\overset{H}{>}}C=C\underset{CH_2}{\overset{H}{<}}C=C\underset{CH_3}{\overset{CH_2CH_3}{<}}$

(6) $CH≡CCH_2\underset{CH_3}{\overset{}{C}}=CHCH_3$

2. 写出 1-丁炔与下列试剂反应的产物。

(1) 1mol HBr　　　　(2) H_2/Lindlar 催化剂　　　(3) 2mol Br_2

(4) H_2SO_4/$HgSO_4$　　(5) O_3；Zn/H_2O　　　　(6) $Ag(NH_3)_2^+$

3. 完成下列反应方程式。

(1) $CH≡C-\underset{CH_3}{\overset{CH_3}{C}H}CH_2CH_3 \xrightarrow{H_2}{Pd/CaCO_3}$

(2) $H_3C-C≡CH + H_2O \xrightarrow{HgSO_4}{H_2SO_4}$

(3) ⌬ + CHO-CH=CH $\xrightarrow{\triangle}$

(4) $CH_3C≡CNa + BrCH_2CH_2CH_3 \longrightarrow$

(5) $CH_3CH=CH-\underset{CH_3}{\overset{}{C}H}-CH_2 \xrightarrow{KMnO_4}{H^+}$

4. 用简单的化学方法区别下列化合物。
   (1) 乙烯、乙炔、乙烷
   (2) 戊烷、1-戊烯、1-戊炔、2-戊炔

5. 从指定原料合成下列化合物：
   (1) 由 1-丁炔合成反-2-丁烯　　(2) 由丙炔合成 1-溴丁烷
   (3) 由乙炔合成顺-3-己烯　　　(4) 由乙炔合成 2-丁酮
   (5) 由 1-丁炔合成 2-溴丁烷　　(6) 由 1,3-丁二烯合成 4-氰基环己烯

6. 1-苯基-1,3-丁二烯在较高温度下与溴加成的主要产物为 1-苯基-3,4-二溴-1-丁烯（1,2-加成），而不是 1-苯基-1,4-二溴-2-丁烯（1,4-加成），为什么？

7. A、B 两个化合物具有相同的分子式，氢化后都可生成 2-甲基丁烷，它们也都与两分子溴加成。A 可与氯化亚铜的氨溶液反应产生砖红色沉淀，B 则不能。试推测 A、B 的结构式。

8. 化合物 A（C_9H_{14}），有旋光性，将 A 用铂催化氢化生成化合物 B（C_9H_{20}），无旋光性，将 A 用 Lindlar 催化剂小心催化氢化生成化合物 C（C_9H_{16}），也无旋光性，但若将 A 置于液氨中与金属钠反应，生成 D（C_9H_{16}），却有旋光性。试推测 A、B、C、D 的结构式。

第6章 卤代烃：亲核取代，消除反应

卤代烃（halohydrocarbon）可以看作是烃分子中的氢原子被卤原子取代后生成的化合物，结构式为 R—X，其中卤原子包括氟、氯、溴、碘。卤代烃在自然界存在极少，主要是经有机合成得到，可作为溶剂、萃取剂和有机合成原料。卤代烃在医药上得到广泛应用，如吸入性麻醉药异氟烷、口腔用药氯己定、抗肿瘤药盐酸氮芥等。

6.1 卤代烃的分类和命名

6.1.1 卤代烃的分类

按分子中所含卤原子数目，卤代烃分为一元卤代烃和多元卤代烃。按分子中卤原子所连烃基类型，卤代烃分为卤代烷烃、卤代烯烃、卤代炔烃和卤代芳烃等，其中卤代烯烃中根据卤原子与 π 键的相对位置，又分为乙烯型、烯丙型和孤立型卤代烃三类。

① 乙烯型和卤苯型卤代烃　卤原子直接与双键或苯环碳原子相连。其通式分别为：

$$RCH=CHX \qquad 如\ CH_2=CHCl; \qquad \text{C}_6\text{H}_5\text{—X} \qquad 如\ \text{C}_6\text{H}_5\text{—Cl}$$

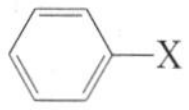

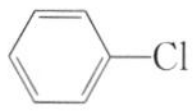

② 烯丙型和苄基型卤代烃　卤原子与双键或苯环相隔一个饱和碳原子的卤代烃。其通式分别为：

$$RCH=CHCH_2X \qquad 如\ CH_2=CHCH_2Cl; \qquad \text{C}_6\text{H}_5\text{—CH}_2\text{X} \qquad 如\ \text{C}_6\text{H}_5\text{—CH}_2\text{Cl}$$

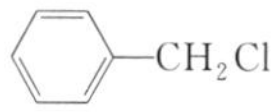

③ 孤立型卤代烯烃和卤代芳烃　卤原子与双键或苯环相隔两个或多个饱和碳原子的卤代烯烃和卤代芳烃。其通式分别为：

$$RCH=CH(CH_2)_nX \quad 其中\ n\geqslant 2, \quad 如\ CH_2=CHCH_2CH_2Cl$$ 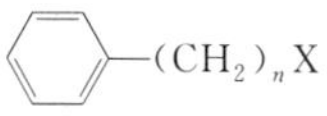
$$\text{C}_6\text{H}_5\text{—}(CH_2)_nX \quad 其中\ n\geqslant 2, \quad 如\ \text{C}_6\text{H}_5\text{—CH}_2CH_2Cl$$

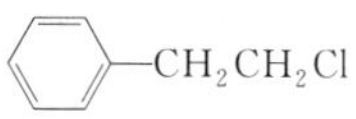

按卤素所连碳原子的类型，卤代烃可分为伯卤代烃、仲卤代烃和叔卤代烃。

$$R\text{—}CH_2\text{—}X \qquad R_2CH\text{—}X \qquad R_3C\text{—}X$$
$$\text{伯卤代烃} \qquad \text{仲卤代烃} \qquad \text{叔卤代烃}$$
$$\text{一级卤代烃（1°）} \quad \text{二级卤代烃（2°）} \quad \text{三级卤代烃（3°）}$$

卤代烃的同分异构包含碳链结构异构和卤素位置异构，其异构体数目比相应烷烃的异构体数目多。

6.1.2 卤代烃的命名

结构较简单的卤代烃的命名，通常是在相应烃的名称前面加上卤素名称，称为"卤代某烃"或"某基卤"。

CH_3Cl　　CH_3CH_2Br　　CHI_3
氯甲烷　　　溴乙烷　　　三碘甲烷（碘仿）
chloromethane　bromoethane　triiodomethane

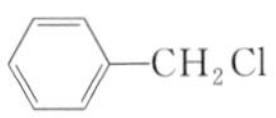

氯化苄（苄基氯、氯甲基苯）　　4-甲基溴苯（对甲基溴苯）　　环己基氯（氯代环己烷）
benzyl chloride　　1-bromo-4-methylbenzene　　chlorocyclohexane

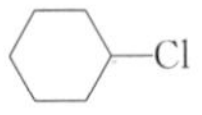

结构较复杂的卤代烃按系统命名法命名。卤代烃分子中含两个或两个以上官能团时，确定构成母体的主官能团，应遵守官能团优先次序规则。

例如：

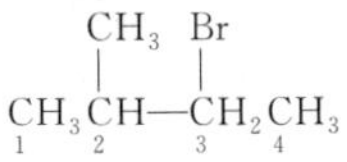

2-甲基-3-溴丁烷　　　4-甲基-2-氯己烷　　　3-氯甲基己烷（2-乙基-1-氯戊烷）
3-bromo-2-methylbutane　2-chloro-4-methylhexane　3-chloromethylhexane

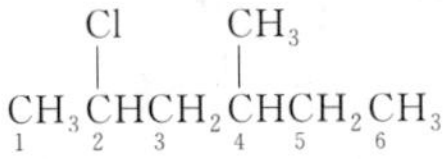

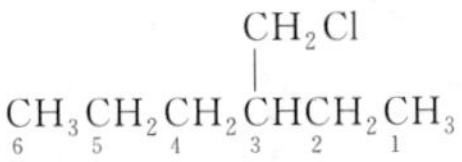

6.2 卤代烃的物理性质

卤代烃的物理性质基本上与烃类化合物相似。低级的卤代烃是气体或液体，高级的是固体。许多卤代烃都有一种特殊的气味。卤代烃的沸点遵循"碳数规则"，并且随着卤原子数的增多而增高，随氟、氯、溴、碘的次序而增高。所谓"碳数规则"，是指有机化合物的物理性质随着分子中碳原子个数的增加而有规律地变化。

虽然卤代烃分子有极性，但所有的卤代烃都不溶于水。其原因是卤代烃分子与水分子之间不能形成氢键。卤代烃可与多种有机溶剂混溶，如溶解油脂、蜡、树脂、沥青、橡胶、精油、杜仲胶以及磷、硫、碘等，常作为溶剂使用。

除一氯代脂肪烃外，其他的卤代烃的密度都比水大，并随卤原子数目增多而增大，随碳原子数目增多而减小。一卤代烃可燃，而多卤代烃难燃或不燃，如四氯化碳就常用于扑灭油类及电机着火。

许多卤代烃有毒，尤其是其蒸气，如氯仿和四氯化碳，使用卤代烃时应该注意防护。常见卤代烃的物理性质见表 6.1。

表 6.1　卤代烃的某些物理性质

卤代烃	Cl		Br		I	
	沸点/℃	密度/(g/cm³)	沸点/℃	密度/(g/cm³)	沸点/℃	密度/(g/cm³)
CH_3X	−24	0.9169	4	1.6766	42	2.2790
CH_3CH_2X	12	0.8978	38	1.4604	72	1.9368
$CH_3CH_2CH_2X$	47	0.8909	71	1.3637	103	1.7489
CH_2X_2	40	1.3266	97	2.4970	182	3.3264
CHX_3	62	1.4832	160	2.8899	218	4.0080
CX_4	77	1.6940	189	3.2730	升华	4.2302

续表

卤代烃	Cl		Br		I	
	沸点/℃	密度/(g/cm^3)	沸点/℃	密度/(g/cm^3)	沸点/℃	密度/(g/cm^3)
XCH$_2$CH$_2$X	84	1.2361	131	2.1792	200	3.3260
CH$_2$=CHX	−13	0.9106	16	1.4933	66	2.0373
CH$_2$=CHCH$_2$X	46	0.9376	70	1.3980	102	1.8994
⌬—X	143	1.0000	116	1.3369	180	1.6244

6.3 卤代烃的化学性质

6.3.1 卤代烃的结构特点

卤代烃中，由于卤原子的电负性比碳原子大，碳卤键就成为极性共价键。在极性试剂影响下，卤代烃较易发生异裂。碳原子一端带部分正电荷 δ^+，卤原子一端带部分负电荷 δ^-。带部分正电荷的碳原子，易受带负电荷或孤电子对的试剂进攻。

随着卤素的电负性增大，碳卤键的极性也增加，在具有相同烃基结构的卤代烃中，碳卤键的极性应该是 C—Cl＞C—Br＞C—I。

分子中 C—X 键的键能（C—F 除外）都比 C—H 键的小，C—X 键比 C—H 键容易断裂，容易发生各种化学反应。

碳卤键	C—H	C—Cl	C—Br	C—I
键能/(kJ/mol)	414	339	286	218

在化学反应中，卤代烃所表现的反应活泼性恰好与其极性次序相反：R—I＞R—Br＞R—Cl。这是由于当卤代烃分子与反应试剂作用时，碳卤键受反应环境电场的影响，而发生电子云重新分布。

在外电场作用下，共价键发生电子云重新分布，从而使分子中电子云变形。这种分子中电子云变形的难易程度，称为共价键的可极化度（polarizability）。不同共价键对外界电场有不同的感受。原子半径大，电负性小，对外层电子吸引力小，可极化度大。可极化度大的共价键，电子云易于变形。可极化度小的共价键，电子云不易变形。键的可极化度只有在分子进行反应的时候才能表现出来，因此它是分子的一种动态特性，而衡量分子极性大小的偶极矩是分子的一种静态特性。共价键的可极化度在化学反应中对分子的反应性能起着重要作用。

6.3.2 卤代烃的亲核取代反应

在卤代烃分子中，卤素原子可被 HO$^-$、RO$^-$、NO$_3^-$ 等负离子或 NH$_3$、H$_2$O 等具有未共用电子对的分子取代。

碳负离子和路易斯碱具有寻求质子或进攻正电荷中心以中和其负电荷的性质，这种富电子试剂称为亲核试剂（nucleophile），常用 Nu：或 Nu$^-$ 表示。由亲核试剂进攻而引起的取代反应，称为亲核取代反应（nucleophilic substitution），以 S$_N$ 表示。被取代下来的卤素原子以负离子形式离去，称为离去基团（leaving group），以 L 表示。反应可用下列通式表示：

$$Nu^- + R-L \longrightarrow R-Nu + L^-$$

其中 R—L 在反应中接受试剂的进攻，称为反应物，又称底物（substrate）；Nu：为亲核试剂；L⁻为离去基团。

卤代烃能与许多试剂反应，其结果是分子中的卤原子被其他原子或基团取代生成各种产物。

（1）水解反应

卤代烃与水作用生成醇的反应称为卤代烃的水解。这是一个可逆反应。

$$RX + H_2O \rightleftharpoons ROH + HX$$

在通常情况下，卤代烃水解很缓慢。为了加快反应速率和使反应进行完全，常常将卤代烃与氢氧化钠或氢氧化钾等强碱水溶液加热进行水解。这里 OH⁻ 是比水更强的亲核试剂，所以反应容易进行。反应中产生的 HX 可被碱中和，从而加速反应并提高醇的产率。

$$RCH_2X + NaOH \xrightarrow{H_2O} RCH_2OH + NaX$$

工业上常将一氯戊烷的各种异构体混合物通过水解，制得戊醇的各种异构体混合物，用作工业溶剂。

$$C_5H_{11}Cl + NaOH \xrightarrow{H_2O} C_5H_{11}OH + NaCl$$

卤代烃水解反应的速率与卤代烃的结构、所用溶剂、反应温度和催化剂等因素有关。

（2）与氰化钠反应

卤代烃与氰化钠或氰化钾在酒精中加热回流时，卤原子被取代为氰基而变为腈，得到的腈化物比原料卤代物增加了一个碳原子，并且 CN—可进一步转化为—COOH、—CONH₂、—CH₂NH₂等基团。因此这个反应在有机合成上常用来制取腈化物和增长碳链。

$$RCH_2X + NaCN \xrightarrow{C_2H_5OH} RCH_2CN + NaX$$
腈

（3）与醇钠、硫氢化钠反应

卤代烃与醇钠的反应俗称 Williamson 制醚法。与醇钠反应得到醚的卤代烃一般为伯卤代烃。由于醇钠为强碱，仲卤代烃、叔卤代烃与醇钠反应时，主要发生消除反应生成烯烃。

$$CH_3CH_2CH_2ONa + CH_3I \longrightarrow CH_3CH_2CH_2OCH_3 + NaI$$

卤代烃与硫氢化钠、硫氢化钾或硫醇钠、硫醇钾反应时，分别生成硫醇和硫醚。

$$RX + NaSH \longrightarrow RSH + NaX$$
硫醇

$$RX + NaSR \longrightarrow RSR + NaX$$
硫醚

（4）与氨或胺反应

氨比水或醇具有更强的亲核性，卤代烃和过量的氨作用可制得伯胺。

$$RX + \ddot{N}H_2 \longrightarrow [RNH_2 \cdot HX] \xrightarrow{NH_3} RNH_2 + NH_4X$$
伯胺

若卤代烃过量，则反应可以继续进行：

$$RX + RNH_2 \longrightarrow [R_2NH \cdot HX] \xrightarrow{RNH_2} R_2NH \quad \text{仲胺}$$

$$RX + R_2NH \longrightarrow [R_3N \cdot HX] \xrightarrow{R_2NH} R_3N \quad \text{叔胺}$$

$$RX + R_3N \longrightarrow R_4N^+X^- \quad \text{季铵盐}$$

最终得到的是伯、仲、叔胺及季铵盐的混合物。可通过调整原料比例而得到某种较多的产物。

（5）与硝酸银醇溶液反应

卤代烃与硝酸银醇溶液反应生成卤化银沉淀。

$$RX + AgNO_3 \xrightarrow{C_2H_5OH} RONO_2 + AgX\downarrow$$

该反应可用于卤代烃的分析鉴定。根据反应活性鉴别烃基种类，叔卤代烃室温下立即反应，迅速生成卤化银沉淀；仲卤代烃室温下几分钟后反应，缓慢生成卤化银沉淀；伯卤代烃需要加热才能反应，生成卤化银沉淀的速度最慢。

根据卤化银沉淀的颜色和反应速率可鉴别卤原子的种类，生成白色沉淀的为氯代烃，生成浅黄色沉淀的为溴代烃，生成黄色沉淀的为碘代烃。烃基相同时，氯代烃反应速率最慢，碘代烃反应速率最快。

（6）卤原子交换反应

在丙酮中，氯代烃和溴代烃分别与碘化钠反应，生成碘代烃。这是由于碘化钠溶于丙酮，而氯化钠和溴化钠不溶于丙酮，从而有利于生成碘代烃。例如：

$$CH_3CHCH_3 + NaI \xrightarrow{(CH_3)_2CO} CH_3CHCH_3 + NaBr$$
$$\quad\ |\qquad\qquad\qquad\qquad\qquad\ \ |$$
$$\ \ Br\qquad\qquad\qquad\qquad\qquad\quad\ I$$

氯代烃和溴代烃的活性次序是 $1°>2°>3°$。碘化钠的丙酮溶液很稳定，且操作方便，因此该反应可用于检验氯代烃和溴代烃。另外，还可利用该反应在实验室制备碘代烃。

6.3.3 卤代烃与金属镁的反应

卤代烃能与钠、钾、锂和镁等金属发生反应，生成有机金属化合物——金属原子直接与碳原子相连接的化合物。其中以与金属镁反应的应用最为广泛。

（1）格氏试剂的形成

一卤代烃与金属镁在无水、无醇的绝对乙醚中作用生成有机镁化合物，产物能溶于乙醚，不需分离可直接用于各种合成反应，这种产物称为格利雅（Grignard）试剂，简称格氏试剂。

$$RX + Mg \xrightarrow{\text{绝对乙醚}} RMgX$$
$$\text{烷基卤化镁（格氏试剂）}$$

格氏试剂的结构至今还不完全清楚，一般写成 R—Mg—X，但也可能是 $R_2Mg \cdot MgX_2$。

$$2RMgX \rightleftharpoons R_2Mg + MgX_2$$

乙醚在这里的作用是络合，使格氏试剂成为稳定的溶剂化络合物溶于乙醚。

$$\begin{array}{ccc} C_2H_5 & X & C_2H_5 \\ & \diagdown\ |\ \diagup & \\ & O:Mg:O & \\ & \diagup\ |\ \diagdown & \\ C_2H_5 & R & C_2H_5 \end{array}$$

乙醚的氧原子与镁原子形成配位键。此外，苯、四氢呋喃和其他醚类也可作为溶剂。

脂肪和芳基一卤代烃可形成 Grignard 试剂。卤代烃与镁的反应活性为 $RI>RBr>RCl>RF$，$3°>2°>1°$。氟代烃活性太差，碘代烃价格太贵，所以一般用 RBr 和 RCl。氯苯不容易与镁反应。

（2）格氏试剂的反应

Grignard 试剂中，C—Mg 中碳的电负性为 2.6，镁的电负性为 1.2，碳镁键为强极性共价键，碳原子带部分负电，而金属带部分正电。所以 Grignard 试剂非常活泼，常作为亲核试剂发生各种化学反应。

$$\overset{\delta-}{C} \longleftarrow \overset{\delta+}{MgBr}$$

带有部分负电荷的碳原子具碱性（Lewis 碱），是一种强亲核试剂，可与带部分正电荷的活泼氢结合。

① 与含活泼氢的化合物作用：

$$RMgX \begin{cases} R'OH \\ NH_3 \\ R'COOH \\ HC\equiv CR' \end{cases} R-H + Mg\begin{cases} X \\ OR' \end{cases} \quad [Mg(OR')X] \\ R-H + Mg\begin{cases} X \\ NH_2 \end{cases} \quad [Mg(NH_2)X] \\ R-H + Mg\begin{cases} X \\ OOCR' \end{cases} \quad (R'COOMgX) \\ R-H + Mg\begin{cases} X \\ C\equiv C-R' \end{cases} \quad (R'-C\equiv CMgX)$$

上述反应几乎是定量进行的，可用于有机分析中测定化合物所含活泼氢的数量，叫作活泼氢测定法。

$$CH_3MgI + A-H \longrightarrow CH_4\uparrow + AI$$

定量的甲基溴化镁与含活泼氢的化合物反应，放出定量的甲烷气体，通过测定甲烷的体积可推算出含活泼氢的数目。而在制备和使用 Grignard 试剂时，必须使用不含活泼氢的化合物作溶剂。

Grignard 试剂遇水、氧和二氧化碳反应而分解，所以，在制备和使用 Grignard 试剂时都必须用无水溶剂、干燥容器，以及在不含氧、不含二氧化碳的氛围中。操作时要采取隔绝空气中湿气、驱除氧气和二氧化碳的措施。

$$RMgX \begin{cases} CO_2 \\ H_2O \\ O_2 \end{cases} \begin{array}{l} R-\overset{O}{\underset{}{C}}-OMgX \xrightarrow{H^+/H_2O} ROOH \\ R-H + Mg\begin{cases} OH \\ X \end{cases} \\ R-O-MgX \xrightarrow{H^+/H_2O} ROH \end{array}$$

② 与醛、酮、酯、环氧乙烷等作用 Grignard 试剂是一种非常活泼的试剂，能与醛、酮、酯、环氧乙烷等反应，生成醇、酸等各种化合物。所以 RMgX 在有机合成上非常有用。

$$RMgX \begin{cases} HCHO \\ \triangle O \\ R'CHO \\ R'COR'' \\ R'COOC_2H_5 \end{cases} \begin{array}{l} RCH_2OMgX \xrightarrow{H^+/H_2O} RCH_2OH \quad 1°醇 \\ RCH_2CH_2OMgX \xrightarrow{H^+/H_2O} RCH_2CH_2OH \quad 1°醇 \\ RR'CHOMgX \xrightarrow{H^+/H_2O} RR'CHOH \quad 2°醇 \\ RR'R''COMgX \xrightarrow{H^+/H_2O} RR'R''COH \quad 3°醇 \\ RR'COC_2H_5 \xrightarrow{H^+/H_2O} RR'COH \\ \quad | \qquad\qquad\qquad\qquad | \\ \quad MgX \qquad\qquad\qquad C_2H_5 \end{array} \quad 3°醇$$

Grignard 试剂与甲醛反应得多一个碳原子的伯醇，与其他醛反应得仲醇，与环氧乙烷反应得多两个碳原子的伯醇，与酮和羧酸酯反应得叔醇。这些反应在药物合成上具有广泛用途。Grignard 因此而获得 1912 年的诺贝尔化学奖。

6.4 卤代烃亲核取代反应机理

6.4.1 卤代烃亲核取代反应机理

亲核取代反应是卤代烃的一类重要反应。卤代烃取代反应机理的研究较深入，其中溴代烃的水解反应更是研究得比较充分的一类亲核取代反应。

$$RBr + H_2O \longrightarrow ROH + HBr$$

大量研究表明，有些卤代烃的水解反应速率仅与卤代烃本身的浓度有关，而另一些卤代烃的水解反应速率不仅与卤代烃本身的浓度有关，还和亲核试剂的浓度相关，这就说明卤代烃的水解可能按照两种不同的方式进行。

卤代烃的亲核取代反应，一般可分为双分子机理 S_N2 和单分子机理 S_N1。

（1）双分子亲核取代反应机理

简单的伯卤代烷和仲卤代烷与负离子亲核试剂的反应是双分子亲核取代反应机理，S_N2（bimolecular nucleophilic substitution）。实验证明，溴甲烷碱性水解的反应速率不仅与卤代烃的浓度成正比，也与碱的浓度呈正比。

$$CH_3Br + OH^- \longrightarrow CH_3OH + Br^-$$

研究表明，上述反应的反应速率 $= k[CH_3Br][OH^-]$。

溴甲烷的碱性水解反应（S_N2 反应）机理如图 6.1 所示。

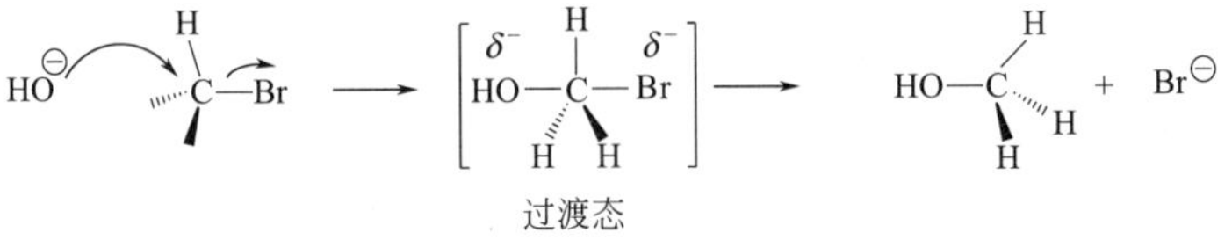

图 6.1 S_N2 反应机理示意图

当亲核试剂 OH^- 进攻溴甲烷中的碳原子时，由于卤原子原来带有部分负电荷，因此带负电荷的亲核试剂一般总是从溴原子的背面进攻碳原子，在接近碳原子过程中逐渐部分地形成 C—O 键，同时 C—Br 键由于受到 OH^- 进攻的影响而逐渐伸长变弱，使溴原子带着原来成键的电子对逐渐离开碳原子。

在这个过程中，体系的能量逐渐增高。随着反应的继续进行，OH^- 继续接近碳原子，由于碳原子逐渐共用氧原子的电子对，氧的负电荷不断地降低，而溴则不断增加负电荷。与此同时，甲基上的三个氢原子由于亲核试剂进攻所排斥也向溴原子一方逐渐偏转，这样就形成了一个过渡态，此时体系的能量达到一个最大值。

在过渡态，碳原子与 OH^- 还未完全成键，碳原子与溴原子之间的键也没有完全断裂，此时进攻试剂、中心碳原子和离去基团处于一条直线上，而碳和其他三个氢原子处在垂直于这条直线的平面上，OH^- 与 Br^- 分别在平面的两边。随着 OH^- 继续接近碳原子和溴原子继续远离碳原子，体系的能量又逐渐降低。最后 OH^- 与碳生成 O—C 键，溴则离去而成为 Br^-。

溴甲烷碱性水解反应过程中的轨道重叠变化，如图 6.2 所示。

双分子亲核取代反应过程中的能量变化可用反应进程-位能曲线图表示，如图 6.3 所示。图中 ΔE 是反应物形成过渡态时需要吸收的活化能，过渡态处在能量曲线的最高峰（峰顶）。一旦形成过渡态就会释放能量，形成生成物。反应物与生成物之间的能量差为 ΔH，

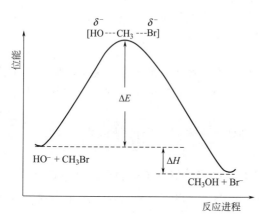

图 6.2　S_N2 反应成键过程中轨道转变示意图

图 6.3　S_N2 反应过程中的能量变化示意图

又叫反应热。由于决定反应速率的一步是双分子反应，需要两种分子的碰撞，因此这个反应是双分子亲核取代反应。

（2）单分子亲核取代反应

实验证明，叔丁基溴在碱性溶液中的水解反应速率，仅与叔丁基溴的浓度成正比，而与亲核试剂（OH^- 或水分子）的浓度无关。这说明决定反应速率的一步与亲核试剂无关，而仅取决于卤代烃分子本身 C—X 键断裂的难易和它的浓度。这种反应速率只与底物浓度有关的反应称为单分子亲核取代反应 S_N1（unimolecular nucleophilic substiution）。

$$(CH_3)_3C\text{—}Br + OH^- \longrightarrow (CH_3)_3C\text{—}OH + Br^-$$

研究表明，上述反应的反应速率 $= k[(CH_3)_3C\text{—}Br]$。

S_N1 反应分两步进行：

第一步：叔丁基溴在溶剂中首先解离成叔丁基碳正离子和溴负离子，在解离过程中还经历一个 C—Br 键拉长至将断未断而能量较高的过渡态阶段。

$$(CH_3)_3C\text{—}Br \xrightarrow{\text{慢}} \left[(CH_3)_3C^{\delta+}\cdots Br^{\delta-}\right] \longrightarrow (CH_3)_3C^+ + Br^-$$

过渡态(1)

第二步：生成的叔丁基碳正离子立即与试剂 OH^- 或水作用生成水解产物叔丁醇。

$$(CH_3)_3C^+ + OH^- \xrightarrow{\text{快}} \left[(CH_3)_3C^{\delta+}\cdots OH^{\delta-}\right] \longrightarrow (CH_3)_3C\text{—}OH$$

过渡态(2)

反应的第一步是卤代烃叔丁基溴中的 C—Br 键异裂，生成活性中间体叔丁基碳正离子和溴负离子，这一步较慢；第二步是叔丁基碳正离子与亲核试剂 OH^- 结合生成产物，这一步较快。因此，决定整个反应速率的是较慢的第一步，与第二步中的亲核试剂无关。S_N1 反应中的关键中间体是碳正离子。

叔丁基溴水解反应过程中能量变化如图 6.4 所示。

图 6.4 中 B 和 D 分别为两步反应的过渡态，它们都处在能量曲线的最高值（峰顶）。活性中间体碳正离子 C 的能量比过渡态 B、D 的能量低，在能量曲线的极小值（峰谷），中间体的存在是可以证实的。图中 ΔE_1 是第一步反应的活化能，ΔE_2 是第二步反应的活化能。

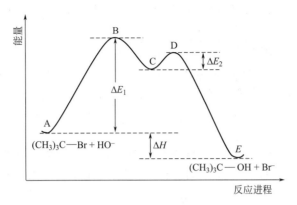

图 6.4　叔丁基溴水解反应的能量曲线

$\Delta E_1 > \Delta E_2$，故第一步反应较慢，是决定整个反应速率的一步。从活化能的大小，可以估计反应的难易。ΔH 是反应热。

6.4.2　卤代烃亲核取代反应立体化学

亲核取代反应具有相应的立体化学特征。当反应发生在手性碳原子上时，产物的构型与底物卤代烃的构型具有一定的关系。这种关系与亲核反应的类型有关，如果亲核试剂从离去基团的正面进攻，产物的构型和底物卤代烃的构型一样，即构型保持；如果亲核试剂从离去基团背面进攻，产物的构型和底物卤代烃的构型相反，即构型翻转；如果亲核试剂从前面和背面进攻的机会相等，则生成没有旋光的外消旋产物。

（1）$S_N 2$ 反应的立体化学

简单的伯溴代烃和仲溴代烃中，如果与溴原子相连的是手性碳原子，水解反应时，OH^- 从溴代烃的背面进攻碳原子，使溴成为 Br^- 离去。同时碳原子上的 R、R′、R″ 发生了翻转，整个过程好像雨伞被大风吹得向外翻转一样。从产物的构型来看，OH^- 不是连在原来溴所占据的位置上，而是在离去的溴的背面，因此生成的醇和原来的卤代烃具有相反的构型。这种现象称为瓦尔登转化（Walden inversion）。

卤代烃经 $S_N 2$ 反应后，反应物就会发生瓦尔登转化，产物的构型与原来反应物的构型相反。例如：

$$HO^- + \underset{\substack{(-)\text{-}2\text{-溴辛烷} \\ [\alpha] = -34.2°}}{\overset{C_6H_{13}}{\underset{CH_3}{C}}}\!\!-Br \xrightarrow{S_N 2} \underset{\substack{(+)\text{-}2\text{-辛醇} \\ [\alpha] = +9.9°}}{HO\!-\!\overset{C_6H_{13}}{\underset{CH_3}{C}}\!-H} + Br^-$$

实验测得，原料为（－）-2-溴辛烷，产物为（＋）-2-辛醇，中心碳原子的构型发生了翻转。

值得注意的是，这里所说的构型相反是指反应中心手性碳原子相连的四个原子或基团在空间的排列次序发生了改变，但这种改变未必就是 R/S 符号之间的变换。如果手性碳原子相连的四个原子或基团 a，b，c，d 在取代后的排列次序仍然是 a，b′，c，d，只是 b′ 置换了 b，那么在 $S_N 2$ 反应后，R/S 符号就会互换。否则，产物与反应物的 R/S 符号相同。

综上所述，$S_N 2$ 反应的特点是：反应速率既与反应物的浓度有关，又与亲核试剂的浓度有关；反应中新键的形成和旧键的断裂是同时进行的，即反应一步完成；经由 $S_N 2$ 反应得到的产物通常发生构型反转；同时反应只通过一个过渡态而无中间体生成，因此无重排产物。

（2）S_N1反应的立体化学

在S_N1反应的立体化学中，我们首先从第一步叔丁基溴解离成叔丁基碳正离子来看，碳原子由sp^3杂化的四面体结构转变为sp^2杂化的平面三角形结构碳正离子，带正电荷的碳原子上有一个空的p轨道。当亲核试剂（如OH^-）在第二步和碳正离子作用时，从平面两边进攻的机会是均等的。

① S_N1反应的产物是外消旋体有旋光性的单一对映体，在一定条件下转化为等量的左旋体或右旋体而不具旋光性的混合物或分子复合物的过程，称为外消旋化。

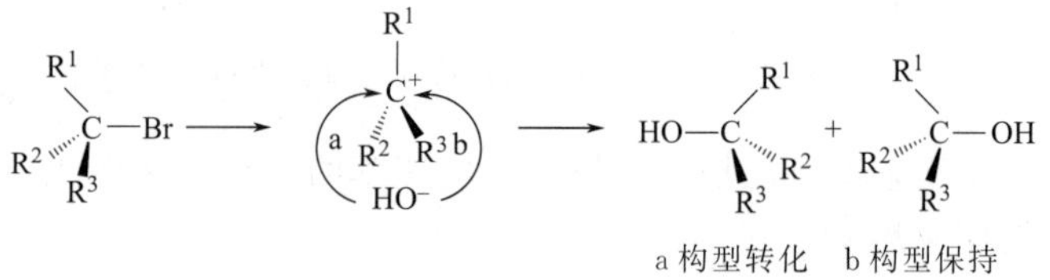

如果卤素连在手性碳原子上的卤代烃发生S_N1水解反应，我们就会得到构型保持和构型反转几乎等量的两个化合物，即外消旋体混合物。例如：

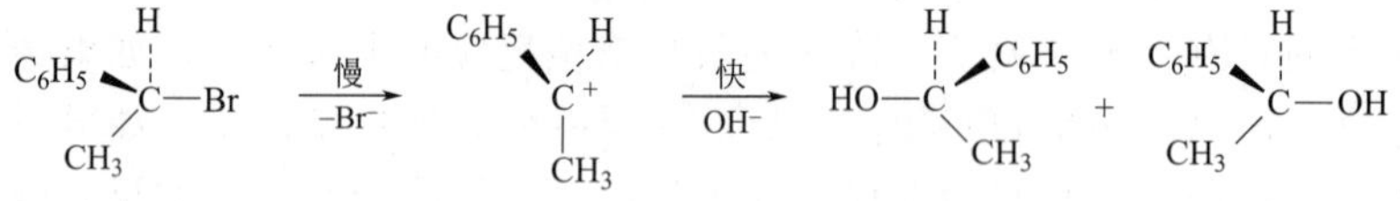

(R)-α-苯乙醇　(S)-α-苯乙醇
构型反转51%　构型保持49%

与S_N2机理的产物不同，典型的S_N1反应基本上得到外消旋产物。因此可以通过反应物和产物的旋光性的变化可初步鉴别某个反应的机理是S_N1还是S_N2。

外消旋化是S_N1反应的一个重要特征。外消旋化和瓦尔登转化不同，外消旋化生成的产物是无旋光性的外消旋体，只有60%的构型改变；瓦尔登转化生成的产物却是有旋光性的物质，即构型的改变往往接近100%。

② S_N1反应有重排产物生成是因为S_N1反应经过碳正离子中间体，而碳正离子会发生分子重排，生成更为稳定的碳正离子。碳正离子稳定性次序为3°＞2°＞1°。因此，S_N1反应的另一个特征是，反应中常伴有重排反应发生。例如：

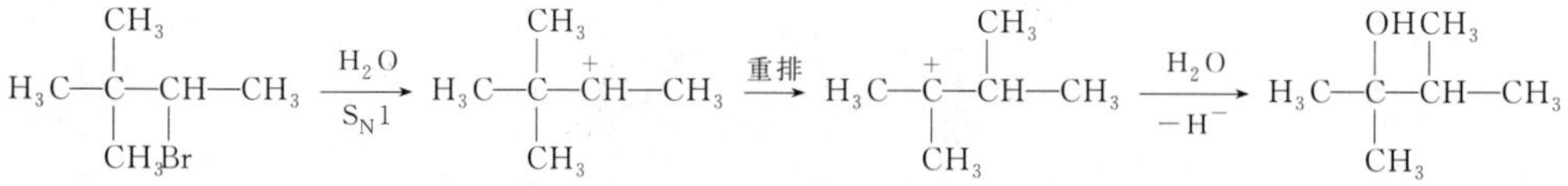

综上所述，S_N1反应的特点是：反应速率只与反应物的浓度有关，而与亲核试剂的浓度无关；反应分两步进行，反应过程中有活性中间体碳正离子生成；若碳正离子所连的三个基团不同时，得到的产物基本上是外消旋体；同时由于有碳正离子中间体存在，反应往往有重排产物。

6.4.3 影响亲核取代反应的因素

卤代烃的亲核取代反可按S_N1和S_N2两种不同机理进行。但对一种反应物来说，在一定条件下究竟按什么机理进行，反应活性如何，这与反应底物卤代烃的结构、离去基团卤素负离子的性质、亲核试剂的亲核性和溶剂效应等因素有极为密切的关系。

第6章 卤代烃：亲核取代，消除反应

（1）烃基结构的影响

卤代烃烃基的电子效应和空间效应对取代反应活性有明显的影响。

① 对 S_N2 机理的影响：

$$Nu^- + RX \longrightarrow [Nu^{\delta-} \cdots R^{\oplus} \cdots X^{\delta-}] \longrightarrow NuR + X^-$$
$$\text{过渡态}$$

甲基溴、乙基溴、异丙基溴和叔丁基溴在极性较小的无水丙酮中与碘化钾作用是按 S_N2 机理进行的，生成相应的碘代烃。

$$I^- + RBr \longrightarrow RI + Br^-$$

S_N2 机理相对速率次序为：

CH_3Br	CH_3CH_2Br	$(CH_3)_2CHBr$	$(CH_3)_3C-Br$
160	1	0.01	0.001

在 S_N2 反应中，决定反应速率的关键是其过渡态是否容易形成。

从电子效应来看，α-碳原子上电子云密度低，有利于亲核试剂进攻。从空间效应看，当 α-碳原子周围取代基数目越多，拥挤程度也就越大，对反应所表现的立体障碍也越大，进攻试剂必须克服空间阻力，才能接近中心碳原子而到达过渡态。所以，从空间效应来说，随着 α-碳原子上烃基的增加，S_N2 反应速率依次下降。空间效应是最重要的因素。

② 对 S_N1 机理的影响：

$$RX \longrightarrow [R^{\oplus} \cdots X^{\ominus}] \longrightarrow R^+ + X^-$$
$$\text{过渡态中间体}$$
$$\text{决定速率的一步}$$

当反应按 S_N1 机理进行时，α-碳原子上的烷基取代基增多，使反应速率增加。

$$R-Br + H_2O \xrightarrow{\text{甲酸}} ROH + HBr$$

S_N1 反应相对速率比：

CH_3Br	CH_3CH_2Br	$(CH_3)_2CHBr$	$(CH_3)_3CBr$
1.0	1.7	4.5	10^7

卤代烃发生 S_N1 反应的速率与碳正离子稳定性的次序是一致的。中间体越稳定反应速率越大，S_N1 电子效应是主要影响因素。

综上所述，卤代烃烃基结构对反应类型的影响如下：

$$RX = \underset{\underset{\text{S_N2 增加}}{\longleftarrow}}{\overset{\overset{\text{S_N1 增加}}{\longrightarrow}}{CH_3X \quad 1° \quad 2° \quad 3°}}$$

在伯碳原子上的亲核取代反应主要按 S_N2 机理进行，在叔碳原子上的亲核取代反应主要按 S_N1 机理进行，在仲碳原子的亲核取代反应则根据具体反应条件而定。

（2）离去基团的影响

亲核取代反应无论按哪种机理进行，离去基团总是带着电子对离开中心碳原子。因此，无论是 S_N1 或 S_N2 反应，离去基团的碱性愈弱，在决定速率步骤中愈容易带着电子对离开中心碳原子，即反应物愈容易被取代。假使离去基团特别容易离去，那么反应中就会有较多的碳正离子中间体生成，反应就按 S_N1 进行；假使离去基团不容易离去，反应就按 S_N2 进行。

卤离子的碱性次序是 $I^- > Br^- > Cl^-$。在卤代烃中它们的离去倾向是 $I^- > Br^- > Cl^-$。

卤代烃的亲核取代反应活性是 RI>RBr>RCl。也可以从 C—X 键的键能和可极化性来解释。强酸的酸根都是很好的离去基团。一些离去基团的离去次序为：

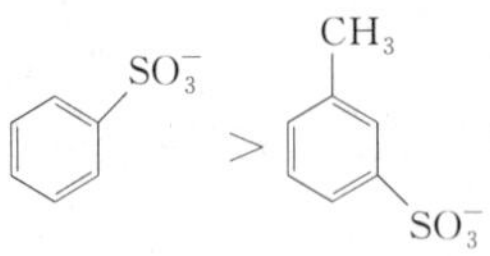

$$C_6H_5SO_3^- > 3\text{-}CH_3C_6H_4SO_3^- > I^- > Br^-, H_2O > Cl^- > F^-$$

（3）试剂亲核性的影响

试剂的亲核性是指试剂与带正电荷或部分正电荷的碳原子的结合能力。在亲核取代反应中，亲核试剂的作用是提供一对电子与 RX 缺电子的中心碳原子成键，若试剂的给电子能力强，则成键快，亲核性就强。

反应按 S_N1 机理进行时，反应速率只决定于 RX 的解离，而与亲核试剂无关，因此试剂亲核性的强弱，对反应速率不产生显著影响。

反应按 S_N2 机理进行时，亲核试剂参与过渡态的形成，其亲核性能的大小对反应速率产生一定的影响。一般说，进攻的试剂亲核能力越强，反应经过 S_N2 过渡态所需的活化能就越低，S_N2 反应越容易进行。

试剂亲核性强弱与下述因素有关：

① 试剂的种类　一个带负电荷的亲核试剂要比相应呈中性的试剂更为活泼。如 $HO^->H_2O$，$RO^->ROH$。

② 试剂的碱性　亲核试剂都带有负电荷或未共用电子对，所以它们都是路易斯碱。一般说，试剂的碱性愈强，亲核能力也愈强。亲核试剂的亲核能力大致与其碱性强弱次序相对应。

相同原子负离子越稳定，碱性越弱。如 $EtO^->HO^->C_6H_5O^->CH_3COO^-$。

电负性越大，碱性越弱，越不易提供电子对。如同周期的中心原子：$R_3C^->R_2N^->RO^->F^-$。

③ 试剂的可极化性　可极化性越大的亲核试剂，当进攻中心碳原子时，其外层电子就越容易变形而靠近中心碳原子，从而降低了形成过渡态所需的活化能，因此其亲核性能也越强。对碘负离子来说，无论作为亲核试剂还是作为离去基团都表现出很高的活性。

当伯氯代烃进行 S_N2 水解反应时，常可在溶液中加入少量 I^-，使反应大为加快，而 I^- 自身却未耗损。

$$RCH_2Cl + H_2O \longrightarrow RCH_2OH + HCl$$
$$RCH_2Cl + I^- \longrightarrow RCH_2I + Cl^- \qquad I^- 做亲核试剂$$
$$RCH_2I + H_2O \longrightarrow RCH_2OH + HI \qquad I^- 做离去基团$$

④ 试剂的溶剂化作用　带相同电荷的原子，体积小的亲核试剂，溶剂化作用大。这样，削弱了亲核试剂与中心碳原子之间的作用，其亲核性受到溶剂的抑制最为显著，而像 I^- 这样体积较大的试剂，被溶剂化作用较小，因此表现出较强的亲核性。

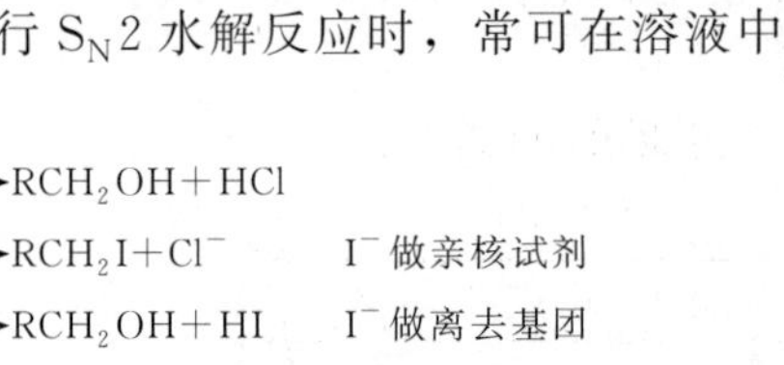

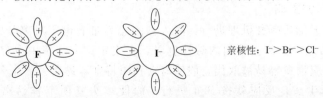

亲核性：$I^->Br^->Cl^-$

（4）溶剂极性的影响

在卤代烃的亲核取代反应中，溶剂起着重要作用。溶剂根据极性以及是否含有活泼氢可

第6章 卤代烃：亲核取代，消除反应

分为质子性溶剂、非质子性偶极溶剂和非极性溶剂。质子性溶剂（proton solvent）是指分子中含有可形成氢键的氢原子的溶剂，如水、醇、羧酸等。

溶剂极性对 S_N1 机理的影响：

$$RX \longrightarrow [R^{\oplus} \cdots X^{\ominus}] \longrightarrow R^+ + X^-$$
$$\text{过渡态}$$

过渡态的极性大于反应物，因此，极性大的溶剂对过渡态溶剂化的作用也大于反应物，这样溶剂化释放的能量大，所以解离就能很快地进行。增加溶剂的极性能够加速卤代烷的解离，对 S_N1 机理有利。

溶剂极性对 S_N2 机理的影响：

$$Nu^- + RX \longrightarrow [Nu^{\ominus} \cdots R^{\oplus} \cdots X^{\ominus}] \longrightarrow NuR + X^-$$
$$\text{负离子过渡态}$$

亲核试剂电荷比较集中，而过渡态的电荷比较分散，也就是过渡态的极性不及亲核试剂，因此，增加溶剂的极性，反而使极性大的亲核试剂溶剂化，而对 S_N2 过渡态的形成不利。因此，在 S_N2 历程中增加溶剂的极性一般对反应不利。极性小的溶剂对 S_N2 有利。如 $C_6H_5CH_2Cl$ 水解的反应，在极性较大的水中按 S_N1 机理进行，在极性较小的丙酮中则按 S_N2 机理进行。

改变溶剂的极性，常可改变反应机理。在甲酸等极性很大的溶剂中，伯卤代烷也按 S_N1 进行。在无水丙酮等极性较小的非质子性溶剂中，叔卤代烷也可按 S_N2 机理进行。

6.4.4 不同类型卤代烃的化学活性

三类卤代烯烃和卤代芳烃，由于分子内双键或芳环与卤原子的相对位置不同，相互之间的影响不同，表现在化学性质上，尤其是卤原子的活泼性上差别较大。

乙烯型或卤苯型卤代烃，受双键或芳环的直接影响，卤素原子很不活泼，在一般条件下不发生取代反应；同时，由于卤原子电负性较大，受其影响，双键或芳环的活泼性降低，即双键的亲电加成或芳环的亲电取代反应活性比相应的烯烃或芳烃活性要低。

烯丙型或苄基型卤代烃，卤素原子非常活泼，很容易进行亲核取代反应；而卤原子对双键或芳环的影响较小。

孤立型卤代烯烃或卤代芳烃，卤原子的活泼性基本和卤烷中的相同，双键或芳环的活性也基本上和烯烃或芳烃相同。

对各类卤代烃的亲核取代反应，卤原子的活泼性一般有下列规律：

6.5 卤代烃消除反应及其机理

在卤代烃的取代反应中，经常伴随着另一种反应，即消除反应（elimination）。从分子中脱去一个简单分子生成不饱和键的反应称为消除反应，用 E 表示。像卤代烃这样从相邻的碳原子上各除去一个原子形成双键的过程，叫作 1,2-消除反应，又叫作 α,β-消除反应，简称 β-消除反应。

6.5.1 卤代烃消除反应

卤代烃与氢氧化钠或氢氧化钾的醇溶液作用时，脱去卤素与 β-碳原子上的氢原子而生

成烯烃。

$$R-\underset{H}{\underset{|}{C}}H-\underset{X}{\underset{|}{C}}H_2 + NaOH \xrightarrow{醇} R-CH=CH_2 + NaX + H_2O$$

$$R-\underset{H}{\underset{|}{C}}H-\underset{X}{\underset{|}{C}}H-\underset{X}{\underset{|}{C}}H-\underset{H}{\underset{|}{C}}H-R \xrightarrow{KOH-醇} R-CH=CH-CH=CH-R + 2NaX + 2H_2O$$

（苯环上带有 H/X, β/β' 的结构） $+ 2NaOH \xrightarrow{乙醇}$ （苯） $+ 2NaX + 2H_2O$

① 消除反应的活性　卤代烃的消除反应与卤代烃的烃基结构有关，如叔卤代烃最容易脱卤化氢，仲卤代烃次之，伯卤代烃最难。消除反应的活性次序为：$3°RX > 2°RX > 1°RX$。

② 消除反应的取向　在仲卤代烃和叔卤代烃脱卤化氢时，发现它们可有两个消除方向，分别生成两种不同产物。例如，当 2-溴丁烷与浓氢氧化钾乙醇溶液共热时，有两种产物生成：

$$CH_3CH_2-\underset{Br}{\underset{|}{C}}H-CH_3 \xrightarrow[E2]{KOH, 乙醇} CH_3CH=CHCH_3 + CH_3CH_2CH=CH_2$$
　　　　　　　　　　　　　　　　　　　　　　(81%)　　　　　　　(19%)

实验结果表明，消除反应的主要产物是双键碳上连有较多烃基的烯烃。也就是说，脱卤化氢时，如有两个不同的 β-H 可以脱去，则消除的主要是含氢原子较少的碳原子上的 β-H，即生成双键碳上连接烃基较多的烯烃。这个规律叫作札依采夫规则（Saytzeff rule）。例如：

$$CH_3CH_2CH_2-\underset{Br}{\underset{|}{C}}H-CH_3 \xrightarrow[E2]{KOH, 乙醇} CH_3CH_2CH=CHCH_3 + CH_3CH_2CH_2CH=CH_2$$
　　　　　　　　　　　　　　　　　　　　　　(69%)　　　　　　　(31%)

（环己烷衍生物的消除反应） $\xrightarrow{KOH, EtOH}$ 产物1 (Z)（主） + 产物2 (Z)（次） + 产物3（极少）

$$CH_3CH_2-\underset{\underset{Br}{|}}{\overset{\overset{CH_3}{|}}{C}}-CH_3 \xrightarrow{KOH, 乙醇} CH_3\underset{CH_3}{\overset{CH_3}{C}}=CH-CH_3 + CH_3CH_2\underset{}{C}=CH_2$$
　　　　　　　　　　　　　　　　　　　　　　(71%)　　　　　　　(29%)

消除反应是从反应物的相邻碳原子上消除两个原子或基团，形成一个 π 键的过程。具有强碱性的醇钠或氰化钠与叔卤代烃反应，产物不是醚或腈，而是烯烃。

6.5.2　卤代烃消除反应机理

和亲核取代反应一样，消除反应机理也有两种，双分子消除反应机理和单分子消除反应机理，常以 E1 和 E2 表示。

（1）双分子消除反应机理

双分子消除反应（E2）是富电子试剂进攻卤代烃分子中的 β-氢原子，使这个氢原子成为质子和试剂结合而脱去，同时分子中的卤原子在试剂的作用下带着一对电子离去，在 β-碳原子与 α-碳原子之间形成双键。在此期间电子云也逐渐重新分配，反应经过一个能量较高的过渡态。

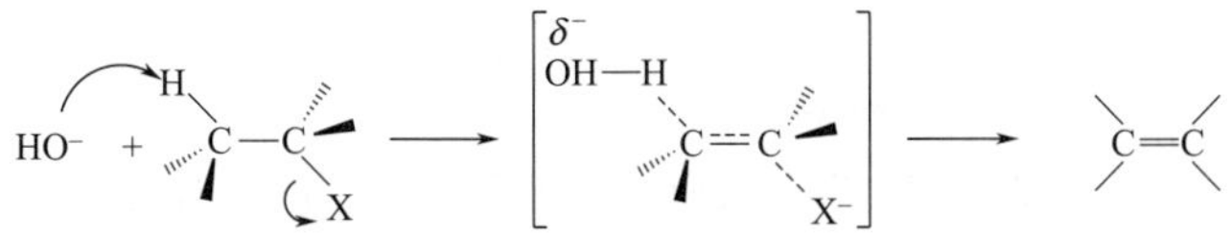

$$RCH_2CH_2Br + HO^- \longrightarrow RCH=CH_2 + H_2O + Br^-$$

研究表明，上述反应的反应速率 $=k[RCH_2CH_2Br][HO^-]$。

上述反应是一步完成的，新键生成和旧键断裂同时发生，其反应速率与反应物浓度以及进攻试剂浓度成正比，这说明反应是按双分子历程进行的，因此叫作双分子消除反应。反应中形成的过渡态与 S_N2 很相似，其区别在于试剂在 E2 中进攻 β-氢原子，而在 S_N2 中则进攻 α-碳原子。

从立体化学角度来考虑，β-消除可能导致两种不同的顺反异构体。将离去基团 X 与被脱去的 β-H 放在同一平面上，若 X 与 β-H 在 σ 键同侧被消除，称为顺式消除；若 X 与 β-H 在 σ 键的异侧被消除，称为反式消除。

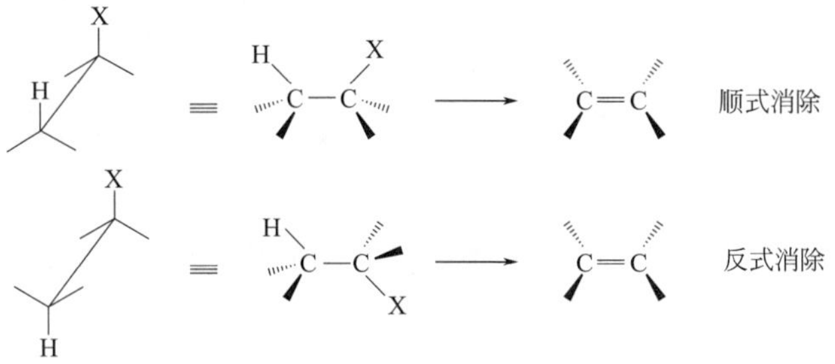

综上所述，双分子亲核消除反应 E2 的特点是：一步反应，与 S_N2 的不同在于亲核试剂进攻 β-H，E2 与 S_N2 是互相竞争的反应；反应要在浓的强碱条件下进行；通过过渡态形成产物，无重排产物。

（2）单分子消除反应机理

单分子亲核消除反应 E1 与 S_N1 反应相似，也是分两步进行的。第一步是卤代烃分子在碱性水溶液中先解离为碳正离子，第二步是在 β-碳原子上脱去一个质子，同时在 α-碳原子与 β-碳原子之间形成一个双键。反应过程如下式所示：

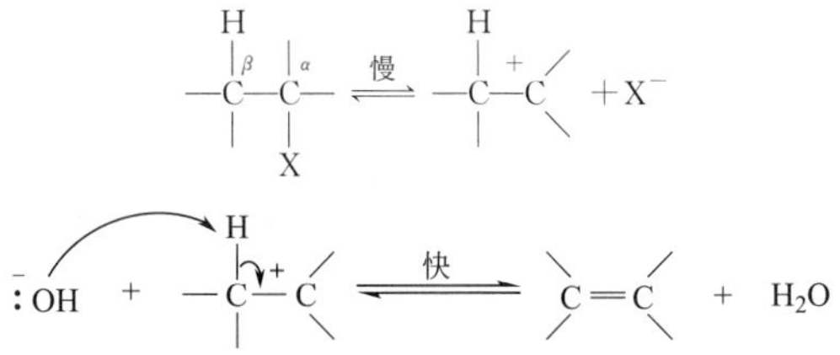

研究表明，上述反应的反应速率 $=k[R_2CH-R_2'CBr]$。

第一步反应速率较慢，第二步反应速率较快。第一步生成碳正离子是决定反应速率的一步，因为这一步中只有一种分子发生共价键的异裂。所以这样的反应机理称为单分子消除反应机理。整个 E1 的反应速率仅取决于卤代烃的浓度，而与试剂（如 OH^-）的浓度无关，因此 E1 和 S_N1 很相似。它们所不同的仅在第二步，E1 是 OH^- 进攻 β-碳上的氢原子，使氢原子以质子的形式脱掉而形成双键。

例如叔丁基溴的反应。反应分两步进行：

① 第一步生成叔丁基碳正离子，反应速率较慢。

$$CH_3-\underset{\underset{CH_3}{|}}{\overset{\overset{CH_3}{|}}{C}}-Br \xrightarrow{慢} CH_3-\underset{\underset{CH_3}{|}}{\overset{\overset{CH_3}{|}}{C^+}} + Br^-$$

② 第二步，亲核试剂进攻 β-碳上的氢原子生成烯烃，为 E1 反应；亲核试剂进攻 α-碳原子生成取代产物。这一步反应速率较快。

$$H_3C-\underset{\underset{CH_3}{|}}{\overset{\overset{CH_3}{|}}{C^+}} + {}^-OH \longrightarrow \begin{cases} H_3C-\underset{\underset{CH_3}{|}}{\overset{\overset{CH_3}{|}}{C}}-OH \quad \text{取代产物} \\ CH_3-\underset{\underset{CH_3}{|}}{C}=CH_2 + H_2O \quad \text{消除产物} \end{cases}$$

此外，E1 与 S_N1 反应相似，生成的碳正离子还可以发生重排而转变为更稳定的碳正离子，然后再消除质子（E1）。例如新戊基溴和乙醇作用，因为新戊基溴没有 β-H，按说预料不会有消除产物，实际上，不但发生了消除反应，而且主要消除产物是 2-甲基-2-丁烯。这是由于首先生成的新戊基碳正离子易重排成较稳定的叔戊基碳正离子的缘故。

$$CH_3-\underset{\underset{CH_3}{|}}{\overset{\overset{CH_3}{|}}{C}}-CH_2Br \xrightarrow[-Br^-]{C_2H_5OH} CH_3-\underset{\underset{CH_3}{|}}{\overset{\overset{CH_3}{|}}{C}}-\overset{+}{C}H_2 \xrightarrow[1,2-甲基迁移]{重排} CH_3-\overset{+}{\underset{\underset{CH_3}{|}}{C}}-CH_2CH_3 \xrightarrow{-H^+} CH_3-\underset{\underset{CH_3}{|}}{C}=CH-CH_3$$

由于碳正离子的形成与重排反应有密切的关系，所以通常把重排反应作为 E1 或 S_N1 历程的标志。

综上所述，单分子亲核消除反应 E1 的特点是：反应分两步进行，与 S_N1 反应的不同在于第二步，与 S_N1 互为竞争反应；反应要在浓的强碱条件下进行；有重排反应发生。

6.5.3 消除反应与亲核取代反应的竞争

消除反应与亲核取代反应是由同一亲核试剂的进攻而引起的。进攻 α-碳原子引起取代反应，进攻 β-氢原子就引起消除反应，所以这两种反应常常是同时发生和相互竞争的。

研究影响消除反应与亲核取代反应相对优势的各种因素在有机合成上很有意义，它能提供有效地控制产物的依据。消除产物和取代产物的比例常受反应物的结构、试剂、溶剂和反应温度等的影响。

（1）烃基结构的影响

烃基结构对消除反应和亲核取代反应的影响是：

$$RX = \underset{S_N2 \text{ 增加}}{\overset{E2 \text{ 增加} \longrightarrow}{\underset{\longleftarrow}{CH_3X \quad 1° \quad 2° \quad 3°}}}$$

这主要是空间因素的影响。因为亲核试剂进攻叔卤代烃的 α-碳原子比较困难，而进攻 β-氢原子比较容易。当 α-碳原子上的支链较多时，对 S_N2 机理不利，而对 E2 机理有利；虽然对 S_N1 也有利，但对 E1 更加有利。因为产物是以较稳定的烯烃为主，消除反应产物多于取代反应产物。

（2）试剂碱性的影响

亲核试剂的碱性越强，浓度越大，越有利于消除反应；试剂的碱性较弱，浓度较小，则有利于 S_N2 反应。这是因为在消除反应中是以亲核试剂进攻 β-氢原子，要使 β-氢原子以质子的形式除去，需要碱性较强的亲核试剂。碱性较弱的亲核试剂只能发生亲核取代反应，而不容易发生消除反应。例如，溴乙烷与氨或乙醇钠反应，主要是亲核取代产物，而与碱性较强的氨基钠反应，主要是消除反应产物烯烃。例如：

$$CH_3CH_2Br \begin{array}{l} \xrightarrow{NH_3} CH_3CH_2NH_2 \quad 取代反应 \\ \xrightarrow{NaNH_2} CH_2=CH_2 \quad 消除反应 \end{array}$$

$$CH_3CH_2Br + C_2H_5ONa \xrightarrow{乙醇} C_2H_5OC_2H_5 + CH_2=CH_2$$
$$\qquad\qquad\qquad\qquad\qquad (91\%) \qquad (9\%)$$

$$CH_3CH_2Br + NaNH_2 \xrightarrow{液氨} C_2H_5OC_2H_5 + CH_2=CH_2$$
$$\qquad\qquad\qquad\qquad\qquad (10\%) \qquad (90\%)$$

（3）溶剂极性的影响

溶剂的极性增大有利于取代反应，不利于消除反应。溶剂的极性大有利于电荷集中，而不利于电荷分散。溶剂的极性增大时，不利于生成电荷分散程度较大的过渡态，E2 反应过渡态电荷分散度较 S_N2 反应过渡态电荷分散度大，从而不利于 E2 反应。因此，极性较大的溶剂有利于 S_N2 反应，极性较弱的溶剂有利于 E2 反应。

例如，由卤代烃制备烯烃时要用 KOH 的醇溶液（醇的极性小），而由卤代烃制备醇时则要用 KOH 的水溶液（因水的极性大）。

（4）反应温度的影响

消除反应的过渡态需要拉长 C—H 键，活化能较大，所以升高温度有利于消除反应。虽然升高温度也能使取代反应速率加快，但对它的影响没有对消除反应那么大，因此升高反应温度将增加消除反应产物。

6.6 卤代烃的制备

6.6.1 由醇制备

（1）由醇与氢卤酸制备

由醇与氢卤酸反应生成卤代烃是一元卤代烷最重要和最普通的合成方法。

$$CH_3CH_2CH_2CH_2OH \xrightarrow[H_2SO_4]{NaBr} CH_3CH_2CH_2CH_2Br$$

$$\text{C}_6\text{H}_{11}\text{—OH} + HBr \xrightarrow[74\%]{回流,6h} \text{C}_6\text{H}_{11}\text{—Br} + H_2O$$

（2）由醇与卤化磷制备

由醇与三氯化磷、三溴化磷、三碘化磷、五氯化磷等卤化磷试剂反应，生成相应的氯代烷、溴代烷和碘代烷。

$$3R—OH + PX_3 \longrightarrow 3R—X + H_3PO_3$$

在实际工作中，三卤化磷常用红磷与溴或碘作用产生。如：

$$CH_3CH_2OH \xrightarrow{P+I_2} CH_3CH_2I$$

（3）由醇与氯化亚砜制备

醇与氯化亚砜反应可直接得到氯代烷，同时生成二氧化硫和氯化氢两种气体。该反应速率快、反应条件温和、产率高、纯度高。

$$R{-}OH + SOCl_2 \longrightarrow R{-}Cl + SO_2 + HCl$$

6.6.2 由烯烃制备

（1）由烯烃与卤化氢加成

烯烃与 HX 的加成，可以得到相应的卤代烃。

$$RCH{=}CH_2 + HX \longrightarrow RCHCH_3 \text{(X)}$$

$$RCH{=}CH_2 + HBr \xrightarrow{过氧化物} RCH_2CH_2Br$$

（2）由烯烃的 α-H 卤代

以烯烃为原料，在高温或光照的条件下可发生 α-H 的卤代。例如：

$$CH_3CH_2CH{=}CH_2 + Cl_2 \xrightarrow{500\,℃} CH_3CHCH{=}CH_2 \text{(Cl)}$$

$$C_6H_5{-}CH_2CH_3 + Cl_2 \xrightarrow{h\nu} C_6H_5{-}CHCH_3 \text{(Cl)}$$

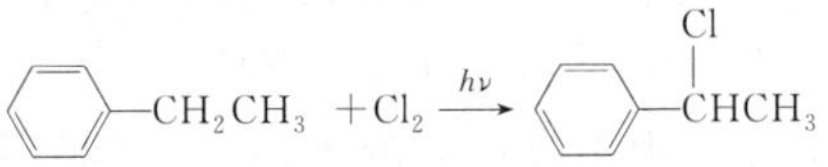

这是制备烯丙型、苄基型卤代物的常用方法。

6.6.3 经卤素交换反应制备碘代烃

NaI 能溶于 CS_2，而 NaCl、NaBr 不溶于 CS_2，经卤素交换反应可制备碘代烃。用丙酮、丁酮等作溶剂也可。

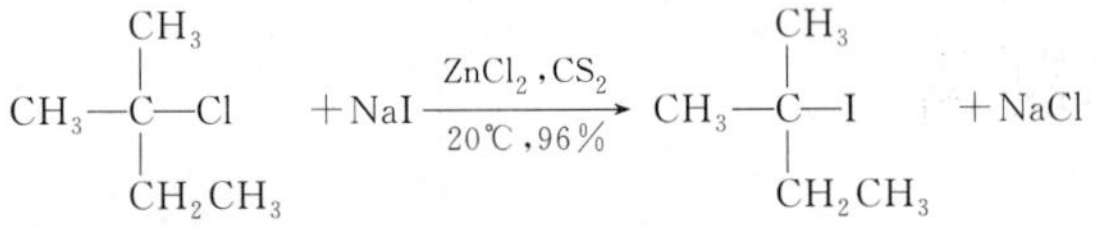

$$CH_3{-}\underset{CH_2CH_3}{\overset{CH_3}{\underset{|}{\overset{|}{C}}}}{-}Cl + NaI \xrightarrow[20\,℃, 96\%]{ZnCl_2, CS_2} CH_3{-}\underset{CH_2CH_3}{\overset{CH_3}{\underset{|}{\overset{|}{C}}}}{-}I + NaCl$$

2-甲基-2-氯丁烷　　　　　　　　　2-甲基-2-碘丁烷

6.7　重要的卤代烃

（1）三氯甲烷

三氯甲烷为无色透明液体，极易挥发，有特殊气味，味甜，有麻醉性，不燃烧，能与乙醇、苯、乙醚、石油醚、四氯化碳、二硫化碳和油类等混溶。纯品遇光照会与空气中的氧作用，逐渐分解而生成剧毒的光气和氯化氢，常加入 1% 乙醇以破坏可能生成的光气，使用工业品前可加入少量浓硫酸振摇后水洗，经氯化钙或碳酸钾干燥，即可得到不含乙醇的氯仿。

三氯甲烷用途广泛，是一种常用的中药萃取剂和抗生素、香料、油脂、树脂、橡胶工业的重要溶剂，作为化工原料可生产许多染料和药物，临床上常用作麻醉剂，还可用于烟雾剂的发射药、谷物的熏蒸剂和校准温度的标准液。

(2) 氯乙烯

通常条件下，氯乙烯分子中的氯原子不能被羟基、烷氧基、氨基、氰基所取代，就是在加热情况下，也不与硝酸银的乙醇溶液反应，与卤化氢进行加成时速度较一般烯烃慢，脱卤化氢也比较困难。以上这些特性都是氯乙烯分子中双键和氯原子相互影响的结果。

这也意味着 C—Cl 之间结合得更为紧密，致使氯原子的活泼性降低，不容易发生一般的取代反应。与此同时，C=C 双键上的电子云也不再局限在原来的范围，而是离域扩展到整个共轭体系，也相应地减弱了碳碳之间的电子云密度，使 C=C 键长增长。氯乙烯的亲电加成反应符合马尔科夫尼科夫规律。

$$CH_2^{\delta-}=CH-\overset{\delta+}{\ddot{C}l} + HBr \longrightarrow CH_3-CH(Br)-Cl$$

氯乙烯在少量过氧化物存在下，能聚合生成白色粉状固体高聚物，称为聚氯乙烯，简称 PVC（poly vinyl chloride）。工业上生产聚氯乙烯，是在偶氮二异腈催化下聚合而成。

$$nCH_2=CHCl \xrightarrow[40\sim80℃,0.65\sim1.5\text{MPa}]{\text{偶氮二异丁腈}} \text{—[}CH_2-CH(Cl)\text{—]}_n$$

聚氯乙烯具有化学性质稳定、耐酸、耐碱、不易燃烧、不受空气氧化、不溶于一般溶剂等优良性能，常用来制造塑料制品、合成纤维、薄膜、管材及其他类似物，其溶液可做喷漆，在工业上有着广泛的应用。

(3) 氯苯

氯苯可用作溶剂和有机合成原料，可水解为苯酚，氨解为苯胺，硝化为硝基氯苯，也是某些农药、医药和染料中间体的原料。

氯苯分子中的氯原子和氯乙烯分子中的氯原子的地位很相似，氯原子是直接与苯环上的 sp^2 杂化碳原子相连，氯原子与苯环之间同时存在着供电子共轭效应和吸电子诱导效应，因此，它也是不活泼的。

与氯乙烯分子类似，氯苯分子在一般条件下不能进行亲核取代。

(4) 烯丙基氯

烯丙基氯中的氯原子非常活泼，很容易发生取代反应，一般比叔卤烷中的卤原子活性还要大。例如在室温下，烯丙基氯即可和硝酸银的乙醇溶液发生 S_N1 反应，很快生成氯化银沉淀。

对 S_N1 来说，烯丙基氯的这种活泼性是因为氯解离后可以生成稳定的烯丙基碳正离子。这个碳正离子的带正电的碳原子是 sp^2 杂化的，它的一个缺电子的空 p 轨道和相邻的碳碳双键的 π 轨道发生交盖，使 π 电子云离域形成缺电子共轭体系。因此正电荷得到分散，使这个正碳离子趋于稳定。

对 S_N2 机理来说，它也都是活泼的。因为在过渡态时，它已有了初步的共轭体系结构，使过渡态的电荷得到分散，所以比较稳定。

(5) 苄基氯

苄基氯又称氯化苄、苄氯或苯氯甲烷。它容易水解为苯甲醇，该反应是工业上制备苯甲醇的主要方法。苄基氯在有机合成上常用作苯甲基化试剂。

苄基氯分子中的氯原子和烯丙基氯分子中的氯原子的地位很相似，因此具有较大的活泼性，S_N1 和 S_N2 反应都容易进行。苄基氯可有水解、醇解、氨解等反应；在室温下，和硝酸银的乙醇溶液作用立即出现氯化银沉淀。

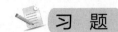

习 题

1. 写出下列化合物的结构式或用系统命名法命名。

(1) 2-甲基-3-溴丁烷   (2) 2,2-二甲基-1-碘丙烷   (3) 环己基溴

(4) 对乙基氯苯   (5) 2-氯-1,4-戊二烯   (6) 丙基溴化镁

(7) $CHCl_3$ (8) $ClCH_2CH_2Cl$ (9) $CH_2=CHCH_2Cl$

(10) $CH_3CHBrCHCH_2CHCH_2CH_3$
                         | |
                         CH_2Cl CH_3

(11) $(CH_3CH_2CH_2CH_2)_3C-Cl$

(12) Newman投影式（CH_3, H, Cl, Cl, H, CH_3）

(13) Fischer投影式（CH_3—C—CH_2CH_3，Cl/Br, H/H）

(14) 3-溴-2-乙基苯甲酸结构

2. 用氯仿作萃取剂时，有机相通常在下层，为什么？

3. 写出下列反应的主要产物。

(1) $C_6H_5CH_2Br$ + NaCN ⟶

(2) 1-甲基-1-氯环己烷 $\xrightarrow{KOH/醇,\ \triangle}$

(3) (R)-2-溴丁烷 $\xrightarrow{NaOH/H_2O}$

(4) $(CH_3CH_2)_3CBr \xrightarrow[CH_3OH]{CH_3ONa}$

(5) $CH_3CH_2Br + Mg \xrightarrow{无水醚}$

(6) $CH_3CH_2CH_2CH_2I + CH_3COONa \xrightarrow{CH_3CH_2OH}$

(7) $CH_3CH_2I + (CH_3)_3CONa ⟶$

(8) Newman投影式（CH_3, CH_3, H, Ph, H, Br）$\xrightarrow{KOH/醇,\ \triangle}$

(9) $BrCH_2CH_2CH(CH_2Br)CH_2CH_2Br + NH_3 ⟶$

4. 预测下列各组反应哪个快，并说明理由。

(1) $(CH_3)_2CHCH_2Cl + HS^- ⟶ (CH_3)_2CHCH_2SH + Cl^-$
     $(CH_3)_2CHCH_2I + HS^- ⟶ (CH_3)_2CHCH_2SH + I^-$

(2) $CH_3CH_2CH_2CH_2Br + {}^-CN ⟶ CH_3CH_2CH_2CH_2CN + Br^-$
     $CH_3CH_2CHCH_2Br + {}^-CN ⟶ CH_3CH_2CHCH_2CN + Br^-$
              | |
              CH_3 CH_3

(3) $CH_3CH=CH-CH_2Cl + H_2O \xrightarrow{\triangle} CH_3CH=CH-CH_2OH + HCl$
     $H_2C=CHCH_2CH_2Cl + H_2O \xrightarrow{\triangle} H_2C=CHCH_2CH_2OH + HCl$

(4) $CH_3CH_2CH_2Br + NaSH \longrightarrow CH_3CH_2CH_2SH + NaBr$

$CH_3CH_2CH_2Br + NaOH \longrightarrow CH_3CH_2CH_2OH + NaBr$

(5) $CH_3CH_2I + NaSH \xrightarrow{CH_3CH_2OH} CH_3CH_2SH + NaI$

$CH_3CH_2I + NaSH \xrightarrow{DMF} CH_3CH_2SH + NaI$

(6) $(CH_3)_3CCl + H_2O \xrightarrow{\triangle} (CH_3)_3COH + HCl$

$(CH_3)_2CHCl + H_2O \xrightarrow{\triangle} (CH_3)_2CHOH + HCl$

5. 写出正溴丁烷与下列试剂反应的主要产物。

(1) Mg/无水乙醚　　(2) $NaCN/CH_3CH_2OH$　　(3) $KOH/CH_3CH_2OH/\triangle$

(4) NaI/CH_3COCH_3　　(5) $AgNO_3/CH_3CH_2OH$　　(6) C_2H_5ONa

6. 将下列化合物按 S_N1 历程反应的活性由大到小排列。

(1) $(CH_3)_2CHBr$　　　　(2) $(CH_3)_3CI$　　　　(3) $(CH_3)_3CBr$

7. 分子式为 C_4H_9Br 的化合物 A，用强碱处理，得到两个分子式为 C_4H_8 的异构体 B 及 C，写出 A、B、C 的结构。

8. 怎样鉴别下列各组化合物？

(1) $(CH_3)_3CCl$　　$CH_3CHCH_2CH_3$　　$CH_3CH_2CH_2CH_2Cl$
　　　　　　　　　　　　$|$
　　　　　　　　　　　　Cl

(2) $C_6H_5CH_2Cl$　　$CH_3CH_2CH_2Cl$　　$CH_3CH=CHCl$

(3) $CH_3CH_2CH_2I$　　$CH_3CH_2CH_2Br$　　$CH_3CH_2CH_2Cl$

(4) 苯-Cl　　苯-CH_2Cl　　苯-CH_2CH_2Cl　　苯-CH_2Br　　苯-CH_2I

9. 卤代烷在氢氧化钠的乙醇溶液中进行反应，根据现象指出哪些属于 S_N2 机理，哪些属于 S_N1 机理。

(1) 伯卤代烷比仲卤代烷反应快　　　　(2) 叔卤代烷比仲卤代烷反应快

(3) 氢氧化钠溶液浓度增加反应速率加快　　(4) 有重排产物

(5) 增加水量反应速率加快　　　　　　(6) 增加乙醇量反应速率加快

(7) 减少碱的量反应速率不变　　　　　(8) 产物构型完全转化

10. 写出下列反应机理。

(1) $(CH_3)_3CCH_2Br \xrightarrow[CH_3CH_2OH]{CH_3CH_2ONa} (CH_3)_2CCH_2CH_3 + \underset{CH_3}{\underset{|}{CH_3}}C=CHCH_3$
　　　　　　　　　　　　　　　　$|$
　　　　　　　　　　　　　　OCH_2CH_3

(2) $\underset{Br}{\underset{|}{CH_3}}\overset{CH_3}{\overset{|}{C}}-CH_2CH_3 \xrightarrow[CH_3CH_2OH]{KOH} \underset{}{\overset{CH_3}{\overset{|}{}}}CH_3C=CHCH_3 + H_2C=\overset{CH_3}{\overset{|}{C}}CH_2CH_3 + \underset{OH}{\underset{|}{CH_3}}\overset{CH_3}{\overset{|}{C}}-CH_2CH_3$

11. 由指定的有机物及必要的无机试剂合成指定产物。

(1) 由乙烯合成 1-丁醇　　　　　　　(2) 由乙烯合成 2-丁醇

(3) 由丙烯合成 2-甲基-2-戊醇　　　　(4) 由丙烯合成丁酸

12. 分子式为 C_3H_7Br 的 A，与 KOH-乙醇溶液共热得 B，分子式为 C_3H_6，如使 B 与 HBr 作用，则得到 A 的异构体 C，推断 A 和 C 的结构，用反应式表明推断过程。

第7章 立体化学基础

有机化合物中,同分异构现象十分普遍。同分异构可分为构造异构(constitutional isomerism)和立体异构(stereo isomerism)两大类。构造异构是指分子中由于原子或原子团相互连接的方式和次序不同而产生的同分异构现象。立体异构是指分子构造相同,而分子中原子或原子团在三维空间的排列方式不同所引起的异构,可分为构象异构和构型异构。构型异构又可进一步分为顺反异构(cis-trans isomerism)和对映异构(enantiomerism)。对映异构可称为光学异构或旋光异构,是一种极为重要的异构现象。

在前面的章节中已经涉及了分子的立体化学和有机反应中的立体化学问题。例如,烷烃的构象、烯烃的顺反异构、炔烃与溴的反式加成等。立体化学(stereochemistry)是研究分子的立体结构、反应的立体性及其相关规律和应用的科学。立体化学涉及的内容很多,本章将主要讨论对映异构现象,并揭示立体异构体在理化性质和生物活性方面的差异。

7.1 手性与手性分子

7.1.1 手性

人的手有什么样的特征呢?初看是一模一样的,但从同方向——手心或手背看,左、右手是不能重叠的。左右手的关系实质是互为镜像的关系,如图7.1所示。手的这种特征在其他物质中也广泛存在,因此人们将一种物质不能与其镜像重合的特征称为手性(chirality)。人们的手、脚、眼、耳、四肢、心脏等器官都具有手性。

7.1.2 手性分子

许多有机化合物分子与其镜像不能重合,即具有手性,被称为手性分子(chiral molecule)。例如,乳酸(2-羟基丙酸,$CH_3CHOHCOOH$)最初是从酸奶中分离出来的,自然

图 7.1 左手和右手不能重合,互为镜像关系

界中的微生物使葡萄糖或乳糖发酵分解产生乳酸时,用不同的菌种,可得到两种不同的乳酸,一种使偏振光振动平面发生右旋(用"+"或"d"表示),称为右旋乳酸;一种可使偏振光振动平面发生左旋(用"−"或"l"表示),称为左旋乳酸,如图7.2 所示。

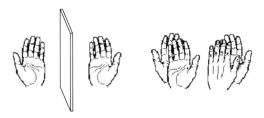

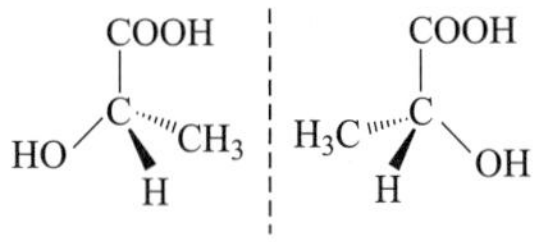

图 7.2 乳酸对映异构体

两种乳酸的立体结构之间存在着实物和镜像的关系,正如左右手那样,相互对映而不能相互重叠,互为对映异构体。左旋乳酸和右旋乳酸都具有手性,都是手性分子。实验证实,凡是手性分子都具有旋光性,即光学活性。

7.1.3 分子的手性与对称性

根据分子与其镜像是否能互相重合来判断一个复杂分子是否具有手性是极其不方便的。人们经过长期的观察和研究发现,分子是否有手性与分子的对称性有关,也就是与分子内存在的对称因素有关。

(1) 对称面

假如一个分子能被一个假想的平面切分为互为具有实物与镜像关系的两半,此平面即称为对称面(symmetric plane),用符号 σ 表示。相应的对称操作是将物体部分所有的点移到对应于此平面的对称位置上去。如顺-1,2-二氯乙烯具有两个对称面,一个是六个原子所在的平面,另一个是通过双键垂直于分子平面的平面,如图7.3(a)。顺-1,2-二甲基环丙烷有一个通过亚甲基垂直于环平面的对称面,如图7.3(b)。

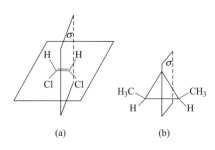

图 7.3 存在对称面的分子

分子内存在对称面的分子能与其镜像重合,一定是非手性的,无对映异构体,无旋光性。

(2) 对称中心

当分子中的任一个原子到某一假想点(i)的连线,再延长到等距离处,遇到一个相同的原子时,这个假想的点就称为对称中心(symmetric center),用符号 i 表示。下列化合物均有一个对称中心,如图7.4 所示。

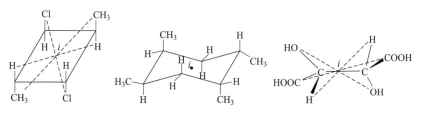

图 7.4 存在对称中心的分子

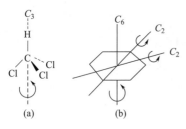

图 7.5 存在多重对称轴的分子

凡有对称中心的分子，一定是非手性的，无对映异构体，无旋光性。

（3）对称轴

当分子环绕通过该分子中心的轴旋转一定的角度，得到的分子形象与原来的完全重合时，此轴即称为对称轴（symmetric axis），用符号 C 表示。当旋转 $360/n$ 角度后，此轴即称为 n 重对称轴，用符号 C_n 表示。氯仿如图 7.5(a) 所示，有一个三重对称轴（C_3），即通过 C—H 键的那个轴，当分子绕此轴旋转 $120°$（$360/3$）与原来的分子重合，苯如图 7.5(b) 所示，有一个六重对称轴（C_6），六个二重对称轴（C_2）。C_6 轴为通过分子中心垂直于苯环平面的轴，分子绕此轴旋转 $60°$（$360/6$），即与原来的形象重合。C_2 轴垂直于 C_6 轴。

应该指出，许多分子有对称轴，但对称轴不能作为判断分子是否有手性的依据。如反-1,2-二甲基环丙烷分子，虽有对称轴，但却是手性分子，有旋光性。

7.2 对映异构体构型的标记方法

7.2.1 对映异构体的表示方法

两个互相对映而又不能完全重合的化合物彼此互称为对映异构体（enantiomers），简称对映体。对映异构体都有旋光性，其中一个是左旋，另一个是右旋。由于构型不同，所体现的不同光学活性引起的异构现象，称为旋光异构现象，简称旋光异构。因此，对映异构体又称为旋光异构体。

为了把手性分子的空间结构方便地表示在平面上，人们采用的常用平面表示方法有模型图式、透视式、费歇尔（Fischer）投影式。分别介绍如下。

（1）模型图式

模型图式相当于分子球棒模型的照片，特点是比较形象直观，但书写麻烦。如图 7.6 所示。

（2）透视式

透视式是想象透视一个分子时所看到的简化了的平面表示方法。透视式中用实线表示在纸面上的价键，虚线表示伸向纸平面后方的键，

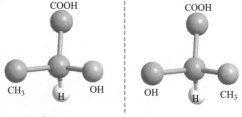

图 7.6 分子的模型图式

契形线表示伸向纸平面前方的键，用元素符号表示原子和基团。透视式的优点是比较直观，书写比模型图式简便，如图 7.2 所示。

（3）费歇尔投影式

费歇尔（Fischer）投影式是将立体模型投影到平面上而得到的平面图形。该法是以手性碳原子为中心，把与手性碳原子相连的四个原子或基团中的两个置于水平方向朝向观察者，另两个置于垂直方向并远离观察者，再将其向纸面投影。图 7.7 为乳酸分子的费歇尔投

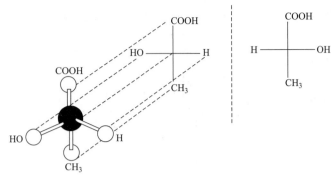

图 7.7　乳酸分子的投影方法

影方法，最右侧为另一乳酸分子的费歇尔投影式。

书写费歇尔投影式的要点：水平线和垂直线的交叉点代表手性碳，位于纸平面上；连于手性碳的横键代表朝向纸平面前方的键；连于手性碳的竖键代表朝向纸平面后方的键。可以简单的总结为"横前竖后"。

费歇尔投影式的转换必须遵循如下规则：

① 投影式离开纸面翻转，构型改变。

② 如果投影式不离开纸面旋转 180°或其整数倍，构型不变；在纸面转动 90°或其奇数倍，构型改变。

③ 投影式中同一个手性碳上所连原子或基团两两交换偶数次，其构型不变；若将手性碳原子上所连任何两个原子或基团相互交换奇数次，构型改变。

投影时一般将主碳链放在竖直线上，把命名时编号最小的碳原子放在上端（主链下行）。这样一个手性分子投出来的投影就只有一种，避免了投影时由于手性分子摆放方式不同而产生多个投影式带来的麻烦。

7.2.2　D/L 命名法

在 X 光衍射法问世以前，费歇尔选择以甘油醛作为标准，将主链竖向排列，氧化态高的碳原子放在上方，氧化态低的碳原子在下方，写出甘油醛的费歇尔投影式。并人为规定羟基在碳链右边者为右旋甘油醛，称为 D 型，在左边者为左旋甘油醛，称为 L 型。

$$\begin{array}{cc} \text{CHO} & \text{CHO} \\ \text{H}\!-\!\!\!-\!\text{OH} & \text{HO}\!-\!\!\!-\!\text{H} \\ \text{CH}_2\text{OH} & \text{CH}_2\text{OH} \\ \text{D-}(+)\text{-甘油醛} & \text{L-}(-)\text{-甘油醛} \end{array}$$

以甘油醛为基础，通过化学方法合成其他化合物，如果与手性原子相连的键没有断裂，则仍保持甘油醛的原有构型。例如：右旋甘油酸可通过 L-(−)-甘油醛用溴水氧化制得，且反应中手性碳上的键未断裂，可认为其几个键的空间排列（构型）未变，因此推知（+）-甘油酸的构型也是 L 型。从这个例子还可看出旋光方向与构型间没有必然的联系。亦就是右旋体不一定是 D 型，左旋体不一定是 L 型。这种与人为规定的标准物相联系而得出的构型称为相对构型（relative configuration）。

$$\begin{array}{ccc} \text{CHO} & & \text{COOH} \\ \text{HO}\!-\!\!\!-\!\text{H} & \xrightarrow{\text{Br}_2/\text{H}_2\text{O}} & \text{HO}\!-\!\!\!-\!\text{H} \\ \text{CH}_2\text{OH} & & \text{CH}_2\text{OH} \\ \text{L-}(-)\text{-甘油醛} & & \text{L-}(+)\text{-甘油酸} \end{array}$$

1951 年荷兰科学家魏沃（J. M. Bijvoet，1892—1980）用 X 光衍射法测定了（+）-酒石

酸钠铷的绝对构型（真实的三维空间的立体关系），也就确定了酒石酸的绝对构型（absolute configuration），恰好与人为规定的构型相一致。从此，人们在很长一段时间多用这种方法标记手性分子的构型。

在使用过程中，人们发现 D/L 命名法有其局限性，如 2,3-二羟基-2-甲基丙醛这样的化合物就不适用；又如在含多个碳原子如糖的分子中，D 或 L 仅表示其中一个手性碳原子的构型。但由于习惯的原因，此种命名法目前在糖类化合物和氨基酸中应用仍较普遍。其他情况下多采用适用性更广的 R/S 构型标记法。

7.2.3　R/S 命名法

目前广泛采用的是由凯恩（R. S. Cahn，1899—1981）、英果尔德（C. K. Ingold，1893—1970）、普瑞洛格（V. Prelog，1906—1998）共同提出的 R/S 命名法则。1970 年，国际纯粹和应用化学联合会（IUPAC）建议采用该命名法。利用此命名法标示手性原子的构型可按以下步骤进行：

① 将连在手性碳上的四个基团（a、b、c、d）按次序规则较优先的排在前面，假设优先顺序为 a＞b＞c＞d。

② 将次序最低的基团 d 远离观察者，然后观察其他三个基团的位置关系。

③ 若 a→b→c 的次序依顺时针方向排列时，此手性碳为 R 构型（R 来自拉丁文 Rectus 的词头，意为"右"）；若以逆时针方向排列时，则为 S 构型（拉丁文 Sinister 的词头，意为"左"）。如图 7.8 所示。

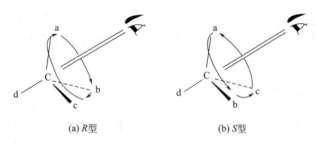

(a) R 型　　　　　　　(b) S 型

图 7.8　R 型与 S 型

确定基团排列先后的次序规则如下：

① 比较直接与手性碳相连的原子，以原子序数大小为序排列，大的优先，小的在后。同位素原子以质量较高者优先。

例如：在化合物 I 中，基团优先次序是 Cl，S，C，H；化合物 II 中，基团优先次序是 S，C，D，H；按上面的命名规则，I 和 II 分别称（R）-α-氯代乙磺酸和（R）-α-氘代乙磺酸。

（I）　　　　　　　　　　（II）
（R）-α-氯代乙磺酸　　　（R）-α-氘代乙磺酸
（R）-1-chloroethanesulfonic acid　　（R）-1-deuteratedethanesulfonic acid

② 若与手性碳原子相连的两个原子相同时，可比较连在这两个原子上的其他原子，原子序数较大者优先。若仍相同，再比较下一个次序高的原子，以此类推，直至不同。

例如化合物 III 中的甲基和乙基都是碳原子与手性碳相连，但在甲基中其他原子均为氢原子（即 H、H、H），而在乙基中为 C、H、H，所以乙基较优先。这样四个基团的优先顺序是氯原子（a）、乙基（b）、甲基（c）氢原子（d），沿 a、b、c 的顺序是顺时针的，为 R 型，称为（R）-2-氯丁烷。

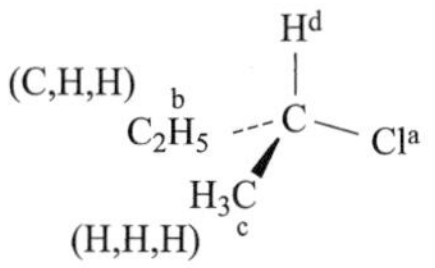

（Ⅲ）
(R)-2-氯丁烷
(R)-2-chlorobutane

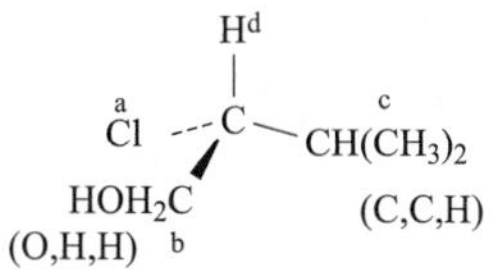

（Ⅳ）
(R)-2-氯-3-甲基-1-丁醇
(R)-2-chloro-3-methylbutan-1-ol

又如在化合物（Ⅳ）中，羟甲基的碳原子连有 O、H、H；异丙基碳原子连有 C、C、H。虽然异丙基碳原子后有两个碳原子，但羟甲基碳原子所连的氧原子具有较高的原子序数，因此羟甲基优先，称为（R）-2-氯-3-甲基-1-丁醇。

③ 具有双键或三键时，可将其看作是连接两个或三个相同的原子，如：

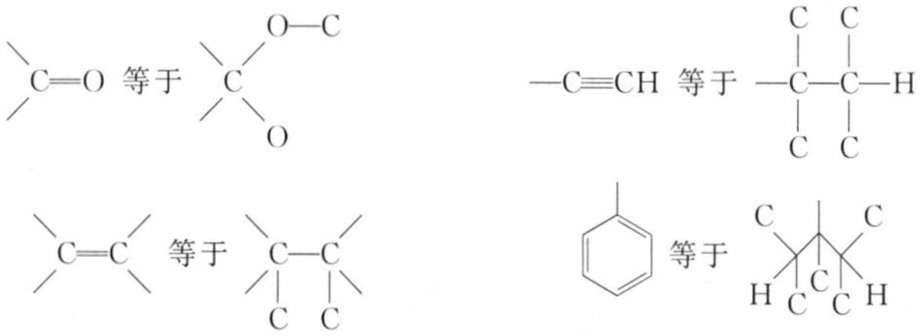

因此，在 4-甲基-3-氨基-3-苯基-1-戊烯中的基团优先顺序为：氨基＞苯基＞乙烯基＞异丙基。

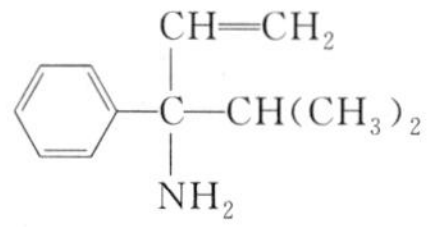

4-甲基-3-氨基-3-苯基-1-戊烯
4-methyl-3-amino-3-phenyl-1-pentene

④ 取代基互为对映异构体时，R 构型先于 S 构型；取代基互为顺反异构时，Z 型先于 E 型。

直接对费歇尔投影式的构型进行标示时，可以按照以下规则进行：

① 若次序最低的原子或基团处于垂直方向的竖线上时，可直接将其他三个基团在平面内按大小顺序确定其构型，即纸面走向与实际走向相同。因为此时最小基团已处于离观察者最远的位置。例如，对下面几个 2-氯丁烷的费歇尔投影式，可按上述方法标出它们的构型：

S 构型　　　R 构型　　　S 构型　　　S 构型

② 若次序最低的原子或基团处于水平方向的横线上时，纸面走向与实际走向相反。因为此时最小基团处于离观察者最近的位置。

7.3　含一个手性碳原子化合物的对映异构

乳酸是含一个手性碳原子的典型例子，2 号碳原子分别连有—CH_3、—OH、—COOH 和—H 四个不同的基团。这种连有四个不同原子或基团的原子称为手性原子（可在其右上角加"﹡"标示），最常见的手性原子是手性碳原子。含一个手性碳原子的分子是手性分子，存在互为实物和镜像关系的两个对映异构体。

对映异构体因组成和结构相同，其物理和化学性质一般都相同，但其旋光能力相等，旋光方向相反，在手性环境的条件下如手性试剂、手性溶剂和手性催化剂等的存在下，常表现出某些不同的性质。

例如，人体内只能代谢（＋）-乳酸而不能代谢（－）-乳酸，因为人体内只有代谢（＋）-乳酸的酶（L-乳酸脱氢酶），过量摄入（－）-乳酸会引起代谢紊乱、酸中毒等不良反应；（＋）-葡萄糖在动物代谢中起独特作用，具有营养价值，而（－）-葡萄糖则不能参与动物体的代谢；沙利度胺，其右旋体是镇静止痛药，左旋体则对胎儿有致畸作用。

在同一溶液中一对对映体等量混合形成的混合物称为外消旋体（racemate），一般用符号（±）或 dl 表示。由于两种组分的旋光度相同，旋光方向相反，旋光性恰好互相抵消，所以外消旋体无旋光性。外消旋体的化学性质一般与旋光对映体相同，而物理性质则有差异，见表 7.1。

表 7.1 乳酸的理化性质

乳酸	比旋光度(水)/(°)	熔点/℃	$pK_a(25℃)$
（＋）-乳酸	＋3.82	53	3.79
（－）-乳酸	－3.82	53	3.79
（±）-乳酸	0	18	3.79

7.4 含两个及多个手性碳原子化合物的对映异构

7.4.1 含两个不同手性碳原子化合物的对映异构

一般地说，分子中含手性碳原子的数目越多，其旋光异构体的数目也越多。如分子中含有两个不相同的手性碳原子时，与它们相连的原子或基团，可有四种不同的空间排列，存在四个旋光异构体，即两对对映异构体。例如麻黄碱分子中也有两个不相同的手性碳原子，所以也有四个旋光异构体。它们的费歇尔投影式如下：

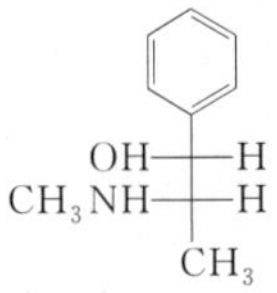

（－）-麻黄碱　　（＋）-麻黄碱　　（－）-伪麻黄碱　　（＋）-伪麻黄碱
（Ⅰ）　　　　　（Ⅱ）　　　　　（Ⅲ）　　　　　（Ⅳ）

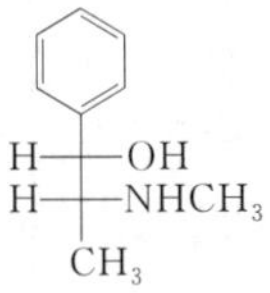

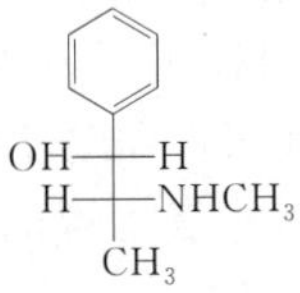

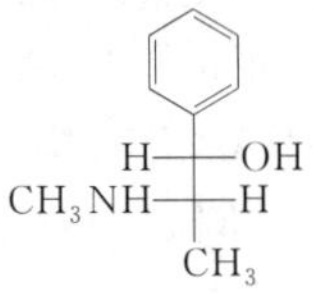

其中麻黄碱和伪麻黄碱各含一对对映体，即上式中的Ⅰ和Ⅱ，Ⅲ和Ⅳ，各构成一对对映体；麻黄碱与伪麻黄碱之间均不是实物和镜像关系，称为非对映异构体（diastereomer）。非对映体的旋光性不同，其他物理和化学性质也有差异，见表 7.2。

表 7.2 麻黄碱及伪麻黄碱的物理性质

组分	熔点/℃	比旋光度/(°)	溶解性
（－）-麻黄碱	38	－6.3(乙醇)，－34.9(盐酸盐)	溶于水、乙醇和乙醚
（＋）-麻黄碱	40	＋13.4(4%水)，＋34.4(盐酸盐)	溶于水、乙醇和乙醚
（±）-麻黄碱	77	0	溶于水、乙醇和乙醚
（－）-伪麻黄碱	118	－52.5	难溶于水，溶于乙醇和乙醚
（＋）-伪麻黄碱	118	＋51.24	难溶于水，溶于乙醇和乙醚
（±）-伪麻黄碱	118	0	难溶于水，易溶于乙醇、溶于乙醚

由上可知，含一个手性碳原子的化合物有两个旋光异构体，即一对对映异构体；含两个不相同手性碳原子的化合物有四个旋光异构体，即两对对映异构体。依此类推，含有不相同手性碳原子的旋光异构体数目应为 2^n 个（n 为不相同手性碳原子的数目）；而对映体则有 2^{n-1} 对。

7.4.2 含两个相同手性碳原子化合物的对映异构

分子中含有两个相同手性碳原子（两个手性碳原子上连有同样的四个不同基团）的化合物，如酒石酸分子中两个手性碳原子上都连有—OH、—H、—COOH 和—CH(OH)COOH，则只有三个旋光异构体。含有相同手性原子的化合物的对映异构体的数目少于 2^n 个。

$$
\begin{array}{cccc}
\text{COOH} & \text{COOH} & \text{COOH} & \text{COOH} \\
\text{HO}-\text{H} & \text{H}-\text{OH} & \text{H}-\text{OH} & \text{HO}-\text{H} \\
\text{H}-\text{OH} & \text{HO}-\text{H} & \text{H}-\text{OH} = \text{HO}-\text{H} \\
\text{COOH} & \text{COOH} & \text{COOH} & \text{COOH} \\
(2S,3S) & (2R,3R) & (2R,3S) & \\
(\text{I}) & (\text{II}) & (\text{III}) & (\text{IV}) \\
\text{左旋酒石酸} & \text{右旋酒石酸} & \text{内消旋酒石酸} &
\end{array}
$$

Ⅰ和Ⅱ互为对映体，Ⅲ和Ⅳ代表同一化合物。即Ⅲ不离开纸面旋转180°就是Ⅳ。Ⅲ或Ⅳ中的两个手性碳原子一为 S 构型，另一为 R 构型，它们所引起的旋光度相同而方向相反，恰好在分子内抵消，故不显旋光性，称为内消旋体（mesomer），用"i"或"$meso$"表示。内消旋体与左旋体或右旋体互为非对映体，故物理和化学性质都不相同，见表 7.3。

内消旋酒石酸不显旋光性的原因，还可由构象分析来说明。在内消旋酒石酸的三种典型构象中，对位交叉式有一个对称中心，全重叠式有一个对称面，都不具旋光性；邻位交叉式理论上应具有手性，但其两种对映体之间可迅速互变而以等量存在，故也不显旋光性。因此，内消旋酒石酸实际上是各种具有对称因素的构象以及各种外消旋构象所组成的动态平衡体系，故没有旋光性，通常用具有对称面的构象表示。

对位交叉式　　　全重叠式　　　　邻位交叉式

内消旋体和外消旋体虽然都不具有旋光性，但它们有着本质的不同：内消旋体是一种纯净物，不能拆分得到对映体；外消旋体是由两种等量的旋光度相同，旋光方向相反的对映体组成的混合物。几种酒石酸的理化性质见表 7.3。

表 7.3　几种酒石酸的理化性质

酒石酸	熔点/℃	比旋光度 （水）/(°)	溶解度(20℃) /(g/100mL 水)	密度(20℃) /(g/cm³)	pK_{a_1}	pK_{a_2}
(+)	170	+12	147.0	1.760	2.93	4.23
(−)	170	−12	147.0	1.760	2.93	4.23
meso	140	0	127.0	1.666	3.20	4.68
(±)	206	0	20.6	1.687	2.96	4.24

7.4.3 含两个以上手性碳原子化合物的对映异构

对于含有三个手性碳的化合物,如手性碳都不同,则有四对对映异构体,如其中有两个是相同的,则只有四个构型异构体,其中一对对映体和两个内消旋体。如 2,3,4-三羟基戊二酸有四个构型异构体 Ⅰ、Ⅱ、Ⅲ 和 Ⅳ,在 Ⅰ 和 Ⅱ 中,C3 上连有两个构造和构型〔(2R,4R) 或 (2S,4S)〕完全相同的碳原子,因此 C3 是非手性的。但 C2 和 C4 两个手性碳原子不呈镜像关系,整个分子没有对称面和对称中心,所以它们都是手性分子,Ⅰ 和 Ⅱ 互为对映异构体。而在 Ⅲ 和 Ⅳ 中,沿 C3、OH 和 H 有一个对称面,C2 和 C4 又呈镜像关系,因此 Ⅲ 和 Ⅳ 都是内消旋体。对 Ⅲ 和 Ⅳ 的 C3 来说,它连有构造相同、构型不同的碳原子;C3 是手性碳,但整个分子是非手性的,所以称其为假手性碳原子或假不对称碳原子(pseudoasymmetric carbon)。

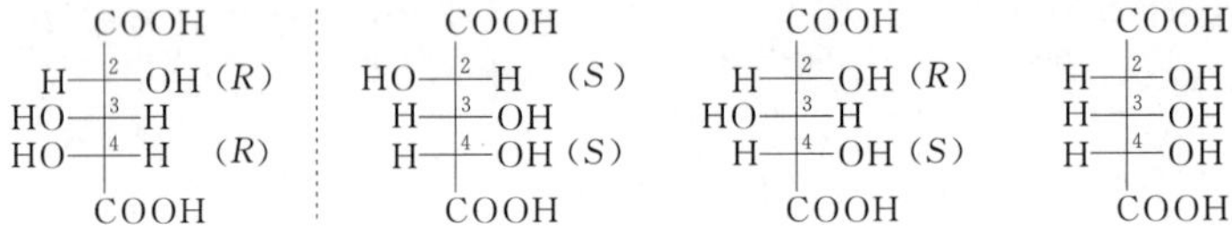

(Ⅰ)	(Ⅱ)	(Ⅲ)	(Ⅳ)
对映体		内消旋体	内消旋体
熔点 127℃	127℃	170℃	190℃

含手性的药物,其对映体间的生物活性存在很大差异,往往只有其中的一个具有较强的生理效应,而另一个对映体无活性或活性很低,有些甚至产生相反的生理作用。这是由于很多药物的生物活性是通过受体大分子之间的严格匹配与手性识别而实现的。只有当手性分子完全符合于手性受体的靶点时,这种药物才能发挥作用。例如,抗菌药左氟沙星的抗菌活性是外消旋体氧氟沙星的两倍;氯霉素是抗生素,但其他三个旋光异构体几乎无抗菌作用。左旋多巴可用于治疗巴金森氏症,而它的右旋体则无效。

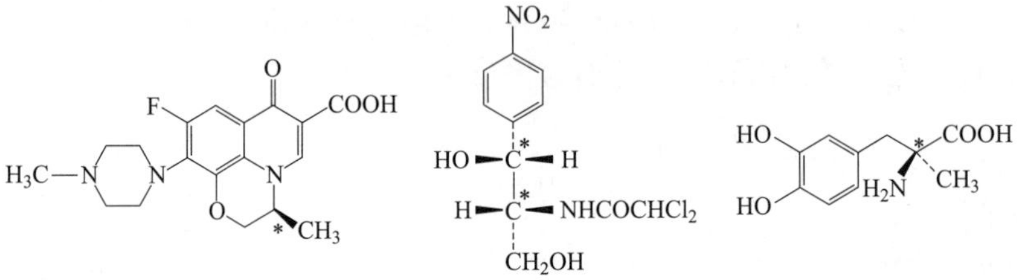

左氟沙星　　氯霉素　　左旋多巴

有些具有顺反异构的药物,它们的生理活性和临床治疗作用亦有很大区别。促凝血药凝血酸的反式结构具有止血作用,而其顺式异构体没有止血作用。

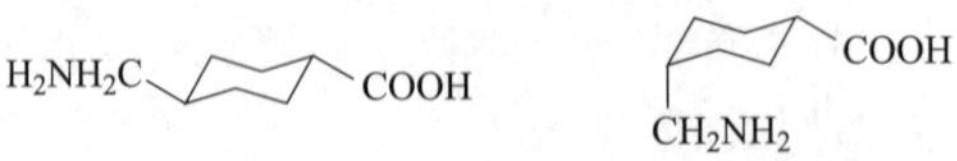

反式凝血酸　　顺式凝血酸

7.5 不含手性碳原子化合物的对映异构

一个化合物分子是否有手性,取决于分子整体是否有对称因素。手性碳原子是化合物产生手性的原因之一,但它既不是充分条件,也不是必要条件。有机化合物中,大部分旋光性物质的分子中都含有一个或多个手性碳原子。但有些手性分子中并不含有手性碳原子,如某些取代环状化合物、取代丙二烯型化合物和取代联苯型化合物。

7.5.1 环状化合物

环状化合物具有顺反异构。顺反异构体间的转变会引起环碳原子间共价键断裂，需要较高的能量，故它们在室温下不会转变，是稳定的，它们是具有不同性质的异构体，能被分离成单一的物质。

单环化合物是否有旋光性可以通过其平面式的对称性来判别，凡是有对称中心和对称平面的单环化合物无旋光性，反之则有旋光性。例如：

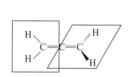

无旋光　　有旋光　　无旋光　　有旋光
　　　　（对称面）　　　　（对称中心）

7.5.2 取代丙二烯型化合物

丙二烯（$CH_2 = C = CH_2$）分子具有累积双键，两个 π 键所在的平面相互垂直，如图 7.9 所示。分子本身有对称性，故无旋光性，没有对映异构体。

当丙二烯分子两端碳原子上的氢分别被不同原子或基团取代时，则形成取代丙二烯型化合物，如 1,3-二氯丙二烯，如图 7.10 所示。整个分子没有对称面，也没有对称中心。虽然分子中没有手性碳原子，但分子为手性分子，有对映异构体。

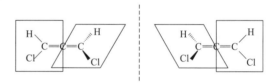

图 7.9　丙二烯分子的空间构型　　　　图 7.10　1,3-二氯丙二烯的对映异构体

若丙二烯分子的一端或两端碳原子上连着相同的取代基，则这些化合物具有对称面，无手性，无对映异构体。分子结构式如下：

$$\underset{A}{\overset{A}{\diagdown}}C=C=C\underset{B}{\overset{A}{\diagup}} \quad 或 \quad \underset{A}{\overset{A}{\diagdown}}C=C=C\underset{B}{\overset{B}{\diagup}}$$

7.5.3 取代联苯型化合物

当某些分子单键之间的自由旋转受到阻碍时，也可产生对映异构体，这种现象称为阻转异构现象（atropisomerism）。联苯分子中，两个苯环的邻位（2,6 和 2′,6′）上引入体积较大的原子或基团，如—COOH、—NO_2、—NH_2、—$C(CH_3)_3$、—Br 等，两苯环通过 σ 单键的旋转就会受到阻碍，不能共处同一平面，必须互成一定角度。两苯环处于互相垂直的状态时，基团间斥力最小，结构最稳定。当两苯环邻位所连取代基不相同时，整个分子无对称因素，具有手性，有对映异构体。如图 7.11 所

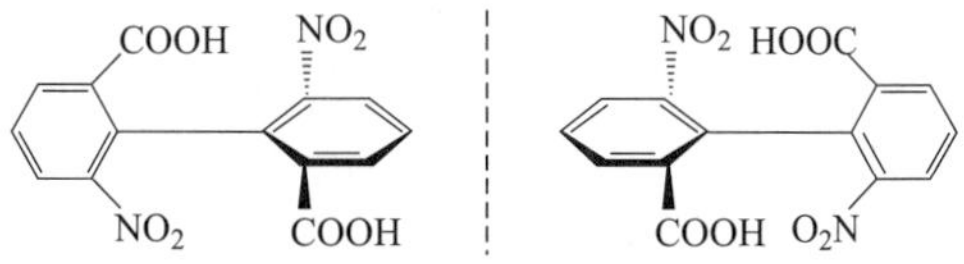

图 7.11　6,6′-二硝基联苯-2,2′-二甲酸的对映体

示，6,6′-二硝基联苯-2,2′-二甲酸的对映体。

7.6 拆分和不对称合成技术

除来自天然的手性分子以外，获得单一光学异构体的方法有两种。一种是将合成得到的外消旋体中的两个对映体分离开，此过程称为外消旋体的拆分或拆解（resolution）。另一种是不对称合成（asymmetric synthesis），这是近代有机合成中十分活跃的领域。下面对这两种方法作一简单介绍。

7.6.1 外消旋体的拆分

任何混合物的分离都是基于这些成分的不同性质（主要是物理性质）。但是，外消旋体中的两个对映体除了旋光性不同外，其他物理性质都相同，所以它们的分离需用特殊的方法。常用的方法有晶种结晶法、化学拆分法、生物拆分法、色谱分离法等。

（1）晶种结晶法

晶种结晶方法是先制成外消旋体的过饱和溶液，加入其中一种纯光学异构体作为晶种，冷却到某一温度，因溶液中该异构体含量较多，会优先析出。滤去晶体后，则另一种异构体含量较多，再加入外消旋体过饱和溶液，降低温度后此种异构体也优先结晶析出。因此理论上，将上述过程反复进行就可以将一对对映体拆分开。在氯霉素的工业制备过程中，就应用了这种拆分方法。

（2）化学拆分法

化学拆分法是目前应用最广泛的拆分法。其原理是设法将一对对映体转化成一对非对映体。由于后者具有不同的物理性质，便可采用常规分离手段分开。当非对映异构体分离后，再经一定方法处理使其转化回成原来的对映体。目前，大多数拆分工作靠有光学活性的手性拆分试剂。这些试剂有的是人工合成的，也有很多是经酶催化的生物合成获得的天然产物。这些拆分试剂都是光学纯度为100%的物质，最常见的是外消旋酸（或碱）的拆分，拆分过程表示如下：

$$\text{外消旋体} \begin{cases} 50\% \ (+)\text{-酸} \\ 50\% \ (-)\text{-酸} \end{cases} + (+)\text{-碱} \longrightarrow \underset{\text{非对映异构体}}{\begin{cases} (+)\text{-酸-}(+)\text{-碱盐} \xrightarrow{HCl} (+)\text{-酸} \\ (-)\text{-酸-}(+)\text{-碱盐} \xrightarrow{HCl} (-)\text{-酸} \end{cases}}$$

常用的碱性拆分剂有人工合成的如 α-苯基乙胺，也有来自植物体的生物碱如（−）-番木鳖碱、（−）-马钱子碱、（+）-辛可宁碱、（−）-吗啡碱、（−）-喹宁碱、（−）-麻黄碱等。

外消旋体碱也可以用类似的过程进行拆分，可用酸性拆分剂与其成盐。常用的酸性拆分剂有（+）-酒石酸、（−）-二乙酰酒石酸、（−）-二苯甲酰酒石酸、（+）-樟脑磺酸、（−）-苹果酸等。

例如，（±）-乳酸与（+）-1-苯基乙胺反应，（+）-乳酸生成（+）-酸-（+）-碱盐，而（−）-乳酸则生成（−）-酸-（+）-碱盐。（+）-酸-（+）-碱盐和（−）-酸-（+）-碱盐是非对映体，这两种不同的化合物具有不同的理化性质，可通过重结晶或其他方法进行分离，然后用盐酸酸化这两种盐，最终得到（+）-乳酸和（−）-乳酸。游离出来的手性拆分剂（手性胺）回收再用。

（3）生物拆分法

生物体中如细菌、霉菌的酶是由旋光性物质组成的，当它们与外消旋体作用时，两个对映体的反应速率有显著区别,从而表现出不同程度的选择性。例如,外消旋酒石酸铵盐在酵母(一种酶)作用下发酵,天然的右旋酒石酸铵盐可逐渐被消耗(与酵母作用生成其他产物),发酵液中最后可分离出纯的左旋酒石酸铵盐。

(4)色谱分离法

色谱分离法的原理同酸、碱拆分法。用手性的物质如淀粉、蔗糖粉或某些人工合成的手性分子作为柱色谱的吸附剂。当外消旋的被拆分物质通过色谱柱时,可与吸附剂产生非对映异构的两种物质,它们在色谱柱中被吸附的程度不同,因此在用溶剂洗脱时,有的先被洗脱下来,从而达到分离目的。例如,用乳糖作色谱柱的吸附剂,可将对亚苯基双亚胺樟脑拆分开来。其他如纸色谱(含光学活性纤维)、离子交换树脂都可用在一些化合物的拆分中。

7.6.2 不对称合成

非手性分子可以通过化学反应生成手性碳原子,但在非手性条件下无法跳过拆分直接得到手性分子。例如,丙酸的氯代可以生成含一个手性碳原子的 2-氯丙酸。但在反应过程中 α-氢原子被氯取代的概率是均等的,因此产物是外消旋体,没有旋光性。

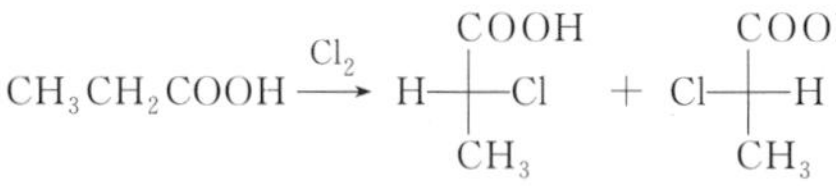

$$CH_3CH_2COOH \xrightarrow{Cl_2} \text{H---Cl (COOH/CH}_3\text{)} + \text{Cl---H (COOH/CH}_3\text{)}$$

若在手性环境中进行合成,如手性反应物、手性试剂、手性催化剂等,则新手性碳形成时,两种构型的生成概率不一定相等,最终得到的可能是有旋光性的物质。需特别注意的是,这里得到的旋光性物质并非单纯的某种旋光性化合物,而仍然是对映体的混合物,只是其中某种异构体的含量稍多。一个对映体超过另一个对映体的百分数称为对映体过量百分数,用 ee 表示(enantiomeric excess)。

凡是不经过拆分直接合成具有手性物质的方法称为不对称合成,也称为手性合成。不对称合成目前在药物合成和天然产物全合成中都有十分重要的地位。但无疑,现在最完善的不对称合成技术,要数存在于生物体内的酶。例如富马酸是体内新陈代谢的一个重要中间体,在富马酸酶的作用下,加水形成苹果酸:

$$\text{富马酸} \xrightleftharpoons[]{\text{水,富马酸酶}} \text{苹果酸}$$

而富马酸酶不能和富马酸的顺式异构体马来酸反应,且只生成 2S 构型产物。这种具有高度立体选择性的反应称为立体专一性(stereospecificity)反应。

习 题

1. 举例说明下列名词术语。
(1) 对映体　(2) 手性分子　(3) 非对映体　(4) 手性碳原子
(5) 外消旋体　(6) 对称中心　(7) 内消旋体　(8) 费歇尔投影式

2. 下列化合物中,哪些是手性分子?将其中手性碳原子用星号标出。写出手性分子可能的对映异构体的费歇尔投影式。
(1) $CH_3CH_2CHClCOOH$　　　　(2) $CH_2\!=\!CHCH(OH)CH_2CH_3$

(3) $C_6H_5CD(Cl)CH_3$ (4) $CH_3CH(D)CH(CH_3)_2$
(5) $ClCH_2CH(Cl)CH_2CH_2Cl$ (6) $CH_3CH_2CH_2COOH$

3. 按次序规则排出下列基团的优先顺序。

(1) —C₆H₅   (2) —CH=CH₂   (3) —C≡N   (4) —CH₂I
(5) —CHO   (6) —C(=O)OC₂H₅   (7) —CH₂NH₂   (8) —C(=O)NH₂
(9) —C(=O)CH₃

4. 写出下列各化合物的费歇尔投影式。

(1) (R)-2-丁醇   (2) (S)-4-溴-1-戊烯
(3) (2R,3R,4S)-4-氯-2,3-二溴己烷

5. 下列化合物的构型式中,哪些是相同的?哪些是对映体?哪些是内消旋体?

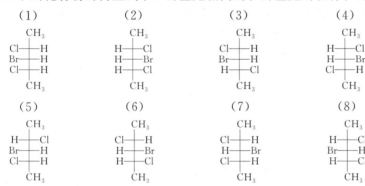

6. 写出下列反应产物的构型式,并指出反应产物是否有手性。

(1) $H_3CH_2CH_2C\text{–}CH=CH\text{–}H$, $H_3CH_2C\text{–}CH=CH\text{–}H$ $\xrightarrow{H_2/Pt}$

(2) 环己烯 + Br_2 $\xrightarrow{CCl_4}$

(3) $CH_3CH=CH_2$ $\xrightarrow[H_2O]{H_2SO_4}$

7. 将下列费歇尔投影式改写成锯架式。

(1)
```
   CH₃
Br─┼─H
 H─┼─Br
   C₂H₅
```

(2)
```
    CH₃
 H─┼─Cl
 H─┼─Cl
    CH(CH₃)₂
```

8. (S)-(−)-1-氯-2-甲基丁烷二氯代后所得产物的分子式为 $C_5H_{10}Cl_2$。试预测能有几种馏分,画出各馏分化合物的结构,各馏分有无旋光性?

9. 2-溴-3-氯丁烷有四种立体异构体。

```
     CH₃           CH₃          CH₃          CH₃
 H ─┼─ Cl      Cl ─┼─ H      H ─┼─ Cl     Cl ─┼─ H
 H ─┼─ Br      Br ─┼─ H      Br ─┼─ H     H ─┼─ Br
     CH₃           CH₃          CH₃          CH₃
     ①            ②            ③           ④
```

试问:(1) 这些异构体中,哪些是对映体?哪些是非对映体?
(2) ①和②对平面偏振光的作用是否相同? ②和④呢?

(3) 这些异构体中,哪些异构体的旋光度绝对值相同?
(4) 若四个异构体混在一起,用精密分馏装置分馏得到几种馏分?并指出馏分的组成。
10. 判断下列叙述是否正确。
(1) 含有手性原子的分子必定具有手性。
(2) 外消旋体是没有旋光性的化合物。
(3) 内消旋体是没有手性碳原子的化合物。
(4) 具有手性的分子必定有光学活性,一定有对映体存在。

第8章 芳香烃：亲电取代

有机化学发展初期，人们把从植物中提取到的一些具有香气的化合物称为芳香化合物。后来研究发现，它们往往都含有苯环的结构单元，于是将含有苯环结构单元的化合物称为芳香族化合物。

苯环属于一个高度不饱和的体系，但具有高稳定性，难以发生加成、氧化等反应，而易发生亲电取代反应。芳香族化合物难加成、难氧化，而易于取代的这种特性称为芳香性（aromaticty）。多数芳香族化合物并不具有香味，只是"芳香"两字被沿用下来。具有芳香性的碳氢化合物统称为芳香烃（aromatic hydrocarbon），简称芳烃。

8.1 芳香烃的分类、结构和命名

8.1.1 苯的结构

（1）苯的凯库勒结构

苯的分子式为 C_6H_6，不饱和度很高，但其性质却与烯烃或炔烃等不饱和烃不同，具有芳香性，一元取代物只有一种。

根据大量事实，1865年德国化学家凯库勒（Kekulé，1829—1896）提出了苯的环状结构。凯库勒认为，苯的六个碳原子彼此连接成一个平面六元环，每个碳原子上连有一个氢原子，环上存在三个间隔的双键，称为苯的凯库勒结构。

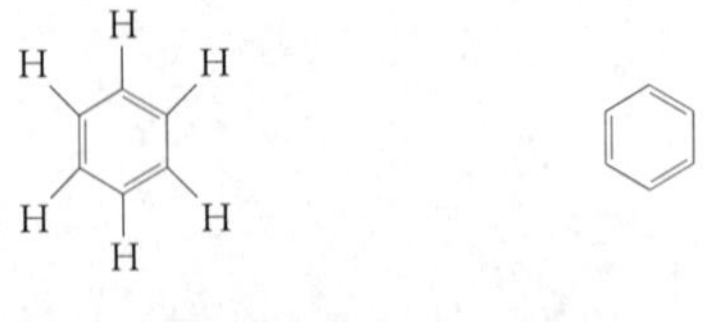

利用凯库勒结构，可以说明苯的许多实验事实。例如，苯的一元取代物只有一种，苯完全氢化后得到环己烷等。但是，也有一些已知的实验事实和此结构不相符合，例如，苯的邻位二元取代物只有一种，苯的芳香性等。

根据凯库勒结构式，苯的邻位二元取代物应有两种异构体存在。

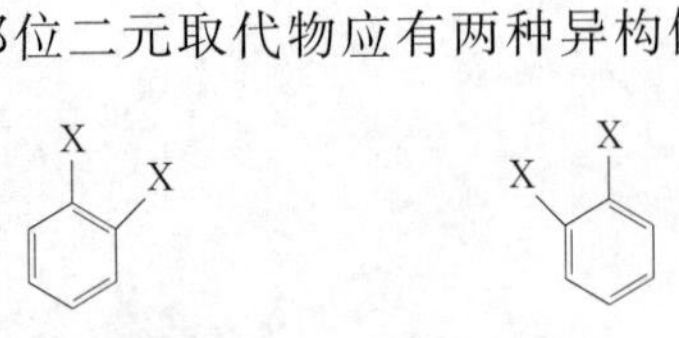

第8章 芳香烃：亲电取代

为此，凯库勒又假设苯环是下面两种结构式的互变平衡体系，由于两者转变得很快，所以分离不出邻位二元取代物的异构体。

事实上，这两种异构体呈平衡状态的假设是不存在的。根据凯库勒结构式，苯分子可视为环己三烯，应具有烯烃的性质，不能说明苯的芳香性。可见，凯库勒结构并不能完全反映出苯的真实结构。

（2）苯分子结构的现代概念

近代物理方法测得，苯分子具有平面正六边形结构，6个碳原子和6个氢原子处于同一平面上，6个C—C键的键长均为0.139nm，6个C—H键的键长均为0.108nm，键角均为120°，如图8.1所示。

图8.1 苯的分子结构

杂化轨道理论认为，苯分子的6个碳原子都是sp^2杂化，相邻碳原子之间以sp^2杂化轨道互相重叠，形成6个均等的C—C σ键，每个碳原子又各用1个sp^2杂化轨道与氢原子的1s轨道重叠，形成6个C—H σ键。碳原子的3个sp^2杂化轨道处在同一平面内，夹角为120°，所以苯的6个碳原子和6个氢原子共平面，6个碳原子形成1个正六边形。六元环状骨架形成以后，每个碳

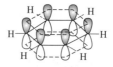

图8.2 苯分子的大π键

原子还剩余1个没有参加杂化的p轨道，6个p轨道均垂直于环平面且相互平行。这样，6个p轨道之间相互侧面重叠，形成1个包含6个碳原子的环状闭合大π键，称为芳香六隅体或芳香大π键，如图8.2所示。

苯环中的6个π电子为6个碳原子所共享，π电子云均匀分布在环平面的上方和下方，电子云密度平均化。因此，苯环中没有单、双键区别，键长趋于一致；π电子在整个环状体系中的高度离域化，使体系能量降低，带来了特殊的稳定性。

分子轨道理论则认为，sp^2杂化的6个碳原子以及6个氢原子形成苯分子σ键骨架后，6个碳原子的6个p轨道线性组合，形成6个π分子轨道，它们的轨道能级如图8.3(a)所示。

分子轨道ψ_1所有p轨道的位相相同，没有节面，能量最低；ψ_2和ψ_3各有一个节面，能量相等，称为简并轨道，ψ_1、ψ_2和ψ_3的能量都比原子轨道的能量低，称为成键轨道。ψ_4^*和ψ_5^*各有两个节面，也是一对简并轨道，ψ_6^*有三个节面，能量最高，ψ_4^*、ψ_5^*和ψ_6^*能量都比原子轨道能量高，称为反键轨道。

基态时，6个π电子按泡利不相容原理、能量最低原理和洪特规则，占据三个成键轨道，而能量高的反键轨道则无电子填充。所以苯的π电子云是由三个成键轨道叠加而成的，如图8.3(b)所示。叠加的结果是π电子云在各原子周围平均分布。

共振论认为，苯的结构是如下极限式的共振杂化体。

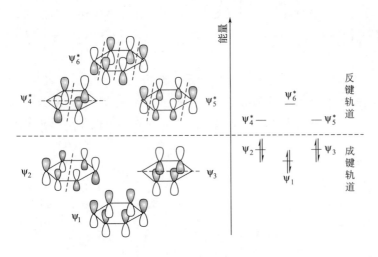

(a) π分子轨道能级　　　　　　　　　(b) π分子轨道电子云叠加

图 8.3　苯的 π 分子轨道

由于具有凯库勒结构式的Ⅰ和Ⅱ等价，所以它们对共振杂化体的贡献等同，因此苯环中C—C键等长，电子云均匀分布。

对于苯结构的书写方法，主要还是沿用凯库勒结构式，也有建议采用正六边形内加一个圆圈的表示方法。

8.1.2　芳烃的分类和命名

芳烃可分为苯系芳烃和非苯芳烃两大类，苯系芳烃分子中具有苯环，非苯芳烃结构中不具有苯环，但具有类似于苯环的结构，有芳香性。苯系芳烃根据结构中所含苯环的数目和连接方式不同，又可分为单环芳烃和多环芳烃，分子中只有一个苯环结构的为单环芳烃，分子中有多个苯环结构的为多环芳烃。

苯环上取代基位置不同引起苯衍生物的同分异构。苯衍生物的名称常见的有系统名称和惯用的俗名。

苯的一元取代物只有一种，命名方法有两种。结构较简单的是将苯环作为母体，连在苯环上的烃基作为取代基，称为"某苯"。结构较复杂的是将苯环作为取代基（称为苯基，简写为 Ph—），苯环以外的部分作母体，称为"苯基某烃"。例如：

| 甲苯 | 乙苯 | 异丙苯 | 苯乙烯 | 2-苯基戊烷 |
| methylbenzene | ethylbenzene | isopropylbenzene | phenylethylene (styrene) | 2-phenylpentane |

苯的二元取代物有三种异构体，命名时分别用 1,2-、1,3-、1,4- 表示取代基的位次，也可用邻（ortho，简写 o-）、间（meta，简写 m-）、对（para，简写 p-）来表示。例如：

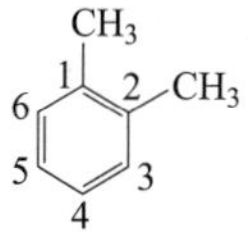

邻二甲苯(1,2-二甲苯)　　　间二甲苯(1,3-二甲苯)　　　对二甲苯(1,4-二甲苯)
o-dimethylbenzene　　　　*m*-dimethylbenzene　　　　*p*-dimethylbenzene

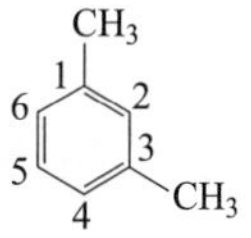

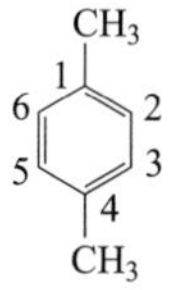

若苯环上的三个取代基相同，命名时分别用 1,2,3-、1,2,4-、1,3,5-表示取代基的位次，也可用连（vicinal，简写 *vic*-）、偏（unsymmetrical，简写 *unsym*-）、均（symmetrical，简写 *sym*-）表示。例如：

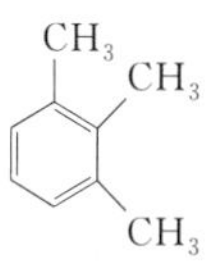

1,2,3-三甲苯(连三甲苯)　　　1,2,4-三甲苯(偏三甲苯)　　　1,3,5-三甲苯(均三甲苯)
1,2,3-trimethylbenzene　　　1,2,4-trimethylbenzene　　　1,3,5-trimethylbenzene

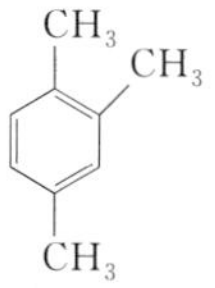

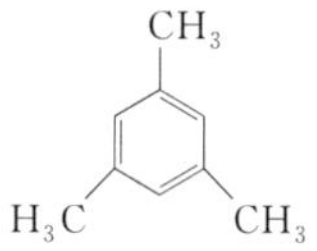

8.2　芳香烃的物理性质

苯及其同系物多数为液体，具有特殊的气味，比水轻，不溶于水，可溶于乙醇、乙醚、石油醚等有机溶剂。沸点随着分子量的增加而升高，相对密度和折射率比相应的链烃和环烷烃高。

苯及其同系物毒性较大，苯的蒸气可通过呼吸道对人体产生损害，高浓度的苯蒸气主要作用于中枢神经，引起急性中毒，长期接触低浓度的苯蒸气会损害造血器官。由于其毒性大，工业上常用甲苯来代替，因为甲苯的甲基能在体内被代谢转化为无毒的产物苄醇类代谢物（$ArCH_2OH$），它们可通过与葡萄糖醛酸（葡萄糖氧化的产物）反应，转变为极性和水溶性很大的葡萄糖醛酸苷而排出体外。

8.3　芳香烃的化学性质

苯环上 π 电子云密度高，易接受缺电子或带正电荷的亲电性试剂（electrophile）的进攻，发生亲电取代反应。具有芳香性的苯环在特殊条件下也能发生加成反应和氧化反应。

8.3.1　亲电取代反应

芳环上的氢原子可以被亲电基团取代，称为芳环上的亲电取代反应（electrophilic substitution reaction）。

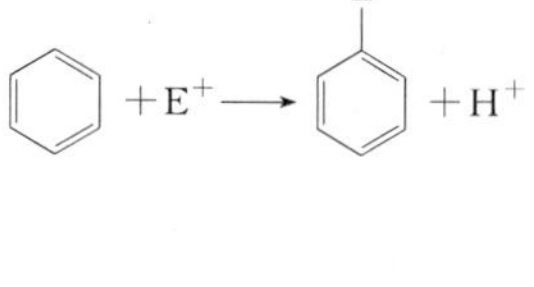

亲电取代反应机理如下：

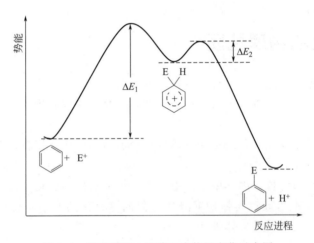

亲电试剂 E^+ 首先进攻 π 电子云，形成 π 络合物；然后从 π 电子云中夺取两个电子并与苯上的一个碳原子形成 σ 键，此时受进攻的碳原子由 sp^2 杂化转变为 sp^3 杂化，同时形成苯碳正离子；该碳正离子是由四个 π 电子离域在五个碳原子上所形成的共轭体系，又称为 σ 络合物；最后，σ 络合物离去一个质子，sp^3 杂化的碳原子又变成 sp^2 杂化，重新恢复成苯环的稳定结构，得到取代产物。

反应过程中苯环转变为 σ 络合物的过程要破坏苯环的共轭体系，过渡状态能量高，活化能高，反应慢，是整个反应的速率控制步骤。反应过程的能量变化如图 8.4 所示。

图 8.4 芳香烃亲电取代反应能量变化示意图

（1）卤代反应

在铁粉或三卤化铁等催化剂存在下，苯环上的氢原子可以被卤素原子取代，生成卤代苯，称为卤代反应（haolgenation reaction）。

甲苯的卤代比苯容易，且主要得到邻、对位卤代产物。

卤代反应中卤素的活性次序是：$F_2 > Cl_2 > Br_2 > I_2$。氟代反应太剧烈，不易控制；碘代反应不仅太慢，且生成的碘化氢是还原剂，可使反应逆转。

以苯的溴代反应为例，其反应机理为：

第8章 芳香烃：亲电取代

$$Br_2 + FeBr_3 \rightleftharpoons \overset{\delta^+}{Br} - \overset{\delta^-}{Br} \cdots FeBr_3$$

[苯] + Br—Br···FeBr₃ ⟶ [σ络合物 Br H]⁺ + Br̄—FeBr₃ ⟶ [溴苯] + HBr + FeBr₃

首先缺电子的三溴化铁与溴分子络合，使溴分子极化；然后溴络合物与苯环作用，形成碳正离子中间体（σ络合物）；最后在 $FeBr_4^-$ 的作用下，碳正离子中间体失去一个质子生成溴苯，并产生 HBr 及 $FeBr_3$。

（2）硝化反应

苯与硝酸等硝化试剂反应，环上的氢原子可以被硝基取代，称为硝化反应（nitration reaction），产物为硝基苯。

[苯] + 浓 HNO_3 $\xrightarrow[50\sim 60℃]{H_2SO_4}$ [硝基苯] + H_2O

甲苯比苯容易硝化，且主要生成邻硝基甲苯和对硝基甲苯。

[甲苯] + HNO_3 $\xrightarrow{30℃}$ [邻硝基甲苯] + [对硝基甲苯] + H_2O

硝基苯比苯难硝化，增加硝酸的浓度并提高反应温度，可得到二硝基苯，且主要进入第一个硝基的间位。

[硝基苯] + 发烟 HNO_3 $\xrightarrow[100℃]{H_2SO_4}$ [间二硝基苯] + H_2O

硝化反应的进攻基团为硝基正离子，硫酸存在下有利于硝基正离子的形成。

$$2HNO_3 \rightleftharpoons \overset{+}{N}O_2 + H_2O + NO_3^-$$

$$HNO_3 + 2H_2SO_4 \rightleftharpoons \overset{+}{N}O_2 + H_3^+O + 2HSO_4^-$$

（3）磺化反应

苯与浓硫酸或发烟硫酸共热，苯环上的氢原子被磺酸基（—SO_3H）取代，生成苯磺酸，称为磺化反应（sulfonation reaction）。若在较高温度下继续反应，则生成间苯二磺酸。

[苯] $\xrightarrow[\text{或}10\%\text{发烟}H_2SO_4,25℃]{\text{浓}H_2SO_4,70\sim 80℃}$ [苯磺酸] $\xrightarrow[200\sim 245℃]{10\%\text{发烟}H_2SO_4}$ [间苯二磺酸]

甲苯比苯容易磺化，使用发烟硫酸室温即可反应，生成邻位和对位产物。

[甲苯] $\xrightarrow{H_2SO_4}$ [邻甲苯磺酸] + [对甲苯磺酸]

磺化反应是可逆反应，苯磺酸与水共热，可脱去磺酸基。磺化反应中，一般认为进攻基团是 SO_3。

$$2H_2SO_4 \rightleftharpoons SO_3 + H_3^+O + HSO_4^-$$

(4) 傅瑞德尔-克拉夫茨反应

在无水三氯化铝催化下，苯与卤代烷作用得到烷基苯的反应称为傅瑞德尔-克拉夫茨烷基化反应，简称傅-克烷基化反应（Friedel-Crafts reaction）。

$$\text{C}_6\text{H}_6 + \text{RX} \xrightarrow{\text{无水 AlCl}_3} \text{C}_6\text{H}_5\text{R} + \text{HX}$$

在无水三氯化铝催化下，苯与酰卤或酸酐作用向芳环引入酰基的反应，称为傅-克酰基化反应。

$$\text{C}_6\text{H}_6 + \text{CH}_3\text{COCl} \xrightarrow{\text{无水 AlCl}_3} \text{C}_6\text{H}_5\text{COCH}_3$$

当环上有—NO_2、—SO_3H、—CN、—COR 等强吸电子基时，傅-克反应不能发生。

傅-克反应中的亲电试剂是在路易斯酸催化下产生的烷基正离子或酰基正离子。

$$\text{RCl} + \text{AlCl}_3 \rightleftharpoons \text{R}^+ + \text{AlCl}_4^-$$

$$\text{RCOCl} + \text{AlCl}_3 \rightleftharpoons \overset{+}{\text{RCO}} + \text{AlCl}_4^-$$

烯烃或醇在催化剂作用下也可发生傅-克烷基化反应。

$$\text{C}_6\text{H}_6 + \text{CH}_3\text{CH}=\text{CH}_2 \xrightarrow{\text{无水 AlCl}_3} \text{C}_6\text{H}_5\text{CH}(\text{CH}_3)_2$$

8.3.2 加成和氧化反应

苯的加成、氧化困难，但特殊条件下，也可以发生加成反应和氧化反应。

$$\text{C}_6\text{H}_6 + \text{H}_2 \xrightarrow[200℃]{\text{Ni}} \text{C}_6\text{H}_{12}$$

$$\text{C}_6\text{H}_6 + \text{Cl}_2 \xrightarrow{h\nu} \text{C}_6\text{H}_6\text{Cl}_6$$

$$\text{C}_6\text{H}_6 + \text{O}_2 \xrightarrow[400℃]{\text{V}_2\text{O}_5} \text{顺丁烯二酸酐} + \text{CO}_2 + \text{H}_2\text{O}$$

8.3.3 芳环侧链的反应

烷基苯易被氧化，氧化反应通过苯环的 α-H 发生，不管侧链长短，最后都氧化成羧基，若与苯环直接相连的碳原子上没有氢，则侧链不被氧化。

$$\text{对-CH(CH}_3)_2\text{-C}_6\text{H}_4\text{-C(CH}_3)_3 \xrightarrow[\triangle]{\text{KMnO}_4} \text{对-HOOC-C}_6\text{H}_4\text{-C(CH}_3)_3$$

在高温或光照射下，芳环侧链上的 α-H 易被氯或溴取代，而不是发生在环上。

$$\text{C}_6\text{H}_5\text{CH}_3 \xrightarrow[\triangle \text{或} h\nu]{\text{Cl}_2} \text{C}_6\text{H}_5\text{CH}_2\text{Cl} \xrightarrow[\triangle \text{或} h\nu]{\text{Cl}_2} \text{C}_6\text{H}_5\text{CHCl}_2 \xrightarrow[\triangle \text{或} h\nu]{\text{Cl}_2} \text{C}_6\text{H}_5\text{CCl}_3$$

芳环侧链的卤代与烷烃卤代反应机理相同，属自由基取代反应。

8.4 芳环上亲电取代反应的定位规律

8.4.1 定位规律

一取代苯再取代时，新引入的取代基可以取代原有取代基的邻位、间位或对位上的氢原子，生成三种不同的二取代物。一取代苯的苯环上共有两个邻位，两个间位和一个对位氢原子，如果每个氢原子被取代的机会均等，生成的产物应该是三种二取代物的混合物，其中邻位异构体应占40%（2/5），间位异构体应占40%（2/5），对位异构体应占20%（1/5）。但实际上并非如此，主要产物只有一种或两种。

例如，硝基苯的硝化比苯困难，主要产物为间二硝基苯。

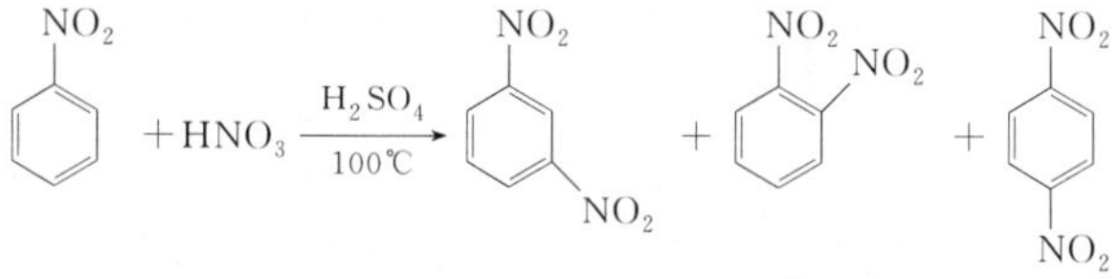

（93%） （6%） （1%）

甲苯的硝化比苯容易，主要生成邻硝基甲苯和对硝基甲苯。

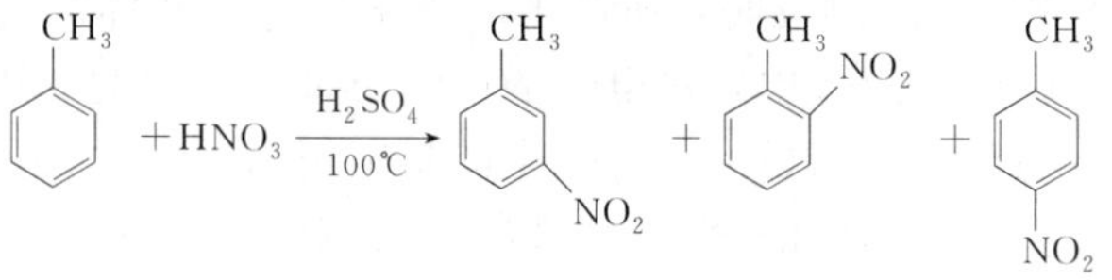

（4%） （58%） （38%）

可见，一取代苯继续发生亲电取代反应时，新引入基团进入的位置及反应活性与新引入基团的性质无关，而是由环上原有取代基决定，这种效应称为芳环上亲电取代反应的定位规律（orienting effect），环上原有的取代基叫定位基（orienting group）。

常见定位基可分为两类：

（1）第一类定位基（又称邻、对位定位基）

新引入基团主要进入其邻位和对位（邻、对位产物＞60%）。常见的第一类定位基有：—NR_2，—NH_2，—OH，—OR，—NHCOR，—OCOR，—R，—Ar，—CH=CR_2，—X等。

第一类定位基与芳环直接相连的原子上的电子云密度较高（具有孤对电子或带有负电荷），表现为供电子效应，有利于亲电取代反应的发生，使苯环活化（卤素除外），又称为活化基。

（2）第二类定位基（又称间位定位基）

新引入的基团主要进入其间位（间位产物＞40%）。常见的第二类定位基有：—$^+NR_3$，—NO_2，—CF_3，—C≡N，—SO_3H，—CHO，—COR，—COOH等。

第二类定位基与芳环直接相连的原子是缺电子的（重键或带有正电荷），表现为吸电子效应，不利于亲电取代反应的发生，使芳环钝化，又称为钝化基。

8.4.2 定位规律的理论解释

苯环上亲电取代反应的定位规律是一经验规律，但得到了理论上的解释。理论解释主要解释两方面：新基团的取代位置及再取代活性。理论解释可以从两方面分析：静态分析，定位基通过电子效应使环上电子云密度分布发生变化，电子云密度越高，越有利于亲电取代反应的发生；动态分析，定位基通过电子效应使反应活性中间体的稳定性发生改变，反应活性中间体的稳定性越高，越有利于亲电取代反应的发生。

（1）甲基的定位效应

甲基是供电子基，甲苯再取代生成的三种碳正离子的结构可用共振式表示如下：

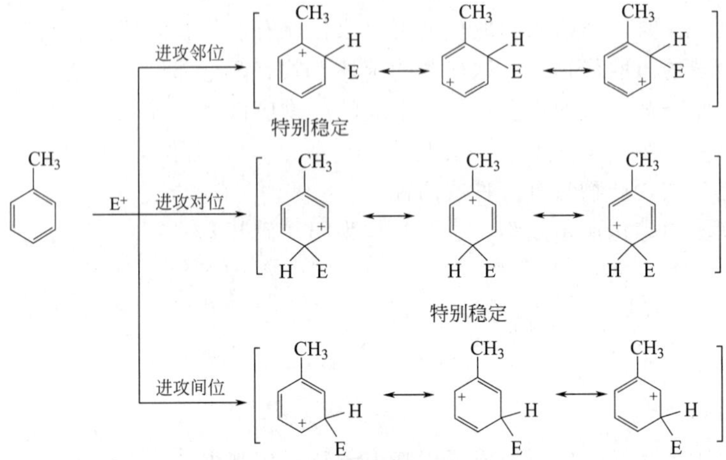

当亲电试剂 E^+ 进攻邻位或对位时，所产生的碳正离子中间体的三个极限式中，都有一个极限式特别稳定。在此种极限式中，供电子的甲基与带正电荷的环碳原子直接相连，这时甲基对碳正离子中间体的稳定作用最大，是稳定的叔碳正离子，对共振杂化体贡献最大，由它们参与形成的共振杂化体比间位的稳定。所以，邻、对位取代的反应速率比间位快，产物的相对比例多，因此，甲基是活化苯环的邻、对位定位基。

（2）羟基的定位效应

羟基是一个强的邻、对位定位基。氧的电负性比碳大，羟基对苯环有吸电子诱导效应（−I），但氧上的 p 轨道（其中有一对未共用电子）可与苯环上的 π 轨道形成 p-π 共轭体系，氧上的一对未共用电子向苯环转移，产生供电子共轭效应（+C）。电子效应的总的结果是共轭效应占主导地位，使碳正离子活性中间体的稳定性增高，使苯环活化。苯酚再取代生成的三种碳正离子的共振式可表示为：

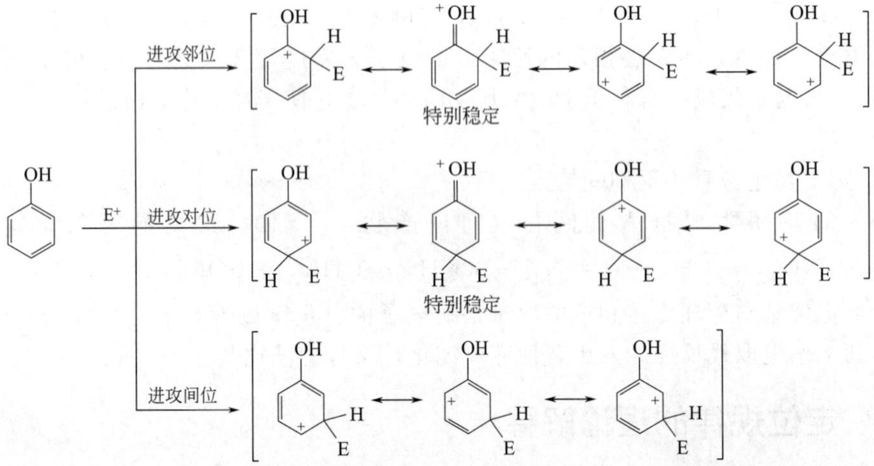

邻、对位取代的中间体各有四个共振极限式，而且各有一个极限式特别稳定，此极限式

中所有原子都形成八隅体，对共振杂化体的贡献最大，由它们参与形成的共振杂化体比间位取代的中间体稳定。因此，邻、对位取代反应速率比间位快，产物的相对比例多，所以，羟基是活化苯环的邻、对位定位基。

其他具有未共用电子对的基团（除卤素）如：—NH_2(R)、—OR、—NHCOR 等和羟基有类似的作用，都是邻、对位定位基，对苯环有较强的活化作用。

（3）硝基的定位效应

硝基是强的吸电子基，其吸电子作用使苯环上的电子云密度降低，取代反应的碳正离子中间体稳定性降低，与苯相比取代反应速率减慢，所以，硝基使苯环钝化。硝基苯再取代产生的三种碳正离子的共振式可表示为：

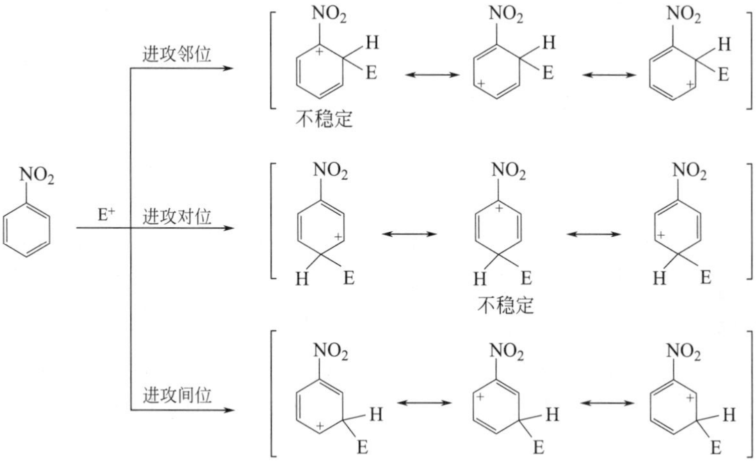

邻、对位取代所产生的碳正离子中间体，各有一个很不稳定的极限式，其正电荷分布在直接与吸电子基相连的环碳原子上，因此，由它们参与形成的共振杂化体的稳定性不如间位取代的中间体。也就是说，硝基对间位的钝化作用小于邻、对位。因此，间位反应速率相对较快，硝基为钝化苯环的间位定位基。

醛酮羰基、氰基、羧基等极性不饱和基团的定位和钝化作用与硝基相似。

卤素比较特殊，是邻、对位定位基，却使苯环钝化。原因在于卤素原子电负性较大，吸电子诱导和供电子共轭共同作用的结果使环上电子云密度降低，使苯环钝化；但邻、对位电子云密度相对比间位的要高，有利于邻、对位产物的生成，是邻、对位定位基。

8.4.3 二元取代苯环的定位规律

在二取代苯中引入第三个取代基时，新基团进入苯环上的位置由原来的两个定位基共同决定。

当两个定位基的定位效应一致时，新引入取代基进入苯环的位置由它们共同定位。

当两个定位基的定位效应不一致时，有两种情况。原有取代基属于同一类定位基，这时新引入取代基进入苯环的位置主要由定位作用强的取代基决定；若原有取代基属不同类定位基，新引入取代基进入苯环的位置主要由第一类定位基决定。

8.4.4 定位规律的应用

应用定位规律，可以预测反应的主要产物，指导多官能团取代苯合成路线的确定，选择合理的合成路线。例如，由苯合成间硝基氯苯，应先硝化再氯代。

$$\text{C}_6\text{H}_6 \xrightarrow[\Delta]{\text{HNO}_3 + \text{H}_2\text{SO}_4} \text{C}_6\text{H}_5\text{NO}_2 \xrightarrow[\text{FeCl}_3, \Delta]{\text{Cl}_2} \text{邻/间-氯硝基苯}$$

由甲苯合成间硝基苯甲酸，应先氧化再硝化。

$$\text{C}_6\text{H}_5\text{CH}_3 \xrightarrow{\text{KMnO}_4} \text{C}_6\text{H}_5\text{COOH} \xrightarrow[\Delta]{\text{HNO}_3 + \text{H}_2\text{SO}_4} \text{间硝基苯甲酸}$$

8.5 多环芳香烃

分子中具有多个苯环的芳烃，称为多环芳烃。按环与环之间的连接方式可分为联苯、联多苯、多苯代脂烃和稠环芳烃等。

8.5.1 萘

萘的分子式为 $C_{10}H_8$，可从煤焦油中分离得到，为无色片状晶体，熔点为 80℃，沸点为 218℃，易升华，不溶于水，易溶于热的乙醇等有机溶剂，有特殊气味。

（1）萘的结构

萘和苯结构相似，也是平面形分子，所有碳原子均为 sp^2 杂化，10 个 p 轨道彼此侧面重叠形成一个闭合的环状共轭体系，10 个 π 电子分布在平面的上方和下方，其形状如数字"8"，具有芳香性。

萘环中各个 p 轨道的重叠程度不完全相同，π 电子云分布不完全平均，键长不完全平均，萘的稳定性比苯差。萘环的编号固定，其中 1，4，5，8 位置相同，为 α 位；2，3，6，7 位置相同，为 β 位；α 位电子云密度比 β 位电子云密度高。

（萘结构图，标注键长 0.142nm, 0.140nm, 0.136nm, 0.139nm，位置编号 1-8）

（2）萘的化学性质

① 亲电取代反应 萘比苯更容易发生亲电取代反应，一般情况下，一元取代主要发生在电子云密度较高的 α 位。例如，萘溴代时不用催化剂即可反应，主要得到 α-溴萘。

$$\text{萘} \xrightarrow[\text{CCl}_4]{\text{Br}_2} \text{1-溴萘}$$

萘在较低温度（80℃）磺化时，主要生成 α-萘磺酸；在较高温度（165℃）磺化时，主要生成 β-萘磺酸。α-萘磺酸与硫酸共热到 165℃ 时，也转变成 β-萘磺酸。

$$\text{萘} \xrightarrow[80℃]{\text{H}_2\text{SO}_4} \alpha\text{-萘磺酸} \xrightarrow[\text{H}_2\text{SO}_4]{165℃} \beta\text{-萘磺酸}$$

$$\text{萘} \xrightarrow[165℃]{\text{H}_2\text{SO}_4} \beta\text{-萘磺酸}$$

② 氧化反应　萘比苯容易发生氧化反应，反应条件不同氧化产物不同。在五氧化二钒催化下，用空气氧化萘可生成邻苯二甲酸酐。

$$\text{萘} + O_2 \xrightarrow[460℃]{V_2O_5} \text{邻苯二甲酸酐}$$

③ 还原反应　萘比苯容易被还原，还原产物与试剂及条件有关，催化氢化可得到十氢萘。

$$\text{萘} \xrightarrow[\text{高温\quad 高压}]{H_2/Ni \text{ 或 } Pd\cdots} \text{十氢萘}$$

8.5.2　蒽和菲

蒽和菲都存在于煤焦油中，蒽为无色片状晶体，熔点为 216℃，沸点为 240℃；菲为具有光泽的无色晶体，熔点为 101℃，沸点为 340℃。

蒽和菲的分子式都是 $C_{14}H_{10}$，互为同分异构体。蒽和菲的结构与萘相似，形成了闭合的共轭体系，有芳香性。蒽和菲分子中各碳原子上的电子云密度分布不均匀，各碳原子的位次如下：

蒽　　　　　　　　菲
anthracene　　　　phenanthrene

其中 1,4,5,8 位置相同，为 α 位；2,3,6,7 位置相同，为 β 位；9 和 10 位置相同，为 γ 位。

8.5.3　致癌烃

致癌烃是引起恶性肿瘤的一类多环稠环芳香烃。

芳香烃不仅化学性质与脂肪烃不同，其生理活性也不同。许多多环芳烃都有致癌作用。在汽车废气和未完全燃烧的石油、煤、木材、烟草等烟气中，都存在有可致癌的稠环芳烃，例如：

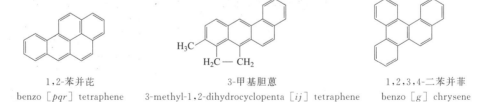

1,2-苯并芘　　　　3-甲基胆蒽　　　　1,2,3,4-二苯并菲
benzo[pqr]tetraphene　3-methyl-1,2-dihydrocyclopenta[ij]tetraphene　benzo[g]chrysene

8.6　非苯芳香烃

前面介绍的芳香烃（苯、萘、蒽和菲等）均有苯环结构，在结构上形成了环状的闭合共轭体系，通过 π 电子离域使电荷分散，能量低。它们都具有芳烃的特性——芳香性，表现为环稳定，易发生取代反应，难发生加成反应和氧化反应。但是，有些不具有苯环结构的环烯烃类化合物，也具有一定的芳香性，这类化合物称为非苯芳烃。

8.6.1 休克尔规则

1931 年德国化学家休克尔（Erich Armand Arthur Joseph Hückel，1896—1980）用简化的分子轨道法（HMO 法），计算了许多单环多烯的 π 电子能级，提出一个判断芳香性的规则，称为休克尔（Hückel）规则。该规则指出，芳香性分子必须具备三个条件：①成环原子共平面；②形成环状闭合共轭体系；③成键 π 电子总数等于 $4n+2$，其中 n 为自然整数。因此，Hückel 规则又称为 $4n+2$ 规则。

依据 Hückel 规则，苯（$n=1$）、萘（$n=2$）、蒽和菲（$n=3$）都符合上述三个芳香性的评判标准，它们都有芳香性。

有些环状多烯烃，虽然也具有环内交替的单键和双键，但它们不符合 Hückel 规则，没有芳香性。如环丁二烯和环辛四烯。

环丁二烯　　环辛四烯

8.6.2 芳香离子

奇数碳的环状化合物，如果是中性分子，如环戊二烯，必定有一个 sp^3 杂化的碳原子，不可能构成环状共轭体系，但它们转化为正离子或负离子时，就可以构成环状共轭体系。例如：

环丙烯正离子　　环戊二烯负离子

环丙烯正离子的成键 π 电子数为 2，符合 $4n+2$（$n=0$）规则，具有芳香性。实验事实证实了这一点，1957 年以后合成了一些取代环丙烯正离子的盐。

环戊二烯负离子的成键 π 电子数为 6，符合 $4n+2$（$n=1$）规则，具有芳香性。实验事实如此相符，例如环戊二烯中饱和碳上的氢具有酸性，$pK_a \approx 16$，酸性与水、醇相当。

常见的非苯芳香性离子还有：环庚三烯正离子、环丁二烯双正离子、环丁二烯双负离子、环辛四烯双负离子等。

8.6.3 轮烯的芳香性

单环共轭多烯统称轮烯。环丁二烯称 [4] 轮烯，苯称 [6] 轮烯，环辛四烯称 [8] 轮烯。根据 Hückel 规则，[10] 轮烯、[14] 轮烯和 [18] 轮烯等应具有芳香性。

[10] 轮烯中，双键如果是全顺式，由此构成平面内角为 144°，显然角张力太大。要构成平面，并且符合 120°，必定有两个双键为反式。但这样在环内有二个氢原子，它们之间的空间拥挤张力足以破坏环平面性。因此它虽属于 $4n+2$ 个 π 电子数，但由于达不到平面性，故没有芳香性。[14] 轮烯要构成平面性，必定要有四个氢在环内，因此也破坏了平面性，也是没有芳香性。[18] 轮烯虽然环内有六个氢，但环较大，可允许成为平面环，故具有芳香性。

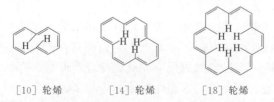

[10] 轮烯　　[14] 轮烯　　[18] 轮烯

第8章 芳香烃：亲电取代

习 题

1. 命名下列化合物。

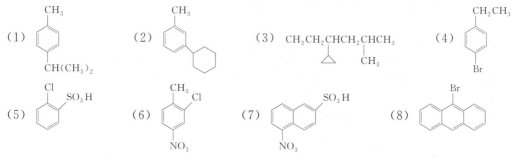

2. 写出下列化合物的结构式。
   (1) 2-氯-4-硝基苯甲酸　　(2) 3-乙基甲苯　　(3) 2,6-二甲基萘
   (4) 2-苯基-2-丁烯　　(5) 苯乙烯　　(6) 1,3-二硝基苯

3. 完成下列反应。

(1) 对异丙基甲苯 $\xrightarrow{KMnO_4}$

(2) 乙苯 $\xrightarrow[h\nu]{Cl_2}$

(3) 苯 + CH_3Cl $\xrightarrow{无水\ AlCl_3}$

(4) 甲苯 + 环戊烯 $\xrightarrow{HF}$

(5) 甲苯 $\xrightarrow{HNO_3,\ H_2SO_4}$

(6) 乙苯 $\xrightarrow[FeCl_3]{Cl_2}$

(7) 1-甲基萘 $\xrightarrow{HNO_3}$

(8) 甲苯 + CH_3COCl $\xrightarrow{无水\ AlCl_3}$

4. 用化学方法区别下列各组化合物。
   (1) 苯、丙烯和环丙烷　　(2) 苯乙烯、苯乙炔和乙苯

5. 试解释为什么苯酚硝化反应的速率比甲苯硝化时大 45 倍；但氯苯的硝化速度比甲苯的硝化速度小 250 倍。

6. 比较下列各组化合物进行亲电取代（如硝化）反应的活性顺序。
   (1) 苯；间二甲苯；硝基苯；乙苯　　(2) 苯；硝基苯；氯苯；甲苯
   (3) 对甲基苯甲酸；对苯二甲酸；甲苯；苯甲酸

7. 以苯或甲苯为起始原料合成下列化合物。
   (1) 邻溴苯甲酸　　(2) 间氯硝基苯　　(3) 3-硝基-5-溴苯甲酸

8. 用箭头表示下列化合物溴化的主要产物。

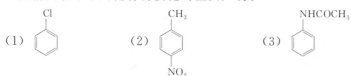

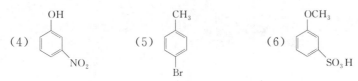

9. 写出下列反应的合理反应机理。

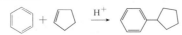

10. 有三种化合物 A、B、C 分子式相同，均为 C_9H_{12}，用酸性 $KMnO_4$ 氧化后，A 变为一元酸，B 变为二元酸，C 变为三元酸。但以混酸硝化时，A 和 B 分别生成两种一硝化产物，而 C 只生成一种一硝化产物。试写出 A、B、C 的结构式。

11. 根据 Hückel 规则，判断下列结构的物质是否有芳香性？

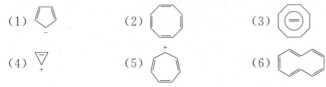

12. 薁（azulene）的构造式如图所示，薁具有平面结构，是一种天蓝色的片状晶体，又叫蓝烃，熔点为 99℃，是一些植物挥发油的成分，具有抗菌和阵痛等作用。

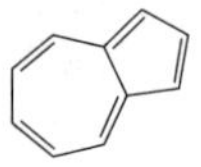

问题：(1) 薁是否具有芳香性？(2) 薁的亲电取代反应主要发生在哪个环上？为什么？

第9章 醇、酚和醚

醇、酚和醚都属于烃的含氧衍生物。羟基和脂肪族碳直接相连的化合物称为醇（alcohols）；羟基和芳环直接相连的化合物称为酚（phenols）；羟基（—OH）为醇和酚的官能团。而醚（ethers）可以看作是两个烃基通过氧原子连接起来的化合物，醚键（—O—）为其官能团。

9.1 醇

醇分子由烃基和羟基两部分组成，通式为 ROH。

9.1.1 醇的结构、分类和命名

（1）醇的结构

现代物理方法测试表明，醇羟基中的氧原子为不等性的 sp^3 杂化，两个杂化轨道为孤对电子所占据，其余两个轨道分别与碳原子以及氢原子形成 C—O 和 O—H σ 键。如甲醇的结构为：

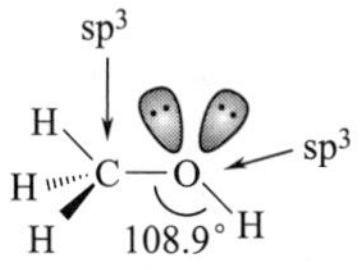

（2）醇的分类

① 按照与羟基相连碳原子种类的不同，分为伯醇（1°醇）、仲醇（2°醇）和叔醇（3°醇）。

R—CH₂OH　　　R^1—CH(R^2)—OH　　　R^1—C(R^2)(R^3)—OH
伯醇(1°醇)　　　仲醇(2°醇)　　　叔醇(3°醇)

② 按照羟基数目的多少分为一元醇、二元醇和多元醇。

CH₃CH₂CH₂OH　　　CH₂(OH)—CH₂(OH)　　　CH₂(OH)—CH(OH)—CH₂(OH)
正丙醇　　　乙二醇　　　丙三醇
（一元醇）　　　（二元醇）　　　（多元醇）

③ 按照烃基种类的不同分为脂肪醇和芳香醇。

环己醇
（脂肪醇）

苯甲醇
（芳香醇）

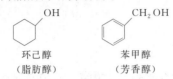

④ 按照烃基是否饱和分为饱和醇和不饱和醇。

$CH_3CH_2CH_2CH_2OH$
正丁醇
（饱和醇）

$CH_3CH{=}CHCH_2OH$
2-丁烯-1-醇
（不饱和醇）

环戊醇
（饱和醇）

3-环戊烯-1-醇
（不饱和醇）

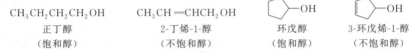

（3）醇的命名

① 普通命名法 一般适用于低级的一元醇，可在烃基的名称后面直接加一“醇”字来命名，称为“某醇”。英文名称是在相应的烷基名称后加“alcohol”。例如：

CH_3OH
甲醇
methyl alcohol

CH_3CH_2OH
乙醇
ethyl alcohol

$CH_3CH_2CH_2OH$
正丙醇
n-propyl alcohol

异丙醇
isopropyl alcohol

$CH_3CH_2CH_2CH_2OH$
正丁醇
n-butyl alcohol

仲丁醇
sec-butyl alcohol

异丁醇
isobutyl alcohol

叔丁醇
tert-butyl alcohol

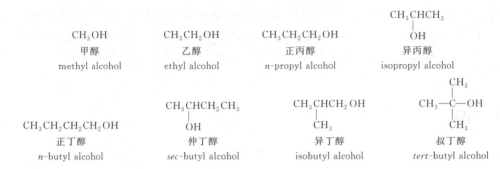

② 系统命名法 对于结构比较复杂的醇，通常采用系统命名法命名。命名原则如下：选择含有与羟基相连碳原子在内的最长碳链作为主链，支链看作取代基；从距离羟基最近一端对主链碳原子进行编号；根据主链碳原子的数目，母体称为“某醇”，支链的位次、名称及羟基的位次依次放在母体前面。英文的名称是将相应烷烃名称的词尾“-e”改为“-ol”。例如：

2-甲基-1-丙醇
2-methyl-1-propanol

2-丁醇
2-butanol

5-甲基-3-己醇
5-methyl-3-hexanol

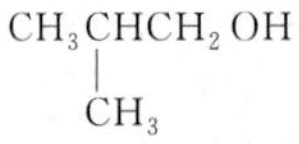

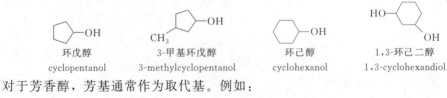

对于脂环醇，根据与羟基相连的脂环烃基的名称命名为“环某醇”，环上碳原子的编号从羟基开始，环上其他取代基位次尽可能小。

环戊醇
cyclopentanol

3-甲基环戊醇
3-methylcyclopentanol

环己醇
cyclohexanol

1,3-环己二醇
1,3-cyclohexandiol

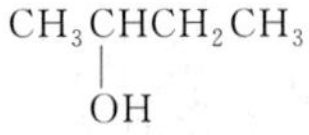

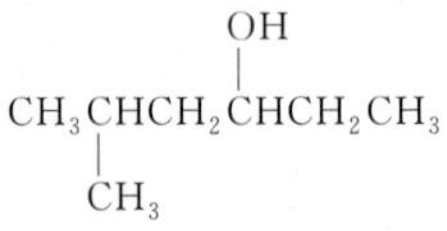

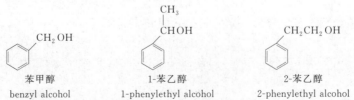

对于芳香醇，芳基通常作为取代基。例如：

苯甲醇
benzyl alcohol

1-苯乙醇
1-phenylethyl alcohol

2-苯乙醇
2-phenylethyl alcohol

对于不饱和醇,要选择含有与羟基相连的碳原子和不饱和键都在内的最长碳链作为主链,从距离羟基最近的一端对主链碳原子进行编号,根据主链碳原子数目,母体称为"某烯(炔)醇",先按照烯烃命名,随后在"醇"的前面标出羟基的位次。例如:

CH₃CHCH=CHCH₂OH
      |
     CH₃
4-甲基-2-戊烯-1-醇
4-methyl-2-penten-1-ol

C₆H₅—CH=CHCH₂OH
3-苯基-2-丙烯-1-醇(肉桂醇)
3-phenyl-2-propylen-1-ol

HO—C₆H₃(OCH₃)—CH=CHCH₂OH
3-(4-羟基-3-甲氧基)苯基-2-丙烯-1-醇(松柏醇)
3-(4-hydroxyl-3-methoxyl)phenyl-2-propylen-1-ol

对于多元醇,应尽可能选择含有羟基最多的碳链作为主链,按照羟基的数目称为"某二醇"或"某三醇"等,并将羟基的位次标在名称前面。命名英文名称时,二元醇是在烷烃名称词尾加"diol",三元醇是在词尾加"triol"。例如:

CH₂CH₂
| |
OH OH
乙二醇(甘醇)
ethanediol

CH₂CH₂CH₂
| | |
OH OH OH
丙三醇(甘油)
propanetriol

环己烷-1,2-二醇
1,2-环己二醇
1,2-cyclohxanediol

9.1.2 醇的物理性质

(1)普通物理性质

11个碳以下的低级饱和一元醇为无色液体,具有特殊的气味;12个碳以上的则为蜡状固体,多数无臭无味。

醇的沸点比分子量相当的烃类化合物要高很多,其主要原因是醇分子间可以以氢键缔合。例如:甲醇(分子量为32)的沸点为64.7℃,而乙烷(分子量为30)的沸点为−88.2℃。直链饱和一元醇的沸点随着分子量的增加而有规律地提高,在醇的异构体中,直链伯醇的沸点最高,支链的存在会使沸点降低,支链越多,沸点越低。

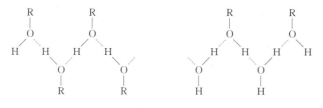

醇分子间以氢键缔合   醇与水分子间形成氢键

醇和水能形成氢键,低级的一元醇(如甲醇、乙醇、丙醇)可与水混溶。随着醇分子中碳链增长,烃基的体积增大,阻碍了氢键的形成,氢键强度减弱,其在水中的溶解性也显著降低。例如,癸醇以上的醇几乎不溶于水。

多元醇分子中含有两个以上的羟基,可与水形成更多的氢键,因此,分子中氢键数目越多,沸点越高,在水中的溶解度也越大。例如,甘油的沸点为290℃,可以与水混溶,有很强的吸湿性,可用作润滑剂、溶剂等。对便秘患者,常用50%的甘油溶液灌肠。一些常见醇的物理常数见表9.1。

表 9.1　一些常见醇的物理常数

化合物	熔点/℃	沸点/℃	水中溶解度/(g/100mL)
甲醇	-97	64.7	∞
乙醇	-115	78.4	∞
正丙醇	-126	97.2	∞
异丙醇	-88.5	82.3	∞
正丁醇	-90	117.8	8.3
异丁醇	-108	107.9	10.0
仲丁醇	-114	99.5	12.5
叔丁醇	26	82.5	∞
正戊醇	-79	138	2.4
正己醇	-52	155.8	0.6
环己醇	24	161.5	3.6
苯甲醇	-15	205	4
乙二醇（甘醇）	-16	197	∞
丙三醇（甘油）	18	290	∞

低级醇可与 $CaCl_2$ 或 $MgCl_2$ 等无机盐形成结晶醇配合物，可溶于水而不溶于有机溶剂。因此，醇的干燥不能用氯化镁、氯化钙作干燥剂。例如：

$CaCl_2 \cdot 4CH_3OH$　　　　$CaCl_2 \cdot 4CH_3CH_2OH$

$MgCl_2 \cdot 6CH_3OH$　　　　$MgCl_2 \cdot 6CH_3CH_2OH$

（2）波谱性质

① 红外光谱（IR）　醇的红外光谱特征吸收峰主要体现 O—H 键和 C—O 键的伸缩振动吸收。游离羟基的吸收峰出现在 $3500 \sim 3650 cm^{-1}$，峰尖，峰形较强。缔合羟基吸收峰向低波数移动，出现在 $3200 \sim 3500 cm^{-1}$，峰宽，峰形强。C—O 键的伸缩振动吸收峰出现在 $1000 \sim 1300 cm^{-1}$，伯、仲、叔醇在该位置的吸收峰有细微差别，吸收波数依次增高，如图 9.1 所示。

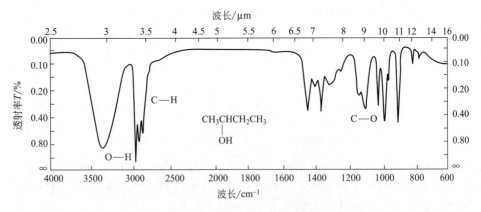

图 9.1　2-丁醇的红外光谱图

② 核磁共振氢谱（^1H NMR）　羟基中质子参与了氢键的形成，去屏蔽效应的存在使得其化学位移（δ）偏向低场，此外，由于受到温度、浓度和溶剂变化的影响，δ 通常出现在 0.5～5.5 的范围内。羟基的存在会使得 α-H 的化学位移偏向低场，出现在 3.3～4.0 之间，如图 9.2 所示。

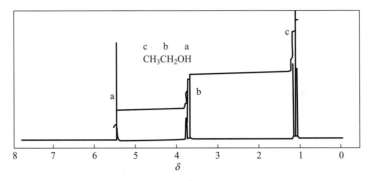

图 9.2 乙醇的 ^{1}H NMR 谱图

9.1.3 醇的化学性质

醇的官能团决定了其特殊的化学性质。由于氧原子的电负性大于碳原子和氢原子,使得 C—O 键和 O—H 键均为极性共价键。O—H 键异裂,解离出质子,主要表现出醇的酸性,形成的烷氧负离子是很好的亲核试剂。C—O 键异裂,形成碳正离子,主要发生亲核取代反应和消除反应。由于羟基的吸电子诱导效应,使得 α-H 也表现出一定的活性,可以发生氧化和脱氢反应。

(1) 与活泼金属反应

由于 O—H 键极性较大,容易断裂解离出质子而体现酸性。因此,醇与水类似,可与活泼的金属钾、钠发生反应,生成醇盐并放出氢气。

$$ROH + Na \longrightarrow RONa + H_2 \uparrow$$

醇的酸性 ($pK_a \approx 16$) 比水 ($pK_a \approx 15.7$) 要弱,因此,金属钠与醇的反应要比与水的反应缓和得多,所以在实验室常利用乙醇与钠的反应来除去残余的少量钠。随着烃基碳链的增长,O—H 键的极性减弱,羟基氢的活泼性降低,与金属钾、钠的反应速率也减慢。不同醇与金属钾、钠的反应活性顺序为:甲醇＞伯醇＞仲醇＞叔醇。

醇钠的碱性强于 NaOH,因此,醇钠遇水会立即水解游离出醇。因此,工业上为了避免使用金属钠,常利用其逆反应来制备醇钠。

$$RONa + H_2O \rightleftharpoons ROH + NaOH$$

(2) 与氢卤酸的反应

醇与氢卤酸 (HX) 反应生成相应的卤代烃和水,是制备卤代烃常用的方法。

$$R-OH + HX \rightleftharpoons R-X + H_2O$$

该反应为可逆反应,本质上是发生了亲核取代反应。醇与氢卤酸的反应快慢与醇的结构和氢卤酸的种类及强弱有关。

伯醇与氢卤酸的反应按照 S_N2 反应机理进行,反应快慢与卤素负离子 (X^-) 的亲核能力有关。X^- 的亲核能力为:$I^- > Br^- > Cl^-$。因此,不同氢卤酸的活性顺序为:HI＞HBr＞HCl。

烯丙型醇、苄基型醇、叔醇及某些烃基较大的仲醇,一般按照 S_N1 反应机理进行,其反应快慢主要取决于碳正离子的稳定性,同时,S_N1 的反应速率较 S_N2 要快,因此,不同醇的反应活性顺序为:烯丙型醇(苄基型醇)＞叔醇＞仲醇＞伯醇。

该反应可用于鉴别不同结构的醇。常用的试剂是无水 $ZnCl_2$ 与浓盐酸配成的溶液,称为卢卡斯 (Lucas) 试剂。与叔醇的反应最快,生成的卤代烃与水不相溶,溶液立即变混浊;

仲醇次之；伯醇最慢。

$$CH_3\underset{\underset{CH_3}{|}}{\overset{\overset{CH_3}{|}}{C}}OH + HCl \xrightarrow[20℃]{\text{无水 } ZnCl_2} CH_3\underset{\underset{CH_3}{|}}{\overset{\overset{CH_3}{|}}{C}}Cl + H_2O \qquad \text{立即混浊}$$

$$CH_3CH_2\underset{\underset{OH}{|}}{C}HCH_3 + HCl \xrightarrow{\text{无水 } ZnCl_2} CH_3CH_2\underset{\underset{Cl}{|}}{C}HCH_3 + H_2O \qquad \text{放置片刻混浊}$$

$$CH_3CH_2CH_2CH_2OH + HCl \xrightarrow[20℃]{\text{无水 } ZnCl_2} CH_3CH_2CH_2CH_2Cl + H_2O \qquad \text{长时间不变化，加热后混浊}$$

高级一元醇不溶于 Lucas 试剂，因此，该反应适用于鉴别 6 个碳原子以下的醇。

（3）与含氧无机酸的反应

醇与 H_2SO_4 和 HNO_3 等含氧无机酸反应，脱去一分子水生成无机酸酯。

$$CH_3OH + HOSO_2OH \longrightarrow CH_3OSO_2OH + H_2O$$
硫酸氢甲酯

$$CH_3CH_2OH + HOSO_2OH \longrightarrow CH_3CH_2OSO_2OH + H_2O$$
硫酸氢乙酯

两分子的硫酸氢甲酯（酸性酯）通过减压蒸馏脱去一分子硫酸得到硫酸二甲酯（中性硫酸酯）。

$$CH_3OSO_2—O[H\ +\ HOSO_2O]—CH_3 \longrightarrow CH_3OSO_2OCH_3 + H_2SO_4$$
硫酸二甲酯

硫酸二甲酯和硫酸二乙酯在有机合成中是重要的甲基化和乙基化试剂。硫酸二甲酯有刺激性、剧毒，使用时要注意安全。

甘油与硝酸作用可得到三硝酸甘油酯，受热或震动易发生爆炸，可用作炸药，临床上常用作扩张血管和缓解心绞痛。

$$\begin{matrix}—OH\\—OH\\—OH\end{matrix} + 3HONO_2 \longrightarrow \begin{matrix}—ONO_2\\—ONO_2\\—ONO_2\end{matrix} + 3H_2O$$
三硝酸甘油酯

（4）脱水反应

醇的脱水有两种方式，分子内脱水生成烯烃，分子间脱水则生成醚。常用的脱水剂主要有浓硫酸、磷酸、对甲基苯磺酸、氧化铝等。

$$\underset{\underset{H}{|}}{C}H_2—\underset{\underset{OH}{|}}{C}H_2 \xrightarrow[170℃]{\text{浓 } H_2SO_4} CH_2=CH_2 + H_2O$$

$$\text{环己基}—OH \xrightarrow[165\sim170℃]{H_3PO_4} \text{环己烯} + H_2O$$

在较高温度下，有利于分子内脱水生成烯烃，其反应方向与卤代烃类似，遵循 Saytzeff 规则。

$$\text{（1-甲基环戊醇）} \xrightarrow[\triangle]{H_3PO_4} \text{1-甲基环戊烯（主要产物）} + \text{3-甲基环戊烯（次要产物）}$$

而在较低温度下则有利于发生分子间脱水生成醚。

$$CH_3CH_2OH + HOCH_2CH_3 \xrightarrow[140℃]{\text{浓 } H_2SO_4} C_2H_5OC_2H_5 + H_2O$$

（5）氧化反应

醇分子中的 α-H 由于受到同碳上羟基的影响，变得较为活泼，在氧化剂存在下容易被氧化。醇的结构不同、氧化剂种类不同，氧化产物也各有差异。

常用的氧化剂有 $K_2Cr_2O_7$，$Na_2Cr_2O_7$ 或 $KMnO_4$ 的 H_2SO_4 溶液，属于强氧化剂，伯醇首先被氧化成醛，继续氧化生成羧酸；仲醇则被氧化成酮，而叔醇因没有 α-H 则不被氧化。

$$RCH_2OH \xrightarrow{[O]} RCHO \xrightarrow{[O]} R-COOH$$
$$\text{1°醇} \qquad \text{醛} \qquad \text{羧酸}$$

$$R^1-CH(OH)-R^2 \xrightarrow{[O]} R^1-CO-R^2$$
$$\text{2°醇} \qquad \text{酮}$$

$$R^1R^2R^3C-OH \xrightarrow{[O]} \text{不能被氧化}$$
$$\text{3°醇}$$

多数伯醇在上述强氧化剂存在下很容易氧化生成羧酸，只有低级的伯醇可以得到醛，因为生成的醛沸点较低，生成后需立即蒸出，防止继续氧化生成酸。

$$CH_3CH_2CH_2CH_2OH \xrightarrow{K_2Cr_2O_7+H_2SO_4} CH_3CH_2CH_2CHO \quad (50\%)$$

环戊醇 $\xrightarrow{Na_2Cr_2O_7+H_2SO_4}$ 环戊酮 （90%）

若想要将氧化产物控制在醛的阶段，可采用弱的氧化试剂。常用的有，沙瑞特（Sarret）试剂（$CrO_3 \cdot 2C_5H_5N$，是铬酐和吡啶形成的配合物）、琼斯（Jones）试剂（$CrO_3 \cdot$ 稀 H_2SO_4，反应时将 CrO_3 溶于稀硫酸中，将其滴加到醇的丙酮溶液中即可）及新鲜制备的活性 MnO_2。

这些氧化剂选择性较好，对醇分子中存在的不饱和键没有影响。

$$CH_3(CH_2)_5CH_2OH \xrightarrow[CH_2Cl_2,25℃]{CrO_3 \cdot 2C_5H_5N} CH_3(CH_2)_5CHO$$

环戊烯醇 $\xrightarrow[-5～0℃]{CrO_3/H_2SO_4/H_2O}$ 环戊烯酮

9.1.4 邻二醇的特殊性质

两个羟基分别连在两个相邻碳原子上的二元醇称为邻二醇。除了具有一元醇的一般性质之外，还有一些特殊的化学性质。

（1）高碘酸氧化

邻二醇用高碘酸氧化，导致两个羟基之间的碳碳单键断裂，生成两分子的羰基化合物。

$$CH_3-CH(OH)-CH(OH)-CH_2CH_3 + HIO_4 \xrightarrow[H_2O]{CH_3COOH} CH_3CHO + CH_3CH_2CHO + HIO_3$$

$$\downarrow AgNO_3$$
$$AgIO_3\downarrow(\text{白色}) + HNO_3$$

$$Ph-C(CH_2CH_3)(OH)-CH(OH)-CH_3 + HIO_4 \xrightarrow[H_2O]{CH_3COOH} Ph-CO-CH_2CH_3 + CH_3CHO + HIO_3$$

用高碘酸氧化邻二醇，生成一分子的碘酸，碘酸与硝酸银溶液反应生成白色的碘酸银沉淀。该反应现象明显，可用于邻二醇的鉴别。此外，该反应为定量进行，每断裂一个碳碳单键就需要消耗一分子高碘酸，故可根据氧化时高碘酸的消耗量来推测邻二醇的结构。

反应机理：

$$\underset{OH\ OH}{\overset{|\ \ |}{-C-C-}} \xrightarrow{HIO_4} \left[\begin{array}{c} -C-C- \\ O\ \ O \\ HO-I-OH \\ \| \\ O \end{array}\right] \longrightarrow \ \ >C=O\ +\ O=C< \ +IO_3^-+H_2O$$

该反应过程经过环状高碘酸酯的中间体，最终碳碳单键断裂形成羰基化合物。

当相邻的两个羟基因几何异构相距较远时，就无法形成环状过渡态，反应则难以进行。

（顺式环己二醇）—HIO₄→ 环己烷二甲醛

（反式环己二醇）—HIO₄→ 反应不能进行

（2）频哪醇重排

化合物 2,3-二甲基-2,3-丁二醇称为频哪醇（pinacol）。频哪醇在酸性条件下（如硫酸或盐酸），脱去一分子水形成碳正离子中间体，碳骨架发生重排，生成频哪酮（pinacolone），该反应称为频哪醇重排（pinacol rearrangement）。

$$\underset{OH\ OH}{\overset{CH_3\ CH_3}{CH_3-\underset{|}{C}-\underset{|}{C}-CH_3}} \xrightarrow[\triangle]{H^+} \underset{CH_3}{\overset{CH_3\ O}{CH_3-\underset{|}{C}-\overset{\|}{C}-CH_3}}$$

频哪醇(pinacol)　　频哪酮(pinacolone)

反应机理：

$$\underset{OH\ OH}{\overset{CH_3\ CH_3}{CH_3-\underset{|}{C}-\underset{|}{C}-CH_3}} \xrightleftharpoons{H^+} \underset{\overset{+}{OH_2}\ OH}{\overset{CH_3\ CH_3}{CH_3-\underset{|}{C}-\underset{|}{C}-CH_3}} \xrightleftharpoons{-H_2O} \underset{\ \ \ \ \ :OH}{\overset{CH_3\ CH_3}{CH_3-\underset{+}{C}-\underset{|}{C}-CH_3}}$$

$$\rightleftharpoons \left[\underset{CH_3\ OH}{\overset{CH_3}{CH_3-\underset{|}{\overset{+}{C}}-\underset{|}{C}-CH_3}} \longleftrightarrow \underset{CH_3\ \overset{+}{OH}}{\overset{CH_3}{CH_3-\underset{|}{C}-\underset{|}{C}-CH_3}}\right] \xrightarrow{-H^+} \underset{OH}{\overset{CH_3\ O}{CH_3-\underset{|}{C}-\overset{\|}{C}-CH_3}}$$

两个羟基都连在叔碳原子上的邻二醇称为频哪醇类化合物，可以发生类似频哪醇的重排反应。当两个叔碳原子连有不同烃基时，基团的迁移具有以下规律：

① 优先生成稳定的碳正离子。

$$\underset{OH\ OH}{\overset{CH_3\ CH_3}{Ph-\underset{|}{C}-\underset{|}{C}-CH_3}} \xrightleftharpoons{H^+} \underset{\overset{+}{OH_2}\ OH}{\overset{CH_3\ CH_3}{Ph-\underset{|}{C}-\underset{|}{C}-CH_3}} \xrightleftharpoons{-H_2O} \underset{\ \ \ \ \ :OH}{\overset{CH_3\ CH_3}{Ph-\underset{+}{C}-\underset{|}{C}-CH_3}}$$

$$\rightleftharpoons \underset{CH_3\ \overset{+}{OH}}{\overset{CH_3}{Ph-\underset{|}{C}-\underset{|}{C}-CH_3}} \xrightarrow{-H^+} \underset{CH_3}{\overset{CH_3\ O}{Ph-\underset{|}{C}-\overset{\|}{C}-CH_3}}$$

② 如果两个碳正离子的稳定性相当，芳基优先迁移。一般迁移能力顺序是：供电子基

取代的芳基>芳基>烷基。

$$Ph-\underset{\underset{OH}{|}}{\overset{\overset{CH_3}{|}}{C}}-\underset{\underset{OH}{|}}{\overset{\overset{Ph}{|}}{C}}-CH_3 \underset{}{\overset{H^+}{\rightleftharpoons}} Ph-\underset{\underset{\overset{+}{O}H_2}{|}}{\overset{\overset{CH_3}{|}}{C}}-\underset{\underset{OH}{|}}{\overset{\overset{Ph}{|}}{C}}-CH_3 \overset{-H_2O}{\rightleftharpoons} Ph-\underset{+}{\overset{\overset{CH_3}{|}}{C}}-\underset{\underset{:OH}{|}}{\overset{\overset{Ph}{|}}{C}}-CH_3$$

$$\rightleftharpoons Ph-\underset{\underset{\overset{+}{O}H}{|}}{\overset{\overset{CH_3}{|}}{C}}-\underset{Ph}{\overset{}{C}}-CH_3 \overset{-H^+}{\longrightarrow} Ph-\underset{Ph}{\overset{\overset{CH_3}{|}}{C}}-\overset{\overset{O}{||}}{C}-CH_3$$

（类似的大分子重排反应略）

9.1.5 醇的制备

（1）由烯烃制备

① 间接水合法　烯烃与硫酸作用生成硫酸氢酯，再经过水解得到醇，是工业上制备醇常用的方法之一。除了乙烯通过该法制得伯醇（乙醇）外，其他烯烃制得仲醇或叔醇。例如：

$$CH_2=CH_2 \xrightarrow{H_2SO_4} \underset{\underset{OSO_2OH}{|}}{\overset{\overset{H}{|}}{C}H_2}-CH_2 \xrightarrow{H_2O} CH_3CH_2OH$$

$$CH_3CH=CH_2 \xrightarrow{H_2SO_4} \underset{\underset{OSO_2OH}{|}}{CH_3CHCH_3} \xrightarrow{H_2O} \underset{\underset{OH}{|}}{CH_3CHCH_3}$$

$$\underset{\underset{CH_3}{|}}{CH_3C}=CHCH_3 \xrightarrow{H_2SO_4} \underset{\underset{CH_3}{|}}{\overset{\overset{OSO_2OH}{|}}{CH_3C}-CH_2CH_3} \xrightarrow{H_2O} \underset{\underset{CH_3}{|}}{\overset{\overset{OH}{|}}{CH_3C}-CH_2CH_3}$$

② 硼氢化-氧化法　烯烃经硼氢化得到硼烷，再经氧化反应制得醇。

$$3CH_3CH=CH_2 \xrightarrow{B_2H_6/THF} (CH_3CH_2CH_2)_3B \xrightarrow{H_2O_2/OH^-} CH_3CH_2CH_2OH$$

（2）卤代烃水解

$$RX+NaOH \underset{}{\overset{H_2O}{\rightleftharpoons}} ROH+NaX$$

该反应为可逆反应，因此，醇的制备一般不采用此法。

（3）格氏试剂与羰基化合物的加成

经格氏反应是制备醇的常用方法。不同的羰基化合物与格氏试剂加成、水解可得到伯醇、仲醇或叔醇。

$$\underset{H}{\overset{H}{>}}C=O \xrightarrow[\text{无水乙醚}]{CH_3CH_2MgCl} \underset{H}{\overset{H}{>}}C\underset{CH_2CH_3}{\overset{OMgCl}{<}} \xrightarrow[H^+]{H_2O} CH_3CH_2CH_2OH$$

$$\underset{H}{\overset{H_3C}{>}}C=O \xrightarrow[\text{无水乙醚}]{CH_3CH_2MgCl} \underset{H}{\overset{H_3C}{>}}C\underset{CH_2CH_3}{\overset{OMgCl}{<}} \xrightarrow[H^+]{H_2O} CH_3\underset{OH}{\overset{}{CH}}CH_2CH_3$$

$$\underset{H_3C}{\overset{H_3C}{>}}C=O \xrightarrow[\text{无水乙醚}]{CH_3CH_2MgCl} \underset{H_3C}{\overset{H_3C}{>}}C\underset{CH_2CH_3}{\overset{OMgCl}{<}} \xrightarrow[H^+]{H_2O} CH_3\underset{OH}{\overset{CH_3}{C}}CH_2CH_3$$

9.2 酚

9.2.1 酚的结构和命名

（1）酚的结构

酚羟基的氧原子是 sp^2 杂化，氧原子上的一对孤对电子处于 sp^2 杂化轨道，另外一对处于未杂化的 p 轨道，p 轨道电子云可与苯环的 π 键电子云发生侧面重叠而形成 p-π 共轭，使得酚羟基与苯环的结合更为牢固，因此，酚羟基不像醇羟基一样容易被取代。

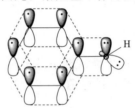

（2）酚的命名

酚可以看作是羟基取代了芳环上的氢，通式为 Ar—OH。

酚的命名通常以"芳环名称＋酚"为母体，如苯酚、萘酚等。芳环上取代基的位次、数目和名称标记在母体前面。

① 一元酚

苯酚（石炭酸）　　4-甲（基）苯酚　　3-甲氧基苯酚
phenol　　　　　4-methylphenol　　3-methoxyphenol

2,4,6-三硝基苯酚（苦味酸）　　5-甲基-1-萘酚
2,4,6-trinitrophenol　　　　　5-methyl-1-naphthol

② 二元酚

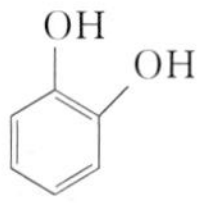

1,2-苯二酚（邻苯二酚）
1,2-benzenediol

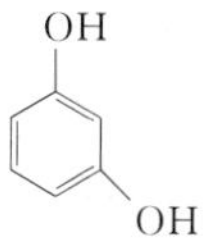

1,3-苯二酚（间苯二酚）
1,3-benzenediol

1,4-苯二酚（对苯二酚）
1,4-benzenediol

③ 三元酚

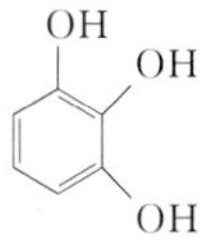

1,2,3-苯三酚（连苯三酚）
1,2,3-pyrogallol

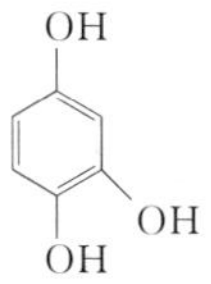

1,2,4-苯三酚（偏苯三酚）
1,2,4-pyrogallol

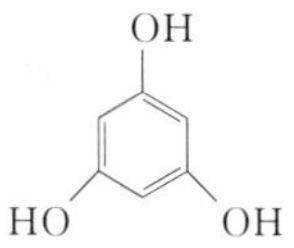

1,3,5-苯三酚（均苯三酚）
1,3,5-pyrogallol

9.2.2 酚的物理性质

（1）普通物理性质

大多数酚为结晶性固体，少数烷基酚为液体。多数酚有难闻的气味，有些具有特殊的香味。例如：丁香酚、百里香酚等。由于羟基的存在，酚分子之间可以形成氢键，因此，其沸点和熔点高于分子量相当的芳烃。因与水分子可形成氢键，酚微溶于水，能溶于热水，相对密度大于1。一些常见酚的物理常数见表9.2。

表9.2 一些常见酚的物理常数

化合物	熔点/℃	沸点/℃	水中溶解度(25℃)/(g/100mL)	pK_a(25℃)
苯酚	41	182	9.3	10
邻甲苯酚	31	191	2.5	10.29
间甲苯酚	12	202	2.6	10.09
对甲苯酚	35	202	2.3	10.26
邻硝基苯酚	45	214	0.2	7.22
间硝基苯酚	96	—	1.4	8.39
对硝基苯酚	114	—	1.7	7.15
2,4,6-三硝基苯酚	122	—	1.4	0.25

（2）波谱性质

① 红外光谱（IR） 酚的结构中既有羟基又有苯环，其红外光谱特征吸收主要体现羟基和苯环的特征吸收。羟基 O—H 键的伸缩振动吸收出现在 3200～3600cm^{-1}，峰强且宽。C—O 键伸缩振动吸收出现在 1220～1250cm^{-1}。苯环的 C—C 键伸缩振动出现在 1600cm^{-1} 左右，C—H 键伸缩振动在 3000cm^{-1} 左右，如图9.3所示。

② 核磁共振氢谱（^{1}H NMR） 酚羟基中质子的化学位移受氢键、温度、浓度和溶剂的影响，通常出现在 4～8 之间；若存在分子内氢键，则偏向于低场，化学位移在 6～12.5 之间，如图9.4所示。

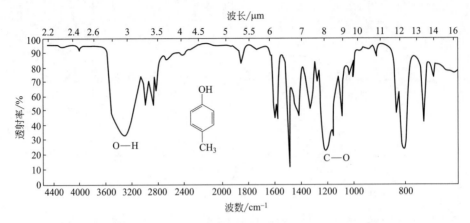

图 9.3　对甲苯酚的红外光谱图

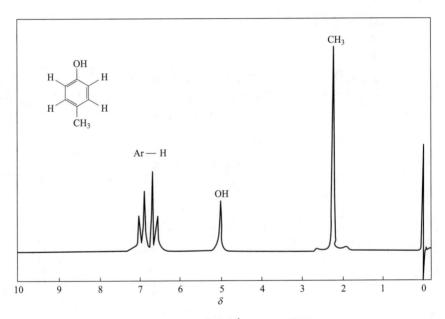

图 9.4　对甲苯酚的 ^{1}H NMR 谱图

9.2.3　酚的化学性质

由于 p-π 共轭效应的存在，使得酚表现出一些特殊的化学性质：酚羟基 O—H 键的极性增大，羟基氢容易解离，呈现明显的酸性；苯环上电子云密度升高，有利于苯环上的亲电取代反应。

（1）酚羟基的反应

① 酸性　酚具有酸性，例如：苯酚的 pK_a 为 10，酸性比水（pK_a 为 15）强，但是比碳酸（pK_a 为 6.38）要弱，因此，苯酚可以和强碱 NaOH 的水溶液反应，生成酚钠，但不溶于 $NaHCO_3$ 溶液。若在酚钠溶液中通入 CO_2，苯酚又游离出来，常利用苯酚的这一性质分离提纯酚类化合物。

下面是一些化合物酸性强弱的比较：

酸性次序：ROH　　　H$_2$O　　　PhOH　　　H$_2$CO$_3$　　　CH$_3$COOH
pK_a：　　16～18　　15　　　　10　　　　6.38　　　　　5

$$\text{PhOH} + \text{NaOH} \longrightarrow \text{PhONa} + \text{H}_2\text{O}$$

$$\text{PhONa} + \text{CO}_2 + \text{H}_2\text{O} \longrightarrow \text{PhOH} + \text{NaHCO}_3$$

酚羟基的 O—H 键断裂，解离出 H$^+$，因而体现酸性。苯酚解离 H$^+$ 后形成苯氧负离子，由于 p-π 共轭效应的存在，使得氧原子上的负电荷得到很好的分散而变得稳定。苯氧负离子越稳定，其共轭酸酸性越强，反之则越弱。

不同酚酸性强弱不同，主要与芳环上连有的取代基种类有关。一般来说，取代基为吸电子基团时酸性增强，而且吸电子能力越强，酚的酸性越强；反之，若取代基为供电子基团时酸性减弱，而且供电子能力越强，酚的酸性越弱。其原因主要是吸电子基团能使苯氧负离子的负电荷有效分散而变得稳定，而供电子基团则刚好相反。例如：

pK_a：　10.21　　　10.26　　　10.00　　　9.38　　　7.15

如果吸电子基团处于酚羟基的邻、对位，则对酸性的增强尤为明显。例如：2,4,6-三硝基苯酚的 pK_a 为 0.25，其酸性极强。

② 与三氯化铁的显色反应　多数酚与 FeCl$_3$ 溶液有显色反应，不同的酚显示不同的颜色。例如：苯酚遇 FeCl$_3$ 溶液显紫色。因此，该反应常用于鉴别酚类化合物。

$$6\text{ArOH} + \text{FeCl}_3 \rightleftharpoons \text{H}_3[\text{Fe(OAr)}_6] + 3\text{HCl}$$

除了酚之外，凡是具有烯醇式结构的化合物都可以发生该显色反应。

烯醇式结构

③ 酚醚的形成和克莱森重排　由于 p-π 共轭效应的存在，使得 C—O 键极性降低，更为牢固，不易断裂，因而酚醚的合成不能采用像醇分子一样的分子间脱水反应，通常采用威廉姆逊（Williamson）法，即在碱性条件下，将酚转化为酚钠，再与卤代烃发生亲核取代反应，最终得到酚醚。例如：

$$\text{PhOH} \xrightarrow{\text{NaOH}} \text{PhO}^-\text{Na}^+ \xrightarrow[\text{S}_\text{N}2]{\text{CH}_3\text{CH}_2\cdot\text{Cl}} \text{PhOCH}_2\text{CH}_3$$

苯基烯丙基醚加热到 200℃ 时，很容易发生分子内的重排，烯丙基进入酚羟基的邻位，当两个邻位都有取代基时，烯丙基进入羟基的对位，当邻、对位均被其他基团所占据时，则不发生重排，该反应称为克莱森（Claisen）重排。

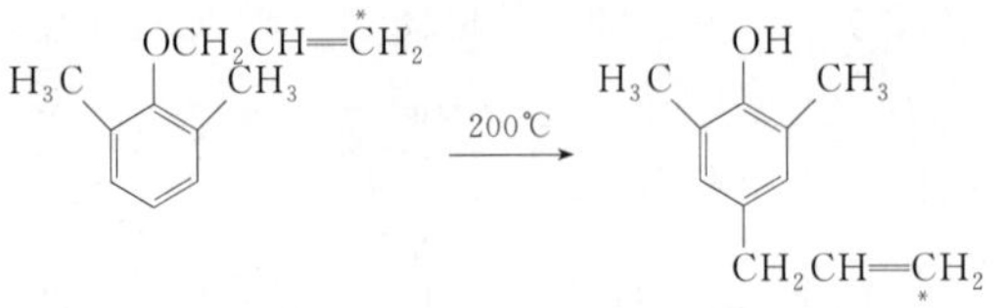

$$\underset{\substack{H_3C\\ \\}}{\underset{\|}{\bigcirc}}\!}$$

④ 酚酯的形成和傅瑞斯重排 酚在酸或碱催化下与酰氯或酸酐反应，生成酚酯。

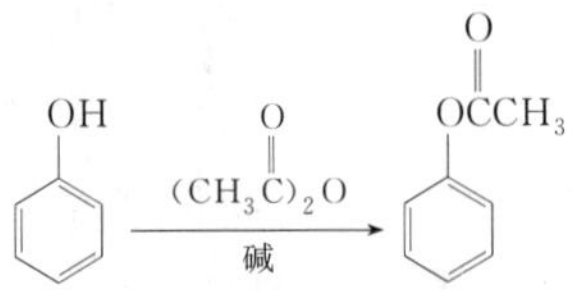

酚酯在 Lewis 酸（如 $AlCl_3$）等的催化下，酰基可从氧原子上重排到邻位或对位，生成酮，这种反应称为傅瑞斯（Fries）重排。一般来说，低温有利于对位产物生成，高温则利于邻位产物生成。

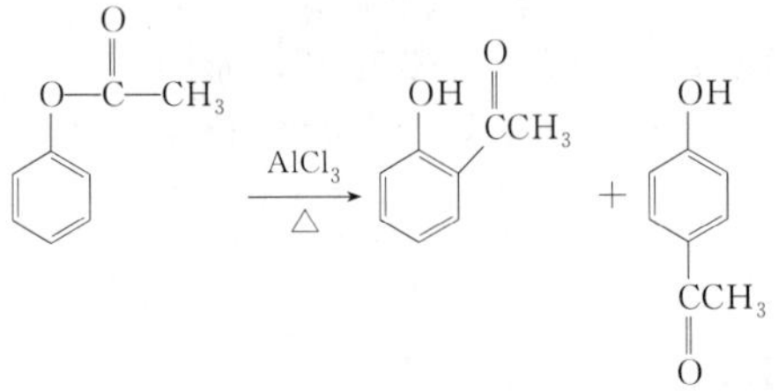

（2）芳环上的取代反应

由于羟基属于活化基团，使得酚类化合物苯环上的电子云密度升高，从而比芳烃更容易发生亲电取代反应。

① 卤代反应：

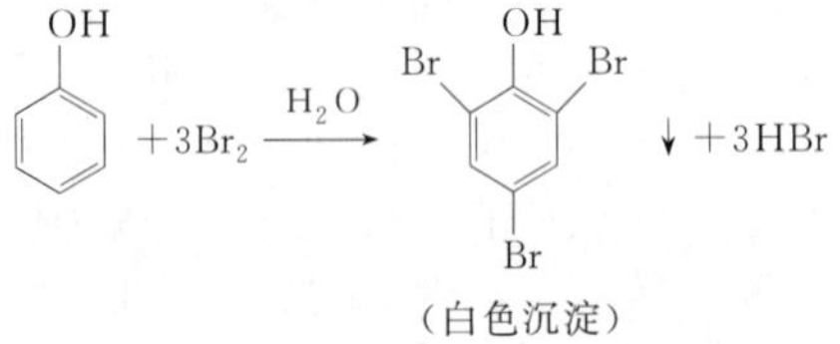

由于该反应现象明显及定量进行，因此，可用于酚的鉴别和定量测定。若反应在非极性溶剂（CS_2，CCl_4 等）中，并于较低温度下进行，则可得到一溴代物。

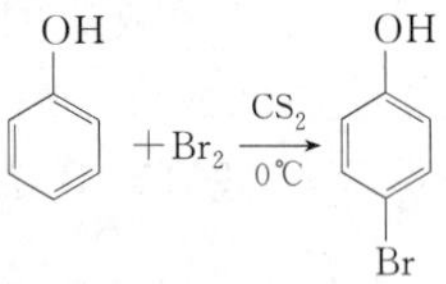

② 硝化反应 苯酚在常温下用稀硝酸处理即可得到邻硝基苯酚和对硝基苯酚。

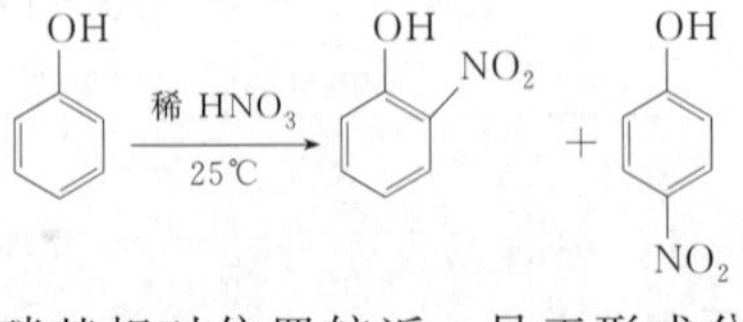

由于邻硝基苯酚的羟基与硝基相对位置较近，易于形成分子内氢键，即形成稳定的六元环，不再与水形成氢键，因而水溶性较小，挥发性较大。而对硝基苯酚的羟基与硝基距离较远，不能螯合，可与水分子形成氢键，挥发性小。因此，在制备时常采用水蒸气蒸馏法分离。邻硝基苯酚（沸点为 216℃）能随水蒸气蒸出，而对硝基苯酚（沸点为 279℃）则不可以。

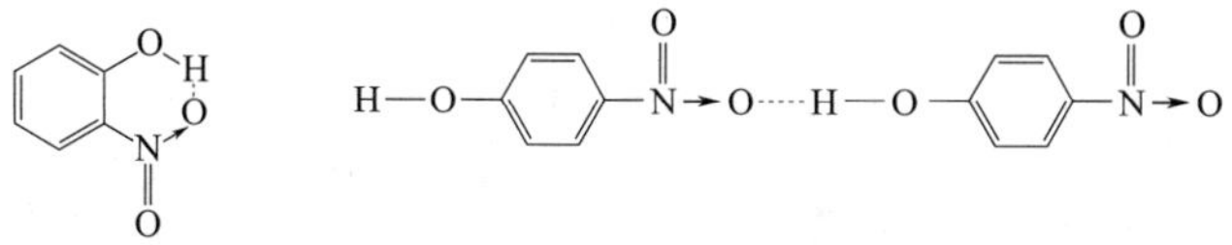

③ 磺化反应　苯酚易与浓硫酸发生磺化反应。在室温下，主要得到邻羟基苯磺酸；在较高温度下，则主要得到对羟基苯磺酸。将邻羟基苯磺酸与浓硫酸共热，即转化为更稳定的对羟基苯磺酸。

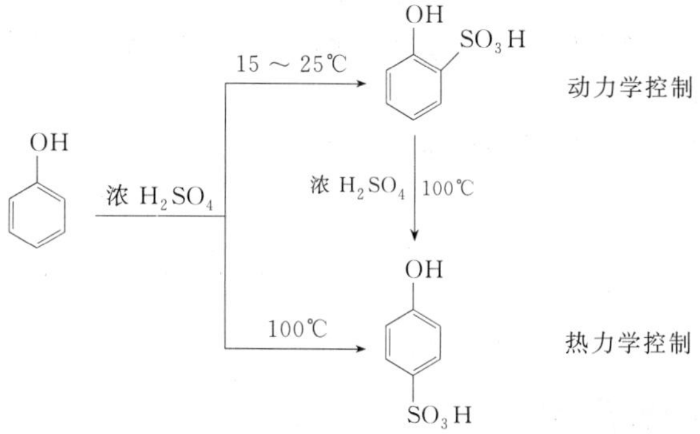

（3）氧化反应

酚类化合物很容易被氧化，甚至与空气中的氧接触也会被氧化，颜色变深，其主要产物为醌。

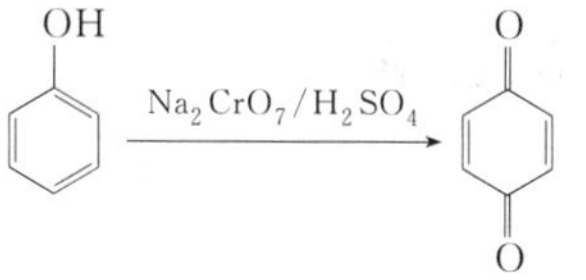

多元酚更容易被氧化，特别是邻位和对位异构体，如邻苯二酚和对苯二酚在室温下即可被弱氧化剂（如 Ag_2O）氧化成相应的醌。

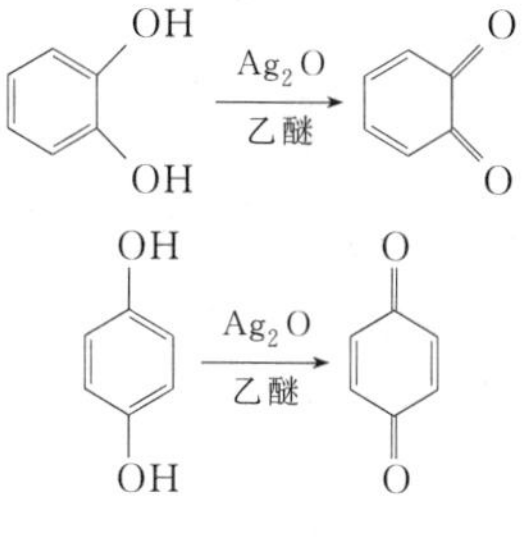

9.2.4　酚的制备

（1）磺酸盐碱熔融法

芳磺酸的钠盐与氢氧化钠熔融，生成酚的钠盐，再以硫酸、盐酸等强酸酸化得到酚。

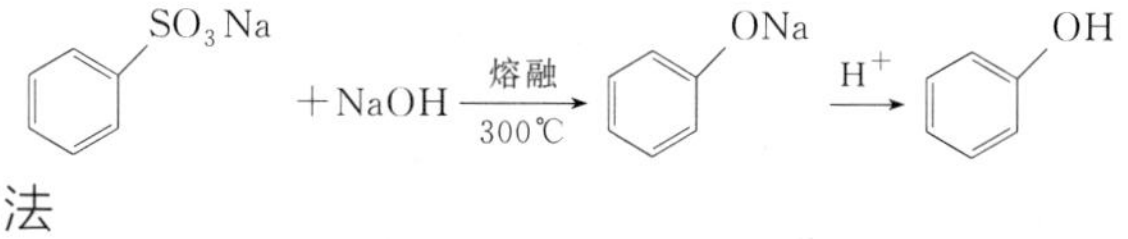

（2）异丙苯氧化法

异丙苯在 110～120℃下，用空气氧化，生成过氧化物，再经酸催化分解得到苯酚。该法原料易得，不仅得到较高收率的苯酚，还同时得到丙酮，是目前生产苯酚常用的方法。

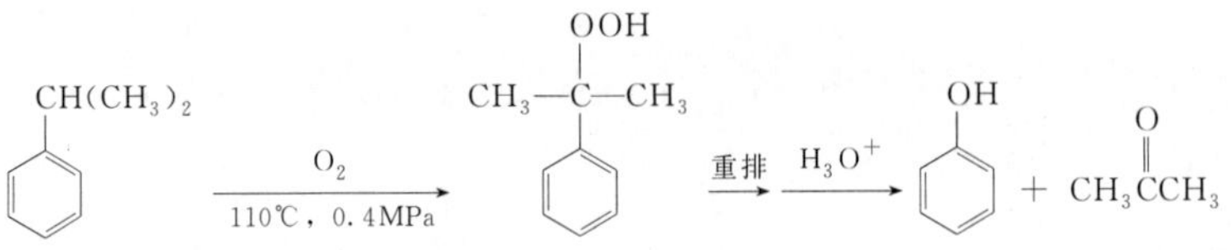

$$\text{CH(CH}_3)_2\text{-C}_6\text{H}_5 \xrightarrow[110℃, 0.4\text{MPa}]{O_2} \text{CH}_3\text{-C(OOH)(CH}_3)\text{-C}_6\text{H}_5 \xrightarrow{\text{重排} H_3O^+} \text{C}_6\text{H}_5\text{OH} + \text{CH}_3\text{CCH}_3(\text{=O})$$

（3）芳香卤代烃的水解

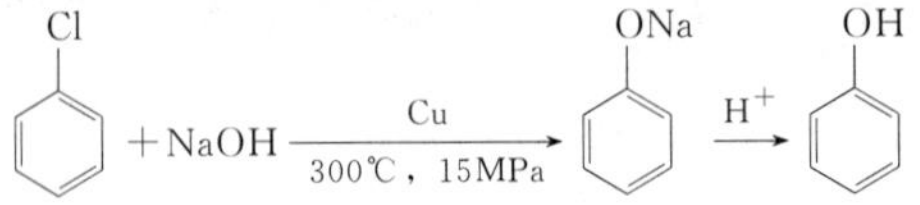

$$\text{C}_6\text{H}_5\text{Cl} + \text{NaOH} \xrightarrow[300℃, 15\text{MPa}]{\text{Cu}} \text{C}_6\text{H}_5\text{ONa} \xrightarrow{H^+} \text{C}_6\text{H}_5\text{OH}$$

氯苯在高温高压下，经铜催化，与氢氧化钠反应，水解酸化得到苯酚。

（4）重氮盐水解

硫酸氢重氮盐受热分解，强酸条件下水解得到酚。

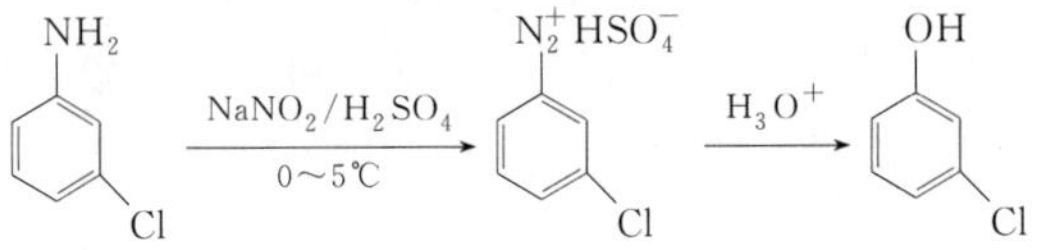

$$\text{3-Cl-C}_6\text{H}_4\text{NH}_2 \xrightarrow[0\sim5℃]{\text{NaNO}_2/\text{H}_2\text{SO}_4} \text{3-Cl-C}_6\text{H}_4\text{N}_2^+\text{HSO}_4^- \xrightarrow{H_3O^+} \text{3-Cl-C}_6\text{H}_4\text{OH}$$

9.3 醚和环氧化合物

氧原子通过两个单键分别于两个烃基相连形成的分子称为醚（ethers）。其通式为 R—O—R′，醚键—O—为官能团。

9.3.1 醚的结构、分类和命名

（1）醚的结构

醚键中的氧原子为 sp^3 杂化，醚键的键角为 110°，两对孤对电子分别处于两个 sp^3 杂化轨道。

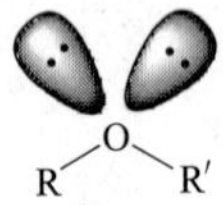

（2）醚的分类

根据醚键上氧原子相连烃基种类的不同进行分类：

简单醚（又称对称醚）：两个烃基相同，如 R—O—R，Ar—O—Ar。
混合醚（又称不对称醚）：两个烃基不同，如 R(Ar)—O—R′(Ar′)。
环醚：环状结构的醚。

（3）醚的命名

① 简单醚　一般采用普通命名法，命名时在烃基的名称前加"二"，在烃基的名称后加"醚"。"二"和"基"常可省略。

$\text{CH}_3\text{—O—CH}_3$　　　　$\text{CH}_3\text{CH}_2\text{—O—CH}_2\text{CH}_3$　　　　$(\text{CH}_3)_2\text{CH—O—CH(CH}_3)_2$
（二）甲醚　　　　　　　（二）乙醚　　　　　　　　（二）异丙基醚
methyl ether　　　　　　ethyl ether　　　　　　　isopropyl ether

$(\text{CH}_3)_3\text{C—O—C(CH}_3)_3$　　　　$\text{C}_6\text{H}_5\text{—O—C}_6\text{H}_5$
（二）叔丁醚　　　　　　　（二）苯醚
tert-butyl ether　　　　　　phenyl ether

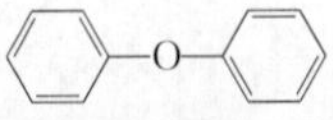

② 混合醚　若两个烃基均为脂肪烃基，命名时将较小的烃基写在前面，较大烃基写在

后面，加"醚"即可。英文名称则加"ether"。

$$CH_3-O-CH_2CH_3$$
甲乙醚
ethyl methyl ether

$$CH_3-O-CH(CH_3)_2$$
甲基异丙基醚
isopropyl methyl ether

$$CH_3CH_2-O-C(CH_3)_3$$
乙基叔丁基醚
ethyl tert-butyl ether

$$CH_3-O-CH_2CH=CH_2$$
甲基烯丙基醚
allyl methyl ether

若两个烃基分别为脂肪烃基和芳香烃基，则将芳香烃基写在前面，脂肪烃基写在后面。

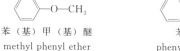

苯（基）甲（基）醚 　　　苯基叔丁基醚 　　　苯基烯丙基醚
methyl phenyl ether 　　phenyl tert-butyl ether 　allyl phenyl ether

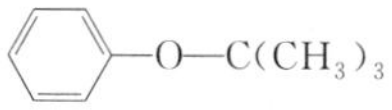

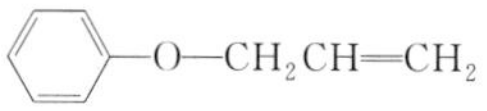

对于烃基较为复杂的醚，可将小基团烷氧基作为取代基，以烃类或其他类别化合物命名。

3-甲氧基戊烷　　　　　间甲氧基苯酚　　　　　2-乙氧基乙醇
3-methoxyl pentane　　　m-methoxy phenol　　　2-ethoxyl ethanol

③ 环醚　三元环醚称为环氧化合物（epoxide），命名为"环氧某烷"。对于较大环的环醚，习惯按照杂环命名。

环氧乙烷　　　　环氧丙烷　　　　四氢呋喃　　　　1,4-二氧六环
epoxyethzne　　epoxypropane　　tetrahydrofuran　　1,4-dioxane

9.3.2 醚的物理性质

（1）普通物理性质

常温下，除甲醚、甲乙醚为气体外，其他均为无色液体，有特殊气味，易挥发，易燃。因醚分子间不能形成氢键，其沸点较同碳数的醇要低。但是，醚与水分子间可以以氢键缔合，因而在水中有一定的溶解性。

环醚分子中参与成环的氧原子裸露在外，更容易与水分子形成氢键，因而在水中的溶解性较大。例如：四氢呋喃、1,4-二氧六环等可与水互溶。

（2）波谱性质

① 红外光谱（IR）　主要体现C—O—C的伸缩振动，其吸收峰出现在 $1000\sim1300\mathrm{cm}^{-1}$ 区域，峰强且宽，正丙醚的红外光谱图如图9.5所示。

② 核磁共振氢谱（^{1}H NMR）　与氧原子直接相连碳原子上的质子（α-H）的化学位移，一般出现在 $3.3\sim3.9$。β-H 的化学位移出现在 $0.8\sim1.4$ 处，正丙醚的^{1}H NMR 谱图如图 9.6 所示。

9.3.3 醚的化学性质

（1）生成锌盐

由于醚的氧原子上有孤对电子，故可接受浓硫酸、浓盐酸等强酸中的质子，形成锌盐。

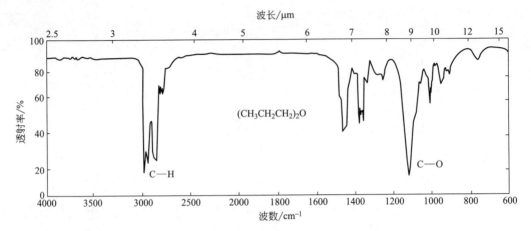

图 9.5　正丙醚的红外光谱图

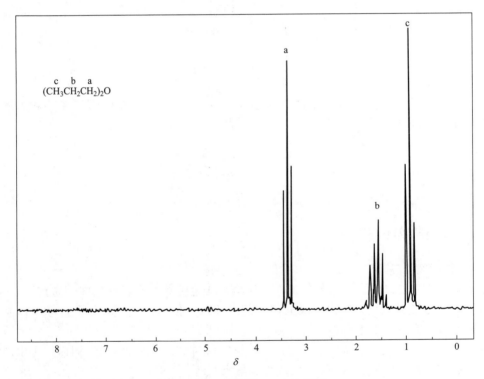

图 9.6　正丙醚的 ^{1}H NMR 谱图

常利用此性质除去烃类化合物中的少量醚。

$$CH_3CH_2-O-CH_2CH_3 \xrightarrow{H_2SO_4} \left[CH_3CH_2-\overset{\oplus}{\underset{H}{O}}-CH_2CH_3 \right] HSO_4^-$$

（2）醚键的断裂

醚与氢碘酸、氢溴酸、盐酸等强酸共热，使得生成的锌盐不稳定，发生 C—O 键的断裂，经亲核取代反应生成醇和卤代烃。若氢卤酸过量，醇会继续转变为卤代烃。

$$R-O-R + HX \xrightarrow{\triangle} R-OH + RX$$
$$\downarrow HX$$
$$RX + H_2O$$

不同氢卤酸的反应活性为：HI＞HBr＞HCl。

对于混合醚，若两个烃基均为脂肪烃基，总是较小烃基优先生成卤代烃，另一个烃基生成相应的醇。但是，若其中一个烃基为芳香烃基，则总是生成酚和相应的卤代烃。

$$H_3C-O-CH(CH_3)_2 + HI \xrightarrow{\Delta} CH_3I + (CH_3)_2CHOH$$

$$PhOCH_2CH_3 + HBr \xrightarrow{\Delta} PhOH + CH_3CH_2Br$$

（3）生成过氧化物

醚对一般的氧化剂是稳定的。但是，低级醚若长时间与空气中的氧接触，则逐渐被氧化，生成过氧化物。反应常发生在 α-C 的 C—H 键上。

$$CH_3CH_2OCH_2CH_3 + O_2 \longrightarrow CH_3CH(OOH)-O-CH_2CH_3$$

过氧化物遇热易发生分解爆炸，因此，醚类的保存要避免暴露于空气中。而且，久放的乙醚在蒸馏前要检查是否有过氧化物生成。若能使湿的淀粉-KI试纸变蓝，则说明其中有过氧化物，可采用 $FeSO_4$ 溶液洗涤，分解除去过氧化物。

9.3.4 环氧化合物的开环反应

由于三元环的张力较大，环氧化合物的化学性质非常活泼，可与多种试剂发生开环反应。因此，该性质在有机合成上非常有用，可用于多种类型化合物的合成。

$$
\text{环氧乙烷} \begin{cases}
\xrightarrow{H_2O/H^+} HOCH_2CH_2OH \\
\xrightarrow{C_2H_5OH/H^+} CH_3CH_2OCH_2CH_2OH \\
\xrightarrow{PhOH, H^+\text{或}OH^-} PhOCH_2CH_2OH \\
\xrightarrow{HX} XCH_2CH_2OH \\
\xrightarrow{NH_3} H_2NCH_2CH_2OH \\
\xrightarrow{HCN} NCCH_2CH_2OH \\
\xrightarrow{RMgX} RCH_2CH_2OMgX \xrightarrow{H_2O/H^+} RCH_2CH_2OH \quad \text{增加2个碳的醇}
\end{cases}
$$

不对称的环氧化合物的开环方向与反应条件有关。一般规律是：在酸催化下，开环的位置主要发生在连有烷基较多的碳原子和氧原子之间；在碱催化下，开环的位置则主要在连有烷基较少的碳原子和氧原子之间。

$$R-\underset{\text{酸催化}}{CH}-\underset{\text{碱催化}}{CH_2}$$
$$O$$

例如：

$$(CH_3)_2C\overset{O}{\underset{\diagdown}{-}}CH_2 \begin{cases} \xrightarrow[H^+]{CH_3OH} CH_3-\underset{CH_3}{\overset{OCH_3}{C}}-CH_2OH \\ \xrightarrow[NaOCH_3]{CH_3OH} CH_3-\underset{CH_3}{\overset{OH}{C}}-CH_2OCH_3 \end{cases}$$

反应机理：

$$\text{CH}_3\text{-C(CH}_3)\text{-CH}_2\text{-O} \xrightarrow{H^+} \text{CH}_3\text{-C(CH}_3)\text{-CH}_2\text{-O}^+\text{H} \xrightarrow{\text{CH}_3\ddot{\text{O}}\text{H}} \text{CH}_3\text{-C(CH}_3)(\overset{+}{\text{HOCH}_3})\text{-CH}_2\text{OH} \xrightarrow{-H^+} \text{CH}_3\text{-C(CH}_3)(\text{OCH}_3)\text{-CH}_2\text{OH}$$

在酸性条件下，氧原子首先质子化，形成𬭩盐，由于三元环的张力作用，碳氧键极性增强，此时，能形成较稳定碳正离子的键优先断裂，亲核试剂从离去基团的背面进攻碳正离子中心。

$$\text{CH}_3\text{-C(CH}_3)\text{-CH}_2\text{-O} \xrightarrow{\text{CH}_3\text{O}^-} \text{CH}_3\text{-C(CH}_3)(\text{O}^-)\text{-CH}_2\text{OCH}_3 \xrightarrow{H^+} \text{CH}_3\text{-C(CH}_3)(\text{OH})\text{-CH}_2\text{OCH}_3$$

在碱性条件下，亲核试剂从空间位阻较小的方向进攻中心碳原子，碳氧键断裂。

无论在酸性还是碱性条件下的开环反应，立体化学均是反式开环产物。

9.3.5 冠醚

冠醚是一类以—OCH_2CH_2—为重复结构单元的大环多醚。由于其形状像皇冠，故称为冠醚。此类化合物有一定毒性，对皮肤和眼睛有刺激性。

冠醚的命名：通常表示为"x-冠-y"，x 为环上的原子总数，y 为环上的氧原子数。例如：

15-冠-5   18-冠-6

不同的冠醚，分子中空穴的大小不同，可与不同的金属离子形成配合物。只有与空穴孔径相当的金属离子才能进入空穴而被络合，因而常利用此性质提取贵重金属化合物。

冠醚还常用作相转移催化剂。因其分子内腔为氧原子，可以与水形成氢键，具有亲水性；而其外部为亚甲基结构，具有亲脂性。这种特殊的结构可将水相中的化合物包裹在内层而转移到有机相（相转移），从而将两相反应变为均相反应，加快反应速率，缩短反应时间。

 习　题

1. 命名下列化合物。

(1) CH_3CHCH_3 上接OH，CH_2CH_3

(2) $\text{H}_3\text{C-C(H)(OH)-CH(CH}_3)_2$

(3) $\text{CH}_3\text{CHCH}_2\text{CHCH}_3$，两个OH

(4) 苄醇 $\text{C}_6\text{H}_5\text{CH}_2\text{OH}$

(5) 间苯二酚类：H_3CO 和 CH_3 取代的苯环带OH

(6) 间氯苯酚

第9章 醇、酚和醚

(7) CH₃CH₂OCH=CH₂ (8) CH₃CH₂CH₂OC(CH₃)₃ (9) 3-甲基苯基乙烯基醚

(10) 环氧乙烷 (11) 环氧丙烷 (12) 2-甲基环氧丙烷

2. 写出下列化合物的结构式。
(1) 3-甲基-2-丁烯-1-醇
(2) 反-3-甲基-2-乙基-2-戊烯-1-醇
(3) 顺-3-甲基环己醇
(4) 3-苯基-2-丙烯-1-醇（肉桂醇）
(5) 4-烯丙基-2-甲氧基苯酚（丁香酚）
(6) 3-甲基-4-异丙基苯酚
(7) 苯甲醚（茴香醚）
(8) 正丙基环己基醚

3. 按要求回答问题。

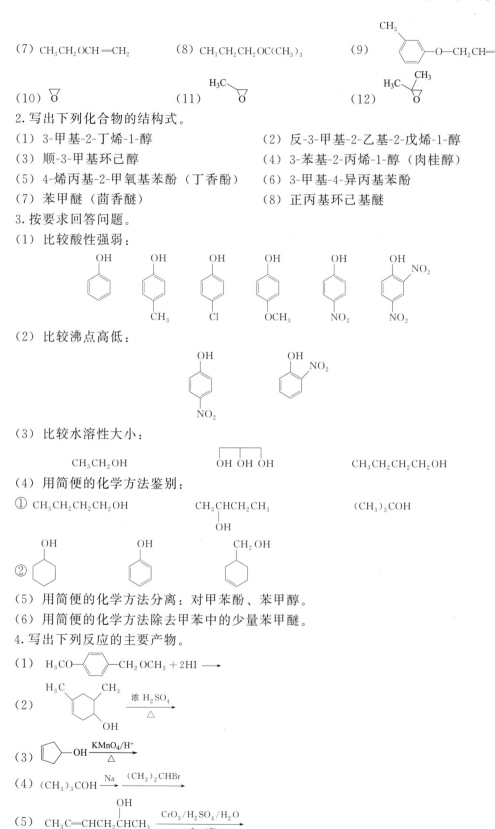

(5) 用简便的化学方法分离：对甲苯酚、苯甲醇。
(6) 用简便的化学方法除去甲苯中的少量苯甲醚。

4. 写出下列反应的主要产物。

(6) 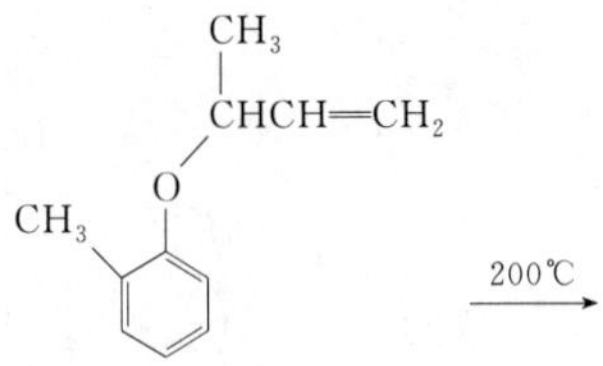 [2-甲基苯基 2-丁烯基醚] $\xrightarrow{200℃}$

(7) 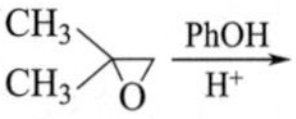 [2,2-二甲基环氧乙烷] $\xrightarrow[H^+]{PhOH}$

(8) 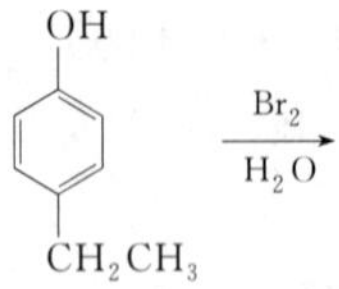 [对乙基苯酚] $\xrightarrow{Br_2 / H_2O}$

(9) 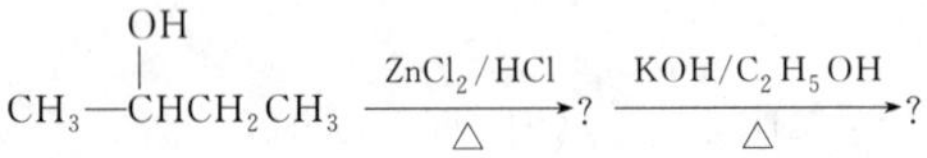 $CH_3\text{—}\underset{\underset{OH}{|}}{C}H\text{—}CH_2CH_3 \xrightarrow[\triangle]{ZnCl_2/HCl}$? $\xrightarrow[\triangle]{KOH/C_2H_5OH}$?

(10) 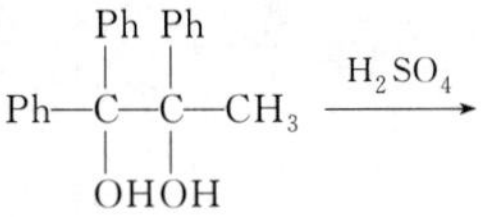 $Ph\text{—}\underset{\underset{OH}{|}}{\overset{\overset{Ph}{|}}{C}}\text{—}\underset{\underset{OH}{|}}{\overset{\overset{Ph}{|}}{C}}\text{—}CH_3 \xrightarrow{H_2SO_4}$

(11) 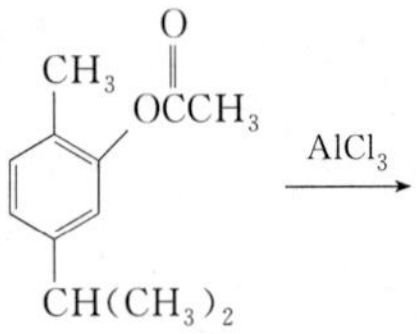 [2-甲基-5-异丙基苯基乙酸酯] $\xrightarrow{AlCl_3}$

5. 推测下列反应的机理。

(1) 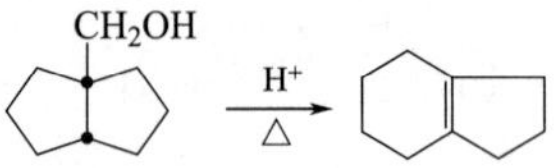 [双环戊烷-CH₂OH] $\xrightarrow[\triangle]{H^+}$ [茚满]

(2) 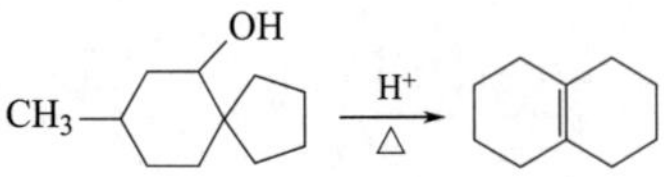 [甲基螺环己烷醇] $\xrightarrow[\triangle]{H^+}$ [十氢萘]

(3) 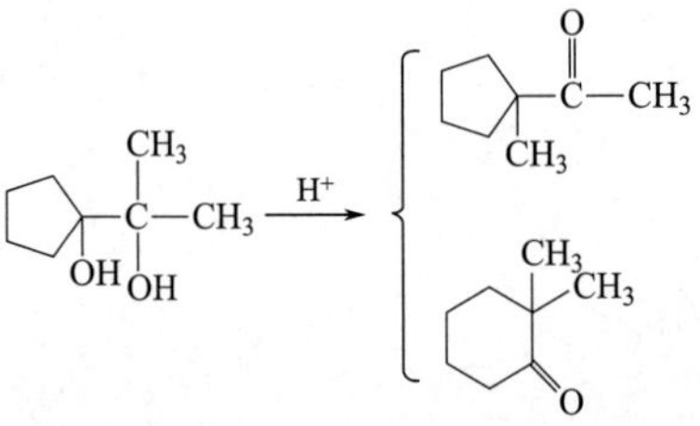 [1-(1-羟基环戊基)-1-羟基-2-甲基丙烷] $\xrightarrow{H^+}$ { [1-甲基环戊基甲基酮] , [2-甲基环己酮] }

6. 下列邻二醇中，哪些能被高碘酸氧化？哪些不能？试解释其原因。

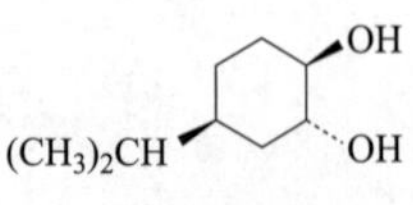

(A)、(B)、(C)、(D)

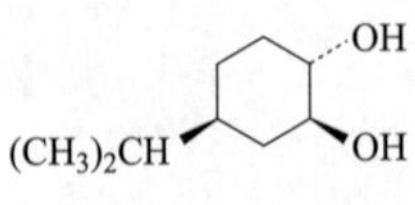

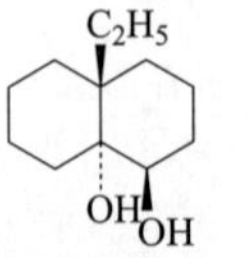

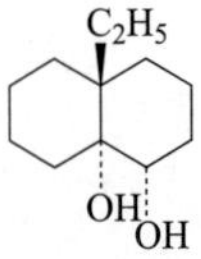

7. 写出环氧丙烷与下列试剂反应的主要产物。

(1) CH_3OH/C_2H_5ONa (2)  $CH_3\text{—}C_6H_4\text{—}OH, OH^-$

(3) HI (4) $CH_3CH_2NH_2$

(5) C_2H_5MgBr/H_3O^+ (6) HCN

8. 与高碘酸作用后，得到下列不同的氧化产物，请根据所得产物写出各邻二醇的结构式。

(1) 只得到一个化合物环戊酮　　(2) 得到丙醛和乙醛

(3) 得到乙醛和 2-丁酮　　(4) 得到一个二羰基化合物（2,7-辛二酮）

9. 以苯酚为起始原料合成下列化合物。

(1) 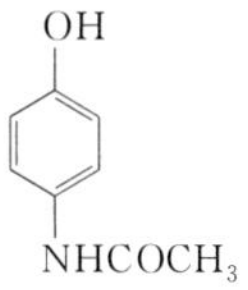 对-HO-C$_6$H$_4$-NHCOCH$_3$ （扑热息痛）

(2) 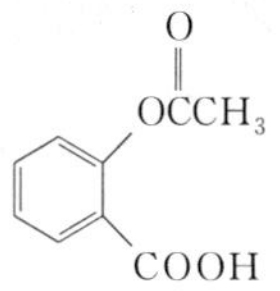 邻-CH$_3$COO-C$_6$H$_4$-COOH （阿司匹林）

(3) 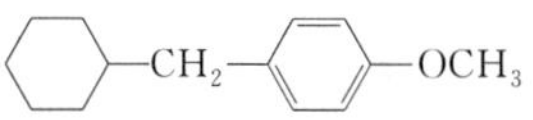 环己基-CH$_2$-对-C$_6$H$_4$-OCH$_3$

(4) CH$_3$O-对-C$_6$H$_4$-COCH$_3$ （山楂花酮）

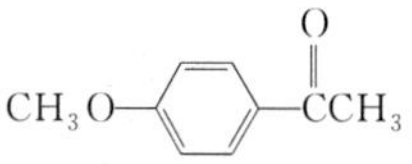

10. 从草药茵陈蒿中提取到一种治疗胆病的化合物，其分子式为 $C_8H_8O_2$，遇 $FeCl_3$ 溶液显浅黄色，可与 2,4-二硝基苯肼反应生成腙，且能与 I_2 的 NaOH 溶液反应生成黄色沉淀。根据这些现象，写出该化合物的结构式。

11. 化合物 A 的分子式为 $C_6H_{14}O$，可与金属钠反应放出氢气，与 Lucas 试剂作用几分钟后出现混浊。化合物 A 与浓硫酸共热得到 B(C_6H_{12})，B 用稀、冷的碱性高锰酸钾溶液处理得到化合物 C($C_6H_{14}O_2$)，C 与高碘酸作用得到乙醛和丁酮。请推测化合物 A、B 和 C 的结构，并写出反应式。

12. 某化合物 A 的分子式为 C_3H_8O，其波谱性质为：IR 在 3600～3200 cm^{-1} 有一宽吸收峰；^{1}H NMR 有三组峰，δ 1.1（二重峰，6H）、δ 3.8（多重峰，1H）、δ 4.4（单宽峰，1H）。试推测出化合物 A 可能的结构。

第10章　醛、酮和醌，亲核加成

醛（aldehydes）和酮（ketones）都是分子中含有羰基（碳氧双键）的化合物，因此又统称为羰基化合物。羰基与一个烃基相连的化合物称为醛，与两个烃基相连的称为酮。

醌类是一类特殊的环状不饱和二酮类化合物。

醛和酮在有机化学中占有极其重要的地位，醛、酮能发生许多化学反应，是有机合成的重要原料和中间体，很多药物或其原料含有醛或酮的结构。

10.1　醛和酮的分类、结构和命名

10.1.1　醛和酮的分类

羰基化合物根据烃基结构的不同，可分为脂肪醛酮、芳香醛酮和脂环酮；脂肪醛酮又可分为饱和醛酮和不饱和醛酮。

羰基化合物根据羰基数目的不同可分为一元醛酮和多元醛酮。多元醛、酮类化合物举例如下：

$$\overset{\overset{O}{\|}}{HC}—\overset{\overset{O}{\|}}{CH} \qquad CH_3\overset{\overset{O}{\|}}{C}CH_2\overset{\overset{O}{\|}}{C}CH_3$$

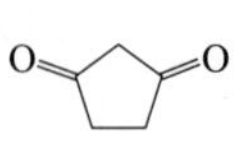

在一元酮中，两个烃基相同的称为“简单酮”，两个烃基不同的称为“混合酮”，例如：

CH_3COCH_3　　　　$CH_3COCH_2CH_3$

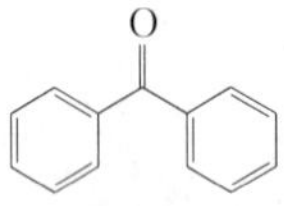

简单酮

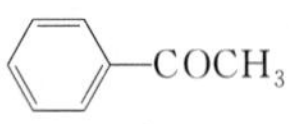

混合酮

10.1.2　醛和酮的结构

醛、酮的官能团是羰基，在羰基中，碳和氧以双键相结合，成键的情形和乙烯相似，碳和氧都是 sp^2 杂化，碳原子以 sp^2 杂化状态参与成键，即碳原子以三个 sp^2 轨道与其他三个原子的轨道重叠形成三个 σ 键，碳原子上未参加杂化的 p 轨道与氧原子上的 p 轨道在侧面相互重叠形成一个 π 键，与这三个 σ 键所成的平面垂直，因此，羰基的碳氧双键是由一个 σ 键和一个 π 键形成的。由于氧的电负性比碳大，成键电子云并不是均匀地分布在碳氧之间，而是偏向于氧，带部分负电荷（δ^-），而羰基碳带部分正电荷（δ^+），所以，羰基是一个极性

基团,如图 10.1 所示。

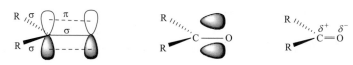

图 10.1 羰基的结构及其电子云分布示意图

10.1.3 醛和酮的命名

(1) 普通命名法

简单醛和酮用普通命名法,醛根据所含碳原子数命名为"某醛"。酮则按羰基所连接的两个烃基的名称来命名。

脂肪醛的普通命名法是依据烷烃的普通命名原则,根据其碳原子数和碳链取代情况命名为"某醛"。例如:

HCHO	CH_3CHO	$CH_3CH_2CH_2CHO$	$(CH_3)_2CHCHO$
甲醛	乙醛	丁醛	异丁醛
formaldehyde	acetaldehyde	butyraldehyde	isobutyraldehyde

芳香醛则把芳基作为取代基来进行命名。例如:

PhCHO	$PhCH_2CHO$	$PhCH(CH_3)CHO$
苯(基)甲醛	苯(基)乙醛	苯(基)丙醛
benzaldehyde	2-phenylacetaldehyde	2-phenylpropanal

酮则按照羰基所连的两个烃基来命名,将两个烃基的名称置于"酮"之前。例如:

$CH_3COCH_2CH_3$	PhCOPh
甲(基)乙(基)酮	二苯(基)酮
butan-2-one	benzophenone

其中,具有 CH_3CO—结构的酮称为甲基酮类化合物。

(2) 系统命名法

对于结构比较复杂的醛酮,选择包含羰基在内的最长碳链作为主链,从靠近羰基的一端开始编号,将表示羰基位次的数字置于母体名称之前,醛基总是位于碳链一端,不用标明醛基的位次,酮的羰基位于碳链中间,应标明其位次。当主链上存在有支链时,其命名原则与醇的相同。例如:

$$CH_3CH_2\underset{\underset{CH_3}{|}}{C}HCH_2CHO \qquad CH_3CO CH_2\underset{\underset{CH_3}{|}}{C}HCH_3 \qquad CH_3OCH_2CH_2CHO$$

3-甲基-戊醛   5-甲基-2-己酮   3-甲氧基丙醛
3-methylpentanal   5-methylhexan-2-one   3-methoxypropanal

脂环酮的羰基碳在环内时,称"环某酮",羰基在环外,则将环作为取代基。例如:

环戊基甲醛   4-甲基环己酮   1-环戊基-2-丙酮
cyclopentanecarbaldehyde   4-methylcyclohexanone   1-cyclopentylpropan-2-one

不饱和醛酮需要标出不饱和键的位置,命名为"烯醛"或"烯酮"。例如:

$CH_2=CHCH_2CHO$ $CH_2=CHCOCH_3$
3-丁烯醛   3-丁烯-2-酮
but-3-enal   but-3-en-2-one

含芳香的醛、酮命名时,总是把芳基作为取代基。例如:

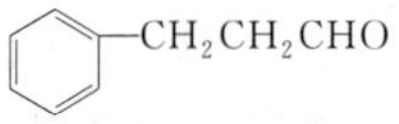

3-苯基丙醛
3-phenylpropanal

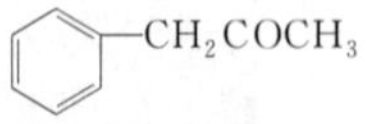

1-苯基-2-丙酮
1-phenylpropan-2-one

对于分子中既含有醛基又含有酮羰基的化合物，其系统命名法则视为醛的衍生物来命名。例如：

CH₃COCH₂CH₂CHO

4-氧代戊醛
4-oxopentanal

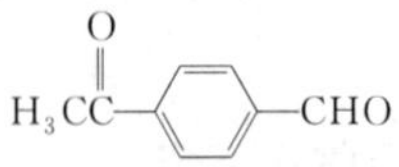

4-乙酰基苯甲醛
4-acetylbenzaldehyde

多元醛酮选择含羰基尽可能多的碳链为主链，注明羰基的位置和数目。

OHCCH₂CH₂CHO

CH₃COCHCH₂COCH₂CH₃
    |
    CH₃

丁二醛
succinaldehyde

3-甲基-2,5-庚二酮
3-methylheptane-2,5-dione

10.2 醛和酮的物理性质

（1）醛和酮的普通物理性质

在室温下除甲醛为气体外，12个碳原子以下的脂肪醛、酮类均为液体。高级脂肪醛、酮和芳香酮多数为固体，低级醛具有刺激性臭味，低级酮具有不愉快的气味，一些中级醛、酮和芳香醛在较低浓度时往往具有花果香或特殊的香味，可用于香料或化妆品工业。一些常见醛、酮的物理常数见表10.1。

表 10.1 常见醛、酮的物理常数

醛、酮分子	熔点/℃	沸点/℃	相对密度(d_4^{20})
甲醛	-92	-21	0.815
乙醛	-121	20	0.781
丙醛	-81	49	0.807
正丁醛	-99	76	0.817
异丁醛	-66	61	0.794
正戊醛	-91	103	0.819
正己醛		131	0.834
正庚醛	-42	155	0.850
丙烯醛	-88	52.5	0.841
苯甲醛	-56	178	1.046
丙酮	-94	56	0.788
丁酮	-86	80	0.805
2-戊酮	-78	102	0.812
3-戊酮	-42	101	0.814
2-己酮	-35	150	0.830
苯乙酮	21	202	1.033
二苯酮	48	306	1.083
环己酮	-31	156	0.947

醛、酮是极性分子，与分子量相近的低级性化合物如烷烃和醚相比，醛、酮的熔点、沸点较高。但是醛、酮分子之间不能形成氢键，没有氢键所引起的缔合现象，所以沸点一般比分子量相近的醇、羧酸低得多，见表10.2。

羰基是亲水基团，醛、酮分子中羰基上的氧原子可以作为受体与水形成氢键，所以低级醛、酮在水中有一定的溶解度，例如甲醛、乙醛和丙酮能与水混溶。当醛、酮分子中烃基部分增大时,水中溶解度很快下降,含有 6 个以上碳原子的醛、酮几乎不溶解于水。醛、酮在苯、醚、四氯化碳等有机溶剂中均可溶解。

表 10.2 分子量相近的烷烃、醚、醛、酮、羧酸的沸点比较

化合物	戊烷	乙醚	丁醛	丁酮	正丁醇	丙酸
分子量	72	72	72	72	74	74
沸点/℃	36	35	76	80	118	141

丙酮和丁酮是非常好的溶剂,因为它们不仅可溶于水,而且可溶于解很多有机化合物,所以在一些有机反应中是常用的溶剂。

脂肪醛、酮的相对密度小于 1,芳香醛、酮的相对密度大于 1。

（2）醛和酮的光谱性质

① 红外光谱 醛、酮红外光谱中,羰基的伸缩振动在 $1680\sim1750\text{cm}^{-1}$,这是醛、酮的特征吸收峰,见表 10.3。醛基（—CHO）中 C—H 伸缩振动特征吸收峰出现在 2720cm^{-1} 附近,可用来区分醛、酮。羰基与烯键共轭时,伸缩振动吸收峰向低波数移动。羰基与芳环共轭时,芳环在 1600cm^{-1} 区域的伸缩振动吸收峰出现分裂,即在 1580cm^{-1} 附近又出现一个新吸收峰。丁醛和苯甲醛的红外光谱图,如图 10.2 所示。

表 10.3 醛、酮羰基的红外光谱特征吸收峰

结构特征	吸收峰	结构特征	吸收峰
RCHO	$1720\sim1740\text{cm}^{-1}(1725\text{cm}^{-1})$	ArCHO	$1695\sim1717\text{cm}^{-1}(1700\text{cm}^{-1})$
RCOR	$1705\sim1725\text{cm}^{-1}(1710\text{cm}^{-1})$	RCOAr	$1680\sim1700\text{cm}^{-1}(1690\text{cm}^{-1})$
—C=C—CHO	$1680\sim1705\text{cm}^{-1}(1685\text{cm}^{-1})$	环丁酮类	1780cm^{-1}
—C=C—COR	$1665\sim1685\text{cm}^{-1}(1675\text{cm}^{-1})$	环戊酮类	1740cm^{-1}

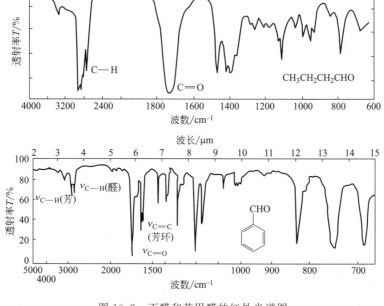

图 10.2 丁醛和苯甲醛的红外光谱图

② 核磁共振光谱　由于羰基极化后降低了质子的屏蔽效应，使得醛基上氢质子产生核磁共振的磁场强度降低，其化学位移 δ 值约为 9~10，与羰基相连的甲基或其他 α-氢质子的化学位移 δ 值出现在 2.0~2.5。

乙醛和 3-甲基-2-丁酮的核磁共振光谱图，如图 10.3 所示。

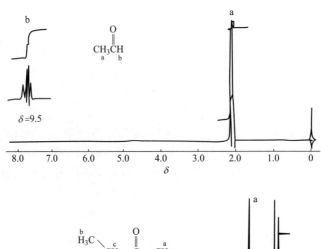

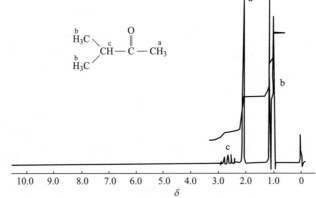

图 10.3　乙醛和 3-甲基-2-丁酮的核磁共振光谱图

10.3　醛和酮的化学性质

醛、酮分子中都含有羰基，羰基是一个极性不饱和基团，碳原子表现为正电中心，而氧原子则表现为负电中心。羰基结构决定醛酮有三大类反应。第一类为羰基的亲核加成反应，第二类为 α-碳上氢的活泼性反应，第三类为氧化还原反应和一些其他类型的反应。

10.3.1　亲核加成反应

羰基的亲核加成又称为 1,2-亲核加成。它是由亲核试剂和羰基碳原子结合而引起的反应，生成的氧负离子中间体很快与亲电的部分结合而完成反应。可用通式表示如下：

$$\diagdown\!\!\!\!\diagup C=O + Nu^- \longrightarrow \diagdown\!\!\!\!\diagup C \diagdown\!\!\!\!\diagup \begin{smallmatrix}Nu\\O^-\end{smallmatrix} \xrightarrow{A^+} \diagdown\!\!\!\!\diagup C \diagdown\!\!\!\!\diagup \begin{smallmatrix}Nu\\OA\end{smallmatrix}$$

此反应进行的难易，与羰基碳原子的部分正电荷的多少有关，即与其亲电性的强弱有关。例如酮的羰基碳的亲电能力比醛弱些，这是因为它所连的两个烷基具有供电子的作用，

第 10 章 醛、酮和醌，亲核加成

从而增加了羰基碳原子的负电荷，降低了它的亲电能力。对于不同结构的醛酮进行亲核加成时反应活性顺序如下：

$$\underset{\text{甲醛}}{\text{H-CHO}} > \underset{\text{醛}}{\text{R-CHO}} > \underset{\text{甲基酮}}{\text{R-CO-CH}_3} > \underset{\text{酮}}{\text{R-CO-R}'}$$

与羰基相连的烷烃越大，分叉越多，羰基旁的空间位阻越大，将使亲核试剂不易接近，从而降低了反应活性。此外，亲核试剂亲核能力的强弱，对反应的影响也较大，亲核能力越强，反应越易进行。亲核试剂种类很多，它们是一些极性很强的含碳原子、氧原子或氮原子的负离子，也可以是一些富含电子的分子，如 HN_3，H_2O 等。

（1）与含碳亲核试剂的加成

① 与氢氰酸的加成反应　醛、酮与氢氰酸反应产生氰醇又叫羟基腈。其反应式如下：

$$\text{C=O} + HCN \rightleftharpoons \text{C(CN)(OH)}$$

HCN 一般由 NaCN 和无机酸作用得到，如：

$$(CH_3)_2C=O \xrightarrow[\text{② } H_2SO_4]{\text{① NaCN}} (CH_3)_2C(OH)(CN)$$

② 与格氏试剂的加成反应　格氏试剂中的碳镁键极性很强，带部分负电荷的碳原子是很强的亲核试剂，因此可与多数羰基化合物发生亲核加成反应。加成产物水解后可生成碳原子更多的具有新碳架的醇。格氏试剂与醛、酮的加成产物水解后可制得不同级别的醇，和甲醛反应得到伯醇，和醛作用得到仲醇而和酮作用得到叔醇，这是醇的很重要的一种制备方法。

$$\text{H}_2\text{C=O} + \text{RMgX} \xrightarrow{\text{无水乙醚}} \text{H}_2\text{C(OMgX)(R)} \xrightarrow{H_3O^+} RCH_2OH$$

$$R^1\text{CHO} + \text{RMgX} \xrightarrow{\text{无水乙醚}} R^1\text{CH(OMgX)(R)} \xrightarrow{H_3O^+} RCHOH\text{-}R^1$$

$$R^1R^2\text{C=O} + \text{RMgX} \xrightarrow{\text{无水乙醚}} R^1R^2\text{C(OMgX)(R)} \xrightarrow{H_3O^+} R^1R^2\text{C(OH)(R)}$$

生成格氏试剂的卤烃可以是烷基型卤烃，也可以是烯丙型、苄基型卤烃，甚至可以是乙烯基型卤烃或芳基型卤烃，但要求反应体系中必须不含活泼氢，否则格氏试剂将失效而得不到醇。

$$\text{C}_6\text{H}_{11}\text{-MgCl} + HCHO \xrightarrow[\text{② NH}_4Cl, H_2O]{\text{① 乙醚}} \text{C}_6\text{H}_{11}\text{-CH}_2OH$$

$$\text{C}_6\text{H}_5\text{-MgCl} + CH_3CHO \xrightarrow[\text{② NH}_4Cl, H_2O]{\text{① 乙醚}} \text{C}_6\text{H}_5\text{-CH(OH)CH}_3$$

$$CH_2=CHMgBr + \text{环己酮} \xrightarrow[\text{② NH}_4Cl, H_2O]{\text{① 乙醚}} \text{1-乙烯基环己醇}$$

③ 与炔化钠的加成反应　炔化物是强的亲核试剂，炔金属化合物（例如炔化钠、炔化

钾等）与醛、酮的加成反应，可在有机分子中引入三键。例如：

$$\text{C}_6\text{H}_{10}=O + NaC\equiv CH \longrightarrow \text{C}_6\text{H}_{10}(OH)(C\equiv CH)$$

（2）与含氧亲核试剂的加成

① 与水的加成反应　水是极弱的亲核试剂，加到醛、酮的羰基上形成偕二醇。

$$\underset{H}{\overset{H}{C}}=O + H_2O \rightleftharpoons \underset{H}{\overset{H}{\underset{OH}{\overset{OH}{C}}}}$$

在一般条件下偕二醇是不稳定的，它们很容易脱水而生成醛、酮。因此，对于多数醛、酮平衡偏向反应左边。个别的醛，例如甲醛，在水溶液中几乎全部以水合物形式存在，但分离过程中很容易失水。

但是，羰基若与强的吸电子基团相连，羰基碳接受亲核试剂进攻的能力增强，可以形成稳定的水合物。例如水合氯醛就是三氯乙醛的水合物。

$$\underset{Cl_3C}{\overset{H}{C}}=O + H_2O \rightleftharpoons \underset{Cl_3C}{\overset{H}{\underset{OH}{\overset{OH}{C}}}}$$

② 与醇的加成反应　醛在酸性催化剂（如干燥氯化氢、对甲苯磺酸）存在下，先与一分子醇发生亲核加成，生成半缩醛。该反应是可逆反应，在半缩醛分子中，同一碳原子上既有羟基，又有烷氧基，这样的结构一般是不稳定的，易分解成醛和醇，很难分离出来。半缩醛可以进一步与一分子醇反应，失去一分子水而生成稳定的缩醛。

$$\text{C}=O \xrightarrow[H^+]{RON} \underset{OR}{\overset{OH}{C}} \underset{\underset{\text{半缩醛}}{}}{\xrightleftharpoons[H^+]{ROH}} \underset{OR}{\overset{OR}{C}} \underset{\text{缩醛}}{} + H_2O$$

反应机理如下：

$$\text{C}=O \xrightleftharpoons{H^+} \overset{+}{C}-OH \xrightleftharpoons{ROH} \underset{O-H}{\overset{OH}{\underset{R}{C}}}$$

$$\xrightleftharpoons{-H^+} \underset{OR}{\overset{OH}{C}} \xrightleftharpoons{H^+} \underset{OR}{\overset{\overset{+}{O}H_2}{C}}$$

$$[\overset{+}{C}-OR \longleftrightarrow C=\overset{+}{O}R] \xrightleftharpoons{ROH} \underset{\overset{+}{O}R}{\overset{O-R \atop H}{C}} \xrightleftharpoons{-H^+} \underset{OR}{\overset{OR}{C}}$$

酮也可与醇作用生成半缩酮和缩酮。但在生成缩酮的反应中，平衡偏向于左边。若采用特殊装置，除去反应中生成的水，可使平衡向右移动而制得缩酮。例如，酮与乙二醇在对甲苯磺酸催化下，用苯或甲苯做脱水剂，可得环状缩酮。

$$\underset{H_3C}{\overset{C_6H_5H_2C}{C}}=O + \underset{HO-CH_2}{\overset{HO-CH_2}{}} \xrightarrow{H_3C-\text{C}_6\text{H}_4-SO_3H} \underset{H_3C}{\overset{C_6H_5H_2C}{C}}\underset{O-CH_2}{\overset{O-CH_2}{}}$$

$$(78\%)$$

生成缩醛（酮）的反应是在酸（无水）催化下进行的，且反应是可逆的。因此，若有水

(稀酸)存在，则缩醛（酮）又可分解成原来的醛（酮），但缩醛（酮）具有醚键结构，是比较稳定的一类化合物，对碱及氧化剂是稳定的。在有机合成中常利用此性质来保护羰基：先将醛（酮）制成缩醛（酮）再进行有关反应，待反应结束后，再用稀酸将缩醛（酮）分解成醛（酮），达到保护羰基的目的。

例如，将 $CH_2=CHCHO$ 转化成 $CH_2(OH)CH(OH)CHO$，如果直接用 $KMnO_4$ 氧化时，虽然双键可被氧化成邻二醇，但分子中的—CHO 也会被氧化。因此，应先将—CHO 保护起来，再氧化。

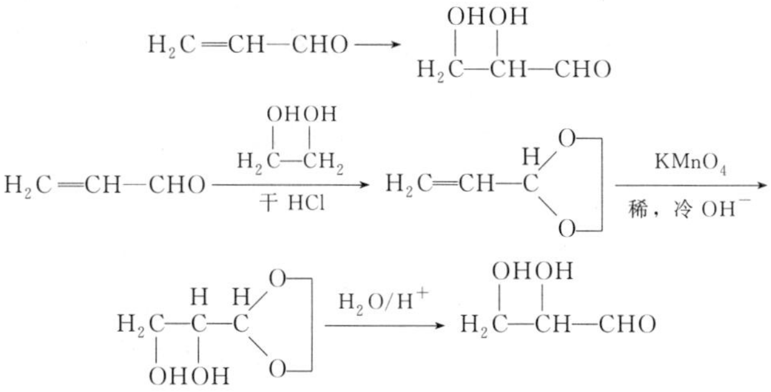

（3）与含氮亲核试剂的加成反应

① 与氨或胺的加成反应　醛、酮与氨或伯胺的亲核加成产物不稳定，很容易发生消除生成亚胺（imine），又称为希夫碱（Schiff's base），脂肪族亚胺一般不稳定，芳香族亚胺因产生共轭体系则较稳定。

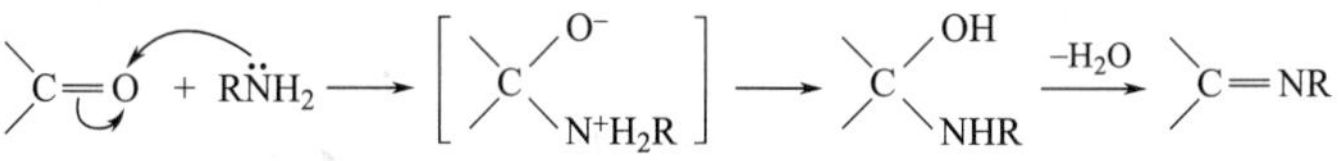

亚胺可被还原为仲胺，这是制备仲胺的主要方法之一。

$$ArHC=NR \xrightarrow[\text{或 LiAlH}_4]{H_2, Ni} ArCH_2NHR$$

② 与氨的衍生物的加成反应　氨的某些衍生物（用 H_2N-G 表示）可以和醛、酮羰基发生亲核加成、脱水消除后形成含有碳氮双键的化合物：

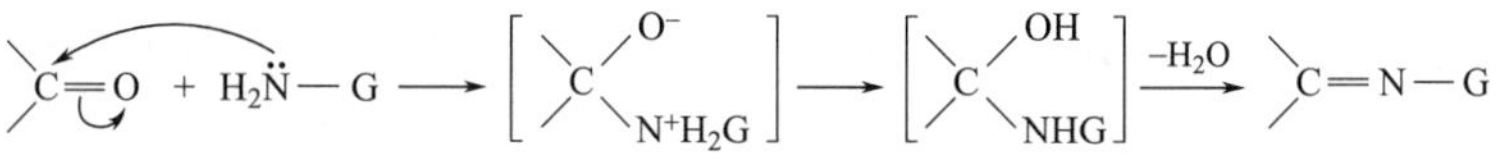

一些常见的氨的衍生物及其与醛、酮亲核加成、消除反应如下所示：

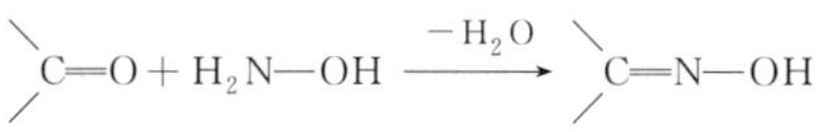

羟胺　　　　　肟（oxime）

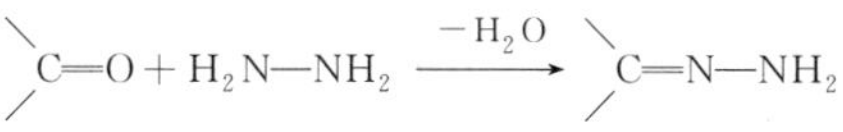

肼　　　　　　腙（hydrazone）

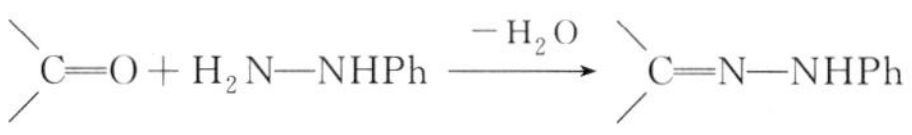

苯肼　　　　　苯腙（phenylhydrazone）

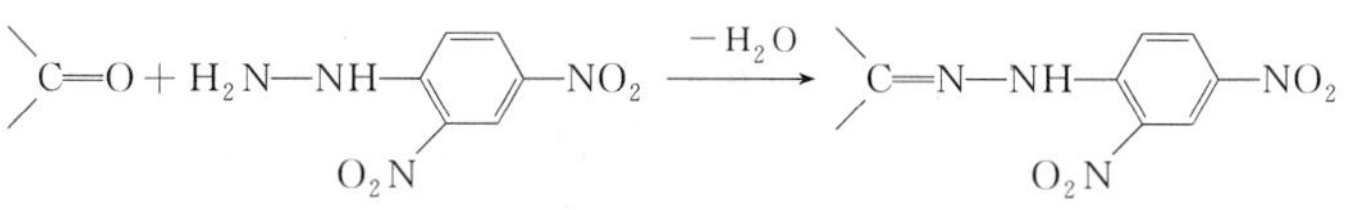

2,4-二硝基苯肼　　2,4-二硝基苯腙（2,4-dinitrophenydrazone）

$$\text{C=O} + H_2NNHCONH_2 \xrightarrow{-H_2O} \text{C=N-NHCONH}_2$$

氨基脲　　　　　　缩氨脲（semicarhazone）

由于羟胺、肼、苯肼、2,4-硝基苯肼、氨基脲等在游离状态不稳定，易被氧化，所以常以盐酸盐形式存在。因此在使用时要加入碱，如加乙酸钠使其游离出来。这些反应需调节到合适的 pH 值才能顺利进行，一般在弱酸性条件下进行，因为羰基的质子化有利于加成，但酸性太强将使氨基成盐，失去亲核性能。

反应所形成的肟、腙、苯腙、2,4-硝基苯腙、缩氨脲等均为结晶性固体，具有固定的结晶形状和熔点，易重结晶纯化，故常用于醛、酮的鉴别，反应中所使用的羟胺、肼、苯肼、2,4-硝基苯肼、氨基脲等被称为羰基试剂。

肟、腙、苯腙、2,4-二硝基苯腙、缩氨脲等在稀酸作用下，可以水解为原来的醛、酮，因此可利用这些反应来分离和提纯醛、酮。

（4）与含硫亲核试剂的加成反应

① 与亚硫酸氢钠的加成反应　大多数醛、脂肪族甲基酮以及含有 8 个碳原子以下的环酮都可以饱和亚硫酸氢钠水溶液发生亲核加成反应，生成 α-羟基磺酸钠，α-羟基磺酸钠能溶于水，但不溶于饱和亚硫酸氢钠水溶液，一般以白色晶体析出，故常用于一些醛、酮的鉴别。

$$\text{C=O} + \text{HO-S(=O)-O}^-Na^+ \rightleftharpoons \left[\begin{array}{c}\text{C} \\ \text{ONa} \\ \text{SO}_3H\end{array}\right] \longrightarrow \begin{array}{c}\text{C} \\ \text{OH} \\ \text{SO}_3Na\end{array} \downarrow$$

白色晶体

α-羟基磺酸钠用稀酸或稀碱处理，可以分解为原来的醛、酮，故可以用于醛、酮的分离和提纯。

$$\begin{array}{c}\text{OH}\\ \text{C}\\ \text{SO}_3Na\end{array} \begin{array}{c}\xrightarrow{HCl} \text{C=O} + NaCl + SO_2 + H_2O \\ \xrightarrow{Na_2CO_3} \text{C=O} + Na_2SO_3 + CO_2 + H_2O\end{array}$$

此外，可以利用在 α-羟基磺酸钠中加氰化物来得到 α-羟基腈，这种方法可避免在氰化钠溶液中加酸有逸出氰化氢的危险。例如：

$$\begin{array}{c}H_3C\\ H_3C\end{array}\text{C=O} + NaHSO_3 \rightleftharpoons \begin{array}{c}H_3C\\ H_3C\end{array}\text{C}\begin{array}{c}OH\\ SO_3Na\end{array} \xrightarrow{NaCN} \begin{array}{c}H_3C\\ H_3C\end{array}\text{C}\begin{array}{c}OH\\ CN\end{array}$$

② 与硫醇的加成反应　硫醇比相应的醇具有更强的亲核能力，因此在室温下即可以与醛、酮反应生成缩硫醛或缩硫酮，不过反应所得到的缩硫醛或缩硫酮一般很难再复原为原来的醛、酮（因此一般不用来保护羰基），但是缩硫醛或缩硫酮能被催化氢解，使羰基间接还原为亚甲基，在有机合成常被应用。

$$\begin{array}{c}R\\ R\end{array}\text{C=O} + HSCH_2CH_2SH \xrightarrow{H^+} \begin{array}{c}R\\ R\end{array}\begin{array}{c}S\\ S\end{array} \xrightarrow{H_2, Ni} \begin{array}{c}R\\ R\end{array}CH_2$$

③ 与希夫试剂的加成反应　品红是一种红色染料，其溶液通入二氧化硫则得到无色的品红醛试剂，即希夫（Schiff）试剂，希夫试剂与醛类作用，呈现紫红色，且很灵敏；酮类与希夫试剂不反应，因而不显颜色变化。因此希夫试剂是检验醛和鉴别醛、酮的简单方法

之一。

甲醛与希夫试剂所呈现的颜色加入硫酸后不消失，而其他醛所显示的颜色则褪色，因此希夫试剂还可以用于鉴别甲醛与其他醛。

10.3.2 α-氢原子的反应

在醛酮分子中，与羰基直接相连的碳原子称为α-碳原子。羰基中氧原子由于电负性强，使得碳氧双键中的电子云大大偏向于氧原子一端，因而羰基的碳原子是一个正电中心，带有部分正电荷的羰基碳具有较强的吸电子诱导效应，α-碳原子受到此诱导效应的影响，电子云密度降低，α-碳上的碳氢键变得比较弱，氢原子易成为质子离去而具有酸性。

醛、酮分子中的α-氢原子具有酸性，从其 pK_a 值可以看出，醛、酮α-氢原子的酸性比末端炔氢的酸性还强。

	CH_3CH_3	$H_2C=CH_2$	$HC≡CH$	CH_3COCH_3
pK_a	约 50	约 38	25	20

（1）酮式和烯醇式互变异构

醛、酮分子中的α-氢原子以质子解离产生其共轭碱——碳负离子，由于羰基的共轭作用，形成烯醇负离子（enolate ion），质子与碳负离子重新结合，就得到原来的醛、酮，若与烯醇负离子结合，则得到烯醇。醛、酮与烯醇互为异构体，它们通过共轭碱互变。这种异构现象称为互变异构（tautomerism）。

在溶液中，含有α-氢原子的醛、酮分子是以酮式和烯醇式平衡而存在的。在一般条件下，对于大多数醛、酮来说，由于酮式的能量比烯醇式低，因而在平衡体系中烯醇式极少（丙酮和环己酮在25℃水中烯醇式约为 $1/10^6$）。而对于β-二羰基类化合物，烯醇式中碳碳双键与其他不饱和基团共轭而稳定，烯醇式含量增加，见表10.4。

表 10.4 一些化合物的烯醇式含量

酮式	烯醇式	烯醇式含量/%
CH_3CCH_3 (O)	$CH_2=CCH_3$ (OH)	0.00015
$CH_3CCH_2COC_2H_5$ (O, O)	$H_3CC=CHCOC_2H_5$ (OH, O)	7.5
$CH_3CCH_2CCH_3$ (O, O)	$CH_3C=CHCCH_3$ (OH, O)	76.0
$PhCCH_2CCH_3$ (O, O)	$PhC=CHCCH_3$ (OH, O)	90.0

（2）羟醛缩合反应

两分子含有α-氢原子的醛在酸或碱的催化下（通常使用稀碱），相互结合形成β-羟基醛的反应称为羟醛缩合反应，也称为醇醛缩合反应。

$$\diagup\!\!\diagdown\!C\!=\!O + \diagup\!\!\diagdown\!\underset{H}{\overset{H}{C}}\!-\!\underset{\parallel}{\overset{O}{C}}\!\diagdown \xrightarrow{H^+ 或 OH^-} \diagup\!\!\diagdown\!\underset{OH}{\overset{}{C}}\!-\!\underset{}{\overset{}{C}}\!-\!\underset{\parallel}{\overset{O}{C}}\!\diagdown \xrightarrow[-H_2O]{\triangle} \diagup\!\!\diagdown\!C\!=\!C\!-\!\underset{\parallel}{\overset{O}{C}}\!\diagdown$$

① 羟醛缩合的机理　在稀碱催化下羟醛缩合反应机理如下（以乙醛在稀碱催化下的缩合反应为例）：一分子醛在碱作用下转变成碳负离子和烯醇负离子，碳负离子与另一分子醛的羰基进行亲核加成生成氧负离子，后者接受一个质子生成 β-羟基醛。

例如：乙醛在稀碱作用下缩合生成 3-羟基丁醛。

$$2CH_3CHO \xrightarrow[4\sim5℃]{5\%\sim10\%NaOH} CH_3\underset{OH}{\overset{}{C}}HCH_2\underset{\parallel}{\overset{O}{C}}H$$
(50%)
β-羟基醛

$$\underset{H}{\overset{}{C}}H_2CHO + OH^- \xrightarrow{快} [{}^-\!\ddot{C}CH_2OH \longleftrightarrow CH_2\!=\!CH\ddot{O}^-] + H_2O$$

$$^-\!\ddot{C}H_2CHO + CH_3\underset{\parallel}{\overset{O}{C}}H \underset{慢}{\rightleftharpoons} CH_3\underset{O^-}{\overset{}{C}}HCH_2\underset{\parallel}{\overset{O}{C}}H$$

$$CH_3\underset{O^-}{\overset{}{C}}HCH_2\underset{\parallel}{\overset{O}{C}}H + H_2O \underset{快}{\rightleftharpoons} CH_3\underset{OH}{\overset{}{C}}HCH_2\underset{\parallel}{\overset{O}{C}}H$$

β-羟基醛在加热时即失去一分子水，生成 α,β-不饱和醛。

$$CH_3\underset{OH}{\overset{}{C}}HCH_2CH \xrightarrow{\triangle} CH_3CH\!=\!CHCHO$$
α,β-不饱和醛

常用的碱性催化剂除了氢氧化钠、氢氧化钾外，还有叔丁醇铝、醇钠等。

由此可见，通过羟醛缩合反应可以制备 α,β-不饱和醛，进一步还可以转变为其他化合物。所以羟醛缩合反应是有机合成中用于增长碳链的重要方法之一。

含有 α-氢原子的酮在稀碱作用下也可以发生类似反应，即羟酮缩合反应，但是反应的平衡偏向反应物一侧，例如，丙酮在氢氧化钡催化下，在 20℃下，平衡混合物中只有约 5% 的缩合产物，如果反应在索氏（Soxhlet）提取器中进行，使缩合产物不断离开反应平衡体系，产率可提高到 70%。

$$2CH_3COCH_3 \xrightarrow{Ba(OH)_2} (CH_3)_2\underset{OH}{\overset{}{C}}CH_2\underset{\parallel}{\overset{O}{C}}CH_3$$

在酸性催化剂存在下，丙酮可先缩合生成 4-羟基-4-甲基-2-戊酮（双丙酮醇），然后迅速脱水生成 α,β-不饱和酮。

$$2CH_3COCH_3 \xrightarrow{H^+} (CH_3)_2C\!=\!CHCOCH_3$$

酸催化机理如下（以丙酮在酸催化下的缩合反应为例）：

$$CH_3\!-\!\underset{CH_3}{\overset{}{C}}\!=\!\ddot{O} \rightleftharpoons CH_3\!-\!\underset{CH_3}{\overset{}{C}}\!=\!O^+H$$

$$H\!-\!CH_2\!-\!\underset{CH_3}{\overset{}{C}}\!=\!O^+H \underset{}{\overset{-H^+}{\rightleftharpoons}} [CH_2\!=\!\underset{CH_3}{\overset{}{C}}\!-\!OH \longleftrightarrow {}^-\!\!\ddot{C}H_2\!-\!\underset{CH_3}{\overset{}{C}}\!=\!O^+H]$$

$$CH_3-\overset{OH}{\underset{CH_3}{C}}=\overset{+}{O}H + H_2C-\overset{+}{\underset{CH_3}{C}}=O^+H \rightleftharpoons H_3C-\overset{OH}{\underset{CH_3}{\overset{|}{C}}}-\overset{H_2}{C}-\overset{+}{\underset{CH_3}{C}}=O^+H$$

$$\rightleftharpoons H_3C-\overset{OH}{\underset{CH_3}{\overset{|}{C}}}-\overset{H_2}{C}-\underset{CH_3}{C}=O \xrightarrow{-H_2O} H_3C-\underset{CH_3}{C}=C-\underset{CH_3}{C}=O$$

② **交叉羟醛缩合** 两种不同的含有 α-氢原子的醛或酮之间进行缩合反应，可生成四种不同的缩合产物，由于分离困难，所以实用意义不大。但若使用一个含有 α-氢原子的醛或酮和一个不含有 α-氢原子的醛或酮，进行交叉羟醛缩合反应，则具有合成价值。例如：

$$HCHO + (CH_3)_2CHCH_2CHO \xrightarrow{K_2CO_3} (CH_3)_2CHCHOH \atop |\ CH_2OH$$
(52%)

由芳香醛和含有 α-氢原子的醛或酮之间进行交叉羟醛缩合反应，称为克莱森-施密特 (Claisen-Schmidt) 反应。例如：

$$PhCHO + CH_3CH_2CH_2CHO \xrightarrow{OH^-,\ H_2O} PhCH=CCHO \atop |\ CH_2CH_3$$

$$PhCHO + CH_3COCH_3 \xrightarrow{OH^-,\ H_2O} PhCH=CHCOCH_3$$

$$PhCHO + CH_3COPh \xrightarrow{OH^-,\ H_2O} PhCH=CHCOPh$$

③ **分子内羟醛缩合** 羟醛缩合反应不仅可以在分子间进行，含有 α-氢原子的二元醛或酮也可以进行分子内缩合，生成环状化合物，是制备 5~7 元环化合物的常用方法之一。

$$HCCH_2CH_2CH_2CH_2CH \xrightarrow[\triangle]{NaOH,\ H_2O} \text{(环戊烯甲醛)}$$

$$CH_3CCH_2CH_2CH_2CCH_3 \xrightarrow[\triangle]{KOH,\ H_2O} \text{(1-甲基-2-乙酰基环戊烯)}$$

$$\text{(环癸二酮)} \xrightarrow[\triangle]{Na_2CO_3,\ H_2O} \text{(双环酮)}$$

（3）卤代反应和卤仿反应

醛或酮的 α-氢原子容易被卤素取代。例如：

$$2CH_3COCH_3 \xrightarrow{Ba(OH)_2} (CH_3)_2\underset{OH}{\overset{|}{C}}CH_2\underset{O}{\overset{||}{C}}CH_3$$

$$\text{C}_6\text{H}_{11}\text{CHO} + Br_2 \xrightarrow{CHCl_3} \text{C}_6\text{H}_{10}(Br)(CHO) + HBr$$

$$\text{环己酮} + Cl_2 \xrightarrow{H_2O} \text{2-氯环己酮} + HCl$$

在碱性条件下卤代反应难以留在单取代阶段，往往发生多取代反应。

因此，乙醛和甲基酮在碱性条件下与卤素反应（常用次卤酸钠或卤素的碱溶液），三个

151

α-氢原子可完全被卤素取代，在生成三卤取代物中，卤素的强吸电子作用使得羰基碳原子上电子云密度降低，在碱性条件下极容易与亲核试剂进行加成，进而发生碳碳键断裂，生成三卤甲烷（又称卤仿）和羧酸盐，因此称为卤仿反应。

$$(R)H-\underset{\underset{O}{\|}}{C}-CH_3 \xrightarrow{X_2,\ OH^-或NaXO} (R)H-\underset{\underset{O}{\|}}{C}-CX_3 \xrightleftharpoons{\ddot{O}H^-} (R)H-\underset{\underset{OH}{|}}{\overset{:\ddot{O}:^-}{C}}-CH_3$$

$$\longrightarrow (R)H-\underset{\underset{O}{\|}}{C}-CH_3 + X_3C^- \longrightarrow (R)H-\underset{\underset{O}{\|}}{C}-O^- + CHX_3$$

碘仿是具有特殊臭味的黄色固体，水溶性极小，在反应中易析出，且反应速率很快，因此常用碘仿反应来鉴别乙醛和甲基酮。

由于次卤酸钠或卤素的碱溶液具有氧化性，乙醇和α-碳原子上连有甲基的仲醇，可被次卤酸盐氧化成相应的羰基化合物，故卤仿反应也可用于该种类型醇的定性鉴别。

$$(R)H-\underset{\underset{OH}{|}}{\overset{H}{C}}-CH_3 \xrightarrow{NaOX} (R)H-\underset{\underset{O}{\|}}{C}-CH_3$$

乙醇，α-碳上连有甲基的仲醇　　乙醛，甲基酮

此外，卤仿反应也可用于将甲基酮转变为少一个碳原子的羧酸。例如：

$$\text{萘-COCH}_3 \xrightarrow{NaCl\ H_2O/H^+} \text{萘-COOH}$$

10.3.3　醛和酮的氧化反应和还原反应

（1）醛和酮的氧化反应

醛基易被氧化成羧基，甚至空气中的氧可以使醛氧化成羧酸。在通常情况下，酮很难被氧化，若采用硝酸、高锰酸钾等强氧化剂在剧烈条件下氧化时则发生碳链断裂反应，生成多种羧酸混合物，因此没有制备价值。环己酮在强氧化剂作用下，被氧化成为己二酸，是工业生产己二酸的有效方法。

$$\text{环己酮} \xrightarrow{HNO_3,\ V_2O_5} \underset{CH_2CH_2CO_2H}{\overset{CH_2CH_2CO_2H}{|}}$$

这是醛和酮化学性质的主要差别之一。

在醛和酮的氧化反应中，常常使用比较弱的氧化剂如杜伦（Tollens）试剂、斐林（Fehling）试剂等就能将醛氧化成羧酸，而酮在此条件下不能被氧化。

杜伦试剂是二氨合银离子 $\{[Ag(NH_3)_2]^+\}$ 溶液，能氧化醛为羧酸的铵盐，杜伦试剂本身被还原为金属银，当反应器壁光滑洁净时形成银镜，故又称为银镜反应。

$$RCHO + Ag^+(NH_3)OH^- \longrightarrow RCO_2^- NH_2^+ + Ag\downarrow + H_2O$$

斐林试剂是由硫酸铜和酒石酸钾钠碱溶液混合而成，Cu^{2+} 作为氧化剂，与醛作用后被还原为砖红色的氧化亚铜沉淀析出。

$$RCHO + Cu^{2+} + OH^- \longrightarrow RCO_2Na + Cu_2O\downarrow$$

醛也很容易被 Ag_2O、H_2O_2、$KMnO_4$、$K_2Cr_2O_7 + H_2SO_4$、CrO_3、CH_3CO_3H 等氧化剂氧化成相应的羧酸。

（2）醛和酮的还原反应

① 催化氢化　醛经催化氢化可还原成伯醇，酮可还原成仲醇。但是催化氢化也可将分

子中的双键、三键、卤素、—NO_2、—CN、—CO_2R、—$CONH_2$、—COCl 等官能团还原。

$$\underset{(R)H}{\overset{R}{>}}C=O + H_2 \xrightarrow{\text{Ni 或 Pd 或 Pt}} \underset{(R)H}{\overset{R}{>}}\overset{H}{\underset{}{C}}-OH$$

② 金属氢化物还原 醛、酮用金属氢化物，例如氢化铝锂（$LiAlH_4$）、硼氢化钠（$NaBH_4$）还原时，羰基被还原为醇羟基。

$$\underset{(R)H}{\overset{R}{>}}C=O \xrightarrow{LiAlH_4 \text{ 或 } NaBH_4} \underset{(R)H}{\overset{R}{>}}\overset{H}{\underset{}{C}}-OH$$

$LiAlH_4$ 极易水解，反应需在无水条件下进行，$NaBH_4$ 与水、质子性溶剂作用缓慢，使用比较方便，但是其还原能力比 $LiAlH_4$ 弱。$LiAlH_4$ 的还原能力比较强，与催化氢化相近。与催化氢化相比，$LiAlH_4$ 不能还原碳碳双键、三键（双键与羰基共轭时仍可被 $LiAlH_4$ 还原），但可以还原羧基，而催化氢化不能还原羧基。$NaBH_4$ 只能还原醛、酮与酰氯。

③ 麦尔外英-彭杜尔夫还原 在异丙醇和异丙醇铝存在下，醛、酮可以被还原为醇，分子中其他不饱和基团不受影响，此反应称为麦尔外英-彭杜尔夫（Meerwein-Ponndorf）还原，是欧芬脑尔氧化的逆反应。例如：

$$PhCH=CHCHO + (CH_3)_2CHOH \xrightarrow{Al[OCH(CH_3)_2]_3} PhCH=CHCH_2OH + (CH_3)_2C=O$$

$$O_2N\text{-}\underset{NHCOCHCl_2}{\overset{O}{\underset{\|}{C}}CHCH_2OH} \xrightarrow[(CH_3)_2CHOH]{Al[OCH(CH_3)_2]_3} O_2N\text{-}\underset{NHCOCHCl_2}{\overset{OH}{\underset{|}{C}}HCHCH_2OH}$$

④ 克莱门森还原 醛、酮与锌汞齐和浓盐酸一起回流反应，羰基即被还原为亚甲基，称为克莱门森（Clemmensen）还原。

$$\underset{(R)H}{\overset{R}{>}}C=O \xrightarrow[\triangle]{Zn\text{-}Hg,\ HCl} \underset{(R)H}{\overset{R}{>}}CH_2$$

克莱门森还原只适用于对酸稳定的化合物的还原。芳香酮利用此法产率较好。例如：

$$PhCOCH_2CH_3 \xrightarrow[\triangle]{Zn\text{-}Hg,\ HCl} PhCH_2CH_2CH_3$$
$$(80\%)$$

⑤ 乌尔夫-凯惜尔-黄鸣龙还原 将醛或酮与肼反应则转变为腙，然后将腙与乙醇钠及乙醇在封管或高压釜中加热到约 180℃，即放出氮气而生成烃，这种方法称为乌尔夫-凯惜尔（Wolff-Kishner）还原法。

$$\underset{(R)H}{\overset{R}{>}}C=O \xrightarrow{NH_2NH_2} \underset{(R)H}{\overset{R}{>}}C=NNH_2 \xrightarrow[C_2H_5OH]{C_2H_5ONa} \underset{(R)H}{\overset{R}{>}}CH_2 + N_2$$

我国化学家黄鸣龙（Huang Minglong, 1898—1979）改进了此还原法，将醛或酮、氢氧化钠、肼的水溶液和一个高沸点的水溶性溶剂如二聚乙二醇 $[O(CH_2CH_2OH)_2]$ 或三聚乙二醇 $[(CH_2OCH_2CH_2OH)_2]$ 一起加热，使醛或酮转变为腙，然后将水和过量的腙蒸出，待温度达到腙开始分解的温度（一般为 195～200℃）时，再回流 3～4h 反应即可完成。这样的改进使得反应能在常压下进行，反应时间大大缩短（由 50～100h 缩短到 3～5h），还可以使用便宜的肼的水溶液，同时反应产率则显著提高。该改进的方法称为乌尔夫-凯惜尔-黄鸣龙（Wolff-Kishner-Huang Minglong）还原。例如：

$$PhCOCH_2CH_3 \xrightarrow[\triangle]{NH_2NH_2,\ NaOH,\ O(CH_2CH_2OH)_2} PhCH_2CH_2CH_3 \quad (82\%)$$

$$\text{环癸酮} \xrightarrow[\triangle]{NH_2NH_2,\ NaOH,\ O(CH_2CH_2OH)_2} \text{环癸烷} \quad (47\%)$$

目前此反应又得到了进一步改进，用二甲基亚砜作溶剂，反应温度降低至100℃，更有利于工业化生产。

乌尔夫-凯惜尔-黄鸣龙还原适用于对碱稳定的化合物的还原，若要还原对碱敏感的化合物，可用克莱门森还原，这两种方法互为补充。

⑥ 酮的双分子还原 许多金属在一定条件下如 Na/C_2H_5OH，Fe/CH_3CO_2H 等都能将醛、酮还原成醇。例如：

$$CH_3(CH_2)_3COCH_3 \xrightarrow{Na/C_2H_5OH} CH_3(CH_2)_3\underset{OH}{CH}CH_3$$

$$CH_3(CH_2)_4CHO \xrightarrow{Fe/CH_3CO_2H} CH_3(CH_2)_4CH_2OH$$

当酮用镁、镁汞齐或铝汞齐在非质子溶剂中处理后再水解，主要得到双分子还原产物（邻二醇），称为酮的双分子还原。

$$2CH_3\overset{O}{\underset{}{C}}CH_3 \xrightarrow[\text{② }H_2O]{\text{① Mg}} H_3C-\underset{\underset{OH}{|}}{\overset{\overset{CH_3}{|}}{C}}-\underset{\underset{OH}{|}}{\overset{\overset{CH_3}{|}}{C}}-CH_3$$

$$2\text{环戊酮} \xrightarrow[\text{② }H_2O]{\text{① Mg}} \text{(1,1'-二羟基联环戊基)}$$

⑦ 康尼查罗反应 不含 α-氢原子的醛在浓碱溶液中，一分子被氧化成羧酸，另一分子被还原为伯醇，这种歧化反应称为康尼查罗（Cannizzaro）反应。例如：

$$2HCHO \xrightarrow[\text{② }H_3O^+]{\text{① 30\%NaOH}} HCO_2H + CH_3OH$$

$$2PhCHO \xrightarrow[\text{② }H_3O^+]{\text{① 40\%NaOH}} PhCO_2H + PhCH_2OH$$

两个不同的不含 α-氢原子的醛在浓碱存在下，将发生交叉康尼查罗反应，生成各种可能产物的混合物。但是用甲醛与其他不含 α-氢原子的醛进行交叉康尼查罗反应，由于甲醛的羰基优先被 OH^- 进攻，自身被氧化为甲酸，而另一个醛则被还原为伯醇。

$$PhCHO + HCHO \xrightarrow[\text{② }H_3O^+]{\text{① 40\%NaOH}} HCO_2H + PhCH_2OH$$

又如季戊四醇，就是利用甲醛和乙醛为原料，通过羟醛缩合和交叉康尼查罗反应制备的。

$$CH_3CHO \xrightarrow[\text{稀 }OH^-]{3HCHO} (HOCH_2)_3CCHO \xrightarrow[\text{浓 }OH^-]{HCHO} C(CH_2OH)_4$$

此外，一些分子还可以发生分子内交叉康尼查罗反应。例如：

$$HC\overset{O}{\underset{}{-}}CH\overset{O}{\underset{}{}} \xrightarrow[\text{② }H_3O^+]{\text{① 浓 }OH^-} HOCH_2CO_2H$$

$$PhCOCHO \xrightarrow[\text{② }H_3O^+]{\text{① 浓 }OH^-} Ph\underset{\underset{OH}{|}}{CH}CO_2H$$

10.3.4 其他反应

（1）维蒂希反应

由三苯基膦与卤代烷进行亲核取代反应得到季鏻盐，季鏻盐再与强碱（例如苯基锂、乙醇钠等）作用得到含磷内鎓盐，这种含磷内鎓盐称为维蒂希（Wittig）试剂。

$$Ph_3P \xrightarrow{RCH_2Br} Ph_3P^+-CH_2R\,Br^- \xrightarrow[\text{或 } C_2H_5ONa,\ DMF]{PhLi,\ THF} Ph_3P^+-C^-HR$$

维蒂希试剂中磷为 sp^3 杂化，有四个 σ 键已满足八电子，但磷为第三周期元素，外层除 3s、3p 轨道外，还有 3d 空轨道可以和碳负离子的 p 轨道发生重叠，形成 p-d π 键，使碳负离子稳定，因此可以作为试剂，并能保存相当长的时间。维蒂希试剂的结构可以用内鎓盐（又称叶利德，ylide）形式或叶林（ylene）形式表示：

$$[Ph_3P^+-C^-HR \longleftrightarrow Ph_3P=CHR]$$
叶利德（ylied）　　　叶林（ylene）

因此，维蒂希试剂仍具有一定碳负离子的性质，可以和醛、酮发生亲核加成，然后再脱去三苯基膦氧化物得到烯烃，是从醛酮制备烯烃的一种方法。

$$\underset{R'}{\overset{R''}{>}}C=O + Ph_3P^+-\ddot{C}HR \longrightarrow \underset{R'}{\overset{R''}{>}}\underset{O-P^+Ph_3}{\overset{|}{C}}-CHR$$

$$\longrightarrow \left[\begin{array}{c} H_2C-CHR \\ | \quad\quad | \\ O-PPh_3 \end{array}\right] \longrightarrow \underset{R'}{\overset{R''}{>}}C=CHR + Ph_3PO$$

这个方法的优点是操作简单、条件温和、双键位置肯定，因此在有机合成上，特别是在天然产物的合成上被广泛应用。如由环己酮合成亚甲基环己烷，采取由醇脱水的方法就很难得到。但是这个方法方法可以得到高产率的亚甲基环己烷。

$$\bigcirc\!\!=\!O + Ph_3P=CH_2 \longrightarrow \bigcirc\!\!=\!CH_2 + Ph_3PO$$

（2）曼尼希反应

含有 α-活泼氢原子的酮与甲醛及胺（伯胺、仲胺或氨）在乙醇溶液中回流，使酮的一个 α-活泼氢原子被胺甲基取代，称为胺甲基化反应，所得产物称为曼尼希（Mannich）碱。反应一般在酸性条件下进行，反应产物通常是曼尼希碱盐酸盐，例如：

$$PhCOCH_2CH_3 + HCHO + (CH_3)_2NH\cdot HCl \xrightarrow{\triangle} PhCOCHCH_2N(CH_3)_2\cdot HCl \\ \phantom{PhCOCH_2CH_3 + HCHO + (CH_3)_2NH\cdot HCl \xrightarrow{\triangle} PhCOCH}|\\ \phantom{PhCOCH_2CH_3 + HCHO + (CH_3)_2NH\cdot HCl \xrightarrow{\triangle} PhCOCH}CH_3$$

（α-四氢萘酮） + HCHO + （吡咯烷）NH·HCl $\xrightarrow{\triangle}$ （α-四氢萘酮-2-基-吡咯烷）·HCl

（3）安息香缩合

芳香醛与氰化钾在乙醇水溶液中反应可得 α-羟基酮，由于最简单的芳香醛——苯甲醛反应所得到的 α-羟基酮叫安息香（benzoin），这类反应因此称为安息香缩合（benzoin condensation），在反应中 CN^- 起催化剂的作用。

$$2ArCHO \xrightarrow{KCN} Ar-\underset{H}{\overset{OH}{\underset{|}{\overset{|}{C}}}}-\overset{O}{\overset{\|}{C}}-Ar$$

（4）醛的聚合

甲醛、乙醛等低级醛的羰基可自身加成，聚合成环状或链状化合物。

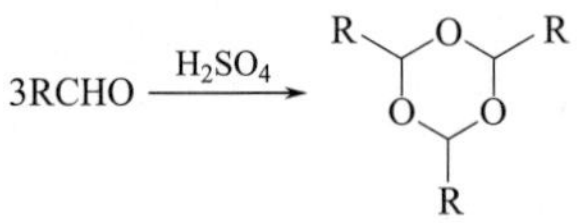

$$3RCHO \xrightarrow{H_2SO_4} \begin{array}{c}\text{(1,3,5-trioxane structure)}\end{array} \quad \begin{array}{l} R=H \quad 三聚甲醛 \\ R=CH_3 \quad 三聚乙醛 \end{array}$$

低级醛所形成的三聚合体在酸中不稳定，遇热即分解为单体。因此，甲醛、乙醛一般采用固体三聚体形式保存和运输，使用时稍加硫酸并加热，即可完成解聚而成为单体。

甲醛水溶液在储存过程中，容易形成多聚甲醛白色固体 $HO[CH_2O]_nCH_2OH$，多聚甲醛对热不稳定，在 100℃时很快分解为甲醛。

10.4 醛和酮的制备

制备醛酮的方法很多，醛酮处在醇与羧酸的中间氧化阶段，主要的制备方法是通过羟基的氧化或羧基的还原，除此外，不饱和烃的氧化或加成也是制备醛酮的方法，在此介绍一些常用的方法。

10.4.1 醇的氧化

与适当的氧化剂作用，可由伯醇制得醛，从仲醇制得酮。

工业上常用催化脱氢和氧化的方法制备低级醛酮。

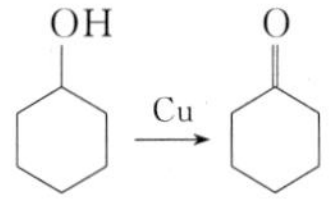

$$\text{环己醇} \xrightarrow{Cu} \text{环己酮}$$

$$CH_3CHCH_2CH_3 \xrightarrow{Zn-Cu} CH_3COCH_2CH_3$$
$$\quad\quad |$$
$$\quad OH$$

10.4.2 羧酸或酰氯制备

（1）羧酸与甲基锂反应

羧酸与甲基锂反应 首先生成羧酸锂盐，此时分子中羰基的活性增加，可以顺利地与第二个分子的甲基锂反应，生成物水解后制得相应的酮。

$$RCOOH + CH_3Li \longrightarrow RCOOLi + CH_4$$
$$\downarrow CH_3Li$$
$$\underset{\underset{OLi}{|}}{\overset{\overset{OLi}{|}}{R-C-CH_3}} \xrightarrow{H_2O} \underset{H_3C}{\overset{R}{>}}C=O$$

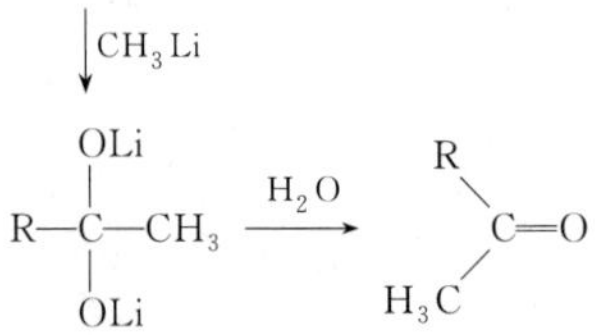

（2）罗森孟德反应

在钯催化剂中加入少量硫酸钡可以降低催化剂活性，可使酰氯氢化为醛而不致再进一步还原为醇，此反应称为罗森孟德（Rosenmund）反应。

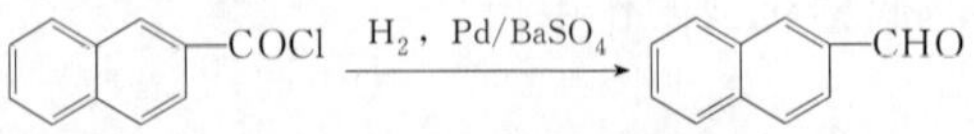

$$\text{萘-2-COCl} \xrightarrow{H_2, \ Pd/BaSO_4} \text{萘-2-CHO}$$

（3）傅-克酰基化反应

芳烃在无水三氯化铝等催化剂存在下与酰氯或酸酐反应得到酮。

$$ArH + RCOCl \xrightarrow{AlCl_3} ArCOR + HCl$$

10.4.3 芳烃的氧化

与芳烃直接相连的甲基上的氢原子受芳烃的影响，容易被氧化，控制实验条件可以使反应停留在生成芳醛的阶段：

$$ArCH_3 \xrightarrow{[O]} ArCHO$$

可以用二氧化锰及硫酸作氧化剂，例如：

$$C_6H_5CH_3 \xrightarrow[65\%H_2SO_4]{MnO_2} C_6H_5CHO$$

由于醛比烃更容易被氧化，因此，氧化剂不能过量，要分批加入，还要迅速搅拌并用过量的硫酸，也可以用铬酸及乙酐作氧化剂。

烃类的氧化也可用于芳酮的生成。例如：

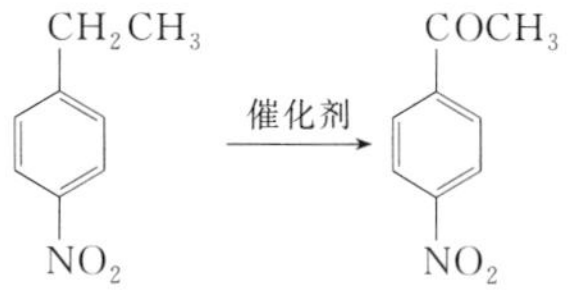

$$\underset{NO_2}{C_6H_4}\text{-}CH_2CH_3 \xrightarrow{催化剂} \underset{NO_2}{C_6H_4}\text{-}COCH_3$$

10.4.4 瑞穆-梯曼反应

酚类化合物在碱性溶液中与氯仿加热回流，在羟基的邻位或对位引入醛基的反应，称为瑞穆-梯曼（Reimer-Tiemann）反应。

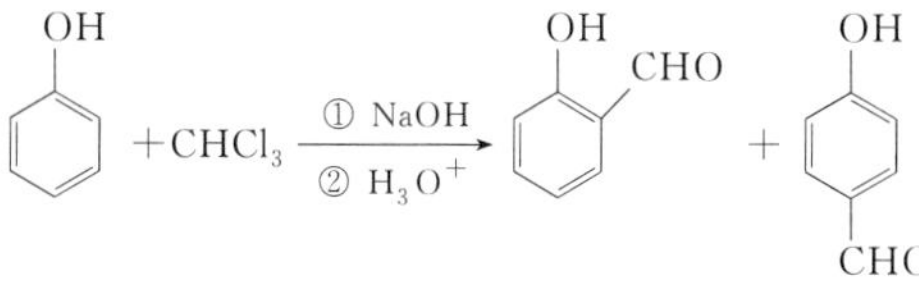

$$C_6H_5OH + CHCl_3 \xrightarrow[\text{② } H_3O^+]{\text{① NaOH}} o\text{-}HOC_6H_4CHO + p\text{-}HOC_6H_4CHO$$

10.4.5 盖特曼-柯赫反应

在无水三氯化铝和氯化亚铜催化剂存在下，芳烃与氯化氢和一氧化碳混合气体作用，生成芳香醛的反应，称为盖特曼-柯赫（Gattermann-Koch）反应。

$$ArH + CO + HCl \xrightarrow{CuCl, AlCl_3} ArCHO$$

当芳环上有甲基、甲氧基时，—CHO 主要进入其对位。

$$C_6H_5\text{-}CH_3 + CO + HCl \xrightarrow{CuCl, AlCl_3} H_3C\text{-}C_6H_4\text{-}CHO$$

其他的烷基苯、酚等因易发生副反应，不宜进行此反应；当芳环上含有强的钝化基团的化合物不发生反应。

10.5 重要的醛和酮

（1）甲醛

甲醛在常温下为气体，对眼、鼻和喉的黏膜有强烈的刺激作用。甲醛虽然容易液化，但是液体甲醛即使在低温下也容易聚合，因此甲醛通常是以水溶液、醇溶液或聚合物的形式储存和运输的。

甲醛在工业上由甲醇的催化氧化制备，以金属银为催化剂，将甲醇蒸气和空气的混合物在高温下反应,生成的甲醛和未作用的甲醇用水吸收,从溶液中蒸去一部分甲醇后,即得甲醛的水溶液,其中含甲醛 40%、甲醇 8%~10%。这种水溶液叫作福尔马林。若将含甲醇蒸气 5%~10%的空气通过氧化铁-氧化钼催化剂,得到的甲醛差不多不含甲醇。

(2) 乙醛

乙醛是重要的工业产品,是生产乙酸、乙酸乙酯、乙酸酐的原料,长期以来是由乙炔制造。但是,由于石油工业的发展,乙烯成为一个主要的原料,新的生产方法是用乙烯在水溶液中,在氯化铜及氯化钯的催化作用下,用空气直接氧化,称魏克尔(Wacker)烯烃氧化。

乙醛是一个低沸点的液体,并且很容易氧化,所以一般都把它变成环状的三聚乙醛保护。三聚乙醛是一种有香味的液体,难溶于水,加稀酸蒸馏时解聚而生成乙醛,是储存乙醛的一种方便形态。

(3) 丙酮

丙酮是一种重要的溶剂,它既溶于有机溶剂内,又溶于水,是多种有机工业的基本原料,如有机玻璃及环氧树脂都是由丙酮开始合成的。

丙酮可以由异丙醇的去氢得到,由异丙苯氧化制苯酚,同时生成丙酮,烷烃氧化也得少量丙酮,丙酮也可以由丙烯氧化得到。

(4) 环己酮

苯经气相氢化生成环己烷,再将环己烷经空气氧化成环己酮及环己醇的混合物,醇经脱氢即得到环己酮。

环己酮在工业上用作合成己内酰胺和己二酸的原料及用作溶剂。

10.6 醌类化合物

醌是一类具有共轭体系的环己二烯二酮类化合物。醌类化合物可以由相应的芳香化合物制得,但醌环并不具有芳香族化合物的特性。醌类物质大多具有颜色,普遍存在于色素、染料和指示剂化合物中。

醌类化合物在自然界分布广泛,有一些药物属于醌类化合物,例如辅酶 Q_{10} 属于苯醌类化合物,茜素、大黄素属于蒽醌类化合物。

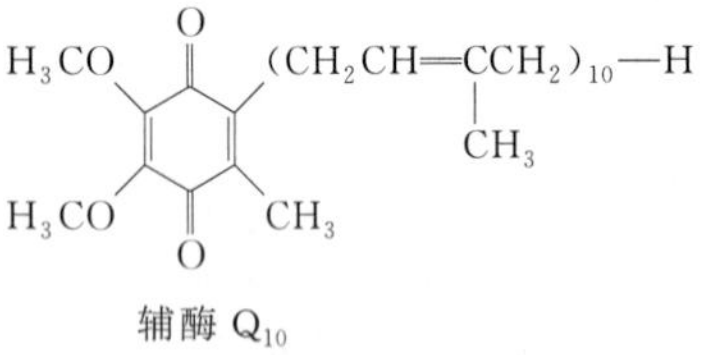

辅酶 Q_{10} 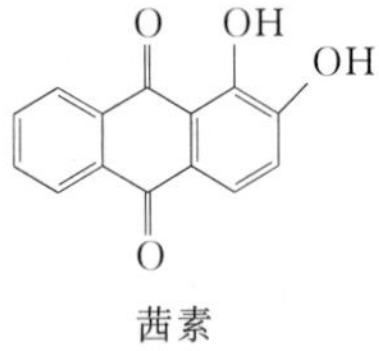   茜素 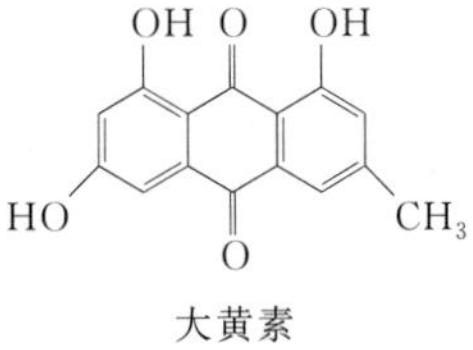   大黄素

10.6.1 分类与命名

醌类化合物根据骨架可分为苯醌、萘醌、蒽醌和菲醌等。命名也作为相应的芳烃衍生物命名。

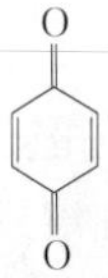

1,4-苯醌   1,2-苯醌   2,5-二甲基-1,4-苯醌
benzoquinone   cyclohexa-3,5-diene-1,2-dione   2,5-dimethylcyclohexa-2,5-diene-1,4-dione

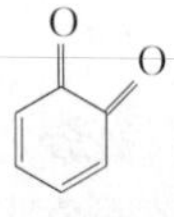

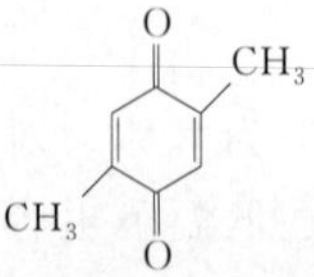

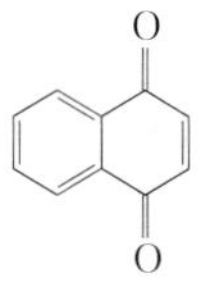

第 10 章 醛、酮和醌，亲核加成

1,4-萘醌
naphthalene-1,4-dione

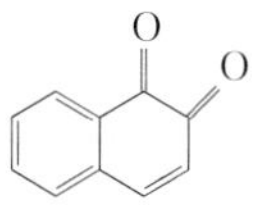

1,2-萘醌
naphthalene-1,2-dione

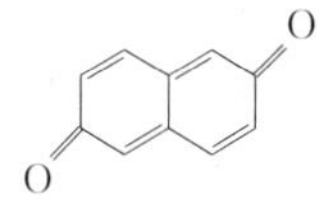

2,6-萘醌
naphthalene-2,6-dione

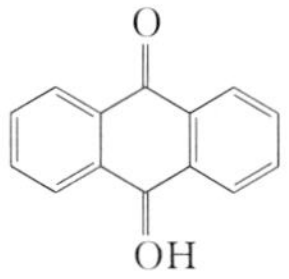

9,10-蒽醌
anthracene-9,10-dione

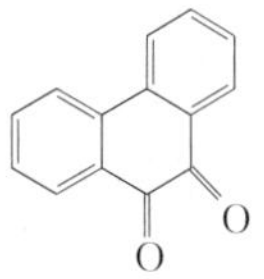

9,10-菲醌
phenanthrene-9,10-dione

10.6.2 醌的化学性质

从结构上看，由于醌类化合物是 α,β-不饱和酮，因此，醌能发生羰基化合物的典型反应，如亲核加成反应、还原反应等；醌也能发生含碳碳双键化合物的典型反应，如亲电加成反应等；同时醌还能发生由于碳氧双键与碳碳双键共轭导致的烯酮1,4-共轭加成反应或1,6-共轭加成反应。

（1）亲核加成反应

对苯醌的羰基可以与胺、羟胺、肼等能和羰基加成消除的试剂反应，得到相应的缩合产物。如：

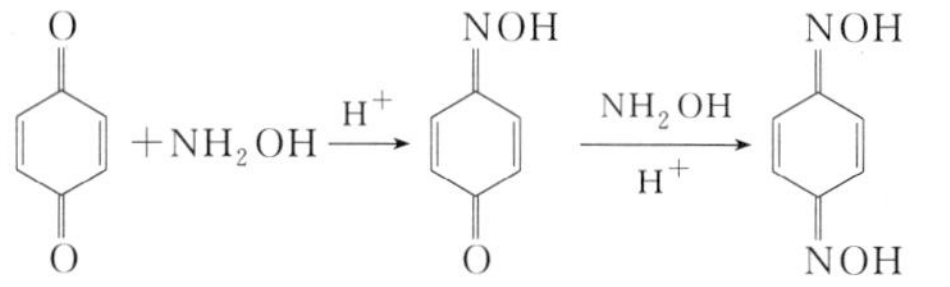

对苯醌单肟　　对苯醌二肟

格氏试剂可分别和对苯醌的两个羰基进行加成。

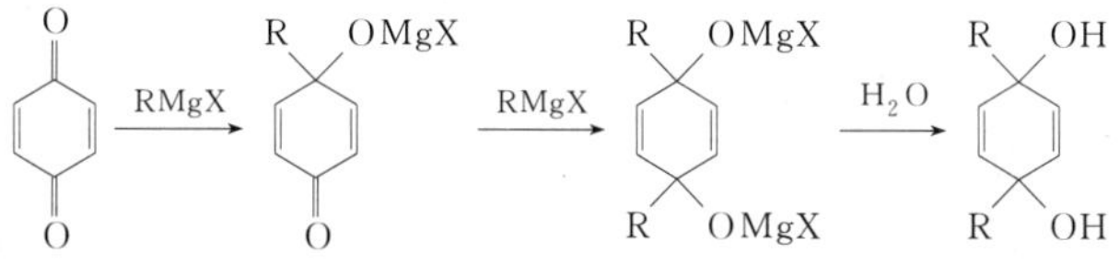

（2）亲电加成反应

醌能与卤素、卤化氢等亲电试剂发生加成反应。例如：对苯醌与溴加成生成二溴或似溴化合物。

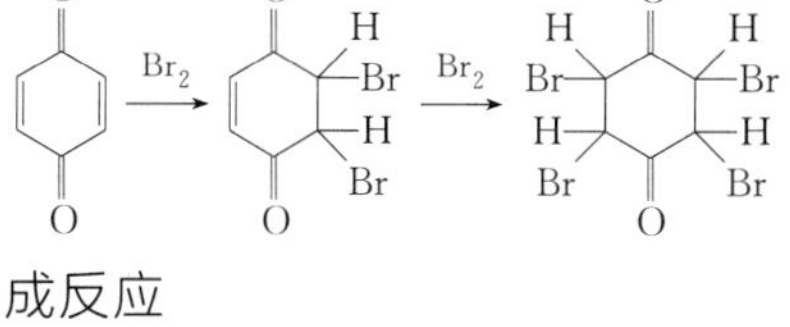

（3）共轭烯酮的1,4-加成反应

对苯醌与氢卤酸、氢氰酸发生加成反应，反应过程和 α,β-不饱和醛、酮的加成反应类似，为1,4-加成反应。例如：

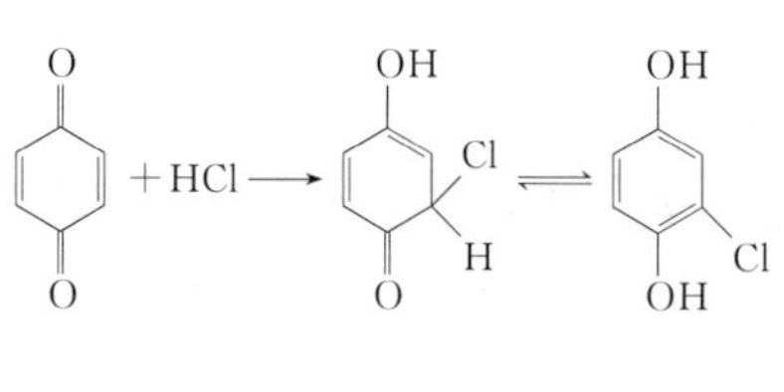

（4）还原反应

对苯醌易被还原成对苯二酚（又称氢醌），这是氢醌氧化生成对苯醌的逆反应。

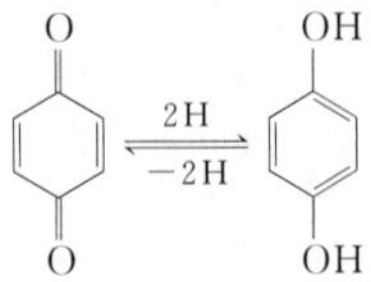

$$\text{对苯醌} \underset{-2H}{\overset{2H}{\rightleftharpoons}} \text{对苯二酚}$$

在上述对苯醌还原成氢醌，或氢醌氧化成对苯醌过程中，都能生成难溶于水的醌氢醌。该中间产物为一深绿色闪光物，是由一分子对苯醌与一分子氢醌结合而成。它的形成是因为这两种分子中π电子体系相互作用的结果。氢醌分子富有π电子，而醌分子缺少π电子，二者形成了电子授受配合物（电荷转移配合物）。此外，分子间的氢键对稳定这种配合物也有一定的作用。

习 题

1. 判断题。

（1）缩醛（酮）是同碳二醚，具有醚的性质，对碱和氧化剂是稳定的。

（2）2-戊酮与饱和亚硫酸氢钠反应所生成的加成物因不溶于饱和亚硫酸氢钠溶液而析出。

（3）三氯乙醛与一般醛不同，可以与水形成稳定的水合氯醛。

（4）醛能发生银镜反应，甲酸不是醛，所以不发生银镜反应。

（5）$LiAlH_4$ 因还原性非常强，既可以还原羰基，也可以还原碳碳双键。

2. 单项选择题。

（1）下列化合物中，α-H 的酸性最强的是（　　）。

A. 环己酮　　　B. 1,3-环己二酮　　　C. 1,4-环己二酮　　　D. 环己基甲醛

（2）下列化合物中，不能发生银镜反应的是（　　）。

A. 甲醛　　　B. 乙醛　　　C. 甲酸　　　D. 丙酮

（3）下列化合物中，不能发生碘仿反应的是（　　）。

A. 甲醛　　　B. 乙醛　　　C. 丁酮　　　D. 2-丁醇

（4）下列化合物与饱和 $NaHSO_3$ 溶液反应，速率最快的是（　　）。

A. CH_3COCH_3　　　B. CH_3CHO　　　C. $HCHO$　　　D. 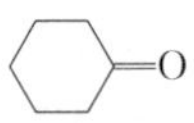 环己酮

（5）下列化合物中，不能与氢氰酸反应的是（　　）。

A. $PhCOCH_3$　　　B. $PhCH_2CHO$　　　C. CH_3COCH_3　　　D. $CH_3CH_2CH_2CHO$

（6）苯基溴化镁与下列哪种试剂作用，能制备 2-苯基乙醇（　　）。

A. 甲醛　　　B. 乙醛　　　C. 丙酮　　　D. 环氧乙烷

（7）下列化合物与亲核试剂发生加成反应，活性最大的是（　　）。

A. $PhCOCH_3$　　　B. $PhCH_2CHO$　　　C. CH_3COCH_3　　　D. $CH_3CH_2CH_2CHO$

（8）下列化合物中，不能发生康尼查罗反应的是（　　）。

A. $PhCH_2CHO$　　　B. $PhCHO$　　　C. $HCHO$　　　D. 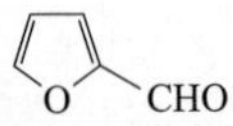 糠醛

（9）下列化合物哪个既能与饱和 $NaHSO_3$ 加成，又能发生碘仿反应（　　）。

A. CH_3CH_2CHO　　　B. $PhCOCH_3$

C. $CH_3CHCH_2CH_3$
      |
      OH

D. $CH_3COCH_2CH_3$

(10) 2-丁烯醛分子中存在下列哪种共轭体系（　　）?
A. p-π 共轭　　B. π-π 共轭　　C. σ-p 超共轭　　D. σ-π 超共轭

3.完成下列反应。

(1) $(CH_3)_3CCHO + HCHO \xrightarrow{40\%NaOH}$

(2)  Ph-$CH_2CHO \xrightarrow{Zn-Hg}$

(3) $PhCH_2CHO + Ph_3P=CHCH_3 \longrightarrow$

(4)  环己酮=O + $HOCH_2CH_2OH \xrightarrow{干燥\ HCl}$

(5) 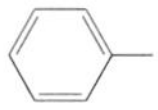 苯甲醛 + $CH_3COCH_3 \xrightarrow{10\%NaOH}$

(6) 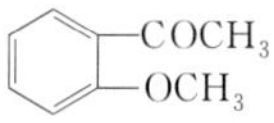 邻甲氧基苯乙酮 $\xrightarrow{Br_2/NaOH}$

4.用化学方法鉴别下列各组化合物。

(1) 苯甲醛、苯乙醛、苯乙酮
(2) 2-戊醇、2-戊酮、3-戊酮
(3) 甲酸、甲醛、乙醛、丙酮

5.分离纯化环己酮和环己醇混合物。

6.写出下列反应的反应机理。

(1) $2CH_3CH_2CHO \xrightarrow{10\%NaOH} CH_3CH_2CH=C(CH_3)CHO$

(2) $PhCHO + CH_3CHO \xrightarrow{OH^-} PhCH=CHCHO$

7.合成题（由指定原料及必要的无机试剂合成指定化合物，溶剂可任选）。

(1) 以乙醇为原料合成丁酮。
(2) 以苯和丙醇为原料合成 1-苯基丙酮。

8.推导结构。

(1) 化合物 A（$C_9H_{10}O_2$），能溶于氢氧化钠溶液，也可使溴水褪色，可与羟胺反应，也可发生碘仿反应，但不发生银镜反应。A 用 $LiAlH_4$ 还原得到 B（$C_9H_{12}O_2$），B 也能发生碘仿反应。A 经 Clemmensen 还原得 C（$C_9H_{12}O$），C 在碱性条件下与碘甲烷反应生成 D（$C_{10}H_{14}O$），D 被高锰酸钾氧化生成对甲氧基苯甲酸。试写出 A、B、C、D 的结构式。

(2) 化合物 A（$C_5H_8O_2$）能发生银镜反应，A 与 Zn-Hg/浓 HCl 作用得到 B（C_5H_{12}），A 也可被酸性重铬酸钾氧化得到 C（$C_5H_8O_3$），C 与碘及氢氧化钠溶液作用生成二元酸 D（$C_4H_6O_4$）和黄色沉淀。试写出 A、B、C、D 的结构式。

第11章 羧酸和取代羧酸

11.1 羧酸

由烃基（R—）和羧基（—COOH，carboxy group）相连而成的有机化合物称为羧酸（carboxylic acid），其通式为RCOOH，R为脂烃基或芳烃基。

羧酸是一类非常重要的有机化合物，在自然界中广泛存在，与人类生活息息相关。例如，有些羧酸是动植物代谢的中间产物，有些羧酸参与动植物的生命过程，有些羧酸是制药及有机化工的重要中间体。羧酸与药物关系密切，许多药物分子中含有羧基。具有解热镇痛作用的世纪神药阿司匹林和具有抗炎镇痛作用的布洛芬本身就是羧酸。

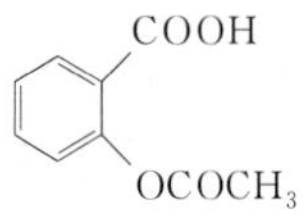

阿司匹林 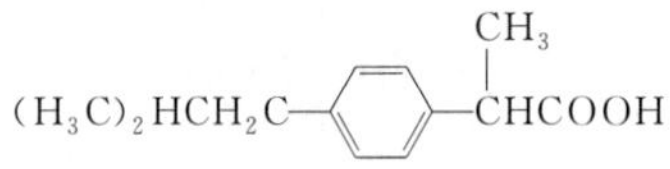　　　　　　　布洛芬

11.1.1 羧酸的分类、结构与命名

（1）羧酸的分类

羧酸有多种分类方法。根据与羧基相连烃基结构的不同，可分为脂肪酸（fatty acid）和芳香酸（aromatic acid）。脂肪酸又可分为饱和脂肪酸（saturated fatty acid）和不饱和脂肪酸（unsaturated fatty acid）。

$CH_3CH_2CH_2COOH$　　　　$CH_3CH=CHCOOH$　　　　苯甲酸
正丁酸（饱和脂肪酸）　　　2-丁烯酸（不饱和脂肪酸）　　　芳香酸
　　　　　　　　　　　　脂肪酸

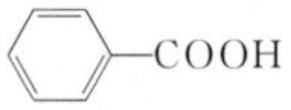

根据羧基数目的不同可分为一元酸（monocarboxylic acid）、二元酸（dicarboxylic acid）和多元酸（polycarboxylic acid）。

CH_3CH_2COOH　　　$HOOCCH_2COOH$　　　$HOOCCH_2CHCH_2COOH$（带COOH支链）
丙酸（一元酸）　　　丙二酸（二元酸）　　　1,2,3-丙三羧酸（多元酸）

（2）羧酸的结构

羧酸分子中，羧基碳为sp^2杂化，三个sp^2杂化轨道处于同一平面，分别与两个氧原子和另一个碳原子或氢原子形成三个 σ 键。未参与杂化的 p 轨道与羰基氧原子上的 p 轨道经侧面重叠形成一个 π 键。因此，羧基是一平面结构，键角约为 120°。羟基氧原子上占有未共用电子对的 p 轨道可与羰基的 π 键发生 p-π 共轭，如图 11.1 所示。

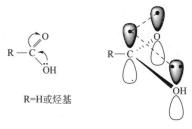

图 11.1　羧基的结构

X 射线衍射实验证明，在甲酸分子中 C═O 双键键长为 123pm，C—O 单键键长为 136pm。由此可见，羧酸中的两个碳原子是不一样的。羧酸中羰基与羟基相互影响，从而显示羧基的特殊化学性质。

（3）羧酸的命名

羧酸常用的命名法有俗名和系统命名法两种。俗名通常根据其来源而得。例如，甲酸是 1670 年从蚂蚁蒸馏液中分离得到，故称蚁酸；乙酸最早从食醋中得到，故称醋酸；丁酸是干酪腐败时的发酵产物，故称酪酸；乙二酸存在于甘薯、大黄和羊蹄草等百多种植物中，故称草酸。

羧酸是氧化态高的有机化合物，在系统命名法中，一般以其为母体。对于含有取代基的脂肪族羧酸，通常选择含羧基的最长碳链为主链，编号从羧基碳原子开始，用阿拉伯数字标明主链碳原子的位次。简单的羧酸有时也常用希腊字母标位，即以与羧基直接相连的碳原子位置为 α，依次为 β、γ、δ 等，最末端碳原子可用 ω 表示。例如：

CH$_3$CH$_2$CH$_2$CHCH$_2$COOH
　　　δ　γ　β　α
　　　　　　　|
　　　　　　CH$_3$

3-甲基己酸（β-甲基己酸）
3-methylhexanoic acid

（E）-2-丁烯酸
（E）-2-butenoic acid

（1R,3R）-1,3-环己烷二羧酸
（1R,3R）-cyclohexane-1,3-dicarboxylic acid

3-甲基-4-（3-氯苯基）丁酸
4-(3-chlorophenyl)-3-methylbutanoic acid

脂肪族三元及三元以上羧酸通常采用羧酸法命名。首先，选择连接羧基最多的碳链作为主链，编号时尽可能让连有羧基的碳位号最小（羧基碳不参与编号），根据主链碳原子数称为"某烃"，根据羧酸数目称为"某羧酸"，羧基位置号放在某羧酸之前。最后，某烃基、某羧酸共同组成此化合物母体的名称。

2-羟基丙烷-1,2,3-三羧酸（柠檬酸或枸橼酸）
2-hydroxypropane-1,2,3-tricarboxylic acid

羧基直接连在苯环上的芳香族羧酸，通常以苯甲酸作为母体进行命名。

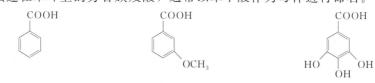

苯甲酸（安息香酸）
benzoic acid

3-甲氧基苯甲酸
3-methoxybenzoic acid

3,4,5-三羟基苯甲酸（没食子酸）
3,4,5-trihydroxybenzoic acid

羧酸的英文名称，在 IUPAC 命名法中是把相应碳原子数的母体烃去掉其名称的词尾"e"，加上"oic acid"。如上述例子中 (E)-2-丁烯酸其相应母体烃为四个碳原子的烯，英文名称为 (E)-2-butene，变为酸名称则为 (E)-2-butenoic acid。

羧酸分子中除去羧基中的羟基后所余下的部分称为酰基（acyl），酰基名称可根据相应的羧酸命名。例如：

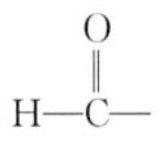

甲酰基 formyl　　乙酰基 acetyl　　3-氯苯甲酰基 3-chlorobenzoyl

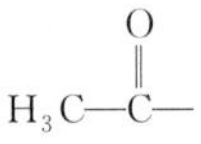

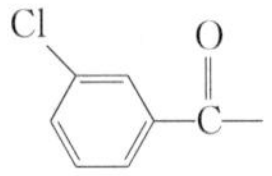

11.1.2 羧酸的物理性质

（1）羧酸的普通物理性质

低级饱和一元羧酸为液体，$C_4 \sim C_{10}$ 的羧酸都具有强烈的刺鼻气味或恶臭。高级饱和一元羧酸为蜡状固体，挥发性低，没有气味。所有二元羧酸和芳香羧酸都是结晶化合物。

羧酸的沸点比分子量相当的烷烃、卤代烃沸点要高很多。这是因为在羧酸分子中，羰基氧是氢键中的质子受体，羟基氢则是质子供体（羟基氧由于和羰基共轭，很难作质子受体），羧酸分子间通过氢键形成二聚（缔合）体，如图 11.2 所示。

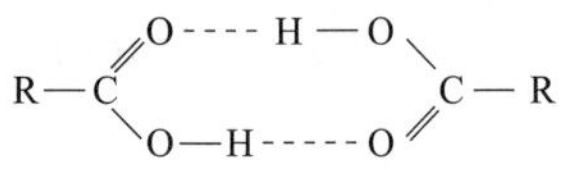

图 11.2 羧酸二聚体

因此，羧酸的沸点甚至比分子量相近的醇的沸点还高。例如：甲酸沸点（100.5℃）比相同分子量的乙醇沸点（78.3℃）高；乙酸的沸点（118℃）比丙醇的沸点（97.2℃）高。羧酸的沸点通常随分子量增大而升高。

羧酸与水也能形成很强的氢键。在饱和一元羧酸中，四个碳以下的羧酸可与水混溶；其他一元羧酸随碳链的增长或烃基的增大，水溶性降低。高级一元羧酸不溶于水，而易溶于有机溶剂中。芳香羧酸水溶性小，一般二元酸和多元酸易溶于水。

饱和一元羧酸的熔点也随碳原子的增加而呈锯齿形升高。含有偶数碳原子的羧酸熔点大于相邻的两个含有奇数碳原子的羧酸，每个羧酸的熔点和含有两倍碳原子的直链烷烃相近。二元羧酸由于分子中碳链两端都有羧基，分子间的引力大，熔点比分子量相近的一元羧酸高很多。一些常见羧酸的名称和物理常数如表 11.1 所示。

表 11.1　一些常见羧酸的名称和物理常数

羧酸	系统命名	俗名	熔点/℃	沸点/℃	水中溶解度/(g/100g)	pK_a/25℃
HCOOH	甲酸 methanoic acid	蚁酸 formic acid	8.4	100.5	∞	3.76
CH_3COOH	乙酸 ethanoic acid	醋酸 acetic acid	16.6	117.9	∞	4.75
CH_3CH_2COOH	丙酸 propanoic acid	初油酸 propionic acid	−20.8	141	∞	4.87
$CH_3(CH_2)_2COOH$	丁酸 butanoic acid	酪酸 butyric acid	−4.3	163.5	∞	4.81
$CH_3(CH_3)CHCOOH$	2-甲基丙酸 2-methyl-propanoic acid	异丁酸 isobutyric acid	−46.1	153.2	22.8	4.84

续表

羧酸	系统命名	俗名	熔点/℃	沸点/℃	水中溶解度/(g/100g)	pK_a/25℃
$CH_3(CH_2)_3COOH$	戊酸 pentanoic acid	缬草酸 valeric acid	-33.8	186	约5	4.82
$CH_3(CH_2)_4COOH$	己酸 hexanoic acid	羊油酸 caproic acid	-2	205	0.96	4.83
$CH_3(CH_2)_{14}COOH$	十六酸 hexadecanoic acid	软脂酸 palmitic acid	62.9	269/0.01MPa	不溶	—
$CH_3(CH_2)_{16}COOH$	十八酸 octadecanoic acid	硬脂酸 stearic acid	69.9	287/0.01MPa	不溶	—
HOOCCOOH	乙二酸 ethanedioic acid	草酸 oxalic acid	189.5	—	8.6	1.27① 4.27②
$HOOCCH_2COOH$	丙二酸 propanedioic acid	缩苹果酸 malonic acid	136	—	73.5	2.85① 5.70②
$HOOC(CH_2)_2COOH$	丁二酸 butanedioic acid	琥珀酸 succinic acid	185	—	5.8	4.21① 5.64②
$HOOC(CH_2)_3COOH$	戊二酸 pentanedioic acid	胶酸 glutaric acid	98	—	63.9	4.34① 5.41②
$HOOC(CH_2)_4COOH$	己二酸 hexanedioic acid	肥酸 adipic acid	151	—	1.5	4.43① 5.40②
(HOOC)HC=CH(COOH) 顺式	顺丁烯二酸 *cis*-butenedioic acid	马来酸 maleic acid	131	—	79	1.90① 6.50②
(HOOC)HC=CH(COOH) 反式	反丁烯二酸 *trans*-butenedioic acid	富马酸 fumaric acid	302	—	0.7	3.00① 4.20②
C₆H₅-COOH	苯甲酸 benzoic acid	安息香酸 benzoic acid	122.4	249	0.34	4.17

① pK_{a_1}。
② pK_{a_2}。

（2）羧酸的光谱性质

① 羧酸的红外光谱　羧基是羧酸的特征官能团，其最有价值的红外吸收是O—H、C=O和C—O键的振动吸收。受羧酸二聚氢键的影响，O—H键的伸缩振动吸收为3400～2500cm^{-1}一个宽峰，C=O的伸缩振动一般在1725～1710cm^{-1}；当与双键共轭时，吸收频率则降低，C=O的伸缩振动在1700～1680cm^{-1}。此外，C—O和O—H的弯曲振动分别在1320～1210cm^{-1}和925cm^{-1}出现特征吸收。图11.3为苯甲酸的红外光谱图。

② 羧酸的核磁共振氢谱　羧酸中羧基的质子因受氧原子的诱导作用以及羟基和羰基间共轭作用等因素的影响，化学位移出现在低场，δ值为10～13。羧酸分子α-氢受羧基强吸电子作用的影响，与一般饱和碳上质子的化学位移相比，其化学位移向低场移动，δ值为2～2.5。图11.4为丙酸的核磁共振氢谱。

11.1.3　羧酸的化学性质

羧酸的化学反应以羧基为反应中心，主要涉及以下五种反应：

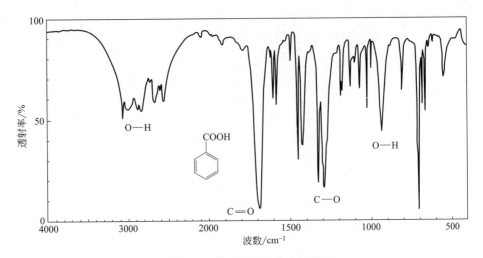

图 11.3 苯甲酸的红外光谱图

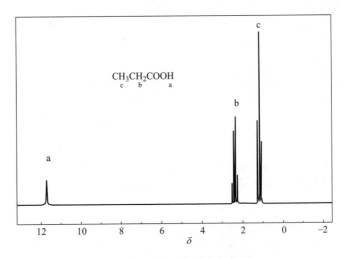

图 11.4 丙酸的核磁共振氢谱

```
                    O
                    ‖           ┌── 酸性及成盐反应
  烷基的卤代反应 ── R─C─[O─H]──→ 羟基被取代反应
                    │
                    └── 羰基的还原反应和脱羧反应
```

（1）酸性及成盐反应

① 酸性　羧酸在水中能解离出质子呈明显酸性。

$$RCOOH + H_2O \rightleftharpoons RCOO^- + H_3O^+$$

羧酸与碳酸氢钠反应放出二氧化碳，说明它的酸性比碳酸强，也比酚、醇及其他各类含氢化合物的酸性强。

RCOOH	>	H_2CO_3	>	苯酚—OH	>	H_2O	>	ROH	>	HC≡CH	>	NH_3	>	R—H
pK_a 4～5		6.4(pK_{a_1})		10		15.7		16～19		约25		约35		约50

羧酸具有较强酸性与其结构有关。一方面，氧的电负性比氢大，使得氢氧键的电子云偏向于氧，而羟基氧上的孤对电子与羰基双键形成 p-π 共轭，使得羟基氧上的电子云向羰基转移，进一步使氢氧键之间的电子云偏向于氧原子，从而使氢质子更易离去；另一方面，在羧

基解离氢质子后形成的羧酸根负离子也因电子离域使电荷分散而更加稳定。如图 11.5 所示，羧基负离子中的负电荷不再集中在一个氧原子上，而是分散于两个氧原子上。X 射线衍射实验证明了甲酸钠的两个 C—O 键键长相等。

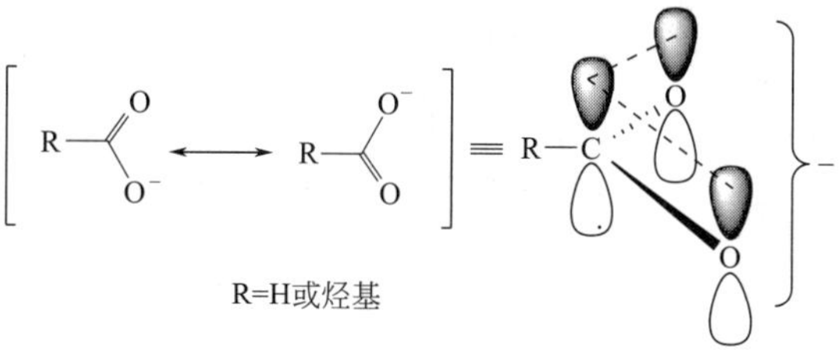

图 11.5　羧酸根负离子的结构

羧酸根负离子的稳定性决定了羧酸酸性的强弱。羧酸根负离子的稳定性（酸性强弱）受取代基的性质、数目以及相对位置等因素影响。

诱导效应对羧酸的酸性有较大影响。一般而言，吸电子基团增加羧酸根负离子稳定性，使相应羧酸酸性增强；而给电子基团降低羧酸根负离子稳定性，从而使酸性减弱。

甲酸在饱和一元羧酸中酸性最强。由于烷基是弱给电子基团，同时又有超共轭作用，不利于羧酸根负离子负电荷的分散，从而使其稳定性降低，因而酸性降低。例如：

酸性　　HCOOH＞CH$_3$COOH＞CH$_3$CH$_2$COOH≈(CH$_3$)$_2$CHCOOH＞(CH$_3$)$_3$COOH
pK_a　　3.77　　　4.74　　　　4.87　　　　　4.86　　　　　5.05

当烷基上连有卤原子、羟基、硝基等吸电子基，这些基团的吸电子诱导效应使羧酸根负离子的负电荷得到分散而稳定性增大，因而酸性增强。取代基的吸电子能力愈强，羧酸的酸性就愈强。例如：

酸性　CH$_3$COOH＜ICH$_2$COOH＜BrCH$_2$COOH＜ClCH$_2$COOH＜FCH$_2$COOH＜NO$_2$COOH
pK_a　　4.76　　　3.18　　　　2.94　　　　2.86　　　　2.57　　　　1.08

通过测定取代乙酸的 pK_a 值可以对各原子或取代基诱导效应的方向及强弱给出相应顺序：

吸电子诱导效应：NO$_2$＞CN＞CHO＞COOH＞F＞Cl＞Br＞I＞C≡CH＞OCH$_3$＞OH＞C$_6$H$_5$＞CH=CH$_2$＞H。

给电子诱导效应：(CH$_3$)$_3$C＞(CH$_3$)$_2$CH＞CH$_3$CH$_2$＞CH$_3$＞H。

对于不同的化合物，取代基的诱导效应次序可能不完全一致，可能还受共轭效应、空间效应、场效应、溶剂效应等因素影响。

诱导效应具有加和性，相同性质的基团越多对酸性的影响越大。例如：乙酸甲基上的氢逐个被氯原子取代，酸性逐渐增强，三氯乙酸已是强酸。

酸性　　CH$_3$COOH＜ClCH$_2$COOH＜Cl$_2$CHCOOH＜Cl$_3$CCOOH
pK_a　　4.74　　　　2.86　　　　　1.29　　　　　0.65

此外，诱导效应的强弱还和取代基与羧基的距离有关。诱导效应在饱和碳链上沿 σ 键传递，随距离的增加而迅速减弱，一般超过 3 个碳原子的影响已很小。例如不同位置氯代丁酸的酸性，其中，α-氯丁酸酸性最强，γ-氯丁酸的酸性已接近于丁酸了。

CH$_3$CH$_2$CHCOOH ＞ CH$_3$CHCH$_2$COOH ＞ CH$_2$CH$_2$CH$_2$COOH ＞ CH$_3$CH$_2$CH$_2$COOH
　　　|　　　　　　　　|　　　　　　　　|
　　　Cl　　　　　　　 Cl　　　　　　　 Cl
pK_a　　2.86　　　　　　4.41　　　　　　　4.70　　　　　　　4.81

甲酸碳上的氢被苯基取代后得到苯甲酸,苯甲酸比甲酸酸性弱,苯环起的是给电子作用。但是,苯甲酸比其他一元脂肪酸酸性强,是因为苯甲酸解离出氢质子后形成的羧酸负离子与苯环发生共轭,从而使负电荷分散,负离子稳定性增加,如图 11.6 所示。

图 11.6 苯甲酸负离子的结构

当芳环上引入取代基后,酸性随取代基的种类、位置的不同而发生变化。表 11.2 列出了一些取代苯甲酸的 pK_a 值。

表 11.2 一些取代苯甲酸(Z—C₆H₄—COOH)的 pK_a 值

Z	邻-	间-	对-	Z	邻-	间-	对-
H	4.17	4.17	4.17	NO_2	2.21	3.46	3.40
CH_3	3.89	4.28	4.35	OH	2.98	4.12	4.54
Cl	2.89	3.82	4.03	OCH_3	4.09	4.09	4.47
Br	2.82	3.85	4.18	NH_2	5.00	4.82	4.92

从上表可看出,当取代基在间位和对位时,一般给电子基使酸性降低,吸电子基使酸性增强。

邻、间、对硝基苯甲酸的酸性都比苯甲酸强。羧基和硝基的相对位置不同对酸性的影响也不同。三种硝基苯甲酸的酸性大小顺序为邻位>对位>间位。硝基既有吸电子共轭效应,又有吸电子诱导效应。硝基的吸电子共轭效应是由于硝基氮氧双键与苯环形成 π-π 共轭,导致 π 电子云向电负性强的氧偏移从而使氮原子带正电性,与氮原子相连的碳电子云密度较高,具有负电性,硝基的邻、对位电子云密度降低,具有正电性。当邻、对位连有硝基后,对羧基上的电子将有较强吸引作用,从而增加羧基质子的解离。由于硝基具有吸电子诱导效应,该效应随着距离的增加而迅速减弱,因此邻硝基苯甲酸的酸性比间、对硝基苯甲酸强。硝基处于羧基间位时,只有吸电子的诱导作用,因此酸性不如对位的强。

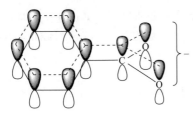

甲氧基取代的苯甲酸,邻、间位的酸性强于苯甲酸,而对位的酸性弱于苯甲酸。当甲氧基处于邻、对位时,共轭给电子和诱导吸电子同时起作用,但邻位时诱导起主要作用,因此相应酸根负离子比苯甲酸负离子稳定,酸性增强;对位时共轭起主要作用,因此相应酸根负离子不如苯甲酸负离子稳定,酸性减弱。而当甲氧基处于间位时,没有给电子共轭作用,只有吸电子诱导效应,因此酸根负离子较稳定,酸性增强。

苯甲酸的邻位不论是连有吸电子基团还是给电子基团(氨基除外),都使酸性增强,这种特殊影响称为邻位效应。这个效应较为复杂,可能和位阻效应、电子效应、氢键等多种因素有关。例如,邻羟基苯甲酸的酸性较间位和对位异构体显著增强,主要是由于邻位的羟基与酸根负离子形成分子内氢键,使邻羟基苯甲酸负离子稳定,酸性增强。

第11章 羧酸和取代羧酸

② 成盐反应 由于羧酸具有酸性，故能与碱（如氢氧化钠、碳酸钠、碳酸氢钠等）中和成羧酸盐。

$$RCOOH + NaOH \longrightarrow RCOONa + H_2O$$
$$RCOOH + NaHCO_3 \longrightarrow RCOONa + H_2O + CO_2\uparrow$$

羧酸盐具有无机盐的性质，易溶于水，不溶于非极性溶剂，具有较高的熔点，一般为无味的固体。羧酸与碱的成盐反应在药物合成、药物含量测定、提高药效及有机化合物分子中羧基数目的测定等方面都有广泛应用。例如，成盐可改变药物的水溶性，如含有羧基的青霉素和氨苄青霉素水溶性小，将其转变成钾盐或钠盐后水溶性增大，便于临床使用；丙戊酸钠是广谱抗癫痫药；高级脂肪酸的钠盐可用作肥皂。

由于羧酸是弱酸，将生成的羧酸盐用无机酸酸化又可转化为原来的羧酸。利用此性质可在有机混合物中分离、提纯羧酸和鉴别羧酸盐，或从动植物中提取含羧基的有效成分。

$$RCOONa + HCl \longrightarrow RCOOH + NaCl$$

羧酸亦可与有机胺成盐，此反应可用于羧酸或胺类外消旋体的拆分。

$$RCOOH + R'NH_2 \longrightarrow RCOO^- \ H_3N^+R'$$

此外，羧酸根负离子具有亲核性，可与亲电试剂如卤代烷发生亲核取代反应生成羧酸酯。该反应可作为合成酯的一种方法。

$$C_6H_5CH_2Cl + CH_3COONa \xrightarrow[\triangle]{CH_3COOH} C_6H_5CH_2OOCCH_3$$

（2）羟基被取代的反应

羧酸中的羟基在一定条件下可以被卤素、酰氧基、烷氧基或氨基取代，分别形成酰卤、酸酐、酯或酰胺等羧酸衍生物。

① 成酯 在酸（如 H_2SO_4、干 HCl 或苯磺酸等）催化下，羧酸与醇反应脱除一分子水生成酯（ester），该反应称为酯化反应（esterification）。

$$\underset{酸}{RCOOH} + \underset{醇}{R'OH} \underset{水解}{\overset{酯化}{\rightleftharpoons}} \underset{酯}{RCOOR'} + H_2O$$

该反应是可逆的，通常处于平衡状态。为使平衡向右进行，一个方法是加入廉价的过量的醇或酸，以改变反应达到平衡时反应物和产物的组成；另一个方法是加入与水恒沸的物质不断从反应体系中将水移除，从而提高产率。酯化反应在药物研发中具有重要意义。常利用酯化反应将药物转变成前药，以改变药物的生物利用度、稳定性及克服多种不利因素。

② 成酰卤 羧酸与无机酰卤反应时，羧基中的羟基被卤素取代，其产物称为酰卤（acyl halide），其中最重要的是酰氯。酰氯常用氯化亚砜（$SOCl_2$）、三氯化磷（PCl_3）或五氯化磷（PCl_5）等氯化剂与羧酸反应制得。

$$3R-\underset{O}{\overset{\|}{C}}-OH \xrightarrow{PCl_3} 3R-\underset{O}{\overset{\|}{C}}-Cl + H_3PO_3$$

$$R-\underset{O}{\overset{\|}{C}}-OH \begin{cases} \xrightarrow{PCl_5} R-\underset{O}{\overset{\|}{C}}-Cl + POCl_3 + HCl\uparrow \\ \xrightarrow{SOCl_2} R-\underset{O}{\overset{\|}{C}}-Cl + SO_2\uparrow + HCl\uparrow \end{cases}$$

酰氯很活泼，易水解，通常只能用蒸馏法分离产物。最常用的试剂是亚硫酰氯，反应条件温和，在室温或稍加热即可反应，反应副产物氯化氢和二氧化硫都是气体，易于分离，另外，由于亚硫酰氯沸点较低，反应中采用的过量亚硫酰氯也易蒸除。所以，采用亚硫酰氯制备的酰氯通过蒸馏分离之后往往不需提纯即可使用，纯度好，产率高。酰溴常用三溴化磷与羧酸反应制得。

$$\text{Ph-COOH} + SOCl_2 \longrightarrow \text{Ph-COCl} + SO_2 + HCl$$
$$\text{mp } 122℃ \quad \text{bp } 79℃ \quad \text{bp } 198℃$$

该反应机理如下：首先，羧基的羟基进攻亚硫酰氯的硫原子，形成中间体和 HCl，然后氯负离子"内返"形成酰氯和 SO_2。

$$R-\underset{O}{\overset{\Vert}{C}}-OH + Cl-\underset{O}{\overset{\Vert}{S}}-Cl \longrightarrow \left[\text{中间体}\right] + HCl \longrightarrow RCOCl + SO_2$$

③ 成酸酐　两分子羧酸发生分子间脱水生成酸酐（anhydride）。脱水有两种方法：加热或加入脱水剂（如乙酰氯、乙酸酐、P_2O_5 等）。

乙酸酐是重要的有机试剂和原料，其工业制法就是加热乙酸脱水。

$$2CH_3COOH \xrightarrow{\triangle} H_3C-\underset{O}{\overset{\Vert}{C}}-O-\underset{O}{\overset{\Vert}{C}}-CH_3 + H_2O$$
$$\text{乙酸} \qquad\qquad \text{乙酸酐}$$

分子量较大的羧酸在乙酸酐存在下脱水形成酸酐和乙酸。乙酸酐作为脱水剂，反应平衡中发生酸酯交换，可将沸点较低（118℃）的乙酸蒸出促进平衡向右进行。

$$2RCOOH + (CH_3CO)_2O \rightleftharpoons R-\underset{O}{\overset{\Vert}{C}}-O-\underset{O}{\overset{\Vert}{C}}-R + 2CH_3COOH$$

上述方法得到的都是对称的酸酐。适用范围更广的方法是由羧酸盐与酰氯反应得到酸酐，此方法还可以制备混合酸酐。

$$R-\underset{O}{\overset{\Vert}{C}}-ONa + R'-\underset{O}{\overset{\Vert}{C}}-Cl \longrightarrow R-\underset{O}{\overset{\Vert}{C}}-O-\underset{O}{\overset{\Vert}{C}}-R' + NaCl$$

很多二元酸可直接加热，发生分子内脱水形成五元或六元环状酸酐，例如：

$$\text{顺丁烯二酸} \xrightarrow{200℃} \text{丁烯二酸酐}$$

$$\text{邻苯二甲酸} \xrightarrow{180℃} \text{邻苯二甲酸酐}$$

④ 成酰胺　羧酸可以与氨（或胺）反应形成酰胺（amide）。羧酸与氨（胺）反应首先形成铵盐，然后加热脱水得到酰胺。酰胺可看作是羧酸的羟基被氨基取代的产物。

$$RCOONa \xrightarrow{NH_3} RCOONH_4 \xrightleftharpoons{\triangle} R-\underset{O}{\overset{\Vert}{C}}-NH_2 + H_2O$$

$$RCOOH \xrightarrow{HNR_2'} RCOOH \cdot NH_2R_2' \xrightleftharpoons{\triangle} R-\underset{O}{\overset{\Vert}{C}}-NR_2' + H_2O$$

该反应是可逆的，但随着水被蒸馏除去，平衡向产物一方移动，反应可趋于完全，例如，乙酰苯胺可用此法制备：

$$\text{C}_6\text{H}_5\text{-NH}_2 + \text{CH}_3\text{COOH} \xrightarrow{\triangle} \text{C}_6\text{H}_5\text{-NH-CO-CH}_3 + \text{H}_2\text{O}$$

（3）羰基的还原反应

羧基很难被一般还原剂或催化氢化法还原。强还原剂氢化铝锂（LiAlH_4）可将羧酸还原为伯醇，但不能将其还原成烷烃。LiAlH_4 对羧酸的还原条件温和，在室温下即可进行，产率很高。反应常用无水乙醚或四氢呋喃作溶剂。氢化铝锂能还原多种羰基化合物，但不能还原孤立的碳碳双键。例如：

$$\text{H}_3\text{CH}_2\text{C-C(CH}_3)_2\text{-COOH} \xrightarrow[\text{② H}_3\text{O}^+]{\text{① LiAlH}_4/\text{Et}_2\text{O}} \text{H}_3\text{CH}_2\text{C-C(CH}_3)_2\text{-CH}_2\text{OH}$$

$$\text{CH}_3\text{CH=CHCH}_2\text{COOH} \xrightarrow[\text{② H}_3\text{O}^+]{\text{① LiAlH}_4/\text{Et}_2\text{O}} \text{CH}_3\text{CH=CHCH}_2\text{CH}_2\text{OH}$$

氢化铝锂还原羧酸分两个阶段进行，第一阶段是将羧酸还原成醛，第二阶段是醛再与第二分子氢化铝锂反应（参见第 9 章），然后用稀酸水解得一级醇。

$$\text{RCOOH} + \text{LiAlH}_4 \longrightarrow \text{RCOOLi} + \text{H}_2 + \text{AlH}_3$$

$$\text{R-C(O-AlH}_2\text{)(H)-OLi} \longrightarrow \text{R-C(OAlH}_2\text{)(H)-OLi}^+ \xrightarrow{-\text{LiOAlH}_2} \text{RCHO} \xrightarrow{\text{LiAlH}_4} \xrightarrow{\text{H}_3\text{O}^+} \text{RCH}_2\text{OH}$$

硼氢化钠（NaBH_4）不能还原羧酸，但乙硼烷能将羧酸还原成伯醇。反应一般以四氢呋喃为溶剂，比用氢化铝锂还原要容易、安全、快捷，且选择性较好。例如：对硝基苯乙酸的还原，用乙硼烷还原可以生成对硝基苯乙醇，而用氢化铝锂还原，则硝基和羧基同时被还原得到对氨基苯乙醇。

$$\text{O}_2\text{N-C}_6\text{H}_4\text{-CH}_2\text{COOH} \xrightarrow[\text{② H}_3\text{O}^+]{\text{① B}_2\text{H}_6/\text{THF}} \text{O}_2\text{N-C}_6\text{H}_4\text{-CH}_2\text{CH}_2\text{OH}$$

（4）脱羧反应

① 一元羧酸的脱羧反应　羧酸脱去羧基放出二氧化碳的反应称为脱羧（decarboxylation）反应。饱和一元羧酸一般不易发生脱羧反应，但当羧酸中适当位置含有一些特定官能团时，在加热条件下即可发生脱羧反应。

当羧酸的 α-碳上连有吸电子基（如硝基、卤素、酰基、羧基、氰基和不饱和键等）时，容易发生脱羧反应。

$$\text{Z-CH}_2\text{COOH} \xrightarrow{\triangle} \text{Z-CH}_3 + \text{CO}_2 \uparrow$$

$$\text{Z} = \text{R-CO-},\ \text{HO-CO-},\ \text{-NO}_2,\ \text{-CN},\ \text{RCH=CH-},\ \text{-Ar}$$

例如，β-酮酸在加热下发生脱羧生成甲基酮。在反应中，羰基和羧基以氢键螯合形成六元环状过渡态，然后发生电子转移失去二氧化碳得到烯醇，再经互变异构得到甲基酮。

$$\underset{\beta\text{-酮酸}}{\text{R-CO-CH}_2\text{-C(=O)-O-H}} \xrightarrow[-\text{CO}_2]{\triangle} \text{R-C(OH)=CH}_2 \xrightleftharpoons{\text{互变异构}} \underset{\text{甲基酮}}{\text{R-CO-CH}_3}$$

α,β-不饱和酸通过互变异构形成 β,γ-不饱和酸进行脱羧反应，生成末端烯烃。其反应机理与 β-酮酸脱羧机理类似。

$$CH_3CH_2CH=CHCOOH \rightleftharpoons CH_3CH=CHCH_2COOH \xrightarrow{\triangle} CH_3CH_2CH=CH_2 + CO_2\uparrow$$

$$\left[\begin{array}{c}H_3C\ \ H\\ \gamma\ \ \beta\ \ \alpha\ \ O\\ \end{array}\right]$$

当羧基直接与一个强吸电子基相连时，也可以发生脱羧反应，但是按负离子机理脱羧。例如，三氯乙酸易发生脱酸反应。三氯乙酸在水中完全解离成羧酸负离子，由于三氯甲基是强吸电子基，使得碳碳之间的电子偏向于连有氯的碳原子一边，从而促进了羧基负离子转移到碳氧之间并发生碳碳键断裂，释放出 CO_2，同时生成三氯甲基碳负离子；后者与质子结合生成氯仿。这就是负离子脱羧机理。

$$Cl_3C-\overset{O}{\underset{}{C}}-OH \xrightarrow[H_2O]{-H^+} Cl_3C-\overset{O}{\underset{}{C}}-O^- \xrightarrow{\triangle} {}^-CCl_3 + CO_2\uparrow$$
$$\xrightarrow{H^+} CHCl_3$$

$pK_a = 0.63$

羧基直接与羰基相连的 α-酮酸和乙二酸也易发生脱羧反应，脱羧过程是按照负离子机理进行的。α-酮酸与稀硫酸共热，或被弱氧化剂（如杜伦试剂）氧化，均可失去二氧化碳而生成少一个碳的醛或羧酸。

$$CH_3-\underset{O}{\overset{}{C}}-COOH \begin{array}{c}\xrightarrow{H_2SO_4/H_2O}_{\triangle} CH_3CHO+CO_2\uparrow\\ \xrightarrow{Ag(NH_3)_2^+} CH_3COOH+CO_2\uparrow\end{array}$$

生物体内的丙酮酸在缺氧情况下，发生脱羧反应生成乙醛，然后还原成乙醇。水果开始腐烂或制作发酵饲料时，常常产生酒味就是这个原因。

芳香族羧酸的脱羧反应较脂肪族羧酸容易。例如，在喹啉溶液中加少量铜粉加热即可脱羧。当羧基邻、对位连有强吸电子基时更易发生脱羧反应，例如，2,4,6-三硝基苯甲酸遇水加热很容易脱羧生成 1,3,5-三硝基苯，该脱羧过程也是按照负离子机理进行的。

② 二元羧酸的脱水、脱羧反应　脂肪族二元酸在自然界中广泛存在。例如，乙二酸（草酸）是最简单的二元酸，存在于许多植物（如菠菜、西红柿）中。草酸的钙盐不溶于水，存在于植物细胞内，人体内有的结石就是草酸的钙盐。丁二酸（琥珀酸）存在于琥珀、化石、真菌等中。戊二酸、己二酸存在于甜菜中。

二元羧酸受热易发生分解。两个羧基相互位置不同，相互作用也有所不同。当单独加热或与脱水剂共热时，有的只发生脱羧，有的发生分子内脱水生成酸酐，有的同时发生脱羧和脱水生成环酮。

当两个羧基直接相连或中间有一个碳原子相隔时，受热后易脱羧生成一元羧酸。

第 11 章 羧酸和取代羧酸

四个碳或五个碳原子的二元羧酸，受热发生脱水反应，生成五元或六元环状酸酐。此反应与脱水剂共热时更易进行，常用脱水剂有乙酰氯、乙酸酐、五氧化二磷等。例如：

$$\text{COOH-(CH}_2\text{)}_n\text{-COOH} \quad n=2,3$$

$$\begin{array}{c}\text{CH}_2\text{COOH}\\\text{CH}_2\text{COOH}\end{array} \xrightarrow[\text{(CH}_3\text{CO)}_2\text{O}]{\triangle} \text{丁二酸酐} + \text{H}_2\text{O}$$

$$\begin{array}{c}\text{CH}_2\text{COOH}\\\text{CH}_2\\\text{CH}_2\text{COOH}\end{array} \xrightarrow[\text{(CH}_3\text{CO)}_2\text{O}]{\triangle} \text{戊二酸酐} + \text{H}_2\text{O}$$ } 脱水

六个碳或七个碳原子的二元羧酸，受热同时发生脱水和脱羧反应，生成五元或六元环酮。例如：

$$\text{COOH-(CH}_2\text{)}_n\text{-COOH} \quad n=4,5$$

$$\begin{array}{c}\text{CH}_2\text{CH}_2\text{COOH}\\\text{CH}_2\text{CH}_2\text{COOH}\end{array} \xrightarrow[\triangle]{\text{Ba(OH)}_2} \text{环戊酮} + \text{H}_2\text{O} + \text{CO}_2$$

$$\begin{array}{c}\text{CH}_2\text{CH}_2\text{COOH}\\\text{CH}_2\\\text{CH}_2\text{CH}_2\text{COOH}\end{array} \xrightarrow[\triangle]{\text{Ba(OH)}_2} \text{环己酮} + \text{H}_2\text{O} + \text{CO}_2$$ } 脱水+脱羧

更长碳链的二元羧酸在高温时发生分子间脱水形成高分子的酸酐，不形成大于六元环的环酮。这是布朗克（G. L. Blanc, 1872—1927）在尝试各种二元酸和乙酸酐加热时得到的结果，从而得出一个结论：在有机反应中有成环可能时，一般形成五元或六元环，这称为布朗克规则。

实验证明，芳香族二元羧酸也能发生上述反应。例如：

$$\text{邻苯二甲酸} \xrightarrow{\triangle} \text{邻苯二甲酸酐} + \text{H}_2\text{O}$$

$$\text{邻羧基苯乙酸} \xrightarrow{\triangle} \text{异色满-1,3-二酮} + \text{H}_2\text{O}$$

（5）α-氢的卤代反应

在催化量的红磷或三卤化磷存在下，羧酸与卤素（Cl_2 或 Br_2）发生反应得到 α-卤代酸，此反应称为赫尔-乌尔哈-泽林斯基（Hell-Volhard-Zelinsky）反应。反应中只有羧酸的 α-氢被卤代，因此该反应在有机合成中有很大的应用价值。

$$\text{CH}_3\text{CH}_2\text{CH}_2\text{CH}_2\text{COOH} + \text{Br}_2 \xrightarrow[70℃]{\text{红磷或 PBr}_3} \text{CH}_3\text{CH}_2\text{CH}_2\overset{\text{Br}}{\underset{|}{\text{CH}}}\text{COOH} + \text{HBr}$$

反应机理如下：首先，三卤化磷将羧酸转化成酰卤，由于红磷和卤素会迅速反应生成三卤化磷，因此三卤化磷也可由红磷替代；因为酰卤的 α-H 比羧酸的 α-H 活泼，更容易发生烯醇互变异构形成烯醇化的酰卤，再和卤素反应生成 α-卤代酰卤；后者与羧酸进行交换反应得到 α-卤代羧酸。

$$2P + 3X_2 \longrightarrow 2PX_3 \quad | \quad RCH_2COOH \xrightarrow{PX_3} RCH_2-\overset{O}{\underset{\|}{C}}-X + H_3PO_3$$

X=Cl 或 Br 　　　　　　　　　酰卤

$$RCH_2-\overset{O}{\underset{}{C}}-X \xrightleftharpoons[]{\text{互变异构}} RHC=\overset{OH}{\underset{}{C}}-X \xrightarrow[-X^-,-H^+]{X-X} R-\overset{X}{\underset{H}{C}}-\overset{O}{\underset{}{C}}-X$$

$$\text{α-卤代酰卤}$$

$$R-\overset{X}{\underset{H}{C}}-\overset{O}{\underset{}{C}}-X + RCH_2COOH \rightleftharpoons R-\overset{X}{\underset{H}{C}}-\overset{O}{\underset{}{C}}-OH + RCH_2COX$$

羧酸的 α-卤代反应可通过控制卤素的用量选择性地生成一卤或多卤代酸。常用的氯代乙酸就是用乙酸和氯气在微量碘的催化下制备，可以得到一氯代、二氯代和三氯代乙酸。三氯乙酸用途广泛，既是重要的有机化学试剂，又可作为农药的原料、蛋白质的沉淀剂、生化药品的提取剂等。

$$CH_3COOH \xrightarrow[I_2]{Cl_2} ClCH_2COOH \xrightarrow[I_2]{Cl_2} Cl_2CHCOOH \xrightarrow[I_2]{Cl_2} Cl_3CCOOH$$

此外，羧酸的 α-卤代反应还可以用来鉴别脂肪酸中 α-H 的存在。

11.1.4 羧酸的制备

（1）氧化法制备

羧酸可由烯、炔、醇、醛、酮、芳烃侧链在一定条件下氧化得到，见表 11.3。

表 11.3 常见氧化法制备羧酸

化合物	氧化条件	产物	主要应用
烯烃 RCH=CHR	$KMnO_4/H^+$；①O_3；②H_2O	2RCOOH	制备酸
炔烃 RC≡CR	$KMnO_4/H^+$；①O_3；②H_2O	2RCOOH	制备酸
伯醇 RCH_2OH	$KMnO_4/H^+$；$Na_2Cr_2O_7/H^+$	RCOOH	制备酸
醛 RCHO	$KMnO_4/H^+$；$Na_2Cr_2O_7/H^+$	RCOOH	制备酸
不饱和醛 ⌬—CHO	Ag_2O/H_2O	⌬—COOH	制备不饱和酸
无 α-H 的醛 PhCHO	浓碱条件下	PhCOOH（分离）	制备无 α-H 酸
环己酮	HNO_3；$KMnO_4/H^+$；$KMnO_4/OH^-$	$HOOC(CH_2)_4COOH$	制备二元酸
甲基酮 $RCOCH_3$ $RCH(OH)CH_3$	X_2/OH^-	RCOOH	制备少一个碳的一元酸
有 α-H 的烷基芳烃 Ph-CHRR'	$KMnO_4/H^+$	Ph-COOH	制备芳酸

（2）腈水解法制备

腈在中性条件下不易水解，但在酸或碱性水溶液中加热可迅速水解生成羧酸。腈水解法是制备羧酸的常用方法。

$$R-CN + 2H_2O \xrightarrow{H^+ \text{或} OH^-} R-COOH + NH_3$$

脂肪腈一般由卤代烷与氰化钠（钾）反应制得，水解后所得羧酸比原来的卤代烷多一个碳原子，这也是增长碳链的一种方法。此法一般伯卤代烷收率较好，仲、叔卤代烷特别是后者易发生消除反应。芳香腈水解得芳香羧酸，但由于芳香卤代烃不活泼，芳香腈不能由芳香卤代烷和氰化钠制得。

$$\text{Br-C}_6\text{H}_4\text{-CH}_2\text{Br} \xrightarrow{\text{NaCN}} \text{Br-C}_6\text{H}_4\text{-CH}_2\text{CN} \xrightarrow[\triangle]{\text{H}_2\text{SO}_4} \text{Br-C}_6\text{H}_4\text{-CH}_2\text{COOH}$$

（3）格氏试剂法制备

另一种制备羧酸的重要方法是将格氏试剂与二氧化碳反应得到羧酸盐，然后在酸性条件下质子化生成羧酸。

$$\text{R}-\text{X} \xrightarrow[\text{Et}_2\text{O}]{\text{Mg}} \text{R}-\text{MgX} \xrightarrow{\text{O}=\text{C}=\text{O}} \text{R}-\overset{\text{O}}{\underset{\|}{\text{C}}}-\text{OMgX} \xrightarrow{\text{H}_3\text{O}^+} \text{RCOOH}$$

该反应一般需要在低温下进行。实验时，通常有两种方法：可以在冷却条件下向格氏试剂的乙醚溶液中通入二氧化碳气体；也可将格氏试剂的乙醚溶液倒入过量的干冰中，这时干冰既作反应试剂，又作冷却剂。利用此法可由一级、二级、三级或芳香卤代烷来制备增加一个碳原子的羧酸。格氏试剂法也有一定局限性，如反应物结构中不能有活泼氢。因此，该法与腈水解法在一定情况下相互补。例如：

$$(\text{CH}_3)_3\text{C-Cl} \xrightarrow{\text{Mg/Et}_2\text{O}} (\text{CH}_3)_3\text{C-MgCl} \xrightarrow[\text{②H}_3\text{O}^+]{\text{①CO}_2} (\text{CH}_3)_3\text{C-COOH}$$

$$\text{(2,4,6-三甲基溴苯)} \xrightarrow{\text{Mg/Et}_2\text{O}} \text{(ArMgBr)} \xrightarrow[\text{②H}_3\text{O}^+]{\text{①CO}_2} \text{(2,4,6-三甲基苯甲酸)}$$

} 不可采用腈水解法

$$\text{HOCH}_2\text{CH}_2\text{CH}_2\text{Br} \xrightarrow{\text{NaCN}} \xrightarrow{\text{H}_3\text{O}^+} \text{HOCH}_2\text{CH}_2\text{CH}_2\text{COOH} \quad \text{不可采用格氏试剂法}$$

羧酸还可由羧酸衍生物水解而得。

11.2 取代羧酸

羧酸分子中烃基上的氢原子被其他原子或基团取代所得到的化合物称为取代羧酸（substituted carboxylic acid）。

11.2.1 含多官能团化合物命名

（1）取代羧酸命名

取代羧酸根据取代基的不同，分为卤代酸、羟基酸、氨基酸、氧代酸（羰基酸）等。羰基酸可分为醛酸和酮酸。

$$\text{R-CH}(\text{Z})-(\text{CH}_2)_n-\text{COOH}$$

Z=X, 卤代酸（halo acids）
OH, 羟基酸（hydroxy acids）
NH$_2$, 氨基酸（amino acids）

$$\text{R-CO-(CH}_2)_n-\text{COOH}$$

羰基酸 (keto acids) { R=H, 醛酸
R=烷基或芳基, 酮酸

此外，分子中含有酚羟基的取代芳酸称为酚酸。例如：

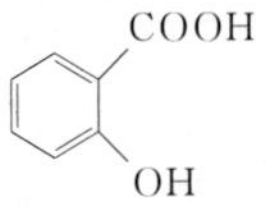

2-羟基苯甲酸（水杨酸）　　　3,4-二羟基苯甲酸（原儿茶酸）
2-hydroxy benzoic acid　　　3,4-dihydroxy benzoic acid

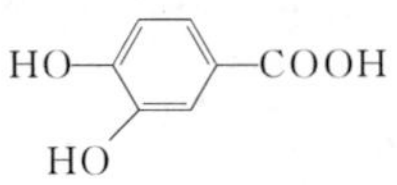

根据取代基和羧基的相对位置，还分为 α、β、γ、…，取代羧酸。例如：

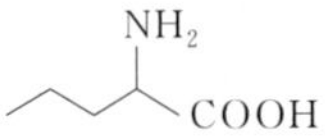

α-氨基戊酸　　　　β-羟基戊酸　　　　γ-氯代戊酸
2-aminopentanoic acid　3-hydroxypentanoic acid　4-chloropentanoic acid

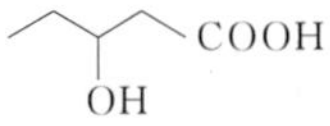

取代羧酸的系统命名以羧酸为母体，卤素、羟基、氨基等作为取代基。选择含有羧基的最长碳链作为主链，从羧基碳开始编号。命名时，将取代基所在的碳原子的位次及取代基数目、名称依次写在母体羧酸名称之前。例如：

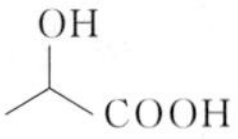

2-羟基丙酸（α-羟基丙酸，乳酸）　　　3-氯丁酸（β-氯丁酸）
2-hydroxypropanoic acid　　　　　　3-chlorobutanoic acid

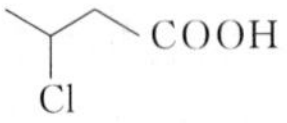

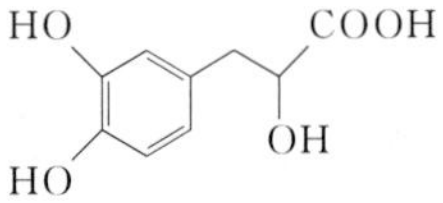

3-(3,4-二羟基苯基)-2-羟基丙酸（丹参素）
3-(3,4-dihydroxyphenyl)-2-hydroxypropanoic acid

许多天然存在的羟基酸和酚酸习惯上用俗名，而氨基酸也通常用其俗名。

羰基酸的系统命名则选择包括羰基和羧基的最长碳链为主链，称为"某酮（醛）酸"。需用阿拉伯数字或希腊字母标出羰基的位置。另外，也可将羰基酸看作是羧酸分子中烃基上的两个氢原子被氧原子取代后的生成物，把氧原子作为取代基并指出其位置，称为"氧代某酸"。例如：

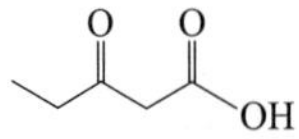

3-氧代戊酸（β-戊酮酸）　　　4-氧代丁酸（丁醛酸）
3-oxopentanoic acid　　　　　4-oxobutanoic acid

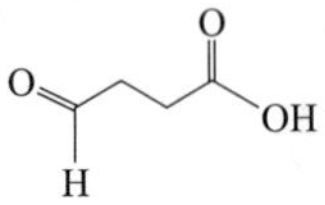

取代羧酸是多官能团化合物，分子同时含有羧基和其他官能团。在化学性质上，各官能团既保留其自身的特征反应，又由于不同的官能团之间相互影响而产生一些特殊性质，如前面已介绍的各取代基对羧酸酸性的影响及某些取代羧酸的脱羧反应。在此主要介绍卤代酸、羟基酸和酚酸的一些重要性质和典型反应。

（2）含多官能团化合物命名

有机物分子中含两个或两个以上官能团时，确定构成母体的主官能团，应遵守官能团优先次序规则。官能团优先递降次序如下：

—COOH，—SO$_3$H，—COOR，—COCl，—CONH$_2$，—CN，—CHO，—CO—，
—OH，—SH，—NH$_2$，—C≡C—，—C=C—，—OR，(—X，—R)*，—NO$_2$，—NO

*烷基 R、卤素 X 的优先次序各书有出入，本书采用以上次序。

多官能团化合物命名步骤：

① 根据官能团优先次序，找出主要官能团，确定母体名称和取代基的先后次序，较优

基团后列出；

② 选取含最优基团在内的最长碳链为主链，编号依照最低系列原则，并使最优基团位次尽可能小；

③ 当分子中同时含有烯基或炔基时，编号依照最低系列原则给烯基或炔基，若烯基或炔基处相同位次，则给烯基最低编号；

④ 当分子中含有烯基或炔基时，通常将烯醇、烯醛、烯酮、烯酸或炔醇、炔醛、炔酮、炔酸作为母体；

⑤ 当分子中含有两种以上卤素时，按氟、氯、溴、碘的次序；

⑥ 当分子中含有多个烷基时，按碳原子个数由少到多，由简单到复杂。

例如：

4-乙基-2-氟-4-氯-3-溴庚烷
3-bromo-2-chloro-4-ethyl-2-fluoroheptane

3-溴丙烯（烯丙基溴）
3-bromopropene

2-氯-3-丁烯-1-醇
2-chloro-3-butene-l-ol

1-氯-2-苯基丙烷
1-choloro-2-phenylpropane

顺-1-甲基-2-溴环己烷
cis-2-bromo-1-methylcyclohexane

(1*R*,3*R*)-1,3-二溴环己烷
1*R*,3*S*-1,3-dibromocyclohexane

3-硝基-2-溴-6-碘苯甲酸
2-bromo-3-nitro-6-iodo benzoic acid

2-甲基-6-乙基-4-氯苯甲醛
4-chloro-6-ethyl-2-methyl benzoic acid

7-甲基-3-氟-2-溴-6-羟基萘磺酸
2-bromo3-fluoro-6-hydroxy-7-methyl naphthalene sulfonic acid

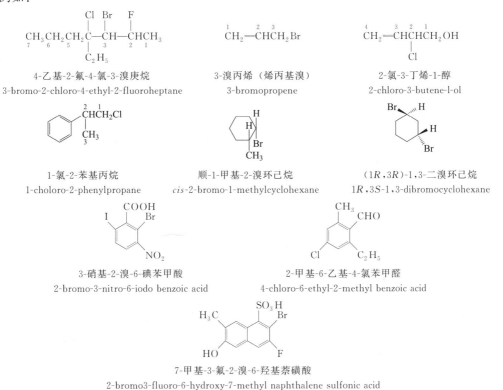

11.2.2　卤代羧酸

（1）化学性质

脂肪族卤代酸的酸性受到卤原子的诱导效应影响，酸性增强。卤素电负性越大、数目越多、离羧基越近，卤代酸的酸性越强。对于芳香族卤代酸，卤素对酸性的影响较为复杂：邻位卤代苯甲酸，由于受邻位效应等因素影响，酸性增强；间位卤代苯甲酸，只受卤素的吸电子诱导效应影响，酸性增强；对位卤代苯甲酸，卤素的吸电子诱导效应和供电子共轭效应共同作用，使得其酸性与苯甲酸相近。

脂肪族卤代酸中的卤素既可以发生亲核取代反应，也可以发生消除反应，反应方向取决于卤原子与羧基的距离和产物的稳定性。

α-卤代酸中的卤原子由于受羧基的影响，与卤原子直接相连的 α-碳原子亲电性增强，能够和不同的亲核试剂发生亲核取代反应。

例如，在稀碱溶液中，α-卤代酸与水共热或与稀碱共热，生成α-羟基酸；α-卤代酸与过量氨气反应，生成α-氨基酸；溴乙酸盐与氰化钠反应，生成α-氰基丙酸钠，进一步在加热条件下水解可制备化学医药工业中的重要原料丙二酸。

$$\underset{X}{\overset{\alpha}{R}CHCOOH} \begin{array}{l} \xrightarrow{\text{稀碱}} \underset{OH}{RCHCOOH} \quad \alpha\text{-羟基酸} \\ \xrightarrow{NH_3(\text{过量})} \underset{NH_2}{RCHCOOH} \quad \alpha\text{-氨基酸} \end{array}$$

$$BrCH_2COOH \xrightarrow[-H_2O]{NaOH} BrCH_2COONa \xrightarrow[-NaBr]{NaCN} NC-CH_2COONa$$

$$NC-CH_2COONa \xrightarrow[\triangle]{H_3O^+} HOOCCH_2COOH$$

β-卤代酸与稀碱反应消除一分子卤化氢，生成 α,β-不饱和酸。这不仅与α-氢的酸性较强有关，还因为产物中形成较稳定的π-π共轭体系，增加了产物的稳定性。

$$\underset{[X \quad H]}{\overset{\beta}{R}CH-CHCOOH} \xrightarrow[\triangle]{\text{烯碱}} RCH=CHCOOH$$

γ-卤代酸或δ-卤代酸稀碱或碳酸钠溶液中发生分子内环化反应，生成五元或六元环内酯(lactone)。γ-内酯比较稳定，δ-内酯比γ-内酯难生成，且δ-内酯易开环，在室温时即可分解而显酸性。

$$\underset{X}{\overset{\gamma}{R}CHCH_2CH_2COOH} \xrightarrow{\text{烯碱}} \quad \gamma\text{-内酯}$$

$$\underset{X}{\overset{\delta}{R}CHCH_2CH_2CH_2COOH} \xrightarrow{NaCO_3/H_2O} \quad \delta\text{-内酯}$$

（2）制备

不同位置取代的卤代酸有不同的合成方法。α-卤代酸可由羧酸α-氢直接卤代得到；β-卤代酸由α,β-不饱和酸与卤化氢共轭加成得到；γ-卤代酸、δ-卤代酸或卤素离羧基更远的卤代酸可由相应的二元酸单酯制得。

$$RCH=CHCOOH+HX \longrightarrow \underset{X}{RCHCH_2COOH}$$

11.2.3 羟基羧酸

（1）化学性质

与卤代烃类似，由于羟基的吸电子诱导效应，脂肪族羟基羧酸的酸性增强。

羟基酸除了具有羟基和羧基的一般性质之外，还具有两种官能团相互影响而产生的特性。羟基酸对热不稳定，受热易发生脱水反应，产物因羟基与羧基相对位置不同而异。

α-羟基酸广泛存在于天然产物中，也常被用作化妆品，具有抗衰老等功效。α-羟基酸受热时发生两分子间交叉脱水生成交酯（lactide）。例如：

交酯

β-羟基酸受热发生分子内脱水生成 α,β-不饱和酸。例如：

$$\underset{HO\ \ H}{C_6H_5\overset{\beta}{C}H-\overset{\alpha}{C}HCOOH} \xrightarrow[-H_2O]{\Delta} C_6H_5CH=CHCOOH$$

γ-羟基酸或 δ-羟基酸受热发生分子内脱水生成 γ-内酯或 δ-内酯。

$$R\overset{\gamma}{C}HCH_2CH_2COOH \xrightarrow[-H_2O]{\Delta} \text{γ-内酯}$$
$$\underset{OH}{}$$

$$R\overset{\delta}{C}HCH_2CH_2CH_2COOH \xrightarrow[-H_2O]{\Delta} \text{δ-内酯}$$
$$\underset{X}{}$$

γ-羟基酸很不稳定，有的在室温下即可脱水生成内酯，所以不易得到游离的 γ-羟基酸。γ-内酯是稳定的中性化合物，在碱性条件下可开环形成 γ-羟基酸盐，通常以这种形式保存 γ-羟基酸。γ-羟基丁酸钠有麻醉作用，具有使术后病人苏醒快的优点。

$$\text{(γ-丁内酯)} + NaOH \longrightarrow HOCH_2CH_2CH_2COONa$$
$$\text{γ-羟基丁酸钠}$$

对于羟基和羧基相距四个碳原子以上的羟基羧酸，它们很难发生分子内脱水生成双键或内酯，但在加热条件下，可发生分子间脱水生成链状聚酯。

（2）制备

① 卤代酸或羟基腈的水解 α-卤代酸在稀碱条件下水解可生成 α-羟基酸。α-羟基腈在酸性溶液中水解可得相应的 α-羟基酸。由卤代醇和氰化钠反应生成不同位置的羟基腈，经水解可得到不同位置的羟基酸。例如：

$$C_6H_5CHO \xrightarrow[\text{② NaCN}]{\text{① NaHSO}_3} C_6H_5\underset{OH}{\overset{CN}{C}H} \xrightarrow{H_3O^+} C_6H_5\underset{OH}{\overset{COOH}{C}H}$$
α-羟基苯乙酸（杏仁酸）

$$HOCH_2CH_2Cl \xrightarrow{NaCN} HOCH_2CH_2CN \xrightarrow{H_3O^+} HOCH_2CH_2COOH$$
β-羟基丙酸

② 瑞佛马斯基反应 α-卤代酸酯、醛或酮和锌粉作用，再水解得 β-羟基酸酯，此反应称为瑞佛马斯基反应（Reformatsky）。β-羟基酸酯在碱性条件下水解可得到 β-羟基酸。

$$\underset{R'}{\overset{R}{C}}=O + BrCH_2COOR'' \xrightarrow[\text{② }H_3O^+]{\text{① Zn}} \underset{R'}{\overset{R}{\underset{CH_2COOR''}{\overset{OH}{C}}}} \xrightarrow[\text{② }H_3O^+]{\text{① OH}^-} \underset{R'}{\overset{R}{\underset{CH_2COOH}{\overset{OH}{C}}}}$$
醛或酮　　　　　　　　　　　　β-羟基酸酯　　　　　　β-羟基酸

11.2.4　酚酸

和卤代芳基酸类似，羟基对其酚酸酸性的影响也较为复杂。酸性有强到弱顺序为：邻位＞间位＞苯甲酸＞对位。邻位酚酸，受邻位效应等因素影响，酸性明显增强；间位酚酸，只考虑羟基的吸电子诱导效应，酸性略有增强；对位酚酸，羟基的共轭给电子效应强于其诱导吸电子效应，因此酸性减弱。

酚酸具有酚和羧酸的一般性质，如羟基能和三氯化铁发生显色反应，羧基与胺生成酰胺。邻、对位酚酸加热条件下易脱羧，例如：

通过柯尔伯-施密特反应（Kolbe-Schmidt reaction）可以制备 2-羟基苯甲酸（水杨酸）：采用干燥的酚钠和二氧化碳在加热、加压下反应生成水杨酸钠，再经酸化得到水杨酸。水杨酸用途广泛，是制备染料、香料、药品等的重要原料，如阿司匹林就是水杨酸的酚羟基经乙酰化而得。

习 题

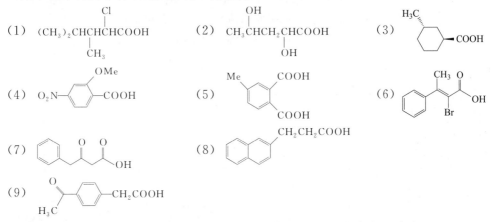

1. 用系统命名法命名下列化合物（标明构型）。

2. 写出分子式为 $C_6H_{12}O_2$ 的羧酸的同分异构体，并用系统命名法命名。

3. 将下列各组化合物按酸性由大到小顺序排列。

4. 回答下列问题。
(1) 给出邻、间、对溴苯甲酸的酸性大小顺序并解释。
(2) 为什么羧酸的沸点及在水中的溶解度比分子量相近的其他有机物高？
(3) 用化学方法分离苯甲酸、苯酚、苯甲醚和苯甲醇的混合物。
(4) ![结构式] 虽然是 β-氧代羧酸，但是加热为什么不易脱羧？
(5) 写出 $CH_3CH_2\overset{O}{\underset{}{C}}-^{18}OH$ 与 [PhCH$_2$CH$_2$CH$_2$OH] 在酸催化下进行酯化反应的产物及其反应机理。

5. 下列醇或酸在酸催化下酯化时，请按反应速率从快到慢排列。
(1) 甲醇和（A）苯甲酸；(B) 2,6-三甲基苯甲酸；(C) 2,4-二甲基苯甲酸
(2) 甲醇和（A）$(CH_3)_2CHCOOH$；(B) CH_3CH_2COOH；(C) $(CH_3)_3CCOOH$
(3) 苯甲酸和（A）CH_3OH；(B) $CH_3CHOHCH_2CH_3$；(C) CH_3CH_2OH；(D) $(CH_3)_3COH$

6. 写出下列反应的主要产物。

(1) PhCH=CHCOOH $\xrightarrow{HBr}$

(2) $CH_3CH_2CH_2COOH \xrightarrow{SOCl_2}$

(3) $CH_3COCH_2COOH \xrightarrow{NaBH_4} (\quad) \xrightarrow{H_2SO_4/H_2O,\ \Delta} (\quad)$

(4) 环己烯-COOH $\xrightarrow{LiAlH_4}$

(5) 4-Cl-C$_6$H$_4$-CO-CH$_2$COOH $\xrightarrow{\Delta}$

(6) $CH_3OCH_2CH(NO_2)COOH \xrightarrow{\Delta}$

(7) 顺-环己烷-1-COOH, 2-CH$_2$OH $\xrightarrow{H^+,\ \Delta}$

(8) 环己基-C(CH$_2$COOH)$_2$ $\xrightarrow{\Delta}$

(9) 环己基-COOH $\xrightarrow{P/Br_2}$

(10) 4-Br-C$_6$H$_4$-CHBr-COOH $\xrightarrow{\text{①}OH^-,\ H_2O}{\text{②}H_3O^+}$

(11) 2,2'-联苯-COOH, CH$_2$COOH $\xrightarrow{\Delta}$

(12) $(H_3C)_3C$-C$_6$H$_4$-CH$_2$CH$_3$ $\xrightarrow{KMnO_4/H^+} \xrightarrow{CH_3NH_2,\ \Delta}$

7. 合成题。

(1) 以苯乙醛为原料合成 2-苄基-4-苯基丁酸 (PhCH$_2$CH(Ph)... 结构式: Ph-CH$_2$-CH$_2$-CH(Ph)-COOH)

(2) 以环己酮为原料合成螺环二酯 (双环己烷螺二氧杂环二酮)

(3) 由苯甲醛和乙二酸合成 苯基环戊基甲酮 (Ph-CO-环戊基)

(4) 由四个碳以下化合物合成 2,3-二羟基-1,4-环己烷二甲酸

(5) 由环己醇合成 环己基甲酸乙酯 (环己基-CO-OC$_2$H$_5$)

(6) 以异丁苯为起始原料合成布洛芬
布洛芬：异丁基-C$_6$H$_4$-CH(CH$_3$)COOH

8. 化合物 A 分子式为 $C_6H_{12}O$，氧化得 B，B 溶于稀碱溶液，B 加热后生成环状化合物 C，C 可与苯肼反应生成腙，C 用 Zn-Hg/HCl 还原得到 D，D 得分子式为 C_5H_{10}。试写出化合物 A～D 的结构。

9. 化合物 A 含有碳、氢、氧、氮四种元素，A 能溶于水，但不溶于乙醚。A 加热脱去一分子水得化合物 B。B 与氢氧化钠的水溶液共热，放出一种有气味的气体。残余物酸化后得一不含氮的酸性物质 C。C 与氢化铝锂反应的产物用浓硫酸处理，得一气体烯烃 D，其分子量为 56。该烯烃经臭氧化再还原水解后，分解得一个醛和一个酮。试推出化合物 A～D 的结构。

10. 一羧酸 A（$C_{11}H_{14}O_2$）与 $SOCl_2$ 反应生成化合物 B（$C_{11}H_{13}ClO$），B 在无水 $AlCl_3$ 作用下生成化合物 C（$C_{11}H_{13}ClO$），D 在 NH_2NH_2/KOH 加热条件下生成 D（$C_{11}H_{14}$）。D 的核磁氢谱数据为：1.22（s，6H），1.85（t，2H），2.33（t，2H），7.02（s，4H）。试推出化合物 A～D 的结构。

第12章 羧酸衍生物：亲核加成-消除反应

羧酸的羟基被其他原子或基团取代所生成的化合物称为羧酸衍生物（carboxylic acid derivatives）。羧酸分子脱去羟基之后的剩余部分称为酰基，酰基与卤原子、羧酸根、烃氧基、氨基相连之后得到的一大类化合物统称为羧酸衍生物，主要类型有酰卤（acyl halide）、酸酐（anhyride）、羧酸酯（carboxyl ester）、酰胺（amide）。腈（nitrile）水解先生成酰胺，进一步水解得到羧酸，因此该类化合物也放在本章讨论。

在羧酸衍生物中，酰卤和酸酐性质比较活泼，在自然界中几乎不存在，而酯和酰胺较稳定，广泛存在于动植物中，并有着重要的生理作用。羧酸衍生物不仅是重要的有机合成中间体，而且被广泛用于药物合成，许多药物具有酯和酰胺的结构特征。例如：

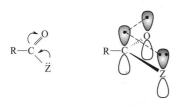

盐酸普鲁卡因（局部麻醉药）　　　　青霉素类（抗生素）

12.1 羧酸衍生物的结构与命名

12.1.1 结构

酰卤、酸酐、酯和酰胺与羧酸的结构有相似之处：分子中都含有碳氧双键（羰基）。羧酸衍生物的羰基均为 sp^2 杂化，p 轨道与氧原子的 p 轨道平行重叠形成 π 键，羰基相连的 Z 原子（Z=X、O、N）上都有未共用电子对，与羰基 π 键作用形成 p-π 共轭，其结构如图 12.1 所示。

如图 12.2 所示，羧酸衍生物的结构亦可用共振极限式表示。电荷分离的共振极限式对共振杂化体的贡献大小由 Z 中直接与羰基相连原子（X、O、N）的电负性大小决定。

图 12.1 羧酸衍生物的结构　　　　图 12.2 羧酸衍生物的共振极限式

对于酰卤分子，由于卤原子具有较强的电负性，电荷分离式（2）不稳定，对共振杂化体的贡献很小，故在共振杂化体中以式（1）为主，卤原子主要表现为强吸电子诱导效应，与羰基的共轭效应较弱。这也体现在酰卤的 C—X 键并不比卤代烃的 C—X 键短。例如：

$$\underset{\text{C—X 键长} \quad 0.179\text{nm}}{\text{CH}_3-\overset{\overset{\text{O}}{\|}}{\text{C}}-\text{Cl}} \qquad \underset{0.178\text{nm}}{\text{CH}_3-\text{Cl}}$$

在酯分子中，氧的电负性相对较小，电荷分离极限式（2）对共振杂化体的贡献较大，在共振杂化体中以式（2）为主，羰基与烃氧基氧的孤对电子共轭较强，使得酯的 C—O 键具有部分双键性质，主要体现在酯的 C—O 键比醇的 C—O 键短。而在酰胺分子中，氮原子的电负性较小，电荷分离极限式（2）对共振杂化体的贡献较大，在共振杂化体中以式（2）为主，羰基与氨基氮具有较强的共轭作用，因此酰胺的 C—N 键比胺分子中的 C—N 键短，表现出明显的 C═N 双键的性质。例如：

$$\underset{\text{C—O 键长} \quad 0.133\text{nm}}{\text{H}-\overset{\overset{\text{O}}{\|}}{\text{C}}-\text{OCH}_3} \quad \underset{0.143\text{nm}}{\text{CH}_3-\text{OH}} \qquad \underset{\text{C—N 键长} \quad 0.138\text{nm}}{\text{H}-\overset{\overset{\text{O}}{\|}}{\text{C}}-\text{NH}_2} \quad \underset{0.147\text{nm}}{\text{CH}_3-\text{NH}_2}$$

在腈分子中，氰基的碳原子和氮原子均为 sp 杂化，其结构与炔烃相似。碳氮三键由一个 σ 键和两个 π 键组成，而氮的孤对电子处于 sp 杂化轨道上。

12.1.2 命名

（1）酰卤和酰胺

酰基与卤素或胺相连的化合物分别称为酰卤（acyl halide）和酰胺（amide）。酰卤和酰胺命名时，将羧酸的酰基名称放在前面，卤原子或者胺的名称放在后面，组合起来一起称呼。酰卤的英文名称是将相应羧酸的词尾"-oic acid"改成酰基的词尾"-yl"；酰胺的英文名称则是将相应羧酸的词尾"-oic acid"改成"amide"即可。例如：

二元羧酸的两个羧羟基各被一个氨基取代，称为"某二酰胺"，其英文名将二元羧酸的词尾"-dioic acid"改成"diamide"即可。若两个羧羟基被同一个氨基取代，得到的环状化合物称为"某二酰亚胺"，其英文名用"imide"代替相应羧酸的词尾即可。环状酰胺则称为"某内酰胺"，英文名称是在相应的烃名后加"lactam"。酰胺的氮原子上若连有取代基，在取代基名称前加"N"标出。

1,2-苯二甲酰亚胺
1,2-benzenedicarboximide

4-丁内酰胺（γ-丁内酰胺）
4-butanelactam（γ-valerolactam）

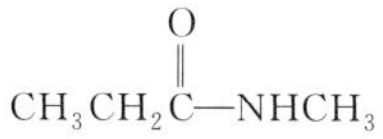

第 12 章 羧酸衍生物:亲核加成-消除反应

$$\underset{\substack{\text{N-甲基丙酰胺}\\N\text{-methylpropanamide}}}{\text{CH}_3\text{CH}_2\overset{\overset{\displaystyle O}{\|}}{\text{C}}-\text{NHCH}_3} \qquad \underset{\substack{N,N\text{-二甲基甲酰胺}\\N,N\text{-dimethylformamide (DMF)}}}{\text{H}-\overset{\overset{\displaystyle O}{\|}}{\text{C}}-\text{N}(\text{CH}_3)_2}$$

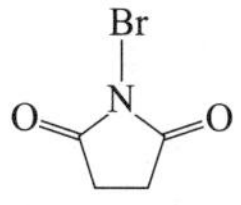

N-溴代丁二酰亚胺（N-溴代琥珀酰亚胺）
N-bromobutanimide (N-bromosuccinimide) (NBS)

（2）酸酐

两个羧基脱水生成酸酐（acid anhydride）。两个相同一元羧酸失水得到的酸酐称为单酐，命名时只需在羧酸名称后面加上"酐"字；两个不同一元羧酸脱水得到的酸酐称为混酐，命名时在两个羧酸名称前加上"酐"字。二元羧酸发生分子内脱水得到环状酸酐，命名时在二元羧酸名称前加上"酐"字。酸酐的英文名称将相应羧酸名称的"acid"改为"anhydride"即可。例如：

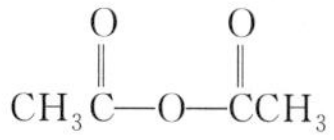

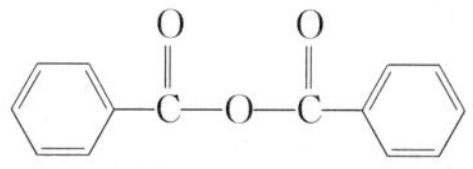

乙酸酐（简称乙酐）   苯甲酸酐
acetic anhydride   benzoic anhydride

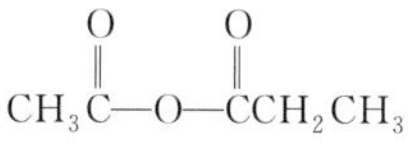

乙（酸）丙（酸）酐   丁二酸酐（琥珀酸酐）
acetic formic anhydride   butanedioic anhydride (succinic anhydride)

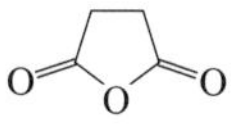

（3）酯

酯是由酸和醇脱水而得，其名称是根据酯水解生成的羧酸和醇命名，将酸的名称放在前，烃氧的烃基放在后，再加上"酯"，称为"某酸某酯"，多元醇酯称为"某醇某酸酯"。英文名称是将相应羧酸英文名称的"ic acid"改为词尾"ate"，并在前面加上烃基的名称。羟基和羧基发生分子内脱水得到的环状酯称为内酯（lactone）。命名时，将相应羧酸的"酸"字改成"内酯"，并标明其位号。例如：

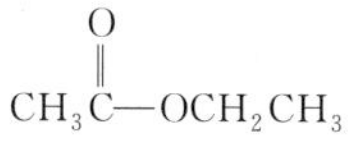

乙酸乙酯   苯甲酸甲酯
ethyl acetate   methyl benzoate

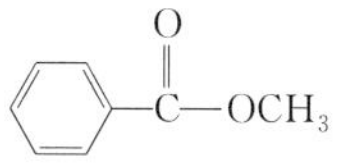

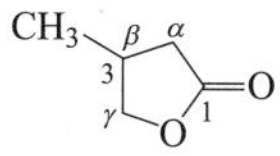

3-甲基-4-丁内酯（β-甲基-γ-丁内酯）
3-methyl-4-butyrolactone (β-methyl-γ-butyrolactone)

（4）腈

含有氰基（—CN）的化合物称为腈。当腈作为母体化合物进行命名时，根据主链碳原子数（包括氰基碳）称为某腈。英文名称通常是在烃基后面加上以"nitrile"，在相应烃的英文名称后加词尾"nitrile"。例如：

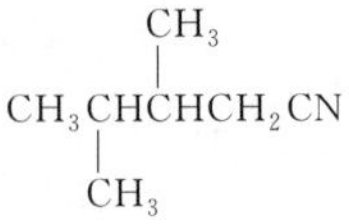

$$CH_3CHCH_2CN \atop CH_3 \quad \; \; CH_3$$

上图左:
3,4-二甲基戊腈
3,4-dimethylpentanenitrile

上图右: $CH_3CH=CH-CH_2CN$
3-戊烯腈
3-pentenenitrile

腈也可将相应羧酸的"酸"改成"腈"进行命名。英文名称则将羧酸的词尾"-oic acid"或"-ic acid"改成"onitrile",或将"-carboxylic acid"改成"-carbonitrile"。例如：

CH_3CN 乙腈 acetonitrile

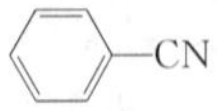

苯甲腈 benzonitrile

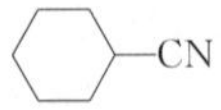

环己甲腈 cyclohexanecarbonitrile

当化合物较复杂或含有优先于氰基的官能团时,氰基可作为取代基进行命名。例如：

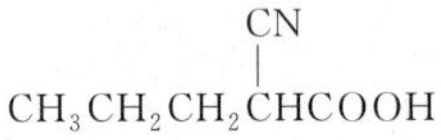

$$CH_3CH_2CH_2CHCOOH \atop CN$$

2-氰基戊酸
2-cyanopentanoic acid

若一个化合物含有多个官能团,命名时首先按官能团的优先次序选择某官能团为母体化合物,再将其他官能团作为取代基。

12.2 羧酸衍生物的物理性质

（1）羧酸衍生物的普通物理性质

低级酰卤和酸酐常温下为无色液体,具有刺激气味,高级酰卤和酸酐为固体；低级的酯常温下是有芳香气味的无色液体,易挥发；酰胺除甲酰胺和某些 N-取代酰胺外均为固体。这是因为酰胺分子间不仅可以通过氢键缔合,而且在酰胺的共振极限式中以电荷分离式为主,酰胺分子间的偶极作用力较大,其熔点、沸点都较相应羧酸高。当酰胺氮原子上的氢都被烃基取代后,分子间不能形成氢键,导致熔点和沸点降低。而酰卤和酯各自不存在分子间氢键,因此它们的沸点较相应羧酸低；酸酐的沸点较相应羧酸高,但较分子量相当的羧酸低；腈分子中 C≡N 键的极性较大,沸点比酰卤和酯高,但由于分子间不能形成氢键,故沸点较羧酸低。

所有羧酸衍生物均易溶于有机溶剂如乙醚、氯仿、丙酮和甲苯等。低级酰胺（如 N,N-二甲基甲酰胺）、乙腈等可与水以任意比例混溶,是很好的非质子极性溶剂。酯在水中溶解度较小,如乙酸乙酯是很好的有机溶剂,常用于从水溶液中提取有机物,还可大量用于油漆工业。表 12.1 为常见羧酸衍生物的物理常数。

表 12.1　一些常见羧酸衍生物的物理常数

化合物名称	结构	沸点/℃	熔点/℃	相对密度 d_4^{20}
乙酰氯	$CH_3\overset{O}{\overset{\|}{C}}-Cl$	52.0	−112	1.104
丙酰氯	$CH_3CH_2\overset{O}{\overset{\|}{C}}-Cl$	80.0	−94	1.065
苯甲酰氯	$C_6H_5\overset{O}{\overset{\|}{C}}-Cl$	197.2	−1	1.212

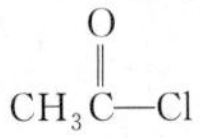

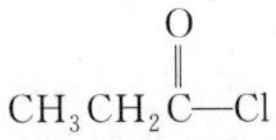

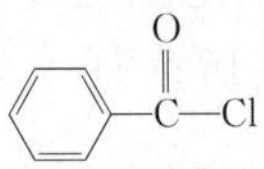

续表

化合物名称	结构	沸点/℃	熔点/℃	相对密度 d_4^{20}
乙酸酐	CH₃COCCH₃ (O,O)	139.6	−73	1.082
苯甲酸酐	(C₆H₅CO)₂O	360.0	42	1.199
邻苯二甲酸酐	(邻苯二甲酸酐结构)	284.5	132	1.527
乙酸乙酯	CH₃COCH₂CH₃	77.1	−84	0.901
苯甲酸乙酯	C₆H₅COCH₂CH₃	213.0	−35	1.051(15℃)
乙酰胺	CH₃C(O)—NH₂	222.0	82	1.159
乙酰苯胺	C₆H₅NH—COCH₃	305.0	114	1.21(4℃)
N,N-二甲基甲酰胺	HC(O)—N(CH₃)₂	153.0		0.948
乙腈	CH₃CN	82.0	−45	0.783
苯甲腈	C₆H₅CN	191	−13	1.005

（2）羧酸衍生物的波谱性质

① 红外吸收光谱　羧酸衍生物（腈除外）的羰基在 1850～1630 cm^{-1} 之间有特征吸收峰，不同衍生物的羰基伸缩振动吸收频率不同。酰卤分子中，卤原子的吸电子诱导效应使得羰基的伸缩振动吸收频率加大，约在 1815～1785 cm^{-1} 区域。图 12.3 为苯甲酰氯的红外光谱图。

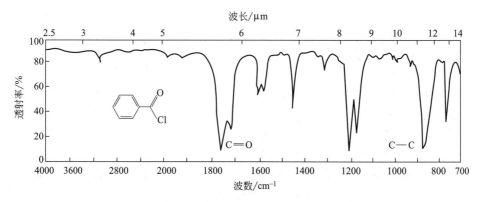

图 12.3　苯甲酰氯的红外光谱图

酸酐分子中，两个羰基在 1845～1745cm^{-1} 区域有两个伸缩振动吸收，两峰相差约 60cm^{-1}。在 1310～1050cm^{-1} 区域有 C—O 伸缩振动吸收。图 12.4 为乙酸酐的红外光谱图。

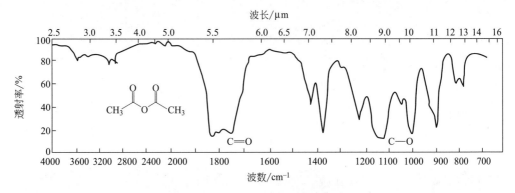

图 12.4　乙酸酐的红外光谱图

酯分子中，羰基的伸缩振动吸收在 1735cm^{-1} 区域，并在 1300～1050cm^{-1} 区域有两个 C—O 伸缩振动，其中波数较高的吸收峰易于鉴别。图 12.5 为乙酸乙酯的红外光谱图。

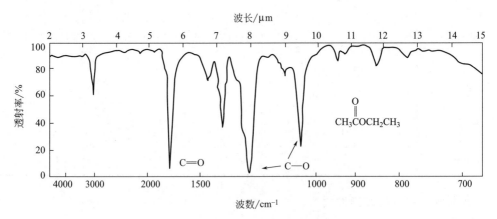

图 12.5　乙酸乙酯的红外光谱图

酰胺分子中，由于氨基与羰基具有较强的共轭作用，使得羰基的伸缩振动吸收频率降低，出现在 1650cm^{-1} 区域。N—H 伸缩振动吸收在 3500～3200cm^{-1} 区域，N—H 弯曲振动吸收在 1550～1530cm^{-1} 区域。图 12.6 为苯甲酰胺的红外光谱图。

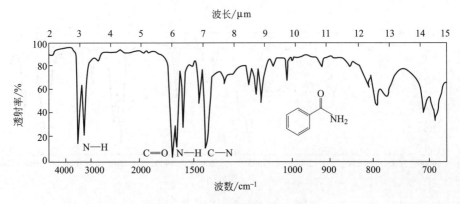

图 12.6　苯甲酰胺的红外光谱图

脂肪族腈和芳香族腈的 C≡N 键伸缩振动分别在 2260～2240cm^{-1} 区域和 2240～2220cm^{-1} 区域有特征吸收峰。

② 核磁共振氢谱　羧酸衍生物的 α-H 受羰基或氰基影响，化学位移向低场移动，δ 值一般为 2～3。酯分子中烷氧基 α-碳原子上氢质子的 δ 值在 3.7～4.1，如图 12.7 所示。酰胺分子中氮原子上氢质子（—CONH—）的 δ 值一般在 5～9.4，是宽而矮的典型吸收峰。

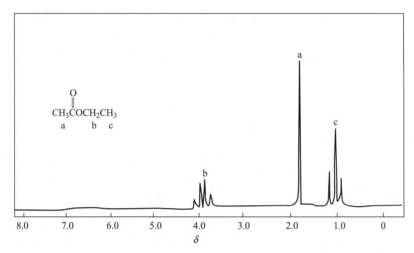

图 12.7　乙酸乙酯的核磁共振氢谱

12.3　羧酸衍生物的化学性质

羧酸衍生物（腈除外）分子中都含有相同的官能团酰基，酰基均和一个杂原子 Z（Z 为卤原子、氧原子或氮原子）相连。因此，羧酸衍生物表现出相似的化学性质。

12.3.1　亲核取代-消除反应

羧酸衍生物分子中与酰基碳相连的 Z 基团在一定条件下被亲核试剂取代，然后再消去一个负离子的反应称为亲核取代-消除反应。当羧酸衍生物在酸或碱催化下与水、醇或氨（胺）反应，与酰基所连的基团被羟基、烷氧基或氨（胺）基所取代，分别称为羧酸衍生物的水解（hydrolysis）、醇解（alcoholysis）和氨解（ammonolysis）。腈在特定条件下发生同样的反应而得到相应的衍生物。

（1）水解成羧酸

所有羧酸衍生物均可发生水解生成相应羧酸。反应通式如下：

$$R-\overset{O}{\underset{\|}{C}}-Z + H_2O \longrightarrow R-\overset{O}{\underset{\|}{C}}-OH + HZ \qquad Z=X, OCOR', OR', NR'R''$$

① 酰卤的水解　酰氯是羧酸衍生物中水解速率最快的。小分子酰卤极易水解，如乙酰氯在湿空气中冒烟，这是它遇水产生氯化氢的缘故；但是，酰卤随着分子量增大在水中的溶解度降低，水解速度逐渐减慢，如果加入适当溶剂（如二氧六环，四氢呋喃等）以增加酰卤在水中的溶解或加碱催化，可促进反应进行。例如：

② 酸酐的水解　酸酐反应活性不如酰卤，因此室温下水解很慢，必要时需加热、酸碱催化或选择适当溶剂使之成为均相，可加速水解的进行。例如：

$$\text{邻苯二甲酸酐} + H_2O \xrightarrow{\triangle} \text{邻苯二甲酸}$$

由于酰卤和酸酐通常由羧酸制得，因此它们的水解反应在有机合成中应用较少，只在那些酰卤或酸酐比相应的羧酸更容易获得时使用。

③ 酯的水解　酯水解生成一分子羧酸和一分子醇。酯的水解比酰卤、酸酐的反应活性低，但比酰胺活性高，一般需在酸或碱催化下进行。

$$R-\underset{\underset{O}{\parallel}}{C}-OR' + H_2O \rightleftharpoons R-\underset{\underset{O}{\parallel}}{C}-OH + R'OH$$

酯在酸催化下水解是酯化反应的逆反应，是平衡反应，水解不完全。酯在碱催化下水解则是不可逆的，一方面，OH^-是较强的亲核试剂，易于与酯羰基亲核加成；另一方面，水解生成的羧酸与碱成盐，有利于平衡反应的正向移动，因此酯在碱过量的条件下可彻底水解。所以，酯的水解通常采用碱催化的方法，碱的物质的量一般要多于酯。

酯的碱性水解反应应用广泛。例如，高级脂肪酸酯在碱性条件下水解得到羧酸钠盐，可用于制造肥皂，因此，酯的碱性条件水解反应也称为皂化反应（saponification）。

④ 酰胺的水解　酰胺的反应活性不如酯，一般需要在酸或碱催化、加热条件下进行，生成相应的羧酸和氨（胺），其水解的机理与酯的水解相似，不再赘述。例如：

$$\text{Ph-CH(CH}_3)\text{-CONH}_2 \xrightarrow[\text{回流}]{H_2SO_4/H_2O} \text{Ph-CH(CH}_3)\text{-COOH} + NH_4HSO_4$$

$$CH_3O\text{-}\underset{NO_2}{\text{Ar}}\text{-NH-COCH}_3 \xrightarrow[\text{回流}]{KOH/H_2O} CH_3O\text{-}\underset{NO_2}{\text{Ar}}\text{-NH}_2 + CH_3COOK$$

⑤ 腈的水解　腈在酸或碱催化剂作用下水解，首先生成酰胺，再进一步水解生成羧酸。

$$R-CN \xrightarrow[H_2O]{H^+ \text{或} OH^-} R-\underset{\underset{O}{\parallel}}{C}-NH_2 \xrightarrow[H_2O]{H^+ \text{或} OH^-} R-\underset{\underset{O}{\parallel}}{C}-OH$$

综上所述，羧酸衍生物易发生水解反应，许多前体药物正是利用了这一性质，但在生产、使用和保存时则应注意防止水解。例如：某些易水解的药物通常制成含水量控制在一定范围内的注射用制剂，临用时再加水配成注射液；酯类和酰胺类药物在一定 pH 范围内较稳定，配成水溶液时须控制溶液的 pH 值。

（2）醇解成酯

羧酸衍生物与醇作用生成酯的反应称为醇解（alcoholysis），它是合成酯类化合物的重要方法之一。反应通式如下：

$$R-\underset{\underset{O}{\parallel}}{C}-Z + R'OH \longrightarrow R-\underset{\underset{O}{\parallel}}{C}-OR' + HZ \qquad Z=X, OCOR', OR'NR'R''$$

① 酰卤的醇解　酰卤活性很高，很容易与醇或酚反应生成酯，通常用来制备难以直接通过酯化反应得到的酯。对于活性较弱的酰卤或空间位阻较大的叔醇和酚，反应需在碱条件下进行，常用的碱有吡啶、4-二甲氨基吡啶、三乙胺等，它们既作为缚酸剂，中和生成的 HCl，也起到催化作用。例如：

第12章 羧酸衍生物: 亲核加成-消除反应

$$(CH_3)_3CCOCl + HO\text{—}C_6H_5 \xrightarrow{\text{吡啶}} (CH_3)_3CCOO\text{—}C_6H_5 + \text{吡啶}\cdot HCl$$

$$CH_3COCl + C(CH_3)_3\text{—}OH \xrightarrow{\text{4-二甲氨基吡啶}} CH_3COOC(CH_3)_3 + \text{4-二甲氨基吡啶}\cdot HCl$$

② **酸酐的醇解** 酸酐的活性也较强,易发生醇解,但较酰卤温和一些。反应可用少量酸或碱催化,生成一分子酯和一分子酸,也是制备酯的常用方法。如世纪神药阿司匹林就是以水杨酸为原料,在硫酸催化下与乙酐反应制得的。

$$\text{水杨酸} + (CH_3CO)_2O \xrightarrow[70\sim75℃]{H_2SO_4} \text{阿司匹林} + CH_3COOH$$

环状酸酐(cyclic acid anhydride)也可以发生醇解,生成二元羧酸单酯,这是制备二元羧酸单酯的重要方法。二元羧酸单酯进一步酯化可生成二元羧酸二酯。例如:

$$\text{马来酸酐} + C_2H_5OH \xrightarrow{\Delta} \begin{array}{c}COOC_2H_5\\COOH\end{array} \xrightarrow[H^+]{C_2H_5OH} \begin{array}{c}COOC_2H_5\\COOC_2H_5\end{array}$$

③ **酯的醇解** 酯与醇反应,酯中的烷氧基与醇中的烷氧基发生置换生成另外一分子酯和醇,称为酯的醇解。反应一般需要在酸(如硫酸、对甲基苯磺酸)或碱(如醇钠)催化下进行,反应通式如下:

$$R\text{—}\overset{O}{\underset{\|}{C}}\text{—}OR' + R''OH \xrightleftharpoons{H^+ \text{或} R''ONa} R\text{—}\overset{O}{\underset{\|}{C}}\text{—}OR'' + R'OH$$

这是从一个酯转变为另一新酯的反应,故也称为酯交换反应(transesterification),常用于制备难以通过酯化方法直接得到的酯(如酚酯或烯醇酯),或由低沸点醇的酯合成高沸点醇的酯。此反应可逆,常通过加入过量的醇或将生成的醇除去来提高反应的转化率。例如:

$$CH_3CH_2\overset{O}{\underset{\|}{C}}\text{—}OCH_3 + C_6H_5OH \xrightarrow{p\text{-}CH_3C_6H_4SO_3H} C_6H_5O\overset{O}{\underset{\|}{C}}CH_2CH_3 + CH_3OH \text{ 蒸除}$$

$$CH_2\text{=}CHCOOCH_3 + n\text{-}C_4H_9OH \xrightarrow{p\text{-}CH_3C_6H_4SO_3H} CH_2\text{=}CHCOOC_4H_9\text{-}n + CH_3OH \text{ 蒸除}$$

④ **酰胺的醇解** 酰胺的反应活性较差,较难发生醇解,需要在酸性条件下高温反应才能转化成酯,实际应用较少,故在此不作介绍。

⑤ **腈的醇解** 腈的醇解一般需要酸催化才能进行。反应首先是醇在酸作用下与腈发生亲核加成生成亚胺酸酯盐,亚胺酸酯盐经酸性条件水解得羧酸酯。这是制备酯的另一种方法。

$$R\text{—}C\equiv N + HOR' \xrightarrow{HCl} R\text{—}\overset{NH\cdot HCl}{\underset{\|}{C}}\text{—}OR' \xrightarrow{H_3O^+} R\text{—}\overset{O}{\underset{\|}{C}}\text{—}OR' + NH_4Cl$$
亚胺酸酯盐酸盐

(3) 氨解成酰胺

羧酸衍生物与氨(或胺)作用生成酰胺的反应,称为氨(胺)解(ammonolysis),这是制备酰胺的常用方法之一。由于氨(或胺)的亲核性比水、醇强,且酰胺是羧酸衍生物中最稳定的,故羧酸衍生物的氨解反应比水解、醇解更容易进行。反应通式如下:

$$\text{R-CO-Z} + \text{NH}_3(\text{R}'\text{NH}_2, \text{R}''\text{R}'''\text{NH}) \longrightarrow \text{R-CO-NH}_2(\text{R}'\text{NH}_2, \text{R}''\text{R}'''\text{NH}) + \text{HZ}$$
$$Z = X, \text{OCOR}', \text{OR}', \text{NR}'\text{R}''$$

① 酰卤的氨解　酰卤与氨（或胺）很容易反应生成酰胺。由于氨的亲核性较强，酰氯和冷的氨水即可发生氨解反应。酰卤和胺反应通常需在碱性条件下进行，常用的碱有氢氧化钠、吡啶、4-二甲氨基吡啶碱、三乙胺等，它们的作用是中和反应生成的卤化氢，以避免消耗反应物氨（或胺）。例如：

$$\text{PhCOCl} + \text{HN}\underset{\text{O}}{\diagdown}\diagup \xrightarrow{\text{吡啶}} \text{PhCO-N}\underset{\text{O}}{\diagdown}\diagup + \text{Py} \cdot \text{HCl}$$

② 酸酐的氨解　酸酐也较容易发生氨解生成酰胺，但其反应活性不如酰卤，反应较温和。乙酸酐是最常用的酸酐，常用于在氮原子上引入乙酰基，如乙酰苯胺的制备：

$$(\text{CH}_3\text{CO})_2\text{O} + \text{PhNH}_2 \xrightarrow{\Delta} \text{PhNHCOCH}_3 + \text{CH}_3\text{COOH}$$

环状酸酐与氨（或胺）反应，首先发生开环生成酰胺酸铵盐，经酸化后生成酰胺酸（amic acid）。该反应若在高温下反应，则生成环状产物酰亚胺（imide）。

$$\underset{\text{}}{\text{马来酸酐}} + 2\text{NH}_3 \longrightarrow \underset{\text{酰胺酸铵盐}}{\begin{array}{c}\text{CONH}_2\\ \text{COO-NH}_4^+\end{array}} \xrightarrow{\text{H}^+} \underset{\text{酰胺酸}}{\begin{array}{c}\text{CONH}_2\\ \text{COOH}\end{array}} \quad | \quad \text{马来酸酐} + \text{NH}_3 \xrightarrow{300℃} \underset{\text{酰亚胺}}{\text{}}$$

酰卤和酸酐的反应活性较高，是有机合成中引入酰基团的常用试剂，因此酰卤和酸酐称为酰化剂（acylating agent），它们的醇解和氨解又称为醇和氨（或胺）的酰化（acylation）反应。

醇和氨（或胺）的酰化反应在有机合成、药物研发等领域有着重要意义。在有机合成中，酰化反应也常用于羟基或氨基的保护。药物分子设计方面，酰化反应可用于制备前体药物；增加药物的脂溶性，以改善体内吸收；延长作用时间；降低毒性，提高疗效等。

③ 酯的氨解　酯与氨（或胺）及氨的衍生物（如肼、羟氨等）反应生成酰胺或酰胺衍生物。由于氨（或胺）的亲核性比醇强，且生成的酰胺产物比酯稳定，故有些酯的氨解不需要加催化剂即可进行。例如：

$$\underset{\text{OH}}{\text{邻羟基苯甲酸乙酯}} + \underset{\text{H}_2\text{N}}{\underset{\text{H}_3\text{C}}{\text{邻甲苯胺}}} \longrightarrow \underset{\text{OH}}{\text{产物}}$$

$$\text{PhCOOMe} + \text{H}_2\text{NNH}_2 \longrightarrow \underset{\text{苯甲酰肼}}{\text{PhCONHNH}_2}$$

④ 酰胺的氨解　酰胺的氨解是酰胺的交换反应。反应需要满足一定条件才能进行：反应物胺的碱性应比离去胺的碱性强，且需过量。

12.3.2　与有机金属试剂的反应

（1）与格氏试剂的反应

各类羧酸衍生物均能与格氏试剂反应。首先，格氏试剂进攻具有正电性的羰基碳形成四

第 12 章 羧酸衍生物: 亲核加成-消除反应

面体中间体，然后消除 Z 基团生成醛或酮，醛或酮可与格氏试剂进一步反应而生成醇。

$$R-\underset{Z}{\underset{|}{\overset{O}{\overset{\|}{C}}}}-Z + R'MgX \longrightarrow R-\underset{Z}{\underset{|}{\overset{O-MgX}{\overset{|}{C}}}}-R' \xrightarrow{-MgXZ} R-\overset{O}{\overset{\|}{C}}-R' \xrightarrow[\text{② } H_3O^+]{\text{① } R''MgX} R-\underset{R'}{\underset{|}{\overset{OH}{\overset{|}{C}}}}-R''$$

酰卤是各类羧酸衍生物中反应活性最高的，它很容易和格式试剂反应。若使用 2mol 以上的格氏试剂，主要产物为醇；由于酰卤活性比酮大，若控制好反应条件可以停留在酮这一步，例如，采用 1mol 的格氏试剂，在低温下分批加入到酰卤的溶液中，使得酰卤始终是过量的，从而抑制了生成的酮与格氏试剂的反应，则能以较高收率得到酮。

$$Ph-\overset{O}{\overset{\|}{C}}-Cl \xrightarrow[\text{② } H_3O^+]{\text{① } CH_3MgI \text{ (2mol)}} Ph-\underset{CH_3}{\underset{|}{\overset{H_3C \quad OH}{\overset{|}{C}}}} \quad \text{叔醇}$$

$$CH_3\overset{O}{\overset{\|}{C}}-Cl + CH_3CH_2CH_2CH_2MgCl \xrightarrow[-70℃]{乙醚, FeCl_3} CH_3\overset{O}{\overset{\|}{C}}-CH_2CH_2CH_2CH_3 \quad 酮 \text{ (72\%)}$$

酯和格氏试剂反应首先生成中间体醛或酮，醛和酮都比酯活泼，反应很难停留在醛或酮这一步，因此醛或酮进一步和格氏试剂反应生成醇，甲酸酯生成仲醇，其他酸酯则生成叔醇。此反应常用于制备羟基 α-碳原子上至少连有两个相同烷基的仲醇或叔醇。内酯也能与格氏试剂发生类似反应，产物为二元醇。例如：

$$H-\overset{O}{\overset{\|}{C}}-OC_2H_5 \xrightarrow[\text{② } H_3O^+]{\text{① } PhMgBr} Ph-\underset{H}{\underset{|}{\overset{OH}{\overset{|}{C}}}}-Ph \quad 仲醇$$

$$\text{C}_6\text{H}_{11}-COOC_2H_5 \xrightarrow[\text{② } H_3O^+]{\text{① } CH_3CH_2MgBr} \text{C}_6\text{H}_{11}-\underset{CH_2CH_3}{\underset{|}{\overset{OH}{\overset{|}{C}}}}-CH_2CH_3 \quad 叔醇$$

$$\text{(γ-丁内酯)} \xrightarrow[\text{② } H_3O^+]{\text{① } CH_3MgI} HOCH_2CH_2\underset{CH_3}{\underset{|}{\overset{OH}{\overset{|}{C}}}}-CH_3 \quad 叔醇$$

腈的氰基能与格氏试剂反应生成亚胺盐，该盐不再与格氏试剂加成，进一步水解得到酮。

$$R-C\equiv N + R'MgX \longrightarrow R-\overset{NMgX}{\overset{\|}{C}}-R' \xrightarrow{H_3O^+} R-\overset{O}{\overset{\|}{C}}-R'$$

酸酐和酰胺也能和格氏试剂反应，但应用较少，故不作介绍。

（2）与二烃基铜锂的反应

二烃基铜锂比格氏试剂反应活性低，与酮反应很慢，而且在低温下不与酯、酰胺和腈反应。二烃基铜锂能迅速与酰氯反应生成酮，因此，二烃基铜锂的一个重要用途是用来合成酮。

$$R-\overset{O}{\overset{\|}{C}}-Cl \xrightarrow{R'_2CuLi} R-\overset{O}{\overset{\|}{C}}-R'$$

$$CH_3CH_2CH_2\overset{O}{\overset{\|}{C}}CH_2\overset{O}{\overset{\|}{C}}Cl \xrightarrow[Et_2O]{(CH_3)_2CuLi} CH_3CH_2CH_2\overset{O}{\overset{\|}{C}}CH_2\overset{O}{\overset{\|}{C}}CH_3$$

12.3.3 还原反应

羧酸衍生物分子中含有不饱和基团羰基，因此可以被还原。一般情况下，发生还原反应由易到难的顺序为：酰氯＞酸酐＞酯＞酰胺＞羧酸。

羧酸衍生物有很多还原方法，不同衍生物采用不同的还原方法可得到不同的还原产物。

（1）氢化铝锂还原

氢化铝锂（LiAlH$_4$）是最常见的金属氢化物之一。它具有很强的还原能力，既可以还原醛酮，也能还原各类羧酸衍生物和羧酸。酰卤、酸酐、酯被还原生成一级醇；一级酰胺、腈被还原生成一级胺；二级、三级酰胺分别被还原成二级、三级胺。例如：

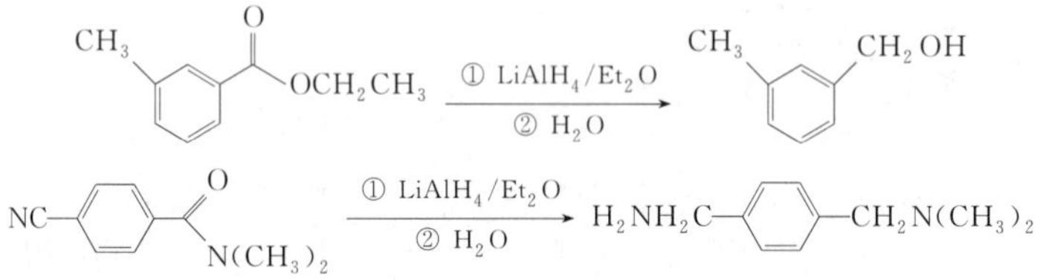

（2）催化氢化还原

酰卤也可采用催化氢化法还原，反应条件不同产物也不同。若采用一般催化氢化条件，酰卤被还原成一级醇。若采用降低了活性（部分毒化）的钯催化剂进行催化氢化，酰卤则被还原成醛，醛不会进一步被还原，该反应称为罗森孟德（K. W. Rosenmund，1884—1965）反应。常用的毒化剂有喹啉-硫、甲基硫脲等。在反应中加入碱性物质（如 2,6-二甲基吡啶）也可以阻止醛的过度还原。例如：

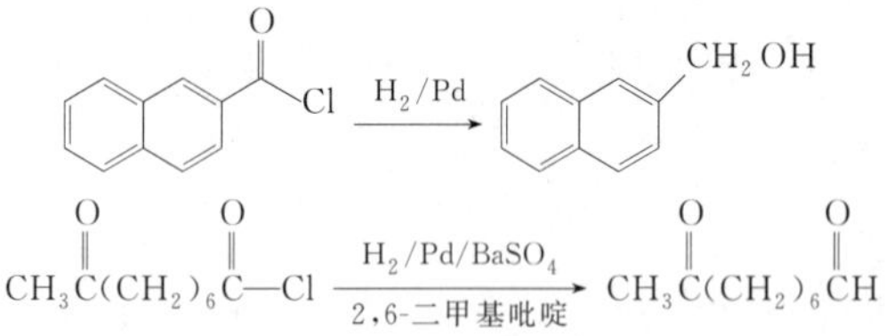

链状酸酐在催化氢化条件下还原，生成两分子醇；环状酸酐则生成一分子二元醇。

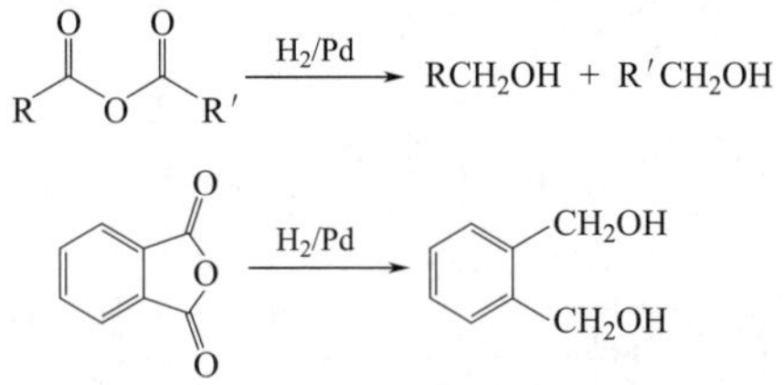

腈也可用催化氢化还原，产物为一级胺。

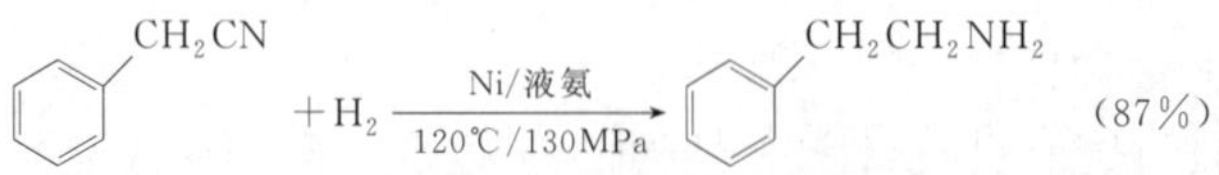

酯和酰胺一般很少用催化氢化法还原，需要特殊的反应条件才能实现，因此应用较少。

12.3.4 酰胺的特性

（1）酸碱性

酰胺分子中氨基与羰基共轭，氮原子上的电子云密度降低，碱性明显减弱。

在酰亚胺分子中，氮原子同时连有两个羰基，氮上的电子云密度大大降低而不显碱性，反而表现出明显的酸性。如邻苯二甲酰亚胺的 pK_a 值为 8.3，因此，酰亚胺能与碱反应成盐。

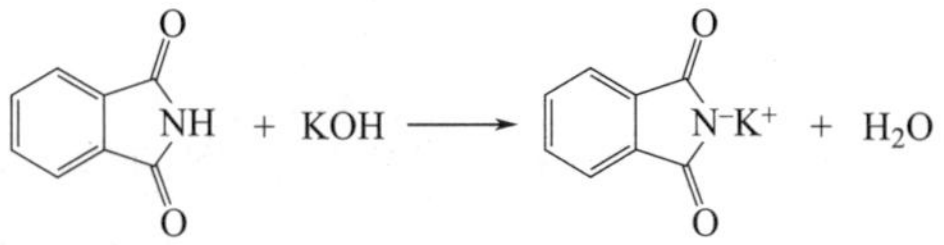

酰亚胺还可以和溴发生取代反应。例如：在低温下，将溴加到丁二酰亚胺的碱性溶液中可得到 N-溴代丁二酰亚胺（NBS）。

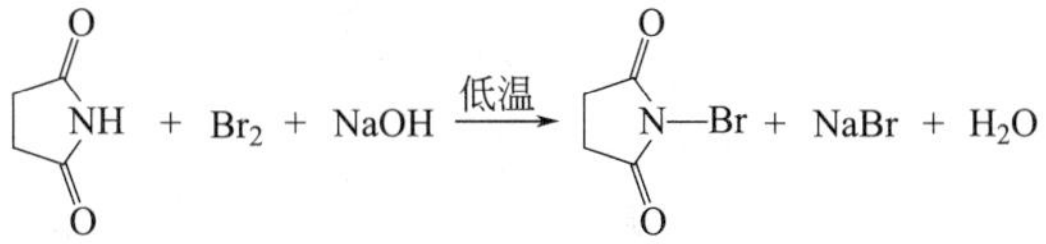

（2）霍夫曼降解反应

一级酰胺在碱性溶液（如 NaOH 或 KOH 水溶液）中与卤素（Cl_2 或 Br_2）反应，放出二氧化碳，生成比酰胺少一个碳原子的一级胺，该反应称为霍夫曼（Hofmann）降解反应，也称为霍夫曼重排反应。

$$R-\overset{O}{\underset{\parallel}{C}}-NH_2 \xrightarrow{Br_2/NaOH} \underset{异氰酸酯}{R-N=C=O} \xrightarrow{H_2O} R-NH_2 + CO_2$$

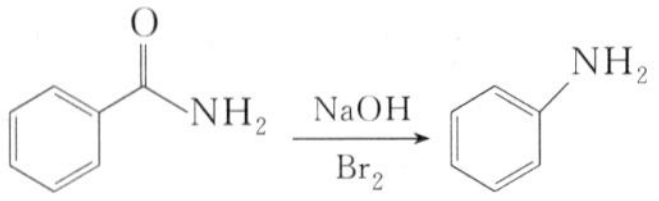

（3）脱水反应

一级酰胺在脱水剂作用下加热脱去一分子水生成腈。此反应具有条件温和、操作简便、产率高等优点，是制备腈的常用方法。常用脱水剂有：五氧化二磷、三氯氧磷、亚硫酰氯、三氧化二铝等，其中以五氧化二磷脱水活性最强。例如：

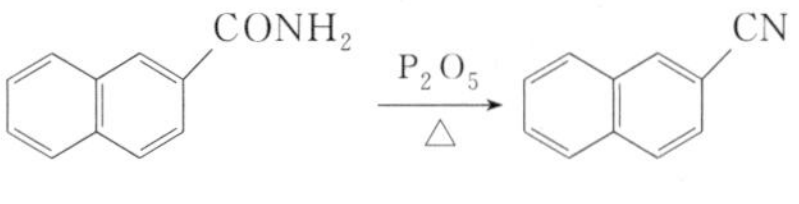

$$CH_3(CH_2)_4CONH_2 \xrightarrow[\triangle]{SOCl_2} CH_3(CH_2)_4CN$$

12.4 亲核加成-消除反应

12.4.1 亲核加成-消除反应机理

当羧酸或羧酸衍生物在酸或碱催化下与水（羧酸除外）、醇或氨（胺）反应，与酰基所连的基团被羟基、烷氧基或氨基（胺）所取代。反应通式如下：

$$R-\overset{O}{\underset{\parallel}{C}}-Z + :Nu \underset{}{\overset{催化剂}{\rightleftharpoons}} R-\overset{O}{\underset{\parallel}{C}}-Nu + :Z$$

:Nu=H_2O，R'OH，NH_3，R'NH_2 等　　　Z=—X，—OOCR'，—OR'，—NH_2，—NHR' 等

酰基的亲核取代反应若在碱性条件下进行，反应是通过亲核加成-消除机理（nucleophilic addition-elimination mechanism）分两步进行。第一步，亲核试剂进攻具有正电性的羰基碳发生加成反应，形成四面体的氧负离子中间体；第二步，消除负离子 Z^- 生成羰基终产物。总的结果是 Z 基团被 Nu 取代。

$$R-\underset{\substack{\|\\O}}{C}-Z + :Nu^- \longrightarrow R-\underset{\substack{|\\Nu}}{\overset{O^-}{C}}-Z \longrightarrow R-\underset{\substack{\|\\O}}{C}-Nu + Z^-$$

四面体中间体

该类反应也可在酸性条件下进行。首先，羧酸衍生物的羰基与质子结合，使氧带正电荷，增强了羰基碳的正电性，从而有利于亲核加成反应的进行；然后，亲核试剂对活化的羰基进行加成得到四面体中间体；最后，随着 Z 基团的离去得到消除产物。

$$R-\underset{\substack{\|\\O}}{C}-Z + H^+ \rightleftharpoons R-\underset{\substack{\|\\{}^+OH}}{C}-Z \xrightarrow{:Nu^-} R-\underset{\substack{|\\Z}}{\overset{OH}{C}}-Nu \longrightarrow R-\underset{\substack{\|\\O}}{C}-Nu + HZ$$

亲核取代的反应速率与亲核加成和消除两步反应密切相关，主要受羧酸衍生物结构中的电子效应和空间效应的影响。

在亲核加成过程中，羰基碳上所连基团的吸电子能力越强，羰基碳正电性越大，所连基团体积较小，周围空间位阻越小，亲核加成越易进行。有利于亲核加成，反应速率就快；反之，不利于加成，反应速率就慢。—Z 基团吸电子能力强弱顺序为：—X＞—OOCR′＞—OR′＞—NH$_2$。

在消除反应过程中，消除反应的速率取决于基团—Z 的离去能力，—Z 越易离去，反应速率则越快。—Z 的离去能力与 Z 离子的稳定性有关，Z 离子的稳定性顺序为：I＞Br＞Cl＞RCOO＞RO＞NH$_2$。所以，—Z 的离去能力为：I＞Br＞Cl＞—OOCR′＞—OR′＞—NH$_2$。

综上所述，不管是酸催化还是碱催化机理，羧酸衍生物的亲核取代反应活性顺序如下所示。

$$R-\underset{\substack{\|\\O}}{C}-Cl \approx R-\underset{\substack{\|\\O}}{C}-Br > R-\underset{\substack{\|\\O}}{C}-O-R' > R-\underset{\substack{\|\\O}}{C}-OR' > R-\underset{\substack{\|\\O}}{C}-NR'R'' \approx 腈$$

12.4.2 酯化反应中亲核加成-消除反应机理

实验证明，在大多数情况下，酯化反应由羧酸分子中的羟基与醇羟基的氢结合脱水生成酯，在反应中羧酸的酰氧键发生断裂。例如，用含有 ^{18}O 的醇和羧酸酯化反应生成含有 ^{18}O 的酯，证明酯化是由羧酸提供羟基。

$$H_3C-\underset{\substack{\|\\O}}{C}-OH + H-{}^{18}O-CH_2CH_3 \xrightleftharpoons{H^+} H_3C-\underset{\substack{\|\\O}}{C}-{}^{18}OCH_2CH_3 + H_2O$$

该反应是通过亲核加成-消除反应进行的。首先，羧酸羰基氧与质子结合生成正离子（Ⅰ），增加了羰基碳原子的正电性使其易与醇发生亲核加成，形成四面体中间体（Ⅱ），此步为反应决速步；然后发生质子转移生成中间体（Ⅲ），进而脱除一分子水得到（Ⅳ），再失去质子形成酯（Ⅴ）。该反应涉及对羰基的亲核加成和再消除水的过程，该反应是羧基中的羟基被烷氧基取代。

$$R-\underset{\substack{\|\\OH}}{C}-\overset{\ddot{O}}{} \xrightarrow{H^+} R-\underset{\substack{|\\OH}}{\overset{{}^+OH}{C}} \xrightarrow{HOR'} R-\underset{\substack{|\\OH}}{\overset{OH}{C}}-\overset{+}{O}R'H \xrightleftharpoons[\text{质子转移}]{\text{质子转移}} R-\underset{\substack{|\\{}^+OH_2}}{\overset{O-H}{C}}-OR'$$

Ⅰ   Ⅱ   Ⅲ

$$\xrightleftharpoons[+H_2O]{-H_2O} R-\underset{\substack{\|\\{}^+OH}}{C}-OR' \rightleftharpoons R-\underset{\substack{\|\\O}}{C}-OR' + H^+$$

Ⅳ   Ⅴ

第 12 章 羧酸衍生物:亲核加成-消除反应

由于反应关键中间体（Ⅱ）是四面体结构，空间位阻较大，所以羧酸和醇的结构对酯化难易影响很大。一般说来，酸或醇分子中烃基的空间位阻加大都对酯化反应不利。因此，结构不同的醇和羧酸进行酯化反应时的活性顺序为：

醇：$CH_3OH > RCH_2OH > R_2CHOH$

酸：$CH_3COOH > RCH_2COOH > R_2CHCOOH > R_3CCOOH$

12.4.3 酯的水解反应中的亲核加成-消除反应机理

酯的水解反应一般有两种断裂方式生成羧酸和醇，一种是酰氧键断裂，另一种是烷氧键断裂。根据反应条件的不同和底物的差异，水解的机理和键的断裂方式也会有所不同。

$$R-C(=O)\!\mid\!O-R' \qquad R-C(=O)-O\!\mid\!R'$$

酰氧键断裂　　　　　烷氧键断裂

实验证明，酯在碱性条件下水解一般是以酰氧键断裂方式进行。如乙酸戊酯用 H_2O^{18} 在碱性条件下水解，生成含有 ^{18}O 的羧酸负离子。

$$CH_3-C(=O)-OC_5H_{11} + {}^{18}OH^- \longrightarrow CH_3-C(=O)-{}^{18}O^- + C_5H_{11}OH$$

酯的碱性水解是通过亲核加成-消除机理进行的。HO^- 进攻酯分子中羰基碳原子，形成正四面体中间体，再脱去烷氧负离子，在此过程中酰氧键发生了断裂。这两步都是可逆的，但由于反应在碱性条件下进行，生成的羧酸与碱中和生成羧酸盐，从而促进平衡的正向移动。

$$R-C(=O)-OR' + HO^- \underset{慢}{\rightleftharpoons} R-C(O^-)(OH)(OR') \xrightarrow{快} R-C(=O)-OH + R'O^- \longrightarrow RCO^- + R'OH$$

以上机理中，HO^- 进攻羰基碳生成四面体中间体是反应的决速步骤，因此，反应速率和负离子四面体中间体的稳定性密切相关。若酯分子中烃基上带有吸电子基，可使负离子中间体趋于稳定而促进反应，吸电子能力越强，反应速率就越快。空间位阻对四面体中间体的形成影响也较大，酯酰基的 α-碳或与氧连接的烷基 α-碳上取代基的数目越多、体积越大，越不利于中间体的形成，反应速率就越慢。表 12.2 很好地说明了酯的碱催化水解中电子效应及空间位阻对反应的影响，其规律与上述描述一致。

表 12.2　酯的碱催化水解中电子效应和空间位阻对反应速率的影响

RCOOC$_2$H$_5$ H_2O(25℃)		RCOOC$_2$H$_5$ 87.8% ROH(30℃)		CH$_3$COOR 70%丙酮(25℃)	
R	相对速率	R	相对速率	R	相对速率
CH$_3$	1	CH$_3$	1	CH$_3$	1
CH$_2$Cl	290	CH$_3$CH$_2$	0.470	CH$_3$CH$_2$	0.431
CHCl$_2$	6130	(CH$_3$)$_2$CH	0.100	(CH$_3$)$_2$CH	0.065
CH$_3$CO	7200	(CH$_3$)$_3$C	0.010	(CH$_3$)$_3$C	0.002
CCl$_3$	23150	C$_6$H$_5$	0.102	环己基	0.042

酯在酸性条件下亦可发生水解。羧酸的伯、仲醇酯水解时一般也是以酰氧键断裂方式进行的。具体过程如下：

$$R-\overset{O}{\underset{\|}{C}}-OR' \xrightleftharpoons{H^+} R-\overset{+OH}{\underset{\|}{C}}-OR' \xrightarrow{H_2O} R-\overset{OH}{\underset{+OH_2}{\overset{|}{C}}}-OR' \xrightarrow{\text{质子转移}} R-\overset{OH}{\underset{HO}{\overset{|}{C}}}-\overset{+OH}{\underset{\|}{\overset{}{OHR'}}} \xrightarrow{-R'OH} R-\overset{+OH}{\underset{\|}{C}}-OH \xrightleftharpoons{-H^+}{H^+} R-\overset{O}{\underset{\|}{C}}-OH$$

由上述机理可以推断，酯的酸催化下水解的反应速率也和四面体中间体的稳定性有关。空间位阻对反应速率影响较大，其规律和酯在酸性条件下水解是一致的。电子效应对水解速率的影响则不如在碱催化水解中大，如羰基 α-碳上连有吸电子基团，对碱性水解是有利的，而对酸性水解则有两种相反的影响。一方面吸电子基团增加了羰基碳的正电性，有利于亲核试剂的进攻，而另一方面降低了酯羰基氧的电子云密度，对酯的质子化是不利的。总之，极性基团对碱性水解的影响要大于对酸性水解的影响。表 12.3 为乙酸酯（CH_3COOR）25℃时在盐酸溶液中水解的相对速率。

表 12.3　乙酸酯（CH_3COOR）在盐酸溶液中水解的相对速率（25℃）

R	CH_3	CH_3CH_2	$(CH_3)_2CH$	$(CH_3)_3C$	$C_6H_5CH_2$	C_6H_5
相对速率	1	0.97	0.53	1.15	0.96	0.69

叔醇酯在酸催化下的水解机理与伯、仲醇酯的酸性水解机理不同。由于叔醇酯在酸性条件下容易生成相对稳定的三级碳正离子，因此，水解反应按烷氧键断裂方式进行：

$$R-\overset{O}{\underset{\|}{C}}-OCR'_3 \xrightleftharpoons{H^+} R-\overset{+OH}{\underset{\|}{C}}-O-CR'_3 \longrightarrow R-\overset{O}{\underset{\|}{C}}-OH + {}^+CR'_3$$

$$R'_3C^+ + H_2O \rightleftharpoons R'_3\overset{+}{C}-OH_2 \rightleftharpoons R'_3C-OH + H^+$$

上述反应机理可以通过 ^{18}O 标记的叔醇酯的酸性条件水解反应证明，产物中没有得到 ^{18}O 的叔醇，只得到 ^{18}O 的羧酸。

$$CH_3-\overset{O}{\underset{\|}{C}}-\overset{18}{O}-C(CH_3)_3 + H_2O \xrightarrow{H^+} CH_3-\overset{O}{\underset{\|}{C}}-\overset{18}{O}H + HOC(CH_3)_3$$

12.5　碳负离子的反应

碳负离子的反应通常是指含活泼 α-氢的化合物在碱性条件下以碳负离子或烯醇氧负离子形式参与的亲核取代或亲核加成反应。如羟醛缩合反应可看作是碳负离子对羰基的亲核加成反应。碳负离子的反应在有机合成中应用非常广泛，是构建新的碳碳键或在分子中引入新官能团的重要手段之一。

12.5.1　缩合反应

将分子间或分子内不相连的两个碳原子通过共价键结合形成一个新分子的反应统称为缩合反应（condensation reaction）。在缩合反应中，形成新的碳碳键的同时常伴有一些简单小分子（如水、醇等）的失去。缩合反应通常需要在酸或碱性试剂催化下进行，此时的催化剂称为缩合剂（condensation agent），常见的缩合剂有无机酸、碱、醇钠、醇钾等。

（1）酯缩合反应

酯的 α-氢具有弱酸性，两分子酯在碱的作用下发生亲核加成-消去反应生成 β-酮酸酯，称为酯缩合反应或克莱森（Claisen）酯缩合反应。反应的结果可看作是一分子酯的 α-氢被另一分子酯的酰基所取代。

第 12 章 羧酸衍生物: 亲核加成-消除反应

$$RCH_2COOC_2H_5 + HCHCOOC_2H_5 \xrightarrow[\text{② } H_3O^+]{\text{① } C_2H_5ONa} RCH_2COCHCOOC_2H_5 + C_2H_5OH$$
$$\phantom{RCH_2COOC_2H_5 + HCHCOOC_2H_5 \xrightarrow{} RCH_2COC}|$$
$$\phantom{RCH_2COOC_2H_5 + HCHCOOC_2H_5 \xrightarrow{} RCH_2COC}R$$

以两分子乙酸乙酯脱去一分子乙醇生成乙酰乙酸乙酯的反应为例，反应机理如下：

$$CH_3C(O)OC_2H_5 \underset{(1)}{\overset{NaOC_2H_5}{\rightleftharpoons}} [\bar{C}H_2C(O)OC_2H_5 \leftrightarrow CH_2=C(\bar{O})OC_2H_5] \xrightarrow[\text{亲核加成}]{(2)} CH_3-\underset{OC_2H_5}{\overset{O^-}{\underset{|}{\overset{|}{C}}}}-CH_2C(O)OC_2H_5$$
$$pK_a 24.5$$

$$\underset{(3)\text{ 消去}}{\overset{-C_2H_5O^-}{\rightleftharpoons}} CH_3C(O)CH_2C(O)OC_2H_5 \xrightarrow[(4)]{C_2H_5ONa} CH_3\overset{Na^+O^-}{\underset{|}{C}}=\bar{C}HC(O)OC_2H_5 \xrightarrow[(5)]{H_3O^+} CH_3C(O)CH_2C(O)OC_2H_5 + C_2H_5OH$$
$$pK_a 11 \text{乙酰乙酸乙酯}pK_a 16$$

反应的（1）~（3）步是可逆的，且平衡倾向于逆向。从乙酸乙酯和乙醇的 pK_a 值可知，乙醇钠是一个相对较弱的碱，用乙醇钠夺取乙酸乙酯 α-氢生成烯醇氧负离子是较困难的。但是，由于生成的乙酰乙酸乙酯的酸性较强，在第（4）步碱性条件下可以形成稳定的负离子，从而促使平衡向正向移动直到反应结束。

上述分析表明：（4）是整个缩合反应的关键步骤，而前提是两个羰基之间必须有活泼氢，因此，反应物酯至少有两个 α-氢，反应才能顺利进行。而只含有一个 α-氢的酯，在乙醇钠作用下缩合反应很难发生。但若采用一个很强的碱（如三苯甲基钠），使反应（1）平衡倾向于向正向移动，酯缩合反应也能完成。例如：异丁酸乙酯的缩合反应需在三苯甲基钠作用下进行。

$$(CH_3)_2CHC(O)OC_2H_5 \xrightarrow[\text{② } H_3O^+]{\text{① } (C_6H_5)_3C^-Na^+} (CH_3)_2CHC(O)\underset{CH_3}{\overset{CH_3}{\underset{|}{\overset{|}{C}}}}CO_2C_2H_5$$

都含有 α-氢原子的两种不同的酯进行缩合反应时，反应的选择性较差，理论上将得到四种缩合产物，在合成上意义不大。但若采用一个不含有 α-氢的酯（如苯甲酸酯、甲酸酯、草酸酯、碳酸酯等）与一个含有 α-氢的酯进行缩合反应时，可得到较为单一的交叉缩合产物。该缩合称为酯的交叉缩合（crossed ester condensation）。反应的结果可看作是不含 α-氢的酯提供酰基引入到含有 α-氢的酯的 α-位，例如：

$$HC(O)OC_2H_5 + CH_3CO_2C_2H_5 \xrightarrow[\text{② } H_3O^+]{\text{① } NaOC_2H_5} HC(O)CH_2CO_2C_2H_5$$

由于芳酸酯的酯羰基一般不够活泼，缩合反应时常需用较强的碱（如 NaH）以保证足够浓度的烯醇负离子与之反应，缩合反应才能顺利进行。

$$C_6H_5CO_2CH_3 + CH_3CH_2CO_2C_2H_5 \xrightarrow[\text{② } H_3O^+]{\text{① } NaH} C_6H_5COCH(CH_3)CO_2C_2H_5$$
$$56\%$$

己二酸酯或庚二酸酯可发生分子内酯缩合反应，生成较稳定的五元或六元环 β-酮酸酯，该反应称为狄克曼（Dieckmann）缩合，是合成环状酮的一种重要方法，例如：

$$\begin{array}{l} CH_2CH_2COOC_2H_5 \\ | \\ CH_2CH_2COOC_2H_5 \end{array} \xrightarrow[\text{② } H_3O^+]{\text{① } C_2H_5ONa} \text{环戊酮-2-羧酸乙酯}$$

含有 α-氢的酮也可以和酯发生缩合反应，主要产物为 β-二酮类化合物。例如：

$$CH_3COCH_3 + CH_3CH_2CO_2C_2H_5 \xrightarrow[\text{② } H_3O^+]{\text{① } NaOC_2H_5} CH_3CH_2COCH_2COCH_3$$

当采用无 α-氢的酯和有 α-氢的酮反应时，反应产物更为单一。例如：

环己酮 + $C_2H_5O-CO-OC_2H_5$ $\xrightarrow[\text{② } H_3O^+]{\text{① } NaH}$ 2-(乙氧羰基)环己酮

若酮酸酯分子中酮基与酯基的相对位置适合于生成稳定环系如五元或六元环酮，此类酮酸酯也可进行分子内缩合反应。例如：

$$CH_3COCH_2CH_2CH_2COC_2H_5 \xrightarrow[\text{② } H_3O^+]{\text{① } C_2H_5ONa} \text{2-乙酰基环戊酮}$$

由上可见，酯缩合反应是有机合成中构建新的碳碳键的重要手段，可以用于合成各类 β-二羰基化合物（或 1,3-二羰基化合物），如 β-酮酸酯、β-二酮、丙二酸酯等，而这些化合物也是重要的有机原料或中间体。

鉴于酯缩合反应在有机合成和药物合成中的重要性，特在此举例说明如何通过逆合成分析合成 β-二羰基化合物。以 1-苯基-1,3-丁二酮的合成为例，采用逆合成分析，从 1,3-二羰基之间切断，得到缩合反应的两个反应物。两种切断方法采用不同的酮和酯，均是可行的。

(1) $C_6H_5COCH_2COCH_3$ ⟹ $C_6H_5CO-OC_2H_5 + CH_3-CO-CH_3$

(2) $C_6H_5COCH_2COCH_3$ ⟹ $C_6H_5CO-CH_3 + CH_3-CO-OC_2H_5$

（2）柏琴反应

芳醛与酸酐在碱催化剂作用下反应生成 β-芳基-α,β-不饱和羧酸的反应称为柏琴（Perkin）反应。常用的碱催化剂是与酸酐相应的羧酸盐。反应产物一般以热力学稳定的反式 β-芳基-α,β-不饱和羧酸为主，即芳基与羧基处于双键的异侧。例如：

$$C_6H_5CHO + (CH_3CO)_2O \xrightarrow[180℃]{CH_3COOK} \underset{\text{肉桂酸}}{\overset{H}{\underset{C_6H_5}{C}}=\overset{COOH}{\underset{H}{C}}}$$

柏琴反应也有一些缺点，如所需温度较高、反应时间较长、产率有时不高等，但由于原料简单易得，在合成上仍有一定的应用价值。

（3）克脑文格尔反应

醛或酮与含活泼亚甲基化合物在弱碱性催化剂作用下发生的失水缩合反应称为克脑文格尔（Knoevenagel）反应。常用的碱性催化剂有吡啶、哌啶、胺等。常用的反应溶剂有苯和甲苯，便于将反应生成的水分离出去。反应通式及其机理如下（X 与 Y 可相同也可不同）：

通式：
$$\underset{R'}{\overset{R}{C}}=O + H_2C\underset{X}{\overset{Y}{<}} \xrightarrow{B:} \underset{R'}{\overset{R}{C}}=\underset{X}{\overset{Y}{C}}$$

X, Y = —COR, —COOR, —COOH, —CN, —NO$_2$ 等

机理：

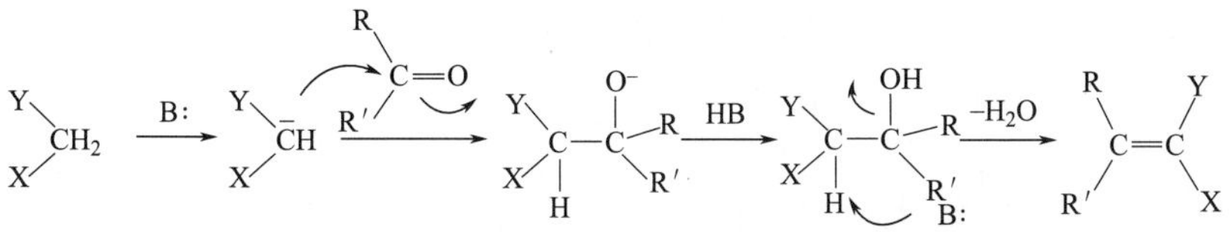

第 12 章 羧酸衍生物:亲核加成-消除反应

克脑文格尔反应是对柏琴反应的改进。在弱碱条件下,活泼亚甲基化合物优先形成碳负离子,有利于与羰基的亲核加成反应,同时避免了醛分子间发生 Aldol 缩合反应。因此,克脑文格尔反应的底物适用面较广,芳香醛、脂肪醛和酮均能发生反应。例如:

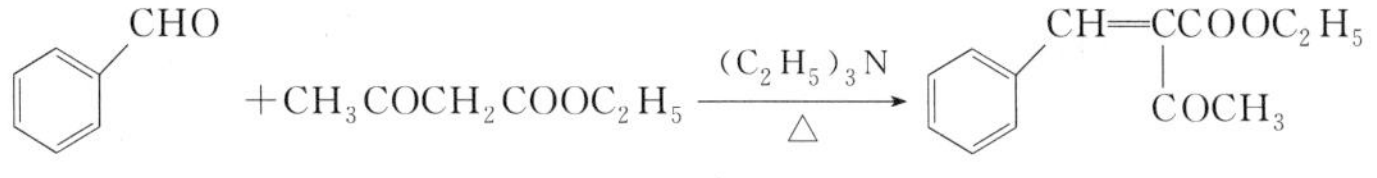

克脑文格尔反应被广泛用于合成各类 α,β-不饱和化合物。醛与丙二酸缩合可发生脱羧直接生成 α,β-不饱和酸,这是合成 α,β-不饱和酸的一个重要方法。例如:抗变态反应药物曲尼司特(Tranilast)的中间体 3-(3,4-二甲氧苯基)丙烯酸即采用此方法进行合成。

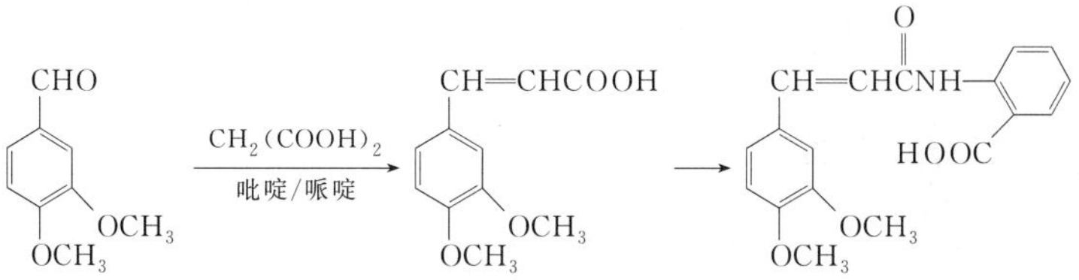

3-(3,4-二甲氧苯基)丙烯酸(91%)　　曲尼司特

(4) 瑞佛马斯基反应

醛或酮与 α-溴代酸酯在惰性溶剂中和锌作用生成 β-羟基酸酯的反应称为瑞佛马斯基(Reformatsky)反应。反应首先是 α-溴代酸酯与金属锌反应生成有机锌化合物,然后对醛或酮进行亲核加成,再水解得到终产物。

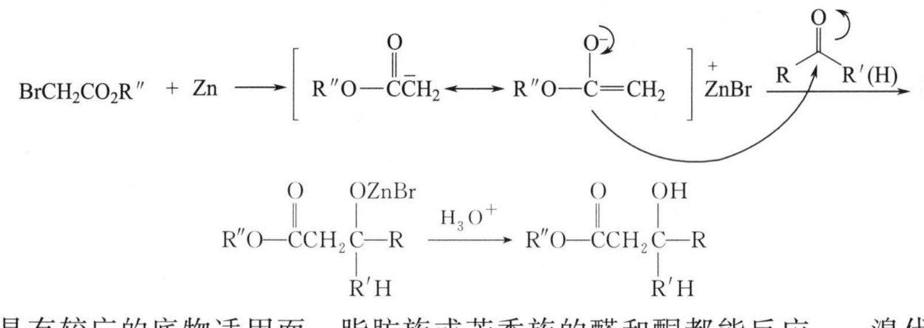

该反应具有较广的底物适用面。脂肪族或芳香族的醛和酮都能反应,α-溴代酸酯的 α 位连有烷基或芳基也均可反应,只有空间位阻太大时,反应才不易进行。该反应是制备 β-羟基酸及其衍生物的重要方法;另外,由于 β-羟基酸易脱水,因此这也是制备 α,β-不饱和羧酸的常用方法之一。例如:

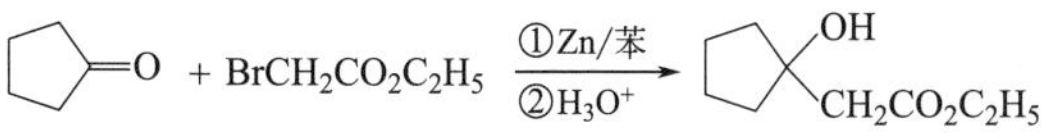

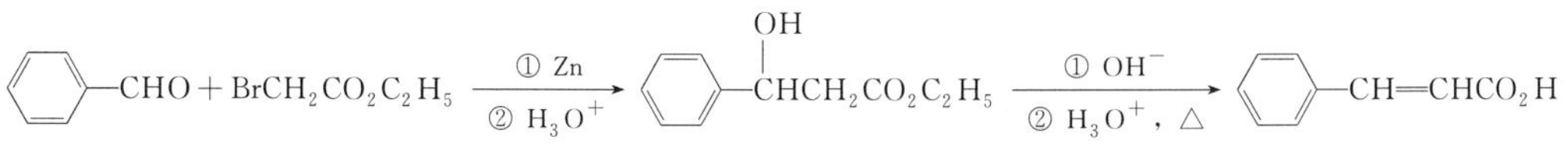

α,β-不饱和羧酸

(5) 达琴反应

醛或酮与 α-卤代酸酯在强碱作用下生成 α,β-环氧酸酯(α,β-epoxycarboxylate)的反应

称为达琴（Darzen）反应。常用的强碱有醇钠、醇钾、氨基钠等。反应通式和机理如下：

通式：

$$\underset{(H)}{\overset{R}{R'}}C=O + XCHCOOC_2H_5 \xrightarrow{强碱} \underset{R'(H)}{\overset{R}{C}}\underset{}{\overset{O}{\diagup\diagdown}}\underset{R''(H)}{\overset{}{C}}COOC_2H_5$$

反应机理：

$$C_2H_5O^- + H\underset{X}{\overset{R''(H)}{C}}COOC_2H_5 \longrightarrow X\overset{R''(H)}{C}=\overset{O^-}{C}-OC_2H_5 + C_2H_5OH$$

$$R-\overset{O}{\underset{}{C}}-R'(H) + XC=\overset{O^-}{C}-OC_2H_5 \longrightarrow R-\underset{R'(H)}{\overset{O^-}{C}}\underset{X}{\overset{R''(H)}{C}}COOC_2H_5 \xrightarrow{-X^-} R\overset{O}{\underset{R'(H)}{C}}\underset{R''(H)}{\overset{}{C}}COOC_2H_5$$

达琴反应也有较广的底物适用面，脂肪族或芳香族醛酮都能反应，适用于各类 α,β-环氧酸酯的合成。例如：

$$\text{PhCHO} + \text{ClCH}_2\text{CO}_2\text{C}_2\text{H}_5 \xrightarrow{\text{NaOC}_2\text{H}_5} \text{Ph}\overset{O}{\diagup\diagdown}\text{CO}_2\text{C}_2\text{H}_5$$

12.5.2 乙酰乙酸乙酯

两个羰基被一个碳原子隔开的化合物称为 β-二羰基化合物。β-二羰基化合物一般泛指 β-二酮、β-酮酸酯、丙二酸酯等含活泼亚甲基化合物。

乙酰乙酸乙酯（ethyl acetoacetate）是一类重要的 β-二羰基化合物，可由乙酸乙酯经克莱森酯缩合反应制得。工业上采用二乙烯酮与乙醇作用制得。乙酰乙酸乙酯为无色具有水果香味的液体，沸点为181℃，微溶于水，可溶于多种有机溶剂。

（1）酮式和烯醇式的互变异构

乙酰乙酸乙酯有两种结构，即酮式和烯醇式。乙酰乙酸乙酯能与 $NaHSO_3$ 或 HCN 反应，说明酮羰基的存在；也能和金属钠反应放出氢气，使溴的四氯化碳溶液褪色，使 $FeCl_3$ 显紫色，说明烯醇的存在。一般常温下，乙酰乙酸乙酯是这两种形式互变的平衡混合物（酮式：烯醇式＝1∶0.09），这种酮式和烯醇式的互变称为互变异构（tautomerism）。

$$\underset{\text{酮式}}{CH_3-\overset{O}{\underset{}{C}}-CH_2-\overset{O}{\underset{}{C}}-OC_2H_5} \xrightleftharpoons{\text{互变异构}} \underset{\text{烯醇式}}{CH_3-C=CH-\overset{O\cdots H}{\underset{}{C}}-OC_2H_5}$$

单羰基化合物也存在酮式和烯醇式，但一般是酮式占绝对优势。而 β-二羰基化合物由于双羰基的存在，α-氢酸性增强，烯醇式较酮式共轭体系更大，同时还可形成较稳定的分子内氢键，从而使烯醇式更加稳定。由于酮的羰基活性高于酯羰基，因此在乙酰乙酸乙酯中，烯醇式中的氢主要和酮羰基的氧相连。由于羰基活性的差异，不同 β-二羰基化合物的烯醇式含量也不同。如乙酰丙酮主要以烯醇式存在，而丙二酸二乙酯主要以酮式存在。

（2）酮式分解和酸式分解

乙酰乙酸乙酯在不同浓度的碱作用下可发生两种方式的分解：酮式分解和酸式分解。这两种分解方式均发生碳碳键的断裂，区别在于断裂的位置不同，产物也不同。

$$\underset{\text{酸式分解}}{CH_3-\overset{O}{\underset{}{C}}\vdots CH_2-\overset{O}{\underset{}{C}}-OC_2H_5} \qquad \underset{\text{酮式分解}}{CH_3-\overset{O}{\underset{}{C}}-CH_2\vdots\overset{O}{\underset{}{C}}-OC_2H_5}$$

第 12 章 羧酸衍生物:亲核加成-消除反应

① 酮式分解　乙酰乙酸乙酯在稀碱作用下水解再酸化生成乙酰乙酸,后者经加热发生脱羧生成丙酮,该反应称为酮式分解 (keto-form decomposition)。

$$CH_3\overset{O}{\underset{\|}{C}}CH_2COOC_2H_5 \xrightarrow[② H_3O^+]{① NaOH} CH_3\overset{O}{\underset{\|}{C}}CH_2COOH \xrightarrow{\triangle} CH_3\overset{O}{\underset{\|}{C}}CH_3 + CO_2\uparrow$$

② 酸式分解　乙酰乙酸乙酯与浓的强碱溶液共热,生成两分子乙酸盐,再酸化得到两分子乙酸,该反应称为酸式分解 (acid form decomposition)。

$$CH_3\overset{O}{\underset{\|}{C}}CH_2COOC_2H_5 \xrightarrow[② H^+]{① 浓 NaOH, \triangle} 2CH_3COOH + C_2H_5OH$$

酸式分解也适用于其他 β-酮酸酯。反应过程中,氢氧根负离子对 β-酮酸酯中较活泼的酮羰基进行加成从而发生羰基碳和亚甲基之间的断裂,生成两个羧酸盐。具体反应机理如下:

$$\begin{array}{c}RCH_2\overset{O}{\underset{\|}{C}}-\overset{}{\underset{R'}{C}}H-\overset{O}{\underset{\|}{C}}-OC_2H_5 \\ \overset{}{\underset{}{OH}}\end{array} \longrightarrow RCH_2\overset{O^-}{\underset{\underset{OH}{|}}{C}}-\overset{}{\underset{R'}{C}}H-\overset{O}{\underset{\|}{C}}-OC_2H_5 \longrightarrow RCH_2COOH + R'-\overset{}{\underset{H}{C}}=\overset{O^-}{\underset{}{C}}-OC_2H_5$$

$$\longrightarrow RCH_2COO^- + R'CH_2COOC_2H_5 \xrightarrow{OH^-} RCH_2COO^- + R'CH_2COO^-$$

(3) 烷基化和酰基化反应

乙酰乙酸乙酯亚甲基上的氢呈明显酸性,在碱(如 RONa、NaH 等)作用下形成碳负离子,由于氧的电负性较大,更易形成相对稳定的烯醇负离子。烯醇负离子可与卤代烃或酰卤发生亲核取代反应,分别生成 α-烷基或 α-酰基取代的乙酰乙酸乙酯。α-烷基取代的乙酰乙酸乙酯还可进一步与另一分子卤代烃反应,生成二烷基取代的乙酰乙酸乙酯,但一般需使用更强的碱(如叔丁醇钾)代替乙醇钠。α-酰基取代的乙酰乙酸乙酯则不易发生二次酰化反应。

烷基化反应时,宜采用伯卤代烷;叔卤代烷在强碱条件下易发生消除反应;仲卤代烷也因伴随有消除反应而使产率降低;卤代乙烯、卤代芳烃则不发生反应。

酰基化反应时,因酰卤可与乙醇发生反应,常采用氢化钠代替醇钠,而且反应必须在极性非质子性溶剂(如 DMF 或 DMSO)中进行。

(4) 乙酰乙酸乙酯在合成中的应用

乙酰乙酸乙酯在 α 位引入烷基或酰基后,经酮式分解或酸式分解可用于合成各类不同的羰基化合物。α-烷基取代的乙酰乙酸乙酯经酮式分解和酸式分解分别得到烷基取代丙酮或烷基取代乙酸;α-酰基取代的乙酰乙酸乙酯经酮式分解得 1,3-二酮。

酮式分解 $CH_3\overset{O}{\underset{}{C}}-\overset{}{\underset{R}{CH}}-\overset{O}{\underset{}{C}}-OC_2H_5 \xrightarrow[\text{② } H_3O^+]{\text{① 稀 OH}^-} CH_3\overset{O}{\underset{}{C}}CH-R$ α-烷基取代丙酮

酮式分解 $CH_3\overset{O}{\underset{}{C}}-\overset{R'}{\underset{R}{C}}-\overset{O}{\underset{}{C}}-OC_2H_5 \xrightarrow[\text{② } H^+,\triangle]{\text{① 稀 OH}^-} CH_3\overset{O}{\underset{}{C}}\underset{R'}{CH}-R$ α-双烷基取代丙酮

酸式分解 $CH_3\overset{O}{\underset{}{C}}-\overset{H}{\underset{R}{C}}-\overset{O}{\underset{}{C}}-OC_2H_5 \xrightarrow[\text{② } H^+,\triangle]{\text{① 浓 OH}^-} CH_3COOH + RCH_2COOH$ α-烷基取代乙酸

酮式分解 $CH_3\overset{O}{\underset{}{C}}-\overset{}{\underset{COR}{CH}}-\overset{O}{\underset{}{C}}-OC_2H_5 \xrightarrow[\text{② } H^+,\triangle]{\text{① 稀 OH}^-} CH_3\overset{O}{\underset{}{C}}CH_2-\overset{O}{\underset{}{C}}-R$ 1,3-二酮

由上可见，在烷基或酰基取代乙酰乙酸乙酯的酮式分解产物中，虚线所框部分是由乙酰乙酸乙酯所提供的，剩余部分由相应的卤代烃或酰卤提供。由于伯卤代烷和酰卤的结构多种多样（如 RCH_2X、二卤代烷、$RCOX$ 等），因此，利用取代乙酰乙酸乙酯的酮式分解可以制备不同结构的甲基酮及各类二元酮。例如：

$CH_3CCH_2COC_2H_5 \xrightarrow[\text{② } C_6H_5CH_2Br]{\text{① } C_2H_5ONa} CH_3CCHCOC_2H_5 \xrightarrow[\text{② } H^+,\triangle]{\text{① 稀 NaOH}} CH_3CCH_2CH_2C_6H_5$
（中间产物含 $CH_2C_6H_5$ 取代基）

$CH_3CCH_2COC_2H_5 \xrightarrow[\text{② } C_6H_5COCl]{\text{① } C_2H_5ONa} CH_3CCHCOC_2H_5 \xrightarrow[\text{② } H^+,\triangle]{\text{① 稀 NaOH}} CH_3CCH_2CC_6H_5$
（中间产物含 COC_6H_5 取代基）

$CH_3CCH_2COC_2H_5 \xrightarrow[\text{② } Cl(CH_2)_4Cl]{\text{① } C_2H_5ONa} CH_3CCHCOC_2H_5 \xrightarrow{C_2H_5ONa}$
（中间产物含 $(CH_2)_4Cl$ 取代基）

（环戊烷基-1-乙酰基-1-羧酸乙酯） $\xrightarrow[\text{② } H^+,\triangle]{\text{① 稀 NaOH}}$ （1-乙酰基环戊烷）

酸式分解和酮式分解都是在碱性条件下进行的，它们是竞争性反应，因此取代乙酰乙酸乙酯在酸式分解条件下生成取代乙酸的同时也会产生部分酮式分解产物，故通常不采用乙酰乙酸乙酯合成法而采用丙二酸酯合成法来制备取代乙酸。

其他 β-酮酸酯也可发生α-烷基化和酰基化反应，并通过酸式或酮式分解可合成结构不同的酮、环酮及酮酸等，在合成上也有广泛用途。以 β-酮酸酯为原料的合成统称为 β-酮酸酯合成法，它是在羰基α-碳上引入烷基的常用方法之一。例如：

$H_5C_2OOC(CH_2)_4COOC_2H_5 \xrightarrow[\text{② } H^+]{\text{① } C_2H_5ONa}$ （2-乙氧羰基环戊酮） $\xrightarrow[\text{② } n\text{-}C_3H_7Br]{\text{① } C_2H_5ONa}$

（2-乙氧羰基-2-正丙基环戊酮） $\xrightarrow[\text{② } H^+,\triangle]{\text{① 稀 NaOH}}$ （2-正丙基环戊酮）

12.5.3 丙二酸二乙酯

丙二酸二乙酯（diethyl malonate）为无色有香味的液体，沸点为199℃，微溶于水。丙二酸二乙酯的 α-氢也呈现明显的酸性（$pK_a=13$），在碱作用下形成的碳负离子可与卤代烷发生亲核取代反应即烷基化反应，生成一烷基或二烷基取代的丙二酸二乙酯。

$$C_2H_5O-\overset{O}{\overset{\|}{C}}-CH_2-\overset{O}{\overset{\|}{C}}-OC_2H_5 \xrightarrow{C_2H_5ONa} C_2H_5O-\overset{O}{\overset{\|}{C}}-\overset{-}{C}H-\overset{O}{\overset{\|}{C}}-OC_2H_5$$

$$\xrightarrow{RX} \underset{\underset{\text{一烷基化}}{}}{C_2H_5O-\overset{O}{\overset{\|}{C}}-\overset{}{\underset{R}{C}H}-\overset{O}{\overset{\|}{C}}-OC_2H_5} \xrightarrow[\text{②}\ R'X]{\text{①}\ C_2H_5ONa} \underset{\underset{\text{二烷基化}}{}}{C_2H_5O-\overset{O}{\overset{\|}{C}}-\overset{R'}{\underset{R}{C}}-\overset{O}{\overset{\|}{C}}-OC_2H_5}$$

一烷基或二烷基取代丙二酸二乙酯经水解、加热脱羧后可生成一烷基或二烷基取代乙酸，称为丙二酸酯合成法。

$$R-\overset{COOC_2H_5}{\underset{}{C}H}COOC_2H_5 \xrightarrow[\text{②}\ H^+]{\text{①}\ NaOH/H_2O} R-\overset{COOH}{\underset{}{C}H}COOH \xrightarrow{\triangle} R-\boxed{CH_2COOH}$$
一烷基取代乙酸

$$R-\overset{COOC_2H_5}{\underset{R'}{C}}COOC_2H_5 \xrightarrow[\text{②}\ H^+]{\text{①}\ NaOH/H_2O} R-\overset{COOH}{\underset{R'}{C}}COOH \xrightarrow{\triangle} R-\boxed{\overset{R'}{\underset{}{C}H}COOH}$$
二烷基取代乙酸

从上述反应式中不难看出，一烷基或二烷基取代乙酸产物中，虚线所框的碳骨架部分是由丙二酸酯提供，剩余部分由卤代烷提供。卤代烷既可以是伯或仲卤代烷，也可以是卤代酸酯、活泼的不饱和卤代烷等双官能团化合物。另外，利用卤代烷、丙二酸酯、醇钠的物质的量的不同，丙二酸酯合成法可用于制备各种类型的羧酸。例如：采用单卤代物作为反应物时，丙二酸二乙酯可用于合成一元羧酸。

$$CH_2(COOEt)_2 \xrightarrow[\text{②}\ CH_3CH_2Br]{\text{①}\ C_2H_5ONa} CH_3CH_2CHCO_2Et \xrightarrow[\text{②}\ H^+,\ \triangle]{\text{①}\ OH^-/H_2O} CH_3CH_2\boxed{CH_2COOH}$$
$\underset{CO_2Et}{|}$

若采用1mol 二卤代烷、2mol 醇钠和 2mol 丙二酸二乙酯反应可合成二元羧酸。例如：

$$2CH_2(COOC_2H_5)_2 \xrightarrow{2C_2H_5ONa} 2\overset{-}{C}H(COOC_2H_5)_2 \xrightarrow{Br(CH_2)_3Br} \underset{\underset{CH(COOC_2H_5)_2}{|}}{\overset{CH(COOC_2H_5)_2}{\overset{|}{(CH_2)_3}}} \xrightarrow[\text{②}\ H^+,\ \triangle]{\text{①}\ OH^-/H_2O} \boxed{\underset{\underset{CH_2COOH}{|}}{\overset{CH_2COOH}{\overset{|}{(CH_2)_3}}}}$$

若采用1mol 丙二酸二乙酯与2mol 醇钠作用生成双钠盐，再和1mol 二卤代烷反应可用于合成三~六元环烷羧酸。例如：

$$CH_2(COOC_2H_5)_2 \xrightarrow[\text{②}\ Br(CH_2)_4Br]{\text{①}\ 2C_2H_5ONa} \underset{COOC_2H_5}{\overset{COOC_2H_5}{\bigcirc\hspace{-0.5em}\diagup}} \xrightarrow[\text{②}\ H^+,\ \triangle]{\text{①}\ OH^-/H_2O} \bigcirc\!\!-COOH$$

12.5.4 迈克尔加成

在碱作用下，易生成碳负离子的含活泼亚甲基化合物如乙酰乙酸乙酯、丙二酸二乙酯、氰乙酸乙酯、β-二酮、硝基化合物等可作为迈克尔给体与 α,β-不饱和化合物发生1,4-加成，即迈克尔加成反应。α,β-不饱和羰基化合物、α,β-不饱和腈、α,β-不饱和硝基化合物等具有 α,β-不饱和共轭体系的化合物均可作为迈克尔受体与含活泼亚甲基化合物发生迈克尔加成反应。由此可见，迈克尔加成反应是有机合成中构建新的碳碳键的重要方法之一。例如：

$$C_2H_5OCCH_2COC_2H_5 + CH_2=CHCHO \xrightarrow[C_2H_5OH]{C_2H_5ONa} C_2H_5OCCHCOC_2H_5$$
$$\quad\quad\quad\quad\quad\quad\quad\quad\quad\quad\quad\quad\quad\quad\quad\quad\quad |$$
$$\quad\quad\quad\quad\quad\quad\quad\quad\quad\quad\quad\quad\quad\quad\quad\quad CH_2CH_2CHO$$

环己-1,3-二酮 $+ CH_2=CHCN \xrightarrow{(C_2H_5)_3N}$ 2-(2-氰乙基)环己-1,3-二酮

$$NCCH_2COC_2H_5 + CH_2=CHNO_2 \xrightarrow[C_2H_5OH]{NaOC_2H_5} NCCHCOC_2H_5$$
$$\quad\quad\quad\quad\quad\quad\quad\quad\quad\quad\quad\quad\quad\quad\quad\quad\quad |$$
$$\quad\quad\quad\quad\quad\quad\quad\quad\quad\quad\quad\quad\quad\quad\quad CH_2CH_2NO_2$$

以乙酰乙酸乙酯与不饱和酮的迈克尔加成反应为例，该类型反应的机理为：

（机理示意图）

含活泼亚甲基化合物经迈克尔加成所得产物，通过水解、脱羧反应可制得 1,5-二羰基化合物。另外，加成产物还可以发生鲁宾逊（Robinson）增环反应。例如：

$$CH_3CCHCH_2CH_2CCH_3 \xrightarrow[\textcircled{2}\ H_3O^+,\Delta]{\textcircled{1}\ OH^-} CH_3CCH_2CH_2CH_2CCH_3$$
$$\quad |$$
$$COOC_2H_5$$

（环戊酮衍生物 + $CH_2=CHCCH_3$ $\xrightarrow[\Delta]{NaOC_2H_5}$ 双环酮产物）

12.6 油脂

油脂是油和脂肪的统称，在室温下为液态的称为油，为固态或半固态的称为脂肪。油脂不但是动植物体内的重要成分和人类的主要营养物质和食物，也是一种重要的工业原料；某些油脂在医药上可用作软膏、擦剂的基质或用作注射剂的溶剂，而有些则可直接用作药物，如蓖麻油用作缓泻剂、肝油用作滋补物等。在化学成分上讲，油脂是各种高级脂肪酸与甘油形成的甘油酯。其通式如下：

$$\begin{array}{l} CH_2OOCR \\ | \\ CHOOCR' \\ | \\ CH_2OOCR'' \end{array} \quad (R,R',R''可相同，也可不同)$$

油脂比水轻，几乎不溶于水，易溶于乙醚、丙酮、苯、氯仿等有机溶剂。油脂一般为混合物，没有固定的熔沸点。若油脂中的羧酸是饱和脂肪酸，分子形状较为规整，排列较紧密，室温下多为固体，如猪油、牛油等；若油脂中的羧酸多为不饱和脂肪酸，由于双键为顺式结构，分子形状不规整，排列不够紧密，因此在室温下多为液体，如花生油、豆油等。

油脂在碱作用下水解生成高级脂肪酸的钠（或钾）盐及甘油（皂化反应），可用于制造肥皂和其他洗涤用品。

第 12 章 羧酸衍生物：亲核加成-消除反应

12.7 蜡

蜡（waxes）的化学成分是 16 个碳以上的含偶数碳原子的高级脂肪酸与高级一元醇所形成的酯，多数是不溶于水的固体，在有机溶剂中溶解性较好。蜡也含有游离的高级脂肪酸、高级一元醇以及高级烷烃等。

蜡广泛存在于自然界中，例如，存在于蜜蜂腹部的蜂蜡是由软脂酸和三十碳醇形成的酯；存在于鲸鱼头部的鲸蜡主要成分是由十六碳酸和十六碳醇形成的酯；从巴西棕榈树叶上提取的巴西棕榈蜡主要成分是由二十六碳酸和三十碳醇形成的酯。

蜡的化学性质比较稳定，可用于制造蜡纸、润滑油、防水剂、光泽剂以及药用基质等。

12.8 磷脂

磷脂（phospholipid），也称磷脂类、磷脂质，是一类含磷脂的类脂（lipids）。类脂是指不溶于水而溶于弱极性或非极性有机溶剂的一类有机化合物，油脂、蜡和磷脂同属类脂化合物。磷脂广泛存在于动植物体内。动物磷脂主要来源于蛋黄、牛奶、动物体脑组织、肝脏等，植物磷脂主要存在于大豆等植物的种子中。根据与磷酸成酯的组分不同将磷脂分为甘油磷脂（phosphoglyceride）和鞘磷脂（sphingomyelin）两类。

磷酰基取代油脂中一个酰基生成的二酰甘油磷酸称为磷酯酸（phosphatidic acid），磷酯酸中的两个酰基通常是不相同的。磷酯酸的磷酸部分与其他醇成酯即是甘油磷脂，常见的醇有胆碱、乙醇胺、丝氨酸等。卵磷脂就是一类常见的甘油磷脂，被誉为和蛋白质、维生素并列的"第三营养素"，具有降脂、保护心脏、延缓衰老等功效。

鞘磷脂是由磷酰胆碱（或磷酰乙醇胺）与神经酰胺的伯醇羟基酯化而成的类脂化合物，大量存在于脑和神经组织中。

磷脂分子都含有亲水和疏水两种基团，在水中亲水基团指向水相，而非极性的长链烃基部分聚在一起形成双分子层的中心疏水区。磷脂的这种双分子层结构在水中是稳定的，构成了生物膜结构的基本特征之一，使其成为生物膜的重要组成部分。

习 题

1. 命名下列化合物的结构。

(1) 2-萘甲酰溴 (naphthalene-2-carbonyl bromide structure)

(2) $CH_3CH_2\overset{O}{\overset{\|}{C}}-O-\overset{O}{\overset{\|}{C}}CH(CH_3)_2$

(3) $CH_3CH(Cl)CH_2\overset{O}{\overset{\|}{C}}NHCH_3$

(4) $NC-\!\!\!\!-\!\!\!\!\bigcirc\!\!\!\!-\!\!\!\!-\overset{O}{\overset{\|}{C}}-N(CH_3)_2$

(5) $Cl-\!\!\!\!-\!\!\!\!\bigcirc\!\!\!\!-\!\!\!\!-\overset{CH_3}{\overset{|}{CH}}CH_2CH_2CN$

(6) $CH_3CH_2\overset{O}{\overset{\|}{C}}OCH_2-\!\!\!\!-\!\!\!\!\bigcirc$

2. 比较下列酯类在碱性条件下发生水解反应的活性大小。

(1)
$\underset{\underset{F}{|}}{CH_3CH}CO_2C_2H_5$ (A)　　
$\underset{\underset{NO_2}{|}}{CH_3CH}CO_2C_2H_5$ (B)　　
$\underset{\underset{CH_3}{|}}{CH_3CH}CO_2C_2H_5$ (C)　　
$\underset{\underset{OCH_3}{|}}{CH_3CH}CO_2C_2H_5$ (D)

(2)
(A) 4-氯苯乙酮 (B) 4-甲氧基苯乙酮 (C) 4-甲基苯乙酮 (D) 4-氰基苯乙酮

(3) CH_3COOCH_3 $CH_3COOCH(CH_3)_2$ $CH_3COOC(CH_3)_3$ $CH_3COOCH_2CH_3$
    (A)   (B)   (C)   (D)

3. 完成下列反应式。

(1) $CH_3CH(CH_3)COCl + C_6H_5CH_2NH_2 \xrightarrow{\text{吡啶}}$

(2) 马来酸酐 $+ H_2O \xrightarrow{\triangle}$

(3) $CH_3\text{-}C_6H_4\text{-}(CH_2)_3COOH \xrightarrow{SOCl_2} \xrightarrow{AlCl_3}$

(4) $NC\text{-}C_6H_4\text{-}CONH_2 \xrightarrow{LiAlH_4}$

(5) 2-萘甲酰胺 $\xrightarrow{Br_2/NaOH}$

(6) δ-戊内酯 $+ CH_3NH_2 \longrightarrow$

(7) 环己基甲酰氯 $\xrightarrow[Et_2O]{CH_3MgBr (2\text{mol})}$

(8) 邻苯二甲酸内酯 $\xrightarrow{① PhCH_2MgCl}{② H_3O^+}$

(9) 邻苯二甲酸酐 $+ NH_3 \xrightarrow{200℃}$

(10) 2-萘甲酰氯 $\xrightarrow[\text{硫-喹啉}]{H_2, Pd/BaSO_4}$

(11) $2CH_3CH_2CH_2CO_2C_2H_5 \xrightarrow{① NaOC_2H_5}{② H_3O^+}$

(12) 邻-CO_2CH_3/$COCH_3$ 苯 $\xrightarrow{① KOH}{② H_3O^+}$

(13) 环辛酮 $+ C_2H_5OCOOC_2H_5 \xrightarrow{NaH}$

(14) $CH_3COC_6H_5 +$ 3-甲基-γ-丁内酯 $\xrightarrow{① C_2H_5ONa}{② H_3O^+}$

(15) 1-萘甲醛 $+ (CH_3CO)_2O \xrightarrow[\triangle]{CH_3COOK}$

(16) 环己酮 $+ ClCH(CH_3)CO_2C_2H_5 \xrightarrow{① Zn}{② H_3O^+}$

(17) 环戊酮 $+ ClCH(CH_3)COOC_2H_5 \xrightarrow{C_2H_5ONa}$

(18) $C_6H_5CHCO_2C_2H_5$(含CN) $+ CH_2=CHNO_2 \xrightarrow{t\text{-}BuOK}$

(19) 2-萘甲醛 $+ CH_2(COOC_2H_5)_2 \xrightarrow{\text{哌啶}}{\triangle} (\quad) \xrightarrow{① OH^-/H_2O}{② H^+, \triangle} (\quad)$

4. 写出下述转化的反应机理。

(1) 邻-$C_6H_4(COOC_2H_5)_2 + CH_3CO_2C_2H_5 \xrightarrow{① C_2H_5ONa}{② H_3O^+}$ 2-乙氧羰基-1,3-茚二酮

(2) 1-乙氧羰基-2-四氢萘酮 $+ CH_3COCH=CH_2 \xrightarrow[\triangle]{NaOC_2H_5}$ 产物

5. 由乙酰乙酸乙酯或丙二酸二乙酯为起始原料合成下列化合物。

(1) CH₃CH₂CH₂CH₂COCH₃

(2) CH₃CH₂COCH₃ with CH₂C₆H₅ substituent

(3) cyclohexyl-CO-CH₃

(4) CH₃COCH₂CH₂COCH₃

(5) CH₃COCH₂CH₂CH₂COC₆H₅

(6) cyclohexyl-CO₂H

(7) CH₃COCH₂CH₂COOH

(8) δ-methyl-δ-valerolactone (6-membered lactone with CH₃)

(9) 3-oxocyclohexyl-CH₂CO₂H

(10) cyclopentane-1,1-diyl-bis(CH₂OH)

(11) CH₂=CHCH₂CH(C₂H₅)CH₂OH

(12) cyclobutyl-COOH

6. 完成下列化学转化。

(1) 4-CH₃O-C₆H₄-CH₃ ⟶ 4-CH₃O-C₆H₄-CONHCH₂C₆H₅

(2) C₆H₆ ⟶ C₆H₅-C(C₂H₅)=CHCOOH

(3) HOOC-(CH₂)₃-COOH ⟶ 2-benzylcyclopentanone

(4) 1,3-cyclohexanedione ⟶ Wieland-Miescher type bicyclic diketone (methyl-substituted)

7. 抗抑郁药吗氯贝胺的合成路线如下，请补充完整。

$4-Cl-C_6H_4-COOH \xrightarrow{(\ )} 4-Cl-C_6H_4-COCl \xrightarrow{NH_2CH_2CH_2Br} (\ ) \xrightarrow{(\ )} 4-Cl-C_6H_4-CONHCH_2CH_2-N(morpholine)$ 吗氯贝胺

8. 由指定原料通过克脑文格尔反应合成长效消炎镇痛药萘丁美酮（nabumetone）。

6-甲氧基-2-萘甲醛 ⟶ 6-甲氧基-2-萘基-CH₂CH₂COCH₃

萘丁美酮

9. 化合物 A（$C_9H_7ClO_2$）与水反应生成 B（$C_9H_8O_3$）；B 可溶于碳酸氢钠溶液，并能与苯肼反应生成固体化合物，但不与斐林试剂反应；将 B 强烈氧化可得到 C（$C_8H_6O_4$），C 脱水可得到酸酐（$C_8H_4O_3$）。试推测 A、B、C 的结构。

10. 某化合物（$C_5H_{10}O_2$）的红外光谱在 1250 cm^{-1}、1750 cm^{-1} 处有强吸收峰；核磁共振氢谱为：$\delta=1.2$（双峰，6H），$\delta=1.9$（单峰，3H），$\delta=5.0$（七重峰，1H）。试推测该化合物的结构。

第13章 含氮化合物

含氮有机化合物（nitrogenous compound）是指分子中含氮元素的有机化合物。含氮有机化合物广泛存在于自然界中，是一类重要的有机化合物。本章主要讨论硝基化合物、胺、季铵盐、季铵碱、重氮和偶氮化合物。胺类、重氮和偶氮化合物等作为医药、食品和一些精细化工产品在日常生活中已经得到了广泛的应用。例如，苯胺是合成药物、染料等的重要原料；局部麻醉药和手术后镇痛药盐酸布比卡因，临床上治疗心律失常、心绞痛药物盐酸普萘洛尔（心得安）等都是含氮化合物。

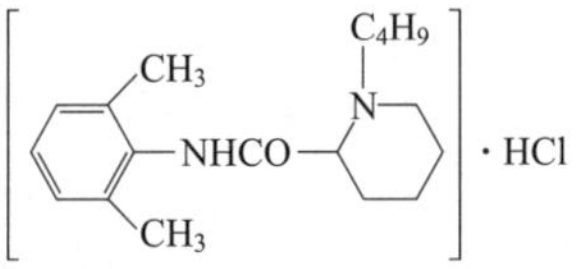

盐酸布比卡因（麻醉药） 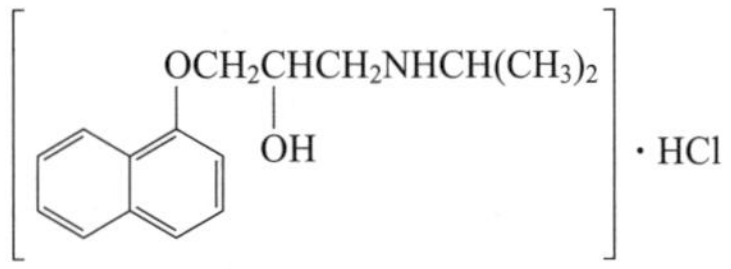　　　盐酸普萘洛尔（心得安，心绞痛药）

13.1 硝基化合物

硝基化合物（nitro compound）是指烃（R—H）分子中的氢原子被硝基（—NO$_2$）取代后所形成的有机化合物（R—NO$_2$），硝基化合物的官能团为硝基。根据硝基所连烃基的不同分为脂肪族和芳香族硝基化合物；根据与硝基连接烃基上的碳原子的类型可分为伯、仲、叔硝基化合物；根据分子中所含有的硝基数目可分为一元、二元和多元硝基化合物。硝基化合物可看成烃类的衍生物，以烃为母体，硝基为取代基命名。如：

硝基甲烷　　　　　　2-硝基丙烷　　　　　　2-甲基-2-硝基丙烷
nitromethane　　　　2-nitropropane　　　　2-methyl-2-nitropropane

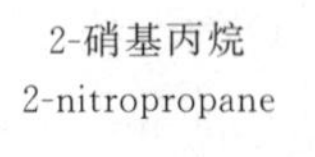

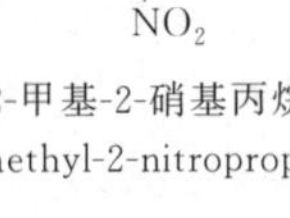

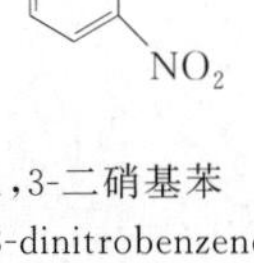

1,3-二硝基苯　　　　　2,4,6-三硝基甲苯
1,3-dinitrobenzene　　2,4,6-trinitrotoluene
　　　　　　　　　　（TNT，最常用的军用炸药）

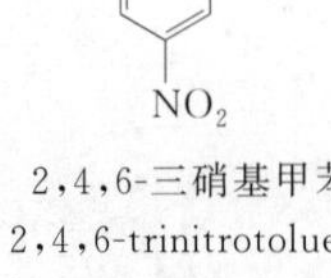

13.1.1 硝基化合物的结构

实验测得硝基甲烷有较高的偶极矩（约为 11.3D，$1D=3.336\times10^{-30}C\cdot m$），硝基中的两个 N—O 键长相等，分子中氮原子上的轨道与两个氧原子轨道重叠，形成共轭体系。硝基化合物可用以下结构表示：

$$-N\overset{O}{\underset{O}{\diagdown}} \quad 或 \quad R-\overset{+}{N}\overset{O}{\underset{O^{-}}{\diagdown}} \quad 或 \quad \left[R-\overset{+}{N}\overset{O}{\underset{O^{-}}{\diagdown}} \longleftrightarrow R-\overset{+}{N}\overset{O^{-}}{\underset{O}{\diagdown}} \right]$$

13.1.2 硝基化合物的物理性质

硝基化合物一般都具有较大的偶极矩，其沸点和熔点明显高于相应的烃，也高于相应的卤代烃。脂肪族硝基化合物一般为无色液体。芳香族硝基化合物除了单环一硝基化合物为高沸点的液体外，其他多为淡黄色固体。硝基化合物不溶于水，易溶于有机溶剂（乙醚、四氯化碳等）。硝基化合物大多数具有特殊气味，有的多硝基化合物具有类似于天然麝香的香味，可用于香水、香皂的制作。许多硝基化合物具有毒性，能使血红蛋白变性，使用时要注意安全。

13.1.3 硝基化合物的化学性质

（1）脂肪族硝基化合物 α-H 的反应

① 酸性　脂肪族硝基化合物由于分子中硝基的强吸电子作用使 α-H 表现出明显的酸性，能与强碱形成盐。

$$\underset{\substack{| \\ H \\ (\text{I}) \\ 硝基式}}{\overset{\substack{H \\ |}}{R-C-N\overset{O}{\underset{O}{\diagdown}}}} \underset{}{\overset{异构化}{\rightleftharpoons}} \underset{\substack{| \\ H \\ (\text{II}) \\ 异硝基式（酸式）}}{\overset{\substack{H \\ |}}{R-C=N\overset{OH}{\underset{O}{\diagdown}}}} \underset{H^{+}}{\overset{NaOH}{\rightleftharpoons}} \underset{\substack{盐}}{\left[\overset{\substack{H \\ |}}{R-C=N\overset{O}{\underset{O}{\diagdown}}}\right]Na^{+}}$$

硝基化合物的 α-H 易转移到硝基的双键 O 原子上，而使硝基式（Ⅰ）互变异构成式（Ⅱ）；式（Ⅱ）N 上连接的—OH 氢原子具有酸性，能与碱成盐。当有碱存在时，互变平衡被打破，最后转变成盐。

② 与羰基化合物缩合　具有 α-H 的硝基化合物与某些羰基化合物在碱催化下发生缩合反应，生成 β-羟基硝基化合物，β-羟基硝基化合物不稳定，受热脱水生成不饱和硝基化合物。例如：

$$\text{C}_6\text{H}_5\text{-CHO} + \text{CH}_3\text{NO}_2 \xrightarrow{OH^-} \text{C}_6\text{H}_5\text{-CHCH}_2\text{NO}_2 \xrightarrow{-H_2O} \text{C}_6\text{H}_5\text{-CH=CHNO}_2$$
（中间产物含 OH 基）

（2）芳香族硝基化合物的性质

① 硝基对芳环上取代基的活化作用　在芳香族化合物中，由于硝基的吸电子作用，导致苯环上的亲电取代反应的活性降低。但芳环上硝基的强吸电子作用增强了芳环上邻、对位卤原子的活泼性。例如：

$$\text{C}_6\text{H}_5\text{Cl} \xrightarrow[200℃]{NaOH 溶液} 不发生水解反应$$

$$\text{邻-氯硝基苯} \xrightarrow[130℃]{NaOH\ 溶液} \xrightarrow{H^+} \text{邻-硝基苯酚}$$

$$\text{2,4-二硝基氯苯} \xrightarrow[100℃]{Na_2CO_3\ 溶液} \xrightarrow{H^+} \text{2,4-二硝基苯酚}$$

$$\text{2,4,6-三硝基氯苯} \xrightarrow[35℃]{Na_2CO_3\ 溶液} \xrightarrow{H^+} \text{2,4,6-三硝基苯酚}$$

卤代苯中卤原子的活泼性很差，一般不能发生水解反应，但若在氯苯邻、对位引入硝基，由于硝基的吸电子作用，卤原子邻、对位碳原子的正电性增大，有利于亲核试剂的进攻，从而能够发生水解反应。

硝基的吸电子作用使芳环甲基上的氢原子活性增加，在碱的作用下形成活泼的碳负离子，与羰基化合物发生加成、缩合反应（类似于羟醛缩合反应）。例如：

$$\text{2,4,6-三硝基甲苯} + OHC-C_6H_5 \xrightarrow[-H_2O]{OH^-} \text{2,4,6-三硝基-}\alpha\text{-苯乙烯基苯}$$

若在酚的芳环上引入硝基，能够增强芳环上酚羟基的酸性。尤其邻、对位硝基对羟基酸性的影响比间位显著，芳环上引进的硝基越多，酚羟基酸性增强也越大。

化合物	苯酚	对硝基苯酚	邻硝基苯酚	间硝基苯酚	2,4,6-三硝基苯酚
pK_a	10.00	7.16	7.21	8.00	0.80

② 硝基的还原反应

a. 脂肪族硝基化合物　脂肪族硝基化合物在强还原条件下硝基还原成伯氨基，常用还原剂体系 Fe（Sn 或 Zn）+HCl、$SnCl_2$+HCl 或 H_2/Ni。

$$R-NO_2 \xrightarrow{[H]} R-NH_2 \quad \text{伯胺}$$

b. 芳香族硝基化合物　芳香族硝基化合物在不同的条件下还原得到不同的产物。如硝基苯在酸性、中性条件下发生单分子还原，硝基被还原成氨基。例如：

$$C_6H_5-NO_2 \xrightarrow[\text{或 Fe/HCl}]{SnCl_2/HCl} C_6H_5-NH_2$$

$$C_6H_5-NO_2 \xrightarrow{H_2/Ni} C_6H_5-NH_2$$

在碱性介质中发生双分子还原（反应发生在两个分子之间），生成氢化偶氮苯。

$$C_6H_5-NO_2 \xrightarrow[NaOH]{Zn} C_6H_5-N=N-C_6H_5 \xrightarrow[NaOH]{Zn} C_6H_5-NH-HN-C_6H_5$$
偶氮苯　　　　　　氢化偶氮苯（二苯肼）

多硝基化合物用硫化铵或硫氢化钠作还原剂时，可以选择性地将一个硝基还原为氨基。例如：

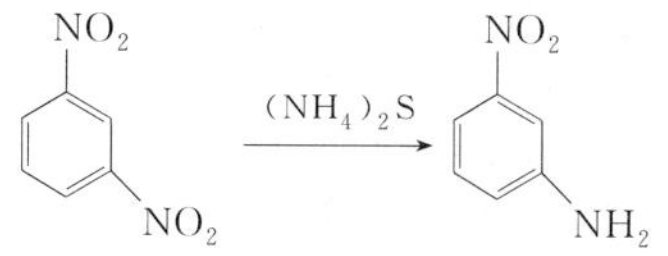

$$\underset{NO_2}{\underset{|}{C_6H_4}}-NO_2 \xrightarrow{(NH_4)_2S} \underset{NH_2}{\underset{|}{C_6H_4}}-NO_2$$

13.2 胺

胺（amine）可以看做氨分子中的氢原子部分或全部被烃基取代后的化合物。胺是一类最重要的含氮有机化合物，广泛存在于生物界。许多来源于植物的碱性含氮化合物（又称生物碱）具有很强的生理活性而被用作药物。例如主治感冒和咳喘的麻黄碱，治疗心力衰竭的盐酸异波巴胺均是胺的衍生物。

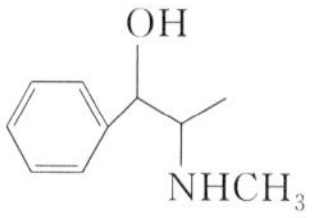

麻黄碱 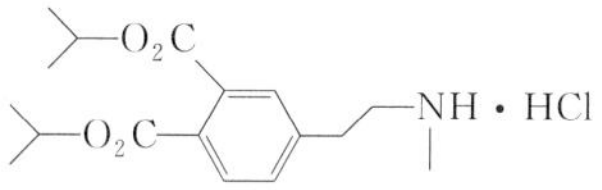　　　　　　盐酸异波巴胺

13.2.1 胺的分类、结构与命名

（1）胺的分类

按照氮原子连接的烃基数目不同，可把胺分为伯（1°）、仲（2°）和叔（3°）胺。例如：

NH_3　　$R-NH_2$　　R_2NH　　R_3N
氨　　　　伯胺　　　　仲胺　　　　叔胺

根据氮原子所连烃基的种类不同，胺可分为脂肪胺、脂环胺和芳香胺。例如：

脂肪胺　CH_3NH_2　$(CH_3CH_2)_3N$　脂环胺　C₆H₁₁-NH₂　 （哌啶）

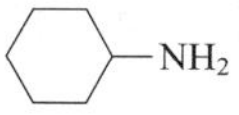

芳香胺　C₆H₅-NH₂　C₆H₅-N(CH₃)₂　C₆H₅-NH-C₆H₅

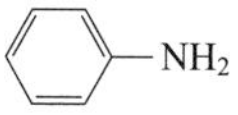

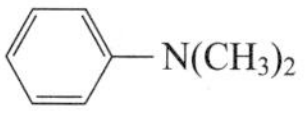

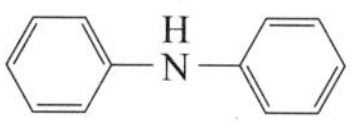

根据胺分子中氨基的数目，可分为一元胺、二元胺和多元胺。例如：

$CH_3CH_2NH_2$　　　　　$H_2NCH_2CH_2NH_2$
一元胺　　　　　　　　二元胺

当 NH_4^+ 的四个氢原子被烃基取代时，氮带正电荷，形成的化合物与无机铵盐的结构相似。铵盐（$NH_4^+X^-$）和氢氧化铵（$NH_4^+OH^-$）中的四个氢原子都被烃基取代后的产物，分别称为季铵盐和季铵碱。例如：

$R_4N^+X^-$　　　　　$R_4N^+OH^-$
季铵盐　　　　　　　季铵碱

（2）胺的结构

氮原子的电子构型为 $1s^22s^22p_x^1p_y^1p_z^1$，其中三个 2p 轨道未完全填满，可以成键。胺的结构与氨相似，分子呈三角锥形，氮原子上的基团不同，键角也有些差异。脂肪胺分子中的氮原子为 sp^3 杂化，四个杂化轨道中，有一个被一对未共用电子所占据，其他三个则与氢或碳原子生成 σ 键。氨、甲胺、三甲胺的结构如图 13.1 所示。

芳香胺的结构与脂肪胺有差别，经物理方法测定，苯胺分子中，H—N—H 平面与苯环平面的二面角约为 39°30′，H—N—H 键角约为 114°，说明芳香胺分子中氮原子介于 sp^3 和 sp^2 杂化之间，更接近于 sp^2 杂化，氮原子上一对未共用电子具有较多的 p 轨道成分，与芳环上的 π 电子轨道可以部分重叠产生给电子的 p-π 共轭（+C）。

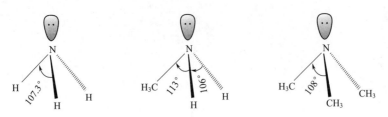

图 13.1 氨、甲胺、三甲胺的结构

由于胺是棱锥形结构，类似于碳的四面体，当氮原子上连有三个不同的基团时，分子中无对称因素，它也是手性分子。理论上，胺存在对映异构体，但简单的手性胺则很容易发生对映体的相互转变，不易分离得到其中某一个对映体。因为简单胺的构型转化只需约25kJ/mol的能量，室温下翻转很快，约 2×10^{11} 次/s。

当氮原子上所连接的三个不同基团，且不能转化（翻转）时，其对映体是可以拆分的。如氮原子是桥原子的化合物（Tröger 碱），或在季铵类化合物中，氮原子连有四个不同的烃基时，自动外消旋化难以发生，其对映体已被拆分出来。

Tröger 碱　　　　　　季铵盐的一对对映体

（3）胺的命名

简单的脂肪胺是用烃基名称后面加上"胺"字来命名。烃基相同时，在前面用"二"或"三"表明相同烃基的数目；烃基不同时则按次序规则"较优"的基团后列出。"基"字一般可以省略。例如：

乙胺　　　　异丙胺　　　　环己胺　　　　二甲（基）仲丁（基）胺
ethanamine　　propan-2-amine　　cyclohexanamine　　N,N-dimethylbutan-2-amine

复杂的胺采用系统命名法命名，以烃基为母体，氨基作为取代基，编号时使氨基的位次最小。例如：

4-苯基-2-氨基丁烷　　　　5-甲基-3-氨基庚烷
4-phenylbutan-2-amine　　5-methylheptan-3-amine

芳香胺的命名与脂肪胺相似。对于芳香仲胺或叔胺，则以芳香胺为母体，在脂肪烃基名称前面冠以"N"字，以表示氮原子上取代基的位次。例如：

苯胺　　　　　　N-甲基苯胺　　　　　N-甲基-N-乙基苯胺　　　　N-甲基对氟苯胺
aniline　　　　N-methylaniline　　N-ethyl-N-methylaniline　　4-fluoro-N-methylaniline

季铵类化合物的命名则与铵盐或氢氧化铵相似，用"铵"字代替"胺"字，并在前面加负离子的名称。例如：

$[(CH_3CH_2)_4N]^+Br^-$　　　　$[(CH_3)_4N]^+OH^-$　　　　$C_6H_5\overset{+}{N}H_3Cl^-$
溴化四乙基铵　　　　　　氢氧化四甲铵　　　　　　氯化苯铵
tetraethylammonium bromide　　tetramethylammonium hydroxide　　benzenaminium chloride

13.2.2 胺的物理性质

常温下甲胺、二甲胺、三甲胺和乙胺都是气体，丙胺以上的为液体，十二胺以上的是固体。低级脂肪胺具有氨味，较高级的胺则有鱼腥味，二元胺如丁二胺和戊二胺等有动物尸体腐败后的气味，高级胺由于不挥发，气味要淡得多。芳香胺是无色高沸点的液体或低熔点的固体，有难闻的气味，并有毒性。例如，苯胺的蒸气可透过皮肤被人体吸收而导致中毒；联苯胺、β-萘胺有致癌作用。

与醇相似，胺也是极性化合物。除叔胺外，伯胺、仲胺都形成分子间氢键而相互缔合，因此沸点较相应的烷烃高，但比相应的醇和羧酸低。低级胺能与水分子形成氢键而易溶于水，随着分子量的增加，溶解性降低。芳胺一般微溶或难溶于水。

13.2.3 胺的化学性质

（1）碱性及成盐

胺与氨相似，胺中氮原子有未共用电子对，可接受质子呈碱性。胺在水溶液中存在如下电离平衡：

$$RNH_2 + H_2O \rightleftharpoons RNH_3^+ + OH^- \quad pK_b$$

胺的碱性越强，越容易接受质子，其共轭酸 RNH_3^+ 的酸性越弱。用其解离常数 K_b 或其负对数 pK_b 表示胺的碱性强弱，K_b 值越大或 pK_b 值越小，则碱性越强，反之亦然。

① 对于脂肪胺而言，由于烷基是给电子基，使氮原子上的电子云密度增加。因此，脂肪胺接受质子的能力比氨强，其碱性比氨强。根据电子效应来看，气相条件下则脂肪胺的碱性顺序应为：叔胺＞仲胺＞伯胺。

然而胺在水溶液中表现出来的碱性强度，不仅取决于电子效应，还需考虑形成铵离子的溶剂化效应，铵离子的氢原子数目越多，溶剂化程度越大，铵离子越稳定，相应的胺的碱性越强。考虑电子效应和溶剂化效应的综合作用，水溶液中胺的碱性强弱顺序为：仲胺＞伯胺＞叔胺。

② 对于芳香胺而言，如苯胺的碱性比氨弱得多，这是由于氮原子上的未共用电子对与苯环大π键形成p-π共轭体系，分散了氮上的这一对电子，使其碱性大大减弱。同时苯环阻碍氮原子接受质子的空间效应增大，从而减弱了氮接受质子的能力，因此，苯胺的碱性（$pK_b = 9.37$）比氨弱。芳香胺分子中，氮上连的芳环越多，共轭效应和空间效应都使得芳

胺的碱性减弱更明显。例如：

$$NH_3 > PhNH_2 > Ph_2NH > Ph_3N$$

pK_b 4.76   9.37   13.8   接近中性

当芳环上连有取代基时，取代芳胺的碱性强弱与取代基的性质和在环上的相对位置有关，受其诱导效应，共轭效应和空间效应（包括邻位效应）等综合影响。一般来说，氨基的对位有斥电子基时，其碱性略强，取代基为吸电子基时，其碱性减弱。例如：

对-羟基苯胺 > 对-甲基苯胺 > 苯胺 > 对-氯苯胺 > 对-硝基苯胺

pK_a 5.50   5.08   4.62   4.00   1.00

胺具有碱性，与酸作用生成铵盐。铵盐一般都是结晶性固体，易溶于水和乙醇，而不溶于非极性溶剂。由于胺都是弱碱，一般只能与强酸作用生成稳定的盐，当铵盐遇强碱时又能释放出游离胺。在制药工业中，常利用铵盐溶解性较好、性质稳定的特点，将难溶于水的胺类药物制成相应的铵盐，以供药用。例如，局部麻醉药普鲁卡因其水溶性的盐酸盐，可用于肌内注射。

$$\text{H}_2\text{N-C}_6\text{H}_4\text{-COOCH}_2\text{CH}_2\text{N}(\text{C}_2\text{H}_5)_2 + HCl \longrightarrow [\text{H}_2\text{N-C}_6\text{H}_4\text{-COOCH}_2\text{CH}_2\text{NH}^+(\text{C}_2\text{H}_5)_2]\text{Cl}^-$$

（2）烃基化反应

胺类化合物中氮原子上存在一对未共用电子对，具有亲核性，能与卤代烃发生亲核取代反应，往往生成仲胺、叔胺和季铵盐的混合物。分离比较困难，这种方法在应用上受到一定的限制。

$$RNH_2 \xrightarrow{RX} R_2NH \xrightarrow{RX} R_3N \xrightarrow{RX} [R_4N^+]X^-$$

伯胺　　仲胺　　叔胺　　季铵盐

季铵盐是白色晶体，具有无机盐的性质，能溶于水，对热也不稳定，季铵盐和氢氧化钠溶液作用，生成稳定的季铵碱，季铵碱的碱性与氢氧化钠相当，一般利用湿的氧化银和季铵盐的醇溶液作用制得（详见本章 13.3.1 季铵盐部分）。

（3）酰基化和磺酰化反应

① 酰基化反应　与烃基化反应类似，伯胺、仲胺与酰卤或酸酐作用，氮原子上的氢原子被酰基（RCO—）取代生成 N-取代或 N,N-二取代酰胺，此反应称为酰基化反应。胺的酰化反应实际上是羧酸衍生物的氨解反应。例如：

$$\text{C}_6\text{H}_5\text{-NH}_2 + \text{CH}_3\text{COCl} \longrightarrow \text{C}_6\text{H}_5\text{-NHCCH}_3 + HCl$$

乙酰苯胺

$$(\text{C}_2\text{H}_5)_2\text{NH} + (\text{CH}_3\text{CO})_2\text{O} \longrightarrow \text{CH}_3\text{C-N}(\text{C}_2\text{H}_5)_2 + \text{CH}_3\text{COOH}$$

N,N-二乙基乙酰胺

由于叔胺的氮上没有氢原子，则不能发生此反应。

② 磺酰化反应　磺酰化反应（sulfonation）是指胺分子中引入磺酰基（sulfonic acid group）的反应，又称兴斯堡（Hinsberg）反应。与胺的酰基化反应相似，伯胺、仲胺氮上的氢原子也可被磺酰基（$\text{C}_6\text{H}_5\text{SO}_2-$）取代，生成苯磺酰胺。例如：

$$H_3C-\underset{}{\bigcirc}-SO_2Cl + H_2N-\underset{}{\bigcirc} \longrightarrow H_3C-\underset{}{\bigcirc}-SO_2NH-\underset{}{\bigcirc}$$

伯胺磺酰化反应的产物中氮原子上还有 1 个氢原子，受苯磺酰基的强吸电子诱导效应的影响呈现弱酸性，因此在碱性溶液中生成盐而溶于水。仲胺生成的苯磺酰胺，由于氮原子上没有氢原子，所以不能溶于碱性溶液而呈固体析出，叔胺不发生反应。所以，根据此性质可以分离、鉴别和提纯三种胺类化合物。例如：

$$\left.\begin{array}{r}RNH_2\\R_2NH\\R_3N\end{array}\right\} + \bigcirc-SO_2Cl \longrightarrow \begin{array}{c}\bigcirc-SO_2NHR\\\bigcirc-SO_2NR_2\downarrow\\\text{不反应}\end{array} \xrightarrow[HCl]{NaOH} \bigcirc-SO_2\overset{Na^+}{NR}（可溶于水）\\\text{不反应}$$

（4）与亚硝酸的反应

伯、仲、叔胺结构不同，与亚硝酸反应生成的产物也不相同。

① **伯胺** 芳香伯胺在低温（0～5℃）及强酸性溶液中与亚硝酸反应生成芳香重氮盐，此反应称为重氮化反应（diazotization）。亚硝酸不稳定，通常将亚硝酸盐与盐酸或硫酸在反应体系中混合反应得到。

$$\bigcirc-NH_2 \xrightarrow[0\sim 5℃]{NaNO_2/HCl} \bigcirc-N_2^+Cl^-$$
氯化重氮苯

芳香重氮盐在低温下和强酸溶液中可以保存一段时间，升高温度则分解成酚和氮气。干燥的重氮盐稳定性很差，易爆炸，一般制备后直接在水溶液中应用。芳基重氮盐是非常重要的有机合成中间体，一般不进行分离，直接进行下一步反应（详见本章 13.4 重氮盐部分）。

脂肪族伯胺与亚硝酸反应生成极不稳定的重氮盐，一般在低温下立即分解放出氮气并形成碳正离子，碳正离子可以进一步发生取代反应或者消除反应，从而转变为醇、烯烃或卤代烃多种产物。由于产物复杂，在有机合成上没有应用价值，但放出的氮气是定量的，利用此反应可测定分子中氨基的含量。

$$RNH_2 + NaNO_2 + HCl \longrightarrow 醇、烯、卤代烃等混合物 + N_2\uparrow$$

② **仲胺** 脂肪仲胺或芳香仲胺与亚硝酸反应均生成 N-亚硝基胺类化合物。N-亚硝基胺类化合物一般是不溶于水的黄色油状液体或固体。例如：

$$(CH_3CH_2)_2NH \xrightarrow[0\sim 5℃]{NaNO_2/HCl} (CH_3CH_2)_2N-NO$$
N-乙基-N-亚硝基苯胺

$$\bigcirc-NHCH_2CH_3 \xrightarrow[0\sim 5℃]{NaNO_2/HCl} \bigcirc-N\underset{NO}{\overset{CH_2CH_3}{|}}$$
N-乙基-N-亚硝基苯胺

③ **叔胺** 脂肪族叔胺与亚硝酸形成不稳定的亚硝酸盐而溶解。脂肪族叔胺的亚硝酸盐用碱处理，可得到游离的叔胺。例如：

$$(CH_3CH_2)_3N + HNO_2 \longrightarrow [(CH_3CH_2)_3\overset{+}{N}H]NO_2^-$$

芳香族叔胺与亚硝酸作用，由于氨基对芳环的致活作用，导致发生环上亲电性取代反应，生成对亚硝基化合物。例如：

$$(H_3C)_2N-\bigcirc + HNO_2 \longrightarrow (H_3C)_2N-\bigcirc-NO$$
对亚硝基-N,N-二甲基苯胺

（5）芳胺的特性

① 取代反应　芳香胺中，氨基的未共用电子和苯环形成 p-π 共轭体系，使芳环的电子云密度增高，从而活化苯环，因此芳香胺比苯更易发生亲电取代反应。

a. 卤代反应　苯胺水溶液中滴加溴水，在室温下立即生成 2,4,6-三溴苯胺白色沉淀，此反应非常灵敏、迅速，可用于苯胺的定性或定量分析。

$$\text{C}_6\text{H}_5\text{NH}_2 + 3\text{Br}_2 \xrightarrow[\text{室温}]{\text{H}_2\text{O}} \text{2,4,6-三溴苯胺(白色沉淀)} \downarrow + 3\text{HBr}$$

如果想制备一溴苯胺，则应降低氨基的活性。可先将氨基乙酰化，降低氨基的致活作用，然后溴化，最后水解除去酰基，就可以得到一溴代苯胺产物。

$$\text{PhNH}_2 \xrightarrow{(\text{CH}_3\text{CO})_2\text{O}} \text{PhNHCOCH}_3 \xrightarrow{\text{Br}_2} p\text{-Br-C}_6\text{H}_4\text{NHCOCH}_3 \xrightarrow[\triangle]{\text{H}^+, \text{H}_2\text{O}} p\text{-Br-C}_6\text{H}_4\text{NH}_2$$

b. 硝化反应　硝酸具有强氧化性，故不能直接用苯胺进行硝化。若要得到对硝基苯胺，应先将苯胺酰化，然后再硝化，最后水解除去酰基得到对硝基苯胺。例如：

$$\text{PhNH}_2 \xrightarrow{(\text{CH}_3\text{CO})_2\text{O}} \text{PhNHCOCH}_3 \xrightarrow[\text{H}_2\text{SO}_4]{\text{HNO}_3} p\text{-O}_2\text{N-C}_6\text{H}_4\text{NHCOCH}_3 \xrightarrow[\triangle]{\text{H}^+ \text{ 或 OH}^-} p\text{-O}_2\text{N-C}_6\text{H}_4\text{NH}_2$$

如将苯胺溶于浓硫酸中，使之形成苯胺硫酸盐，然后再硝化，最后再用碱处理，得到间硝基苯胺。例如：

$$\text{PhNH}_2 \xrightarrow{\text{H}_2\text{SO}_4} \text{PhNH}_3^+\text{HSO}_4^- \xrightarrow{\text{HNO}_3} m\text{-O}_2\text{N-C}_6\text{H}_4\text{NH}_3^+\text{HSO}_4^- \xrightarrow{\text{NaOH}} m\text{-O}_2\text{N-C}_6\text{H}_4\text{NH}_2$$

c. 磺化反应　苯胺和浓硫酸反应，首先生成苯胺硫酸盐，此盐在高温下加热脱水生成不稳定的 N-磺酸基苯胺，然后发生分子内重排，即生成对氨基苯磺酸。对氨基苯磺酸可发生质子的转移形成盐，称为内盐。

$$\text{PhNH}_2 \xrightarrow{\text{H}_2\text{SO}_4} \text{PhNH}_3^+\text{HSO}_4^- \xrightarrow[190\text{℃}]{\text{H}_2\text{O}} [\text{PhNHSO}_3\text{H}] \xrightarrow{\text{重排}} p\text{-H}_2\text{N-C}_6\text{H}_4\text{-SO}_3\text{H} \rightleftharpoons p\text{-H}_3\text{N}^+\text{-C}_6\text{H}_4\text{-SO}_3^-$$

② 氧化反应　芳香胺对氧化剂特别敏感，易被氧化剂氧化，甚至空气也能使之氧化。纯净的苯胺是无色的，但在空气中长期存放时，芳香胺可被空气氧化，颜色逐渐变深，生成黄、红、棕色的复杂氧化物，其中含有醌类、偶氮化合物等。芳胺氧化的产物主要取决于氧化剂的性质和反应条件。例如：若用二氧化锰在稀硫酸中氧化苯胺，则主要生成对苯醌。

$$\text{C}_6\text{H}_5\text{NH}_2 \xrightarrow[\text{稀 H}_2\text{SO}_4]{\text{MnO}_2} \text{对苯醌}$$

因此，在有机合成中，如果要氧化芳环上其他基团，必须首先保护氨基，否则氨基会首先被氧化。

13.2.4 胺的制备

（1）氨或胺的烃基化

氨或胺均是亲核试剂，能与卤代烃或具有活泼卤原子的芳卤化合物发生烃基化反应，但该方法会生成胺的几种混合物。通过控制原料的配比、反应温度及时间等可以得到主要为某一种胺的产物。但仍然存在产品后处理烦琐的问题。此方法不是胺的常用制备方法。

利用卤代芳烃在高温高压条件下与氨发生取代反应制备芳胺。

$$\text{C}_6\text{H}_5\text{Cl} + \text{NH}_3 \xrightarrow[60\sim 70\text{atm (1atm}=101325\text{Pa)}]{\text{Cu}_2\text{O, }200\sim 300\text{°C}} \text{C}_6\text{H}_5\text{NH}_2$$

（2）腈或酰胺的还原

催化加氢或用氢化铝锂还原腈可得到相应的伯胺，也可以在乙醇中与金属钠作用还原。

$$\text{C}_6\text{H}_5\text{CN} \xrightarrow{\text{LiAlH}_4} \text{C}_6\text{H}_5\text{CH}_2\text{NH}_2$$

酰胺、N-取代和 N,N-二取代酰胺在无水乙醚等溶剂中用氢化铝锂还原则可分别得到伯、仲和叔胺。例如：

环己基-NH-COCH$_3$ $\xrightarrow[]{\text{LiAlH}_4/\text{醚}}$ $\xrightarrow[]{\text{H}_2\text{O}}$ 环己基-NH-CH$_2$CH$_3$

（3）醛或酮的还原胺化

氨或伯胺与醛或酮缩合生成亚胺，亚胺经催化氢化得到伯胺的反应称还原胺化。

环戊酮 $\xrightarrow[\text{② H}_2/\text{Ni}]{\text{① NH}_3/\text{C}_2\text{H}_5\text{OH}}$ 环戊基-NH$_2$

环己基-NH$_2$ + CH$_3$COCH$_3$ $\xrightarrow{\text{H}_2/\text{Pt}}$ 环己基-NH-CH(CH$_3$)$_2$

（4）由酰胺降解制备

酰胺经霍夫曼降解（Hofmann degradation）反应生成比原来酰胺少一个碳原子的伯胺，利用这一反应制备伯胺得到的产物纯度较高，收率较好。例如：

$$(\text{CH}_3)_3\text{CC(O)NH}_2 \xrightarrow[\text{H}_2\text{O}]{\text{Br}_2/\text{NaOH}} (\text{CH}_3)_3\text{C}-\text{NH}_2$$

（5）盖布瑞尔伯胺合成法

盖布瑞尔（Gabriel）伯胺合成法是由邻苯二甲酰亚胺和卤代烃反应，生成 N-烷基邻苯二甲酰亚胺，然后水解得到伯胺。例如：

邻苯二甲酰亚胺-NH $\xrightarrow{\text{KOH}}$ 邻苯二甲酰亚胺-N$^-$K$^+$ $\xrightarrow{\text{RBr}}$ 邻苯二甲酰亚胺-NR $\xrightarrow{\text{NaOH/H}_2\text{O}}$ 邻苯二甲酸二钠盐 + RNH$_2$（伯胺）

此反应用来制备伯胺，不仅产率较高，且纯度高（不含仲、叔胺等产物）。烃基化反应这一步在 DMF 中更容易反应，如果水解较困难，可以用水合肼进行肼解。

（6）硝基化合物的还原

硝基化合物主要用于制备芳胺。

13.3 季铵盐和季铵碱

季铵盐（quaternary ammonium salt）和季铵碱（quaternary ammonium base）都是离子型化合物，可以分别看做是铵盐（$NH_4^+X^-$）和氢氧化铵中（$NH_4^+OH^-$）的四个氢原子都被烃基取代后而形成的。

13.3.1 季铵盐

季铵盐为离子型化合物，一般为白色晶体，熔点较高，易溶于水，在有机溶剂中的溶解度取决于烃基、负离子和溶剂的性质。具有长链烃基的季铵盐为表面活性剂，有杀菌作用，用作消毒剂。

季铵盐与碱作用形成季铵碱，该反应是可逆的。若用湿的氧化银或氢氧化银与季铵盐作用，则反应进行较完全。

$$R_4\overset{+}{N}X^- + NaOH \rightleftharpoons R_4\overset{+}{N}OH^- + NaX$$

$$R_4\overset{+}{N}X^- + H_2O + Ag_2O \longrightarrow R_4\overset{+}{N}OH^- + AgX$$

13.3.2 季铵碱

季铵碱是一种强碱，其强度与氢氧化钠或氢氧化钾相当。它具有强碱一般的性质，如易潮解，易溶于水，能吸收空气中的二氧化碳等。

季铵碱受热发生分解反应。例如：氢氧化四甲铵在加热条件下分解生成三甲胺和甲醇。该反应可以看做 OH^- 作为亲核试剂的 S_N2 反应。

$$(CH_3)_3N^+OH^- \xrightarrow{\triangle} (CH_3)_3N + CH_3OH$$

含有 β-H 原子的季铵碱加热分解时，OH^- 进攻并夺取 β-H，同时 C—N 键断裂发生消除反应生成烯烃和叔胺，这一反应称为霍夫曼消除（Hofmann elimination）反应。例如：

$$(CH_3)_3N^+CH_2CH_3OH^- \xrightarrow{\triangle} (CH_3)_3N + H_2C=CH_2 + H_2O$$

当季铵碱分子中有两种或两种以上不同 β-H 原子可被消除时，反应主要从含氢较多的 β-碳原子上消除氢原子，即主要生成双键碳原子上烷基取代较少的烯烃（与查依采夫规则相反），这一规律称为 Hofmann 规则。例如：

$$\begin{array}{c} CH_3CH_2\overset{|}{C}HCH_3 \\ (CH_3)_3N^+OH^- \end{array} \xrightarrow{\triangle} CH_3CH_2CH=CH_2 + CH_3CH=CHCH_3 + N(CH_3)_3 + H_2O$$
(95%)　　　　　　(5%)

由于霍夫曼消除转变成烯烃具有一定的取向，通过测定烯烃的结构，可以推测原来胺的结构。首先用过量的碘甲烷与胺作用生成季铵盐，这一过程称为彻底甲基化；彻底甲基化后的季铵盐用湿氧化银处理，得到相应的季铵碱；季铵碱受热分解生成叔胺和烯烃。根据反应过程中消耗碘甲烷的量和所得烯烃的结构，可推测出原来胺的结构。

例如:1mol 某胺（$C_8H_{17}N$）彻底甲基化需要消耗 1mol 的碘甲烷，再进行霍夫曼消除生成环己烯和三甲胺，试推测胺的结构。

根据 1mol 某胺彻底甲基化需要消耗 1mol 的碘甲烷，可以判断该胺为叔胺。根据霍夫曼消除产物是环己烯，说明不含氮原子，氮原子没有参与成环。即可推测该胺的结构为 N,N-二甲基环己胺。

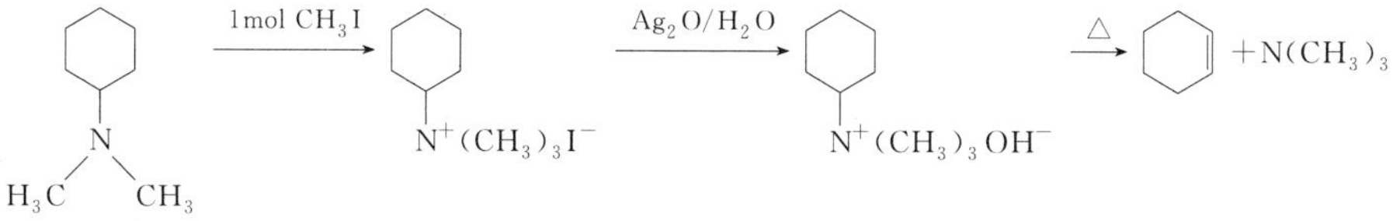

13.4 重氮化合物和偶氮化合物

重氮化合物（diazo compound）是指分子中含有重氮基（$—N^+\equiv N$）官能团，与无机铵盐结构相似，其中有一个氮原子为五价，另一个氮原子与烃基相连的化合物，结构通式为（Ar）R—N≡N$^+$ X$^-$ 或（Ar）R—N$_2^+$ X$^-$。例如:

重氮甲烷 氯化重氮苯 硫酸重氮苯
diazomethane benzenediazonium chloride benzenediazonium sulfate

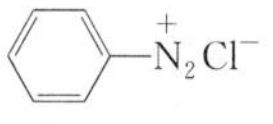

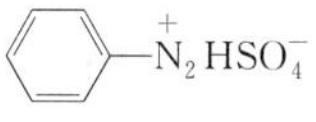

偶氮化合物（azo compound）是指偶氮基（—N≡N—）的两端都与烃基相连构成的化合物，结构通式为 R—N≡N—R'。例如:

偶氮甲烷 偶氮苯 对羟基偶氮苯
1,2-dimethyldiazene 1,2-diphenyldiazene 4-(phenyldiazenyl) phenol

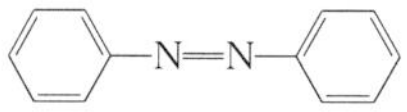

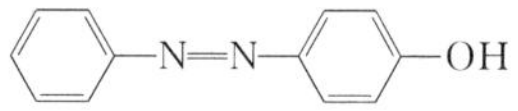

13.4.1 芳香重氮盐的反应

芳香重氮盐是利用芳香族伯胺在强酸存在下与亚硝酸反应生成重氮盐。芳香重氮盐的化学稳定性非常活泼，能发生许多化学反应，在有机合成上有很重要的应用。一般可归纳为两类:①放出氮气的取代反应;②不放氮的偶联反应和还原反应。

（1）取代反应（放氮反应）

重氮盐在加热或催化作用下，重氮基（—N_2^+）被卤素、氰基、羟基、氢原子等原子或原子团取代并释放出氮气。此类反应在有机合成上可以将苯环上的氨基（NH_2—）转变成其他原子或基团。

① 被卤原子取代的反应 在氯化亚铜的浓盐酸溶液或溴化亚铜的浓氢溴酸溶液作用下，重氮基可被氯原子或溴原子取代，分别得到氯化物和溴化物，此反应称为桑德迈耳（Sandmeyer）反应。若将催化剂氯化亚铜改为铜粉，则称为盖特曼反应（Gattermann）反应。

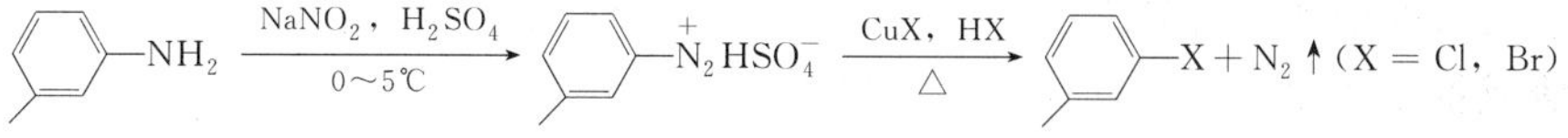

重氮盐与碘化钾水溶液共热，不需要催化剂就能得到产率较高的碘化物。例如:

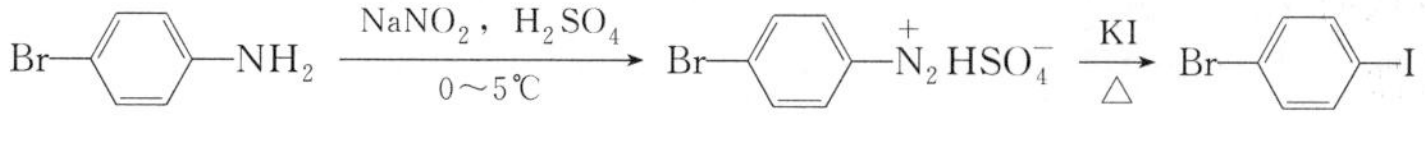

② 被氰基取代的反应　重氮盐与氰化亚铜的氰化钾溶液作用，重氮基被氰基取代。氰基经过水解或还原可变成羧基或氨甲基。这样通过重氮盐可以在芳环上引入羧基或氨甲基。

$$\text{邻硝基苯胺} \xrightarrow{\text{NaNO}_2, \text{HCl}} \text{邻硝基重氮盐} \xrightarrow[\text{KCN}]{\text{CuCN}} \text{邻硝基苯甲腈}$$

③ 被羟基取代的反应　硫酸重氮盐在硫酸水溶液中加热，重氮基被羟基取代，生成酚类。例如：

$$\text{邻甲基苯重氮硫酸盐} \xrightarrow[\triangle]{\text{H}_3\text{O}^+} \text{邻甲基苯酚} + \text{N}_2\uparrow$$

此反应一般用重氮硫酸盐在40%~50%的硫酸溶液中进行，这样可以避免反应生成的酚和未反应的重氮盐发生偶联反应。

④ 被氢原子取代的反应　重氮盐在次磷酸（H_3PO_2）的水溶液或乙醇中反应，则重氮盐被氢原子取代，形成芳烃。该方法可用于除去苯环上的氨基或者硝基。

$$\text{苯重氮盐} \xrightarrow[\triangle]{\text{H}_3\text{PO}_2} \text{苯} + \text{N}_2\uparrow$$

因为重氮基来自氨基，上述反应又称为去氨基反应。在有机合成上常先利用氨基或硝基的定位作用，可将某些基团引入芳环所需的位置，再通过重氮化反应去掉氨基。例如，合成间溴甲苯不能直接从甲苯溴代制备，也不能从溴代苯烷基化制备，若利用去氨基的方法则可制取间溴甲苯。

$$\text{对甲苯胺} \xrightarrow{(\text{CH}_3\text{CO})_2\text{O}} \text{对甲基乙酰苯胺} \xrightarrow[\text{H}_2\text{O}]{\text{Br}_2} \text{2-溴-4-甲基苯胺} \xrightarrow[0\sim5℃]{\text{NaNO}_2,\text{H}_2\text{SO}_4} \text{重氮盐} \xrightarrow[\triangle]{\text{H}_3\text{PO}_2} \text{间溴甲苯}$$

（2）偶联反应（留氮反应）

重氮盐是一种弱的亲电试剂，在一定条件下，能与酚或芳胺等发生亲电取代反应生成偶氮化合物（azo compound），该反应称为偶联反应。重氮基的两个氮原子反应后仍能保留在产物的分子中。

$$\text{C}_6\text{H}_5\text{N}_2^+\text{Cl}^- + \text{C}_6\text{H}_5\text{OH} \xrightarrow[0℃, \text{pH}=8\sim9]{\text{NaOH}} \text{C}_6\text{H}_5-\text{N}=\text{N}-\text{C}_6\text{H}_4-\text{OH}$$

对羟基偶氮苯

上述反应是重氮部分带正荷作为弱的亲电试剂，进攻酚羟基的对位，发生亲电取代反应而生成相应的偶氮化合物。如果对位已被其他基团占据，则在邻位发生偶联。如果对位和两个邻位都被取代基占据，则不发生偶联反应。例如：

$$\text{C}_6\text{H}_5\text{N}_2^+\text{Cl}^- + \text{HO}-\text{C}_6\text{H}_4-\text{CH}_3 \xrightarrow[0℃]{\text{pH}=8\sim9} \text{偶氮化合物}$$

重氮盐与酚类偶联时，通常在弱碱性介质中进行，因为在此条件下酚形成苯氧负离子，使芳环电子云密度增加，有利于偶联反应进行。而在强碱性介质中（pH>10）重氮盐形成芳基重氮酸或重氮酸盐，使偶联反应不发生。

芳香重氮盐与芳胺的偶联反应在中性或弱酸性（pH=5~7）介质中进行，在此条件下，芳胺以游离胺形式存在，使芳环电子云密度增加，有利于偶联反应进行。如果溶液酸性过强，胺变成了铵盐，会使芳环电子云密度降低，不利于偶联反应进行。

$$\underset{}{\text{C}_6\text{H}_5\text{N}_2^+\text{Cl}^-} + \underset{}{\text{C}_6\text{H}_5\text{NH}_2} \xrightarrow[0℃, pH=5\sim7]{CH_3COONa} \text{C}_6\text{H}_5-\text{N}=\text{N}-\text{C}_6\text{H}_4-\text{NH}_2$$

（3）还原反应

芳香重氮盐中的重氮基可以被二氯化锡（锌或锡）和盐酸、亚硫酸钠、亚硫酸氢钠等还原剂还原，保留氮原子在产物中，被还原成芳基肼。例如：

$$\text{C}_6\text{H}_5\text{N}_2^+\text{Cl}^- \xrightarrow{SnCl_2, HCl} \text{C}_6\text{H}_5-\text{NHNH}_2 \cdot \text{HCl} \xrightarrow{OH^-} \underset{\text{苯肼}}{\text{C}_6\text{H}_5-\text{NHNH}_2}$$

新蒸馏的苯肼是无色油状液体，沸点为242℃，熔点为19.8℃，不溶于水，有毒，是常用的羰基试剂，也是合成药物和染料的原料。

13.4.2 偶氮化合物

偶氮基是一种重要的生色基团，因此偶氮化合物一般都具有鲜艳的颜色，可用作染料，称为偶氮染料。偶氮染料几乎包含所有的颜色，广泛用于纺织品、塑料、皮革、食品等染色及印花工艺。近来，偶氮染料因为环保问题被禁用，受禁的偶氮染料有一百种以上。用受禁偶氮染料染色的服装或其他消费品与人体皮肤长期接触后，会发生复杂的还原反应，形成致癌的芳香胺类化合物，这些化合物会被人体吸收，经过一系列活化作用，使人体细胞的DNA发生结构与功能的变化，成为人体病变的诱因。有些偶氮化合物由于颜色不稳定，在酸或碱溶液中结构发生变化而显不同颜色，可用作酸碱指示剂。

（1）甲基橙

对氨基苯磺酸的重氮盐与N,N-二甲基苯胺进行偶联反应得到甲基橙。

$$HO_3S-C_6H_4-NH_2 \xrightarrow[0\sim5℃]{NaNO_2, HCl} HO_3S-C_6H_4-N_2^+Cl^- \xrightarrow[\text{弱酸性}]{C_6H_5N(CH_3)_2}$$

$$\underset{\text{甲基橙}}{HO_3S-C_6H_4-N=N-C_6H_4-N(CH_3)_2}$$

甲基橙在pH=4.4以上时显黄色，在pH=3.1以下时显红色，因此甲基橙主要用作酸碱滴定时的指示剂，其颜色变化是由于在不同pH条件下结构发生变化。

$$\underset{pH<3.1\text{酸式（红色）}}{(CH_3)_2N^+=C_6H_4=N-NH-C_6H_4-SO_3^-} \underset{H^+}{\overset{OH^-}{\rightleftharpoons}} \underset{pH>4.4\text{碱式（黄色）}}{(H_3C)_2N-C_6H_4-N=N-C_6H_4-SO_3^-}$$

（2）刚果红

刚果红分子中共轭体系较大，所以颜色较深。刚果红是一种可以直接使棉纤维着色的红色染料，但容易清洗或晒褪色，且遇强酸后变为蓝色，所以不是一种很好的染料。但刚果红作为指示剂，其变色范围的pH值为3~5。

刚果红

（3）苏丹红

苏丹红化学名1-苯基偶氮-2-萘酚，易溶于油脂、矿物油、丙酮和苯，微溶于乙醇，不溶于水。苏丹红是人工合成的红色染料之一，被广泛用于如溶剂、油、蜡、汽油的增色以及鞋、地板等增光方面。苏丹红具有致癌性，对人体的肝肾等器官具有明显的毒性作用。

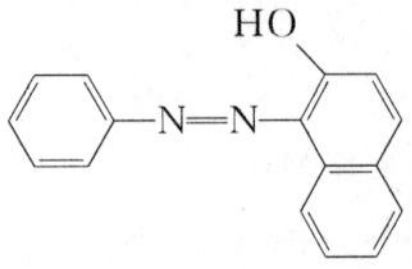

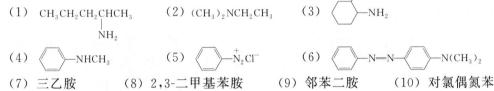

苏丹红

习 题

1. 命名或写出下列化合物的结构式。

(1) CH₃CH₂CH₂CH(NH₂)CH₃　　(2) (CH₃)₂NCH₂CH₃　　(3) 2-甲基环己胺

(4) C₆H₅—NHCH₃　　(5) C₆H₅—N₂⁺Cl⁻　　(6) C₆H₅—N=N—C₆H₄—N(CH₃)₂

(7) 三乙胺　　(8) 2,3-二甲基苯胺　　(9) 邻苯二胺　　(10) 对氯偶氮苯

2. 比较下列各组化合物的碱性强弱顺序。

(1) 氨、甲胺、二甲胺、三甲胺、氢氧化四甲铵

(2) 苯胺、二苯胺、环己胺、氨

(3) 苯胺、对甲苯胺、对硝基苯胺、对甲氧基苯胺

3. 完成下列反应式。

(1)  C₆H₅—NH₂ + (CH₃CO)₂O ⟶

(2) C₆H₅—NH₂ + PhSO₂Cl ⟶ ? $\xrightarrow{\text{NaOH}}$

(3) 环己基—C(O)NH₂ $\xrightarrow[\text{NaOH}]{\text{Br}_2}$

(4) H₃C—C₆H₄—NH₂ $\xrightarrow[0\sim5\,℃]{\text{NaNO}_2/\text{H}_2\text{SO}_4}$

(5) HO₃S—C₆H₄—NH₂ $\xrightarrow[0\sim5\,℃]{\text{NaNO}_2/\text{HCl}}$ $\xrightarrow[\text{稀 NaOH}]{\text{C}_6\text{H}_5\text{OH}}$

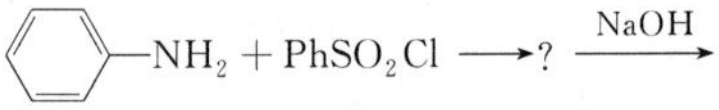

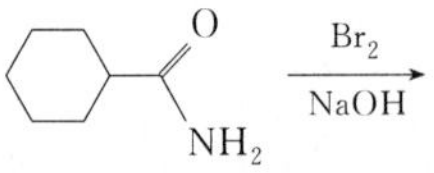

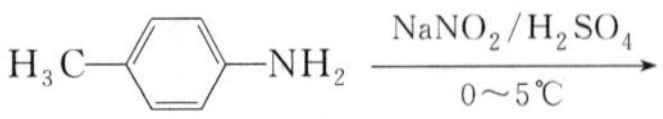

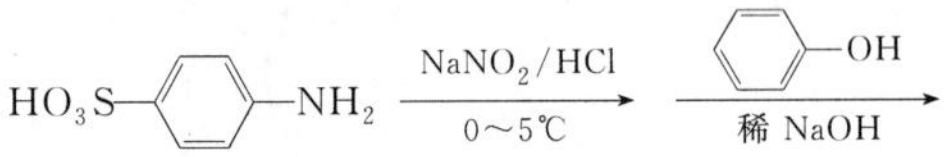

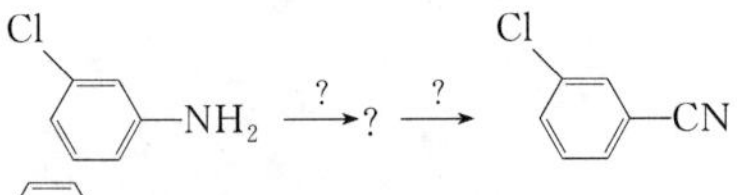

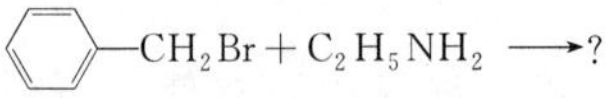

(6) 3-氯苯胺 ⟶ ? ⟶ ? ⟶ 3-氯苯甲腈

(7) C₆H₅—CH₂Br + C₂H₅NH₂ ⟶ ?

(8) 1,3-二硝基苯 ⟶ ? ⟶ 3-硝基苯胺

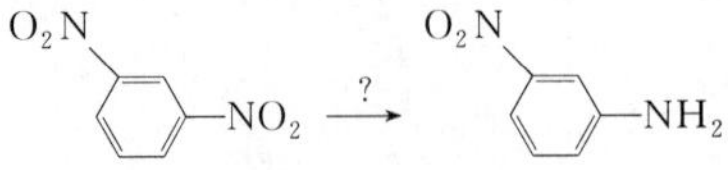

4. 鉴别题。

(1) 苯胺、苯酚、甲苯和苯甲酸

(2) 苯胺、N-甲基苯胺、N,N-二甲基苯胺

(3) 苯胺、哌啶、N,N-二甲基环己胺

5. 由指定原料合成下列化合物。

(1) 以对甲苯胺为原料合成 4-甲基-2-硝基苯胺

(2) 以对甲苯胺为原料合成 3,4,5-三溴甲苯

(3) 以苯为原料合成邻氯苯酚

6.推断结构。

(1) 化合物 A 和 B 互为同分异构体,经过彻底甲基化及 Hofmann 消除反应后的产物分别为 1,4-戊二烯和 2-甲基-1,3-丁二烯,试写出 A 和 B 的结构式。

(2) 化合物 A 的分子式为 C_7H_9N,有碱性,A 的盐酸盐与亚硝酸作用生成 $C_7H_7N_2Cl$ (B),B 加热后能放出氮气生成对甲苯酚。在碱性溶液中,B 与苯酚作用生成具有颜色的化合物 $C_{13}H_{12}ON_2$ (C)。试写出 A、B、C 的结构式。

7.解释下列实验结果。

(1) 苯胺在发烟硫酸中反应,得到间氨基苯磺酸。

(2) 苯胺制备对溴苯胺在稀酸或者弱酸介质中进行,而不易在强酸介质中进行。

第14章 杂环化合物

杂环化合物（heterocyclic compounds）可以定义为由碳原子和非碳原子共同组成环状骨架结构的一类化合物。环上的非碳原子统称为杂原子，常见的杂原子为氮、氧、硫等。前面已经学过的内酯、内酰胺、环状酸酐、交酯、脂环胺、环醚等化合物都是杂环化合物。如：

δ-戊内酯　　δ-戊内酰胺　　戊二酸酐　　交酯　　吗啉　　1,3-二硫六环

由于这些化合物在化学性质上与相应的同类开链化合物类似，因此都并入相应的章节中讨论。本章所要讨论的是环系比较稳定、不易开环并具有一定程度芳香性的杂环化合物，即芳杂环化合物（aromatic heterocyclic compounds）。

杂环化合物占有机化合物总数的65%以上，广泛存在于自然界的动、植物体内，并起着重要的生理作用，通常是酶和辅酶中催化生化反应的活性部位。植物中的色素、生物碱、维生素；动物体内的血红素、组成蛋白质的某些氨基酸以及核苷酸的碱基等都含有杂环的结构。合成药物中绝大多数含有杂环结构，草药有效成分的生物碱、苷类、黄酮、香豆素等大多具有杂环结构。因此，杂环化合物在有机化合物，尤其在药物中占有重要地位。

14.1 杂环化合物的分类与命名

14.1.1 分类

芳杂环化合物可以按照环的数目分为单杂环和稠杂环；按成环原子数分为五元杂环、六元杂环和七元杂环等；也可按杂原子的数目分为含一个、两个和多个杂原子的杂环。还可按电子云密度分为多π杂环和缺π杂环。例如：

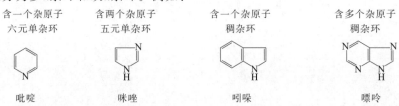

含一个杂原子　　含两个杂原子　　含一个杂原子　　含多个杂原子
六元单杂环　　　五元单杂环　　　　稠杂环　　　　　稠杂环

吡啶　　　　　咪唑　　　　　　吲哚　　　　　　嘌呤

14.1.2 命名

杂环化合物的名称由基本母核和环上取代基组成，取代基的命名原则与前面各章所介绍的相同。杂环母核的命名现广泛采用的是 IUPAC（1979）命名原则，其中保留特定的 45 个杂环化合物的俗名和半俗名。我国则按照这些特定杂环英文名称的读音，选用同音汉字加"口"字偏旁组成音译名，并以此作为命名的基础对无特定名称的杂环化合物进行命名。另外还有一种将杂环视为相应的碳环化合物的衍生物加以命名的方法，如将吡啶称为氮杂苯，但较少使用。

（1）常见有特定名称的杂环命名及编号

命名采用 IUPAC 命名原则中特定杂环化合物的俗名，当杂环上连有取代基时，为了标明取代基的位置，必须将杂环母体（母环）编号。杂环母体的编号原则如下：

① 含一个杂原子的杂环　编号从杂原子开始，顺时针、逆时针都可以，有取代基时要使取代基编号尽可能小。例如：

吡咯	呋喃	噻吩	吡啶	吡喃
pyrrole	furan	thiophene	pyridine	pyran

还可使用希腊字母编号。吡咯、呋喃、噻吩的 2 位和 5 位称为 α 位，3 位和 4 位称为 β 位；吡啶、吡喃的 2 位和 6 位称为 α 位，3 位和 5 位称为 β 位，4 位称为 γ 位。

② 含两个杂原子的杂环　当母环含两个或多个杂原子时，对其编号应使杂原子位次尽可能小，并按 O、S、NH、—N= 的优先顺序决定优先的杂原子，例如：

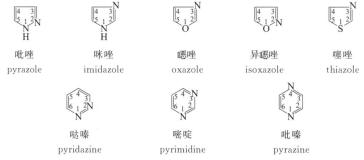

吡唑	咪唑	噁唑	异噁唑	噻唑
pyrazole	imidazole	oxazole	isoxazole	thiazole

哒嗪	嘧啶	吡嗪
pyridazine	pyrimidine	pyrazine

③ 五元及六元稠杂环　有特定名称的稠杂环大部分按照相应的稠环芳烃（如萘、蒽）母环编号规则编号，从一端开始，共用碳原子一般不编号，编号时注意使杂原子的位次尽可能小，并遵守杂原子的优先顺序，如喹啉、异喹啉、吲哚、吖啶、吩噻嗪等的编号。只有少数稠杂环按特定的习惯方式编号，如嘌呤的编号。

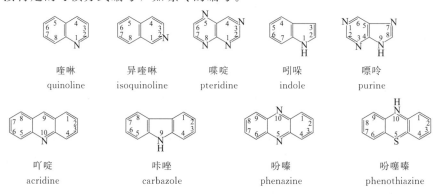

喹啉	异喹啉	喋啶	吲哚	嘌呤
quinoline	isoquinoline	pteridine	indole	purine

吖啶	咔唑	吩嗪	吩噻嗪
acridine	carbazole	phenazine	phenothiazine

（2）标氢与外加氢

以上的杂环化合物都含有最多数目的非聚集双键，但其中有些杂环母核中仍然有饱和的碳原子或氮原子，此时如有两种或多种异构体存在，必须标明这个饱和的原子上所连接的氢原子的位置，在杂环名称前面标出位置编号加大写斜体的 H，这种氢原子称为"标氢"或"指示氢"。例如：

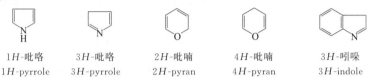

另外含活泼氢的杂环化合物及其衍生物，可能存在互变异构体，命名时也需按上述标氢的方式标明。例如：

如果杂环上的非聚集双键尚未达到最多数目，则多出的氢原子称为"外加氢"或"附加氢"。命名时要指出外加氢的位置及数目，当环全部饱和时可不标明位置。例如：

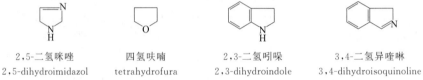

（3）有特定名称杂环衍生物的命名

对杂环上连有取代基的杂环化合物命名时，既可以将杂环当作母体，也可将杂环视为取代基。将杂环当作母体则先确定杂环母环的名称，编号时在遵守母环编号原则的基础上，使取代基编号尽可能小，然后将取代基的名称连同位置编号以词头或词尾形式写在母体名称前面或后面，构成取代杂环化合物的名称。侧链复杂时则以侧链为母体，杂环作为取代基。

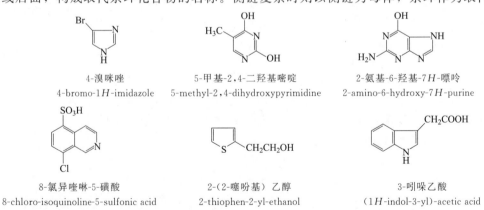

（4）无特定名称的稠杂环的命名

大多数稠杂环无特定名称，可看成是杂环与杂环或杂环与碳环稠合，并以此为基础进行命名。先将这类稠杂环分解成两个有特定名称的环，再将其中一个定为基本环，另一个为附加环。命名时附加环名称在前，基本环名称在后，中间用"并"字相连，两环名称之间缀以方括号，括号内用阿拉伯数字和小写英文字母表示两环稠合情况。例如下列化合物名称为呋喃并 $[2,3\text{-}b]$ 吡嗪。

① 基本环的选择方法 由碳环和杂环组成的稠杂环，选杂环为基本环。如还有选择时，应优先选择环数较多且有特定名称的杂环作基本环。例如：

苯并吡喃 苯并咪唑 苯并喹啉
4H-chromene 1H-benzo[d]imidazole phenanthridine

由大小不同的两个杂环组成的稠杂环，以大环为基本环。例如：

咪唑并吡啶 噻吩并吡喃
1H-imidazo[4,5-b]pyridine 5H-thieno[3,2-b]pyran

大小相同的两个杂环组成的稠杂环，基本环按所含杂原子的优先次序确定基本环，优先次序为 N>O>S>Se>Te>P>As>Si>B。例如：

呋喃并吡咯 噻吩并呋喃
6H-furo[2,3-b]pyrrole thieno[2,3-b]furan

若两环大小相同，杂原子个数不同时，选杂原子多的为基本环；杂原子数目也相同时，选杂原子种类多的为基本环。例如：

吡啶并哒嗪 咪唑并噻唑
pyrido[3,2-c]pyridazine 4H-imidazo[4,5-d]thiazole

若环大小、杂原子个数都相同时，以稠合前杂原子编号较低者为基本环。例如：

吡嗪并嘧啶 咪唑并吡唑
pteridine 1,6-dihydroimidazo[4,5-c]pyrazole

当稠合边有杂原子时，共用杂原子同属于两个环。在确定基本环和附加环时，两个环均包含该杂原子，再按上述规则选择基本环。例如：

噻唑并咪唑 吡嗪并嘧啶
imidazo[2,1-b]thiazole 4H-pyrazino[1,2-a]pyrimidine

② 稠合边的表示方法 当按上述方法确定了基本环和附加环后，仍然无法区分两个环通过不同边稠合得到的不同化合物，因此需要表示稠合边的位置。采用附加环和基本环的位号来共同表示，放在方括号内。基本环按照原杂环的编号顺序，将环上各边用英文字母 a、b、c、…表示（1，2 之间为 a；2，3 之间为 b…）。附加环按原杂环的编号顺序，以阿拉伯

数字标注各原子。当有选择时，应使稠合边的编号尽可能小。表示稠合边位置时，阿拉伯数字在前，英文字母在后，中间用短线相连。需注意的是：数字书写的走向要与基本环的走向一致。例如：

咪唑并［4,5-d］噻唑   咪唑并［5,4-d］噻唑   咪唑并［2,1-b］噻唑
imidazolo［4,5-d］thiazole   imidazolo［5,4-d］thiazole   imidazolo［2,1-b］thiazole

③ 周边编号　为了描述无特定名称稠杂环上的取代基、官能团或氢原子的位置，需要对整个稠杂环的环系进行编号，称为周边编号或大环编号。其编号原则是：尽可能使所含的杂原子编号最低，在保证编号最低的前提下，再考虑按 O、S、NH、—N＝的顺序编号。共用杂原子都要编号，在满足前面规则的前提下，编号时应使共用杂原子位号尽可能低。共用碳原子一般不编号，如需要编号时，用前面相邻的位号加 a、b、… 表示。例如：

1H-吡唑并［4,5-d］噻唑   咪唑并［2,1-b］噻唑   咪唑并［1,2-b］［1,2,4］三嗪
1H-pyrazolo［4,5-d］thiazole   imidazo［2,1-b］thiazole   imidazo［1,2-b］［1,2,4］triazine

因此，稠杂环的命名往往有两种编号，一种表示取代基的编号（周边编号），另一种是标明稠合位置（共用边）的编号。例如：

6-苯基-2,3,5,6-四氢咪唑并［2,1-b］噻唑（驱虫净）
6-benzyl-2,3,5,6-tetrahydroimidazolo-[2,1-b] thiazole

14.2　含一个杂原子的五元杂环化合物

　　五元杂环包括含一个杂原子的五元杂环和含两个或多个杂原子的五元杂环，种类较多。其中杂原子主要是氮、氧和硫。比较重要的化合物有呋喃、噻吩、吡咯、吡唑、咪唑和噻唑等。另外还包括五元杂环与苯环或其他杂环稠合的多种环系。它们在结构上可看作环戊二烯分子中的碳被杂原子取代，但化学性质却与苯相似，都有不同程度的芳香性。

14.2.1　含一个杂原子的五元杂环的结构与芳香性

吡咯   呋喃   噻吩

　　这三个化合物中碳原子与杂原子均以 sp^2 杂化轨道与相邻的原子彼此以 σ 键构成五元环，杂原子的三个 sp^2 杂化轨道有两个分别与碳原子组成 σ 键，第三个 sp^2 杂化轨道中吡咯有一个电子与氢形成 N—H σ 键，呋喃和噻吩各有一对未共用电子对。环上每个原子都有一个未参与杂化的 p 轨道与环平面垂直，碳原子的 p 轨道中有一个电子，而杂原子的 p 轨道中有两个电子，这些 p 轨道相互侧面重叠形成封闭的大 π 键，大 π 键的 π 电子数是六个，符合 $4n+2$ 规则，都是平面形分子。因此，这些五元芳杂环具有芳香性特征，但芳香性不如苯，

键长没有完全平均化，稳定性比苯差。

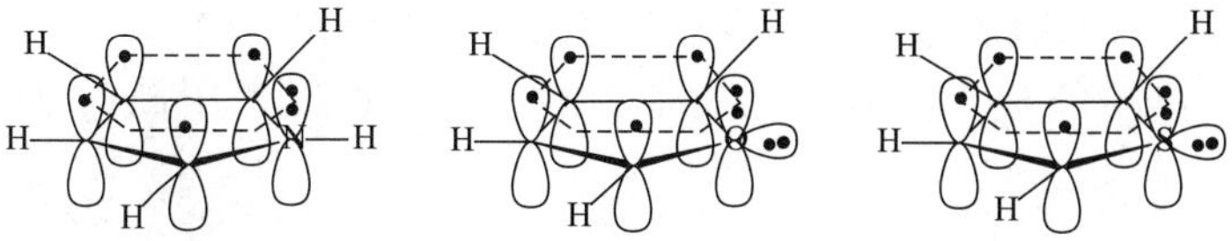

吡咯　　　　呋喃　　　　噻吩

在这三个五元杂环中，由于五个 p 轨道中分布着的六个 π 电子组成 π_5^6 大 π 键，因此，杂环上碳原子的电子云密度比苯环上碳原子的电子云密度高，所以又称这类杂环为"多π"（富电子）芳杂环。可以预测它们进行亲电取代反应比苯容易得多。

14.2.2　物理性质

吡咯、呋喃和噻吩均难溶于水，因为分子中杂原子的未共用电子对是芳香大 π 键六电子共轭体系的组成部分，与水缔合能力减弱。但是它们的水溶性仍有差别，吡咯氮上的氢可与水形成氢键，呋喃环上的氧与水也能形成氢键，但相对较弱，而噻吩环上的硫不能与水形成氢键，因此三者水溶度分别：吡咯（1∶17）；呋喃（1∶35）；噻吩（1∶700）。

14.2.3　化学性质

（1）酸碱性

呋喃、噻吩为中性化合物，其原因是杂原子上的未共用电子对已参与形成大 π 键，不再具有给出电子对的能力。吡咯分子虽有仲胺结构，也几乎不具有碱性，与质子难以结合，吡咯氮上的氢原子却显示出弱酸性，其 pK_a 为 17.5，因此吡咯能与强碱如金属钾及干燥的氢氧化钾共热成盐。

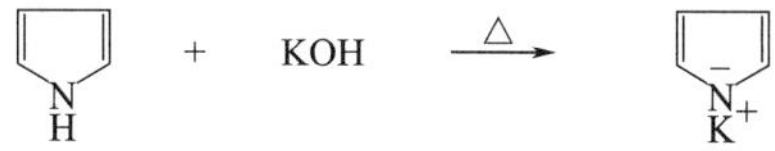

（2）亲电取代反应

由于含一个杂原子的五元杂环为多 π 杂环，所以进行亲电取代反应比苯容易得多，反应活性顺序为：吡咯＞呋喃＞噻吩＞苯。但正因为电子云密度高，它们对酸性介质及氧化剂敏感，特别是吡咯和呋喃，亲电取代反应需在较弱的亲电试剂及温和的条件下进行；若在强酸性条件下，会发生水解、聚合等副反应。苯、三个五元杂环的稳定性顺序：苯＞噻吩＞吡咯＞呋喃。多 π 杂环的亲电取代反应主要发生在 α 位上，而 β 位产物较少。

① 卤代反应　多 π 杂环因环上电子云密度高致卤代反应很剧烈，为避免爆炸及多卤代反应发生，需在低温、低浓度卤代试剂的条件下进行。

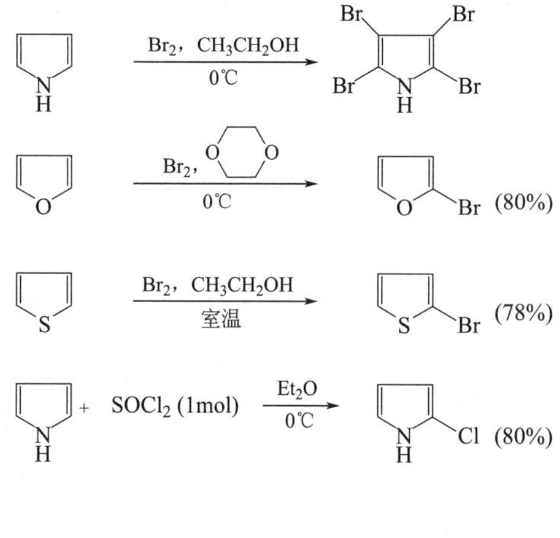

② 硝化反应　硝酸既是强酸又是强氧化剂，因此呋喃、吡咯不能用硝酸或混酸作为硝化剂进行硝化反应，只能用较温和的非质子性的硝酸乙酸酐作为硝化试剂，并且在低温条件下进行反应。虽然噻吩较稳定，但反应非常剧烈，所以也应采用温和的硝酸乙酸酐作硝化剂。

$$CH_3COCCH_3 + HNO_3 \longrightarrow CH_3CONO_2 + CH_3COOH$$
$$\text{硝酸乙酸酐}$$

吡咯 $\xrightarrow[\text{NaOH, Ac}_2\text{O, 5℃}]{\text{CH}_3\text{COONO}_2}$ 2-硝基吡咯 (83%)

呋喃 $\xrightarrow[\text{Ac}_2\text{O, }-30\sim-5℃]{\text{CH}_3\text{COONO}_2}$ 2-硝基呋喃 (35%)

噻吩 $\xrightarrow[\text{Ac}_2\text{O, }-10℃]{\text{CH}_3\text{COONO}_2}$ 2-硝基噻吩 (70%)

③ 磺化反应　吡咯和呋喃的磺化反应也需要使用比较温和的非质子性的磺化试剂，常用吡啶三氧化硫作为磺化试剂。由于噻吩比较稳定，可直接用硫酸在室温下进行磺化反应，磺化产物可溶于浓硫酸。

吡咯 + 吡啶·SO$_3$ $\xrightarrow[]{100℃}$ $\xrightarrow[]{\text{HCl}}$ 吡咯-2-磺酸 (90%)

呋喃 + 吡啶·SO$_3$ $\xrightarrow[\text{室温}]{\text{CH}_2\text{Cl}_2}$ $\xrightarrow[]{\text{HCl}}$ 呋喃-2-磺酸 (86%)

噻吩 $\xrightarrow[\text{室温}]{98\%\text{H}_2\text{SO}_4}$ 噻吩-2-磺酸 (69%~76%)

④ 傅-克酰基化反应　多π杂环进行傅-克酰基化可得到一元取代产物，根据它们活性不同可使用不同催化剂。傅-克烷基化会得到各种多烷基化混合产物，无实际意义。

吡咯 $\xrightarrow[150\sim200℃]{\text{Ac}_2\text{O}}$ 2-乙酰基吡咯 (60%)

呋喃 $\xrightarrow[\text{BF}_3]{\text{Ac}_2\text{O}}$ 2-乙酰基呋喃 (75%~92%)

噻吩 $\xrightarrow[\text{H}_3\text{PO}_4]{\text{Ac}_2\text{O}}$ 2-乙酰基噻吩 (94%)

（3）加成反应

三个五元杂环都可通过催化加氢得到饱和杂环，四氢吡咯为环状仲胺，是常用的有机碱；四氢呋喃是重要的有机溶剂；噻吩中含有硫，能使催化剂中毒，需使用特殊催化剂。

吡咯 $\xrightarrow{\text{H}_2/\text{Pd}}$ 四氢吡咯

呋喃 $\xrightarrow{\text{H}_2/\text{Ni}\text{或Pd}}$ 四氢呋喃

噻吩 $\xrightarrow{\text{H}_2/\text{MoS}_2}$ 四氢噻吩

14.3 含一个杂原子的六元杂环化合物

六元杂环化合物包括含一个杂原子的六元杂环,含两个杂原子的六元杂环,以及六元稠杂环等。六元杂环化合物是杂环类化合物最重要的部分,它们的衍生物广泛存在于自然界。草药有效成分中黄酮、香豆素及生物碱中都含有六元杂环;合成药物中很多含有吡啶和嘧啶等六元杂环。

14.3.1 吡啶

吡啶可以从煤焦油、骨焦油及页岩油中分离得到,是性能良好的溶剂和脱酸剂。其衍生物是许多天然药物、染料、维生素和生物碱的基本组成部分。

(1) 吡啶的结构及芳香性

吡啶的结构相当于用 sp^2 杂化的氮原子替换苯环上的碳,因此具有与苯非常相似芳香性。吡啶分子中的碳碳键长为 0.139nm,与苯(0.140nm)近似,碳氮键长为 0.137nm,介于 C—N 单键(0.147nm)和 C=N 双键(0.128nm)之间,键角约为 120°,这说明吡啶环上键的平均化程度较高,但没有像苯那样达到完全平均化。

吡啶环上的碳原子和氮原子均以 sp^2 杂化轨道相互重叠形成 σ 键,构成一个平面六元环。每个原子上有一个 p 轨道垂直于环平面,每个 p 轨道中有一个电子,这些 p 轨道侧面重叠形成一个封闭的大 π 键,π 电子数目为 6,符合 $4n+2$ 规则,与苯环类似。因此,吡啶具有一定的芳香性。氮原子上还有一个 sp^2 杂化轨道没有参与成键,被一对未共用电子对所占据,使吡啶具有碱性。

吡啶的分子轨道示意图　　吡啶中氮原子的杂化轨道

吡啶环的结构决定了其与五元多 π 芳杂环在性质上有显著差别。其中氮原子的作用类似于硝基苯中的硝基,使其邻、对位环上碳原子的电子云密度比苯低而被称为缺 π 芳杂环。这类杂环在化学性质上的表现是:亲电取代反应比苯难,亲核取代反应比苯容易,氧化反应变难,还原反应变易。

(2) 吡啶的普通物理性质

吡啶是具有特殊臭味的无色液体,沸点为 115.3℃,相对密度为 0.982,能与水以任何比例互溶,同时又能溶解大多数极性及非极性的有机化合物,甚至可以溶解某些无机盐类,所以吡啶是一个有重要应用价值的溶剂。

(3) 吡啶的光谱性质

① 吡啶的红外光谱(IR)　芳杂环化合物的红外光谱与苯系化合物类似,在 3070~3020cm^{-1} 处有 C—H 伸缩振动,在 1600~1500cm^{-1} 处有芳环的伸缩振动(骨架谱带),在 900~700cm^{-1} 处还有芳氢的面外弯曲振动。吡啶的红外吸收光谱见图 14.1。

② 吡啶的核磁共振氢谱(^{1}H NMR)　由于吡啶环上氮的吸电子作用,使环上氢核化学位移与苯环氢(δ7.27)相比处于低场,化学位移大于 7.27,其中与杂原子相邻碳上的氢的吸收峰更偏于低场。当杂环上连有供电子基团时,化学位移向高场移动,取代基为吸电性

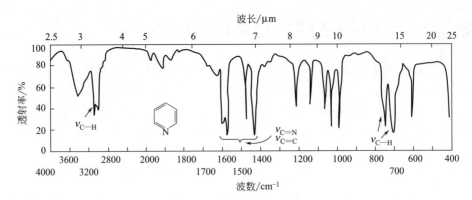

图 14.1 吡啶的红外吸收光谱图

时，则化学位移向低场移动。吡啶的 ^{1}H NMR δ 数据如下：

α-H δ 8.60
β-H δ 7.25
γ-H δ 7.46

（4）吡啶的化学性质

① 碱性和成盐　与五元杂环不同，吡啶氮原子的未共用电子对位于 sp^2 杂化轨道上，并不参与环上的共轭体系，可接受质子而显碱性，碱性（$pK_b=8.8$）比苯胺略强，可作催化剂、脱酸剂。吡啶与强酸可以形成稳定的盐，某些结晶型盐可以用于分离、鉴定及精制工作中。

吡啶还可以与 SO_3、CrO_3、BF_3 等路易斯酸成盐，其中吡啶三氧化硫（N-磺酸吡啶）是一个重要的非质子性的磺化试剂，吡啶三氧化铬（N-铬酸吡啶）是一个重要的氧化试剂。

吡啶与叔胺类似，可与卤代烃反应生成季铵盐，如与碘甲烷反应生成碘化 N-甲基吡啶。

② 亲电取代反应　吡啶和苯及五元芳杂环一样，可以发生亲电取代反应，但其亲电取代反应的活性不仅比五元杂环低，而且也比苯低。由于环上氮原子的钝化作用，使亲电取代反应的条件比较苛刻，且产率较低，取代基主要进入 3（β）位。例如：

第14章 杂环化合物

$$\text{吡啶} \xrightarrow[300℃]{\text{浓}HNO_3, \text{浓}H_2SO_4} \text{3-硝基吡啶}$$

$$\text{吡啶} \xrightarrow[220℃]{\text{发烟}H_2SO_4, HgSO_4} \text{3-吡啶磺酸}$$

③ **亲核取代反应** 由于吡啶环上氮原子的吸电子作用使环上碳原子的电子云密度降低，亲核取代反应容易发生，取代反应主要发生在电子云密度更低的 2 位和 4 位上。

吡啶与氨基钠反应生成 2-氨基吡啶的反应称为齐齐巴宾（Chichibabin）反应。

$$\text{吡啶} + NaNH_2 \xrightarrow[\triangle]{\text{液氨}} \text{2-(N-HNa}^+\text{)吡啶} \xrightarrow{H_2O} \text{2-氨基吡啶}$$

由于吡啶中氮的吸电子作用类似于硝基，因此如果在吡啶环的 α 位或 γ 位存在着较好的离去基团（如卤素、硝基）时，则很容易发生亲核取代反应，而间位不易发生反应。

$$\text{3,4-二溴吡啶} \xrightarrow[\triangle]{CH_3NH_2, H_2O} \text{3-溴-4-甲氨基吡啶}$$

④ **氧化反应** 由于吡啶环上的电子云密度因氮原子的存在而降低，增加了对氧化剂的稳定性，比苯更难被氧化。当吡啶环带有侧链时，则发生侧链的氧化反应。例如：

$$\text{烟碱（尼古丁）} \xrightarrow[\triangle]{HNO_3} \text{3-吡啶甲酸（烟酸）}$$

在特殊氧化条件下吡啶可以被过氧酸或过氧化氢氧化，得到吡啶 N-氧化物。

$$\text{吡啶} \xrightarrow[CH_3COOH, \triangle]{H_2O_2} \text{吡啶 N-氧化物} \quad (95\%)$$

⑤ **还原反应** 吡啶环比苯环容易发生加氢还原反应，用催化加氢和化学试剂都可以还原。例如：

$$\text{吡啶} \xrightarrow[0.3Pa]{H_2/Pt} \text{哌啶（六氢吡啶）} \quad (95\%)$$

14.3.2 含氧原子的六元杂环

最简单的含氧六元杂环是吡喃，环上只有两个双键，不含有 $4n+2$ 电子的大 π 键，无芳香性。吡喃有两种异构体，2H-吡喃（α-吡喃）和 4H-吡喃（γ-吡喃）。吡喃在自然界不存在，4H-吡喃由人工合成得到。自然界存在的是吡喃的羰基衍生物，称为吡喃酮，还存在多种吡喃酮与苯环稠合产物，如色酮、香豆素，是许多天然药物的结构成分。

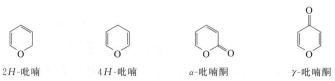

2H-吡喃　　4H-吡喃　　α-吡喃酮　　γ-吡喃酮

从结构上看，α-吡喃酮为不饱和内酯，不稳定，室温放置会慢慢聚合。γ-吡喃酮是稳定的晶形化合物，它不具有酮羰基和碳碳双键的典型反应，可以看成是插烯内酯。

14.4 含两个杂原子的五元杂环化合物

含有两个杂原子的五元杂环化合物通称为唑（azole）类，两个杂原子中至少有一个氮原子，另一个杂原子可以是氮、氧或硫原子，可以看成是吡咯、呋喃和噻吩的氮取代物。根据两个杂原子的位置可分为 1,2-二唑和 1,3-二唑两类。

1,2-二唑：

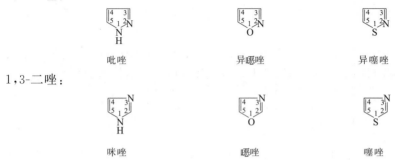

1,3-二唑：

14.4.1 结构和芳香性

唑类可以看成是吡咯、呋喃和噻吩环上的 2 位或 3 位的 CH 被氮原子所替代，这个氮原子与吡啶环中的氮原子相同，为 sp^2 杂化，未参与杂化的 p 轨道与碳原子及另外一个杂原子的 p 轨道形成六电子的环状共轭大 π 键，因此具有芳香性。由于吡啶型氮原子的吸电子作用，环上电子云密度比含一个杂原子的多π五元杂环低，使这类化合物稳定性增强。

吡咯中氮原子的杂化轨道　　　　吡啶中氮原子的杂化轨道

14.4.2 物理性质

含两个杂原子的五种唑类化合物由于吡啶型氮原子的引入，其未共用电子对可以与氢缔合，从而影响沸点和水溶性。虽然五种唑类化合物分子量相近，沸点却有较大差别。几种唑类杂环的物理常数见表 14.1。

表 14.1　几种唑类杂环的物理常数

名称	分子量	沸点/℃	熔点/℃	水溶度	共轭酸的 pK_a
吡唑	68	186～188	69～70	1∶1	2.5
咪唑	68	257	90～91	易溶	7.0
噻唑	85	117	—	微溶	2.4
噁唑	69	69～70	—	—	0.8
异噁唑	69	95～96	—	溶解	−2.03

其中咪唑和吡唑具有较高的沸点，是因为咪唑可通过分子间氢键形成线型多聚体，吡唑可通过分子间氢键形成二聚体而使沸点升高。唑类化合物的水溶度都比吡咯、呋喃、噻吩大，这是由于结构中吡啶型氮原子可与水形成氢键的结果。

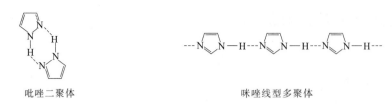

吡唑二聚体　　　　　　　　　　　　　咪唑线型多聚体

14.4.3 化学性质

（1）酸碱性

唑类化合物含有吡啶型氮原子，所以一般都具有比吡咯强而比吡啶弱的碱性（表14.1），只有咪唑的特殊结构造成它与质子结合后有两种能量相等的共振极限式，正离子稳定，使其共轭酸能量低，稳定性高，因此咪唑的碱性比吡啶强。

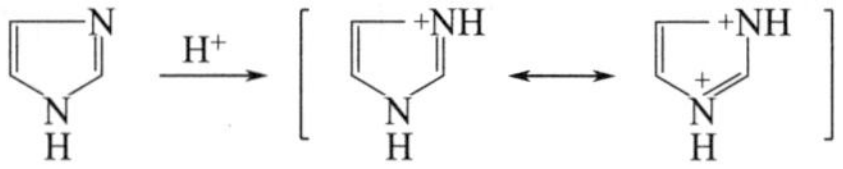

（2）亲电取代反应

因分子中增加了一个吡啶型氮原子，其吸电性使唑类化合物的亲电取代反应活性明显低于含一个杂原子的多π五元杂环，且对氧化剂、强酸都不敏感。1,2-唑类和1,3-唑类化合物的亲电取代活性如下：

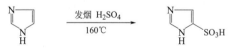

1,2-唑类化合物的亲电取代主要发生在 4 位。

1,3-唑类化合物的亲电取代主要发生在 5 位。

14.5 含两个杂原子的六元杂环化合物

"嗪"表示含有多于一个氮原子的六元杂环，含两个氮原子的六元杂环化合物总称为二氮嗪，二氮嗪因两个氮原子在环上的相对位置不同，共有三种异构体：哒嗪、嘧啶和吡嗪。

哒嗪　　　　　　　嘧啶　　　　　　　吡嗪

这三种杂环母核在自然界中尚未发现，可人工合成得到。嘧啶和吡嗪的衍生物广泛存在于动植物中，并在动植物的新陈代谢中起重要作用，其中以嘧啶环系最为重要，某些维生素、磺胺类、巴比妥类及抗肿瘤药物都含有嘧啶环系。核酸中的碱基含有如下三种嘧啶的衍生物。

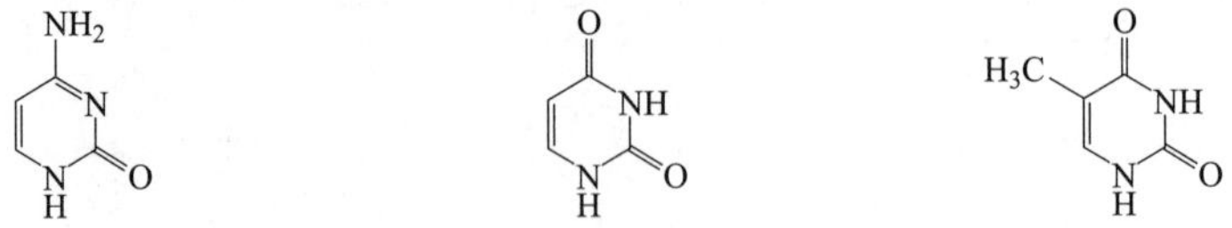

胞嘧啶　　　　　　尿嘧啶　　　　　　胸腺嘧啶

14.5.1 结构与芳香性

二氮嗪类化合物都是平面形分子，所有碳原子和氮原子都是 sp^2 杂化的，每个原子未参与杂化的 p 轨道（每个 p 轨道有一个电子）侧面重叠形成大 π 键，两个氮原子均为吡啶型氮原子，各有一对未共用电子对在 sp^2 杂化轨道中。二嗪类化合物与吡啶相似，具有芳香性，属于芳香杂环化合物。

14.5.2 物理性质

二氮嗪类化合物由于二个氮原子 sp^2 杂化轨道中都含有未共用电子对，可以与水形成氢键，所以哒嗪和嘧啶与水互溶，而吡嗪由于分子对称，极性小，水溶解度降低（表 14.2）。

表 14.2　哒嗪、嘧啶及吡嗪的物理性质

项目	哒嗪	嘧啶	吡嗪
偶极矩/D	13.1	6.99	0
水溶度	∞	∞	溶解
熔点/℃	−6.4	22.5	54
沸点/℃	207	124	121
共轭酸 pK_a	2.33	1.30	0.65

14.5.3 化学性质

（1）碱性

二氮嗪类化合物虽然含有两个氮原子，但它们都是一元碱。当一个氮原子成盐变成正离子后，它的吸电子能力大大增强，致使另一个氮原子上的电子云密度大大降低，很难再与第二个质子结合。二氮嗪两个氮原子的吸电子诱导作用相互影响，使其碱性均比吡啶弱。

（2）亲电取代反应

二氮嗪类化合物由于两个吡啶型氮原子的吸电子作用使亲电取代反应更难发生。如嘧啶的硝化、磺化反应很难进行，但可以在 5 位发生卤代反应。当环上连有羟基、氨基等供电子基时，环上电子云密度增加，能发生硝化、磺化甚至重氮偶联等亲电取代反应。例如：

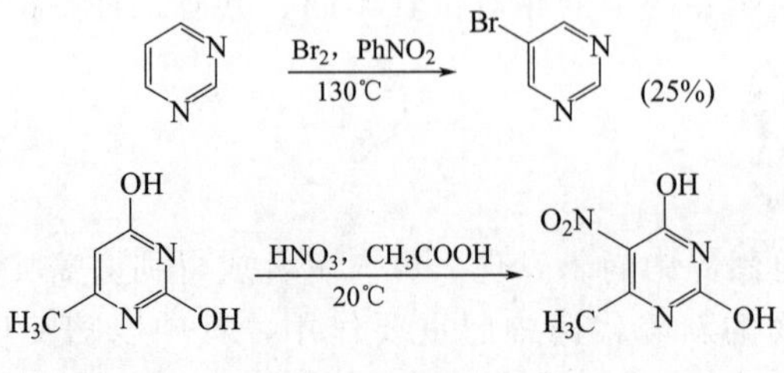

(3) 亲核取代反应

与亲电取代反应相比，二氮嗪更易发生亲核取代反应，取代位置主要是氮原子的邻、对位。当这些位置为卤素时，反应更容易进行。

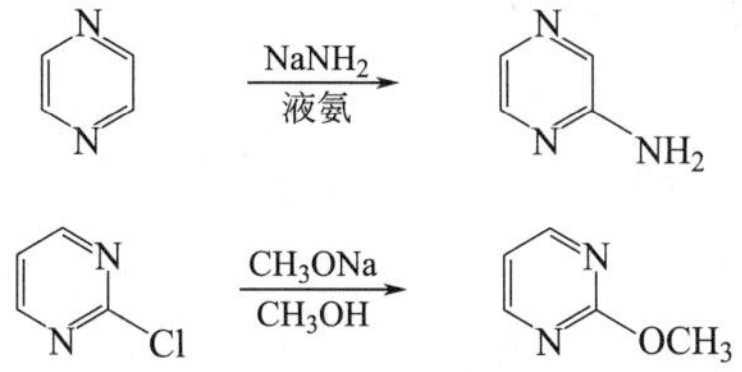

14.6 稠杂环化合物

稠杂环化合物是指两个或两个以上的杂环与苯环稠合形成的化合物。下面介绍其中比较重要的几种化合物。

14.6.1 吲哚

吲哚是由苯环与吡咯的 b 边稠合而成，也可称苯并 [b] 吡咯，与吡咯类似具有芳香性，属于多π芳杂环。

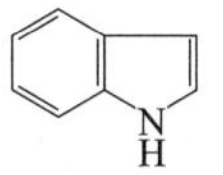

吲哚（indole）

吲哚的许多衍生物具有生理与药理活性，如人体内的 5-羟色胺（5-HT）、色氨酸，存在于动植物体内的 β-吲哚乙酸、蟾蜍素、利血平、靛蓝等。合成药物中很多含有吲哚结构，如吲哚乙酸类非甾抗炎药。

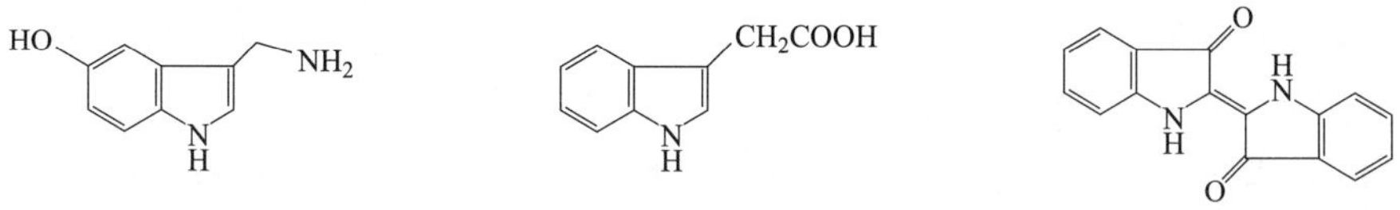

5-HT　　　　　β-吲哚乙酸　　　　　靛蓝

（1）吲哚的物理性质

吲哚为具有极臭味的无色片状结晶，熔点为 52℃，可溶于热水、乙醇、乙醚中。但其极稀溶液却有花香气味，可用作香料。

（2）吲哚的化学性质

① 酸碱性　由于与苯环稠合，氮原子上未共用电子对或氮负离子在更大范围内离域，吲哚的碱性比吡咯还弱，其共轭酸 pK_a 为 3.5，而 N—H 的酸性比吡咯稍强，其 pK_a 为 17.0。

② 亲电取代反应　吲哚分子中的吡咯环与苯环共轭后，电子云密度下降，亲电取代反应活性略低于吡咯，但高于苯。值得注意的是取代位置与吡咯不同，在 3（β）位。

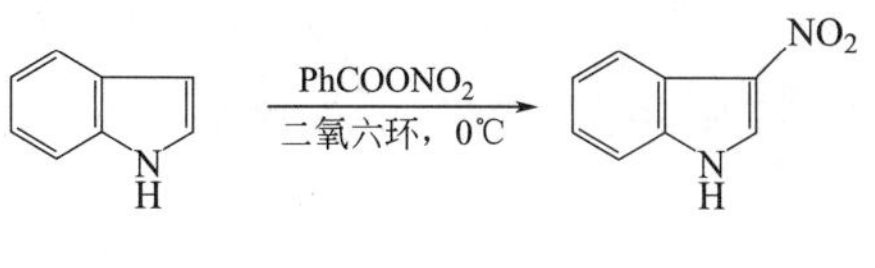

14.6.2 喹啉和异喹啉

喹啉和异喹啉互为同分异构体，都是由一个苯环和一个吡啶环稠合而成的化合物，与吡啶 b 边稠合为喹啉，c 边稠合为异喹啉。

喹啉（quinoline）　　异喹啉（isoquinoline）

喹啉和异喹啉都存在于煤焦油中，是重要的苯稠杂环系，许多天然的生物碱（吗啡碱、罂粟碱、小檗碱等）或合成药物（抗疟药、喹诺酮类抗菌药、喜树碱等），均含有喹啉、异喹啉的结构。

（1）喹啉和异喹啉的结构与物理性质

喹啉和异喹啉相当于萘环上的碳原子被氮原子取代，结构与萘相似，都是平面形分子，含有 10 个 π 电子的芳香大 π 键，氮原子与吡啶的氮原子相同，均具有芳香性。喹啉室温下为具有恶臭味的无色油状液体，异喹啉为低熔点固体。喹啉、异喹啉及吡啶的物理性质见表 14.3。

表 14.3　喹啉、异喹啉及吡啶的物理性质

名称	沸点/℃	熔点/℃	水溶解度	苯溶解度	共轭酸 pK_a
喹啉	238	−15.6	溶（热）	混溶	4.90
异喹啉	243	26.5	不溶	混溶	5.42
吡啶	115.5	−42	混溶	混溶	5.19

（2）喹啉和异喹啉的化学性质

喹啉和异喹啉环系是由一个苯环和一个吡啶环稠合而成的。其碱性、亲电取代反应、亲核取代反应、氧化反应和还原反应具有以下规律：

① 碱性　喹啉和异喹啉的氮原子与吡啶的氮原子相同，都可与酸成盐。工业上利用喹啉硫酸盐溶于乙醇，而异喹啉的硫酸盐不溶于乙醇的性质来分离二者。

② 亲电取代反应　由于苯环上电子云密度高于吡啶环，所以亲电取代反应发生在苯环上，其反应活性比萘低，比吡啶高，亲电试剂主要进攻 5 位和 8 位。

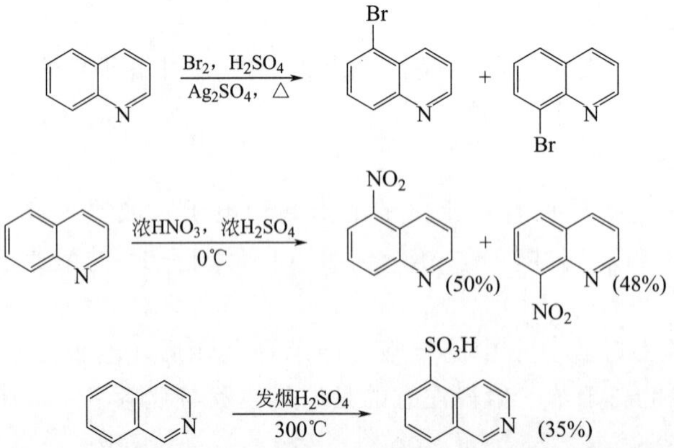

③ 亲核取代反应　发生在吡啶环上，反应活性比吡啶高。喹啉取代主要发生在 2 位上，异喹啉取代主要发生在 1 位上。

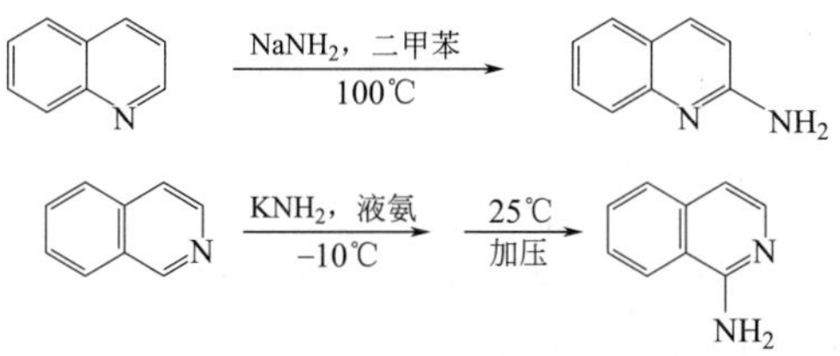

④ 氧化反应　由于苯环上电子云密度高于吡啶环，氧化反应发生在苯环上。与吡啶类似，用过氧化物氧化喹啉时生成 N-氧化物。

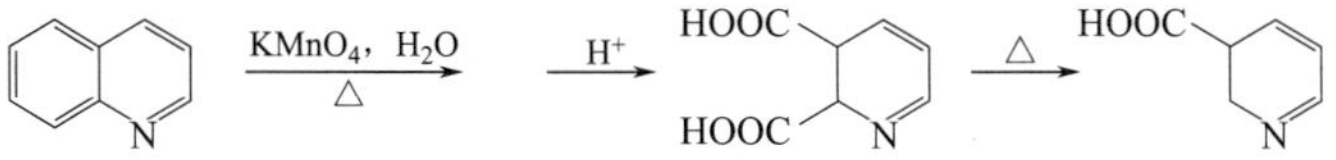

⑤ 还原反应　发生在电子云密度低的吡啶环上。

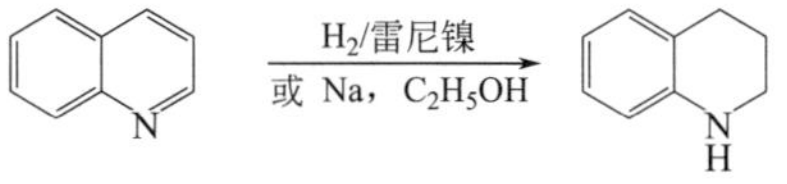

1,2,3,4-四氢喹啉

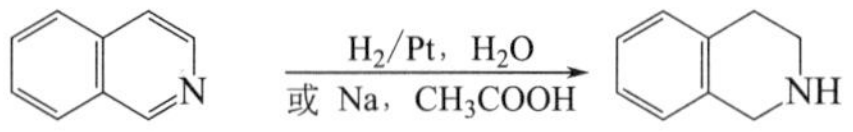

1,2,3,4-四氢异喹啉

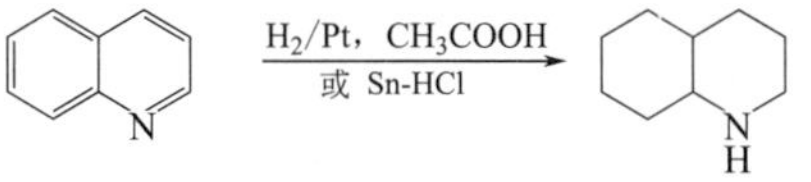

十氢喹啉

（3）喹啉及其衍生物的合成

合成喹啉及其衍生物的常用方法是斯克劳普（Skraup）合成法。用苯胺（或其他芳胺）、甘油（或 α,β-不饱和醛酮）、硫酸、硝基苯（相应于所用芳胺）共热，即可得到喹啉及其衍生物。

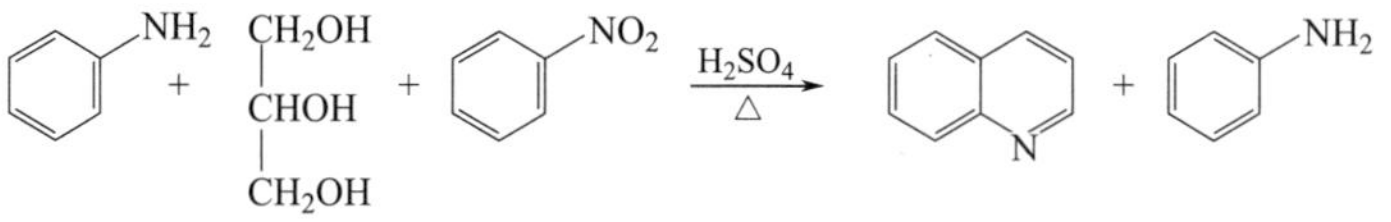

14.6.3　苯并吡喃酮

苯并 α-吡喃酮又称香豆素，苯并 γ-吡喃酮又称色酮。苯并 γ-吡喃酮的 2 位和 3 位被苯基取代后的产物称为黄酮和异黄酮，黄酮和异黄酮及其衍生物组成了黄酮体，是很多天然药物的有效成分。例如：茵陈中的滨蒿内酯、甘草中的甘草素、葛根中的大豆黄素。

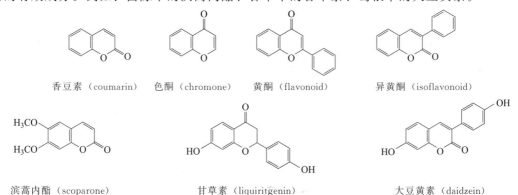

香豆素（coumarin）　色酮（chromone）　黄酮（flavonoid）　异黄酮（isoflavonoid）

滨蒿内酯（scoparone）　甘草素（liquiritgenin）　大豆黄素（daidzein）

14.6.4　嘌呤

（1）嘌呤的结构

嘌呤是由一个嘧啶环和一个咪唑环稠合成的稠杂环化合物，由于有咪唑环系而存在着互变异构现象，它有 9*H* 和 7*H* 两种异构体。

9*H*-嘌呤　　7*H*-嘌呤

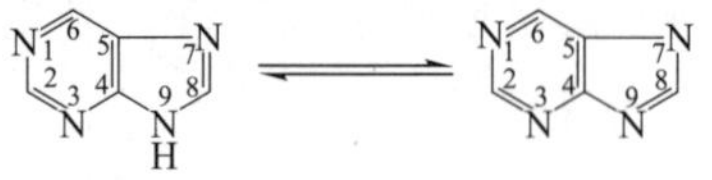

（2）嘌呤的性质

嘌呤是无色针状晶体，熔点为 216～217℃，易溶于水，也可溶于醇，但不溶于非极性的有机溶剂。嘌呤具有弱酸性和弱碱性。其酸性（$pK_a=8.9$）比咪唑（$pK_a=14.2$）强；其碱性（共轭酸 $pK_a=2.4$）比嘧啶（共轭酸 $pK_a=1.3$）强，但比咪唑（共轭酸 $pK_a=7.0$）弱。

（3）重要的嘌呤衍生物

嘌呤广泛存在于动植物体内，腺嘌呤和鸟嘌呤是生命中传递遗传信息的核酸的碱基部分。植物性生物碱，如咖啡因、茶碱、可可碱都是黄嘌呤的衍生物。

6-氨基嘌呤
嘌呤（adenine）

2-氨基-6-羟基嘌呤
鸟嘌呤（guanine）

2,6-二羟基（9*H*）-嘌呤（烯醇式）　　酮式
黄嘌呤（xanthine）

咖啡因（caffeine）

茶碱（theophylline）

可可碱（theobromine）

别嘌呤醇（allopurinol）

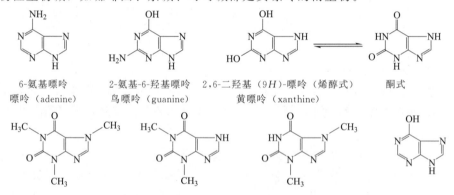

嘌呤代谢异常的患者血中尿酸含量升高，会引起痛风症，临床上常用别嘌呤醇治疗痛风症。另外嘌呤环类化合物还有抗肿瘤、抗病毒、抗过敏、降胆固醇、利尿、强心、扩张支气管等作用。

14.7　杂环类药物

由于杂原子可以通过氢键、范德华力与受体发生作用，所以杂环类结构在药物中非常普遍，例如：

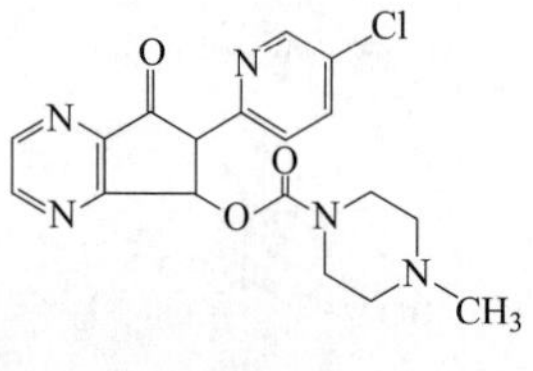

镇静催眠药佐匹克隆
zopiclone

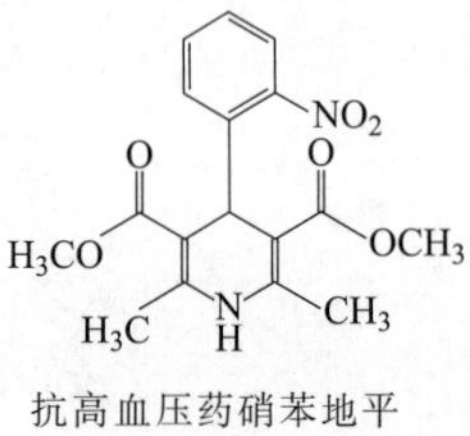

抗高血压药硝苯地平
nifedipine

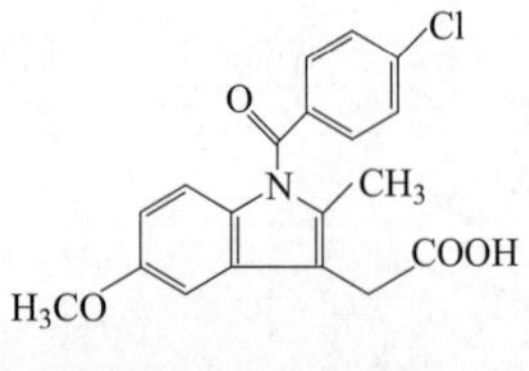

非甾抗炎药吲哚美辛
indomethacin

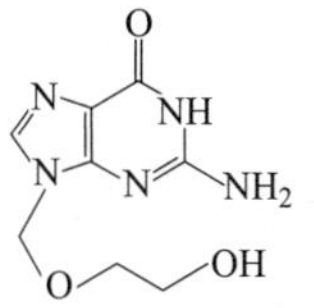

抗病毒药阿昔洛韦
aciclovir

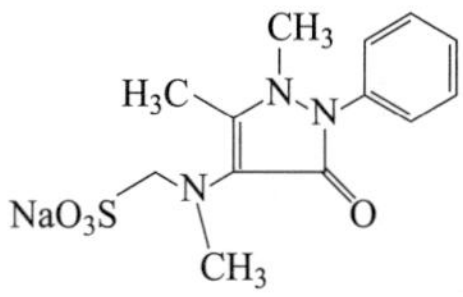

解热镇痛药安乃近
analgin

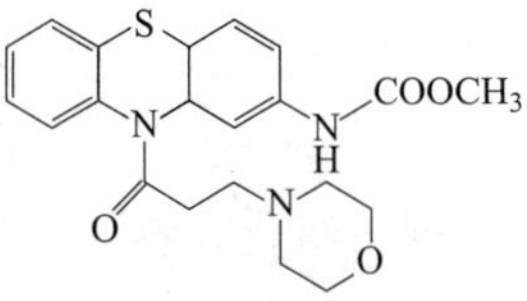

抗心律失常药莫雷西嗪
moricizine

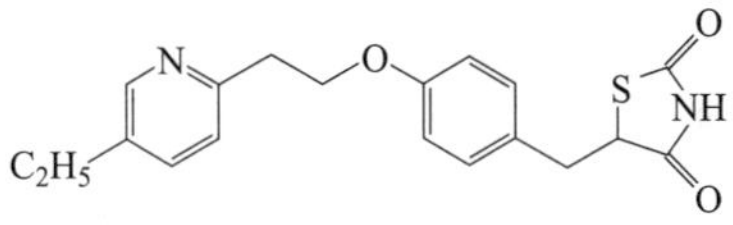

降糖药吡格列酮
pioglitazone

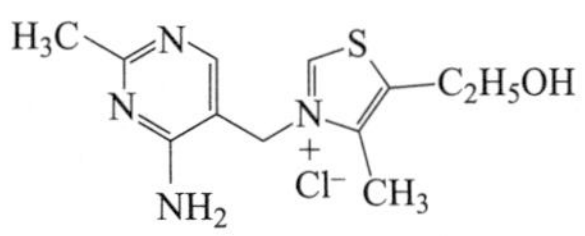

维生素 B_1
vitamin B_1

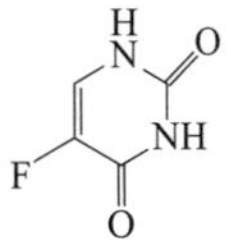

抗肿瘤药氟尿嘧啶
fluorouracil

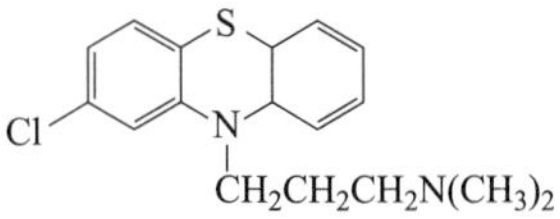

抗精神病药氯丙嗪
chlorpromazine

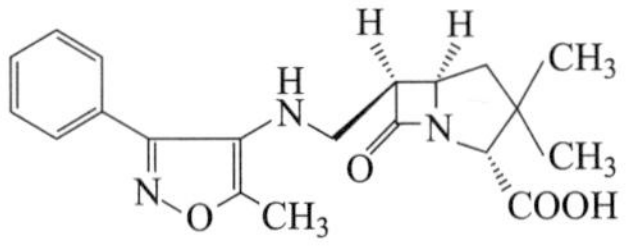

抗生素苯唑西林
oxacillin

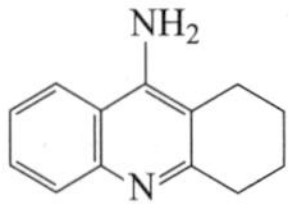

拟胆碱药他克林
tacrine

习 题

1. 命名下列杂环化合物。

(1) 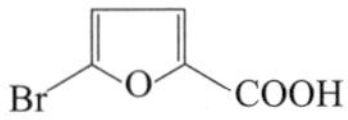 (2) 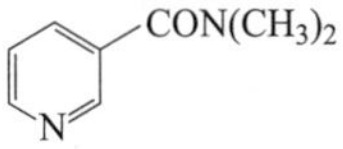 (3)

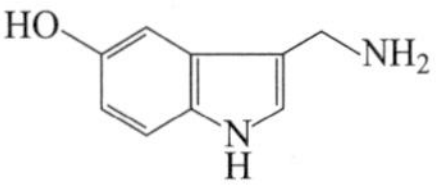

(4) 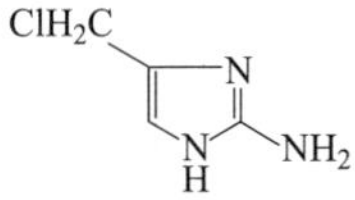 (5) 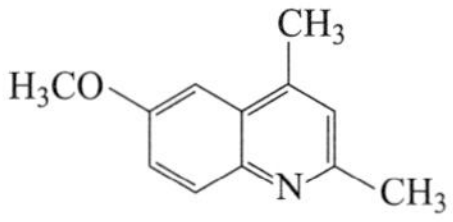 (6)

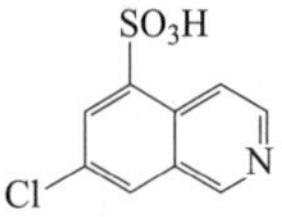

(7) 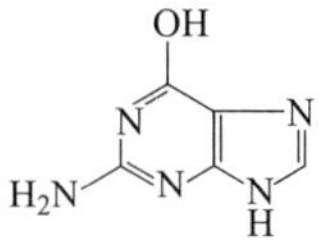 (8) 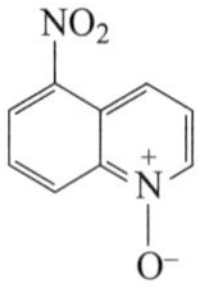 (9)

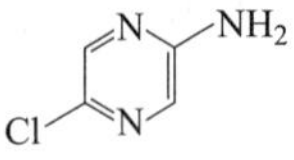

(10)

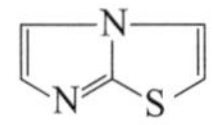

2. 写出下列各杂环的结构式。

(1) 2-呋喃甲醛　　(2) 吡啶氮氧化物　　(3) 6-氨基-7-甲基-7H-嘌呤

(4) 5-氨基喹啉　　(5) 4-羟基-5-氟嘧啶　(6) 4,6-二甲基-2-吡喃酮

3. 用化学方法鉴别。

(1) 吡啶与 3-乙基吡啶

(2) 8-羟基喹啉与 5-氯喹啉

4. 比较下列各组化合物水溶度大小。

(1) 　　(2) 　　(3)

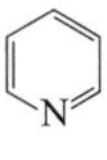

(4) 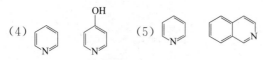 (5)

5. 比较下列各组化合物的碱性大小。

(1) 甲胺　　苯胺　　吡咯　　吡啶　　咪唑

(2)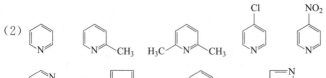

(3)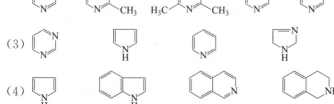

(4) 吡咯　　吲哚　　异喹啉　　四氢异喹啉

6. 写出下列反应的主要产物或试剂。

(1) 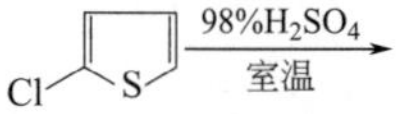 2-氯噻吩 $\xrightarrow[\text{室温}]{98\%H_2SO_4}$

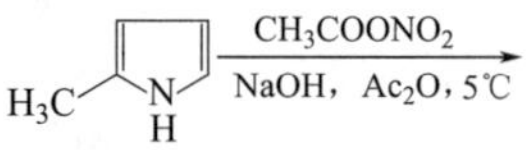

(2) 2-甲基吡咯 $\xrightarrow[NaOH, Ac_2O, 5℃]{CH_3COONO_2}$

(3) 2-氨基嘧啶 $\xrightarrow[80℃]{Br_2}$

(4) 咪唑 $\xrightarrow[160℃]{\text{发烟}H_2SO_4}$

(5) 吡咯 $\xrightarrow[150\sim200℃]{Ac_2O}$

(6) 呋喃 + HC≡CCOOCH$_3$ $\xrightarrow{\triangle}$

(7) 异喹啉 $\xrightarrow[300℃]{\text{发烟}H_2SO_4}$

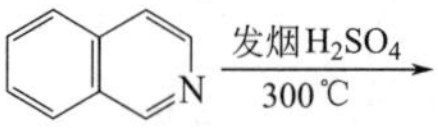

(8) 喹啉 $\xrightarrow[Ag_2SO_4, \triangle]{Br_2, H_2SO_4}$

(9) 4-甲基吡啶 + CH$_3$I ⟶

(10) 3-甲基吡啶 $\xrightarrow[CH_3COOH, \triangle]{H_2O_2\text{或}CH_3CO_3H}$

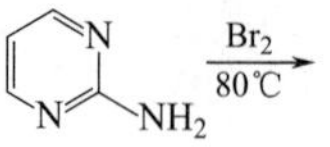

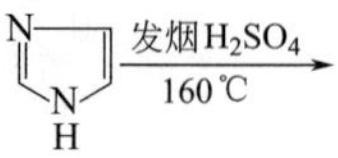

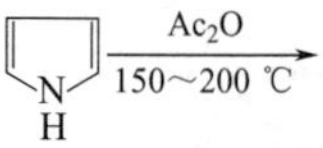

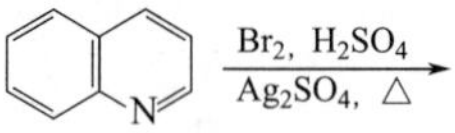

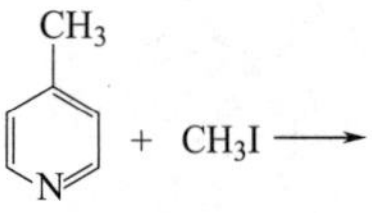

(11) 4-甲氧基吡啶 $\xrightarrow{Br_2}$

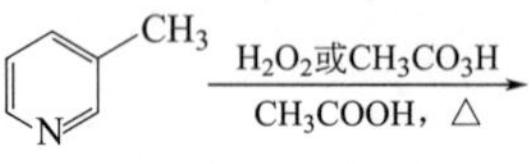

(12) 2,5-二溴吡啶 $\xrightarrow[\triangle]{CH_3ONa, CH_3OH}$

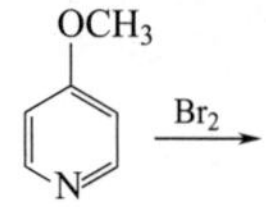

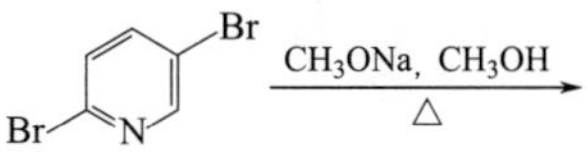

(13) 呋喃 + 吡啶·SO$_3$ $\xrightarrow[\text{室温}]{CH_2Cl_2}$ $\xrightarrow{HCl}$

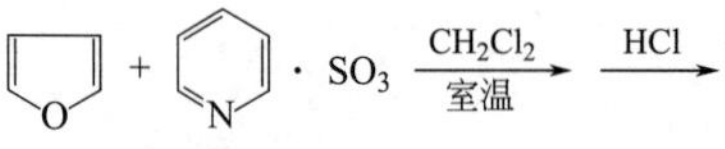

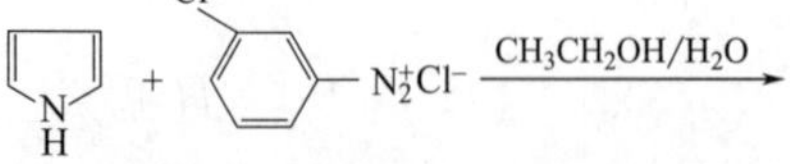

(14) 吡咯 + 3-氯苯重氮氯 $\xrightarrow{CH_3CH_2OH/H_2O}$

(15) 5,6,7,8-四氢喹啉（含甲基）$\xrightarrow[\triangle]{KMnO_4/H^+}$

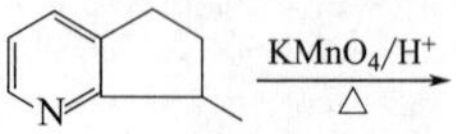

7. 写出下列各步反应所需的试剂及反应条件。

(1) 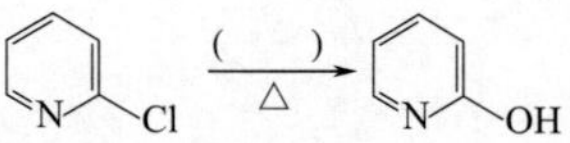 2-氯吡啶 $\xrightarrow[\triangle]{(\quad)}$ 2-羟基吡啶

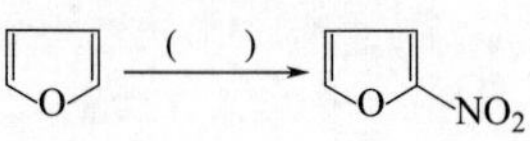

(2) 呋喃 $\xrightarrow{(\quad)}$ 2-硝基呋喃

(3) 吡咯 →( )→ 2-吡咯磺酸 →( )→ 5-溴-2-吡咯磺酸

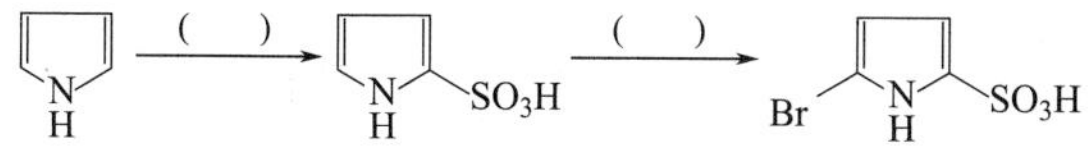

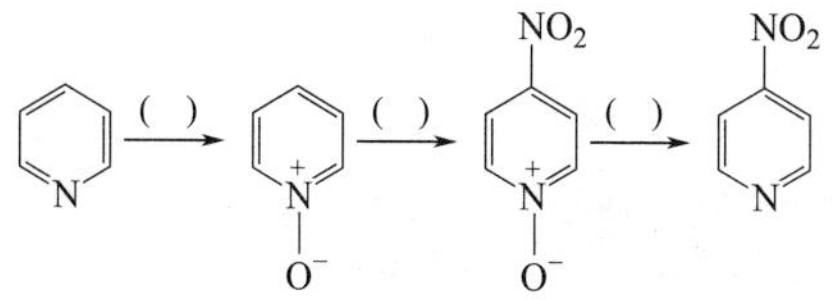

(4) 吡啶 →( )→ 吡啶-N-氧化物 →( )→ 4-硝基吡啶-N-氧化物 →( )→ 4-硝基吡啶

(5) 噻吩 →( )→ 2-乙酰基噻吩 →( )→ 2-噻吩甲酸钠

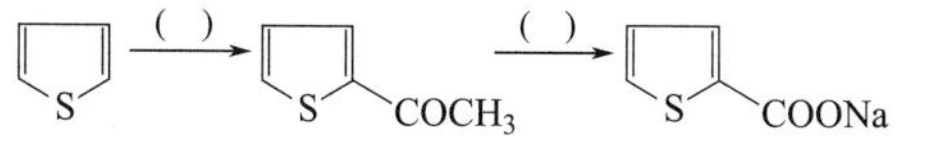

8. 吡啶环对一般亲电取代反应的活性类似于硝基苯，但是吡啶用混酸硝化时要在高温下（300℃）才能反应，而硝基苯只要100℃即可，为什么？

9. 请写出由吡啶制备 2-氨基吡啶、3-氨基吡啶、4-氨基吡啶的反应式。

10. 用斯克劳普法合成下列化合物。
(1) 6-溴喹啉　　　(2) 2-乙基-3-甲基-6-甲氧基喹啉　　　(3) 7,8-苯并喹啉

11. 吡啶甲酸的三个异构体的熔点分别为：（A）137℃；（B）234～237℃；（C）317℃。喹啉氧化时得到二元酸（D）$C_7H_5O_4N$。D 加热时生成 B，异喹啉氧化时生成二元酸（E）$C_7H_5O_4N$。E 加热时生成 B 和 C。推测 A、B、C、D、E 的结构。

12. 某杂环化合物 C_6H_6OS，能生成肟，但不能发生银镜反应，它与碘的碱溶液作用后生成 2-噻唑甲酸。试写出原杂环化合物的结构。

第15章 萜类和甾族化合物

萜类化合物（terpenoids）主要存在于裸子植物、被子植物、藻类、苔藓类、菌类等植物中，少数存在于动物及昆虫分泌物中。甾体化合物（steroids）无论在动物还是植物中都广泛存在。天然存在的萜类化合物和甾体化合物很多都具有重要生理作用，有的是草药的有效成分，有的可直接作为药物，有的是合成药物的原料，因此它们与药物的关系极为密切。

15.1 萜类化合物

萜类化合物是所有异戊二烯聚合物及其衍生物的总称，在自然界分布广泛，种类繁多。包括萜烯以及各种氢化物、含氧衍生物，这些含氧衍生物可以是醇、醛、酮、羧酸及酯等。萜类化合物多存在于某些植物的挥发油、树脂、色素中，如玫瑰油、薄荷油、松脂等；也有存在于动物体内或其分泌物中，如激素、维生素等。它们多是不溶于水、易挥发、具有香味的油状物质，可用作香料。很多萜类化合物有一定的生理及药理活性，如祛痰、止咳、驱风、镇痛、抗疟及抗肿瘤等作用，有些已经开发出临床广泛应用的有效药物，如青蒿中的青蒿素、红豆杉中的紫杉醇等。

15.1.1 萜类化合物结构与分类

(1) 结构及异戊二烯规律

萜类化合物及其衍生物是由异戊二烯（isoprene）作为基本碳骨架单元，以不同数目和方式连接而成的。两个或两个以上异戊二烯单位可以首尾相连，也可以相互聚合形成萜类的这种结构特征，称为"异戊二烯规律"。萜类化合物是异戊二烯的低聚合物以及它们的氢化物和含氧衍生物的总称，因此异戊二烯规律在萜类成分的结构测定中具有很大应用价值。

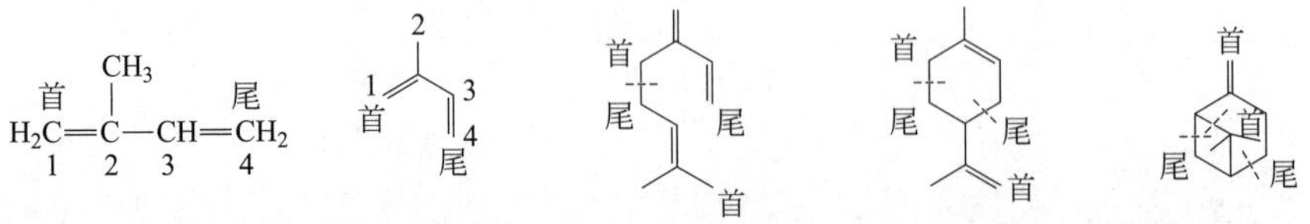

异戊二烯　　月桂烯　　柠檬烯　　β-蒎烯
isopre　　　myrcene　　limonene　　β-pinene

月桂烯是由两分子异戊二烯首尾相连而形成的链状单萜类，柠檬烯、β-蒎烯是由两分子异戊二烯聚合形成的环状单萜。

(2) 分类

萜类化合物根据分子中所含官能团可分为萜烯、醇、醛、酮、羧酸及酯等。如：

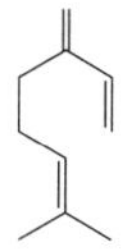

月桂烯	香叶醇	胡椒酮	臭蚁内酯
myrcene	geraniol	piperitone	iridomyrmecin

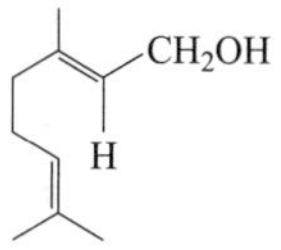

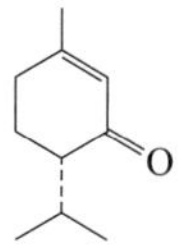

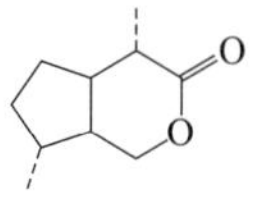

根据分子中所含异戊二烯单元的多少可分为单萜、倍半萜、二萜等，见表 15.1。

表 15.1　萜类化合物的分类

异戊二烯单元数	碳原子数	类别	异戊二烯单元数	碳原子数	类别
2	10	单萜	6	30	三萜
3	15	倍半萜	8	40	四萜
4	20	二萜	>8	>40	多萜
5	25	二倍半萜			

15.1.2　单萜类化合物

单萜类化合物是挥发油中低沸点部分的主要成分，由两个异戊二烯单元构成。根据两个异戊二烯单元的连接方式不同，单萜又可以分为链状单萜、单环单萜、双环单萜和三环单萜。

(1) 链状单萜化合物

链状单萜类化合物由两个异戊二烯首尾相连而形成如下的碳架结构。

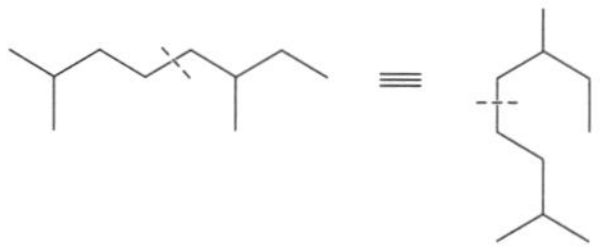

天然存在的很多链状单萜都是多烯或含氧衍生物，多数具有较强的香气，是香精油的主要成分，可以用来制备香料。例如：薰衣草油中的 β-罗勒烯、薰衣草醇，β-罗勒烯是月桂烯的双键位置异构体；橙花油中的橙花醇，2 位双键是 Z 型，若为 E 型就是香叶醇；柠檬油中的 β-柠檬醛，2 位双键是 Z 型，若为 E 型就是 α-柠檬醛。也有少数两个异戊二烯是不规则相连的，如黄花蒿中的蒿酮。

β-罗勒烯	薰衣草醇	橙花醇	β-柠檬醛	蒿酮
ocimene	lavandulol	nerol	neral	artemisia ketone

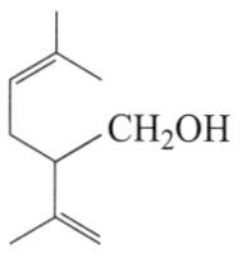

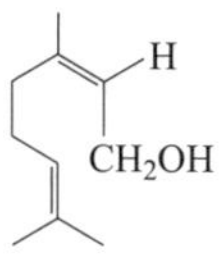

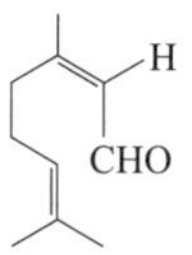

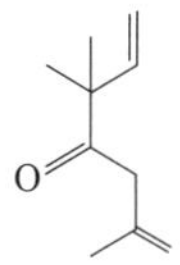

(2) 单环单萜类化合物

单环单萜的基本骨架是两个异戊二烯聚合形成一个六元环状结构，其饱和烷烃称为萜烷，天然存在的衍生物有柠檬烯（苧烯）、异松油烯、3-萜醇（薄荷醇）、紫苏醇、紫苏醛、薄荷酮和香芹酮等。

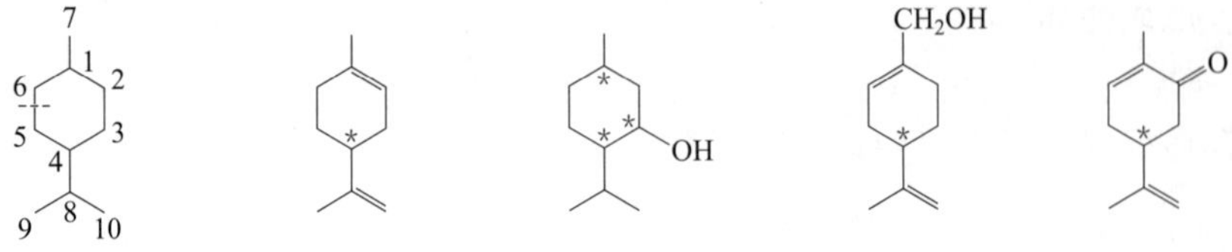

萜烷　　柠檬烯（1,8-萜二烯）　　薄荷醇（3-萜醇）　　紫苏醇　　香芹酮
　　　　limonene　　　　　　　menthol　　　　perillyl alcohol　　carvone

柠檬烯又称苎烯或 1,8-萜二烯。其左旋体存在于松针油中，右旋体存在于柠檬油中，外消旋体则存在于松节油中。柠檬烯具有镇咳、祛痰、抑菌和抗肿瘤作用。

3-萜醇分子中有 3 个不相同的手性碳原子，所以有 8 个光学异构体，即 4 对对映体：（±）-薄荷醇、（±）-新薄荷醇、（±）-异薄荷醇和（±）-新异薄荷醇。其中薄荷醇的优势构象显示 C1、C3、C4 3 个手性碳上的取代基均位于环己烷椅式构象的 e 键上，因此比其他非对映体稳定。

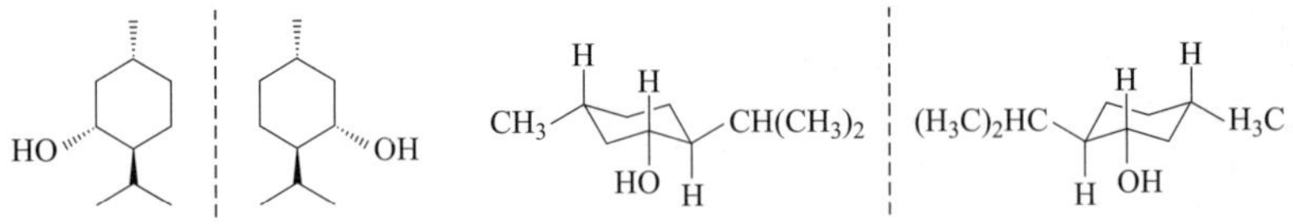

（−）-薄荷醇　（＋）-薄荷醇　（−）-薄荷醇　（＋）-薄荷醇

左旋薄荷醇，又称薄荷脑，是薄荷油的主要成分，具有薄荷香气并有清凉的作用，大量用作香烟、化妆品、牙膏、口香糖、香水、饮料和糖果等的赋香剂；在医药上外用作用于皮肤或黏膜，有清凉止痒作用；内服可用于治疗头痛及鼻、咽、喉炎症等。如清凉油、人丹等。

紫苏醇存在于紫苏油、柠檬油等精油中，可用于制备食用香精和日化香精，还具有抗肿瘤活性。香芹酮大量存在于香芹油（留兰香油）中，是一种重要的香料。

（3）双环单萜类化合物

双环单萜的结构类型较多，有蒎烯型、莰烯型、蒈烯型和其他双环单萜化合物。其中以蒎烯型和莰烯型最稳定。

① 基本骨架　在萜烷结构中，当 C8 分别与 C1、C2、C3 相连时，则形成不同的桥环化合物，分别称为莰烷、蒎烷和蒈烷。当 C4 与 C6 连成桥键则形成苧烷。以下是四种双环单萜的基本碳架、编号及优势构象式。从其优势构象来看，莰烷以船式构象存在时才有利于桥环的形成；而蒎烷、蒈烷和苧烷则以椅式为优势构象式。

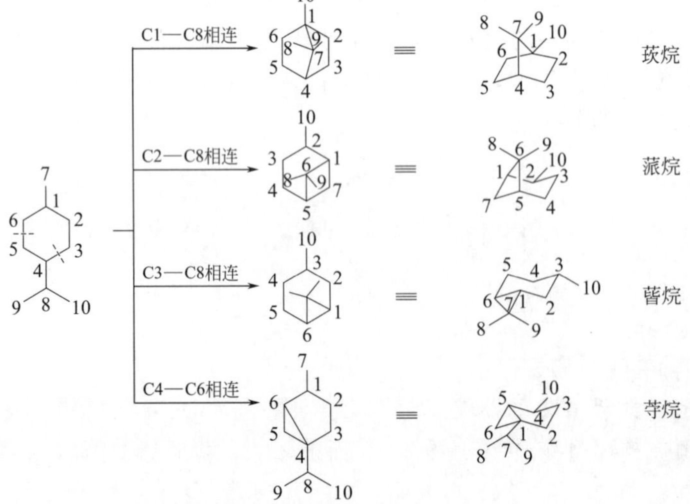

C1—C8 相连　莰烷
C2—C8 相连　蒎烷
C3—C8 相连　蒈烷
C4—C6 相连　苧烷

以上四种双环单萜的饱和烃类化合物在自然界并不存在，但它们的不饱和烃或含氧衍生物则广泛存在于植物体内。在香料化学中当以蒎烯和莰烯类系列的化合物最为重要，莰烷和蒎烷的衍生物与药学关系也很密切。

② α-蒎烯和β-蒎烯　α-蒎烯（α-pinene）和β-蒎烯（β-pinene）均存在于松节油中，其中α-蒎烯占松节油含量的70%～80%，β-蒎烯含量较少。蒎烯是无色液体，不溶于水，工业上用作油漆溶剂，还可用于合成樟脑，医疗上可用作祛痰剂、舒筋活血的外用止痛药。

α-蒎烯　　β-蒎烯

α-蒎烯和β-蒎烯在酸性条件下可发生碳骨架的重排反应，由蒎的桥环结构经正碳离子重排成莰的桥环结构。发生重排的主要原因是蒎的四元环环张力较大，重排成莰后是五元环，环张力变小。例如α-蒎烯在盐酸中发生的重排反应如下：

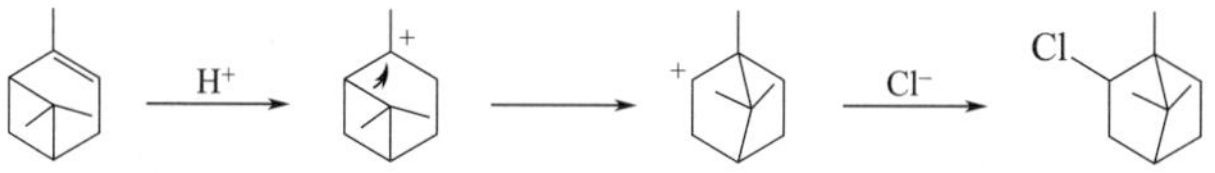

四元环（张力较大）　　　　　五元环氯化莰（张力较小）

生成的氯化莰在碱性条件下可消除氯化氢，发生另一次重排，形成莰烯。

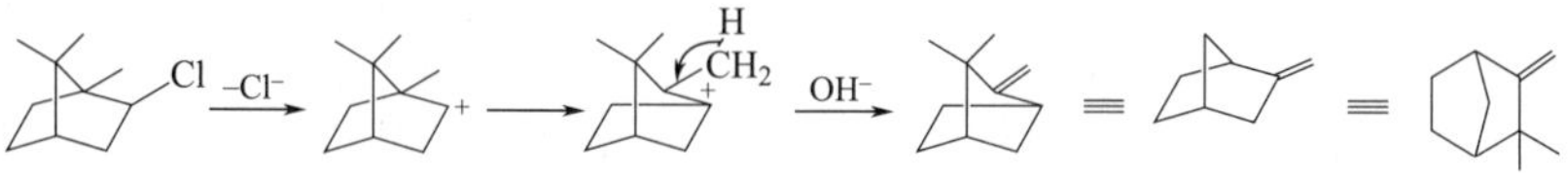

上述反应经过碳正离子重排，使环系碳骨架发生改变，称为瓦格涅尔-麦尔外英（Wangner-Meerwein）重排，是萜类化学中常见的重排反应。

③ 樟脑　樟脑（camphor）是最重要的萜酮之一，化学名称为2-莰酮或α-莰酮，主要存在于樟科植物樟树的挥发油中，为无色闪光结晶，熔点为179℃，易升华，具有香味，难溶于水，易溶于有机溶剂。樟脑的气味有驱虫作用，被广泛用作防蛀剂。樟脑还具有兴奋呼吸和加强血液循环的作用，对呼吸或循环系统功能衰竭的病人，可作为急救药品。若在C10位置上引入亲水性的磺酸钠基团，所得的樟脑磺酸钠易溶于水，可制成注射剂，用于治疗呼吸与循环系统的急性障碍及对抗中枢神经抑制药的中毒等病症。

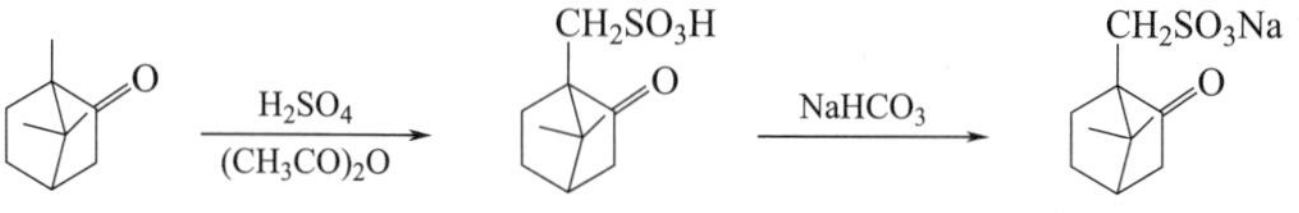

樟脑-10-磺酸　　　　樟脑-10-磺酸钠

樟脑分子中有两个手性碳原子，理论上应有四个光学异构体，但实际只存在两个：（+）-和（−）-樟脑。这是因为碳桥只能在环的一侧，桥环需要的船式构象限制了桥头两个手性碳所连基团的构型，使其C1所连的甲基与C4相连的氢只能位于顺式构型。

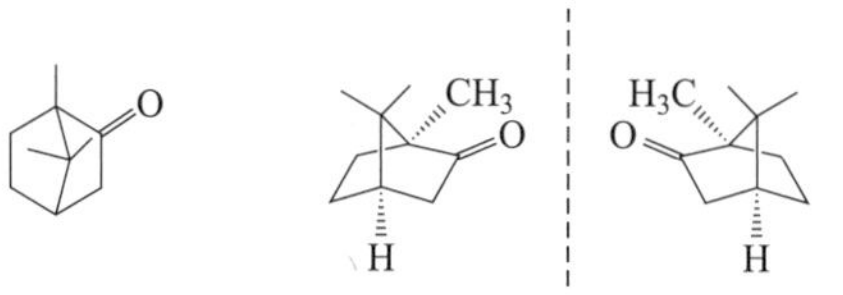

樟脑　　（−）-樟脑　　（+）-樟脑

从樟树中得到的樟脑是其右旋体，$[\alpha]_D$ 为+43°～+44°（10%乙醇）。工业上用α-蒎烯与乙酸加成，经瓦格涅尔-麦尔外英重排生成乙酸酯，再经水解、氧化制得樟脑，这种人工合成的樟脑为外消旋体。

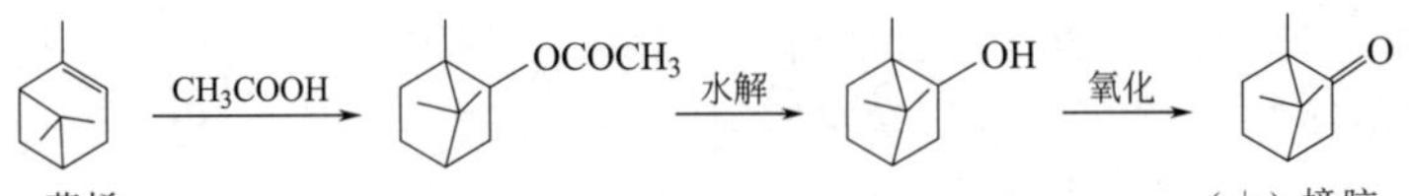

α-蒎烯　　　　　　　　　　　　　　　　　　　　　　（±）-樟脑

樟脑结构中含有羰基，具有酮类的化学性质。如对樟脑进行鉴定和含量测定就可利用与2,4-二硝基苯肼、羟胺等反应得到的樟脑腙和樟脑肟，羰基还原可得到龙脑和异龙脑。

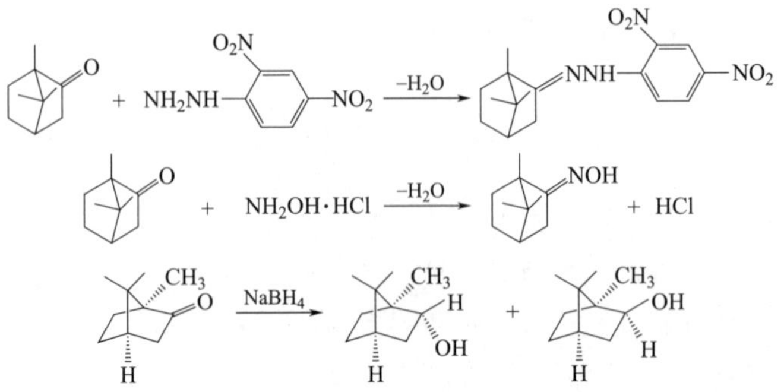

龙脑　　　　异龙脑

④ 龙脑和异龙脑　龙脑和异龙脑是差向异构体，各自有一对对映异构体。自然界存在的龙脑有左旋体和右旋体两种。

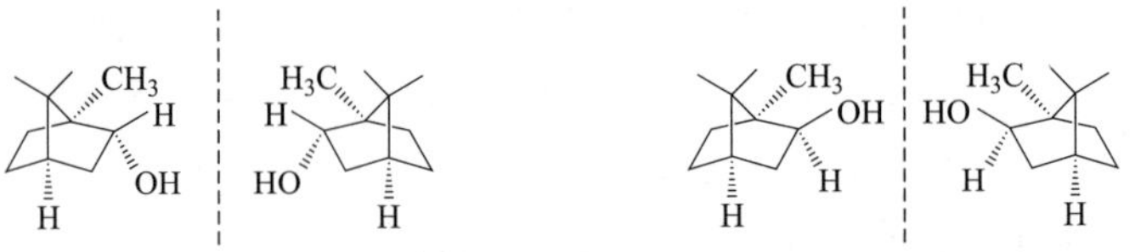

龙脑　　　　　　　　　　　　异龙脑

龙脑（borneol）又称樟醇（camphol），是白色片状结晶，有升华性，有发汗、兴奋、镇痉和显著的抗氧化功能，是人丹、冰硼散、六神丸等药物的主要成分之一。它与苏合香脂配合制成苏冰滴丸可用于治疗冠心病心绞痛。“天然冰片”是右旋龙脑，存在于龙脑香树或龙脑樟树的挥发油中，熔点为204～208℃，沸点为210℃，$[\alpha]_D^{20}=+37.7°$(乙醇)，入药标准（2010年版《中国药典》）右旋龙脑含量96%以上。左旋龙脑又称艾片，存在于艾纳香的叶子和野菊花的花蕾挥发油中。$[\alpha]_D^{20}=-37.3°$（乙醇），入药标准含量是85%以上。

异龙脑（isoborneol）又称异莰醇，是龙脑的差向异构体，熔点为212℃。异龙脑性质与樟脑相近，作为香料用于日化产品中，也用作防腐剂。

15.1.3　其他萜类化合物

（1）倍半萜

倍半萜类含有三个异戊二烯单元，是各类萜类化合物中数量最多的，按碳骨架可分为无环、单环、双环、三环及四环倍半萜；也可按环大小分类，基本碳架在48种以上。倍半萜类多数为液体，是挥发油中高沸点部分的主要成分。它们很多是以含氧衍生物（醇、酮、内酯及过氧化物）的形式存在，大多有较强的香气和生物活性。

无环倍半萜：

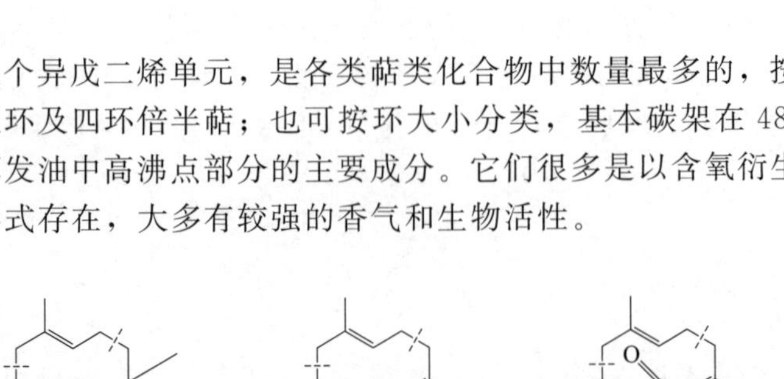

橙花叔醇　　　　金合欢醇　　　　昆虫保幼激素（JH3）
nerolidol　　　　farnesol　　　　juvenile hormone

单环倍半萜：

杜鹃酮 germacrone　　β-榄香烯 β-elemene　　青蒿素 arteannuin

双环倍半萜：

α-香附酮 α-cyperone　　愈创木薁 guaiazulene　　α-山道年 α-santonin

右旋橙花叔醇和金合欢醇存在于橙花油中，用于配制玫瑰型、紫丁香型等香精。昆虫保幼激素的生理作用主要是使昆虫保持幼虫状态，可应用于养蚕业和防治害虫。杜鹃酮又称大牻牛儿酮，存在于满山红等挥发油中，具有平喘、止咳、祛痰等疗效。β-榄香烯存在于温郁金、人参等植物的挥发油中，是抗肿瘤药物榄香烯乳的主要成分。青蒿素是从植物黄花蒿茎叶中提取的有过氧基团的单环倍半萜内酯，用于治疗各种类型疟疾，亦可治疗红斑狼疮。中药香附子中含有的 α-香附酮，有理气止痛作用。愈木创奥存在于满山红、香樟或桉叶等的挥发油中，能促进烫伤创面的愈合，是国内烫伤膏的主要成分。α-山道年是从菊科植物茼蒿的花中提取的化学物质，对驱蛔虫有特效，可作驱肠虫剂。

（2）二萜

二萜含有四个异戊二烯单元，按碳骨架可分为无环、单环、双环、三环及四环二萜。无环二萜植物醇是叶绿素的组成部分，也是合成维生素 E 和维生素 K_1 的合成原料。单环二萜维生素 A_1 的五个双键均为反式构型，其制剂储存过久会因构型转化而影响活性。若转化为（13Z）-维生素 A_1，其活性降低到原来的 75%；若转化为（11Z）-维生素 A_1，则失去活性。维生素 A_1 具有促进生长、维持上皮组织（如皮肤、结膜、角膜等）正常功能的作用，用于防治皮肤干燥、角膜软化症、干眼症及夜盲症。双环二萜穿心莲内酯是穿心莲中抗炎主成分，临床已用于治疗急性菌痢、胃肠炎、咽喉炎、感冒发热等。三环二萜紫杉烷的衍生物紫杉醇可治疗卵巢癌、乳腺癌、肺癌等。四环二萜冬凌草素是从冬凌草中得到的抗癌有效成分。

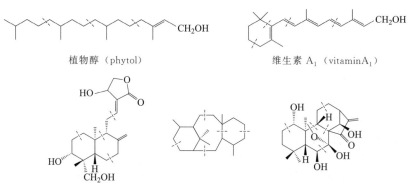

植物醇（phytol）　　维生素 A_1（vitaminA_1）

穿心莲内酯（andrographolide）　　紫杉烷（taxane）　　冬凌草素（oridonin）

(3) 二倍半萜

二倍半萜类的基本骨架由 25 个碳原子、5 个异戊二烯单元构成，此类化合物发现较晚，数量较少。如从海绵中分离出的链状二倍半萜呋喃海绵素-3（furanspongin-3）和具有抗菌作用的 *seco*-manoalide。

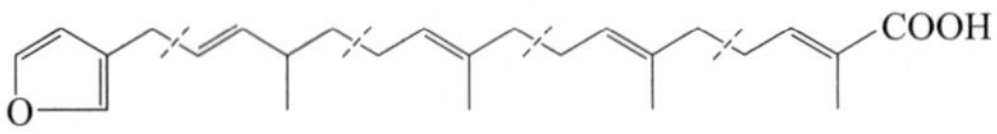

furanspongin-3

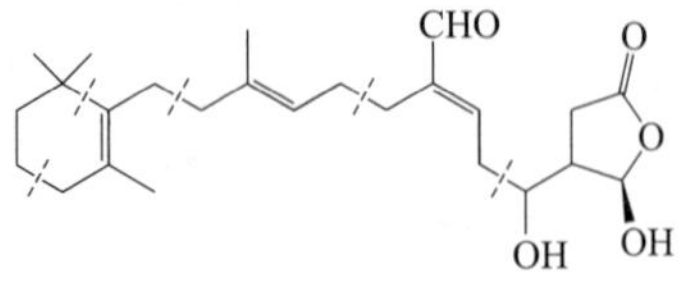

seco-manoalide

(4) 三萜

三萜类化合物由六个异戊二烯单元组成，多为四环三萜和五环三萜，少数为链状、单环、双环和三环三萜。三萜类化合物具有广泛的生理活性，包括溶血、抗癌、抗炎、抗菌、抗病毒、降低胆固醇等，很多是重要的中药化学成分，如人参、黄芪、甘草、三七、柴胡等都含有三萜类化合物。例如齐墩果酸是一个五环三萜，在齐墩果中以游离形式存在，在人参、三七中以苷元形式存在，能降低转氨酶、促进肝细胞再生，已用作治疗肝炎的药物。四环三萜黄芪苷中的环黄芪醇有降压、抗炎、镇静和调节代谢作用。

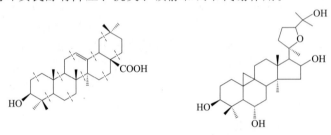

齐墩果酸（oleanolic acid）　　环黄芪醇（cycloastragenol）

(5) 四萜

四萜类化合物是含四十个碳的共轭烯烃或其含氧衍生物，分子中含有八个异戊二烯单元。其中重要的一类就是多烯色素。共轭多烯系统是分子中的发色团，也导致此类化合物对光、热、氧、酸不稳定，容易发生结构改变。它们在植物中分布很广，例如存在于胡萝卜等植物体内的 β-胡萝卜素，在动物和人体内经酶催化可氧化裂解成两分子维生素 A，所以称为维生素 A 元（原）。存在于番茄、西瓜、柿子等水果中的番茄红素是目前自然界中被发现的最强抗氧化剂，可以有效地防治因衰老、免疫力下降引起的各种疾病。

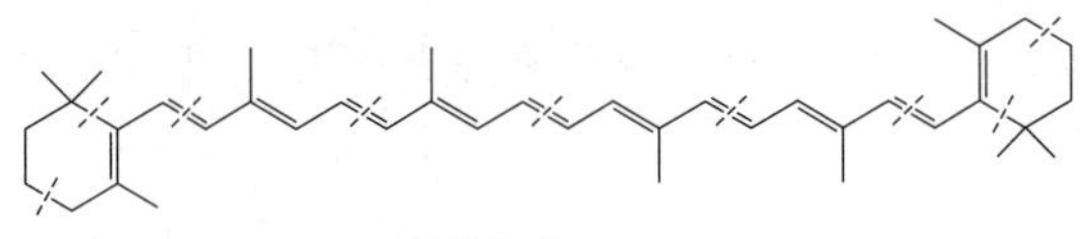

β-胡萝卜素（β-carotene） 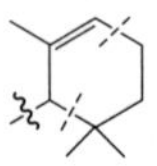　　α-胡萝卜素 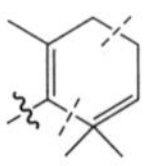　　γ-胡萝卜素

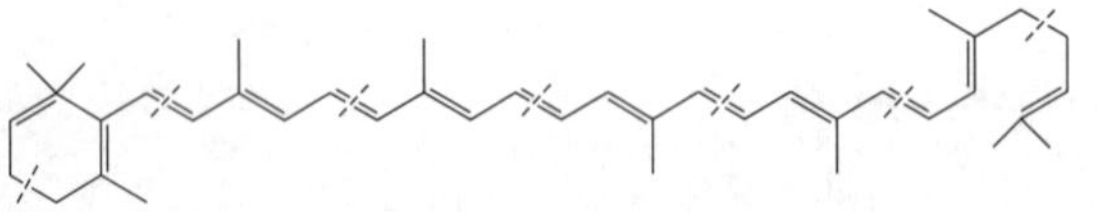

番茄红素（lycopene）

15.2　甾族化合物

甾体化合物（steroids，又称甾族化合物），广泛存在于动植物体内，结构类型及数目繁多，是一类重要的天然产物，很多都是具有重要生理作用的化合物。人体含有的甾体激素有

由肾上腺皮质分泌出来的肾上腺皮质激素（例如可的松、去氢皮质酮）；由性腺分泌的雌性激素（例如雌酮、β-雌二醇），雄性激素（例如睾丸酮、雄甾酮），孕激素（例如黄体酮）等。它们各有其生理活性，临床上用于治疗某些疾病。

15.2.1 甾族化合物结构

甾体化合物结构中都具有甾体母核，即它的基本碳架是由环戊烷并多氢菲以及三个侧链构成。"甾"字就很形象地表示了甾体化合物的碳架结构特征，"田"表示四个稠合环，分别用 A、B、C、D 标示，"<<<"则表示三个侧链。其基本骨架如下：一般情况下，R、R_1 都是甲基（专称角甲基），R_2 可为不同碳原子数的碳链或含氧基团。甾体化合物的基本骨架上碳原子也被按固定顺序编号。

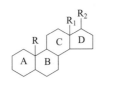

甾体的基本骨架　　　　甾体的编号

15.2.2 甾族化合物命名

由于甾类化合物的结构比较复杂，故命名常用与其来源或生理作用有关的俗名表示。其系统命名首先需要确定母核的名称，然后对母核名称加上前、后缀来表明取代基的位置、数目、名称及构型。甾体母核的命名主要根据 C_{10}、C_{13}、C_{17} 上所连侧链的情况来确定，常见的甾体母核名称为天然的甾体化合物的习惯名称。甾体化合物常见的基本母核有六种，其名称见表 15.2。

表 15.2　甾体常见的六种母核结构及其名称

R	R^1	R^2	甾体母核名称
—H	—H	—H	甾烷(gonane)
—H	—CH$_3$	—H	雌甾烷(estrane)
—CH$_3$	—CH$_3$	—H	雄甾烷(androstane)
—CH$_3$	—CH$_3$	—CH$_2$CH$_3$	孕甾烷(pregnane)
—CH$_3$	—CH$_3$	—CHCH$_2$CH$_3$ 　　| 　　CH$_3$	胆烷(cholane)
—CH$_3$	—CH$_3$	—CHCH$_2$CH$_2$CH(CH$_3$)$_2$ 　　| 　　CH$_3$	胆甾烷(cholestane)

选定母核名称后，再根据以下规则对甾体化合物进行命名：
① 母核中含有碳碳双键时，将"烷"改为相应的"烯"，并标出双键的位置。
② 母核上连有取代基时，取代基的数目、名称、位置及构型放在母核名称前，若连有

官能团时,将官能团名称放在母核名称之后。因 5 位既可以与 6 位又可以与 10 位形成双键,所以用 5(6)或 5(10)加以区别。在文献中还常用△表示环上的双键,如△³ 代表甾环 3,4 位的双键。

③ 甾体母核上所连的基团在空间有不同的取向(构型不同),位于纸平面前方(环平面上方)的原子或基团称为 β 构型,将其以实线或粗线与环相连;位于纸平面后方(环平面下方)的原子或基团称为 α 构型,将其以虚线与环相连,波纹线则表示所连基团的构型待定(或包括 α、β 两种构型)。例如:

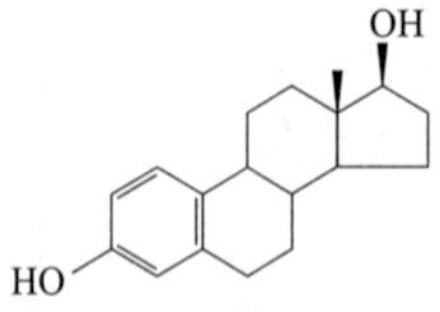

3,17β-二羟基-1,3,5(10)-雌甾三烯(β-雌二醇)
3,7β-dihydroxy-1,3,5(10)-estrantriene

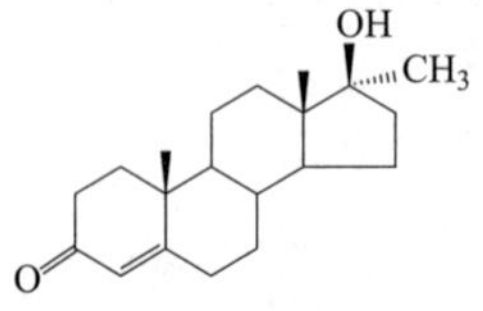

17α-甲基-17β-羟基雄甾-4-烯-3-酮(甲基睾丸素)
17α-methyl-17β-hydroxyandrost-4-en-3-one

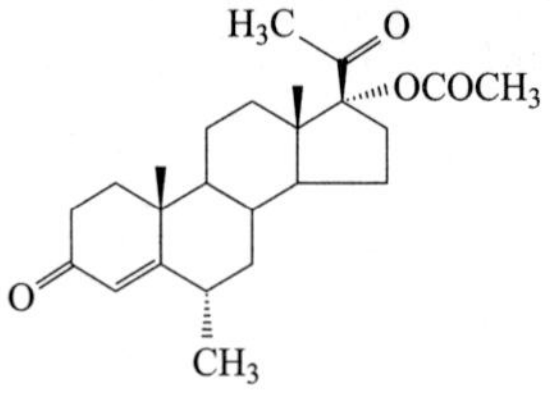

6α-甲基-17α-乙酰氧基孕甾-4-烯-3,20-二酮(甲羟孕酮)
6α-methyl-17α-acetyloxypregn-4-ene-3,20-dione

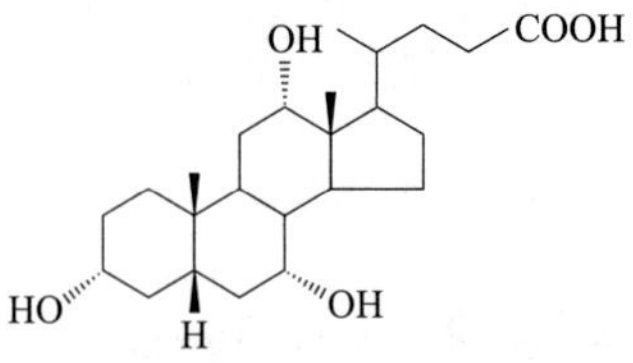

3α,7α,12α-三羟基-5β-胆烷-24-酸(胆酸)
3α,7α,12α-trihydroxy-5β-cholan-24-oic acid

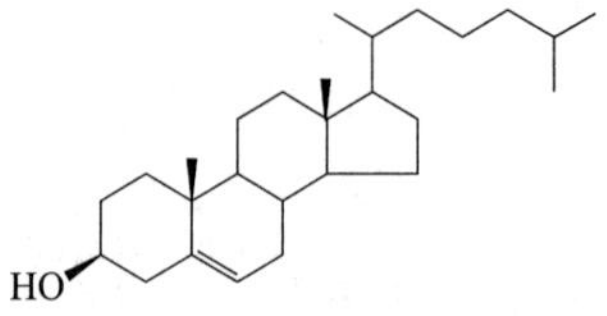

胆甾-5-烯-3β-醇(胆固醇)
cholest-5-en-3β-ol

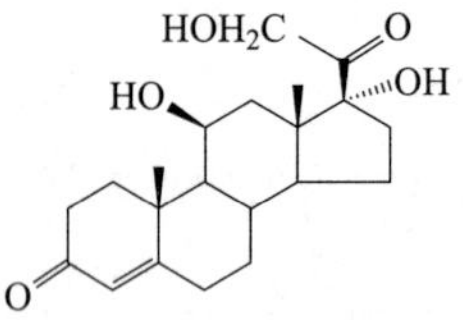

11β,17α,21-三羟基孕甾-4-烯-3,20-二酮(氢化可的松)
11β,17α,21-trihydroxyprgn-4-en-3,20-dione

④ 对于差向异构体,如下面两个化合物只有 3 位羟基构型不同,可在习惯名称前加"表(epi)"字,称雄甾酮和表雄甾酮。

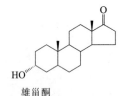

雄甾酮
androsterone

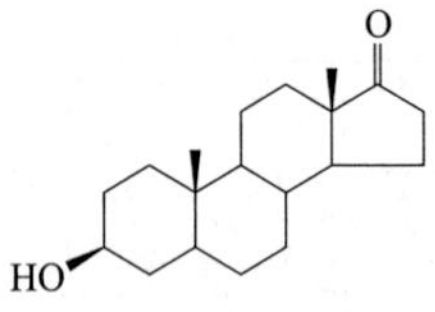

表雄甾酮
epiandrosterone

⑤ 在角甲基去除时,可用词首"去甲基(nor)"表示,并在其前表明失去甲基的位置。若同时失去两个角甲基,可用词首"18,19-双去甲基(18,19-dinor)"表示。例如:

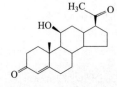

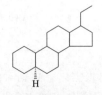

18-去甲基孕甾-4-烯-3,20-二酮
18-norprgn-4-en-3,20-dione

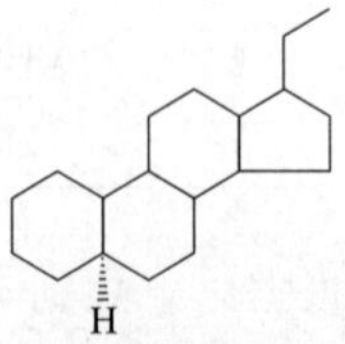

18,19-双去甲-5α-孕甾烷
18,19-dinor-5α-prgnane

⑥ 当母核的碳环扩大或缩小时，分别用词首"增碳（homo）"或"失碳（nor）"表示，若同时扩增或减少两个碳原子就用词首"增双碳（dihomo）"或"失双碳（dinor）"表示，并在其前用 A、B、C 或 D 注明是何环发生了改变。例如：

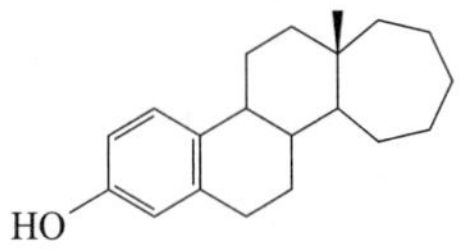

3-羟基-D-增双碳-1,3,5（10）-雌甾三烯
3-hydroxy-D-dihomo-1,3,5(10)-estrantriene

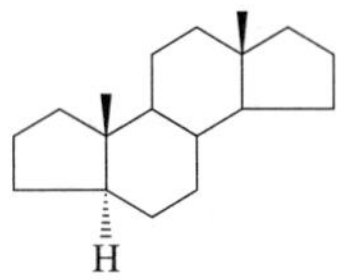

A-失碳-5α-雄甾烷
A-nor-5α-androstane

对于含增碳环的甾体化合物需要编号时，原编号顺序不变，只在增碳环的最高编号数后加 *a*、*b*、*c*、…表示与另一环的连接处的编号。例如：

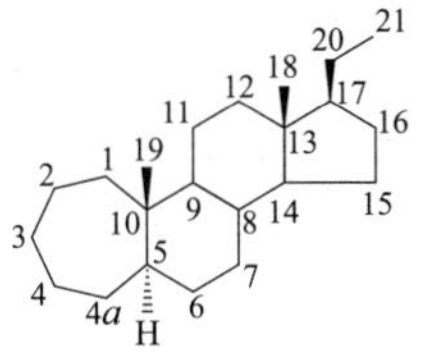

A-增碳-5α-孕甾烷
A-homo-5α-prgnane

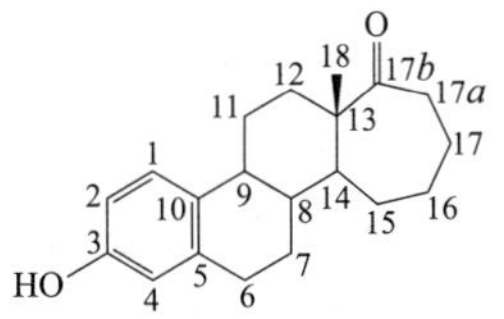

3-羟基-D-增双碳-1,3,5（10）-雌甾三烯-17*b*-酮
3-hydroxy-D-dimomo-1,3,5（10）-estrantrien-17*b*-one

对于含失碳环的甾体化合物，仅将失碳环的最高编号删去，其余按原编号顺序进行编号。例如：

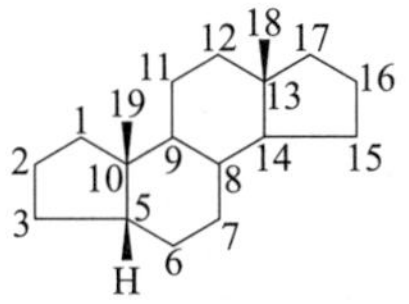

A-nor-5β-雄甾烷
A-nor-5β-androstane

⑦ 母核碳环开裂，而且开裂处两端的碳都与氢相连时，仍采用原名及其编号，用词首"断（*seco*）"表示，并在其前标明开环的位置。例如：

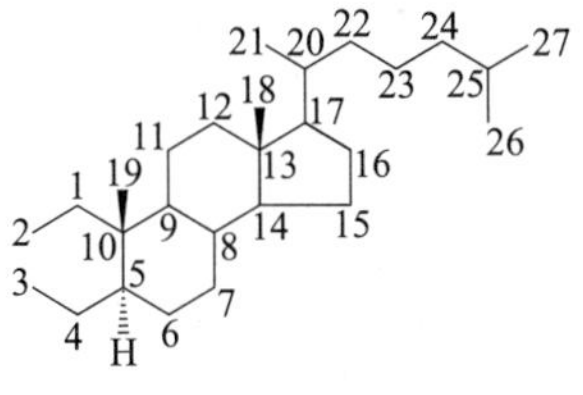

2,3-断-5α-胆甾烷
2,3-*seco*-5α-cholestane

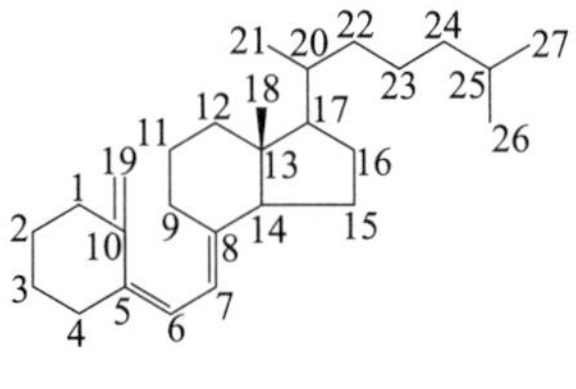

9,10-断-5,7,10(19)-胆甾三烯
9,10-*seco*-5,7,10(19)-cholestantriene

15.2.3 甾族化合物构型与构象

（1）甾体化合物碳架的构型

甾体化合物仅母核就含有 6 个手性碳原子（C5、C8、C9、C10、C13、C14），理论上应有 64 个（2^6）个光学异构体，但由于稠环及其空间位阻的影响，使实际可能存在的异构体数目大大减少。绝大多数甾体化合物碳架的构型具有如下特点：

① 甾体母核中 4 个碳环 A、B、C、D 在手性碳 5、10（A/B），8、9（B/C）和 13、14（C/D）处稠合。天然甾体化合物的 B/C 和 C/D 的稠合一般为反式（强心苷元和蟾毒苷元等除外）。若稠合处碳原子连有基团，则基团的构型为 8β、9α、13β、14α。

② A/B 环有顺式和反式两种稠合方式，因此存在着两种不同的构型，其特征是 C5 上的氢原子的立体取向，即 5β-H 和 5α-H。甾体化合物因此分为 5β 系和 5α 系两大类。当 A/B 顺式稠合时，C5 上的氢原子和 C10 上的角甲基在环平面的同侧，都位于纸平面的前方，即为 β 构型，具有这种构型特点的称为正系，简称 5β 型。5 位 C—H 键采用实线或粗线，也有采用实心圆点表示的。当 A/B 环反式稠合时，C5 上的氢原子与 C10 上的角甲基在环平面的异侧，C5 上的氢原子位于纸平面的后方，即为 α 构型，具有这种构型特点的称为别系，简称 5α 型，5 位 C—H 键采用虚线或不画出。如果 C4-C5、C5-C6、C5-C10 间有双键，A、B 环稠合的构型无差别，则无正系和别系之分。

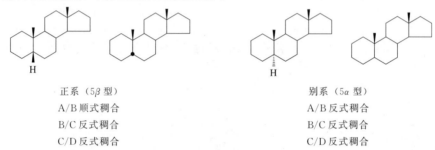

正系（5β 型）　　　　　　　　　　　别系（5α 型）
A/B 顺式稠合　　　　　　　　　　　A/B 反式稠合
B/C 反式稠合　　　　　　　　　　　B/C 反式稠合
C/D 反式稠合　　　　　　　　　　　C/D 反式稠合

在通常情况下，表示 B/C 和 C/D 环反式稠合特征的 8β、9α、14α 氢原子均被省略，而仅用 5α 和 5β 氢原子来表示其分属于正系或别系。如：

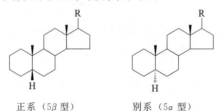

正系（5β 型）　　　　别系（5α 型）

（2）甾体化合物碳架的构象

甾体化合物碳架是由三个环己烷的环相互按十氢萘的方式稠合成全氢菲再与环戊烷并合而成。但由于 B/C 和 C/D 环一般为反式稠合，碳架刚性较强，很难发生翻环作用，a 键和 e 键不能相互转换，所以每个构型仅有一种构象。一般情况下，正系和别系甾体化合物碳架中的环己烷均取椅式构象。

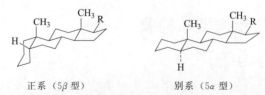

正系（5β 型）　　　　别系（5α 型）

D 环为环戊烷，它具有半椅式和信封式两种构象。D 环取哪种构象式，与 D 环上的取代基及其位置有关。例如，17-酮甾体化合物中，D 环为信封式构象；17-位处为羟基取代时，

D 环也为信封式构象；但在 16-酮甾体化合物中，D 环则为半椅式构象。

D 环信封式构象 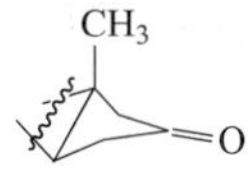　　D 环半椅式构象

（3）甾体激素类药物

临床上使用的甾体类药物按其结构特点可分为雌甾烷、雄甾烷、孕甾烷类，按药理性质不同又可分为雌激素、雄激素及其拮抗剂、孕激素及其拮抗剂、肾上腺皮质激素及其拮抗剂类。近年来，甾体药物在医疗领域的应用范围不断扩大，被广泛用于控制生育领域及治疗风湿病、心血管疾病、皮肤病、变态反应疾病、内分泌失调、老年性疾病及人体器官移植等，也有报道甾体类化合物具有抗艾滋病毒和抗癌活性。另外，一些甾体激素也被应用于促进家畜繁殖生长及植物生长等。

① 雌激素　雌激素是雌性动物卵巢分泌的激素之一，能促进雌性动物第二性征发育，用于治疗闭经、痛经、对抗绝经症状，治疗女性更年期综合征、骨质疏松等。雌二醇是活性最强的内源性雌激素，但口服给药活性很差；炔雌醇是第一个口服甾体雌激素，活性是雌二醇的 7~8 倍。

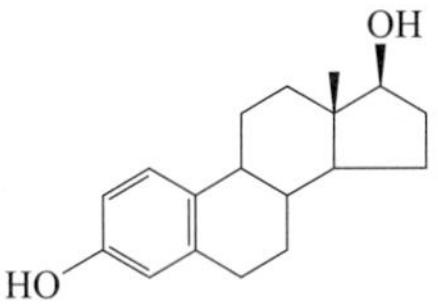

雌二醇
estrandiol

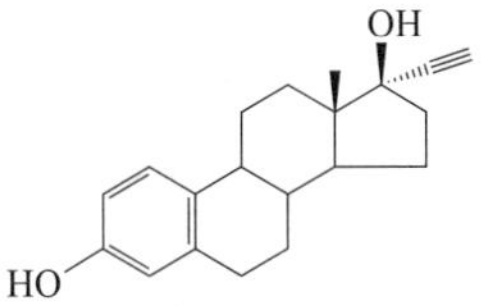

炔雌醇
estrandiol

② 雄激素及其拮抗剂　雄性激素能促进男性附性器官成熟和第二性征的出现，并维持正常性欲及生殖功能，以睾丸分泌的睾丸酮（睾酮）为主，属类固醇激素。雄激素类药物临床用于男性疾病、妇科疾病、老年骨质疏松、再生障碍性贫血等；其蛋白同化作用使肌肉发达，是国际体育组织禁用的兴奋剂。雄激素拮抗剂可治疗痤疮、前列腺增生和前列腺癌，如乙酸环丙孕酮。

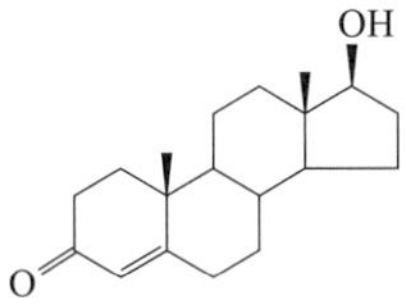

睾丸酮
testosterone

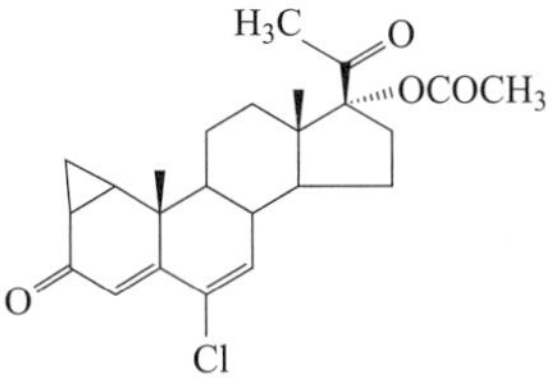

乙酸环丙孕酮
cyproterone acetate

③ 孕激素及其拮抗剂　孕激素是女性甾体激素，如黄体酮是由卵巢黄体产生的孕激素。孕激素制剂临床应用非常广泛，主要包括妇科内分泌治疗、辅助生殖领域及药物避孕。孕激素拮抗剂可干扰受精卵的着床和妊娠反应过程而抗早孕，还可治疗雌激素依赖型乳腺癌，如米非司酮。

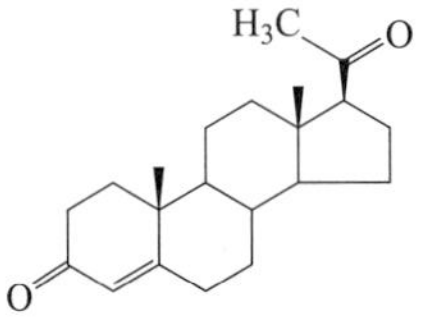

黄体酮
progesterone

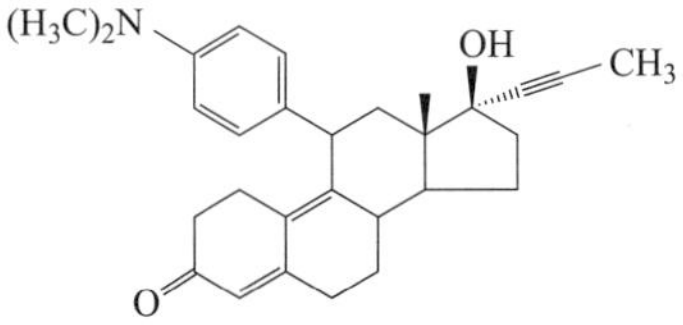

米非司酮
mifepristone

④ 肾上腺皮质激素及其拮抗剂　肾上腺皮质激素是哺乳动物的肾上腺产生的激素，如可的松、氢化可的松、皮质酮等。皮质激素类药物主要用于危重病人的抢救及其他药物治疗无效的某些慢性病，如类风湿性关节炎、红斑狼疮、白血病、频发性哮喘等，还具有解热镇痛疗效，但皮质激素的不良反应比较严重。肾上腺皮质激素拮抗剂包括抗糖皮质激素和抗盐皮质激素两类，上述的孕激素拮抗剂米非司酮也有很强的糖皮质激素拮抗活性，螺内酯是盐皮质激素拮抗剂。

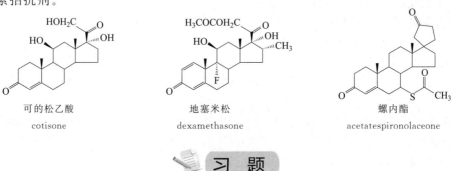

可的松乙酸　　　　　地塞米松　　　　　螺内酯
cotisone　　　　　dexamethasone　　　acetatespironolaceone

习　题

1. 下列化合物属于哪种甾体的衍生物？

(1) 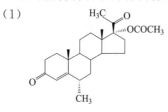 (2)

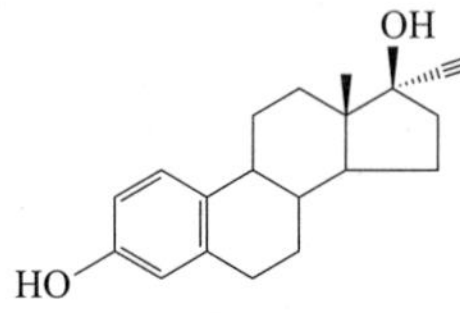

(3) 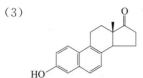 (4)

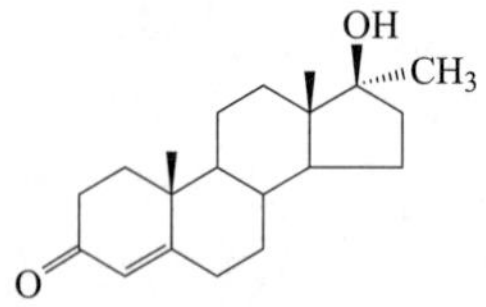

(5) 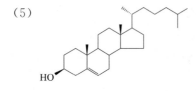 (6)

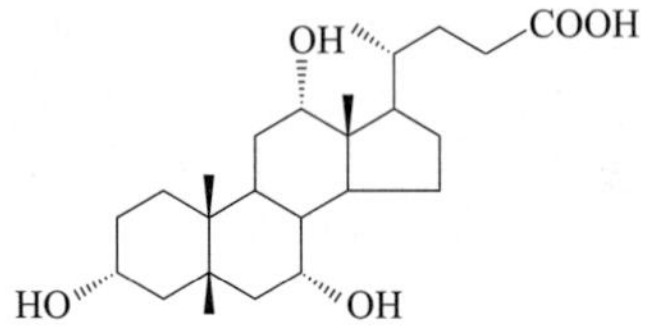

2. 用系统命名法命名下列甾体化合物。

(1)　　　　　　　　　　(2)

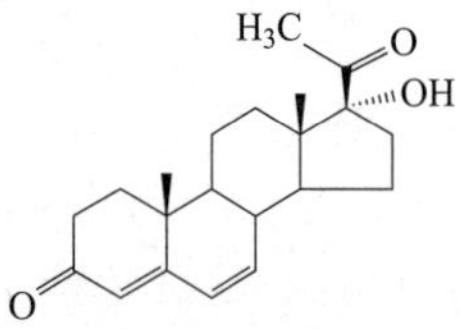

17α-羟基黄体酮　　　　　　苯甲酸雌二醇

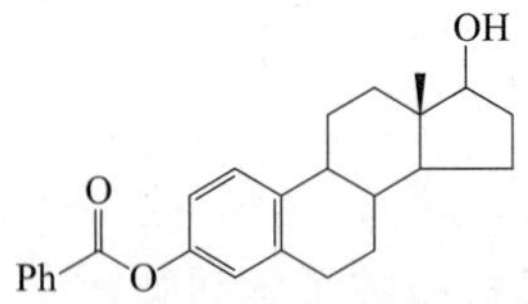

(3)　　　　　　　　　　(4)

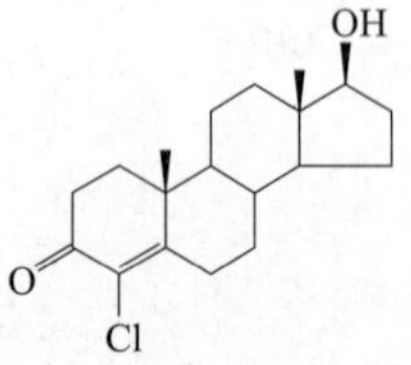

氯司替勃　　　　　　　　　皮质酮

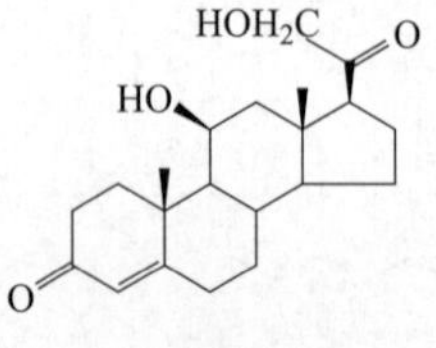

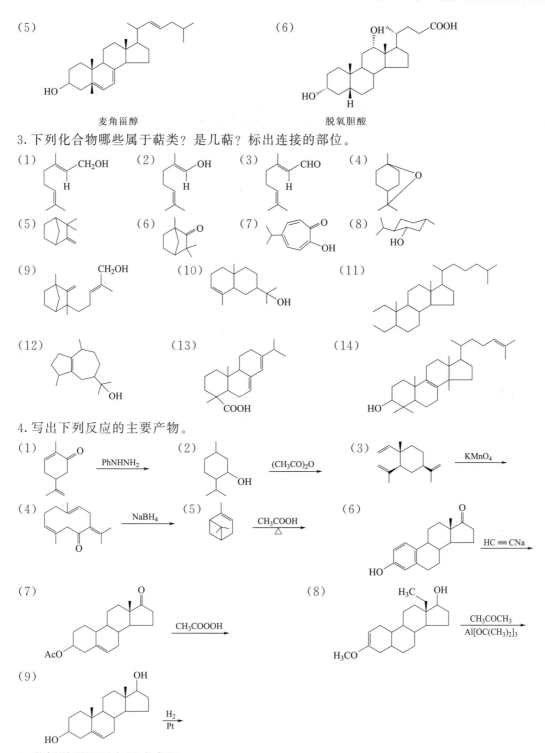

5. 举例说明下列名词或术语。
(1) 异戊二烯规律　(2) 角甲基　(3) 正系与别系　(4) 甾体的 α 构型和 β 构型
6. 写出 (−)-薄荷醇的构型及构象式。
7. 写出 α-蒎烯、樟脑、龙脑的结构。
8. 龙脑和异龙脑、α-蒎烯和 β-蒎烯分别互为哪种异构体？

第16章　糖类化合物

糖类化合物（saccharides）是广泛存在于自然界中的一类有机化合物。植物体内含糖类最为丰富，约占其干重的80%以上，是构成植物体的基础物质，与人们日常生活密切相关的是淀粉、纤维素和葡萄糖。动物体内都含有糖类，如人和哺乳动物的肌肉、肝脏和血液中，昆虫的甲壳及翅膀中都含有糖类。人类从植物中获取糖类并成为人们衣食的原料，如葡萄糖在生物体内氧化放出能量，以供肌体生命过程中的需要，棉花纤维制成的服装可以满足人们着衣的需求。糖类与药物的关系非常密切，如严重的病人输葡萄糖液以补充能量，片剂生产时常用淀粉作为辅料。

早期研究发现的一些糖类都由C、H、O三种元素组成，并具有$C_n(H_2O)_m$的结构通式（n与m可相等，也可不相等），其中氢和氧的比例与水相同，因此称为碳水化合物（carbohydrates）。后来的结构研究表明，有些糖类的分子中氢与氧的比例并不一定都满足$C_n(H_2O)_m$的结构通式，如鼠李糖$C_6H_{12}O_5$、岩藻糖$C_6H_{12}O_5$等；而另一些分子式符合上述通式的物质，如甲醛（CH_2O）、乙酸（$C_2H_4O_2$）等，并不具备糖类的性质。可见，碳水化合物的名称并不确切，但仍然作为一种习惯名称使用，还是称为糖类较为合理。

从化学结构上看，糖类属于多羟基醛或多羟基酮以及它们的缩合物。例如，葡萄糖、阿洛糖、古罗糖都是多羟基醛，果糖是多羟基酮，麦芽糖、淀粉和纤维素是葡萄糖的缩合物，它们都属于糖类。

```
      CHO              CHO              CHO            CH2OH
   H—C—OH          HO—C—H           HO—C—H            C=O
   HO—C—H          HO—C—H           HO—C—H         HO—C—H
   H—C—OH          H—C—OH           HO—C—H          H—C—OH
   H—C—OH          H—C—OH           H—C—OH          H—C—OH
     CH2OH            CH2OH            CH2OH           CH2OH
    葡萄糖            阿洛糖            古罗糖           果糖
```

根据糖类水解的情况，可分为单糖、寡糖和多糖三类。单糖（monosaccharides）是最简单的糖，不能再水解成更小的糖分子，如葡萄糖、果糖等；低聚糖（oligosaccharides）又称寡糖，是由2~10个单糖分子脱水缩聚而成，如麦芽糖、乳糖、纤维二糖和蔗糖。多糖（polysaccharides）是由>10个单糖分子脱水缩聚而成，如淀粉、糖原和纤维素等。

糖类分子含有多个手性碳原子，因此大多具有旋光性。糖类是多官能团化合物，它们既有所含官能团的性质，也有官能团之间相互影响的特性。

16.1 单糖

根据分子中所含羰基的不同，单糖可分为醛糖（aldoses）和酮糖（ketoses）；根据分子中所含碳原子数目的不同，又可分为三碳糖、四碳糖、五碳糖和六碳糖等。自然界中最简单的醛糖是甘油醛；最简单的酮糖是1,3-二羟基丙酮。在体内以戊糖和己糖最为常见。有些糖的羟基可被氨基或氢原子取代，它们分别称为氨基糖和脱氧糖，它们也是生物体内重要的糖类，如2-脱氧核糖、2-氨基葡萄糖。

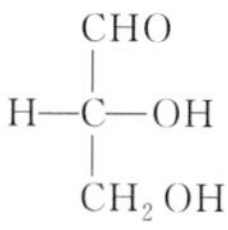

```
      CHO              CH₂OH           CHO              CHO
      |                |               |                |
   H—C—OH           C=O             H—C—H          H—C—NH₂
      |                |               |                |
    CH₂OH           CH₂OH          H—C—OH          HO—C—H
                                     |                |
                                   H—C—OH          H—C—OH
                                     |                |
                                    CH₂OH          H—C—OH
                                                     |
                                                    CH₂OH
     甘油醛         1,3-二羟基丙酮      2-脱氧核糖      2-氨基葡萄糖
```

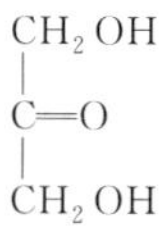

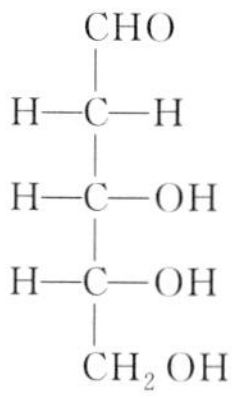

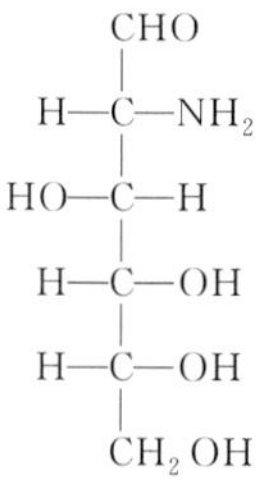

16.1.1 单糖的结构

（1）开链结构和命名

一般的单糖都是开链结构，并含有多个手性碳原子。具有 n 个手性碳的化合物应具有 2^n 个立体异构体（分子内无对称因素时），因此，在醛糖中丙醛糖应有一对对映体、丁醛糖有两对对映体、戊醛糖有四对对映体、己醛糖有八对对映体。酮糖中，由于比相应的醛糖少一个手性碳，因此异构体要少些，如己酮糖只有四对对映体。

单糖的名称常根据其来源采用俗名。一对对映体有同一名称；非对映体有不同名称。例如，葡萄糖的费歇尔投影式中，C2、C4、C5位的羟基在同侧，C3位羟基在异侧，其有两个互成对映关系的异构体。例如：

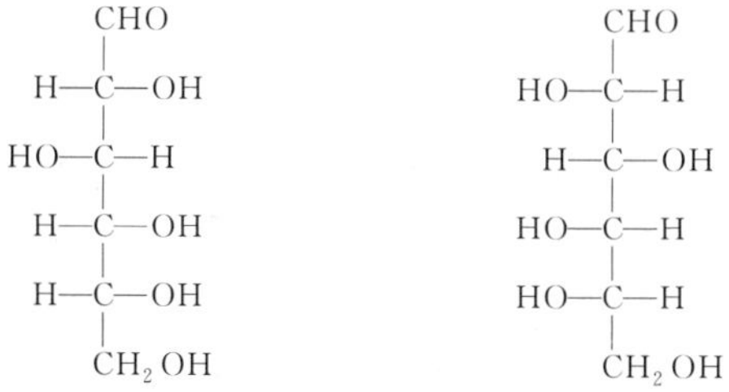

```
       CHO                 CHO
        |                   |
     H—C—OH             HO—C—H
        |                   |
    HO—C—H              H—C—OH
        |                   |
     H—C—OH             HO—C—H
        |                   |
     H—C—OH             HO—C—H
        |                   |
      CH₂OH               CH₂OH
```

当葡萄糖C2位羟基与氢位置互换时，则称为甘露糖，葡萄糖与甘露糖是非对映异构体。像这种有多个手性碳原子的非对映异构体，彼此间仅有一个手性碳原子的构型不同，而其余都相同者，称为差向异构体（epimers）。葡萄糖的C3位差向异构体是阿洛糖，C4位差向异构体是半乳糖，如图16.1所示。

如果用 R/S 标记法标出分子中每个手性碳原子的构型，对于含多个手性碳原子的分子来说很不方便。目前习惯用 D/L 标记法，即以甘油醛作为标准，对一对对映体的糖进行区分，具体步骤如下：

①用费歇尔投影式表示糖的结构，碳链竖向排列，使羰基具有最小编号。②将编号最大的手性碳原子（即离羰基最远端的手性碳原子，如己醛糖的C5）的构型与D-甘油醛的C2构型进行比较，构型相同的糖类属于D-构型；相反的属于L-构型。因此，在己醛糖的16个

异构体中，一半是 D-构型；一半是 L-构型（简称 D-系和 L-系）。通常为了书写方便，用费歇尔投影式表示结构时，可用横线表示羟基，氢可省略。

含 $C_3 \sim C_6$ 的各种 D-醛糖的费歇尔投影式和名称，如图 16.1 所示。

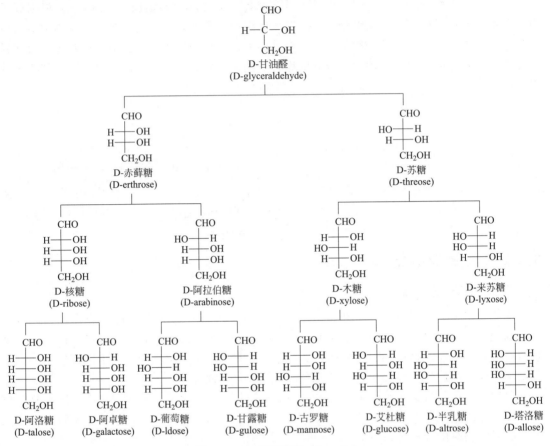

图 16.1　D-醛糖系列（$C_3 \sim C_6$）

（2）环状结构及哈沃斯透视式

单糖的许多化学性质证明其具有多羟基醛或多羟基酮的开链结构，如以葡萄糖为例，与乙酸酐反应可生成五乙酸酯；其醛基能被氧化和还原等。

但是，单糖开链结构却与某些实验事实不符。以葡萄糖为例说明如下。

① 不显示醛类的某些典型反应。醛在干燥 HCl 存在下，与两分子甲醇反应生成缩醛；而葡萄糖只与一分子甲醇反应就生成稳定的化合物；此外，与某些羰基试剂（如 $NaHSO_3$ 等）不发生反应。

② D-葡萄糖从冷乙醇中结晶可得熔点为 146℃、比旋光度为 +112°的晶体；从热的吡啶中结晶可得到熔点为 150℃、比旋光度为 +18.7°的晶体。上述两种晶体溶于水后，随着放置时间的延长，其比旋光度随时间发生变化，并都在 +52.7°时稳定不变。这种在溶液中比旋光度自行发生改变的现象称为变旋现象（mutarotation）。

③ 固体 D-葡萄糖在红外光谱中不出现羰基的伸缩振动峰；在核磁共振谱中也不显示与醛基相连的氢原子（H—CO—）的特征峰。

葡萄糖的上述性质，无法从开链结构得到解释，因为旋光度的改变，是葡萄糖内在结构发生变化的反映。1883 年杜伦（B. Tolleus，1841—1918）首先建议 D-(+) 葡萄糖具有氧环结构。X 射线衍射的结果也证实了晶体单糖是环状化合物。糖的环状结构通常用哈沃斯（Haworth）透视式表示。下面以葡萄糖为例，说明单糖环状结构的形成。

葡萄糖是多羟基醛，当葡萄糖分子中的碳链弯曲时，C5 上的羟基恰好接近 C1 上的醛基，形成环状的半缩醛。但是，在葡萄糖的开链结构的费歇尔投影式中，C1 羰基朝后，C5 羟基朝前，这种排布方式不利于它们相互接触成环。为了使 C5 羟基靠近醛基，可使 C4-C5 间的单键旋转 120°，致使 C5 羟基由朝前转成朝后，使原朝后的 C5 羟甲基朝向左前方，此时的费歇尔投影式可改变为如下所示的修饰后的费歇尔投影式。此过程并没有断裂任何键，因此 C5 的构型并没有改变，但发生了有利于成环方向的取向。修饰后的费歇尔投影式可发生碳链的弯曲，使 C5 羟基有利于向 C1 羰基（两面）的进攻，最后得到两个异构体。具体过程表示如下：

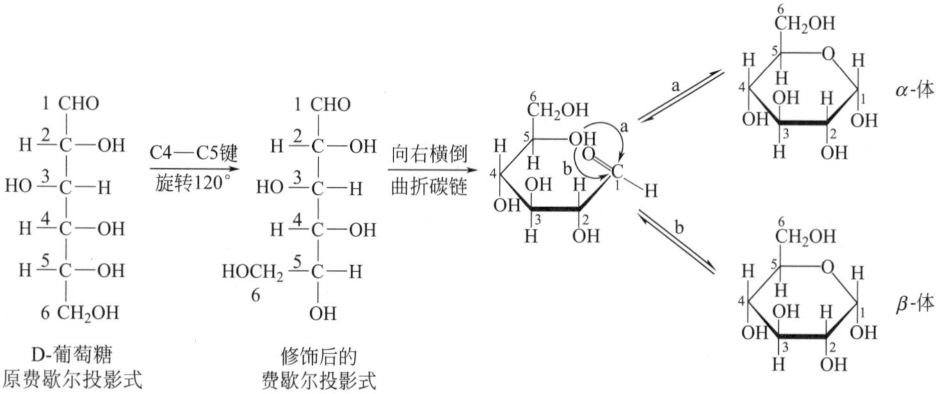

从上述转换过程可知，当环上碳原子按顺时针方向排列时，在费歇尔投影式中原来处于左侧的基团，将处于六元环平面的上方；原来处于右侧的基团，将处于六元环平面的下方；环平面垂直于纸平面。将环中氧原子处于纸平面的后右上方，C2、C3 处于纸平面的前方，面对观察者（用粗线表示）。环上的羟基常可用短直线表示，环上氢原子可省略（如下式所示）。葡萄糖 C4 上的羟基若与 C1 上的醛基成环，则生成五元环，其成环的情况类似。碳环也可简化为均一单线条的六元或五元环。在上例中，C1 位羟基（称半缩醛羟基）与 C5 羟甲基处环平面同侧的称为 β-体；异侧的称为 α-体。它们是非对映体，也是差向异构体。它们之间的差别，仅仅是顶端碳原子的构型不同，这种异构体称为端基差向异构体，简称端基异构体（anomers）或异头体。现已确认，比旋光度为 +112° 的葡萄糖是 α-异构体，比旋光度为 +18.7° 的葡萄糖是 β-异构体，它们在水溶液中可通过链状结构互相转变，达到平衡时体系的比旋光度为 +52.7°。

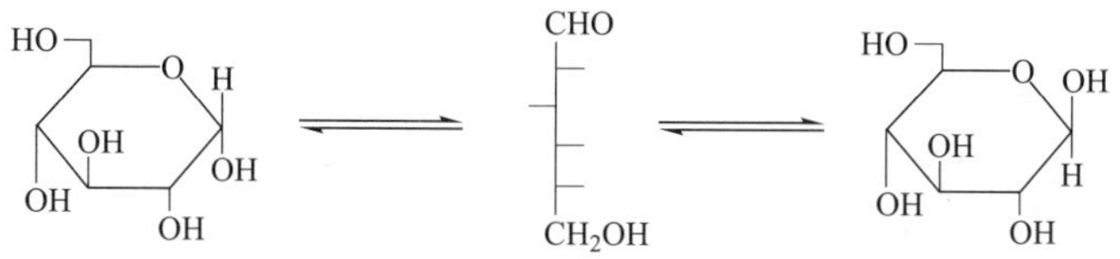

α-D-吡喃葡萄糖   开链 D-葡萄糖   β-D-吡喃葡萄糖
（约占 36%）   （极少）   （约占 64%）

D-葡萄糖发生变旋现象的内在原因就是这两种异构体与开链结构间处于动态平衡中。同时由于开链结构含量极低，因此羰基加成的某些反应不易发生，并在红外光谱和核磁共振谱中表现出异常现象。

糖通常以五元或六元环形式存在，当以六元环存在时，与杂环化合物吡喃相似，称为吡喃糖（glycopyranoses）；若以五元环存在时，与杂环化合物呋喃相似，称为呋喃糖（glycofuranoses)。

每种糖，无论是吡喃型还是呋喃型，都有两种异构体。这是由于羰基是平面的，C5（或C4）位羟基可以从平面两侧向羰基C1（或C2）进攻，使C1（或C2）成为新的手性中心，结果生成两个不同的环状半缩醛，下面是D-果糖的呋喃型结构：

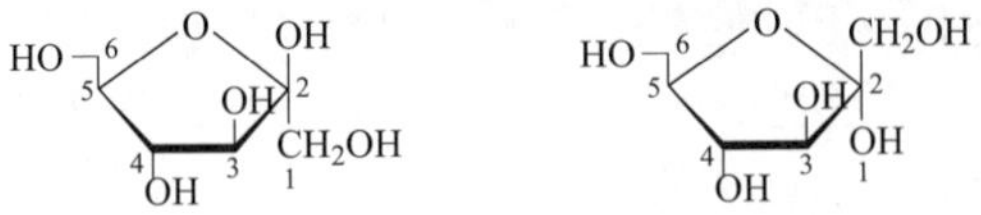

β-D-呋喃果糖　　　　α-D-呋喃果糖

糖的开链结构成环后，由于原来开链结构中判断构型的C5上的羟基已参与成环，故无法直接以其为标准来判断构型，此时可根据C5上的羟甲基（—CH$_2$OH）来判断构型。当环上碳原子按顺时针方向排列时，C5羟甲基处环上者为D-型；C5羟甲基处环下者为L-型。当环上碳原子是按逆时针方向排列时，反之。

吡喃糖的构象与环己烷类似，以椅式构象存在，并有两种形式。β-D-吡喃葡萄糖各取代基均处 e 键，α-D-吡喃葡萄糖除C1羟基为 a 键外，其他取代基均处 e 键。α-D-吡喃葡萄糖与β-D-吡喃葡萄糖比，其能量较高，因此在水溶液的动态平衡中，β-D-吡喃葡萄糖的含量比α-D-吡喃葡萄糖多（约64∶36，开链葡萄糖和呋喃葡萄糖含量均极微）。

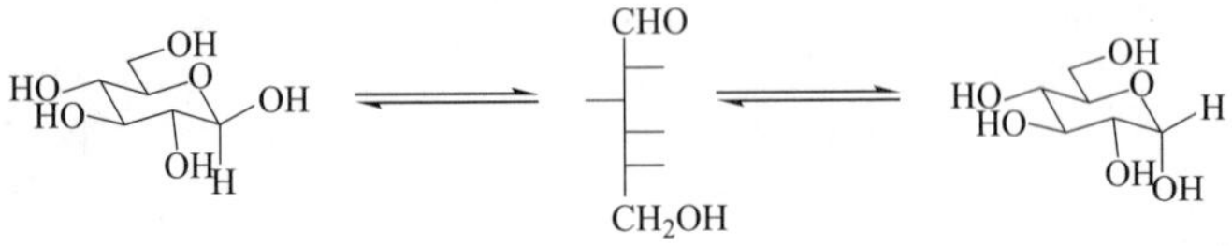

β-D-吡喃葡萄糖　　　　　　　　　　　　α-D-吡喃葡萄糖

环上羟基也可用短直线表示，氢可省略。

16.1.2　单糖的物理性质

单糖都是无色晶体，味甜，有吸湿性，易溶于水而难溶于有机溶剂，易形成过饱和溶液——糖浆。水-醇混合液常用于糖的重结晶；在不纯的状态下糖很难结晶，目前常用色谱技术进行分离纯化。环状结构的单糖有变旋现象。表16.1列出了一些常见单糖的物理常数。

表16.1　一些常见单糖的物理常数

糖	熔点/℃	比旋光度/(°)	糖	熔点/℃	比旋光度/(°)
D-核糖	87	−23.7	D-果糖	104	−92.4
D-2-脱氧核糖	90	−59	D-半乳糖	167	+80.2
D-葡萄糖	146	+52.7	D-甘露糖	132	+14.4

16.1.3　单糖的化学性质

单糖分子中含有羟基和羰基，除了具有一般醇和醛酮的性质外，还因它们处于同一分子内而相互影响，显示某些特殊性质。

（1）差向异构化

单糖用稀碱水溶液处理时，可发生异构化反应。如在弱碱（如氢氧化钡）作用下，D-葡萄糖可以部分转变为D-甘露糖和D-果糖，可能是通过烯二醇中间体相互转化，最后形成各种异构体的平衡混合物：

$$\text{D-葡萄糖} \rightleftharpoons \text{烯二醇式中间体} \rightleftharpoons \text{D-甘露糖}$$
$$\downarrow$$
$$\text{D-果糖}$$

羰基相邻的 α-碳上的氢原子有一定酸性,在碱性条件下可发生互变异构(1,3-重排)成烯醇式(烯二醇或其负离子)。烯二醇的羟基也有明显酸性,故在碱性条件下可发生类似的1,3-重排。当 C1 烯醇羟基发生可逆的 1,3-重排时,由于是平面结构,可在双键的两个方向进行,因此得到 D-甘露糖和原来的 D-葡萄糖;当 C2 烯醇羟基发生重排时,只得 D-果糖。这种由 D-葡萄糖转成 D-甘露糖(反之亦是)的过程称为差向异构化(epimerisms)。D-葡萄糖和 D-甘露糖是差向异构体。

(2)氧化反应

单糖分子中的醛基和羟基都可以被氧化,最后的氧化产物可因氧化剂不同而不同。

① 被杜伦试剂、斐林试剂和本尼迪特试剂氧化 许多单糖虽然具有环状半缩醛或环状半缩酮结构,但在溶液中与开链的结构处于动态平衡。因此,单糖可被杜伦(Tollens)试剂氧化,产生银镜;也能被斐林(Fehling)试剂和本尼迪特(Benedict)试剂(由硫酸铜、柠檬酸和碳酸钠配制成的蓝色溶液)氧化,产生氧化亚铜砖红色沉淀。

单糖与杜伦试剂、斐林试剂和本尼迪特试剂的反应是在碱性溶液中进行的,在该条件下酮糖可通过异构化转化成醛糖,所以酮糖也可被上述三种弱氧化剂氧化。由于糖在碱性条件下会发生异构化,故糖酸为混合物。

$$Ag(NH_3)_2^+ + \underset{\text{糖}}{R'-\underset{\underset{OH}{|}}{\overset{H}{\underset{|}{C}}}-\underset{\underset{O}{||}}{C}-R} \longrightarrow Ag\downarrow \text{(银镜)} + \text{糖酸(混合物)}$$

$$Cu^{2+} + \underset{\text{糖}}{R'-\underset{\underset{OH}{|}}{\overset{H}{\underset{|}{C}}}-\underset{\underset{O}{||}}{C}-R} \longrightarrow Cu_2O\downarrow \text{(砖红色)} + \text{糖酸(混合物)}$$

R = H 或 CH$_2$OH
R' = 分子其余部分

凡是能还原上述三种弱氧化剂的糖称为还原糖,因此单糖都是还原糖。而不能还原上述三种弱氧化剂的糖称为非还原糖。杜伦试剂、斐林试剂和本尼迪特试剂可用来区别还原糖和非还原糖,但是不能区别醛糖和酮糖。

② 被溴水氧化 溴水为弱氧化剂,可与醛糖反应,选择性地将醛基氧化成羧基,生成糖酸,然后很快生成内酯。

D-葡萄糖 $\xrightarrow{Br_2, H_2O}$ D-葡萄糖酸 $\longrightarrow$ D-葡萄糖酸 δ-内酯

酮糖不发生此反应，因此可用溴水来鉴别醛糖和酮糖，使溴水褪色的是醛糖，不褪色的是酮糖。

③ 被稀硝酸氧化　稀硝酸的氧化性比溴水强，它可以将单糖分子中的醛基和伯醇基都氧化成羧基。例如，在温热的稀硝酸作用下，D-葡萄糖氧化生成 D-葡萄糖二酸。

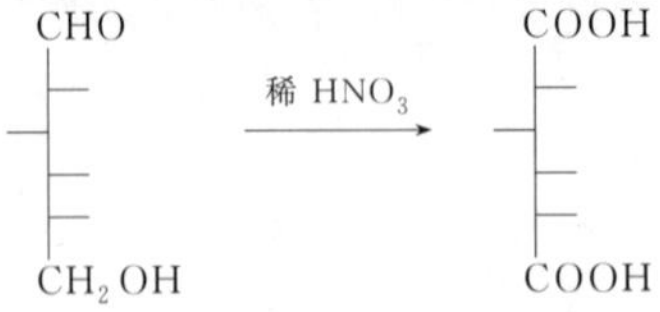
CHO
稀 HNO_3
COOH
CH_2OH
COOH

D-葡萄糖　　D-葡萄糖二酸

酮糖在上述条件下发生 C2—C3 链断裂，生成小分子的二元酸，如 D-果糖氧化成乙醇酸和三羟基丁酸。

④ 被高碘酸氧化　糖类为多羟基醛或酮，分子中存在邻二醇的结构，因此糖能被高碘酸氧化，当分子中连续三个碳原子带有羟基时，中间的碳原子被高碘酸氧化成甲酸。

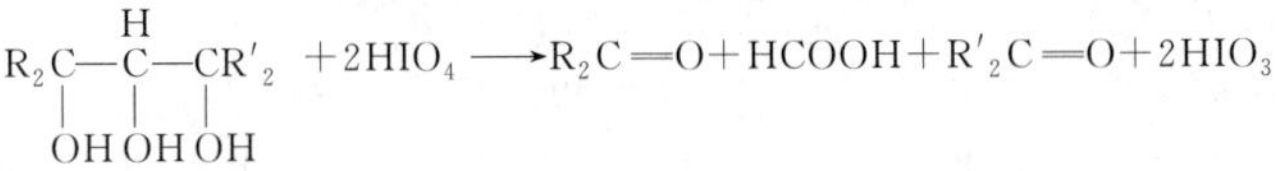
$R_2C—C—CR'_2$
H
OH OH OH
$+2HIO_4 \longrightarrow R_2C{=}O+HCOOH+R'_2C{=}O+2HIO_3$

如果为 α-羟基取代的羰基化合物，也能被高碘酸氧化，在两个碳原子间发生氧化断裂，生成羧酸和羰基化合物，例如 D-葡萄糖可与 5 分子高碘酸反应，生成 5 分子甲酸和 1 分子甲醛。

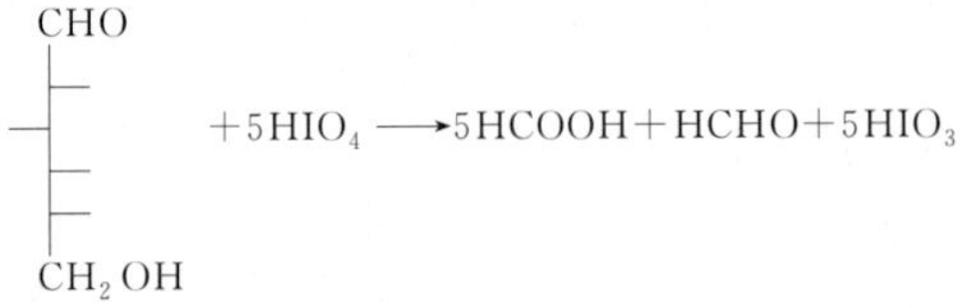
CHO
CH_2OH
$+5HIO_4 \longrightarrow 5HCOOH+HCHO+5HIO_3$

高碘酸氧化反应可以用于糖的结构测定，可确定糖环的大小。如以 α-阿拉伯糖为例，为确定其以呋喃还是吡喃环存在，可先将其甲苷化，然后用高碘酸氧化。若消耗 1 分子高碘酸，则以呋喃环存在；若消耗 2 分子高碘酸，则为吡喃糖。

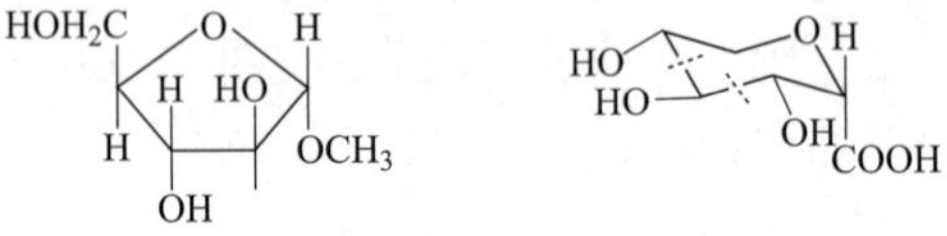
HOH_2C
O
H
H
HO
H
OCH_3
OH
HO
HO
O
H
OH
COOH

甲基-α-呋喃阿拉伯糖苷　　甲基-α-吡喃阿拉伯糖苷

（3）还原反应

单糖的羰基可用硼氢化钠或催化氢化还原得到相应的多元醇。例如，D-葡萄糖的还原产物为山梨醇（或葡萄糖醇），是生产维生素 C 的原料。D-核糖的还原产物称为 D-核糖醇，是维生素 B_2 的组分。

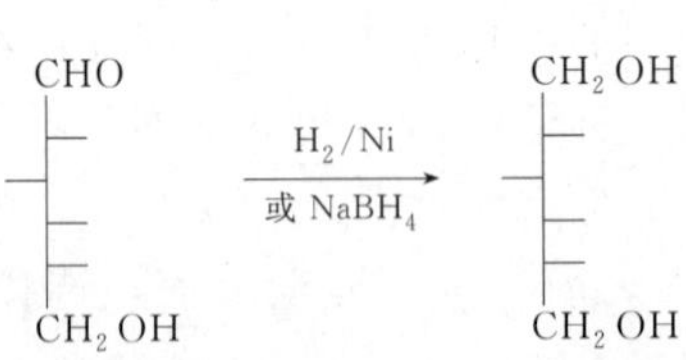
CHO
H_2/Ni
或 $NaBH_4$
CH_2OH
CH_2OH
CH_2OH

D-葡萄糖　　山梨醇

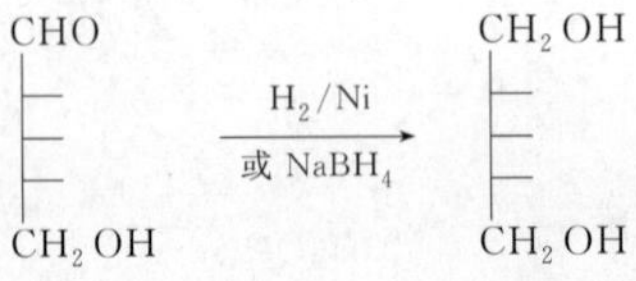
CHO
H_2/Ni
或 $NaBH_4$
CH_2OH
CH_2OH
CH_2OH

D-核糖　　D-核糖醇

果糖经催化氢化后主要生成甘露醇,是临床常用来降低颅内压和眼内压的药物。

(4) 成苷反应

糖分子中的半缩醛或半缩酮羟基与醇、胺、硫醇等含活泼氢的化合物脱水生成的缩醛或缩酮,称为糖苷(glucosides),也称糖甙,此反应称为成苷反应。糖分子中的半缩醛或半缩酮羟基又称苷羟基;由苷羟基与含活泼氢的化合物脱水形成的键称为苷键。由葡萄糖生成的苷称为葡萄糖苷。

例如,D-葡萄糖在干燥 HCl 条件下与甲醇回流加热,生成 D-葡萄糖甲苷,为 α-体和 β-体的混合物:

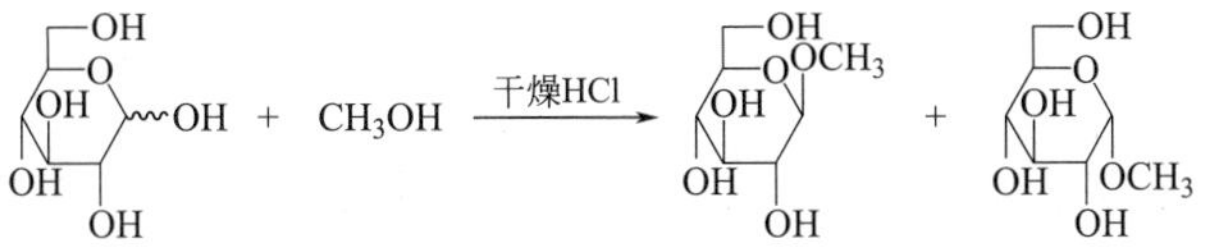

甲基-β-D-吡喃葡萄糖苷　　　甲基-α-D-吡喃葡萄糖苷

糖苷由糖和非糖部分组成。一般将糖部分称为糖苷基,非糖部分称为苷元或糖苷配基(简称配基)。依据糖与不同的分子连接,糖苷键可分为氧苷键、氮苷键、硫苷键和碳苷键等,以氧苷键最为常见。

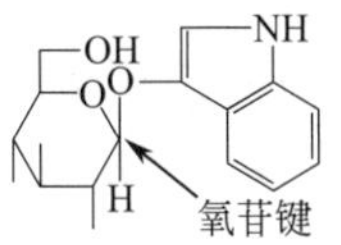

氧苷(尿兰母) 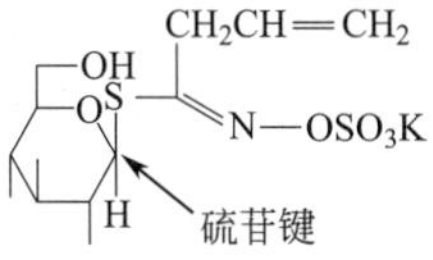　　硫苷(黑芥子苷) 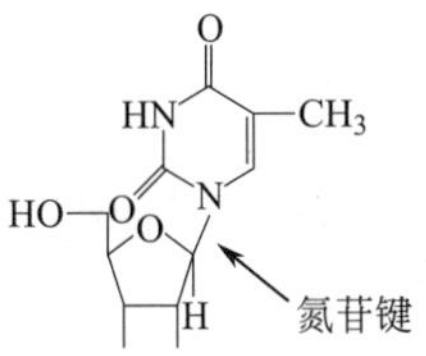　　氮苷(脱氧胸苷) 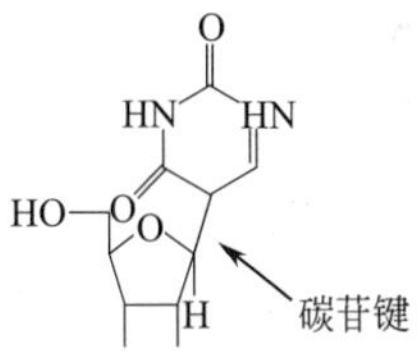　　碳苷(伪尿嘧啶核苷)

糖形成糖苷后,分子中已无半缩醛或半缩酮羟基,不能转变为开链结构,所以糖苷无变旋现象,也无还原性,也不能生成糖脎。糖苷在碱中较稳定,但在酸作用或酶催化下,苷键可断裂,生成原来的糖和非糖。

苷在自然界中分布很广,是很多天然产物的有效成分。由于在糖苷中糖分子的存在,可增加配基的水溶度,所以糖苷往往溶于水中,不易结晶。

(5) 成脎反应

糖分子的羰基可与苯肼等含氮试剂发生加成反应。如在温和条件下糖与等物质的量的苯肼可生成糖苯腙;但在苯肼达三倍量时,与羰基相邻的 α-羟基可被苯肼氧化成羰基,然后再与 1mol 苯肼反应,生成糖脎(osazones),此反应称为成脎反应。糖脎是黄色难溶于水的晶体,因为糖分子中引入两个苯肼基后,分子量大大增加,导致水溶性明显降低。各种糖脎都具有特征性的结晶形状和特定的熔点,故该反应常用作糖的定性鉴别和制备衍生物。若不同的六碳糖形成同一种糖脎,则可推知它们的 C3～C6 部分具有相同的结构,因而可作结构鉴定的依据。而不同糖形成糖脎,其成脎速率和析出糖脎的时间各不相同。

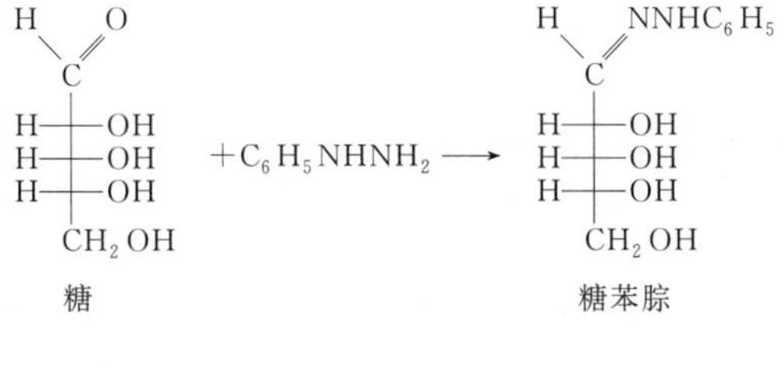

糖　　　　　　糖苯腙

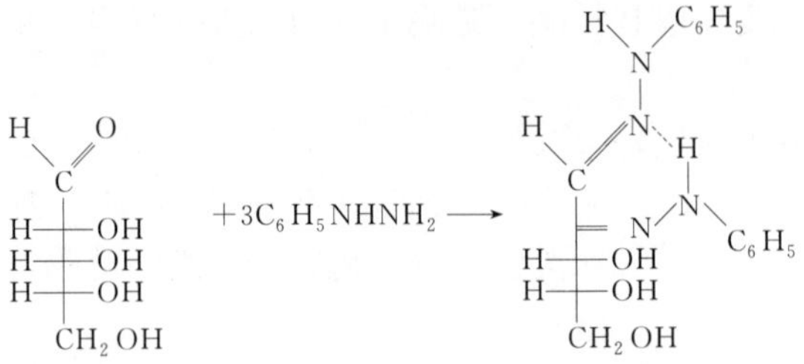

糖　　　　　　　　糖脎

糖脎经分离纯化后，可在酸性条件下水解，再经还原可得 α-酮糖，这也是把醛糖变为酮糖的一种方法。

（6）脱水反应

单糖对无机酸在低温时是稳定的，加热时可发生脱水反应。单糖具有 β-羟基的羰基化合物结构特征，易发生 β-羟基与 α-氢的脱水反应，形成 α,β-不饱和羰基化合物，在酸性条件下继续脱水形成二羰基化合物。

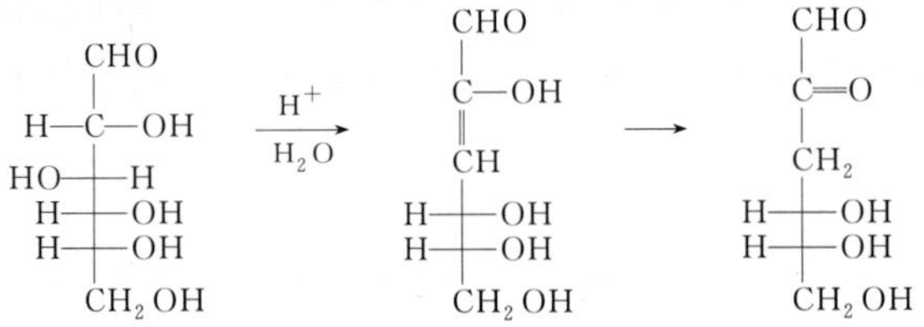

在强酸条件下（如 12% HCl），戊醛糖和己醛糖可经多步羟基脱水，分别形成呋喃甲醛（又称糠醛）和 5-羟甲基呋喃甲醛。

$R=CH_2OH$，$CHOHCH_2OH$　$R=H$，CH_2OH

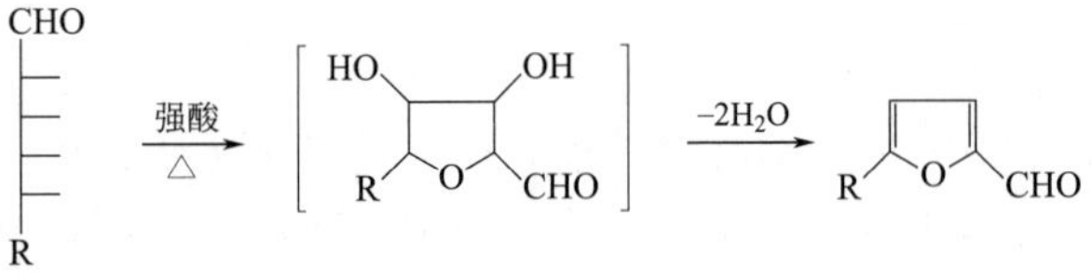

（7）环状缩醛和缩酮的形成

1,2-二醇和 1,3-二醇能与醛或酮缩合，形成环状的缩醛或缩酮。糖分子上的羟基作为多元醇也可以与醛或酮缩合，生成环状的缩醛或缩酮。因为糖类化合物本身为环状结构，因此只有环状结构的两个羟基处于顺式位置时，才能缩合。这类反应常用于某些合成反应中保护糖上的羟基。

α-D-半乳糖

α-D-葡萄糖甲苷

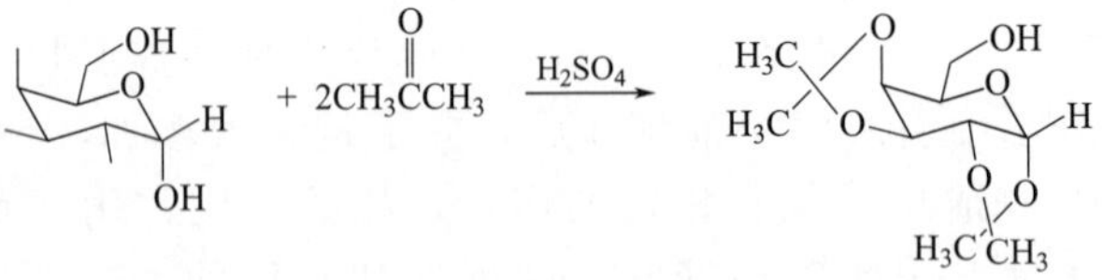

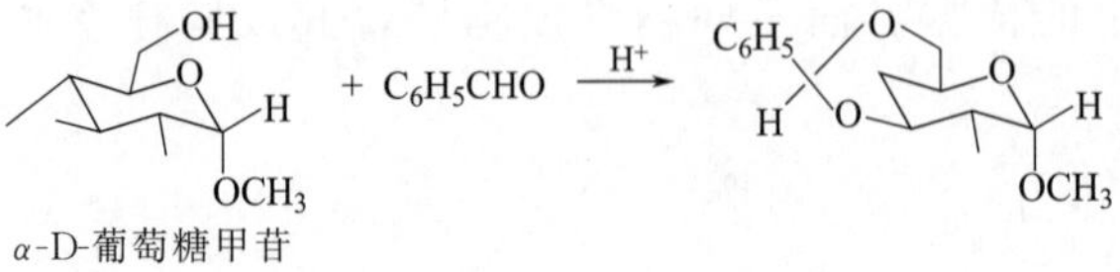

16.1.4　重要的单糖及其衍生物

（1）D-葡萄糖

D-葡萄糖（glucoses）为无色晶体，易溶于水，微溶于乙醇，不溶于乙醚。D-(+)-葡萄糖是自然界中分布最广的单糖,其主要存在于葡萄汁及其他带甜味的水果中,在植物的根、茎、叶中都含有葡萄糖,并常以苷的形式存在,它也是构成多糖最基本的结构单位。

人和动物的血液中也存在葡萄糖,因此葡萄糖也称为血糖,它能被人体直接吸收并利用,正常人每 100mL 的血液中约含 80～100mg 的葡萄糖,若低于此值,会导致低血糖症,如血糖浓度过高或者在尿中出现葡萄糖时,表明有患糖尿病的可能。

葡萄糖是重要的营养物质,是医院里使用最多的输液剂,它在体内通过代谢可以释放出能量供机体所需。葡萄糖也是制剂中常用的稀释剂和辅料。

食物中的淀粉,要在消化器官中转化成葡萄糖之后才能被人体利用。工业上多用淀粉水解来制备葡萄糖。

(2) D-果糖

D-果糖(fructoses)为无色晶体,熔点为 104℃,易溶于水和吡啶,可溶于乙醇,不溶于乙醚。果糖比蔗糖和葡萄糖都甜。20℃时,D-果糖的比旋光度为 $-92.4°$。

D-果糖是自然界中分布最广的己酮糖。它主要存在于蜂蜜和某些水果中,也可以与 D-(+)葡萄糖结合成蔗糖而存在。

D-果糖主要用于制糖果、婴儿饮料和药品,也用作食物、营养剂和防腐剂等。

(3) 核糖和 α-脱氧核糖

核糖和 α-脱氧核糖都是戊醛糖,它们的结构式分别如下:

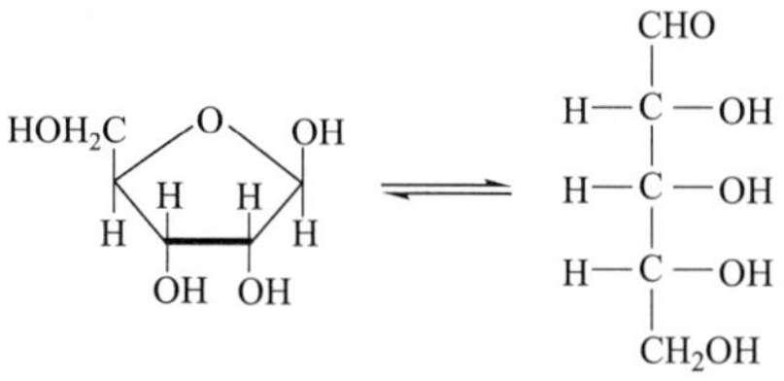

β-D-(−)-核糖　　　D-(−)-核糖的链状结构

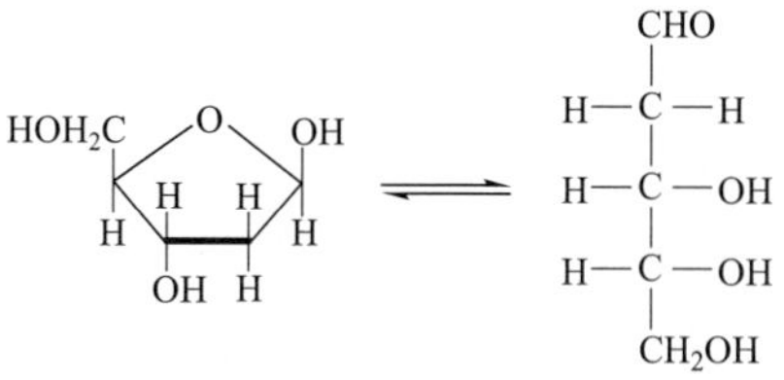

β-D-(−)-α-脱氧核糖　　　β-D-(−)-α-脱氧核糖的链状式

它们在自然界中分别与磷酸和有机碱组成核糖核酸(RNA)和 α-脱氧核糖核酸(DNA)。

(4) 氨基糖

氨基糖(aminosugars)是单糖分子中某个羟基换成氨基或者是取代氨基的化合物。例如,β-D-葡萄糖 α-位羟基被氨基取代的 β-D-氨基葡萄糖,其结构式如下:

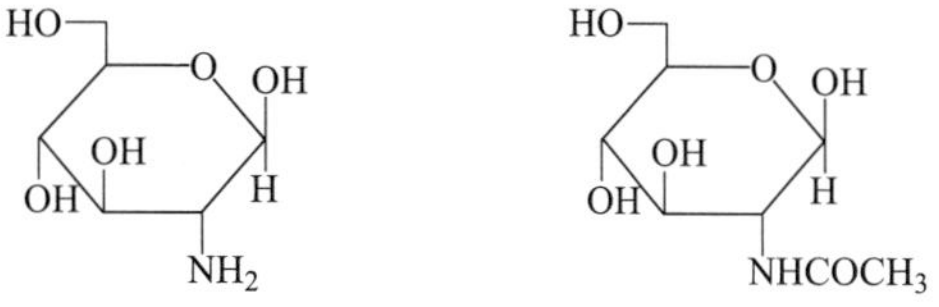

β-D-氨基葡萄糖　　　β-D-2-乙酰氨基葡萄糖

许多甲壳类动物及节肢动物的甲壳中具有的壳多糖是 β-D-2-乙酰氨基葡萄糖形成的高聚物。某些细菌的细胞壁及氨基糖苷类抗生素分子中也含有氨基糖的结构。

(5) 维生素 C

维生素(vitamin C)也称为抗坏血酸,是己糖的衍生物,广泛存在于水果和蔬菜中,它可用葡萄糖做原料经多步反应合成。

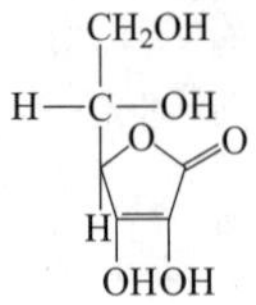

$$\text{L-(+)-抗坏血酸}$$

从维生素 C 的结构可见，C4 和 C5 为手性碳原子，它具有四种光学异构体，自然界存在的 L-(+)-抗坏血酸活性最强，其他三种为人工合成品，疗效很低或者无效。人体若缺少维生素 C，就会得坏血病，其症状主要表现为皮肤损伤、牙齿松动、牙龈腐烂等。维生素 C 除了可以防治坏血病以外，还可以增强人体的抵抗力。

16.2 双糖

双糖（disaccharides）又称二糖，是与人类关系最密切的低聚糖。双糖水解后产生两分子相同或不相同的单糖。从化学结构上看，双糖是一分子单糖的半缩醛羟基与另一分子单糖的羟基脱水而成，这与苷的结构非常相似，所不同的是苷元为另外一个糖分子。如果该苷元还保留有半缩醛或半缩酮的结构，它就有一个潜在的羰基，就可以还原杜伦试剂、斐林试剂和本尼迪特试剂，这种双糖称为还原糖，它们具有变旋现象，如麦芽糖、乳糖和纤维二糖等。如两分子单糖彼此都用半缩醛或半缩酮羟基脱水缩合，生成的双糖就失去了潜在的羰基，成为非还原糖，不具有变旋现象，如蔗糖。

16.2.1 还原性二糖

（1）麦芽糖

麦芽糖（maltoses）是淀粉经 α-淀粉酶水解后的产物，淀粉在稀酸中部分水解时，也可得（+）-麦芽糖。此外，在淀粉发酵生产乙醇的过程中也可得（+）-麦芽糖。在酸性溶液中或麦芽糖酶作用下，（+）-麦芽糖水解生成两分子 D-葡萄糖。

麦芽糖的结构已被证明含有半缩醛结构，是由一分子 α-D-吡喃葡萄糖的半缩醛羟基与另一分子葡萄糖的 C4 羟基脱水形成的缩醛。（+）-麦芽糖是以 α-1,4-苷键（常用 α1→4 表示）相连而成，由于还存在一个游离的半缩醛羟基，所以有变旋现象，为还原糖。

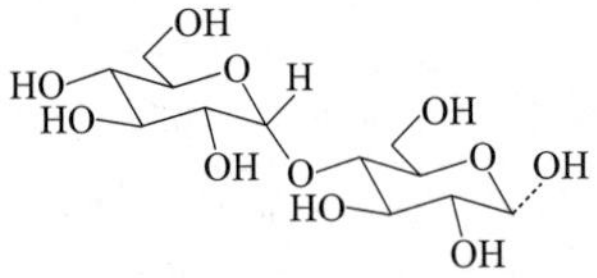

（+）-麦芽糖

结晶状态的（+）-麦芽糖中，半缩醛羟基是 β-体，其比旋光度 $[\alpha]_D$ 为 +112°；在水溶液中，存在变旋现象，产生 α-体的（+）-麦芽糖，其比旋光度 $[\alpha]_D$ 为 +168°，最终达到平衡时 $[\alpha]_D$ 为 +136°。

（2）纤维二糖

纤维二糖（cellobioses）是纤维素水解产物。其化学性质与（+）-麦芽糖相似，为还原糖，具有变旋光现象。水解后生成两分子 D-(+)-吡喃葡萄糖。（+）-纤维二糖两分子 D-(+)-吡喃葡萄糖以 1,4-糖苷键相连而成。

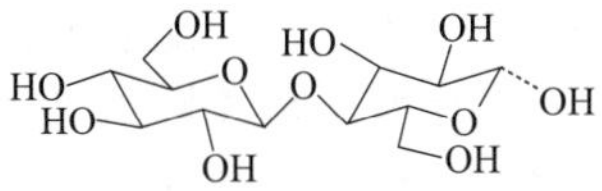

(+)-纤维二糖与(+)-麦芽糖不同的是(+)-纤维二糖不能被麦芽糖酶水解,而只能被苦杏仁酶水解,此酶是专一性断裂 β-糖苷键的糖苷酶。

(+)-纤维二糖与(+)-麦芽糖虽只是苷键的构型不同,但生理上却有很大差别。(+)-麦芽糖有甜味,可在人体内分解消化;(+)-纤维二糖既无甜味,也不能被人体消化吸收,而食草动物体内有水解 β-糖苷键的糖苷酶,可以把纤维素最终水解为葡萄糖而供给肌体能量。

(3) 乳糖

乳糖(lactoses)存在于哺乳动物的乳汁中,人乳中含 7%～8%,牛奶含 4%～5%。乳糖用苦杏仁酶水解时,可得到等量的 D-葡萄糖和 D-半乳糖。

研究表明,(+)-乳糖是由一分子 β-D-吡喃半乳糖与一分子 D-吡喃葡萄糖通过 β-1,4-苷键相连而成。

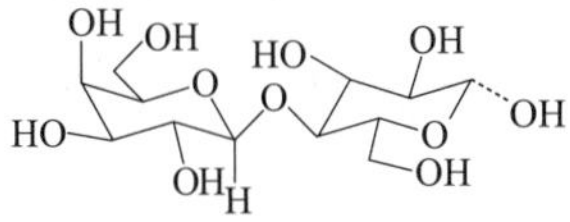

由于其分子中的葡萄糖部分还保留有游离的半缩醛羟基,(+)-乳糖是还原糖,在溶液中也有变旋光现象,为还原糖。其 α-体和 β-体达到平衡时,(+)-乳糖的比旋光度为 +55°;其纯的 α-体和 β-体的比旋光度分别为 +90°和 +35°。

16.2.2 非还原性二糖

蔗糖(sucroses)即普通食用的白糖,为自然界分布最广的双糖,在甘蔗和甜菜中含量最多,故有蔗糖或甜菜糖之称。蔗糖的比旋光度为 +66.5°。分子中不存在游离的半缩醛或半缩酮羟基,是非还原糖,不能还原杜伦试剂、斐林试剂和本尼迪特试剂,也无变旋光现象。当(+)-蔗糖被稀酸水解时,产生等量的 D-葡萄糖和 D-果糖的混合物。该混合物的比旋光度为 -19.9°。水解后生成的 D-葡萄糖和 D-果糖混合物称为转化糖(invertsugar)。转化糖在蜂蜜中大量存在。(+)-蔗糖也可被麦芽糖酶水解,说明具有 α-糖苷键;同时,其又可被转化酶水解(此酶是专一性水解 β-D-果糖苷键的酶),以上说明(+)-蔗糖既是 α-D-葡萄糖苷,又是 β-D-果糖苷。

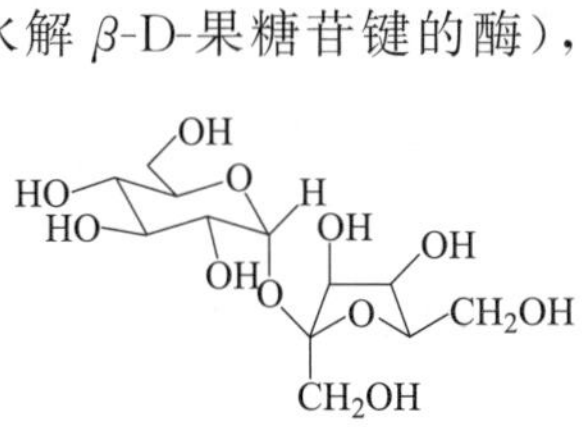

16.3 多糖

多糖广泛存在于自然界中,是一类天然高分子化合物。多糖主要有直链和支链两类(个别也有环状的)。连接单糖的苷键主要有 α-1,4、β-1,4 和 α-1,6 三种,前两种在直链多糖中常见;支链多糖的链与链的连接点是 α-1,6-苷键(在糖蛋白中还有 1,2 和 1,3 连接方式)。

多糖分子中虽有羟基,但因分子量很大,大多不溶于水,淀粉等可形成胶体溶液,一般也无甜味。多糖分子的分子量,一般都在几万以上,其位于端基的半缩醛羟基对整个分子来说，影响甚微，所以潜在的醛基性能难以体现，因此多糖没有还原性和变旋现象。多糖水解首先生成分子量较小的多糖，然后生成寡糖，最终产物是单糖。

多糖中与人类关系最密切的是淀粉、糖原和纤维素，它们水解产物都是葡萄糖，差别是所含葡萄糖分子的数目及分子间苷键的连接方式不相同。例如，淀粉和糖原是 α-1,4-苷键和 α-1,6-苷键，而纤维素是 β-1,4-苷键。

16.3.1 淀粉

淀粉（starchs）大量存在于植物的茎、根和种子中。例如，马铃薯中约含 20%、大米中约含 70%～80%、小麦约含 60%～65%、玉米中约含 65%、山芋中约含 13%～38%。淀粉是绿色植物光合作用的产物，使太阳能转变为化学能储存于分子内。人和动物以淀粉为食，在体内，通过淀粉酶及其他一些酶的作用，经复杂的生理和生物化学过程，最终氧化为水和二氧化碳，同时释放出生命活动所需的能量。

淀粉是无臭无味的白色粉末状物质，其颗粒形状和大小因来源不同而异。天然淀粉可分为直链淀粉（amyloses）和支链淀粉（amylopectins）两类。

（1）直链淀粉

直链淀粉难溶于冷水，在热水中有一定的溶解度。直链淀粉一般由 250～300 个 D-葡萄糖以 α-1,4-苷键连接而成，呈线型直链，支链很少，其质量范围为 $(15\sim60)\times10^4$。

直链淀粉

直链淀粉不是伸开的一条直链，这是因为 α-1,4-苷键的氧原子有一定键角，且单键可自由旋转，分子内的羟基间可形成氢键，因此直链淀粉具有规则的螺旋状空间结构，每一圈螺旋有六个 D-葡萄糖。螺旋状空穴正好与碘的直径相匹配，允许碘分子进入空穴中，形成蓝色配合物，见图 16.2。因此，可用淀粉遇碘显色作为直链淀粉的定性鉴定反应。此反应非常灵敏，加热蓝色消失，放冷后重现。

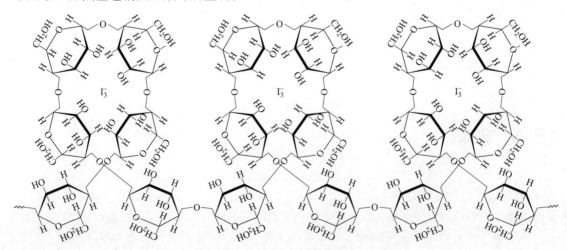

图 16.2　I_3^- 与直链淀粉配合物的空间结构

（2）支链淀粉

支链淀粉一般是由 6000～40000 个 α-D-吡喃葡萄糖结构单位以 α-1,4-苷键和 α-1,6-苷键相连而成。主链由 α-1,4-苷键连接而成，分支处为 α-1,6-苷键连接。α-1,4-苷键结合的直链上，每隔 20～25 个葡萄糖单位便有一个以 α-1,6-苷键连接的分支。

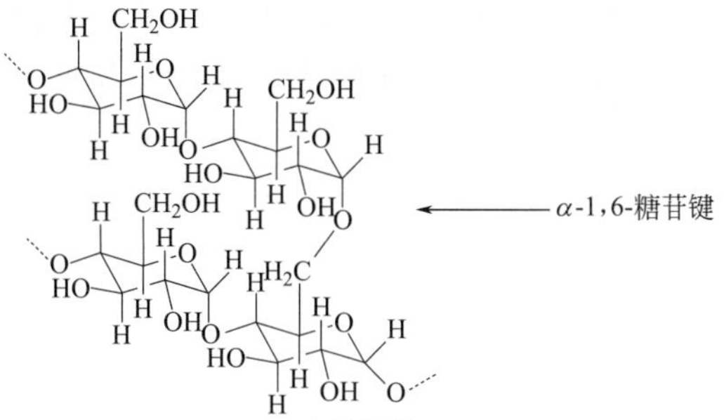

支链淀粉

支链淀粉的分子量比直链淀粉大，有的可达 600 万，结构比直链淀粉复杂。支链淀粉与碘生成紫红色配合物。

以上两类淀粉均可在酸催化下加热水解，水解过程生成各种糊精和麦芽糖等中间产物，最终得到葡萄糖。糊精是分子量比淀粉小的多糖，包括紫糊精、红糊精和无色糊精等。糊精是白色或淡黄色的粉末，能溶于水，其水溶液具有极强的黏性，可作黏合剂。淀粉的水解过程如下：

淀粉→紫糊精→红糊精→无色糊精→麦芽糖→葡萄糖

遇碘所显颜色　蓝色　紫蓝色　红色　不显色　不显色　不显色

16.3.2　糖原

糖原（glycogen）为白色粉末，可溶于水，遇碘随聚合程度不同显紫红色至红褐色，主要存在于肝脏和肌肉中，故有肝糖原和肌糖原之分，肝脏中糖原的含量约为 10%～20%，肌肉中糖原的含量约为 4%。糖原也称动物淀粉，是动物体内葡萄糖的储存形式。当血糖浓度低于正常水平或急需能量时，体内肾上腺素分泌增加，肾上腺素激发糖原分解为葡萄糖提供能量；当血糖浓度高时，多余的葡萄糖就转化为糖原储存于肝脏和肌肉中，糖原的生成受胰岛素的控制。

糖原的结构单位也是 D-葡萄糖，其结构与支链淀粉相似，通过 α-1,4-苷键和 α-1,6-苷键连接而成，但分支更多，每隔 8～10 个葡萄糖单位便有一个以 α-1,6-苷键连接的分支。

16.3.3　纤维素

纤维素（celluloses）是绿色植物通过光合作用生成的，是构成植物细胞的基础物质，也是自然界分布最广的多糖。一切植物中都含有纤维素，但不同的植物所含纤维素的多少不同。例如，树木和树皮重量的 50% 为纤维素，棉纤维重量的 90% 以上为纤维素，脱脂棉花及滤纸几乎全部是纤维素。

纤维素是纤维二糖的高聚体，彻底水解产物是 D-葡萄糖，一般由 8000～10000 个 D-葡萄糖单位以 β-1,4-苷键连接成直链，无支链。

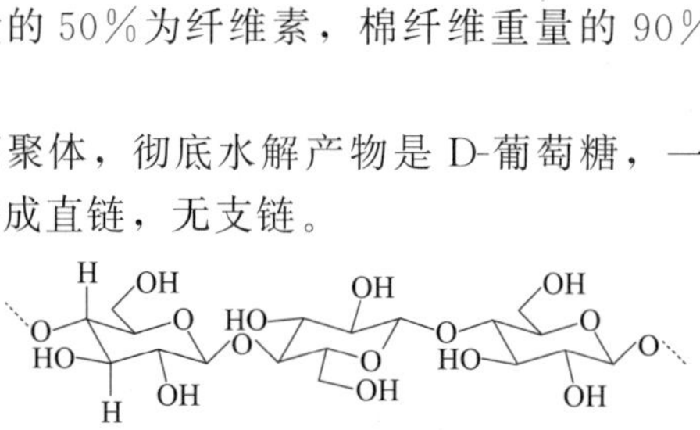

纤维素

纤维素是呈绳索状长链排列的线型多糖。每一束由 100～200 条彼此平行的纤维素分子链通过分子间氢键而维系成束状。纤维素的分子量大约在 25 万～100 万之间，或者更高。

由于纤维素分子中的葡萄糖单位是以 β-1,4-苷键连接，不能被淀粉酶水解，因此纤维素不能作为人类的营养物质。反刍动物的消化道内有一种微生物能分泌水解 β-1,4-苷键的酶，因此纤维素对这类动物有营养价值。纤维素对人类虽然没有营养价值，但也是必不可少的物质，因为它能促进胃肠蠕动，起到帮助排便的作用，否则排便将十分困难。

纤维素的用途很广，除可制纸外，分子中游离的羟基经硝化和乙酰化后，可制成人造丝、火棉胶、电影胶片、硝基漆等。

习　题

1. 解释下列名词。
   (1) 端基异构体　　　(2) 差向异构体　　　(3) 变旋现象
   (4) 还原糖与非还原糖　(5) 苷键　　　　　(6) 双糖
2. D-葡萄糖和 L-葡萄糖的开链结构是否为对映异构体？
3. α-D-葡萄糖和 β-D-葡萄糖是否为对映异构体？
4. 写出下列化合物的结构式，并指出有无还原性及变旋现象。
   (1) D-葡萄糖（开链结构）　　(2) D-果糖（开链结构）
   (3) (+)-蔗糖　　　　　　　(4) (+)-纤维二糖
5. 命名下列化合物。

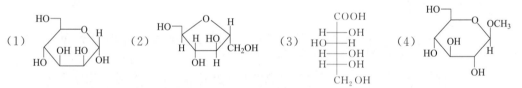

6. 写出 D-葡萄糖与下列试剂反应的主要产物。
   (1) 杜伦试剂　　　　　(2) 溴水　　　　　　(3) 稀 HNO_3 溶液
   (4) $NaBH_4$　　　　　(5) CH_3OH/干 HCl　(6) $C_6H_5NHNH_2$（过量）/$\triangle$
7. 用化学方法鉴别下列各组化合物。
   (1) 葡萄糖、果糖和蔗糖　　　(2) 麦芽糖、果糖和淀粉
   (3) 葡萄糖、淀粉和纤维素

8. 当 D-葡萄糖在碱性条件下较长时间存放时，会生产 D-甘露糖、D-果糖，为什么？

9. 两个具有旋光活性的丁醛糖 A 和 B，与苯肼作用生成相同的糖脎。用稀 HNO_3 氧化，A 和 B 都生成丁糖二酸，A 氧化得到的丁糖二酸有旋光活性，B 氧化得到的丁糖二酸无旋光活性。试写出 A 和 B 可能的结构式。

10. D-醛糖 A 和 B 均有旋光性，但与过量苯肼作用生成不同的糖脎，如以硝酸氧化 A 和 B，则分别可得戊糖二酸 C 和 D，但 C 和 D 均不呈旋光性，试写出 A、B、C、D 的费歇尔投影式。

11. 单糖衍生物 A 的分子式为 $C_8H_{16}O_6$，无还原性，水解后生成 B 和 C 两种产物。B 用溴水氧化后生成 D-葡萄糖酸，C 的分子式为 C_2H_6O，且能发生碘仿反应。试写出 A、B、C 可能的结构式。

12. 某糖是一种非还原性二糖，没有变旋现象，不能用溴水氧化成糖酸，用酸水解只生成 D-葡萄糖。它可以被 α-葡萄糖苷酶水解但不能被 β-葡萄糖苷酶水解。试写出此二糖的结构式。

第17章 氨基酸、肽、蛋白质和核酸

蛋白质和核酸是与生命活动密切相关的有机大分子化合物，是生物体内诸多组织的基本组分，动物的皮、肉、毛发和植物的叶绿素、酶、激素等都是由蛋白质构成的。细胞内除了水以外，其余物质中的 80% 为蛋白质。而核酸作为辅基与蛋白质结合形成核蛋白，核蛋白是生物体内细胞核的主要成分，它在生物体的新陈代谢、生长、遗传、变异等生命活动中起着重要作用。核酸是生物体用来合成蛋白质的模型，没有核酸就没有蛋白质。因此，蛋白质和核酸都是重要的生物高分子化合物，是生命的物质基础。

肽存在于自然界中，并具有重要的生理作用。肽是生物体完成各种复杂的生理活动必不可少的参与者。所有细胞都能合成多肽物质，其功能活动也受多肽的调节。肽涉及激素、神经、细胞生长和生殖各领域，其重要性在于调节体内各个系统器官和细胞。氨基酸是构成蛋白质的基本单元，蛋白质和多肽均是主要由 20 种氨基酸以酰胺键连接起来的化合物。氨基酸在人体内通过代谢可以合成组织蛋白质，可变成酸、激素、抗体、肌酸等含氮物质，可转变为糖和脂肪，还可氧化成二氧化碳、水及尿素，产生能量等。

17.1 氨基酸

分子中既含有氨基又含有羧基的双官能团化合物称为氨基酸（amino acid），氨基酸在自然界主要以多肽和蛋白质的形式存在于动植物体内。

17.1.1 氨基酸的分类、结构和命名

（1）氨基酸的分类和结构

氨基酸是生物学上重要的含氮有机化合物，其分子内含有碱性氨基（—NH_2）和酸性羧基（—COOH）的官能团组。根据氨基和羧基的相对位置不同，可分为 α-氨基酸、β-氨基酸、γ-氨基酸，…，ω-氨基酸等，其结构通式如下（R 代表侧链基团，不同的 α-氨基酸的差别就体现在侧链基团）：

$$R-\overset{\alpha}{C}H-COOH \qquad R-\overset{\beta}{C}H-CH_2-COOH$$
$$\quad\ \ |\qquad\qquad\qquad\qquad\quad\ \ |$$
$$\ \ NH_2\qquad\qquad\qquad\qquad NH_2$$
$$\alpha\text{-氨基酸}\qquad\qquad\qquad\quad \beta\text{-氨基酸}$$

$$R-\overset{\gamma}{C}H-CH_2-CH_2-COOH \qquad R-\overset{\omega}{C}H-(CH_2)_n-COOH$$
$$\quad\ \ |\qquad\qquad\qquad\qquad\qquad\qquad\ \ |$$
$$\ \ NH_2\qquad\qquad\qquad\qquad\qquad\quad NH_2$$
$$\gamma\text{-氨基酸}\qquad\qquad\qquad\qquad\quad \omega\text{-氨基酸}$$

氨基酸按照不同的方式有不同的分类。根据化学结构的不同，氨基酸可分为链状氨基酸、碳环氨基酸和杂环氨基酸 3 类；根据氨基酸分子中所含氨基和羧基的相对数目来分，分子中氨基与羧基数目相等的氨基酸，为中性氨基酸，分子中氨基比羧基数目多的氨基酸为碱性氨基酸，分子中羧基比氨基数目多的氨基酸为酸性氨基酸。一般来说，碱性氨基酸呈碱性，酸性氨基酸呈酸性，但中性氨基酸不呈中性而成弱酸性，这是由羧基比氨基的电离常数大所导致的。

组成蛋白质的氨基酸，主要是 α-氨基酸。蛋白质水解可以得到各种 α-氨基酸的混合物，经过分离可以得到 20 多种人体所必需的氨基酸。有些氨基酸人体内不能合成但又是营养所必不可少的，只能从饮食中获得，这些氨基酸称为必需氨基酸。表 17.1 列出了构成蛋白质的 20 种氨基酸的名称、缩写、结构式及其等电点（isoelectric point，pI），表格中标有 * 的 8 种为必需氨基酸。

表 17.1 构成蛋白质的 20 种 α-氨基酸

分类		名称	缩写	结构式	等电点
中性氨基酸	脂肪族	甘氨酸	Gly	H$_2$N—CH$_2$—COOH	5.97
		丙氨酸	Ala	H$_3$C—CH(NH$_2$)—COOH	6.01
		*缬氨酸	Val	H$_3$C—CH(CH$_3$)—CH(NH$_2$)—COOH	5.96
		*亮氨酸	Leu	H$_3$C—CH(CH$_3$)—CH$_2$—CH(NH$_2$)—COOH	5.98
		*异亮氨酸	Ile	H$_3$C—CH$_2$—CH(CH$_3$)—CH(NH$_2$)—COOH	6.02
	羟基	丝氨酸	Ser	HO—CH$_2$—CH(NH$_2$)—COOH	5.68
		*苏氨酸	Thr	H$_3$C—CH(OH)—CH(NH$_2$)—COOH	5.60
	硫基	半胱氨酸	Gys	HS—CH$_2$—CH(NH$_2$)—COOH	5.07
		*蛋氨酸	Met	H$_3$C—S—CH$_2$—CH$_2$—CH(NH$_2$)—COOH	5.74
	酰胺基	天冬酰胺	Asp	O=C(NH$_2$)—CH$_2$—CH(NH$_2$)—COOH	2.77
		谷氨酰胺	Gln	O=C(NH$_2$)—CH$_2$—CH$_2$—CH(NH$_2$)—COOH	5.65
	亚氨基	脯氨酸	Pro	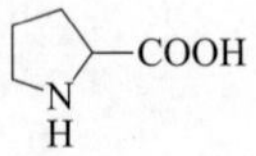 吡咯烷-2-COOH	6.30

第17章 氨基酸、肽、蛋白质和核酸

续表

分类		名称	缩写	结构式	等电点
中性氨基酸	芳香族	*苯丙氨酸	Phe	C₆H₅—CH₂—CH(NH₂)—COOH	5.48
		酪氨酸	Tyr	HO—C₆H₄—CH₂—CH(NH₂)—COOH	5.66
	吲哚环	*色氨酸	Trp	(吲哚基)—CH₂—CH(NH₂)—COOH	5.89
酸性氨基酸		天冬氨酸	Asn	HOOC—CH₂—CH(NH₂)—COOH	5.41
		谷氨酸	Glu	HOOC—CH₂—CH₂—CH(NH₂)—COOH	3.22
碱性氨基酸		*赖氨酸	Lys	NH₂—(CH₂)₄—CH(NH₂)—COOH	9.74
		组氨酸	His	(咪唑基)—CH₂—CH(NH₂)—COOH	7.59
		精氨酸	Arg	HN=C(NH₂)—NH—(CH₂)₃—CH(NH₂)—COOH	10.76

除甘氨酸（α-氨基乙酸）以外，组成蛋白质的其他氨基酸都含有手性 C 原子，具有手性和旋光性。习惯上，氨基酸的构型用 D/L 标记法标定：在氨基酸的费歇尔（Fischer）投影式中，氨基位置与 L-甘油醛中手性碳原子上的羟基位置相同者，称为 L-构型，反之为 D-构型。若以 R/S 标记法标定，L-构型大多相当于 S-构型。氨基酸侧链中的手性碳原子的构型习惯上按 R/S 标记法标定。蛋白质水解得到的 α-氨基酸均为 L-构型。

$$\begin{array}{c} \text{CHO} \\ \text{HO}-\!\!\!\!\!\!\!-\text{H} \\ \text{CH}_2\text{OH} \end{array} \qquad \begin{array}{c} \text{COOH} \\ \text{H}_2\text{N}-\!\!\!\!\!\!\!-\text{H} \\ \text{R} \end{array}$$

L-甘油醛　　　　L-氨基酸（S-构型）

（2）氨基酸的命名和来源

早在 1975 年，IUPAC 就规定了 20 种常见氨基酸的命名及其缩写符号，其缩写符号用 α-氨基酸英文名的前三个字母组成，如 Gly、Ala 分别表示甘氨酸、丙氨酸等。这对表示蛋白质或多肽中的 α-氨基酸的排列顺序非常方便。另外，为方便起见，天然氨基酸中文名称一般采用其俗名。氨基酸的俗名常根据其来源或某些特性而取名，如甘氨酸，因其具有甜味而得名；天冬氨酸来自天冬门植物；丝氨酸是因为蚕丝的组成部分而得名；胱氨酸是因为它最先得自尿结石等。氨基酸的系统命名法是以羧酸为母体，氨基作为取代基命名的。氨基所连的位次以阿拉伯数字标示，也可用希腊字母标示。例如：

CH₂—COOH　　　　C₆H₅—CH₂—CH—COOH　　　　HOOC—CH₂—CH—COOH
　|　　　　　　　　　　　　　　　　|　　　　　　　　　　　　　　　　|
　NH₂　　　　　　　　　　　　　　　NH₂　　　　　　　　　　　　　　　NH₂

α-氨基乙酸（甘氨酸）　　α-氨基-β-苯基丙酸（苯丙氨酸）　　α-氨基丁二酸（天冬氨酸）

2-aminoacetic acid　　　2-amino-3-phenylpropanoic acid　　2-aminosuccinic acid

$$H_3C-CH-CH_2-CH-COOH$$
$$||$$
$$CH_3NH_2$$

4-甲基-2-氨基戊酸（亮氨酸）
2-amino-4-methylpentanoic acid

$$HOOC-CH_2-CH_2-CH-COOH$$
$$|$$
$$NH_2$$

2-氨基-戊二酸（谷氨酸）
2-aminopentanedioic acid

氨基酸一般由蛋白质水解、α-卤代酸氨解、丙二酸酯法、斯瑞克（Strecker）法、不对称合成法等方法来制取。

17.1.2 氨基酸的性质

（1）物理性质

氨基酸是无色或白色晶体，具有较高的熔点（一般在 200～300℃），熔融时易分解放出 CO_2。氨基酸的溶解度差异很大，可溶于强酸和强碱溶液中，除胱氨酸、酪氨酸、二碘甲状腺素外，均溶于水。不同的氨基酸在水中的溶解度相差较大，酸性的氨基酸在水中的溶解度较小，除脯氨酸和羟脯氨酸外，均难溶于乙醇和乙醚。

α-氨基酸的红外光谱在 3100～2600 cm^{-1} 有强而宽的 N—H 键伸缩振动吸收峰，在 1600 cm^{-1} 附近有羧基负离子吸收峰。

（2）化学性质

① 两性电离与等电点　氨基酸既含有氨基又含有羧基，它可以和酸反应生成盐，也可以和碱反应生成盐，因此氨基酸是两性物质。由于氨基显碱性，能接受质子；而羧基呈酸性，能提供质子，因此氨基酸中的氨基可接受分子内羟基的质子成为偶极离子。例如：

$$R-\underset{NH_3^+}{\overset{H}{\underset{|}{\overset{|}{C}}}}-COO^-$$

α-氨基酸的偶极离子（内盐）结构

这种偶极离子又称为内盐。氨基酸之所以具有比较高的熔点，并且难溶于有机溶剂，正是与它们是内盐因而具有盐的性质有关。氨基酸的偶极离子中存在呈碱性的羧酸根负离子，也存在呈酸性的铵离子，因此在水溶液中，氨基酸既可以作为碱与一个 H^+ 结合成为正离子，又可以作为酸失去一个 H^+ 成为负离子。这三种离子在水溶液中互相转化而同时存在：

$$H_2NCHRCOO^- \underset{OH^-}{\overset{H^+}{\rightleftharpoons}} H_3\overset{+}{N}CHRCOO^- \underset{OH^-}{\overset{H^+}{\rightleftharpoons}} H_3\overset{+}{N}CHRCOOH$$

负离子　　　　　　　偶极离子　　　　　　　正离子

当氨基酸溶液处于某一 pH 值时，溶液中所含的 $-NH_3^+$ 和 $-COO^-$ 数目相等，静电荷为零，这一 pH 值称作该氨基酸的等电点。当溶液的 pH 值大于氨基酸的等电点时，负离子浓度增大，氨基酸在电场中向阳极移动；反之，当溶液的 pH 值小于等电点时，氨基酸在电场中向阴极移动。不同氨基酸具有不同的等电点。氨基酸的等电点是氨基酸的一个重要性质，当氨基酸处于等电点时，具有如下性质：

a. 溶解度最小，由于不同的氨基酸具有不同的等电点，因此可以利用此性质分离不同的氨基酸。

b. 静电荷为零，在电场中不移动。

② 氨基酸的化学反应　氨基酸具有氨基和羧基的典型反应。例如氨基可以烃基化、酰基化、可与亚硝酸作用；羧基可以转化为酯、酰氯或酰胺等。除此之外，由于分子中同时具有氨基与羧基，二者相互影响，还表现出氨基酸特有的化学性质。

a. 与亚硝酸反应　由于可定量释放出氮气，因此该反应可用于氨基酸和蛋白质的定量分析。此方法称为范斯莱克（Van Slyke）氨基氮测定法。

$$\text{R-CH(NH}_3^+\text{)-COO}^- + \text{HNO}_2 \longrightarrow \text{R-CH(OH)-COOH} + \text{N}_2\uparrow + \text{H}_2\text{O}$$

b. 脱羧反应 α-氨基酸在体外 [Ba(OH)₂、加热] 或体内酶的作用下，均可发生脱羧反应，生成胺类。

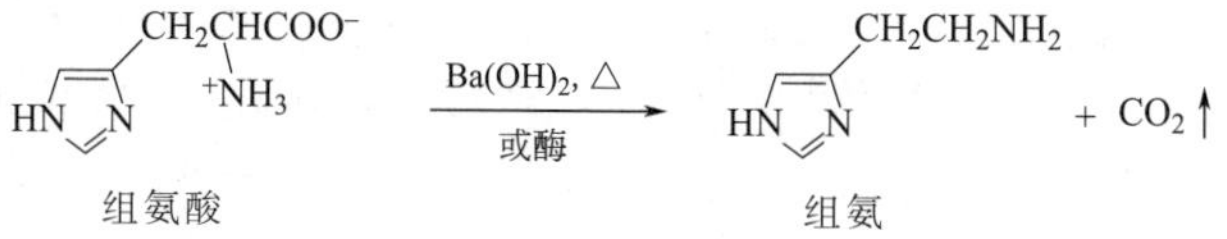

组氨酸 $\xrightarrow{\text{Ba(OH)}_2, \triangle \text{ 或酶}}$ 组氨 + $CO_2\uparrow$

脱羧反应也可在蛋白质腐败时发生。例如，在某些细菌作用下，蛋白质中的赖氨酸脱羧为毒性很强且有强烈气味的尸胺。

$$\text{H}_2\text{N(CH}_2)_4\text{-CH(NH}_2)\text{-COOH} \longrightarrow \text{H}_2\text{N(CH}_2)_5\text{NH}_2 + \text{CO}_2\uparrow$$

赖氨酸   尸胺

c. 氨基转移反应 α-氨基酸体内代谢时，可在酶的作用下，发生氨基转移反应生成α-酮酸。接受氨基的α-酮戊二酸转为谷氨酸，后者可参与成脲的代谢反应。

α-氨基酸 + α-酮戊二酸 ⇌ α-酮酸 + 谷氨酸

$$\text{R-CH(NH}_3^+)\text{-COO}^- + \text{H}_2\text{OOC-CH}_2\text{-CH}_2\text{-C(O)-COOH} \rightleftharpoons \text{R-C(O)-COOH} + \text{HOOC-CH}_2\text{-CH}_2\text{-CH(NH}_3^+)\text{-COO}^-$$

d. 消除反应 氨基酸受热后可发生消除反应。消除反应以生成稳定结构产物（五元环、六元环、共轭体系等）为主。一般α-氨基酸受热后，能在两分子之间发生脱水反应，生成较稳定的六元环交酰胺。

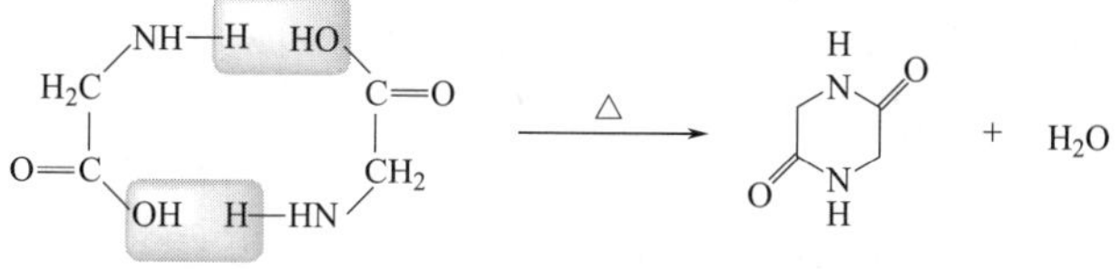

e. 与水合茚三酮的显色反应 α-氨基酸与茚三酮的水合物在水溶液中共热时，经一系列反应，最终生成蓝紫色的化合物（脯氨酸与茚三酮的反应产物呈黄色，β-氨基酸、γ-氨基酸不发生此显色反应）。

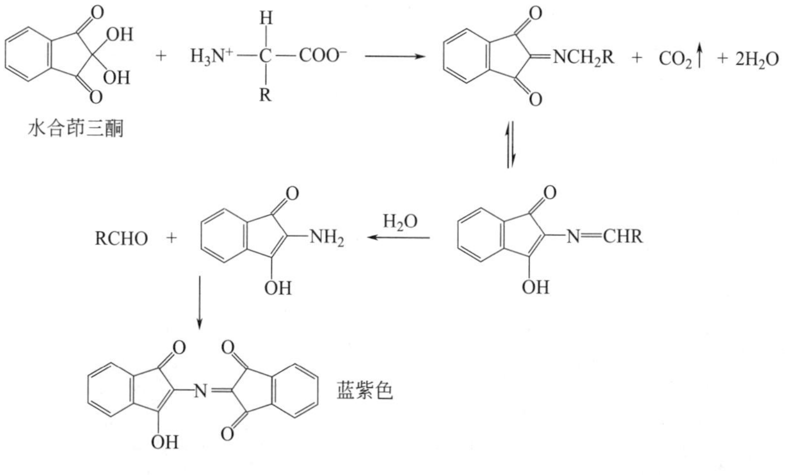

反应产物蓝紫色化合物的颜色深度或释放出的 CO_2 的体积可作为 α-氨基酸定量分析的依据。此方法是鉴别 α-氨基酸最灵敏、最简便的方法。

此外，一些氨基酸侧链具有的功能基团，如羟基、酚基、吲哚基、巯基等，均可以发生相应的反应，这是进行蛋白质化学修饰的基础。α-氨基酸还可以通过分子间的羧基和氨基缩合脱水形成肽。

（3）氨基酸的手性拆分

由一般氨基酸的合成法得到的都是外消旋的 DL-氨基酸。然而，天然的氨基酸绝大多数是 L-型，在多肽和蛋白质以及一些药物的合成中需要光学纯的 L-氨基酸。因此必须将外消旋的氨基酸拆分成纯的对映体，或者用立体选择性方法直接合成出光学纯的 L-氨基酸。氨基酸的拆分方法通常是将外消旋氨基酸的氨基用酰化的方法保护起来，生成的 N-酰基-DL-氨基酸外消旋体与一种光学活性的胺或者生物碱（如马钱子碱、麻黄碱等）作用，生成两种非对映体的盐的混合物，然后用分步结晶的方法将两种盐分开，再分别脱去酰基和手性胺，即可得到光学纯的 D-氨基酸和 L-氨基酸。

17.2 肽

一个氨基酸的氨基与另一个氨基酸的羧基可以缩合成肽（peptide），形成的酰胺基在有机化学中称为肽键。两个或以上的氨基酸脱水缩合形成若干个肽键从而组成一个肽，多个肽进行多级折叠就构成一个蛋白质分子。肽分子只有纳米般大小，因此肠胃、血管及肌肤皆极容易吸收。肽是生物体内一类重要的活性物质，活性肽与营养、荷尔蒙、酵素抑制、调节免疫、抗菌、抗病毒、抗氧化等都有非常紧密的关系。

17.2.1 肽的结构和命名

肽是由氨基酸的氨基和羧基脱水缩合形成肽键后形成的链状分子。脱水缩合反应生成的 —CO—NH— 键（肽键）结构如下：

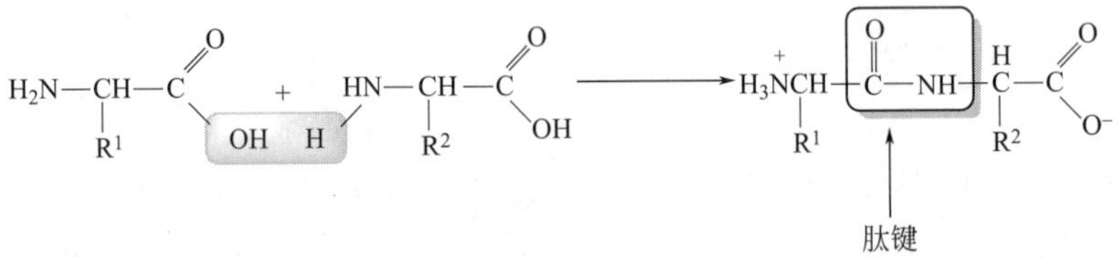

20 世纪 30 年代末，鲍林（L. C. Pauling，1901—1994）和科里（R. B. Corey，1897—1971）应用 X 射线衍射技术研究了氨基酸和寡肽的晶体结构。他们提出了肽键的刚性和平面性，认为肽键中的 N 原子与羰基之间存在 p-π 共轭关系。肽键中的 C—N 键键长为 0.132nm，介于 C—N 单键（0.149nm）和 C═N 双键（0.127nm）之间，因而肽键中的 C—N 键具有部分双键属性，有一定刚性而不能自由旋转，并导致与其相连的两个基团有顺反异构体存在。在大多数情况下，反式构型的能量更低，因此除脯氨酸外的所有其他氨基酸形成的肽键在绝大多数情况下（99.95%）以反式构型存在。

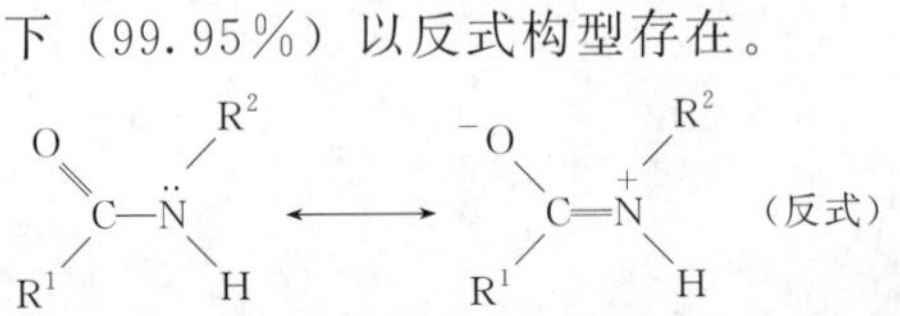

肽键的共振结构式及反式构型

肽键与相邻两个 α-碳原子所组成的基团（—Cα—CO—NH—Cα—）称为肽单元，如图

17.1 所示。肽单元是平面结构，组成肽单元的 6 个原子位于同一平面内，这个平面称为肽键平面。与酰胺官能团邻近的 Cα—C 键和 Cα—N 键，均为典型的单键，可自由旋转。因此，多肽既是刚性的，但又具有充分的活动性，因此多肽和蛋白质才会呈现不同的构象。

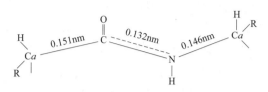

图 17.1　肽单元的平面结构和各键键长

两分子氨基酸脱水形成的肽称为二肽，由 n 个氨基酸脱水形成的肽称为 n 肽。其中由 10 个以下氨基酸相连而成的肽称为寡肽（oligopeptides），更多氨基酸构成的肽称为多肽（polypeptides）。肽链中的氨基酸因脱水缩合后而基团不完整，故称为氨基酸残基（residue）。在多肽链中，保留有游离氨基的一端称为氨基末端或 N-端，保留有游离羧基的一端称为羧基末端或 C-端。

多肽的命名是以 C-端的氨基酸为母体，而将其余的氨基酸残基作为酰基，从 N-端开始，将形成肽键的氨基酸的"酸"字改为"酰"字，依次排列在母体名称之前，处于 C-端的氨基酸保留原名，称为某氨酰某氨酸。例如谷胱甘肽（glutathione）可命名为 γ-谷氨酰半胱氨酰甘氨酸，其中的 γ 是指谷氨酸用 γ-羧基，而非 α-羧基与半胱氨酸的氨基结合。

谷胱甘肽（γ-谷氨酰半胱氨酰甘氨酸）
glutathione

书写肽的结构时，也可用表 17.1 中氨基酸的英文三字符号或中文词头表示，氨基酸之间用"短直线"或"点"隔开。例如：上述三肽可缩写为 γ-Glu-Cys-Gly 或谷·半胱·甘肽。对于较复杂的多肽，一般常用俗名。

17.2.2　多肽的结构测定

肽的化学性质与氨基酸类似，肽和氨基酸一样属于两性物质，具有等电点，肽也可以发生脱羧反应，酰化反应，与亚硝酸反应等。而各种氨基酸侧链上的 R 基团对肽的性质有较大影响。肽在水溶液中的酸碱性，主要取决于侧链可离解的 R 基团的数目和性质。要确定一个多肽的结构，必须首先了解它是由哪些氨基酸组成的（组成测定），然后还要了解这些氨基酸是按照怎样的次序组合在一起的（序列测定）。

组成测定：首先用超速离心法、渗透法和 X 射线法测定多肽的分子量，然后再测定多肽的组成。在 6mol/L 的盐酸中，加热至 100～120℃ 下水解，肽可完全水解成氨基酸。用电泳、色谱法、比色法或氨基酸自动分析仪将水解混合物进行分离、鉴定，并测定其相对含量，然后根据分子量计算出各种氨基酸可能的分子数目。

序列测定：测定氨基酸在多肽分子中的排列顺序，主要是通过末端分析的方法，并配合部分水解法。用适当的化学方法，可以使多肽的末端氨基酸断裂下来，经过分析，就可以知道多肽链的两端是哪两个氨基酸，这就叫末端分析法。末端分析法可分为 N-端和 C-端两种分析方法。

(1) N-端氨基酸残基分析

① 桑格分析法　N-端游离氨基与 2,4-二硝基氟苯（DNFB）发生亲核取代反应，生成 N-二硝基苯基（DNP）衍生物，然后水解肽，分出被 2,4-二硝基苯基标记的氨基酸（带有 DNFB 的氨基酸均是黄色），即可知原肽 N-端的氨基酸结构。此法由桑格（F. Sanger, 1918—2013）于 1945 年提出，他首先用于测定牛胰岛素的结构，随后 DNFB（桑格试剂）发展成为测定肽链 N-端的重要试剂。

$$O_2N\text{-}C_6H_3(NO_2)\text{-}F + H_3N^+\text{-}CHR\text{-}CONH\text{-}CHR^1\text{-}CO\sim \longrightarrow O_2N\text{-}C_6H_3(NO_2)\text{-}NHCHR\text{-}CONH\text{-}CHR^1\text{-}CO\sim$$

2,4-二硝基氟苯　　　　　　　　　　　　　　　标记的肽

$$\xrightarrow[HCl]{\triangle} O_2N\text{-}C_6H_3(NO_2)\text{-}NHCHR\text{-}COOH + H_3N^+\text{-}CHR\text{-}COO^- + 各种氨基酸$$

N-(2,4-二硝基苯基)氨基酸

② 埃德曼降解法　由埃德曼（P. Edman, 1916—1977）于 1950 年提出，是对桑格法的改良。此法是用异硫氰酸苯酯与多肽的 N-端氨基酸反应，生成苯基硫脲衍生物，然后用盐酸选择性地将 N-端残基以苯基乙内酰硫脲形式分离出来，再用色谱或者质谱进行鉴定。肽链的其余部分完整地保留下来而不受影响，缩短的肽链又可再作类似的分析。应用此原理设计的自动分析仪已能精确测定由多达 60 个氨基酸以下组成的多肽结构。

$$C_6H_5NCS + H_2NCHR\text{-}CONHCHR^1\text{-}CO\sim \longrightarrow C_6H_5\text{-}NH\text{-}C(=S)\text{-}NHCHR\text{-}CONHCHR^1\text{-}CO\sim$$

异硫氰酸苯酯　　　肽

$$\downarrow H_2O, HCl$$

苯基乙内酰硫脲　　少一个残基的肽

(2) C-端氨基酸残基分析

C-端分析法一般是在羧肽酶作用下水解多肽的方法。在水解过程中，只有 C-端的那个肽键水解。由于此类水解反应能从 C-端开始，依次逐步断裂系列肽键，故测定时从酶的水解液中定时取样分析，根据各种氨基酸出现的先后次序分析出多肽中氨基酸从 C-端起排列的顺序，但肽链超过 6～7 个以上时此方法的可靠性就开始降低。

$$\sim NHCHR\text{-}CONHCHR^2\text{-}COOH \xrightarrow{羧肽酶} \sim NHCHR\text{-}COOH + NH_2CHR^2\text{-}COOH$$

(3) 部分水解法

在实际应用时，用末端分析法来测定一个分子量较大的长肽链中全部残基的次序是行不通的，不仅因为步骤多，而且有时会产生消旋等问题，因此一般还需要结合部分水解的方法。首先是先将大分子的肽链部分水解（用酸或酶）成小肽的片断，然后再用末端残基分析法加以鉴定。蛋白酶可催化水解肽键，且每一种蛋白酶只能水解一定类型的肽键，选择性很强。例如，糜蛋白酶只能水解苯丙氨酸、色氨酸及酪氨酸羧基上的肽键；胰蛋白酶只能水解精氨酸及赖氨酸羧基上的肽键；胃蛋白酶只能水解苯丙氨酸、酪氨酸及色氨酸氨基上的肽键。正是利用了蛋白酶的选择性催化作用，使多肽部分水解，当有足够的小肽片断被鉴定之后，就有可能解析出整条链中氨基酸残基的排列次序。

17.2.3 生物活性肽

生物活性肽（biologically active peptides，BAP）指的是一类分子量小于 6000，具有多种生物学功能的多肽。其分子结构复杂程度不一，可从简单的二肽到环形大分子多肽，而且这些多肽可通过磷酸化、糖基化或酰基化而被修饰。多肽在自然界中存在很多，它们在生物体内起着各种不同的作用，在人的生长发育、新陈代谢疾病以及衰老、死亡的过程中起着关键作用。

生物活性肽依据其功能可分为生理活性肽、调味肽、抗氧化肽和营养肽等；依据其来源，可分为内源性生物活性肽和外源性生物活性肽。生物活性肽是涉及生物体内多种细胞功能的生物活性物质，不同的生物肽具有不同的结构和生理功能，如抗病毒、抗癌、抗血栓、抗高血压、免疫调节、激素调节、抗菌、降胆固醇等作用。

典型的生物活性肽有谷胱甘肽、催产素、血管升压素、甜味剂阿斯巴甜二肽以及由我国科学家在 1965 年首次人工合成的牛胰岛素等。

17.3 蛋白质

蛋白质（protein）是生命的物质基础，是构成细胞的基本有机物，是生命活动的主要承担者。蛋白质是与各种形式的生命活动紧密联系在一起的物质，机体中的每一个细胞和所有重要组成部分都有蛋白质参与，蛋白质占人体重量的 16%～20%。人体内蛋白质的种类很多，性质、功能各异，但都是由 20 多种氨基酸按不同比例组合而成的，并在体内不断进行代谢与更新。

17.3.1 蛋白质的分类

蛋白质种类繁多，结构复杂，从生物化学的角度一般有下列分类方法。

（1）根据分子形状分类

根据蛋白质分子外形的对称程度可将其分为球状蛋白质和纤维蛋白质两类。

① 球状蛋白质　球状蛋白质（globular proteins）分子比较对称，接近球形或椭球形，溶解度较好，能结晶。大多数蛋白质属于球状蛋白质，如血红蛋白、肌红蛋白、酶、抗体等。

② 纤维蛋白质　纤维蛋白质（fibrous proteins）分子对称性差，类似于细棒状或纤维状。纤维蛋白质溶解性质各不相同，大多数不溶于水，如胶原蛋白、角蛋白等，有些则溶于水，如肌球蛋白、血纤维蛋白原等。

（2）根据化学组成分类

根据化学组成可将蛋白质分为单纯蛋白质和结合蛋白质两类。

① 单纯蛋白质　单纯蛋白质（simple proteins）分子中只含有氨基酸，没有其他成分。单纯蛋白质包括清蛋白、球蛋白、组蛋白、精蛋白、醇溶蛋白、谷蛋白、硬蛋白等。

② 结合蛋白质　结合蛋白质（conjugated proteins）是由蛋白质部分和非蛋白质部分结合而成。主要的结合蛋白有六种：核蛋白、糖蛋白、脂蛋白、色蛋白、金属蛋白、磷蛋白。

（3）根据溶解度分类

① 可溶性蛋白质　可溶于水、稀中式盐、稀碱，如精蛋白质、清蛋白质。

② 醇溶性蛋白质　不溶于水、稀盐，溶于 70%～80% 的乙醇，如玉米醇溶蛋白、小麦

醇溶蛋白。

③ 不溶性蛋白质　不溶于水、中式盐、稀酸、碱和有机溶剂，如角蛋白、纤维蛋白质。

近年来，有些学者还根据蛋白质的生物学功能进行分类，把蛋白质分为酶、运输蛋白质、营养蛋白质、储存蛋白质、结构蛋白质等。

17.3.2 蛋白质的结构

蛋白质一般由 C、H、O、N、S 等元素组成，有些还含有 P、Fe、I 等其他元素。蛋白质基本上是由数百个甚至上千个氨基酸构成。蛋白质是具有三维结构的复杂分子，了解蛋白质的分子结构是了解其生物学功能的基础。1951 年丹麦生物化学家林德尔斯汤姆·莱恩 (Linderstrøm-Lang, 1896—1959) 第一次提出蛋白质有一级、二级、三级结构的概念。1958 年，美国晶体学家贝尔耐 (J. D. Bernal, 1901—1971) 在研究蛋白质晶体结构时发现，并非所有蛋白质的结构都能达到三级结构水平，而有些蛋白质则又有更复杂的结构，也就是说具有三级结构的多肽链可形成亚基，而这些相同或不相同的亚基，靠非共价键结合在一起，他将这种结构称为四级结构。现在，蛋白质的一级、二级、三级和四级结构的概念已由国际生物化学与分子生物学协会（IUBMB）的生化命名委员会采纳并做出正式定义。

（1）蛋白质的一级结构

一级结构通常是指蛋白质肽链中氨基酸的排列顺序。各种蛋白质的生物功能首先是由一级结构决定的。我国科学家首先合成了具有生理活性的结晶牛胰岛素，其结构如图 17.2 所示。它就是由有着严格氨基酸排列顺序的 A、B 两条多肽链组成的。A 链中含有 11 种共 21 个氨基酸残基，其 N-端为甘氨酸，C-端为天冬氨酸。B 链中含有 16 种共 30 个氨基酸残基，其 N-端为苯丙氨酸，C-端为丙氨酸，2 条多肽链通过 2 个二硫键相连接，二硫键是共价键，非常牢固，对蛋白质的结构起着重要的作用。

蛋白质的一级结构决定了蛋白质的高级结构，并可由一级结构获得有关蛋白质高级结构的信息。

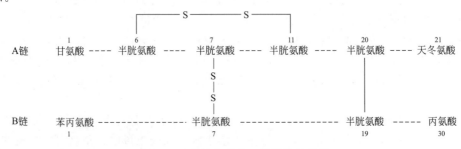

图 17.2　牛胰岛素的一级结构示意图

（2）蛋白质的二级结构

蛋白质的二级结构是指肽链中局部肽段的构象，也是蛋白质复杂的空间构象的基础。二级结构的形成几乎全是由肽链骨架中羰基上的氧原子与亚胺基上的氢原子之间的氢键所维系，其他作用力如范德华力也有一定贡献。某一肽段或某些肽段间的氢键越多，它们形成的二级结构越稳定。最早的蛋白质二级结构是鲍林及其同事于 1951 年提出的 α-螺旋和 β-折叠片。

① α-螺旋　α-螺旋（α-helix）中多肽链围绕中心轴呈有规律地螺旋式上升 [图 17.3(a)]，螺旋的走向为顺时针方向，即右手螺旋。其 φ 为 $-47°$，φ 为 $-57°$，所有肽键都是反式。氨基酸的侧链伸向螺旋外侧，每 3.6 个氨基酸残基螺旋上升一圈，螺距为 0.54nm。螺

旋直径为 1~1.1nm。在 α-螺旋中氢键起着重要的稳定作用，此类氢键是由肽链骨架中的第 i 个羰基上的氧和第 $i+4$ 个肽键 NH 上的氢所形成。因此，在肽段中，近 N-端的前三个亚胺基上的氢及近 C-端的最后三个羰基上的氧都不参与氢键的形成，这也是一些蛋白质的 N-端和 C-端不易形成 α-螺旋的原因。

侧链 R 基团的形状、大小及电荷对 α-螺旋的形成和稳定性都有一定影响。例如，甘氨酸没有侧链的取代基团，它参与的肽键活动性较大，因而影响 α-螺旋的稳定；有较大体积 R 基团的残基（如异亮氨酸、缬氨基、酪氨酸等），由于空间位阻，也妨碍 α-螺旋的形成。此外，在酸性或碱性氨基酸残基集中的区域，由于同性相斥，形成 α-螺旋较困难。脯氨酸是 α-亚氨基酸，在多肽链中，脯氨酸残基的氮上已无氢原子，故也不能形成 α-螺旋。

② β-折叠片　β-折叠片（β-pleated sheet）是蛋白质二级结构中又一种普遍存在的规则的构象单元，是 1951 年鲍林在 α-螺旋之后阐明的第二个结构，故命名为 β-折叠片。在 β-折叠片中多肽链几乎是完全伸展的，如图 17.3(b) 所示。相连的肽链或一条肽链中的若干肽段平行排列，多肽链间或肽段间的氢键维持其构象的稳定。此外，每个肽单元以 Cα 为旋转点，依次折叠成锯齿状结构，氨基酸残基侧链交替位于锯齿状结构的上、下方，以避免邻近侧链 R 基团之间的空间障碍，并能形成更多的氢键。

在 β-折叠片中，相邻两条多肽链既可走向相同（两条链均为 N-端→C-端），称为平行 β-折叠片；也可走向相反（一条是 N-端→C-端，另一条则是 C-端→N-端），称为反平行 β-折叠片。反平行的 β-折叠片比平行的 β-折叠片更为稳定。

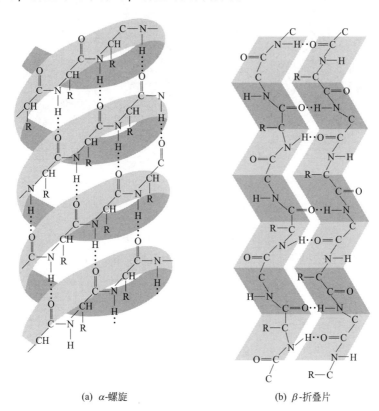

(a) α-螺旋　　　　　(b) β-折叠片

图 17.3　蛋白质的 α-螺旋和 β-折叠片示意图

（3）蛋白质的三级结构

蛋白质分子在二级结构基础上进一步盘曲折叠形成其三维结构。

维持蛋白质三级结构的力除了前面提到的氢键之外,还有来自氨基酸侧链之间的相互作用,主要有二硫键、配位键、正负离子间的静电引力、疏水基团间的亲和力、范德华力等。这些作用力总称为副键。

蛋白质的三级结构主要针对球状蛋白质而言的,是指整条多肽链由二级结构单元构建成的总三维结构,包括一级结构中相距较远的肽段之间的几何关系,以及骨架和侧链在内的所有原子的空间排列。如果蛋白质分子仅由一条多肽链组成,三级结构就是它的最高结构层次。例如:肌红蛋白(myoglobin)是由一条肽链和一个血红素辅基组成的结合蛋白,是肌肉内储存氧的蛋白质,它的氧饱和曲线为双曲线型存在于肌肉中,心肌中含量特别丰富。抹香鲸肌红蛋白三级结构于1960年由约翰·肯德鲁(J. Kendrew,1917—1997)用 X 线衍射法阐明,这是世界上第一个被描述的蛋白质三级结构,如图17.4(a)所示。

(4)蛋白质的四级结构

只有多于一条肽链的蛋白质才具有四级结构。蛋白质的四级结构可定义为一些特定三级结构的肽链,通过非共价键而形成特定构象的大分子。作为蛋白质四级结构组分的肽链称为亚基。单独的亚基不具有生物功能,只有完整的四级结构寡聚体才有生物功能。例如,血红蛋白[图17.4(b)]。由2个α-亚基(141个残基)和2个β-亚基(146个残基)组成,2个亚基的三级结构很相似,每个亚基都结合1个血红素,4个亚基通过8个离子键相连,形成四聚体,具有运输 O_2 和 CO_2 的功能。

(a) 肌红蛋白

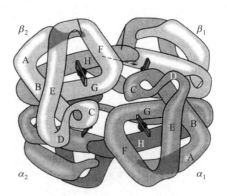
(b) 血红蛋白

图17.4 肌红蛋白的三级结构和血红蛋白的四级结构示意图

目前已有近万种蛋白质三维结构的研究资料,随着蛋白质晶体学的发展,将会有越来越多的蛋白质的三维结构被阐明,从而进一步认识蛋白质结构和功能之间关系。

17.3.3 蛋白质的性质

(1)两性和等电点

蛋白质是由氨基酸组成的,它与氨基酸一样,是两性化合物,与酸和碱反应都能生成盐。蛋白质在酸性溶液中以正离子形式存在,在碱性溶液中以负离子形式存在。蛋白质也有等电点,不同的蛋白质有不同的等电点。蛋白质为高分子化合物,分子颗粒的大小在胶粒范围内(1~100nm)呈现胶体的性质,在等电点时,蛋白质失去作为胶体的稳定条件,溶解度最小,易于沉淀,利用这一性质,可进行蛋白质的分离与纯化。

(2)蛋白质的盐析

向某些蛋白质溶液中加入某些无机盐溶液后,可以降低蛋白质的溶解度,使蛋白质凝聚而从溶液中析出，这种作用叫作盐析，盐析是物理变化，且是一种可逆过程。不同的蛋白质发生盐析作用时，所需盐的最低浓度是不相同的，利用这个性质可将多种蛋白质进行分离。

（3）蛋白质的变性

蛋白质受到热、紫外线照射、超声波冲击等物理因素影响以及硝酸、三氯乙酸、苦味酸、重金属盐等化学因素作用时，其结构和性质都会发生变化，使其溶解度降低甚至凝固，这种现象称为蛋白质的变性。蛋白质的变性是一个不可逆过程，蛋白质原来的可溶性和生理活性都发生了变化。

（4）蛋白质的颜色反应

蛋白质中含有不同的氨基酸，可以与不同的试剂发生特有的颜色反应，这些反应常用来鉴别蛋白质。

蛋白质和缩二脲一样，在氢氧化钠溶液中加入硫酸铜稀溶液时出现紫色或者紫红色，这种显色反应称为缩二脲反应。此反应可以用来检验蛋白质的存在，二肽以上的多肽也可以发生此显色反应。

有些蛋白质遇浓硝酸后即呈黄色，黄色溶液再用碱处理，则转为橙色。显黄色的原因是蛋白质中含有苯环的氨基酸发生硝化反应，生成黄色的硝基化合物。例如，苯丙氨酸、色氨酸和酪氨酸都可以发生黄色反应。皮肤、指甲遇浓硝酸显黄色就是这个原因。

与氨基酸一样，蛋白质溶液与水合茚三酮反应，即生成蓝紫色物质。

（5）蛋白质的水解反应

蛋白质在酸、碱或者酶的作用下，能在肽键处发生水解。通过水解，蛋白质逐渐断链，可得到一系列的中间产物，最终得到各种 α-氨基酸。

17.4 核酸

核酸（nucleic acids）是一类含磷的酸性高分子化合物，由于它最早发现于细胞核，故称为核酸，核酸在生物体内负责遗传信息的携带和传递。任何有机体包括病毒、细菌、植物和动物，都毫无例外含有核酸。

17.4.1 核酸的分类、化学组成

（1）核酸的分类

核酸是与人类生命活动，尤其是与遗传密切相关的生物大分子。天然存在的核酸有两类，一类是脱氧核糖核酸（deoxyribonucleic acid，DNA），存在于细胞核和线粒体内，能携带遗传信息，决定细胞和个体的基因型（genotype）；另一类是核糖核酸（ribonucleic acid，RNA），存在于细胞质（90%）和细胞核内（10%），可参与细胞内 DNA 遗传信息的表达，即蛋白质的生物合成。根据 RNA 在蛋白质合成中所起的作用，又可将其分为三类：

① 核蛋白体 RNA（ribosomal RNA，rRNA），也称为核糖体 RNA，约占 RNA 总量的 80%，是核蛋白体的组成成分。核蛋白体是蛋白质合成的场所。

② 信使 RNA（messenger RNA，mRNA），约占 RNA 总量的 5%。其功能是把细胞核内 DNA 的遗传信息，抄录并转送至细胞质中，并翻译成蛋白质中氨基酸的排列顺序，是合成蛋白质的模板。

③ 转运 RNA（transfer RNA，tRNA），约占 RNA 总量的 15%。其功能是运转氨基酸，氨基酸由各自特异的 tRNA "搬运"到蛋白质合成的场所——核蛋白体，才能组装成蛋白质。

（2）核酸的化学组成

核酸的基本组成单元是核苷酸（mononucleotide）。核苷酸由 1 分子戊糖、1 分子杂环碱和 1 分子磷酸组成。核酸水解的最终产物就是磷酸、戊糖和碱基这 3 类化学成分。戊糖与碱基缩合成核苷，核苷再与磷酸结合成为核苷酸。核酸是以各种核苷酸为单体，通过磷酸二酯键缩合而成的高分子化合物。

① 碱基　构成核苷酸的碱基主要有五种，分属嘌呤和嘧啶 2 类含氮杂环。嘌呤类的有腺嘌呤（adenine，A）和鸟嘌呤（guanine，G），它们在 DNA 和 RNA 中均存在；嘧啶类的有胞嘧啶（cytosine，C）、胸腺嘧啶（thymine，T）和尿嘧啶（uracil，U）。胞嘧啶在 DNA 和 RNA 中均存在，胸腺嘧啶仅存在于 DNA 中，而尿嘧啶仅存在于 RNA 中。

上述五种碱基在结构中可存在酮式-烯醇式或氨基-亚氨基的互变异构，在体内或中性和酸性介质中存在的形式如下：

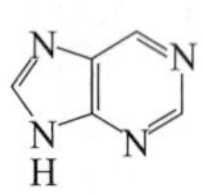

嘌呤 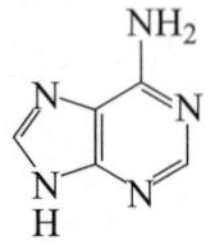　　　腺嘌呤（A） 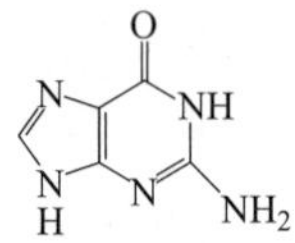　　　鸟嘌呤（G）

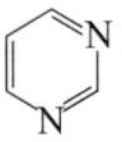

嘧啶 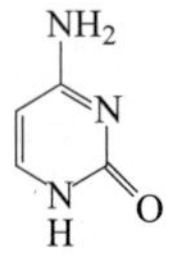　　　胞嘧啶（C） 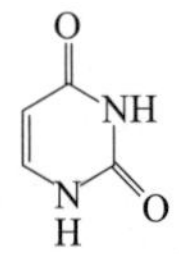　　　尿嘧啶（U） 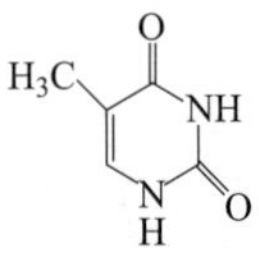　　　胸腺嘧啶（T）

即酮式-烯醇式的互变异构中，以酮式为主；氨基-亚氨基的互变异构中，以氨基为主。嘌呤和嘧啶环中均有共轭双键，因此，对波长 260nm 左右的紫外线有较强吸收。不同碱基的吸收波长稍有差异，此性质可用于核酸各组分的定量和定性分析。

② 核苷　核苷（nucleoside）是指由戊糖（核糖或 2-脱氧核糖）C1 位的 β-半缩醛羟基与嘌呤类碱基的 N9 或嘧啶类碱基的 N1 上的氢原子脱水而形成的氮苷。核苷中包括腺嘌呤核苷、鸟嘌呤核苷、胞嘧啶核苷和尿嘧啶核苷；脱氧核苷是前三种核苷的脱氧产物及胸腺嘧啶脱氧核苷。

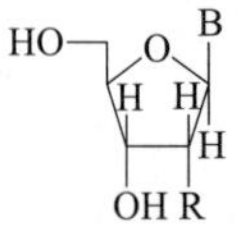

核苷　　R=OH（核苷）　H（脱氧核苷）　B=碱基

它们的名称分别为：腺嘌呤核苷；鸟嘌呤核苷；胞嘧啶核苷；尿嘧啶核苷；腺嘌呤脱氧核苷；鸟嘌呤脱氧核苷；胞嘧啶脱氧核苷和胸腺嘧啶脱氧核苷。

③ 戊糖　组成核酸的戊糖有 D-核糖和 D-2-脱氧核糖，其结构式为：

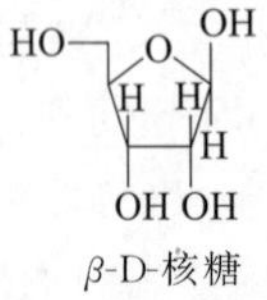

β-D-核糖 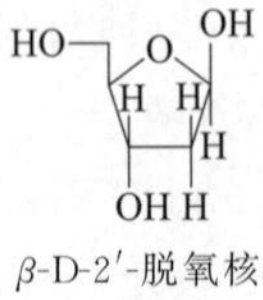　　　β-D-2′-脱氧核糖

DNA 和 RNA 的主要不同是含戊糖不同，把含核糖的称为核糖核酸，把含脱氧核糖的称为脱氧核糖核酸。两类核酸中所含的戊糖都是 β-构型。

17.4.2　核酸的空间结构

经 X 射线分析证明，DNA 分子是由两条逆向单行的多核苷酸组成，这两条链围绕着一个共同的轴线绕成双螺旋体,如图17.5所示。在这种双螺旋结构中,两条核苷酸链的主干由脱氧核糖和磷酸组成。双螺旋的每一个圈,约含10个核苷酸分子。戊糖-磷酸链在螺旋外面,杂环碱基向内,与轴垂直,两条核苷酸链通过它们的碱基间形成的氢键相结合。碱基间的氢键有一定规律,即腺嘌呤一定与胸腺嘧啶形成氢键;鸟嘌呤一定与胞嘧啶形成氢键。形成氢键的两对碱基都在同一个平面上。这种规律叫作"碱基配对"规律,或"碱基互补"规律。只有当两条核苷酸链上的碱基都遵守互补规律时,才能使两对碱基形成尽可能多的氢键,以形成稳定的双螺旋结构。正因为如此,只要确定了DNA中一条核苷酸的单核苷酸的排列顺序,另一条链上单核苷酸的排列顺序也就随之确定了。

RNA与DNA不同,RNA常以单链形式存在。单链的RNA分子通过自身回折,而使链中A与U、G与C之间分别配对,形成许多短的双螺旋区。但也有少数RNA(如某些病毒的RNA)的多核苷酸链,也是以双螺旋结构形式存在的。

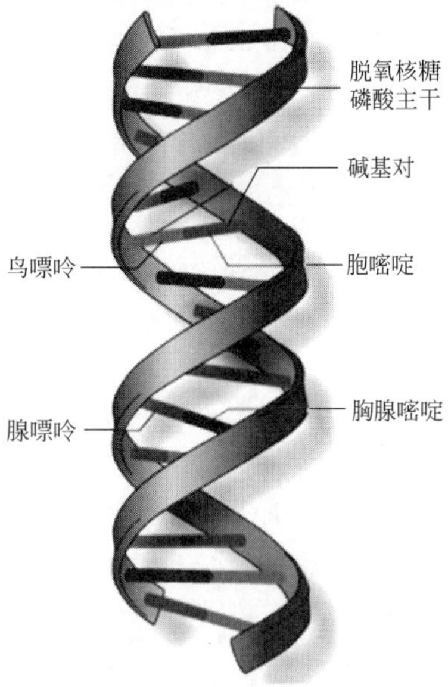

17.4.3 核酸的性质

(1)核酸的物理性质

图17.5 DNA的双螺旋结构

DNA为白色纤维状固体,RNA为白色粉末。两者均微溶于水,难溶于乙醇、乙醚、氯仿等有机溶剂。由于核酸的碱基存在共轭结构,故在260nm左右有较强的紫外吸收。DNA是线型高分子,故黏度极大;RNA分子量较小,黏度也较小。

(2)核酸的酸碱性

核酸是两性分子,既有碱基部分,又有磷酸二酯部分的游离磷酸根,但碱基的碱性较弱。对于碱基环外的氨基来说,类似苯胺的情况,氮原子上未共用电子对已离域到环上,降低了碱性,故碱基的碱性主要体现在杂环环内的氮原子上。在生理条件下,核苷和核苷酸的碱基部分是不带电的。

(3)核酸的稳定性

在加热、机械力等因素作用下,DNA分子可由稳定的双螺旋结构松解为无规则的单链结构,称为DNA的变性(denaturation)。变性过程中破坏了碱基对之间的氢键和碱基平面间的堆积力,磷酸二酯键不受影响,所以变性不影响一级结构。变性的产生可从紫外光谱中的增色效应观察到:DNA由双链发生解链后,在260nm处的吸收会增强。此外,溶液的黏度也下降,沉降速度增加。当然,变性也会影响DNA的生物功能。但DNA的变性是可逆的,在适当条件下,两条互补链可重新恢复天然的双螺旋构象,称为复性(renaturation)。DNA的复性受温度影响,复性时温度缓慢下降才可使单链重新配对复性,若加热后(变性)将其迅速冷却至4℃以下,则几乎不可能发生复性。在复性过程中,若将不同的DNA单链分子放在同一溶液中,或者将DNA单链和RNA放在一起,则又可形成双链分子。双链分子的再形成可发生在序列完全互补的核酸之间,即可发生在碱基互补的不同DNA之间或DNA和RNA之间,这种现象称为核酸分子的杂交(hybridization)。

(4)核酸的变性

在外来因素的影响下,核酸分子的空间结构被破坏,导致部分或全部生物活性丧失的现象，称为核酸的变性。变性过程中核苷酸之间的共价键不变，但碱基之间的氢键断裂。例如，DNA 的稀盐酸溶液加热到 80～100℃，它的双螺旋结构解体，两条链分开，形成无规则的线团。核酸变性后理化性质随之改变，黏度降低，比旋光度下降。能够引起核酸变性的因素很多，如加热、加入酸或碱、加入乙醇或丙酮等有机溶剂以及加入尿素、酰胺等化学试剂都能引起核酸的变性。

（5）核酸的水解

在不同的条件下，核酸水解的产物也不相同。在弱碱性或适当的酶催化作用下，核酸部分水解生成核苷酸，升高温度，核苷酸进一步水解生成核苷和磷酸。在无机酸的作用下，核苷最后水解成戊糖和杂环碱。

（6）核酸的颜色反应

核酸的颜色反应主要是由核酸中的磷酸及戊糖所致。核酸在强酸中加热水解有磷酸生成，能与钼酸铵作用，生成蓝色的钼蓝，在 660nm 处有最大吸收。这是分光光度法通过测定磷的含量，粗略推算核酸含量的依据。

RNA 与盐酸共热，水解生成的戊糖转化成为糠醛，在三氯化铁催化下，与苔黑酚（5-甲基-1,3-苯二酚）反应生成绿色物质，产物在 670nm 处有最大吸收。DNA 在酸性溶液中水解得到脱氧核糖核酸并转变为 ω-羟基 γ-酮戊酸，与二苯胺共热生成蓝色化合物，在 595nm 处有最大吸收，因此可以用分光光度法定量测定 RNA 和 DNA。

习 题

1. 写出下列化合物的构造式。
   （1）丙氨酰甘氨酸　　　　　（2）谷·半胱·甘肽
2. 写出分子式为 $C_4H_9O_2N$ 的氨基酸的同分异构体，并对其进行命名。
3. 异亮氨酸可通过下列反应来制备，试写出中间体 A～D 的结构（提示：B 的分子式为 $C_7H_{12}O_4$，C 的分子式为 $C_7H_{11}BrO_4$）。

4. 某一多肽 A 经测定知其氨基酸组成为：Ala，2 个 Gly，Lys，3 个 Phe，Ser，Val。端基分析知其 C-端为苯丙氨酸，N-端为甘氨酸。当用糜蛋白酶水解时得到 2 种肽（B 和 C）。B 完全水解得到 2 个 Gly，Phe 和 Val；C 水解则得到 Ala，Lys，2 个 Phe 和 Ser。请写出这个多肽的一级结构。
5. 在与茚三酮的反应中，脯氨酸与其他氨基酸有何不同？试写出其反应产物的可能结构。
6. 画出三肽 Thr-Phe-Met 和多肽丝氨酰蛋氨酰脯氨酸的完整结构。
7. DNA 和 RNA 在结构上有什么差别，为什么 DNA 不易被碱水解，而 RNA 却容易被碱水解？
8. 在多肽的合成中为什么要进行氨基保护？在形成肽键的过程中为什么是羧基活化？
9. 写出甘氨酸与下列试剂反应的主要产物。
   （1）KOH 水溶液　　　　（2）HCl 水溶液　　　　（3）$C_2H_5OH + HCl$　　　　（4）CH_3COCl
10. 用化学方法鉴别下列化合物。

下篇
有机化学实验

第18章　有机化学实验基础知识

18.1　有机化学实验室与安全知识

18.1.1　有机化学实验室使用规则

为了保证有机化学实验正常、高效、安全地进行，培养学生良好的实验习惯和严谨的科学态度，达到预期的实验教学质量，学生必须严格遵守以下实验室规则。

① 认真做好实验前的准备工作，包括预习有关实验内容，通过预习明确实验目的和要求，了解基本原理和基本操作，熟悉仪器的使用方法，以及思考实验中可能出现的问题。查阅相关资料认真写好预习报告。

② 进入实验室必须穿好实验服，不得穿拖鞋、背心等，尤其女同学不能穿高跟鞋、短裙等，且务必将长发扎好。绝对禁止在实验室内吸烟、饮食或把食品带入实验室。严禁追逐打闹。

③ 实验开始前检查清点实验装置、仪器、药品，如发现缺少或损坏，请及时向实验老师申请补领。

④ 进入实验室后，首先确保实验通风效果良好，开启门窗及通风设备；并熟悉实验室、灭火器材、急救药箱的放置地点和使用方法，不得随意挪动安全工具和触动报警装置。

⑤ 遵从老师指导，严格按照操作要求进行实验。集中精神，细致观察，真实、准确地记录实验现象和数据。如若发生意外，要保持冷静，及时报请老师处理。

⑥ 保持实验室和实验桌面的整洁。实验仪器放置合理，暂时不使用的器材，不要放在桌面上；火柴梗、废纸、塞芯和玻璃碎片等固体废弃物应投入废物桶内，不得乱丢；废酸、废碱及其他溶剂应分别倒入指定的容器中统一处理，严禁倒入水槽中，以免腐蚀和堵塞水槽及下水道。

⑦ 爱护公共仪器和试剂，应在指定的地点使用且用完后放回原来的位置。要节约水、电和药品。严禁将药品任意混合，更不能品尝。

⑧ 同学要轮流值日，值日生应打扫实验室，清理水槽，把废物容器倒净。离开实验室时，应关闭水、电和门窗。

18.1.2　有机化学实验室安全知识

有机化学实验常使用一些易燃、易挥发、易爆的试剂，如乙醚、丙酮、乙醇、苯等；有毒药品，如甲醇、胺、硝基苯、氰化物等；有腐蚀性的药品，如液溴、浓硫酸、烧碱、氯磺酸等；易燃易爆的气体，如氢气；此外，所用的仪器大部分为玻璃制品。在实验过程中，如果药品、仪器使用不当，若粗心大意，就会造成不同程度的事故，如割伤、烧伤、火灾、中毒或爆炸等。因此，实验者必须意识到化学实验室是有潜在危险的场所，实验时严格遵守操作规程，加强安全措施，为防止事故的发生，实验者必须熟悉实验室的安全规则及掌握常见事故的处理方法。

18.1.2.1 有机化学实验室安全守则

① 实验室禁止吸烟、饮食、大声喧哗、追逐打闹。

② 实验开始前应检查仪器是否完整无损，装置是否正确，在征得指导教师同意之后，方可进行实验。

③ 实验开始后，不得擅自离开岗位或玩弄与实验无关的电子产品如手机、游戏机等，应随时注意反应进行的情况，以免发生意外。

④ 使用易燃药品时应该远离火源；使用易挥发的药品时要在通风柜内量取；需要加热时应根据实验要求选用水浴、油浴或电热套等方式进行加热。

⑤ 灼热的器皿应放在石棉网上，不可以直接放在桌面上，也不可以与低温物体接触以免破裂；更不要用手接触，以免烫伤。

⑥ 当进行有可能发生危险的实验时，要根据实验情况采取必要的安全措施，如戴防护眼镜、面罩或橡皮手套等，但不能戴隐形眼镜。

⑦ 实验室内存放的仪器、药品不得私自触摸、玩弄，以免发生意外。取用试剂时不能直接用手接触，有毒有恶臭味的药品，应该在通风柜内进行操作。

⑧ 浓酸、浓碱具有强腐蚀性的药品，切勿溅到皮肤上。

⑨ 实验中所产生的废液、废物要倒入指定位置，严禁倒入水槽中。

⑩ 熟悉安全用具如灭火器、砂箱以及急救药箱的放置地点和使用方法，并妥善爱护。安全用具和急救药品不准移作他用。

18.1.2.2 有机化学实验室常见事故的预防和急救

有机化学实验室常见的事故有火灾、中毒、爆炸、灼伤、触电及漏水等。

（1）防火与急救

有机化学实验中使用的有机试剂大多数是易燃品，着火是有机实验室常见事故之一。

① 火灾预防的基本原则

a. 有机实验室应尽可能避免使用明火。

b. 易燃药品必须远离火源。

c. 禁止将易燃液体放在烧杯或敞口仪器中直火加热。

d. 加热尽量在水浴中进行，严禁在密闭的容器中加热液体，否则，会造成爆炸引起火灾。

e. 实验室内不得存放大量易燃物品，且不要使用易漏气的仪器存放，以免挥发到空气中，当附近有露置的易燃溶剂时，切勿点火。

f. 严禁将易燃性液体倒入水槽。

g. 当处理大量的可燃性液体时，应在通风橱中或在指定地方进行，室内应无火源。

h. 需要使用明火时，要注意先将易燃的物质搬开，不得把燃着或者带有火星的火柴梗或纸条等乱抛乱掷或丢入废物缸中。

i. 回流或蒸馏实验时，瓶内液量不能超过瓶容积的 2/3，且必须加入沸石，防止爆沸，以免溶剂溅出时着火。

j. 使用金属钠、钾等药品时，应注意避免与水接触。

② 火灾的处理　一旦实验室发生了火灾，千万不可惊慌失措，应保持沉着冷静，并立即果断采取相应措施，以减少事故带来的损失。

a. 首先要切断电源、关闭煤气，熄灭附近所有火源，移走火源周围的可燃物质，防止火势蔓延。

b. 灭火时要根据着火的特点和实际情况，选用不同的灭火方式。

③ 常用灭火器　实验者进入实验室时必须了解常用的灭火器及认真学习其使用方法。常用灭火器主要包括有二氧化碳灭火器、泡沫灭火器、干粉型灭火器等。下面以二氧化碳灭火器、泡沫灭火器为例介绍其使用方法。

a. 二氧化碳灭火器　灭火时只要将灭火器提到或扛到火场，在距燃烧物 5m 左右，放下灭火器拔出保险销，一手握住喇叭筒根部的手柄，另一只手紧握启闭阀的压把。对没有喷射软管的二氧化碳灭火器，应把喇叭筒往上扳 70°～90°。使用时，不能直接用手抓住喇叭筒外壁或金属连线管，防止手被冻伤。如果可燃液体在容器内燃烧时，使用者应将喇叭筒提起，从容器的一侧上部向燃烧的容器中喷射。但不能将二氧化碳射流直接冲击可燃液面，以防止将可燃液体冲出容器而扩大火势，造成灭火困难。

b. 泡沫灭火器　适用于扑救一般 B 类火灾，如油制品、油脂等火灾，也适用于 A 类火灾，但不能扑救 B 类火灾中的水溶性可燃、易燃液体的火灾，如醇、酯、醚、酮等物质火灾；也不能扑救带电设备及 C 类和 D 类火灾。使用方法：当距离着火点 10m 左右，即可将筒体颠倒过来，一只手紧握提环，另一只手扶住筒体的底圈，将射流对准燃烧物。

有机化学实验室灭火，常采用使燃着的物质隔绝空气的办法，通常不能用水，否则会引起更大的火灾。具体情况如下：

a. 油类着火　要用沙子或二氧化碳灭火器灭火，也可以撒固体碳酸氢钠粉末。

b. 电器着火　用二氧化碳剂灭火，因为灭火剂不导电，不会使人触电。绝不能使用水或泡沫灭火器。

c. 衣物着火　切勿奔跑，就地躺倒，滚动将火压熄，邻近人员可用淋湿的毛毯或被褥覆盖其身上使之隔绝空气而灭。

d. 地面或桌面着火　如火势不大可用淋湿的抹布灭火；反应瓶内着火，可用石棉布盖上瓶口，使瓶内缺氧灭火。

总之，当失火时，应根据起火的原因和火场周围的情况，果断采取不同的方法灭火。无论使用哪一种灭火器材，都应从火的四周开始向中心扑灭，必要时拨打 119 电话通报火警。

（2）爆炸的预防与处理

有机实验中常使用的乙醚、丙酮、一氧化碳、过氧化物、高氯酸盐、三硝基甲苯等都是易发生爆炸的药品。为了防止爆炸事故的发生，应注意以下几个方面：

① 保持有机化学实验室良好的通风效果，防止可燃性气体或蒸气散失在室内空气中。

② 易爆炸药品，使用时轻拿轻放，远离热源。

③ 减压蒸馏各部分仪器要具有一定的耐压能力，不能使用锥形瓶、平底烧瓶或薄壁试管等，只允许用圆底瓶或梨形瓶。

④ 醚类化合物如　乙醚、二氧六环、四氢呋喃等，久置后会产生一定量的过氧化物，在对这些物质进行蒸馏时，过氧化物被浓缩，达到一定浓度时就有可能会发生爆炸。

⑤ 多硝基化合物，叠氮化物在高温或受撞击时会自行爆炸，要小心取用。

⑥ 在进行高压反应时，一定要使用特制的高压反应釜，禁止用普通的玻璃仪器进行高

压反应。

爆炸事故的发生率远低于着火事故，若一旦发生会造成非常严重的后果。因此，对于一些存在有潜在爆炸可能的实验室，应该安装专门的防爆设施，操作人员必须戴上防爆面罩。尽量避免一个人单独在实验室做实验，万一发生事故时无人救援。如果爆炸事故发生，受伤人员应立即撤离现场，并迅速采取相应措施清理现场，以免引起着火、中毒等其他事故。

（3）防毒与中毒处理

有机化学实验中所使用的化学药品，除葡萄糖、果糖等少数外，其他一般都有毒性。其毒性有大有小，对人体的危害程度也不一样。中毒事故主要是通过呼吸道、消化道和皮肤进入人体而引起。如 HF 进入人体后，将会损伤牙齿、骨骼、造血和神经系统；烃、醇、醚等有机物对人体有不同程度的麻醉作用；三氧化二砷、氰化物、氯化高汞等是剧毒品，摄入少量就会致死。所以，进入有机实验室的人员，应该清楚了解预防中毒的一些基本措施：

① 取用药品时尽量戴上手套，防止药品沾到手上，尤其有毒的药品；称量任何药品都应该使用实验室专门的称量工具，不能用手直接取用；一旦皮肤直接接触了药品，通常立即用水清洗，切勿用有机溶剂清洗。

② 做完实验后，应先洗手然后再吃东西。任何实验药品禁止品尝。

③ 试剂取用完后，应该立即盖上盖子，以防止其蒸气大量挥发，保持良好的通风，使空气中有毒气体的浓度降到最低。

④ 使用有毒物质时，应在通风橱中进行或加气体吸收装置，并戴好防护用具。尽可能避免蒸气外逸，以防造成污染。

⑤ 水银温度计损坏后，应及时报告老师，收集洒落的水银，并用硫黄或三氯化铁溶液清洗。

⑥ 若有毒物溅入口中，立即用手指伸入咽部，促使呕吐，然后立即就医。

⑦ 剧毒药品应妥善保管，不许乱放，实验中所用的剧毒物质应有专人负责收发，并要求使用毒物者必须遵守操作规程。实验后有毒残渣必须做妥善而有效的处理，不准乱丢。

如果一旦发生中毒事故，应根据实际情况分别处理。若实验人员有头昏、恶心等轻微中毒症状时，应该立即停止实验，到空气新鲜的地方深呼吸，待正常后，再开始实验；若实验者中毒晕倒，应将其转移到空气新鲜处平卧休息，严重者应及时就医。

（4）防触电

进入实验室后，首先要了解实验室电源总闸的位置，并掌握其使用方法。使用电器时，应防止人体与电器导电部分直接接触，不能用湿手或用手握湿的物体接触电插头。为了防止触电，装置和设备的金属外壳等都应连接地线，实验后应切断电源，再将连接电源插头拔下。万一发生触电事故，千万不能用手直接与触电者接触，应立即切断电源或用非导电物使触电者脱离电源，然后对触电者实施人工呼吸并立即送往医院。

（5）防灼伤

皮肤接触高温、低温或腐蚀性物质如强酸、强碱、液氮、强氧化剂、溴、钠、钾、苯酚、乙酸等后都会灼伤。为避免灼伤，在接触使用这些物质时，最好戴好橡胶手套和防护眼镜；在倾倒、转移、称量药品时要小心，应注意不要让皮肤与之接触，尤其防止溅入眼中；开启易挥发性药品的瓶盖时，必须先充分冷却后再开启，瓶口应指向无人处，以免由于液体喷溅而造成伤害。一旦发生灼伤事故，应按下列要求处理：

① 被酸灼伤时，立刻用大量水冲洗，然后用1%碳酸氢钠溶液进行冲洗，再用水进行冲洗，涂上软膏。

② 被碱灼伤时，立刻用大量水冲洗，然后用1%的硼酸溶液或1%稀乙酸溶液进行冲洗，再用水进行冲洗，涂上软膏。

③ 被溴灼伤时，应立刻用大量水冲洗，再用酒精擦洗或用硫代硫酸钠溶液洗至伤处呈白色，然后涂上甘油或鱼肝油软膏加以按摩。

④ 轻微烫伤可在患处涂以玉树油或鞣酸软膏。

⑤ 以上任一物质一旦溅入眼睛中，应立即用大量水冲洗。

上述方法仅为暂时减轻疼痛的措施。如伤势较重，应尽快就医。

（6）防割伤

有机实验中常使用玻璃仪器，割伤事故容易发生。事故发生一般有以下几种情况：装配仪器时用力过猛或装配不当；在向橡皮塞中插入玻璃管、温度计时，塞孔小，而着力点离塞子太远；仪器口径不合而勉强连接。防止割伤应注意以下几点：

① 使用玻璃仪器时，不能对其过度施加压力。

② 连接塞子与玻璃管或温度计时，着力点要离塞子近。

③ 新割断的玻璃管断口锋利，使用时要先将断口处用火烧到熔化，使其成圆滑状。

若割伤事故不慎发生，受伤后要仔细检查伤口是否有玻璃碎片，如有，应先把伤口处的玻璃碎片取出，再用水冲洗伤口，涂上红药水并用纱布包扎。若伤势严重如割破静（动）脉血管，流血不止，应在伤口上部约10cm处用纱布扎紧并用手压住，减慢出血，并随即到医院就诊。

（7）防水

实验室溢水事故经常发生，为防止大量溢水，应在实验开始前，仔细检查实验中所用的通水设备是否漏水，连接处是否紧密；废纸、玻璃碎片、木屑、沸石等不能丢入水槽中，以免堵塞下水槽或下水道；有机溶剂废液切勿倒入水槽，以免腐蚀下水道造成漏水；实验完成后，必须关闭水源。如有溢水事故发生，应先停水，并报告老师，请专业人员进行维修后再进行实验。

18.2 有机化学实验仪器与试剂

18.2.1 有机化学实验室常用普通玻璃仪器

玻璃仪器分为普通和标准磨口两种，图18.1为有机化学实验室常用的普通玻璃仪器示意图。

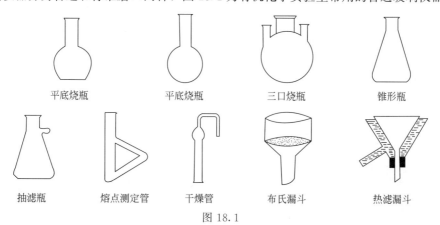

图 18.1

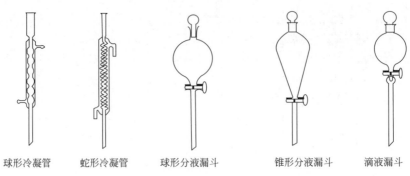

图 18.1　有机化学实验室常用的普通玻璃仪器

18.2.2　有机化学实验室常用标准磨口玻璃仪器

标准磨口玻璃仪器是指具有标准口的玻璃仪器。这些仪器的口塞尺寸标准化、系统化，内外磨口之间能相互紧密连接，同类规格的接口，均可任意互换，各部件能组装成各种配套仪器。使用标准磨口玻璃仪器无需再用软木塞或橡胶塞，可节省大量钻孔和配塞的时间，又能避免反应或产物被塞子沾污；装配容易、分拆方便，磨口性能良好，可达较高真空度，对蒸馏尤其减压蒸馏有利，对于毒物或挥发性液体的实验较为安全。

标准磨口玻璃仪器，均是按国际通用的技术标准制造的。图 18.2 为有机化学实验室常

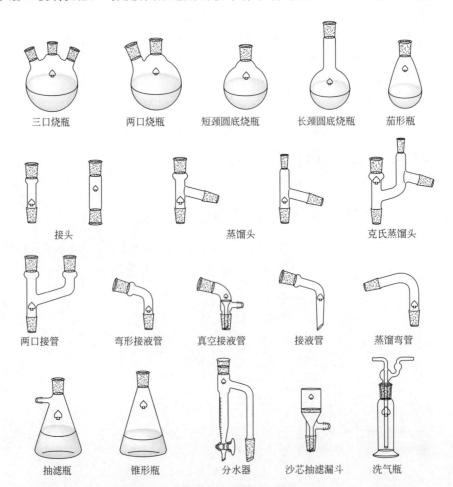

第18章 有机化学实验基础知识

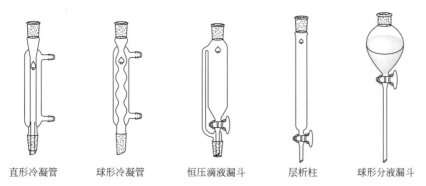

直形冷凝管　　球形冷凝管　　恒压滴液漏斗　　层析柱　　球形分液漏斗

图 18.2 有机化学实验室常用的标准磨口玻璃仪器

用的标准磨口玻璃仪器。标准磨口玻璃仪器口径的大小通常用数字编号来表示,该数字是指磨口最大端直径的毫米数。常用的规格有 10,12,14,16,19,24,29,34,40 等。有的标准磨口玻璃仪器有两个数字,如 19/30,19 表示磨口大端的直径为 19mm,30 表示磨口的长度为 30mm。

使用标准磨口玻璃仪器注意事项:

① 标准磨口应保持清洁,若粘有固体杂物,使用前用软布或纸巾擦干净,否则会使磨口对接不紧,导致漏气。

② 安装仪器要正确、整齐、稳妥,连接时要轻微对旋,不要用力过猛,但不能装得太紧,只要达到润滑密闭要求即可。装置上下或左右看起来呈直线或在同一平面内,不能歪斜,以免损坏仪器。

③ 实验完毕后,所有磨口仪器必须拆卸洗净,否则长时间放置,磨口的连接处常会粘牢,难以拆分。

④ 一般用途的磨口无需在磨口塞表面涂凡士林,以免污染反应物或产物。若反应中有强碱或减压蒸馏时,应涂润滑剂,以免碱腐蚀磨口而粘得太紧导致无法拆开。

18.2.3 玻璃仪器的清洗、干燥和保养

(1) 洗涤

有机实验中常用到玻璃仪器,仪器干净与否,会直接影响实验结果的准确性。所以为了确保得到准确的实验数据,务必将所有仪器清洗干净。

一般的玻璃仪器,如烧杯、烧瓶、锥形瓶、试管和量筒等,可以用毛刷从外到里用水刷洗,这样可刷洗掉水溶性物质、部分不溶性物质和灰尘;若有油污等有机物,可用去污粉、肥皂粉或洗涤剂进行洗涤。用蘸有去污粉或洗涤剂的毛刷擦洗,然后用自来水冲洗干净,最后用蒸馏水或去离子水润洗内壁 2~3 次。洗净的玻璃仪器内壁应能被水均匀地润湿而无水的条纹,且不挂水珠。在有机实验中,常使用磨口的玻璃仪器,不宜用去污粉,而改用洗涤剂,洗刷时应注意保护磨口。

有些反应残余物用去污粉不易洗净,通常需要使用特制的洗涤液进行洗涤。有机化学实验室通常用到的洗涤液有铬酸洗涤液、碱性洗涤液、酸性草酸洗涤液。

① 铬酸洗涤液配制　将研细的重铬酸钾 20g 溶于 40mL 水中,慢慢加入 360mL 浓硫酸。这种酸液氧化性很强,对有机污垢破坏力很强。倾去器皿内的水,慢慢倒入洗液,转动器皿,使洗液充分浸润不干净的器壁,数分钟后把洗液倒回洗液瓶中,用自来水冲洗。若壁上粘有少量炭化残渣,可加入少量洗液,浸泡一段时间后在小火上加热,直至冒出气泡,炭

化残渣可被除去。但当洗液颜色变绿，表示失效应该弃去不能倒回洗液瓶中用于去除器壁残留油污。

② 碱性洗涤液配制　10%氢氧化钠水溶液或乙醇溶液。水溶液加热（可煮沸）使用，其去油效果较好。碱-乙醇洗液不需要加热。

（2）干燥

在有机化学实验过程中，通常需要使用干燥的玻璃仪器，故要养成在每次实验后马上把玻璃仪器洗净和倒置使之干燥的习惯，以便下次实验时使用。干燥玻璃仪器的方法主要有以几种：

① 晾干　晾干是指把已洗净的仪器在干燥架上自然干燥，这是最常用和简单的方法。但必须注意，若玻璃仪器洗得不够干净时，水珠便不易流下，干燥就会较为缓慢。

② 吹干　仪器洗涤后，将仪器内残留水珠甩尽，然后把仪器套到气流干燥器的多孔金属管上，注意调节热空气温度。使用气流干燥器进行干燥时间不宜过长，否则易损坏干燥器。

③ 烘干　通常用带有鼓风机的烘箱，其温度可保持在 100～120℃。把玻璃仪器按顺序放入烘箱内，放入烘箱中干燥的玻璃仪器，尽量不要带有水珠，且仪器口向上，然后设定好温度，恒温约 30min，直到水汽消失，待烘箱内的温度降至室温时才能取出。带有磨砂口玻璃塞的仪器，必须取出活塞才能烘干。

④ 溶剂干燥　有时仪器洗涤后需立即使用，可使用溶剂干燥法。首先将水尽量沥干后，加入少量乙醇振摇洗涤一次，然后再用少量丙酮洗涤一次，最后用吹风机吹干。此法适用于体积比较小的仪器，否则造成大量的溶剂浪费。

（3）保养

实验室的玻璃仪器容易损坏，实验者必须掌握玻璃仪器的常规保养方法。玻璃仪器容易碎，应该轻拿轻放，严格按仪器的要求使用；玻璃仪器中除烧杯、烧瓶和试管外，其他一般都不能直接用火加热；不耐压的锥形瓶、平底烧瓶，不能在减压蒸馏时用作接受瓶；磨口仪器在烘干时一定要拆分开。以下具体介绍几种常用仪器保养方法：

① 温度计　温度计水银球部位的玻璃很薄容易破损，使用时要特别小心，特别注意：温度计不能当搅拌棒使用；测量温度也不能超过其最大量程；温度计不能长时间放在高温的溶剂中，否则，会使水银球变形，读数不准。温度计用后要让它慢慢冷却，切不可立即用水冲洗，否则会破裂或水银柱断裂，应悬挂在铁架上，待冷却后把它洗净抹干，放回温度计盒内，盒底要垫上一小块棉花。

② 蒸馏烧瓶　蒸馏烧瓶的支管容易折断，在使用或放置时都要特别注意保护蒸馏烧瓶的支管。

③ 冷凝管　冷凝管通水后变得很重，在安装冷凝管时应该用夹子固定，以免翻倒。洗刷冷凝管时要用特制的长毛刷，如用洗涤液或有机溶液洗涤时，则用软木塞塞住一端，不用时，应直立放置，使之易干。

④ 滴液漏斗和分液漏斗　使用滴液漏斗和分液漏斗前必须检查玻璃塞和活塞是否有棉线绑住，且观察其是否漏水，若有漏水现象，脱下活塞，擦净活塞及活塞孔道的内壁，然后用玻璃棒蘸取少量凡士林，在活塞两边抹上一圈凡士林，注意不要抹在活塞的孔中，插上活塞，逆时针旋转至透明。烘干滴液漏斗和分液漏斗时，必须将活塞取下；滴液漏斗和分液漏斗用过后应刷洗干净，玻璃塞和活塞上垫上纸片，避免粘住。

18.2.4　有机化学实验室常用机电仪器设备

有机化学实验室用于基本操作和合成的机电仪器设备，见表 18.1。

表 18.1　常用机电仪器设备

名称	主要功能
恒温磁力搅拌器	合成中对液体进行自动化搅拌、精准控温
机械搅拌器	合成中对液体进行搅拌，将液体或固体颗粒分散于液体中
旋转蒸发仪	减压条件下连续蒸馏易挥发性溶剂
电子天平	称量物体质量
循环水式多用真空泵	应用于旋转蒸发、减压蒸馏、抽气过滤等操作
油泵	应用于高沸点物质的减压蒸馏
烘箱	干燥玻璃仪器或无腐蚀性、加热不分解的物质

18.2.5　化学试剂等级

我国生产的化学试剂，按其纯度一般分为四级：优级纯、分析纯、化学纯和实验试剂。

① 优级纯（GR），又称一级品或保证试剂，主要成分含量高达 99.8%，杂质含量最低，适合于重要精密的分析工作和科学研究工作，亦可作基准物质用，我国产品使用绿色标签作为标志。

② 分析纯（AR），又称二级试剂，纯度很高，略次于优级纯，主要成分含量高达 99.7%，适合于重要分析及一般科学研究工作，我国产品使用红色标签作为标志。

③ 化学纯（CP），又称三级试剂，纯度较高，主要成分含量 ≥99.5%，存在有干扰杂质，适用于化学实验和合成制备，我国产品使用蓝色标签作为标志。

④ 实验试剂（LR），又称四级试剂，杂质含量较高，纯度较低，在分析工作常用辅助试剂。

18.3　有机化学实验记录与实验报告

18.3.1　实验记录

实验记录是指在研究过程中，应用实验、观察、调查或资料分析等方法，根据实际情况直接记录或统计形成的各种数据、文字、图表、声像等原始资料。实验记录通常应包括实验名称、实验目的、实验设计或方案、实验时间、实验材料、实验方法、实验过程、观察指标、实验结果和结果分析等内容。实验记录是科学研究的第一手资料，记录的准确性会直接影响到实验结果的正确与否，因此，应该准备专门的"实验原始记录本"，在实验过程中应认真操作，仔细观察，勤于思索，同时应将观察到的实验现象及测得的各种数据准确、无误、真实、客观地记录下来，务必养成良好的科学素养和实事求是的科学精神。由于是边实验边记录，可能时间仓促，故记录应简明准确，字迹清晰，实验结束后学生应将实验记录和产物交给老师签字确认。

18.3.2　实验报告

实验报告是将实验操作、实验现象及所得各种数据综合归纳、分析提高的过程，如实地把实验的全过程和实验结果用文字形式记录下来的书面材料,是把直接的感性认识提高到理性概念的必要步骤,要求数据准确、文字简练、书写工整,要对实验现象进行讨论,必须认真对待。实验报告主要包括以下几个部分:

① 实验目的;
② 实验原理,主、副反应的方程式;
③ 实验仪器与试剂;
④ 实验装置图;
⑤ 实验步骤及现象;
⑥ 产率的计算;
⑦ 实验讨论;
⑧ 思考题。

有机化学实验报告的基本格式以正溴丁烷为例。

实验　正溴丁烷的制备

一、实验目的要求

1. 掌握从正丁醇制备正溴丁烷的原理及方法;
2. 熟悉回流和气体吸收装置的使用;
3. 掌握分液漏斗的使用。

二、反应式

$$NaBr + H_2SO_4 \longrightarrow HBr + NaHSO_4$$

$$n\text{-}C_4H_9OH + HBr \longrightarrow n\text{-}C_4H_9Br + H_2O$$

副反应

$$n\text{-}C_4H_9OH \xrightarrow[\triangle]{H_2SO_4} (n\text{-}C_4H_9)_2O + H_2O$$

$$n\text{-}C_4H_9OH \xrightarrow[\triangle]{H_2SO_4} CH_3CH_2CH=CH_2 + H_2O$$

$$2HBr + H_2SO_4 \longrightarrow Br_2 + SO_2 + 2H_2O$$

三、主要试剂及产物的物理常数

名称	分子量	性状	折射率	相对密度	熔点/℃	沸点/℃	溶解度/(g/100mL)		
							水	醇	醚
正丁醇	74.12	无色透明液体	1.3993^{20}	0.8098	−89.5	117.2	7.920	∞	∞
正溴丁烷	137.03	无色透明液体	1.4401^{20}	1.2758	−112.4	101.6	不溶	∞	∞

四、主要试剂规格及用量

正丁醇(CP) 7.5g(9.3mL,0.10mol);溴化钠(CP) 120.5g(0.12mol);浓硫酸(AR) 26.7g(14.5mL,0.27mol);饱和$NaHCO_3$水溶液(10mL);无水氯化钙(AR,适量)。

五、实验装置图

参照回流加尾气吸收装置。

六、实验步骤与现象

时间	步骤	现象
9:10	(1)在100mL圆底烧瓶中加入10mL水,并缓慢滴加14.5mL浓硫酸,在冰水或冷水浴下摇匀冷却	放热,烧瓶烫手
	(2)冷却后加入正丁醇9.3mL和研细的溴化钠12.5g,摇匀并加入沸石1~2粒	不分层,有少量溴化钠未溶解,瓶内有白雾出现(HBr)
	(3)在瓶口安装冷凝管,冷凝管顶部安装气体吸收装置,开启冷凝水,隔石棉网小火加热回流1h。	沸腾HBr气体增多,并从冷凝管上升,NaBr完全溶解;瓶中液体由一层变为三层,上层开始极薄,中层为橙黄色,随着反应进行,上层越来越厚,中层越来越薄,最后消失。上层颜色由淡黄变为橙黄
	(4)稍冷,改成蒸馏装置,加沸石1颗,蒸出正溴丁烷	馏出液为乳白色油状物,分层,反应瓶中上层越来越少,最后消失,最后馏出液变清(说明正溴丁烷全部蒸出),冷却后,蒸馏瓶内析出结晶($NaHSO_4$)
9:30	(5)粗产物用15mL水洗 在干燥分液漏斗中用 5mL 浓 H_2SO_4 洗 10mL水洗 10mL 饱和 $NaHCO_3$ 洗 10mL 水洗	产物在下层,呈乳浊状 产物在上层,硫酸在下层,呈棕黄色 产物在下层 二层交界处有絮状物产生又呈乳浊状 产物在下层
	(6)将粗产物转入25mL锥形瓶中,加1~2g $CaCl_2$ 干燥	开始浑浊,摇后变澄清
	(7)粗产品滤入50mL蒸馏瓶中,加沸石蒸馏,收集99~103℃馏分	98℃开始有馏出液(3~4滴),温度很快升至99℃,并稳定于101~102℃,最后升至103℃,温度下降,停止蒸馏
	(8)产物称重	无色液体,瓶重20.2g,共重28.3g,产物重8.1g

七、产率的计算

$$n\text{-}C_4H_9OH + NaBr + H_2SO_4 \longrightarrow n\text{-}C_4H_9Br + NaHSO_4 + H_2O$$

　　　　1mol　　　1mol　　1mol　　　　　1mol
　　　　0.1mol　　0.12mol　0.27mol　　　　0.1mol

正溴丁烷的理论产量 $= 0.1 \times 137 = 13.7$ (g)

$$产率 = \frac{实际产量}{理论产量} \times 100\% = \frac{8.1g}{13.7g} \times 100\% = 59.1\%$$

八、讨论

1. 在回流过程中,瓶中液体出现三层,上层为正溴丁烷,中层可能为硫酸氢正丁酯,随着反应的进行,中层消失表明丁醇已转化为正溴丁烷。上、中层液体为橙黄色,可能是由于混有少量溴所致,溴是由硫酸氧化溴化氢而产生的。

2. 反应后的粗产物中,含有未反应的正丁醇及副产物正丁醚等。用浓硫酸洗可除去这些杂质。因为醇、醚能与浓 H_2SO_4 作用生成𬭩盐而溶于浓 H_2SO_4 中,而正溴丁烷不溶。

第19章 有机化学实验基本技术

19.1 加热、冷却与搅拌

有机化学实验中，许多反应是吸热反应或放热反应，许多操作需升高温度或降低温度，加热、冷却与搅拌是实现物料热交换的基本操作，是控制反应进程的基本技术。本节安排2个实验。

实验一 回流、加热和冷却

一、实验目的
1. 了解回流、加热和冷却的意义与原理。
2. 熟悉回流、加热和冷却的各种方法。

二、基本原理
1. 回流

回流是指在装有冷凝器的反应装置中，上升的反应物或溶剂蒸气遇冷凝结成液体返回反应瓶中，从而防止物料汽化而损失，保持较长时间稳定沸腾而完成反应，或使物料充分接触的一种实验操作。

有机合成或重结晶等操作时，为防止溶剂、反应物或生成物挥发损失，保证反应顺利进行，需要回流装置。

2. 加热

加热是指热源将热能传给较冷物质而使其变热的过程。

在进行分离、纯化或合成反应等操作时，经常需要将反应物料进行加热。

实验中常用的热源有酒精灯、电炉、电热套等。在有机实验中，除了某些试管反应和测熔点时用小火加热提勒管外，一般不直接加热，绝对禁止用明火直接加热易燃的溶剂或反应物。为了保证加热均匀和安全，一般使用热浴间接加热，作为间接加热的传热介质有空气、水、有机液体、浓硫酸、熔融的无机盐或金属等。

3. 冷却

冷却是指使物质温度降低的过程。

低温条件下进行的化学反应和重结晶等分离提纯操作中，需采用一定的冷却剂进行冷却操作。

（1）某些反应要在特定的低温下进行，如烯烃的臭氧化-还原反应在－80～0℃进行，重氮化反应一般在 0～5℃进行。

（2）沸点很低的有机物，冷却时可减少损失。

（3）要加速结晶的析出。

（4）高真空蒸馏装置中的冷阱。

三、实验步骤

1. 回流装置

常用的回流冷凝装置如图 19.1 所示，图 19.1(a) 是一般的回流装置。若需要防潮，则可在冷凝管顶端装一氯化钙干燥管，如图 19.1(b) 所示。图 19.1(c) 是用于有氯化氢、溴化氢、二氧化硫等有毒或有刺激性气体产生或逸出的反应，根据逸出的具体情况和气体的性质，可选用气体吸收的合适装置。图 19.2 是回流冷凝滴加装置，图 19.2(a) 是用于边加料边进行回流的装置，图 19.2(b) 是用于边加料边同时测定反应瓶内温度的回流装置。图 19.3 是带分水器的回流装置，用于酯化和醚化等有水生成的反应。

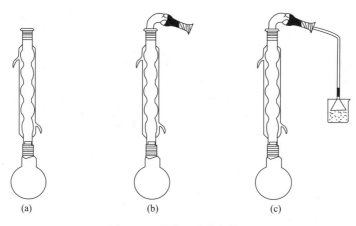

图 19.1 简单回流冷凝装置

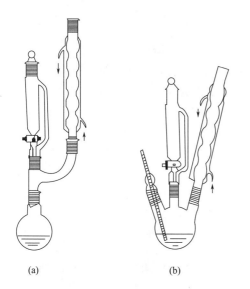

图 19.2 回流冷凝滴加装置

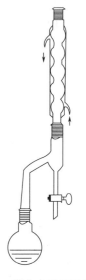

图 19.3 带分水器的回流装置

回流装置中应根据瓶内液体的沸腾温度,选用不同长度的球形冷凝管。回流温度高可选用较短的球形冷凝管,当沸点高于140℃时可采用空气冷凝管,这是因为沸点高于140℃的液体,与环境温度差别大,室温就足够使之迅速冷凝液化。

冷凝水的连接方式如图19.2和图19.3所示,下端进水,上端出水。水不能开得太大,否则,连接的胶管容易从冷凝管上脱落下来,引起溢水等实验事故。为防止溢水事故的发生,要求实验人员不得离开实验室,胶管与冷凝管连接要尽可能牢固,必要时用细铁丝或细铜丝扎紧胶管与冷凝管连接处。

2. 加热装置

热源的选择要根据加热温度、升温速度和实验操作规程来确定。

(1) 水浴

当加热温度低于100℃时,最好使用水浴加热,将容器浸入水中,水的液面要高于容器内液面,但切勿使容器接触水浴底部,调节火焰,把水温控制在所需要的温度范围内。如果需要加热至接近100℃,可用沸水浴、蒸汽浴或选用适当无机盐类的饱和水溶液作为热浴液。市售电热单孔或多孔恒温水浴,使用较方便。

(2) 空气浴

这是利用热空气间接加热,对于沸点在80℃以上的液体均可采用。实验室中常用的有石棉网上加热和电热套加热。

把容器放在石棉网上加热,这是常用的空气浴,适用于高沸点且不易燃烧的受热物质。为使受热较均匀,加热时,必须用石棉网将反应器与热源隔开,且石棉网与反应器间应留一间隙。但即使这样做,受热仍很不均匀,因此这种加热方式,不能用于回流低沸点、易燃的液体或减压蒸馏。

电热套是一种较好的空气浴,它是由玻璃纤维包裹着电热丝织成碗状半圆形加热器,与调压器连接后组成了控温装置,还可调节温度,使用较方便,又无明火,较安全,因此可用于加热和蒸馏易燃有机物,但最好用水浴或油浴。电热套一般可加热至400℃,主要用于回流加热。常压或减压蒸馏以不用为宜,因为蒸馏过程中,随着容器内物质的减少,会使容器壁过热而引起蒸馏物的炭化,但可选用适当大小的电热套,随时调节变压器,使电热套的温度逐渐减小,可减少或避免炭化。

(3) 油浴

在进行100~250℃加热时,可用油浴,油浴所能达到的温度取决于所用油的种类。实验室中常用的油有植物油、液体石蜡、液体多聚乙二醇、耐高温硅油等。油浴的优点在于容器内物质受热均匀,与电子继电器和电接点温度计配套使用时,温度容易自动控制,且不易挥发。

甘油和邻苯二甲酸二丁酯适用于加热至140~150℃,温度过高易分解。

植物油豆油、棉籽油、菜油和蓖麻油等,加热到160~170℃,有的达200~220℃,但长期加热使用或温度过高时易分解,可在其中加入质量分数为1%对苯二酚以增加其稳定性。

石蜡可加热到220℃左右,其优点是在室温时为固体,保存方便。

液体石蜡可加热到200℃左右,温度再高并不分解,但挥发较快,气味较重,会污染空气,且容易燃烧。这是实验室最常用的油浴。

硅油及真空泵油,均可加热到250℃左右,比较稳定,透明度高,但价格较贵。高温硅油长时间加热之后,若加热时有冒烟现象,则要及时更换硅油。

液体多聚乙二醇,可加热到180~200℃,是很理想的加热溶液,加热时无蒸气逸出,遇水不会暴沸或喷溅。多聚乙二醇溶于水,烧瓶的洗涤也很方便。

油浴除用电热套、封闭电炉加热外,也可用放在油浴中的电热丝连接调压器加热,还可与可升温的电磁搅拌器连用,既可加热,又可搅拌,既方便又安全。

(4) 酸浴

常用酸浴为浓硫酸,可热至 250~270℃,当加热至 300℃ 左右则分解,冒出白烟,若添加硫酸钾,则加热温度可达 320~360℃。

(5) 砂浴

要求加热温度较高时,可采用砂浴,温度可达 350℃ 左右,把反应容器半埋砂中加热。加热沸点在 80℃ 以上液体时均可采用,更适用于加热温度在 220℃ 以上的操作。

砂浴传热差,温度分布不均匀,且难以控制,故实验室中较少使用。

3. 冷却装置

根据不同的要求,可选用适当的冷却剂进行冷却。冷却的方法很多,最简单的方法是把盛有反应物的容器浸入冷水中冷却。若低于室温时,可用碎冰和水的混合物,可冷至 0~5℃。当水对反应无影响时,甚至可把冰块投入反应器中进行冷却。如果要把反应混合物冷至 0℃ 以下,可用细小的碎冰和某些无机盐按一定比例混合作为冷冻剂,见表 19.1。

表 19.1 冰盐冷却剂

盐类	100 份碎冰中加入盐的质量/g	达到最低温度/℃
NH_4Cl	25	-15
$NaNO_3$	50	-18
$NaCl$	33	-21
$CaCl_2 \cdot 6H_2O$	100	-29
	143	-55

例如,把食盐均匀撒在碎冰上搅拌后(质量比为 1:3),可冷至 -18~-5℃。

若无冰时,可用某些盐类溶于水吸热作为冷却剂使用。如 1 份 NH_4Cl 和 1 份 $NaNO_3$ 溶于 1~2 份水中可从始温 10℃ 冷至 -15℃,3 份 NH_4Cl 溶于 10 份水中可从 13℃ 冷至 -15℃,11 份 $Na_2S_2O_3 \cdot 5H_2O$ 溶于 10 份水中可从 11℃ 冷至 -8℃,3 份 $NaNO_3$ 溶于 5 份水中可从 13℃ 冷至 -13℃。

干冰(固体二氧化碳)可冷到 -60℃ 以下,如将干冰溶于甲醇、丙酮或氯仿等适当溶剂中,可冷至 -78℃,但加入时会猛烈起泡。为保持冷却效果,一般把干冰溶剂盛放在保温瓶(也称杜瓦瓶)内,或盛放在广口瓶中,瓶口用布或铝箔覆盖,以降低其挥发速度。

液氮可冷至 -196~-188℃,一般只在科研上应用。

如果物质需要在低温下保存较长时间,则可利用冰箱。放入冰箱中的容器必须塞紧,否则水会渗入其中,有时有机物放出的腐蚀性气体会侵蚀冰箱,放出的溶剂甚至引起爆炸。

四、注意事项

1. 回流操作

(1) 进行回流前,应选择合适的圆底烧瓶,使液体体积占烧瓶容积的 1/3~1/2 之间。

(2) 加热前,先在烧瓶中放入 1~2 粒沸石或 1 粒素烧磁环,以防暴沸。回流停止后重新加热时,须重新放入沸石。若加热后补加沸石,则需先移开热源,待稍冷却后方可加入。

(3) 加热的方式可根据具体情况选用水浴、油浴、电热套、电炉垫上石棉网直接加热等。

(4) 回流的速度应控制在每秒1～2滴，或上升蒸气不超过冷凝管下端两球为宜，不宜过快，否则反应物同生成物形成的蒸气因来不及冷凝，会从冷凝管上端排出，甚至会在冷凝管中造成液封，导致液体冲出冷凝管，引起烫伤甚至火灾等事故。

2．加热操作

(1) 使用水浴时，应注意的情形

钾、钠等非常活泼的金属参与的反应，绝不能在水浴上进行；蒸馏乙醚、丙酮等低沸点易燃溶剂时，使用预先已经加热的热水浴，不可使用电炉等明火作为热源，但可用电热恒温水浴，或用封闭式电炉加热水浴；水浴过程中适时添加热水。

(2) 使用油浴时，应注意的情形

使用油浴时一定要注意防止着火。发现油浴严重冒烟，应立即停止加热。油浴中要放温度计，以便调节温度，防止温度过高。油浴中油量不能过多。

油浴除甘油和聚乙二醇外，切忌在油浴中溅入水滴，否则会暴沸喷溅，发生烫伤甚至火灾等事故。加热完毕，应先停止加热，然后将烧瓶悬夹在油浴上方，待无油滴滴下，再用废纸擦净烧瓶。

3．冷却操作

冷却操作中，值得注意的是当温度低于－38℃，不能使用水银温度计，因为水银在该温度下会凝固，须使用有机液体低温温度计。

五、思考题

1．什么是回流操作？回流操作的作用是什么？

2．如何选择热源？处理乙醚和二硫化碳等低沸点和极易燃物质时，需要采取哪些安全措施？

3．物质放入冰箱中冷藏时要注意什么？

实验二　搅拌和混合

一、实验目的

1．了解搅拌混合操作的意义和各种方法。

2．熟悉磁力搅拌和机械搅拌的几种装置。

二、基本原理

搅拌是指搅动液体使之发生某种方式的循环流动，从而使物料混合均匀或使物理、化学过程加速进行的操作。搅拌常常能使反应温度均匀、缩短反应时间和提高反应产率。

有些反应不需太剧烈搅拌，反应液较少，或因机械搅拌装置密封装置欠妥而漏气，这时可采用磁力搅拌器进行搅拌。这种搅拌的优点在于搅拌稳妥平稳，同时可自动控制加热，不像机械搅拌那样震动较大，搅拌速度有时难以控制等，但不适用过于黏稠的反应体系。

三、实验步骤

搅拌分为磁力搅拌、机械搅拌和气流搅拌等。

常用的磁力搅拌装置见图19.4。气流搅拌则是将与反应液没有作用的气体通入到反应液底部，靠气体逸出搅动物料，实验室通常用氮气，工业生产中常用空压机向反应液鼓入空气。

常用的机械搅拌装置见图19.5。其中，图19.5(a)是可以同时进行搅拌、回流和测量反应温度的装置，图19.5(b)是可以同时进行搅拌、回流和滴加反应物的装置，图19.5(c)

是可以同时进行搅拌、回流、滴加反应物，还可测定反应温度的装置。

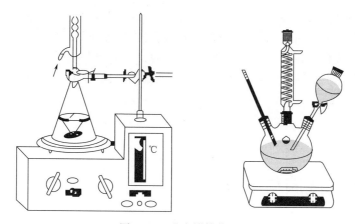

图 19.4　磁力搅拌装置

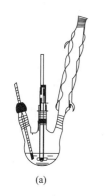  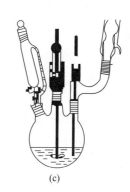

图 19.5　机械搅拌装置

为避免有机化合物蒸气或反应中生成的有害气体污染实验室空气，在搅拌装置中要采用合适的密封装置。常见的密封装置如图 19.6 所示，其中，图 19.6(a) 为简易密封装置，图 19.6(b) 为搅拌接头密封装置，图 19.6(c) 为标准磨口密封装置，图 19.6(d) 为液体密封装置。液封装置中常用水银做密封剂，使用时转速不能太快。

搅拌所用的搅拌棒有各种形状和各种规格的玻璃搅拌棒、不锈钢搅拌棒，以及耐强酸强碱的聚四氟乙烯搅拌棒。

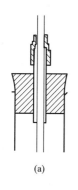  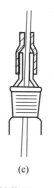 

图 19.6　机械搅拌密封装置

四、注意事项

在使用磁力搅拌器或机械搅拌器进行搅拌时,有时需要较高的加热温度,这时可采用油浴的方式进行加热。其装置中需要交流调压器、电子继电器、加热圈或加热棒、电接点温度计等仪器,以及耐高温硅油或导热油。值得注意的是,高温加热反应时,使用人员不得离开,耐高温硅油使用久了会冒烟,若发现冒烟,就必须更换硅油,否则很容易引起火灾。

五、思考题

1. 搅拌有什么意义?
2. 磁力搅拌和机械搅拌各适用哪些情况?

19.2 萃取、洗涤与干燥

有机化学实验中,萃取、洗涤和干燥是分离和纯化物质的基本操作。萃取和洗涤的目的不同而操作相同,这种操作常常伴随乳化现象,如何破乳从而提高萃取效率是操作中的重要内容。除去少量水分或溶剂的干燥是有机化学实验中最重要的技术。本节安排3个实验。

实验三 萃取、乳化和盐析效应

一、实验目的

1. 掌握液液萃取的原理和分液漏斗的使用方法。
2. 了解乳化现象及其处理方法。
3. 了解盐析效应的原理和应用。

二、基本原理

1. 萃取

萃取是指利用化合物在两种互不相溶或微溶的溶剂中溶解度或分配系数的不同,使化合物从一种溶剂内转移到另外一种溶剂中而提取出来的操作过程。它是分离和提纯有机化合物的常用方法。从液体中萃取常用分液漏斗,分液漏斗的使用是基本操作之一。

萃取和洗涤要遵循"少量多次"原则,这样可以做到节约与效率并重。

设某溶液由有机化合物 X 溶解于溶剂 A 而成,现要从其中萃取 X,我们可选择一种对 X 溶解度极好,而与溶剂 A 不相混溶且不起化学反应的溶剂 B。把溶液放入分液漏斗中,加入溶剂 B,充分振荡。静置后,由于 A 与 B 不相混溶,故分成两层。此时 X 在 A、B 两相间的浓度比,在一定测试条件下为一常数,叫作分配系数,以 K 表示。这种关系叫作分配定律。用公式来表示:

K(分配系数)= X 在溶剂 A 中的浓度/X 在溶剂 B 中的浓度

注意:分配定律是假定所选用的溶剂 B,不与 X 起化学反应时才适用的。

依照分配定律,要节省溶剂而提高提取效率,用一定分量的溶剂一次加入溶液中萃取,则不如把这个分量的溶剂分成若干份多次萃取好,现在用计算来说明。

第一次萃取:

设 V =被萃取溶液的体积(mL)(因为质量不多,故其体积可看作与溶剂 A 体积相等);

W_0 =被萃取溶液中溶质(X)的总含量(g);

S =第一次萃取时所用溶剂 B 的体积(mL);

故 $W_0-W_1=$ 第一次萃取后溶质（X）在溶剂 B 中的含量（g）；
$W_1/V=$ 第一次萃取后溶质（X）在溶剂 A 中的浓度（g/mL）；
$W_0-W_1/S=$ 第一次萃取后溶质（X）在溶剂 B 中的浓度（g/mL）；
故 $(W_1/V)/[(W_0-W_1)/S]=K$，整理得 $W_1=W_0[KV/(KV+S)]$。
第二次萃取：
$V=$ 被萃取溶液的体积（mL）；
$W_2=$ 第二次萃取后溶质（X）在溶剂 A 中的剩余量（g）；
$S=$ 第二次萃取时所用溶质 B 的体积（mL）；
故 $W_1-W_2=$ 第二次萃取后溶质（X）在溶剂 B 中的浓度；
$W_2/V=$ 第二次萃取后溶质（X）在溶剂 A 中的深度；
$(W_1-W_2)/S=$ 第二次萃取后溶质（X）在溶剂 B 中的浓度；
故 $(W_2/V)/[(W_1-W_2)/S]=K$，整理得 $W_2=W_1[KV/(KV+S)]$；
以 $W_1=W_0[KV/(KV+S)]$ 代入，得 $W_2=W_0[KV/(KV+S)]^2$。
依次类推，每次萃取所用溶剂 B 的体积均为 S，经过 n 次萃取后，溶质（X）在溶剂 A 中的剩余量为：
$$W_n=W_0[KV/(KV+S)]^n$$
例：在 15℃ 时 4g 正丁酸溶于 100mL 水溶液，用 100mL 苯来萃取正丁酸。15℃ 时正丁酸在水中与苯中的分配系数 $K=1/3$，若一次用 100mL 的苯来萃取，则萃取后正丁酸在水溶液中的剩余量为：
$$W_1=4\times[(1/3\times100)/(1/3\times100+100)]=1.0(g)$$
萃取效率为 $[(4-1)/4]\times100\%=75\%$。
若 100mL 苯分三次萃取，即每次用 33.33mL 苯来萃取，经过第三次萃取后正丁酸在水溶液中的剩余量为：
$$W_0=4\times[(1/3\times100)/(1/3\times100+33.33)]^3=0.5(g)$$
萃取效率为 $[(4-0.5)/4]\times100\%=3.5/4\times100\%=87.5\%$。
从上面的计算可知，用同一份量的溶剂，分多次用少量溶剂来萃取，其效率较高于一次用全量溶剂来萃取。这就是少量多次原理。

2.乳化现象及其处理方法
（1）乳化现象
乳化是指由两种或两种以上互不相溶的液体组成的两相体系，其中一相以液滴形式分散在另一相中，使溶液呈现乳白色不透明的一种现象。它可分为多种情况：①油分子包裹水分子即油包水型（W/O）；②水分子包裹油分子即水包油型（O/W）；③油包裹在水中再分散在油中（O/W/O）或者水包在油中再包在水中（W/O/W）。在乳化层的小液滴膜上表面张力较大，小液滴会自动互相结合成大液滴以降低膜表面张力，因此乳化液是不稳定的分散体系。碱性溶液一般比较容易乳化。
（2）破乳方法
① 化学破乳法　向乳化层加入氯化钠、氯化铵、明矾等电解质，或者加入甲醇、乙醇、乙醇胺等溶剂，这些物质的分子在膜界面上渗入破坏膜从而降低表面张力使得分散相流出聚集而分相。若乳化是因碱产生，可加入少量的盐酸调 pH 值，然后再加氢氧化钠溶液调回 pH 值。
② 物理破乳法

a. 加热　将乳化层升温加热使得油膜黏度下降破裂。
b. 过滤　经硅藻土等助滤剂过滤。
c. 离心　利用两相密度不同而离心分相。
d. 重力沉降　较长时间的静置。
e. 电场作用　在高压电场作用下液滴极化变形或相互碰撞后膜破裂聚集成大液滴而破乳分相（只用于 W/O 体系）。
f. 超声波　采用频率为 700kHz～2MHz 的超声波，利用其空穴作用等使小液滴聚集而破乳分相。

3. 盐析效应

盐析效应指的是在萃取分离过程中，向溶液中加入一定量的无机盐，这些无机盐的加入能使溶于水的有机物大为减少的现象。盐析效应是影响溶剂萃取的重要因素之一。

盐析效应有两种理论解释。一种理论认为向萃取水相中加入盐析剂后，由于盐析剂离子的水化作用，导致水相中自由水分子数减少，提高了被萃物在水相中的有效浓度，从而增加了进入有机相的分配比。另一种理论认为，无机盐溶入水后，由于静电吸引的作用，极性越强的溶剂越易聚集在盐电离产生的离子周围，致使溶液偏离了理想溶液的行为，且偏离了拉乌尔定律，这样溶液表面的蒸气压就会上升，第二种溶剂脱离第一种溶剂（极性较强的溶剂）的趋势就越来越大。

盐析效应的应用十分有效。丙酮和水可以互溶，但当向溶有丙酮的水溶液中加入氯化钙、氯化镁等无机盐时，丙酮在水中的溶解度将大为降低，可实现丙酮与水的分离。当向溶有乙腈的水溶液中加入硫酸铵时，乙腈与水可以分相。利用盐析效应还可有效解决因乳化而使相分离困难的问题。

有机化学实验中常用食盐作盐析剂。

4. 分液漏斗的使用

常用的分液漏斗有球形、锥形和梨形等三种。

(1) 分液漏斗的使用范围

① 分离两种分层而不起反应的液体；

② 从溶液中萃取某种成分；

③ 用水、碱或酸洗涤某种产品；

④ 用来代替滴液漏斗滴加某种试剂。

(2) 使用分液漏斗前的检查

① 分液漏斗的玻璃塞和活塞有没有用塑料线绑住。

② 玻璃塞及活塞紧密与否，如有漏水现象，应及时按下述方法处理：取下活塞，用纸或干布擦净活塞及活塞孔道的内壁，然后，用玻璃棒蘸取少量凡士林，先在活塞近把手的一端抹上一层凡士林，注意不要抹在活塞的孔中，再在活塞孔道内也抹上一层凡士林（方向和活塞相反），然后插上活塞，逆时针旋转至透明时，即可使用。注意玻璃塞不能涂凡士林。

(3) 使用分液漏斗的注意事项

① 不能用手拿分液漏斗的下端；

② 不能用手拿住分液漏斗进行分离液体；

③ 玻璃塞打开后才能开启活塞；

④ 下层液体由下口放出，上层液体由上口放出；

⑤ 使用后，用水冲洗干净，玻璃塞用薄纸包裹后塞回去，不能将活塞上附有凡士林的分液漏斗放在烘箱内烘烤。

三、实验步骤

1. 溶液中物质的萃取

本实验以乙醚从乙酸水溶液中萃取乙酸为例来说明实验步骤。

（1）一次萃取法

准确量取 10mL 冰醋酸和水的混合液（冰醋酸与水以 1∶19 的体积比相混合），放入分液漏斗中，用 30mL 乙醚萃取。注意近旁不能有火，否则会引起火灾。加乙醚后，以右手手掌顶住漏斗磨口玻璃塞子，用手指（根据漏斗的大小）可握住漏斗颈部或本身。左手握住漏斗的活塞部分，大拇指和食指按住活塞柄，中指垫在塞座下边，振摇时将漏斗稍倾斜，漏斗的活塞最好向上，这样便于自活塞放气，如图 19.7(a) 所示。开始时摇动要慢，每次摇动后，都应朝没有人的地方放气。

以上操作重复 2～3 次后，用力振摇相当时间，使乙醚与乙酸水溶液两不相溶的液体充分接触，提高萃取率，振摇时间太短则影响萃取率。

振摇结束后，应将分液漏斗置于铁架台上的铁圈中静置，如图 19.7(b) 所示。当溶液分成两层后，小心旋开活塞，放出下层水溶液于 50mL 的三角烧瓶内，加入 3～4 滴酚酞作指示剂，用 0.2mol/L 标准氢氧化钠溶液滴定。记录用去氢氧化钠的体积（mL）。计算：①留在水中的乙酸量及百分率；②萃取到乙醚中的乙酸量及百分率。

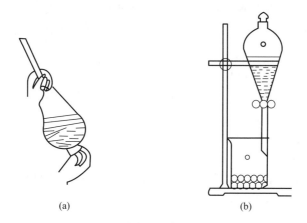

图 19.7　分液漏斗的振摇与静置

（2）多次萃取法

准确量取 10mL 冰醋酸与水的混合物于分液漏斗中，用 10mL 乙醚如上法萃取，分去乙醚溶液。水溶液再用 10mL 乙醚萃取，再分出乙醚溶液后，水溶液仍用 10mL 乙醚萃取。如此前后共计三次，最后将用乙醚第三次萃取后的水溶液放入 50mL 的三角烧瓶内。用 0.2mol/L NaOH 溶液滴定。计算：①留在水中的乙酸量及百分率；②萃取到乙醚中的乙酸量及百分率。

以上述两种不同步骤所得数据，比较萃取乙酸的效率。

2. 固体物质的萃取

从固体中提取物质可采用脂肪抽出器（又称索氏提取器），见图 19.8。在进行提取之前，先将滤纸卷成圆柱状，其直径稍小于提取筒的直径，一端用线扎紧，装入研细的被提取的固体，轻轻压实，盖以滤纸，放入提取筒中。然后开始加热，使溶剂回流，待提取筒中的溶剂面超过虹吸管上端后，提取液自动注入加热瓶中，溶剂受热回流，循环不止，直至物质大部分提出后为止。一般需要数小时才能完成，提取液经直接浓缩或减压浓缩后，将所得固体进行重结晶,得纯品。

如果样品量少,可用简易半微量提取器,将被提取固体放于折叠滤纸中,操作方便,效果也好,见图19.9。

图 19.8　索氏提取器

图 19.9　简易半微量提取器

四、注意事项

分液要准确,不能将上层醚层放入三角烧瓶内,亦不能将下层的水液留在分液漏斗内。放出下层液体时,注意不要放得太快,待下层液体流出后,关上活塞,等待片刻,观察是否还有水层分出,若还有水,应将水层放出。上层液体,应从分液漏斗上口倾入另一容器中。

五、思考题

1. 影响萃取法的萃取效率的因素有哪些?怎样才能选择好溶剂?
2. 使用分液漏斗的目的何在?使用分液漏斗时要注意哪些事项?
3. 两种不相溶解的液体同在分液漏斗中,请问密度大的在哪一层?下一层的液体从哪里放出来?放出液体时为了不要流得太快,应该怎样操作?留在分液漏斗中的上层液体,应从何处放入另一容器中?
4. 什么是乳化现象?乳化现象有哪几种形式?常用的破乳方法有哪些?
5. 什么是盐析效应?盐析效应有哪些应用?

实验四　干燥与干燥剂的选用

一、实验目的

1. 了解干燥的意义和各种干燥方法。
2. 熟悉干燥剂的种类和选用。

二、基本原理

干燥是指除去吸附在固体或混杂在液体、气体中的少量水分或溶剂的一种操作。

干燥操作在有机化学实验中是既非常普遍又十分重要的操作。有机化合物的干燥方法,有物理方法和化学方法两种。

1. 物理方法

应用物理方法来除去有机化合物中的水分,常用下面几种方法。

① 共沸蒸馏法　利用某些有机化合物与水能形成共沸混合物的特点,在待干燥的有机物中加入共沸组成中某一有机物,因共沸混合物的共沸点通常低于待干燥有机物的沸点,所以蒸馏时可将水带出,从而达到干燥的目的。

② 分馏法　某些有机化合物与水不形成共沸混合物，且其沸点与水相差 20～30℃ 或以上，此时共沸蒸馏法不适用，可采用分馏的方法来除去水分。如工业上分离甲醇（沸点为 65℃）和水就采用分馏法。

③ 吸附法　近年来常用离子交换树脂或分子筛作吸附剂吸水，用这一方法脱水，由于吸附剂可以烘干后重新使用，既经济又方便。离子交换树脂是一种不溶于酸、碱和液体有机物的高分子化合物，而分子筛是各种硅铝酸盐的晶体。它们的晶体内部有很多孔穴可吸附水分子。吸附了水的离子交换树脂在 150℃、分子筛在 350℃ 左右即可解吸水分，重新使用。

2. 化学方法

化学方法采用干燥剂去水的方法。根据去水作用又可分为两类：第一类干燥剂与水可逆地结合成水合物，如氯化钙、硫酸镁、碳酸钠等，这类干燥剂在实验室最常用；第二类干燥剂与水起不可逆的化学反应，生成新的化合物，如金属钠、氧化钙和五氧化二磷等。

第一类干燥剂能和水结合生成含不同数目结晶水的水合物。而不同结晶水的水合物却具有不同的水蒸气压。例如，在 25℃ 时，无水硫酸镁分别吸附 1 个、2 个、3 个、4 个、5 个、6 个（不超过 7 个）结晶水形成水合物时的最低蒸气压分别为 133.3Pa、266.6Pa、666.5Pa、1199.7Pa、1333Pa、1533Pa。若用无水硫酸镁干燥液体有机物，无论加入多少无水硫酸镁，在 25℃ 时所能达到的最低蒸气压为 133.3Pa。即使加入再多的硫酸镁，也不可能把水全部除去，相反，只会使液体有机物的吸附损失增多。但如果加入硫酸镁的量不足，则它就会生成多水合物，其水蒸气压要比 133.3Pa 高。这就说明了为什么在蒸馏时会有前馏分，在萃取时一定要尽可能把水分离干净的原因。

干燥剂吸水达到平衡时，液体的干燥程度称为该干燥剂的干燥效能。衡量干燥剂干燥效能常用它的吸水容量。即每克干燥剂所能吸附的水的质量，以 g 计量。如下式：

$$吸水容量（g）=\frac{结晶水数目×水分子量}{干燥剂分子量}$$

例如，25℃ 时，无水硫酸镁在 133.3Pa 时的最大吸水容量为 $7×18/120.3=1.05$（g），即 1g 无水硫酸镁全部变成七水硫酸镁，共吸水 1.05g。

第一类干燥剂形成水合物时，需要一定的干燥时间。因此，在用它们干燥液体有机物时，须放置一段时间。因为它们吸水是可逆的，温度升高时，水蒸气压也会升高，甚至脱去结晶水。因此，在蒸馏液体有机物前必须把这类干燥剂滤除，否则达不到干燥的目的，而且干燥剂在蒸馏时还会与被干燥液体形成糊状物，例如用无水氯化钙作干燥剂时，必须过滤。

第二类干燥剂与水发生不可逆反应，如钠、五氧化二磷、氧化钙等，由于它们能和水生成稳定的产物，故不必过滤分离。相反，为了提高其干燥效率，常常把它们置于液体有机物中一起加热回流，然后再直接蒸馏。

三、实验步骤

1. 液体有机物的干燥

（1）干燥剂的选择

液体有机物的干燥，一般是将干燥剂直接放入有机物中，因此，干燥剂的选择必须要考虑到：与被干燥的有机物不能发生任何化学反应或有催化作用，不能溶于该有机物中，吸水容量大，干燥速度快，价格低廉。例如，酸性干燥剂（如氯化钙）不能用来干燥碱性液体有机物，也不能干燥某些在酸性介质中会重排、聚合或起其他反应的有机液体样品（如醇、胺、烯烃等），碱性干燥剂（如碳酸钾、氢氧化钾）不能用于干燥酸性液体有机物，也不能用于易被碱催化而发生缩合、分解、自动氧化等反应的液体（如醛、酮、醇、酯等）。另外，氯化钙会与醇、胺生成络合物，氢氧化钠（钾）会溶于醇中，使用时也需注意。常用干燥剂的干燥性能与应用范围见表 19.2。

表 19.2 常用干燥剂的性能与应用范围

干燥剂	吸水作用	吸水容量/g	干燥效能	干燥速度	应用范围
氯化钙	形成 $CaCl_2 \cdot nH_2O$ $n=1,2,4,6$	0.97 按 $CaCl_2 \cdot 6H_2O$ 计	中等	较快，但吸水后表面被薄层液体所盖，故放置时间要长	能与醇、酚、胺、酰胺及某些醛、酮形成络合物。因而不能用来干燥这些化合物。工业品中可能含氢氧化钙或氧化钙，故不能用来干燥酸类
硫酸镁	形成 $MgSO_4 \cdot nH_2O$ $n=1,2,3,4,5,6,7$	1.05 按 $MgSO_4 \cdot 7H_2O$ 计	较弱	较快	中性，应用范围广。可代替 $CaCl_2$，并可用于干燥酯、醛、腈、酰胺等不能用 $CaCl_2$ 干燥的化合物
硫酸钠	$Na_2SO_4 \cdot 10H_2O$	1.25	弱	缓慢	中性，一般用于液体有机物的初步干燥
硫酸钙	$2CaSO_4 \cdot H_2O$	0.06	强	快	中性，常与硫酸镁（钠）配合使用
碳酸钾	$K_2CO_3 \cdot \frac{1}{2}H_2O$	0.2	较弱	慢	弱碱性，用于干燥醇、酮、酯、胺及杂环等碱性化合物，不适用于酸、酚及其他酸性化合物
氢氧化钾（钠）	溶于水	—	中等	快	强碱性，用于干燥胺、杂环等碱性化合物。不能用于干燥醛、酮、酚、酸等
金属钠	$Na + H_2O \longrightarrow NaOH + \frac{1}{2}H_2$	—	强	快	限于干燥醚、烃类中痕量水分，用时切成小块压成钠丝
氧化钙	$CaO + H_2O \longrightarrow Ca(OH)_2$	—	强	较快	适用于干燥低级醇类
五氧化二磷	$P_2O_5 + 3H_2O \longrightarrow 2H_3PO_4$	—	强	快，吸水后表面被黏浆液覆盖，操作不便	适用于干燥醚、烃、卤代烃、腈等中的痕量水分。不适用于醇、酸、胺、酮等
分子筛	物理吸附	约 0.25	强	快	适用于各类有机物的干燥

干燥含水量较多而又不易干燥的液体时，还得考虑干燥剂的干燥效能和吸水容量，一般先用吸水容量大的干燥剂（如硫酸钠）干燥，以除去大部分水，然后再用干燥性能强的干燥剂（如硫酸钙），以除去微量水分。各类有机物常用的干燥剂见表 19.3。

表 19.3　各类有机物常用的干燥剂

化合物类型	干燥剂	化合物类型	干燥剂
烃	$CaCl_2$、Na、P_2O_5	酮	K_2CO_3、$CaCl_2$、$MgSO_4$、Na_2SO_4
卤代烃	$CaCl_2$、$MgSO_4$、Na_2SO_4、P_2O_5	酸、酚	$MgSO_4$、Na_2SO_4
醇	K_2CO_3、$MgSO_4$、CaO、Na_2SO_4	酯	$MgSO_4$、Na_2SO_4、K_2CO_3
醚	$CaCl_2$、Na、P_2O_5	胺	KOH、$NaOH$、K_2CO_3、CaO
醛	$MgSO_4$、Na_2SO_4	硝基化合物	$CaCl_2$、$MgSO_4$、Na_2SO_4

(2) 干燥剂的用量

干燥剂的用量可根据干燥剂的吸水容量和水在该液体有机物中的溶解度来估计，一般都比理论值高，同时也要考虑分子结构。极性有机物和含亲水性基团的化合物（如醇、醚、胺等），水在其中的溶解度大，干燥剂的用量需稍多。烃、卤代烃等在水中溶解度很小，干燥剂可少加一点。干燥剂的用量要适当，用量少，干燥不完全，用量过多，因干燥剂表面吸附，将造成被干燥有机物的损失。一般来说，每 10mL 液体有机物约需加 0.5～1.0g 干燥剂，不必称量，凭估计直接加入待干燥的液体中。但由于液体中水分含量不同、干燥剂质量不同、干燥剂颗粒大小不同、干燥时的温度不同以及干燥剂可能吸收一些副产物等，具体使用数量又会有变化，较难规定具体数量。以所加的干燥剂经振摇，不发生黏结为宜，但最好是通过操作仔细观察，不断积累这方面的经验。

2. 固体有机化合物的干燥

从重结晶得到的固体有机物常带有水分或有机溶剂，应根据化合物的性质选择适当的方法进行干燥。

(1) 自然晾干

在空气中自然晾干是最方便、最经济的干燥方法。该方法要求被干燥固体物质在空气中稳定、不易分解、不吸潮。干燥时，把待干燥的物质放在干燥洁净的表面皿上或滤纸上，将其薄薄摊开，上面再用滤纸覆盖起来，然后在室温下放置，放在空气中慢慢地晾干，一般要经过几天后才能彻底干燥。

(2) 加热烘干

对于熔点较高和对热稳定的化合物可以在低于其熔点 15～20℃的温度下进行烘干。实验室中常用红外线灯、烘箱或蒸汽浴进行干燥。必须注意，由于溶剂的存在，结晶可能在其熔点以下很低的温度时就熔融了，因此必须十分注意控制温度并经常翻动晶体，以免结块，并缩短干燥时间。

(3) 滤纸吸干

有时晶体吸附的溶剂在过滤时很难抽干，这时可将晶体放在两三层滤纸上，上面再用滤纸挤压以吸出溶剂。此法的缺点是晶体上易沾污一些滤纸纤维。

(4) 干燥器干燥

对易吸潮或在较高温干燥时，会分解甚至变色的有机物可用干燥器干燥。干燥器有普通干燥器和真空干燥器，如图 19.10 所示。

普通干燥器 [图 19.10(a)]，盖与缸身之间的平面经过磨砂，在磨砂处涂以润滑脂，使之密闭。缸中放置多孔瓷板，下面放置干燥剂，上面放置盛

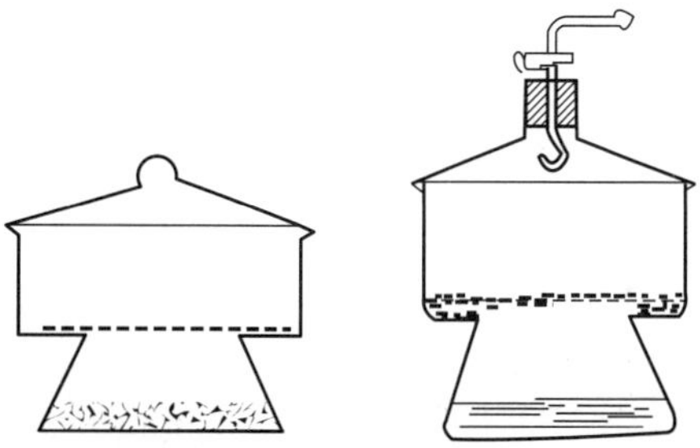

(a) 普通干燥器　　(b) 真空干燥器

图 19.10　常用干燥器

有待干燥样品的表面皿等。普通干燥器干燥样品所费时间较长，干燥效率不高，一般适用于保存易吸潮的物质。

真空干燥器［图 19.10(b)］的干燥效率较普通干燥器高，在真空干燥器顶部装有带活塞的玻璃导气管，用以抽除真空。活塞下端呈弯钩状，口向上，防止在通向大气时，因空气流入太快将固体冲散，最好另用一表面皿覆盖盛有样品的表面皿或将固体用滤纸包好。使用前必须试压，试压时用网罩或防爆布盖住干燥器以确保安全，然后用水泵或油泵抽真空，关上活塞，放置过夜。

干燥器内的干燥剂按固体样品所含的溶剂来选择，见表 19.4。

表 19.4　干燥器内的干燥剂的选择

干燥剂	吸去的溶剂或其他杂质	干燥剂	吸去的溶剂或其他杂质
CaO	水、乙酸、氯化氢	P_2O_5	水、醇
$CaCl_2$	水、醇	石蜡片	醇、醚、石油醚、苯、甲苯、氯仿、四氯化碳
NaOH	水、乙酸、氯化氢、酚、醇	硅胶	水
H_2SO_4	水、乙酸、醇		

若要取出真空干燥器中已干燥好的样品，最好是先将真空干燥器中充入氮气，使干燥器内外压力相等后再打开干燥器的上盖。有时因抽真空，干燥器的上盖难以打开，这时可用吹风筒将真空干燥器的上下接口处用热风加热一会。使用完之后，需将磨口处重新涂上薄薄的一层真空脂，以防粘连。

(5) 真空恒温干燥箱

如果是较大量固体样品的干燥，就要使用真空恒温干燥箱。干燥时用的主要部件有油泵、保护装置、干燥塔及真空恒温干燥箱等。使用时，将盛有样品的表面皿或烧杯放入干燥箱，拧紧上盖，启动油泵抽气，同时插上真空恒温干燥箱的电源进行加热，调节温控旋钮至合适的位置。干燥结束后，先停止加热，同时拧紧真空干燥箱的活塞，关闭真空油泵。待干燥箱冷却后，缓慢打开真空干燥箱的活塞，取出已干燥好的样品，称重后转移至样品瓶中，贴上标签，放在指定的位置。

四、思考题

1. 干燥液体有机物如何选择干燥剂？
2. 加热干燥时如何进行，要注意什么？

实验五　溶剂脱水与无水乙醇的制备

一、实验目的

1. 了解溶剂脱水的意义。
2. 熟悉回流和蒸馏的装置与操作。
3. 掌握无水乙醇的制备方法。

二、实验提要

在有机化学实验中，溶剂含水量对反应速率和产率有很大影响，有许多反应要求在无水条件下进行。格氏试剂等元素有机化合物的制备及其相关反应，均要求在严格无水无氧的条件下进行。氢化铝锂参与的还原反应等更是要求严格无水，有水存在甚至会引起爆炸。

乙醇是有机合成中最常用的溶剂，根据合成反应的要求，要选用不同纯度的乙醇。由于乙醇能与水形成共沸物，沸点为 78.15℃，其中含乙醇 95.5%、水 4.5%。常用的化学纯乙醇和工业乙醇含量均为 95.5%。目前能够规模化生产无水乙醇的工业方法有共沸精馏法、萃取精馏法、膜分离法和吸附法。实验室通常用生石灰回流，使酒精中的水跟氧化钙反应，生成不挥发的氢氧化钙来除去水分，然后再蒸馏，这样可得 99.5% 的无水酒精。若要制备纯度更高的绝对乙醇，可用无水乙醇作原料，与金属镁或金属钠回流脱水之后再蒸馏。

注意乙醇、无水乙醇、绝对乙醇的区别。

本实验以工业乙醇为原料，加入生石灰回流脱水后再蒸馏得无水乙醇。

三、反应式

$$H_2O + CaO \longrightarrow Ca(OH)_2$$

四、仪器与试剂

仪器：回流装置 1 套；常压蒸馏装置 1 套；0～100℃ 玻璃温度计 1 支；250mL 圆底烧瓶 1 个；氯化钙干燥管 1 支；250mL 加热包 1 个；锥形瓶或圆底烧瓶，50mL、100mL 各 1 个。

试剂：工业乙醇（95.5%）100mL；生石灰 25g；无水氯化钙。

五、操作步骤

本实验中所用仪器均需彻底干燥。装置如图 2.1(b) 所示，在 250mL 圆底烧瓶中，放置 100mL 工业乙醇和 25g 生石灰，装上球形冷凝管，其上端接一氯化钙干燥管，在加热包或水浴上加热回流 1.5～2h。稍冷后取下冷凝管，改成如图 2.1(c) 所示的蒸馏装置，尾接管出口接上氯化钙干燥管。蒸去前馏分后，用事先干燥并称重的锥形瓶或圆底烧瓶做接收器，其支管接一氯化钙干燥管，使与大气相通。加热，蒸馏至几乎无液滴馏出为止。称量无水乙醇的质量或量其体积，计算回收率。

$$回收率 = \frac{(W_2 - W_1) \times 0.995}{100 \times 0.955 \times 0.804} \times 100\%$$

式中，W_1 为空接液瓶重，g；W_2 为接液瓶与无水乙醇共重，g；0.804 为 95.5% 工业乙醇的相对密度。回收率约为 80%～90%。无水乙醇沸点为 78.5℃。

六、注意事项

1. 由于无水乙醇具有很强的吸水性，实验过程中要注意防潮。无水氯化钙干燥管的使用就是为了防止吸收空气中的水分，且使之与大气相通。干燥管中也可塞入脱脂棉代替无水氯化钙。

2. 干燥剂干燥有机物时，一般在蒸馏前要滤除干燥剂。而本实验中，生石灰与水生成的氢氧化钙，加热时不会分解，因此不必滤除。

3. 蒸馏无水乙醇时，温度计的读数应为 (78.5±0.1)℃，如果读数不符，说明该温度计刻度不准，因此可通过蒸馏无水乙醇对温度计进行校正。

七、思考题

1. 为什么在加热回流和蒸馏操作时，冷凝管顶端和接液管支管上要安装无水氯化钙干燥管？
2. 用 100mL 含量 95.5% 的工业乙醇制备无水乙醇时，理论上需要生石灰多少克？
3. 为什么回流装置中用球形冷凝管，而蒸馏装置中用直形冷凝管？

19.3 液体化合物的分离与提纯

有机化学实验中，液体化合物的分离与提纯有各种方法。利用各组分溶解度不同而有液液萃取法，利用各组分吸附或溶解性能不同而有柱色谱法和气相色谱法等色谱方法，利用各组分渗透性能不同而有反渗透膜、超渗透膜和浓差极化等膜分离法，利用各组分沸点不同而有常压蒸馏、减压蒸馏、精密分馏、分子蒸馏、反应蒸馏、萃取蒸馏、水蒸气蒸馏和共沸蒸馏等蒸馏方法。蒸馏方法是有机化学中的基本技术。本节安排 3 个蒸馏实验。

实验六　常压蒸馏和沸点测定

一、实验目的

1. 了解沸点测定的意义和常压蒸馏原理。
2. 掌握常量法及微量法测定沸点的方法。

二、基本原理

在一个大气压下，物质的气液相平衡点称为物质的沸点。蒸馏就是将一物质变为它的蒸气，然后将蒸气移到别处，使它冷凝变为液体或固体的一种操作过程。蒸馏的原理是利用物质中各组分的沸点差别而将各组分分离。

当液态物质受热时，蒸气压增大，待蒸气压大到和大气压或所给的压力相等时，液体沸腾，即达到沸点。每种纯液态有机化合物在一定压力下具有固定的沸点，往往在 1~2℃ 之间，若有杂质存在，则沸点有时升高，有时降低。利用蒸馏可将沸点相差较大（至少大于 30℃）的液态化合物分开。

沸点差别较大的液体进行蒸馏时，沸点较低者先蒸出，沸点较高者随后蒸出，不挥发的留在蒸馏器内，这样，可达到分离和提纯的目的。因此，蒸馏为分离和提纯液态有机化合物常用的方法，是重要的基本操作，必须熟练掌握。在蒸馏沸点比较接近的混合物时，各种物质的蒸气将同时蒸出，只不过低沸点的多一些，故难于达到分离和提纯的目的，只能借助于分馏（参看实验七）。纯液态有机化合物在蒸馏过程中沸点范围（即沸程）很小（0.5~1℃）。蒸馏也可以用来测定沸点，用蒸馏法测定沸点叫常量法，此法蒸馏物用量较大，要 10mL 以上，若样品不多时，可采用半微量法。

为了消除在蒸馏过程中的过热现象和保证沸腾的平稳状态，常加入素烧瓷片或沸石，或一端封口的毛细管，因为它们都能防止加热时的暴沸现象，故把它叫作止暴剂，或叫作助沸剂。

在加热蒸馏前就应加入止暴剂。当加热后发觉未加止暴剂或原有止暴剂失效时，千万不能匆忙地投入止暴剂。因为当液体在沸腾时投入止暴剂，将会引起止暴剂中的空气猛烈地暴沸，液体容易冲出瓶口，若是易燃的液体，还会引起火灾。所以，应使沸腾的液体冷却至沸点以下后才能加入止暴剂，切记。如蒸馏中途停止，后来需要继续蒸馏，也必须在加热前补添新的止暴剂，方可安全。

三、实验步骤

1. 蒸馏装置及安装

图 19.11 为常压蒸馏最常用的装置。这些装置由蒸馏瓶、温度计、冷凝管、接液管和锥形瓶组成。

根据蒸馏物的量选择大小合适的蒸馏瓶，一般是使蒸馏物的体积占蒸馏瓶体积的 1/3~2/3。温度计通过温度计套管或者通过木塞或橡皮塞插入瓶颈中央，其水银球上限应和蒸馏瓶支管的下限在同一水平线上［图 19.11(a) 右上角］。非磨口蒸馏瓶的支管通过木塞或橡皮塞与冷凝管相连，支管口应伸出木塞或橡皮塞 2~3cm 左右。作水冷凝管时，其外套中通水（冷凝管下端的进水口用橡皮管接至自来水龙头，上端的出水口以橡皮管导入水槽），上端的出水口应向上，可保证套管中充满水，使蒸气在冷凝管中冷凝成为液体。冷凝管下端通过木塞或橡皮塞和接受液体的导管（接液管）相连。接液管下端伸入作为接受馏液用的锥形瓶中。接液管和锥形瓶间不可用塞子塞住，而应与外界大气相通。蒸馏瓶置于三角架或铁圈的石棉网上。

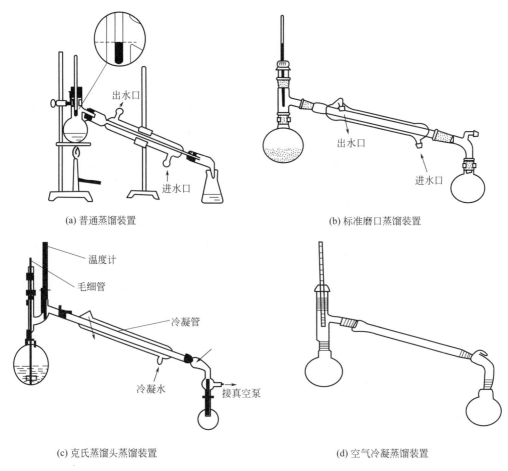

图 19.11 常压蒸馏装置

在安装仪器前首先选择合适规格的仪器，配妥各连接处的木塞或橡皮塞。如果选用磨口仪器，则选用口径标号相同的仪器。安装的顺序一般是先从热源处（加热包、煤气灯或电炉）开始，然后"由下而上，由左到右（或由右到左）"，依次安放三脚架或铁圈（以电炉为热源时可不用）、石棉网（或水浴、油浴）和蒸馏瓶等等。蒸馏瓶用铁夹垂直夹好，安装冷凝管时应先调整它的位置与蒸馏瓶支管同轴，然后松开冷凝管铁夹，使冷凝管沿此轴移动和蒸馏瓶相连，这样才不致折断蒸馏瓶支管。各铁夹不应夹得太紧或太松，以夹住后稍用力尚能转动为宜。铁夹内要垫以橡皮等软性物质，以免夹破仪器。整个装置要求准确端正，无论从正面或侧面观察，全套仪器中个别仪器的轴线都要在同一平面内。所有的铁夹和铁架都应尽可能整齐地放在仪器的背部。

2. 蒸馏操作

本实验用不纯乙醇 30mL，放在 60mL 圆底烧瓶中蒸馏，并测定沸点。

（1）加料

将待蒸馏液通过玻璃漏斗或直接沿着面对支管口的瓶颈壁小心倒入蒸馏瓶中。要注意不使液体从支管流出。加入 1~2 粒助沸物,塞好带温度计的塞子。再一次检查仪器的各部分连接是否紧密和妥善。

(2) 加热

用水冷凝管时,先由冷凝管下口缓缓通入冷水,自上口流出引至水槽中,然后开始加热(选用加热包、水浴、油浴或用石棉网加热视具体情况而定)。加热时可以看见蒸馏瓶中液体逐渐沸腾,蒸气逐渐上升,温度计读数也略有上升。当蒸气的顶端到达温度计水银球部位时,温度计读数会急剧上升。这时应适当调小火焰或调整加热包或电炉的电压,使加热速度略为下降,蒸气顶端停留在原处使瓶颈上部和温度计受热,让水银球上液滴和蒸气温度达到平衡。然后再稍稍加大火焰,进行蒸馏。控制加热,调节蒸馏速度,通常以 1~2 滴/秒为宜。在整个蒸馏过程中,应使温度计水银球上常有被冷凝的液滴,此时的温度即为液体与蒸气平衡时的温度,温度计的读数就是液体(馏出液)的沸点。蒸馏时加热速度不能过快,否则会在蒸馏瓶的颈部造成过热现象,使一部分液体的蒸气直接受热,这样由温度计读得的沸点会偏高;蒸馏也不能进行得太慢,否则由于温度计水银球不能为流出液的蒸气充分浸润而使温度计上所读得的沸点偏低或不规则。

(3) 观察沸点及收集馏液

进行蒸馏前,至少要准备两个接收器,因为在达到需要物质的沸点之前,常有沸点较低的液体先蒸出。这部分馏液称为"前馏分"或"馏头"。前馏分蒸完,温度趋于稳定后,蒸出的就是较纯的物质,这时应更换一个洁净干燥的接收器接收。记下这部分液体开始馏出时和最后一滴时的温度读数,即是该馏分的沸程(沸点范围)。一般液体中或多或少含有一些高沸点杂质,在所需要的馏分蒸出后,若再继续升高加热温度,温度计读数会显著升高;若维持原来加热温度,就不会再有馏出液蒸出,温度会突然下降,这时就应停止蒸馏。即使杂质含量极少,也不要蒸干,以免蒸馏瓶破裂及发生其他意外事故。

蒸馏完毕,先应停火,然后停止通水,拆下仪器。拆除仪器的程序和装配的程序相反,先取下接收器,然后拆下接收管、冷凝管和蒸馏瓶。

液体的沸程常可代表它的纯度。纯粹液体的沸程一般不超过 1~2℃。对于合成实验的产品,因大部分是从混合物中采用蒸馏法提纯,由于蒸馏方法的分离能力有限,故在普通的有机化学实验中收集的沸程较大。

四、注意事项

1. 当蒸馏易挥发和易燃的乙醚、二硫化碳等物质时,不能用电炉、酒精灯、煤气灯等明火加热。否则,容易引起火灾,一般的加热操作用加热包。若没有加热包而要用热浴,沸点低于 80℃,用热水浴即可。

2. 蒸发有机溶剂均应用小口接收器,如锥形瓶等。接液管与接收器之间不能用塞子塞住,否则会造成封闭体系,引起爆炸事故。

五、思考题

1. 什么叫沸点,沸点与大气压有什么关系?

2. 在装置中,若把温度计水银球插在液面上或蒸馏烧瓶支管口上方,这样会发生什么问题?

3. 蒸馏时,放入止暴剂为什么能防止暴沸?如果加热后才发觉未加入止暴剂时,应该怎样处理才安全?

4. 加热后有馏液出来时,才发现冷凝管未通水,请问能否马上通水?如果不行,应怎么办?

5. 如果液体具有恒定的沸点，那么能否认为它是单纯物质？

实验七　分馏

一、实验目的

1. 了解分馏的原理和意义、分馏柱的种类和选用方法。
2. 熟悉实验室常见分馏的操作方法。

二、基本原理

应用分馏柱来分离混合物中沸点相近的各组分的操作叫分馏。

分馏在化学工业和实验室中被广泛应用。现在最精密的分馏设备已经能将沸点相差仅1～2℃的混合物分开。利用蒸馏和分馏来分离混合物的原理一样。实际上分馏就是多次蒸馏。

工业上最典型的分馏设备是分馏塔。在实验室中，则使用分馏柱。分馏柱的作用，就是使沸腾着的混合液的蒸气进入分馏柱时，由于柱外空气的冷却，蒸气中高沸点的组分就被冷却为液体，回流入蒸馏瓶中。因此，上升的蒸气中容易挥发组分的相对量便较多了，而冷凝下来的液体含不易挥发组分的相对量也就较多，当冷凝液回流途中遇到上升的蒸气，二者进行热交换，上升蒸气中高沸点的组分又被冷凝，因此易挥发组分又增加了。如此在分馏柱内反复进行着气化、冷凝、回流等过程，当分馏柱的效率相当高且操作正确时，则在分馏柱上部逸出的蒸气就接近于纯的易挥发的组分，而向下回流入蒸馏瓶的液体，则接近于难挥发的组分。

三、实验步骤

1. 简单分馏柱的形式

分馏柱的种类很多，一般实验室常用的分馏柱有如图 19.12 所示的几种。其中，图 19.12（b）为韦氏（Vigreux）分馏柱，也叫刺形分馏柱，是最常用的分馏柱。

为了提高分馏柱的分馏效率，在分馏柱中装入具有较大表面积的填充物，填充物之间要保留一定的空隙，这样就可增加回流液体和上升蒸气的接触面。分馏柱底部往往放一些玻璃丝以防止填充物下坠入蒸馏烧瓶中，如图 19.12（c）所示。分馏柱效率的高低与柱的高度、绝热性能和填充物的类型等有关。

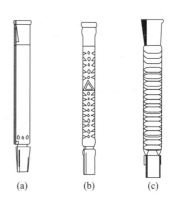

图 19.12　几种常用分馏柱

（1）分馏柱的高度

分馏柱愈高，蒸气和冷凝液接触的机会也愈多，效率愈高。但不宜过高，以免收集液量少，分馏速度慢。所以，要选择适当。

（2）填充物

柱中填料品种和式样很多，效率不同，在填装填料时要遵守适当紧密且均匀的原则。玻璃管填料（长约 20mm）效率较低。用金属丝绕成固定形状，效率较高。

（3）若将柱身裹以石棉绳、玻璃布等保温材料，控制加热速度，可以提高分馏效率。

2. 简单分馏装置和操作

简单分馏装置如图 19.13 所示，柱身用石棉绳保温。

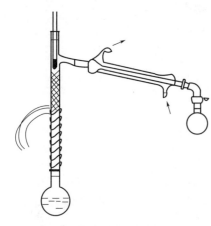

图 19.13　石棉绳保温的简单分馏装置

简单分馏操作和蒸馏操作大致相同。将待分馏的混合物放入圆底烧瓶中，加入 1 颗沸石，装上普通分馏柱，插上温度计。分馏柱支管和冷凝管相连。蒸馏液收集在锥形瓶中，柱外用石棉绳包住，这样可以减少柱内热量的散失，减少空气流动和室温的影响。选用合适的热浴加热，液体沸腾后要注意调节浴温，使蒸气慢慢升入分馏柱中，约 10~15min 后，蒸馏组分气体到达柱顶，可用手摸柱壁，如若烫手表示蒸气已到达该处。在有馏出液滴出后，调节浴温使得蒸出来的液体的速度控制在每两三秒钟一滴，这样可以达到比较好的分馏效果。待低组分沸点蒸完后，再渐渐升高温度。当第二个组分蒸出时会产生沸点的迅速上升。上述情况是假定分馏体系有可能将混合物的组分进行严格分馏，如果不是这样，一般则有相当大的中间馏分。

四、注意事项

1. 分馏要缓慢进行，要控制好恒定的速度。
2. 要有相当量的液体自柱流回蒸馏瓶中，即要选择合适的回流比。回流比是指在单位时间内，由柱顶冷凝返回柱中液体的量与蒸出物量之比。
3. 要减少分馏柱的热量散失和波动。

五、思考题

1. 分馏和蒸馏在原理和装置上有哪些异同？
2. 如果将分馏柱顶上温度计的水银柱的位置插下些，行吗？为什么？
3. 有哪些措施提高分馏效果？

实验八　水蒸气蒸馏

一、实验目的

1. 了解水蒸气蒸馏的原理及其应用。
2. 熟悉水蒸气蒸馏的主要仪器，掌握水蒸气蒸馏的装置及其操作方法。

二、基本原理

水蒸气蒸馏就是以水作为混合液的一种组分，将在水中基本不溶的物质以其与水的混合态在低于 100℃ 时蒸馏出来的一种操作过程，简称汽馏。

1. 水蒸气蒸馏应用范围

(1) 某些沸点较高的有机化合物，在常压蒸馏虽可与副产品分离，但被分离的物质易被破坏，如高温水解。

(2) 混合物中含有大量树脂状杂质或不挥发杂质，采用蒸馏、萃取等方法都难以分离。

(3) 从较多固体反应物中分离被吸附的液体。

2. 水蒸气蒸馏应用条件

(1) 被提纯物质不溶或难溶于水。

(2) 在共沸腾下被提纯物质与水不发生化学反应。

(3) 在 100℃ 左右时，被提纯物质必须具有一定的蒸气压，一般不小于 10mmHg

（1mmHg=133.322Pa）。

3. 水蒸气蒸馏原理

当有机物与水一起共热时，整个系统的蒸气压，根据分压定律，应为各组分蒸气压之和。即

$$p = p_{H_2O} + p_A$$

式中，p 为总气压；p_{H_2O} 为水蒸气压；p_A 为与水不相溶物或难溶物质的蒸气压。

当总蒸气压（p）与大气压力相等时，则液体沸腾。显然，混合物的沸点低于任何一个组分的沸点。即有机物可在比其沸点低得多的温度下，安全地蒸馏分出，见表19.5。

表19.5 某些物质水蒸气蒸馏时的分压

有机物	沸点/℃	p_{H_2O}/mmHg	p_A(有机物)/mmHg	混合物沸点/℃
乙苯	136.2	557	193.2	92
苯胺	184.4	717.5	42.5	98.4
硝基苯	210.9	738.5	20.1	99.2

伴随水蒸气馏出的有机物和水，两者的重量（W_A 和 W_{H_2O}）比等于两者的分压（p_A 和 p_{H_2O}）分别和两者的分子量（M_A 和 M_{18}）的乘积之比，因此，在馏出液中有机物质同水的重量比可按下式计算：

$$W_A/W_{H_2O} = M_A p_A / (18 \times p_{H_2O})$$

例如，用水蒸气蒸馏1-辛醇和水的混合物，1-辛醇的沸点为195.0℃，1-辛醇与水的混合物在99.4℃沸腾，纯水在99.4℃时的蒸气压为744mmHg，在此温度下1-辛醇的蒸气压为760－744＝16(mmHg)，1-辛醇的分子量为130，在馏液中1-辛醇与水的重量比等于：

$$W_A/W_{H_2O} = 16 \times 130/(744 \times 18) = 0.155 (g/g \text{ 水})$$

每蒸出0.155g正辛醇，伴随蒸出1g水，即馏液中水占87%，1-辛醇占13%。

又如，苯胺和水的混合物用水蒸气蒸馏时的有关数据如上表所列。苯胺的分子量为98。所以，馏液中苯胺与水的重量比为0.322。

由于苯胺略溶于水，计算值仅为近似值。

水蒸气蒸馏法的优点在于使所需要分离的组分，可在较低的温度下从混合物中蒸馏出来，从而避免在常压下蒸馏时所造成的损失，提高分离提纯的效率。同时在操作和装置方面也较减压蒸馏简便，所以水蒸气蒸馏可以应用于分离和提纯有机物。

三、实验步骤

1. 实验装置

水蒸气蒸馏装置包括水蒸气发生器、蒸馏部分、冷凝部分和接收器等四个部分。图19.14所示的装置是实验室常用的水蒸气蒸馏装置。

水蒸气发生器一般使用金属制成，如图19.15所示，也可用短颈圆底烧瓶代替。例如，1000mL短颈圆底烧瓶作为水蒸气发生器，瓶口配一双孔软木塞或橡皮塞，一孔插入长30cm、直径约为5mm的玻璃管作为安全管，另一孔插入内径约为8mm的水蒸气导出管。导出管与一个T形管相连，T形管的支管套上一短橡皮管，橡皮管上用螺旋夹夹住，T形管的另一端与蒸馏部分的导管相连。这段水蒸气导管应尽可能短些，以减少水蒸气的冷凝。T形管用来除去水蒸气中冷凝下来的水，有时在操作发生不正常的情况时，可使水蒸气发生器与大气相通。

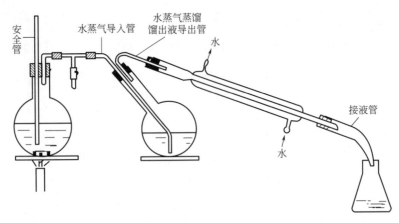

图 19.14 水蒸气蒸馏装置

蒸馏部分通常采用长颈圆底烧瓶，被蒸馏的液体量不能超过其容积的 1/3，斜放在桌面成 45°角，这样可以避免由于蒸馏时液体跳动十分剧烈引起液体从导出管冲出，以至沾污馏液。蒸汽管的末端应弯曲，使其垂直并正对烧瓶中央，如图 19.16 所示。如果不斜放，则必须采用克氏蒸馏头。

为了减少由于反复移换容器而引起的产物损失，常直接利用原来的反应器（即非长颈圆底烧瓶），按图 19.17 装置，进行水蒸气蒸馏。

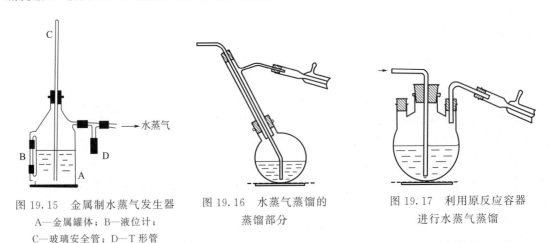

图 19.15　金属制水蒸气发生器
A—金属罐体；B—液位计；
C—玻璃安全管；D—T形管

图 19.16　水蒸气蒸馏的蒸馏部分

图 19.17　利用原反应容器进行水蒸气蒸馏

通过水蒸气发生器安全管中水面的高低，可以观察到整个水蒸气蒸馏系统是否畅通，若水面上升很高，则说明有某一部分被阻塞，这时应立即旋开螺旋夹，移去热源，拆下装置进行检查和处理。一般多数是水蒸气导入管下管被树脂状物质或者焦油堵塞。否则，就有发生塞子冲出和液体飞溅的危险。

2. 实验步骤

本实验分离不纯冬青油，用量 5mL。

在水蒸气发生瓶中，加入约占容器 3/4 的开水，并加入 1 片素烧瓷。待检查整个装置不漏气（怎样检查）后，旋开 T 形管的螺旋夹，加热至沸腾。当有大量水蒸气从 T 形管的支管冲出时，立即旋紧螺旋夹，水蒸气便进入蒸馏部分，开始蒸馏。在蒸馏过程中，如果由于水蒸气的冷凝而使烧瓶内液体量增加，以至超过烧瓶容积的 2/3 时，或者水蒸气蒸馏速度较慢时,则将蒸馏部分隔石棉网加热,但要注意瓶内崩跳现象,如果崩跳剧烈,则不应加热,以免发生意外。蒸馏速度为每秒2~3滴。

馏出物转移到分液漏斗中,静置,待两层液体完全分清后再分液。

四、注意事项

1. 在蒸馏过程中,必须经常检查安全管中的水位是否正常,有无倒吸现象,蒸馏部分混合物溅飞是否厉害。一旦发生不正常现象,应立即旋开螺旋夹,移去热源,找原因排除故障,当故障排除后,才能继续蒸馏。

2. 当馏出液无明显油珠,澄清透明时,便可停止蒸馏,必须先旋开螺旋夹,然后移开热源,以免发生倒吸现象。

五、思考题

1. 进行水蒸气蒸馏时,水蒸气导入管的末端为什么要插入到接近容器底部?
2. 水蒸气蒸馏可以分离哪些有机化合物?
3. 水蒸气蒸馏装置中,T形管起什么作用?

19.4 固体化合物的分离与提纯

有机化学实验中,固体化合物的分离与提纯根据原理和操作不同有各种方法。利用物质状态不同而有常压过滤、减压过滤、加压过滤、加热过滤、离心过滤等过滤方法,利用不同物质在同一溶剂中溶解度不同和同一物质在不同温度溶解度不同而有单溶剂重结晶、多元溶剂重结晶和分步冷冻结晶等重结晶分离方法,利用物质在不同溶剂中溶解度不同而有加压萃取、减压萃取、超临界萃取和液固萃取等萃取方法,利用物质吸附或溶解性能不同而有柱色谱法和高效液相色谱法等色谱方法,利用物质的升华性质而有常压升华和减压升华等升华方法。重结晶方法是有机化学中的基本技术。本节安排2个实验。

实验九 重结晶和抽气过滤

一、实验目的

1. 了解有机物重结晶提纯的原理和应用。
2. 掌握有机物重结晶提纯的基本步骤和操作方法。

二、基本原理

将欲提纯的物质在较高温度下溶于合适的溶剂中制成饱和溶液,趁热将不溶物滤去,在较低温度下结晶析出,而可溶性杂质留在母液中,这一过程称为重结晶。其原理就是利用物质中各组分在同一溶剂中的溶解性能不同而将杂质除去。

从有机反应中分离出的固体有机化合物往往是不纯的,必须经过重结晶等方法提纯才能得到纯品。根据物质的熔程可判断物质的纯度。

1. 重结晶操作的一般过程

(1) 选择适当的溶剂;
(2) 将粗产品溶于热溶剂中制成饱和溶液;
(3) 趁热过滤除去不溶性杂质,如溶液颜色较深,则应先脱色,再趁热过滤;
(4) 将此滤液冷却,或蒸发溶剂,使结晶慢慢析出,而杂质则留在母液中,或者杂质析出,而欲提纯的化合物则溶在溶液中;

(5) 抽气过滤分离母液，洗涤并分出结晶或杂质。

2. 溶剂选择的基本原则

作为合适的溶剂，要符合下列几个条件。

(1) 与欲提纯的物质不起化学反应；

(2) 对欲提纯的有机物质必须具备溶解度在高温时较大，而在较低温度时则较小的特性；

(3) 对杂质的溶解度非常大或非常小，溶解度大者使杂质留在母液中，不与被提纯物一道析出结晶，溶解度小者使杂质在热过滤时被除去；

(4) 对欲提纯的物质能生成较整齐的晶体；

(5) 溶剂的沸点，不宜太低，也不宜太高，当过低时，溶解度改变不大，操作不易，过高时，附着于晶体表面的溶剂不易除去。

在几种溶剂同时可供选择时，则应根据结晶的回收率、操作的难易、易燃性和价格等因素来选择。

重结晶常用溶剂见表 19.6。

表 19.6 重结晶常用的溶剂

溶剂	沸点/℃	冰点/℃	相对密度	与水的混溶性	易燃性
水	100	0	1	＋	0
甲醇	64.96	＜0	0.79	＋	＋
95％乙醇	78.1	＜0	0.8	＋	＋＋
冰醋酸	117.9	16.7	1.05	＋	＋
丙酮	56.2	＜0	0.79	＋	＋＋＋
乙醚	34.51	＜0	0.71	－	＋＋＋＋
石油醚	30～60	＜0	0.64	－	＋＋＋＋
乙酸乙酯	77.06	＜0	0.9	－	＋＋
苯	80.1	5	0.88	－	＋＋＋＋
氯仿	61.7	＜0	1.48	－	0
四氯化碳	76.54	＜0	1.59	－	0

三、实验步骤

1. 溶剂的选择

在重结晶时需要知道用哪一种溶剂最合适和欲提纯物质在该溶剂中的溶解情况。一般化合物可以查阅手册或辞典中的溶解度数据或通过试验来决定采用什么溶剂。

选择溶剂时，必须考虑到被溶物质的成分与结构。因为溶质往往易溶于结构与其近似的溶剂中。极性物质较易溶于极性溶剂，而难溶于非极性溶剂中。例如含羟基的化合物，在大多数情况下或多或少地能溶于水中；碳链增长，如高级醇，在水中的溶解度显著降低，但在碳氢化合物中，其溶解度却会增加。

溶剂的最后选择，只能用实验方法决定。其方法是，取 0.1g 待结晶的固体粉末于一小试管中，用滴管逐滴加入溶剂，并不断振荡。若加入的溶剂量达 1mL 仍未见全溶，可小心加热混合物至沸腾（必须严防溶剂着火）。若此物质在 1mL 冷的或温热的溶剂中已全溶，则此溶剂不适用。如果该物质不溶于 1mL 沸腾溶剂中，则继续加热，并分批加入溶剂，每次加 0.5mL 并加热至沸。若加入溶剂量达到 4mL，而物质仍然不能溶解，则必须寻求其他溶剂。如果该物质能溶解在 1～4mL 的沸腾的溶剂中，则将试管进行冷却观察结晶析出情况，如果结晶不能自行析出，可用玻璃摩擦溶液面下的试管壁，或再辅以冰水冷却，以使结晶析出。若结晶仍不能析出，则此溶剂也不适用。如果结晶能正常析出，要注意析出的量，在几个溶剂用同法比较后可以选用结晶收率最好的溶剂来进行重结晶。

2. 溶解及趁热过滤

通常将待结晶物质置于锥形瓶中，加入较需要量稍少的适宜溶剂，加热到微微沸腾。溶剂需要量是根据所查的溶解度数据或通过溶解度试验得到的结果（经计算得到）。若未完全溶解，再适当补加，要注意判断是否有不溶性杂质存在，以免误加过多的溶剂。要使重结晶得到的产品纯净且回收率高，溶剂的用量是关键。虽然从减少溶解损失来考虑，溶剂应尽可能避免过量；但这样在热过滤时会引起很大的麻烦和损失，特别是当待结晶物质的溶解度随温度变化很大时更是如此。因而要根据这两方面的损失来权衡溶剂的用量，一般可比需要量多加 20% 左右的溶剂。

为了避免溶剂挥发、可燃溶剂着火或有毒溶剂中毒，应在锥形瓶上装置回流冷凝管，添加溶剂可由冷凝管上端加入。根据溶剂的沸点和易燃性，选择适当的热浴加热。当物质全部溶解后，即可趁热过滤。若溶液中含有色杂质，则要加活性炭脱色，这时应移去热源，使溶液冷却后，再加入活性炭，继续煮沸 5～10min，再趁热过滤。过滤易燃溶液时，附近的火源必须熄灭。为了较快过滤，可选用颈短而粗的玻璃漏斗，这样可避免晶体在颈部析出而造成阻塞。而且在过滤前，要把漏斗放在烘箱中预先烘热，待过滤时才将漏斗取出放在铁架台上的铁圈中，或放在盛滤液的锥形瓶上，图 19.18(a) 为用水作溶剂的一种热过滤装置，盛滤液的锥形瓶用小火加热，产生的热蒸气可使玻璃漏斗保温。但要特别注意，在过滤有易燃溶剂的溶液时，切不可用明火加热。在漏斗中放一折叠滤纸，折叠滤纸向外突出的棱边，应紧贴漏斗壁上。在过滤即将开始

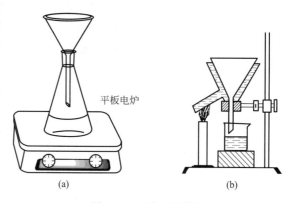

图 19.18 热过滤装置

前，先用少量热的溶剂湿润，以免干滤纸吸收溶液中的溶剂使结晶析出而堵塞滤纸孔。过滤时，漏斗上应盖上表面皿（凹面向下），减少溶剂的挥发。盛滤液的容器一般用锥形瓶，只有水溶液才可收集在烧杯中。如过滤进行得很顺利，常只有很少的结晶在滤纸上析出。如果结晶在热溶剂中溶解度很大，则可用少量热溶剂洗下，否则还是弃之为好，以免得不偿失。若结晶较多时必须用刮刀刮下加到原来的瓶中，再加适量的溶剂溶解并过滤。滤毕后，装有滤液的锥形瓶用洁净的木塞或橡皮塞塞住，也可用塑料膜严密遮掩，放置一旁缓慢冷却析晶。

如果溶液稍冷却就会析出结晶，或过滤的溶液量较多，则最好使用热水漏斗，见图 19.18(b)。热水漏斗要用铁夹固定好并预先将开水或其他热溶剂注入夹套中，再用酒精灯加热保温。在过滤易燃有机溶剂时一定要熄灭火焰！

(1) 活性炭的使用

粗制的有机化合物常含有色杂质。在重结晶时杂质虽可溶于沸腾的溶剂中，但当冷却析出结晶时，部分杂质又会被结晶吸收，使得产物有色。有时在溶液中存在着某些树脂状物质

或不溶性杂质的均匀悬浮体,使得溶液有些浑浊,常常不能用一般的过滤方法除去。如果在溶液中加入少量活性炭,并煮沸 5~10min,要注意活性炭不能加到已沸腾的溶液中,以免溶液暴沸而自容器冲出。活性炭可吸附有色杂质、树脂状物质以及均匀分散的物质。趁热过滤除去活性炭,冷却溶液便能得到较好的结晶。活性炭在水溶液中进行脱色的效果较好,它也可在任何有机溶液中使用,但在烃类非极性溶剂中效果较差。除用活性炭脱色外也可采用柱色谱来除去杂质。

使用活性炭时,必须避免用量太多,因为它也能吸附一部分纯化的物质。所以活性炭的用量应视杂质的多少而定,一般为干燥粗产品质量的 1%~5%,假如这个比例的活性炭不能使溶液完全脱色,则可再用 1%~5% 的活性炭重复上述操作。过滤时选用的滤纸要紧密贴在布氏漏斗上,以免活性炭透过滤纸进入溶液中。

(2) 折叠滤纸的方法

将选定的圆滤纸(方滤纸可在折好后再剪,按图 19.19(a) 先一折为二,再沿 2、4 折成 4。然后将 1、2 的边沿折至 4、2,2、3 的边沿折至 2、4,分别在 2、5 和 2、6 处产生新的折纹,见图 19.19(a)。继续将 1、2 折向 2、6,2、3 折向 2、5,分别得到 2、7 和 2、8 的折纹,见图 19.19(b)。同样,在 2、3 对 2、6,1、2 对 2、5 分别折出 2、9 和 2、10 的折纹,见图 19.19(c)。最后在 8 个等分的每一小格中间以相反方向折成 16 等分,见图 19.19(d),结果得到折扇一样的排列。再在 1、2 和 2、3 处各向内折一小折面,展开后即得到折叠滤纸,或称扇形滤纸,见图 19.19(e)。在折纹集中的圆心处折时切勿重压,否则滤纸的中央在过滤时容易破裂。在使用前,应将折好的滤纸翻转并整理好后再放入漏斗中,这样可避免被手指弄脏的一面接触滤过的滤液。

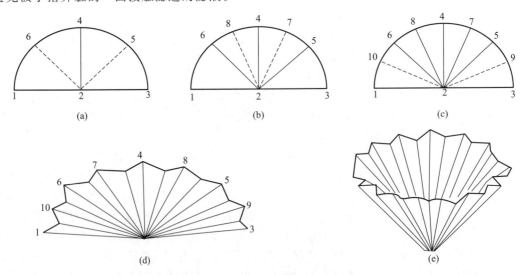

图 19.19 折叠式滤纸的折叠顺序

3. 冷却析晶

将滤液在冷水浴中迅速冷却并剧烈搅动时,只能得到颗粒很小的晶体。小晶体包含杂质较少,但其表面积较大,吸附于其表面的杂质较多。若希望得到均匀而较大的晶体,可将滤液(如在滤液中已析出结晶,可加热使之溶解)在室温或保温下静置使之缓慢冷却析晶。

有时由于滤液中有焦油状物质或胶状物存在,使结晶体不易析出,或有时因形成过饱和溶液也不析出结晶。在这种情况下,可用玻璃摩擦器壁以形成粗糙面,使溶质分子呈定向排列而形成结晶,这个过程较在平滑面上迅速和容易;或者投入晶种(同一物质的晶体,若无此物质的晶体,可用玻璃蘸一些,溶液稍干后即会析出结晶)供给定型晶核,使晶体迅速形成。

有时被纯化的物质呈油状析出,油状物长时间静置或足够冷却后虽也可以固化,但这样的固体往往含有较多杂质(杂质在油状物中溶解度比在溶剂中溶解度大;其次,析出的固体中还会包含一部分母液),纯度不高,用溶剂大量稀释,虽可防止油状物生成,但将使产物大量损失。这时可将析出油状物的溶液加热重新溶解,然后慢慢冷却,当油状物析出时便剧烈搅拌混合物,使油状物在均匀分散的状况下固化,这样包含的母液就大大减少,但最好还是重新选择溶剂,使之能得到晶形的产物。

4.抽气过滤

为了把结晶从母液中分离出来,必须抽气过滤。一般抽气过滤装置由装有布氏漏斗的过滤瓶、缓冲安全瓶及真空源组成,如图 19.20 所示。抽滤瓶的侧管用耐压橡皮管和安全瓶相连,安全瓶再与水泵等真空源相连。真空源可以是抽气泵、水泵、油泵或其他能产生真空的装置。

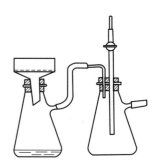

图 19.20 抽滤装置

布氏漏斗中铺的圆形滤纸要剪得比漏斗内径略小,使紧贴于漏斗的底壁。在抽滤前先用少量溶剂把滤纸润湿,然后打开水泵将滤纸吸紧,防止固体在抽滤时自滤纸边沿吸入瓶中。借助玻璃棒,将容器中液体和晶体分批倒入漏斗中,并用少量滤液洗出黏附于容器壁上的晶体,关闭水泵前,先将抽滤瓶与水泵间连接的橡皮管拆开,或将安全瓶上的活塞打开接通空气,以免水倒流入吸滤瓶内。

布氏漏斗中的晶体要用溶剂洗涤,以除去存在于结晶表面的母液,否则干燥后结晶仍不纯。用重结晶的同一溶剂进行洗涤,用量应尽量少,以减少溶解损失。洗涤的过程是将抽气暂时停止,在晶体上加少量溶剂,用刮刀或玻璃棒小心搅动,使所有晶体润湿,注意不要使滤纸松动。静置一会儿,待晶体均匀地被浸湿后再进行抽气,为了使溶剂和结晶更好地分开,最好在进行抽气的同时用清洁的玻璃塞倒置在结晶表面上用力挤压,以尽量抽除溶剂,一般重复洗涤 1~2 次即可。

如重结晶溶剂的沸点较高,在用原溶剂至少洗涤一次后,可用低沸点的溶剂洗涤,使最后的结晶产物易于干燥,但要注意所用溶剂必须是能和第一种溶剂互溶而对晶体是不溶或微溶的。

抽滤后所得的母液可移置其他容器中统一收集。较大量的有机溶剂,一般应用蒸馏法回收。如母液中溶解的物质不容忽视,可将母液适当浓缩。回收得到一部分纯度较低的晶体,测定它的熔点,以决定是否可供直接使用,或需进一步提纯。

5.结晶的干燥

抽滤和洗涤后的结晶,表面上还附有少量溶剂。因此尚需要用适当的方法进行干燥。重结晶后的产物需要测熔点来检验其纯度。在测定熔点前,晶体必须充分干燥,否则熔点会下降。固体的干燥方法很多,可根据重结晶所用的溶剂及结晶的性质来选择。常用的干燥方法见实验四实验步骤中固体有机化合物的干燥部分。

判断干燥与否通常采用恒重法,即相隔一定干燥时间的两次称重之差不大于所用天平或台秤的允许误差。

四、乙酰苯胺重结晶

称取 4g 不纯的乙酰苯胺,放置于 250mL 锥形瓶中,加入 110mL 水和 1 颗沸石,在加热包中或电炉的石棉网上加热至沸,使乙酰苯胺完全溶解。

停止加热,待稍冷后加入 0.2g 活性炭,再加热至微沸 5~10min,将短颈漏斗置入保温漏斗中,安放在铁环上,将折叠滤纸放入漏斗上,并用少量热水润湿。将上述溶液趁热过滤到锥形瓶或烧杯中,每次倒入漏斗的液体不要太满。过滤过程中,热水漏斗和溶液分别保持小火加热,以免冷却。滤液在室温时缓慢冷却,乙酰苯胺结晶析出。抽气过滤,用玻璃塞挤压晶体,继续抽滤,尽量把母液抽干,然后从吸滤瓶上拔去橡皮管,并关闭水泵,在布氏漏斗上加少量冷水,用玻璃棒均匀翻动,使晶体全部润湿,再打开水泵接上橡皮管抽滤至干,如此重复两次,取出晶体,放在表面皿上晾干或烘干,称量,计算回收率。

五、思考题

1. 重结晶要经过哪些步骤?
2. 重结晶如何选择溶剂,应注意什么?
3. 如何证明经重结晶之后的产品是否纯净?
4. 在使用布氏漏斗过滤之后洗涤产品的操作中,要注意哪些问题?如果滤纸大于布氏漏斗底面时,会有什么问题?
5. 如何判断有机物是否干燥完全?

实验十 升华

一、实验目的

1. 了解升华操作的原理和意义。
2. 熟悉实验室常用的升华方法。

二、实验原理

某些物质在固态时具有相当高的蒸气压,当加热时,不经过液态而直接气化,蒸气受到冷却又直接冷凝成固体,这一过程叫作升华。升华有常压升华、减压升华和低温升华等。

升华是提纯固体有机化合物的重要方法,如咖啡因、樟脑、蒽醌、苯甲酸、糖精等有机物的提纯,以及单质碘、金属镁、金属钐、三氯化钛等无机物的提纯。表 19.7 列出了樟脑和蒽醌的温度和蒸气压关系,它们在熔点之前,蒸气压已相当高,可以进行升华。

表 19.7 樟脑、蒽醌的温度和蒸气压的关系

樟脑(mp176℃)		蒽醌(mp285℃)	
温度/℃	蒸气压/Pa	温度/℃	蒸气压/Pa
20	19.9	200	239.4
60	73.2	220	585.2
80	1216.9	230	944.3
100	2666.6	240	1635.9
120	6397.3	250	2660
160	29100.4	270	6995.8

若固态混合物具有不同的挥发度,则可应用升华方法提纯。升华得到的产品一般具有较高的纯度。此法特别适用于纯化易潮解的物质。

升华法只能用于在不太高的温度下有足够大的蒸气压力(在熔点前高于 266.69Pa)的固态物质,因此有一定的局限性。在常压下能升华的有机物不多。

三、实验步骤

图 19.21 是常压下简单的升华装置，在瓷蒸发皿中盛装粉碎了的样品，上面用一个直径小于蒸发皿的漏斗覆盖，漏斗颈用棉花塞住，防止蒸气溢出，两者用一张穿有许多小孔（孔刺向上）的滤纸隔开，以免升华上来的物质再落到蒸发皿内。操作时，可用砂浴或其他热浴加热，小心调节火焰，控制浴温低于被升华物质的熔点，而让其慢慢升华。蒸气通过滤纸小孔，冷却后凝结在滤纸上或漏斗壁上。

若物质具有较高的蒸气压，可采用图 19.22 的装置。

为了加快升华速度，可在减压下进行升华，减压升华法特别适用于常压下其蒸气压不大或受热易分解的物质，图 19.23 是用于少量物质的减压升华，通常用油浴加热，并视其具体情况而采用油泵或水泵抽气。

图 19.21 升华少量物质的装置

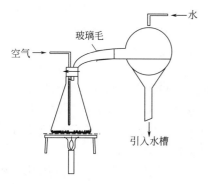

图 19.22 在空气或惰性气流中物质的升华装置

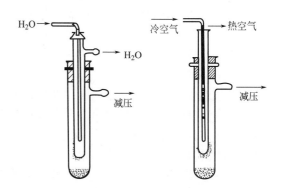

图 19.23 减压升华少量物质的装置

四、注意事项

1. 可在石棉网上铺一层厚约 1cm 的细砂代替砂浴。
2. 用小火加热必须留心观察，当发觉开始升华时，小心调节火焰，让其慢慢升华。

五、思考题

1. 哪些物质适合用升华法提纯？
2. 减压升华如何操作？

19.5 色谱分离与分析技术

色谱法从 20 世纪初发明以来，经历了整整一个世纪的发展，到今天已经成为最重要的分离分析技术，已广泛应用于石油化工、有机合成、生理生化、医药卫生、环境保护和空间探索等许多领域。有机化学实验中，色谱分离与分析是一门最基本的技术。本节安排薄层色谱 1 个实验。

实验十一　色谱分离与分析

一、实验目的

1. 掌握色谱法分离的原理和类型。

2. 熟悉薄层色谱的操作方法。

二、实验原理

色谱法是利用混合物中各组分在同一物质中的吸附、溶解或者分配性能的不同，使混合物溶液流经该物质，经反复地吸附或分配等作用将各组分分离的一种操作方法。

色谱法不仅可以分离、检测和定量各种分子结构不同的混合物，而且还可以分离、检测和定量各种结构类似物、同分异构体、对映异构体和非对映异构体混合物等，具有灵敏、准确和高效等特点。

根据分离原理，色谱法有吸附色谱、分配色谱、离子交换色谱与排阻色谱等。

根据操作条件，色谱法有柱色谱法、纸色谱法、薄层色谱法、气相色谱法和高效液相色谱法等。

三、实验步骤

薄层色谱法分离对硝基苯胺和邻硝基苯胺。

薄层色谱法是以涂布于玻璃板、铝基片或硬质塑料膜等支持板上的支持物为固定相，以合适的溶剂为流动相，对混合样品进行分离、鉴定和定量的一种色谱分离技术。它是快速分离和定性分析少量物质的一种很重要的实验技术，在有机合成中，常用于跟踪反应进程和寻找柱色谱分离条件。

薄层色谱法分离原理是，利用薄层板上的吸附剂在展开剂中所具有的毛细作用，使样品混合物随展开剂向上爬升。由于各组分在吸附剂上受吸附的程度不同，以及在展开剂中溶解度的差异，使其在爬升过程中得到分离。一种化合物在一定色谱分离条件下，其上升高度与展开剂上升高度之比是一个定值，称为该化合物的比移值，记为 R_f 值。它是用来比较和鉴别不同化合物的重要依据。应该指出，在实际工作中，R_f 值的重现性较差。因此，在鉴定过程中，常将已知物和未知物在同一块薄层板上点样，在相同展开剂中同时展开，通过比较它们的 R_f 值，即可作出判断。

薄层色谱法常用的吸附剂有硅胶和氧化铝，不含黏合剂的硅胶称硅胶 H；掺有黏合剂如煅石膏称为硅胶 G；含有荧光物质的硅胶称为硅胶 HF_{254}，可在波长为 254nm 的紫外线下观察荧光，而附着在光亮的荧光薄板上的有机化合物却呈暗色斑点，这样就可以观察到那些无色组分；既含煅石膏又含荧光物质的硅胶称为硅胶 GF_{254}。氧化铝也类似地分为氧化铝 G、氧化铝 HF_{254}、及氧化铝 GF_{254}。除了煅石膏外，羧甲基纤维素钠也是常用的黏合剂。由于氧化铝的极性较强，对于极性物质具有较强的吸附作用，因而它适合于分离极性较弱的化合物（如烃、醚、卤代烃等）。而硅胶的极性相对较小，它适合于分离极性较大的化合物（如羧酸、醇、胺等）。

展开剂的极性差异对混合物的分离有显著影响。当被分离物各组分极性较强，经过色谱分离后，如果混合物中各组分的斑点全部随溶剂爬升至最前沿，那么该溶剂的极性太强；相反，如果混合物中各组分的斑点完全不随溶剂的展开而移动，则该溶剂的极性太弱。选择溶剂时，一般根据待分离化合物的极性、溶解度等因素而定。应该指出，有时用单一溶剂不易使混合物分离，这就需要采用混合溶剂作展开剂。这种混合展开剂的极性常介于几种纯溶剂的极性之间。快捷寻找合适的展开剂可以按如下方法操作：先在一块薄展板上点上待分离样品的几个斑点，斑点间留有 1cm 以上的间距；用滴管将不同溶剂分别点在不同的斑点上，这些斑点将随溶剂向周边扩展形成大小不一的同心圆环。通过观察这些圆环的层次间距，即可大致判断溶剂的适宜性。

薄层色谱法有固定相涂布活化、点样、展开、显色和对照等几个操作环节。

1. 薄层板固定相的涂布与活化

将 5g 硅胶 G 在搅拌下慢慢加入到 12mL 1%的羧甲基纤维素钠（CMC）水溶液中，调成糊状。然后将糊状浆液倒在已洁净的载玻片上，用手轻轻振动，使涂层均匀平整，大约可铺 8cm×3cm 载玻片 6~8 块。室温下晾干，然后在 110℃烘箱内活化 0.5h。

2. 薄板色谱分离中的点样

用低沸点溶剂（如乙醚、丙酮或氯仿等）将样品配成 1%左右的溶液，然后用内径小于 1mm 的毛细管点样。点样前，先用铅笔在色谱板上距末端 1cm 处轻轻画一横线，然后用毛细管吸取样液在横线上轻轻点样，如果要重新点样，一定要等前一次点样残余的溶剂挥发后再点样，以免点样斑点过大。一般斑点直径不大于 2mm。如果在同一块薄层板上点两个样，两斑点间距应保持 1.0~1.5cm 为宜。干燥后就可以进行色谱分离展开。

3. 薄板色谱分离中的展开

以色谱缸作展开器，加入展开剂，其量以液面高度 0.5cm 为宜。在展开器中靠瓶壁放入一张滤纸，使器皿内易于达到气液平衡。滤纸全部被溶剂润湿后，将点过样的薄展板斜置于其中，使点样一端朝下，保持点样斑点在展开剂液面之上，盖上盖子，如图 19.24 所示。当展开剂上升至离薄展板上端约 1cm 处时，将薄展板取出，并用铅笔标出展开剂的前沿位置。待薄层板干燥后，便可观察斑点的位置。如果斑点无颜色，可将薄层板置放在装有几粒碘晶的广口瓶内盖上瓶盖。当薄层板上出现明显的暗棕色斑点后，即可将其取出，并马上用铅笔标出斑点的位置。然后计算各斑点的 R_f 值。

图 19.24　薄层色谱装置

4. 薄板色谱分离中的显色

碘熏显色法是观察无色物质斑点的一种有效方法。因为碘可以与除烷烃和卤代烃以外的大多数有机物形成有色配合物。不过，由于碘会升华，当薄层板在空气中放置一段时间后，显色斑点就会消失。因此，薄层板经碘熏显色后，应马上用铅笔将显色斑点圈出。如果薄层板上掺有荧光物质，则可直接在紫外灯下观察，化合物会因吸收紫外射而呈黑色斑点。

本实验用薄层色谱法分析对硝基苯胺和邻硝基苯胺。

样品分别用乙醇溶解；吸附剂用硅胶 G；展开剂用甲苯与乙酸乙酯二元溶剂，体积比为 4∶1。对硝基苯胺 R_f 值约为 0.66，邻硝基苯胺 R_f 值约为 0.44。

四、注意事项

1. 氨基酸与显色剂茚三酮溶液作用在一定的温度（约 105℃）下才行，所以必须充分加热烘干，显色才明显。

2. 薄板色谱制板时，一定要将吸附剂逐渐加入到溶剂中，边加边搅拌。如果颠倒添加秩序，把溶剂加到吸附剂中，容易产生结块。

3. 薄板色谱点样时，所用毛细管管口要平整，点样动作要轻快敏捷。否则易使斑点过大，产生拖尾、扩散等现象，影响分离效果。

五、思考题

1. 色谱法分离的原理是什么？
2. 哪些因素影响 R_f 的大小？
3. 什么是 R_f 值？为什么说 R_f 值是物质的特性常数？
4. 薄板色谱分离中点样斑点越小，分离效果越好，为什么？

19.6 有机化合物物理常数测定

有机化合物的物理性质包括物质状态、气味、颜色、熔点、沸点、密度、折射率、溶解度和比旋光度等，还包括红外光谱、核磁共振谱、紫外光谱和质谱等波谱性质。这些性质都是物质结构的反映，也就是物质结构决定物质性质，结构确定的物质就有确定的物理性质。有机化学实验中，通过测定物理常数可以鉴定化合物，以及大致判断化合物的纯度。本节安排1个实验。

实验十二 熔点测定与温度计校正

一、实验目的
1. 了解玻璃温度计的种类和校正方法。
2. 掌握熔点测定的意义和操作。

二、基本原理
1. 熔点及熔点测定方法

物质的熔点是指在一定大气压下物质的固相与液相共存时的温度。

大多数有机化合物的熔点都在400℃以下，较易测定。在有机化学实验及研究工作中，多采用操作简便的毛细管法测定熔点，所得的结果虽常略高于真实的熔点，但作为一般纯度的鉴定已经足够。

纯化合物从开始熔化（始熔）至完全熔化（全熔）的温度范围叫作熔程，也叫熔点范围。每种纯有机化合物都有自己独特的晶形结构和分子间力，每种晶体物质都有独特的熔点。当达到熔点时，纯化合物晶体几乎同时崩溃，熔程很小，一般为0.5～1℃。但是，不纯品即当有少量杂质存在时，其熔点一般总是降低，熔程增大。因此，从测定固体物质的熔点便可鉴定其纯度。

如测定熔点的样品为两种不同的有机物的混合物，例如，肉桂酸及尿素，尽管它们各自的熔点均为133℃，但把它们等量混合，再测定其熔点时，则比133℃低很多，而且熔程较大。这种现象叫作混合熔点下降，这种试验叫作混合熔点试验，这是用来检验两种熔点相同或相近的有机物是否为同一种物质的最简便的物理方法。

熔点测定有毛细管法、电热法等。其中毛细管法是最经典和较准确的方法，一般国家标准和药典中测定物质熔点大多采用毛细管方法。熔点测定的关键之一是温度计是否准确。

2. 温度计与温度计的校正

实验室用得最多的是水银温度计和有机液体温度计。水银温度计测量范围广、刻度均匀、读数准确，但玻璃管破损后会造成汞污染。有机液体（如乙醇、苯等）温度计着色后读数明显，但由于膨胀系数随温度而变化，故刻度不均匀，读数误差较大。

玻璃管温度计的校正方法有以下两种。

(1) 与标准温度计在同一状况下比较

实验室内将被校验的玻璃管温度计与标准温度计插入恒温槽中，待恒温槽的温度稳定后，比较被校验温度计与标准温度计的示值。示值误差的校验应采用升温校验，因为对于有机液体来说，它与毛细管壁有附着力，在降温时，液柱下降会有部分液体停留在毛细管壁上，影响准确读数。水银玻璃管温度计在降温时也会因摩擦发生滞后现象。

(2) 利用纯质相变点进行校正
① 用水和冰的混合液校正 0℃；
② 用水和水蒸气校正 100℃。

三、实验步骤

本实验采用毛细管法测定 2~3 个不同熔点的样品，每个样测定 3 次。

样品：乙酰苯胺（mp116℃）、不纯乙酰苯胺；尿素（mp132℃）、苯甲酸（mp122℃），尿素与苯甲酸的 1:1 混合物；萘（mp80℃）、樟脑（mp179℃）。

1. 毛细管的选用

通常是用直径 1.0~1.5mm，长约 60~70mm 一端封闭的毛细管作为熔点管。

2. 样品的填装

取 0.1~0.2g 样品，置于干净的表面皿或玻片上，用玻璃棒或清洁小刀研成粉末，聚成小堆。将毛细管开口一端倒插入粉末堆中，样品便被挤入管中，再把开口一端向上，轻轻在桌面上敲击，使粉末落入管底。也可将装有样品的毛细管，反复通过一根长约 40cm 直立于玻璃板上的玻璃管，均匀地自由落下，重复操作，直至样品高约 2~3mm 为止。操作要迅速，以免样品受潮。样品应干燥，装填要紧密，如有空隙，不易传热。

3. 仪器装置

毛细管法测定熔点的装置有好几种，本实验介绍两种最常用的装置。

第一种装置，如图 19.25(a) 所示。首先，取一个 100mL 的高型烧杯，置于放有铁丝网的铁环上；在烧杯中放入一根玻璃搅拌棒，最好在玻璃棒底端烧一个环，使其上下搅拌，放入约 60mL 浓硫酸作为热浴液体。其次，将毛细管中下部用浓硫酸润湿后，将其紧附在温度计旁，样品部分应靠在温度计水银球的中部，并用橡皮圈将毛细管紧固在温度计上，见图 19.25(b)。最后，在温度计上端套一软木塞或橡皮塞，并用铁夹挂住，将其垂直固定在离烧杯底约 1cm 的中心处。

第二种装置，如图 19.26 所示。Thiele 管，又叫 b 形管、熔点测定管。将熔点测定管夹在铁座架上，装入浴液于熔点测定管中至高出上侧管约 1cm，熔点测定管口配一缺口单孔软木塞或橡皮塞，温度计插入孔中，刻度应向软木塞或橡皮塞缺口。毛细管如同前法附着在温度计旁。温度计插入熔点测定管中的深度以水银球恰在熔点测定管的两侧管的中部为准。加热时，火焰须与熔点测定管的倾斜部分接触。这种装置测定熔点的好处是管内液体因温度差而发生对流作用，省去人工搅拌的麻烦，但常因温度计的位置和加热部位的变化而影响测定的准确度。

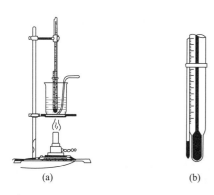

图 19.25 毛细管法测定熔点

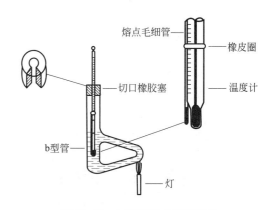

图 19.26 b 形管熔点测定装置

浴液：样品熔点在220℃以下的可用液体石蜡或浓硫酸作为浴液。液体石蜡较为安全，但易变黄。浓硫酸价廉，易传热，但腐蚀性强，有机物与它接触易变黑，影响观察。白矿油是碳数比液体石蜡多的烷烃，可加热到280℃不变色。还可用植物油、硫酸与硫酸钾混合物、磷酸、甘油、硅油等。

4. 熔点的测定

将提勒管垂直夹于铁架上，按前述方法装配完毕，开始加热。

（1）升温速度的控制

开始时升温速度可较快，在距离熔点15～20℃时，应减慢加热速度，距熔点10℃时，控制在1～2℃/min，掌握升温速度是准确测定熔点的关键，如加热速度太快，则误差较大，结果可能偏高，熔程增宽。因为升温太快，不能保证有充分时间让热量由管外传至管内，使固体融化。另一方面，观察者不能同时观察温度计所示度数和样品的变化情况而造成误差。

（2）始熔与全熔的判断

加热过程中，注意观察毛细管内样品的状态变化，将依次出现发毛、收缩、液滴、澄清等现象，发毛和收缩以及形成软质柱状物而无液化现象都不是始熔，只有当出现液滴（塌落，有液相产生）时才是始熔，全部样品变成透明澄清液体时为全熔，如图19.27所示。记录始熔与全熔时温度计上所示的温度，即为该化合物的熔程。

熔点测定，至少要有两次重复的数据。

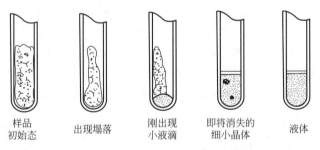

图 19.27　毛细管内样品状态变化过程

四、注意事项

1. 被测样品应彻底干燥，熔点在135℃以上的样品可在105℃下干燥；熔点在135℃以下或受热分解的样品，可装在五氧化二磷的干燥器中干燥一夜。

2. 测定易升华或易吸潮的物质，应将毛细管的开口端熔封。

3. 如果测定未知物熔点，应先对样品粗测一次，加热可稍快，知道大致熔点范围后，待浴温冷至熔点以下约30℃，再进行精密测定，连续进行几次测定时，也要待浴温降至熔点以下30℃再进行下一次测定。

4. 每次测定都必须用新的毛细管另装样品。

5. 若用橡皮圈固定毛细管，要注意勿使橡皮圈触及浴液，以免浴液被污染和橡皮圈被浴液所熔胀。

6. 浴液要待冷后方可倒回收瓶中，温度计不能马上用冷水冲洗，否则易破裂，可用废纸擦净。

7. 用浓硫酸作浴液时，应特别小心，不仅要防止灼伤皮肤，还要注意不要将样品或其他有机物触及硫酸，所以装样品时，沾在管外的样品需拭去。否则，硫酸的颜色变成棕黑色，妨碍观察。如已变黑，可酌加少许硝酸钠（或硝酸钾）晶体，加热后便可退色。

五、思考题

1. 加热快慢为什么会影响熔点？
2. 纯物质的熔点和不纯物质的熔点有何区别？两种熔点相同的物质等量混合熔点有什么变化？
3. 如何检验两种熔点相同或相近的有机物是否为同一种物质？
4. 普通玻璃温度计如何校正？

第20章 基本有机合成实验

20.1 烃和卤代烃

烃类化合物分为脂肪烃和芳香烃，脂肪烃又可分为烷烃、烯烃和炔烃。烷烃主要来自于天然气和石油。芳香烃主要来源于煤焦油和石油。烯烃在工业上主要由石油裂解和催化脱氢制取。实验室中烯烃主要用醇的脱水及卤代烃的脱卤化氢来制备。

卤代烃一般很少存在于自然界中，主要靠化学合成制备。在实验室中一般以醇为原料，通过亲核取代反应来制备饱和烃的一卤代物。

本节安排 2 个实验。

实验十三　环己烯

一、实验目的
1. 了解酸催化环己醇脱水制取环己烯的原理和方法。
2. 掌握分馏和水浴蒸馏的基本操作技能。

二、实验提要

环己烯常用在医药、农药中间体和高聚物合成中，如合成赖氨酸、环己酮、苯酚、聚环烯树脂、氯代环己烷、橡胶助剂、环己醇原料等，另外还可用作催化剂溶剂和石油萃取剂，高辛烷值汽油稳定剂，是一种重要的有机化合物。目前工业上采用硫酸或磷酸催化的液相脱水法或苯的部分氢化来制备环己烯。对甲苯磺酸是固体有机酸，相对无机酸而言，具有经济、环保、使用安全、对设备腐蚀小和副反应少的优点，是代替硫酸的良好催化剂。

反应历程经过一个二级碳正离子，该碳正离子可以失去质子而成烯，也可与酸的共轭碱反应或与醇反应生成醚。环己烯沸点较低，可采取一边反应一边蒸出产物的方法，提高产率，抑制副反应的发生。

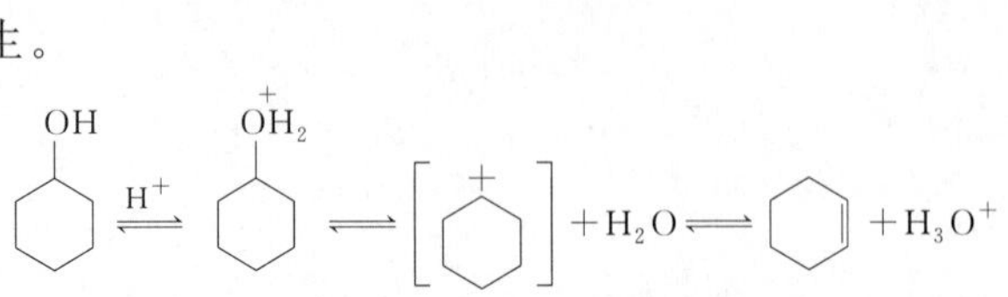

$$\text{环己醇} \xrightleftharpoons{H^+} \text{质子化环己醇} \rightleftharpoons [\text{环己基正离子}] + H_2O \rightleftharpoons \text{环己烯} + H_3O^+$$

三、反应式

$$\text{环己醇} \xrightarrow[\triangle]{H_2SO_4} \text{环己烯} + H_2O$$

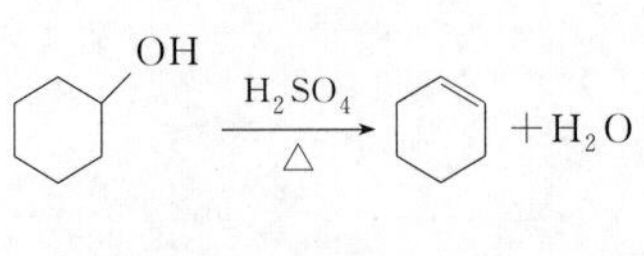

四、仪器与试剂

仪器：圆底烧瓶，100mL、50mL 各一个；分馏装置 1 套；常压蒸馏装置 1 套；0～100℃玻璃温度计 1 支；烧杯；量筒，5mL、50mL 各一个；分液漏斗；三角漏斗。

试剂：环己醇 21mL（20g，0.2mol）；浓硫酸 1mL；粗盐；5%碳酸钠溶液；无水氯化钙。

五、操作步骤

在 100mL 干燥的圆底烧瓶中，放入 21mL 环己醇（20g，0.2mol）、1mL 浓硫酸充分摇匀后，再加入 2～3 粒沸石。烧瓶连分馏柱作分馏装置如图 2.13 所示，用 50mL 锥形瓶作接收器，外用冰水冷却。将烧瓶在电热套或石棉网上用小火慢慢加热，控制加热速度，使分馏柱上端的温度不要超过 90℃。当圆底烧瓶中只剩下很少量的残渣并出现阵阵白雾时，即可停止蒸馏。蒸馏时间约需 1h。

将馏出液用粗盐饱和，然后加入 3～4mL 5%碳酸钠溶液中和微量的酸。将此液体倒入分液漏斗中，振摇后静置。等两层液体分层清晰后，将下层水溶液自漏斗活塞放出，上层的粗产物自漏斗的上口倒入干燥的小锥形瓶中，加入无水氯化钙干燥。用塞子塞好，放置 0.5h（时时振摇）。将干燥后的粗环己烯通过置有一小块棉花的小漏斗（滤去氯化钙），直接滤入干燥的蒸馏瓶中，加入沸石后用水浴加热蒸馏。收集 80～85℃的馏分于已称重的干燥小锥形瓶中。若在 80℃以下已有多量液体馏出，可能是由于干燥不够完全所致（氯化钙用量过少或放置时间不够），应将这部分产物重新干燥并蒸馏。称重，计算收率。

六、附注与注意事项

1. 环己醇在常温下是黏稠液体（熔点为 24℃），因而若用量筒量取（约 21mL）时应注意转移中的损失。环己醇与硫酸应充分混合，否则在加热过程中可能会局部炭化。

2. 由于反应中环己烯与水形成共沸物（沸点为 70.8℃，含水 10%），环己醇与环己烯形成共沸物（沸点为 64.9℃，含环己醇 30.5%），环己醇与水形成共沸物（沸点为 97.8℃，含水 80%）。因此，在加热时温度不可过高，蒸馏速度不宜太快，以减少未反应的环己醇蒸出。

3. 分液时，水层应尽可能分离完全，否则将增加无水氯化钙的用量，使产物更多地被干燥剂吸附而损失。这里用无水氯化钙干燥较适宜，因它还可除去少量环己醇。

4. 在蒸馏已干燥的产物时，蒸馏所用仪器都应充分干燥。

5. 浓硫酸是一种腐蚀性很强的酸，使用时必须小心。如万一不慎溅在皮肤上，应立即用大量冷水冲洗。

七、思考题

1. 在粗制的环己烯中，加入精盐使水层饱和的目的何在？
2. 在制备过程中为什么要控制分馏柱顶部的温度？
3. 无水氯化钙作为干燥剂，除了除去水分，还有其他作用吗？
4. 下列醇用浓硫酸进行脱水反应时，主要产物是什么？
（1）3-甲基-1-丁醇　　　　　（2）3-甲基-2-丁醇　　　　　（3）3,3-二甲基-2-丁醇

实验十四　正溴丁烷

一、实验目的

1. 了解制备正溴丁烷的原理和方法。

2. 掌握安装带有吸收有害气体的回流装置及分液漏斗的洗涤操作。

二、实验提要

本实验主反应为可逆反应，提高收率的方法是让氢溴酸过量，可用溴化物（常用溴化钠或溴化钾）与过量浓硫酸代替氢溴酸，边生成氢溴酸边参与反应。这样可以提高氢溴酸的利用率。

$$NaBr + H_2SO_4 \longrightarrow HBr + NaHSO_4$$

浓硫酸在此反应中除与溴化钠作用生成氢溴酸外，还作为脱水剂使平衡向右移动，同时又作为氢离子的来源以增加质子化醇的浓度。但硫酸的存在往往会导致两个重要的副反应。它可与醇反应生成硫酸氢酯；当加热时，硫酸氢酯会发生消除反应生成烯烃，同时还可以与另一分子醇反应生成醚。这两个副反应都会消耗醇而使溴代烷的产量降低。

$$CH_3CH_2CH_2CH_2OSO_3H \xrightarrow{\triangle} CH_3CH_2CH=CH_2 + H_2SO_4$$
$$CH_3CH_2CH_2CH_2OSO_3H + CH_3CH_2CH_2CH_2OH \longrightarrow (CH_3CH_2CH_2CH_2)_2O$$

反应中，为防止反应物醇被蒸出，需采用回流装置；为防止 HBr 逸出污染环境，需安装气体吸收装置。反应结束后进行粗蒸馏，一方面可分离生成的产品正溴丁烷，便于后面的洗涤操作；另一方面，粗蒸过程可进一步使反应趋于完全。

三、反应式

主反应：

$$NaBr + H_2SO_4 \longrightarrow HBr + NaHSO_4$$
$$CH_3CH_2CH_2CH_2OH + HBr \rightleftharpoons CH_3CH_2CH_2CH_2Br + H_2O$$

副反应：

$$2n\text{-}C_4H_9OH \longrightarrow (n\text{-}C_4H_9)_2O + H_2O$$
$$CH_3CH_2CH_2CH_2OH \longrightarrow CH_3CH_2CH=CH_2 + H_2O$$

四、仪器与试剂

仪器：100mL 圆底烧瓶；回流装置 1 套；气体吸收装置 1 套；常压蒸馏装置 1 套；0～100℃ 玻璃温度计 1 支；烧杯；20mL 量筒 2 个；分液漏斗；三角漏斗。

试剂：正丁醇 2mL（9.7g，0.13mol）；溴化钠 16.5g（0.16mol）；浓硫酸；饱和碳酸氢钠溶液；2% 氢氧化钠溶液；5% 碳酸钠溶液；无水氯化钙。

五、操作步骤

在 100mL 圆底烧瓶上安装回流冷凝管，冷凝管的上口接一气体吸收装置，如图 19.13 所示。用 2% 的氢氧化钠溶液作吸收液（注意：勿使漏斗全部埋入水中，以免倒吸）。

在圆底烧瓶中加入 14mL 水，小心分批加入 19mL 浓硫酸，混合均匀后冷至室温。再依次加入 12mL 正丁醇（9.7g，0.13mol）和 16.5g（0.16mol）研细的溴化钠，充分振摇后加入几粒沸石，连上气体吸收装置。将烧瓶置于加热套加热至沸，使反应物保持沸腾而又平稳地回流。由于无机盐水溶液有较大的相对密度，不久会产生分层，上层液体即是正溴丁烷。回流约需 45min，待反应液稍冷后，拆去回流装置，再加入 2 粒沸石，改成蒸馏装置，蒸出粗产物正溴丁烷。

将馏出液移至分液漏斗中，加入 10mL 水洗涤（产物在下层）。产物转入另一干燥的分液漏斗中，用 8mL 的浓硫酸洗涤。尽量分去硫酸层（下层）。有机层再依次用水、饱和碳酸氢钠溶液和水各 10mL 洗涤，洗涤至有机层显中性为止。将粗产物盛于干燥的 50mL 锥形瓶中，加入适量的黄豆颗粒大小的无水氯化钙，间歇振摇锥形瓶，直至液体清亮为止（干燥约 1h）。

将干燥好的粗产物滤到蒸馏瓶中,加入沸石装上蒸馏头后,加热蒸馏,收集 99~103℃的馏分。称重,计算收率,测定折射率。

六、附注与注意事项

1. 加料时,先加水再加浓硫酸,待酸液冷却后再依次加入正丁醇、溴化钠。加完物料后要充分摇匀,防止硫酸局部过浓,加热时发生氧化副反应,使溶液颜色变深。

2. 正溴丁烷是否蒸完,可从下列几方面判断:馏出液是否由浑浊变为澄清;反应瓶上层油层是否消失;取一试管收集几滴馏出液,加水摇动,观察有无油珠出现,如无,表示馏出液中已无有机物,蒸馏完成。蒸馏不溶于水的有机物时,常用此法检验。

3. 如水洗后产物尚呈红色,是浓硫酸的氧化作用生成游离溴的缘故,可加入几毫升饱和亚硫酸氢钠溶液洗涤除去。

4. 粗的正溴丁烷中含有少量的副产物正丁醚及未反应的正丁醇等杂质,它们都能溶于浓硫酸而被除去。

5. 各步洗涤,必须注意何层是有机层,可根据水溶性判断。

七、思考题

1. 加料时,是否可以先使溴化钠与浓硫酸混合,然后加正丁醇及水?为什么?
2. 反应后的粗产物可能含有哪些杂质?如何除去?
3. 用分液漏斗洗涤产物时,正溴丁烷时而在上层,时而在下层,如不知道产物的密度时可用什么简便的方法加以判别?
4. 用分液漏斗洗涤产物时,为什么振摇后要及时放气?应如何操作?
5. 用无水氯化钙干燥脱水,重蒸馏时为什么要先除去氯化钙?

20.2 醇和醚

醇和醚都是烃的含氧衍生物,也可看作水的烃基衍生物。

在实验室,常用格氏反应(Grignard reaction)来合成结构复杂的醇。除此之外,卤代烃和稀氢氧化钠水溶液进行亲核取代反应,可以得到相应的醇;醛、酮经催化氢化,或在氢化铝锂、硼氢化钠、乙硼烷、异丙醇铝和活泼金属等还原剂的作用下可生成醇;羧酸衍生物经催化氢化或用氢化铝锂、硼氢化钠、乙硼烷、活泼金属等还原剂还原也能生成醇。

醚的制备方法大致有:在酸催化下两分子醇发生分子间脱水;Williamson 合成法;烷氧汞化-去汞法。

本节安排 3 个实验。

实验十五　2-甲基-2-己醇

一、实验目的

1. 了解用格氏反应制备 2-甲基-2-己醇的原理和方法。
2. 巩固用分液漏斗萃取的操作。
3. 掌握易燃物质的蒸馏及高沸物蒸馏的操作技术。

二、实验提要

卤代烃或溴代芳香烃在无水乙醚等溶剂中与金属镁反应生成的烃基卤化镁 RMgX,称为格氏试剂。用格氏试剂所进行的反应为格氏反应(Grignard reaction)。

$$RX + Mg \xrightarrow{\text{无水乙醚}} RMgX$$

各种卤代烃都能和镁在乙醚溶液中起反应制得格氏试剂。卤代烃的活性次序为：

碘代烃＞溴代烃＞氯代烃

苄基卤、烯丙基卤＞叔卤代烃＞仲卤代烃＞伯卤代烃＞乙烯基卤

芳香型和乙烯型氯化物因活性差，需要在四氢呋喃等沸点较高的溶剂中才能生成格氏试剂。

用于制备格氏试剂的卤代烃和溶剂都必须经过严格的干燥处理，且不能含有—COOH、—OH、—NH$_2$等含有活泼氢的官能团。因为微量的水既会阻碍卤代烃和镁之间的反应，还会破坏格氏试剂。此外，格氏试剂还能与空气中的 O_2、CO_2 发生反应，同时存在偶联反应等副反应。因此格氏反应必须在无水无氧的条件下进行，格氏试剂也不宜长期保存。

格氏反应是一个放热反应，所以卤代烷的滴加速度不宜过快，必要时反应瓶可用冷水冷却。当反应开始后，应调节滴加速度，使反应物保持微沸为宜。对于活性较差的卤代烃，以及在反应不易进行时，可以采取轻微加热或加入少许碘粒促进反应发生。

本实验采用无水乙醚作为溶剂。由于乙醚具有很大蒸气压，故格氏试剂与空气中的 O_2、CO_2 发生的副反应并不显著。因此，本实验没有采用氮气保护。若要得到高产率的格氏试剂，应在氮气气氛中进行反应。

三、反应式

$$n\text{-}C_4H_9Br + Mg \xrightarrow{\text{无水乙醚}} n\text{-}C_4H_9MgBr$$

$$n\text{-}C_4H_9MgBr + CH_3COCH_3 \xrightarrow{\text{无水乙醚}} n\text{-}C_4H_9\underset{\underset{OMgBr}{|}}{C}(CH_3)_2$$

$$n\text{-}C_4H_9\underset{\underset{OMgBr}{|}}{C}(CH_3)_2 + H_2O \xrightarrow{H^+} CH_3CH_2CH_2\underset{\underset{CH_3}{|}}{\overset{\overset{OH}{|}}{C}}CH_3$$

四、仪器与试剂

仪器：250mL 三口烧瓶；回流装置 1 套；干燥管；滴液漏斗；常压蒸馏装置 1 套；0～200℃ 玻璃温度计 1 支；烧杯；量筒，20mL 和 50mL 各 1 个；分液漏斗；三角漏斗；锥形瓶。

试剂：金属镁 3.1g（0.13mol）；无水乙醚 65mL；正溴丁烷（干燥）13.5mL（17g, 0.13mol）；丙酮（干燥）9.5mL（0.13mol）；10%硫酸 100mL；5%碳酸钠溶液 30mL；无水碳酸钾。

五、操作步骤

在 250mL 三口烧瓶上分别装置搅拌器、冷凝管和滴液漏斗，在冷凝管及滴液漏斗的上口装置氯化钙干燥管 [图 19.1(b)]。瓶内放置 3.1g（0.13mol）镁屑、15mL 无水乙醚及 1 小粒碘。在滴液漏斗中加入 13.5mL（17g, 0.13mol）正溴丁烷和 15mL 无水乙醚，混合均匀。先往三口烧瓶中滴入 3～4mL 混合液，数分钟后反应开始，碘的颜色消失，镁表面有明显的气泡形成，溶液呈微沸状态，出现轻微混浊，乙醚自行回流。若不发生反应，可用温水浴温热。反应开始比较剧烈，待反应缓和后，自冷凝管上端加入 25mL 无水乙醚。开始搅拌，并滴入其余的正溴丁烷溶液，控制滴加速度，维持乙醚溶液呈微沸状态。加完后，用温水浴加热回流一刻钟。此时如镁屑已作用完全，则可在冷水浴冷却下自滴液漏斗加入 9.5mL（7.5g, 0.13mol）丙酮和 10mL 无水乙醚的混合溶液，加入速度仍维持乙醚微沸。

加完后,在室温继续搅拌一刻钟。有时溶液中可能有白色黏稠状固体析出。

将反应瓶在冰水浴冷却和搅拌下,自滴液漏斗分批加入 100mL 10%硫酸溶液以分解产物(开始滴入宜慢,以后可逐渐加快)。加酸后搅拌一定要充分,直至反应物由白色黏稠状完全转变为无色透明液体。待分解完后,将溶液倒入分液漏斗,分出醚层,并转入干燥的锥形瓶中。水层每次用 25mL 乙醚萃取两次,合并醚层,用 30mL 5%碳酸钠溶液洗涤一次,用无水碳酸钾干燥。

将干燥后的粗产物乙醚溶液滤入干燥的蒸馏瓶中,用温水浴蒸馏,回收乙醚后[装置如图 19.11(b) 所示],再在电热套上加热蒸馏,收集 137~141℃的馏分,称量,计算收率。

六、附注与注意事项

1. 所有的反应仪器及试剂必须充分干燥(正溴丁烷用无水氯化钙干燥后重蒸;丙酮用无水碳酸钾干燥,并重蒸馏纯化)。
2. 整个实验都用乙醚,所以严禁明火!
3. 安装搅拌器时应注意:搅拌棒应保持垂直,其末端不要触及瓶底;装好后应先用手旋动搅拌棒,试验装置无阻滞后,方可开动搅拌器。
4. 镁条在使用前需用细砂纸将其表面擦亮,剪成 2mm 左右的镁屑。
5. 为了使开始时正溴丁烷局部浓度较大,易于发生反应,故搅拌应在反应开始后进行。若 5min 后反应仍不开始,可用温水浴或用电吹风温热。
6. 2-甲基-2-己醇与水能形成共沸物,因此必须很好地干燥,否则前馏分将大大增加。

七、思考题

1. 本实验在将格氏试剂与丙酮加成物水解前的各步中,为什么使用的药品仪器均必须绝对干燥?为此你采取了什么措施?
2. 如反应未开始前,加入大量正溴丁烷有什么不好?
3. 本实验有哪些可能的副反应,如何避免?
4. 为什么本实验得到的粗产物不能用无水氯化钙干燥?你在实验中用过哪几种干燥剂?试述它们的应用范围。

实验十六 苯甲酸和苯甲醇

一、实验目的

1. 了解 Cannizzaro 反应的原理和方法。
2. 掌握乙醚蒸馏的安全操作方法。
3. 熟练重结晶的操作方法。

二、实验提要

无 α-氢的醛(如芳香醛、甲醛或三甲基乙醛等)在强碱的作用下发生自身氧化还原反应(歧化反应),生成相应的醇和羧酸盐。这种反应称为 Cannizzaro 反应,其实质是羰基的亲核加成反应。

在 Cannizzaro 反应中,通常使用 50%的浓碱,其中碱的物质的量比醛的物质的量常常多一倍以上,否则反应不易完全,未反应的醛与生成的醇混在一起,通过一般蒸馏难以分离。

按照上面的情况进行反应,只能得到一半的醇。如应用稍过量的甲醛水溶液与醛(摩尔比为 1.3∶1)反应,则可使所有的醛还原成醇,而甲醛则氧化成甲酸,这种反应称为交叉的 Cannizzaro 反应。

三、反应式

$$2ArCHO \xrightarrow{浓\ NaOH} ArCH_2OH + ArCOONa$$

$$ArCOONa + HCl \longrightarrow ArCOOH + NaCl$$

四、仪器与试剂

仪器：100mL 锥形瓶；分液漏斗；常压蒸馏装置 1 套；抽滤装置 1 套；烧杯；量筒；三角漏斗；锥形瓶。

试剂：氢氧化钠 10g（0.25mol）；苯甲醛（新蒸）10mL（10.6g，0.1mol）；乙醚；饱和亚硫酸氢钠溶液；10%碳酸钠溶液；无水硫酸镁；浓盐酸。

五、操作步骤

在 100mL 的锥形瓶中，加入 10g（0.25mol）氢氧化钠和 10mL 水，振摇使其溶解，冷却至室温，然后边摇边慢慢加入 10mL（10.6g，0.1mol）苯甲醛。加完后用橡皮塞塞紧瓶口，剧烈振摇，使其充分混合，直至反应混合物变成黏稠糊状物为止，放置 24h，或至下次实验时使用。

次日，加适量水使固体全部溶解。水溶液用乙醚萃取三次，每次 25mL，合并乙醚萃取液，依次用 10mL 饱和亚硫酸氢钠溶液、20mL 10%碳酸钠溶液及 20mL 水洗涤。醚层用无水硫酸镁干燥。干燥后的醚溶液先用水浴蒸去乙醚，然后在电热套上蒸馏，收集 202～206℃的馏分，称重，计算收率。纯净苯甲醇的沸点为 205.35℃，折射率为 1.5396。

水层用浓盐酸酸化至刚果红试纸变蓝。充分冷却使沉淀析出完全，抽滤，粗产物用水重结晶，得苯甲酸，称重，计算收率。苯甲酸熔点为 121～122℃。

六、附注与注意事项

1. 苯甲醛容易被空气氧化成苯甲酸，故使用前应重新蒸馏，收集 179℃的馏分。最好采用减压蒸馏，收集 62℃，1.333kPa（10mmHg）或 90.1℃，5.332kPa（40mmHg）的馏分。

2. 苯甲醛加入氢氧化钠溶液中充分振摇是反应成功的关键。

七、思考题

1. 参与 Cannizzaro 反应与醇醛缩合反应的醛在结构上有何不同？
2. 本实验根据什么原理来分离和提纯苯甲酸和苯甲醇这两种产物？
3. 用饱和亚硫酸氢钠及 10%碳酸钠溶液洗去何种杂质？

实验十七　正丁醚

一、实验目的

1. 学习使用分水器的操作方法。
2. 掌握用浓硫酸脱水制备正丁醚的原理和方法。

二、实验提要

醚的制法主要有两种，一种是醇的脱水：

$$ROH + HOR \xrightleftharpoons[]{催化剂,加热} R-O-R + H_2O$$

另一种方法是醇（酚）钠与卤代烃作用：

$$RONa + R'X \longrightarrow ROR' + NaX$$

第20章 基本有机合成实验

前一种方法是由醇制取单醚的方法,所用的催化剂可以是硫酸或氧化铝。此反应为可逆反应,通常采用蒸出反应产物(水或醚)的方法,使反应向有利于生成醚的方向进行。

在制取正丁醚时,由于原料正丁醇(沸点为117.7℃)和产物正丁醚(沸点为142℃)的沸点都较高,故可以在装有分水器的回流装置中进行,控制加热温度,并将生成的共沸物不断蒸出。虽然蒸出的水分中会夹有正丁醇等有机物,但是由于正丁醇等在水中溶解度较小,密度也较小,它浮于水层之上,因此借助分水器可使绝大部分的正丁醇等自动连续地返回反应瓶中,而水则沉于分水器的下部,静置后可随时弃去。

三、反应式

主反应:

$$2CH_3CH_2CH_2CH_2OH \xrightleftharpoons[135℃]{浓 H_2SO_4} (CH_3CH_2CH_2CH_2)_2O + H_2O$$

副反应:

$$CH_3CH_2CH_2CH_2OH \xrightarrow[>140℃]{浓 H_2SO_4} CH_3CH_2CH=CH_2 + H_2O$$

四、仪器与试剂

仪器:150mL三口烧瓶;分水装置1套;分液漏斗;常压蒸馏装置1套;0~200℃玻璃温度计1支;烧杯;量筒;三角漏斗;锥形瓶。

试剂:正丁醇37mL(约29.7g,0.4mol);浓硫酸6mL(0.11mol);10%氢氧化钠溶液20mL;饱和氯化钙溶液20mL;无水氯化钙。

五、操作步骤

在150mL三口烧瓶中,加入37mL正丁醇及6mL浓硫酸,摇动使混合均匀,再加入几粒沸石,瓶中分别装置温度计和分水器及空心塞,分水器的上端装一回流冷凝管(图20.1)。先在分水器中放置$(V-4)$mL水,然后将烧瓶在石棉网上用小火加热(或在电热套上加热),使瓶内液体微沸至回流。回流液经冷凝管收集于分水器内,水沉于下层,有机液体浮于上层,积至支管时,即可返回烧瓶中。继续加热,当烧瓶中反应液温度升高至134~135℃左右(约1h),分水器全部被水充满时可停止加热。若继续加热,则溶液变黑并有大量副产物丁烯生成。

反应物冷却后倒入盛有60mL水的分液漏斗中,充分振摇,经静置后分去下层液体。上层粗产品依次用30mL水、20mL10%氢氧化钠溶液、20mL水和20mL饱和氯化钙溶液洗涤,然后用无水氯化钙干燥。干燥后的粗产物滤入50mL蒸馏瓶中,蒸馏收集140~144℃的馏分,称重,计算收率。

六、附注与注意事项

1.本实验根据理论计算脱水的体积约为3.6mL。V为分水器的容积,为使未反应的原料返回反应瓶,故应先加$(V-4)$mL水。当反应生成的水充满分水器时,可认为反应基本结束。

2.制备正丁醚较适宜的温度是130~140℃,但这一温度在开始回流时是很难达到的。因为正丁醚可与水形成共沸物(沸点为94.1℃,含水33.4%);另外正丁醚与水及正丁醇形成三元共沸物(沸点为90.6℃,含水29.9%,含正丁醇34.6%),正丁醇与水也可形成共沸物(沸点为93.0℃,含水44.5%)。故应控制温度在90~100℃之间比较合适,而实际操作是在100~115℃之间。

3.在碱洗过程中,不要太剧烈摇动分液漏斗,否则生成的乳浊液很难破坏。

七、思考题

1. 如果正丁醇的用量为 80g，试计算在反应中生成多少体积的水？
2. 如何判断反应已经比较完全？
3. 反应物冷却后为什么要倒入水中？各步洗涤目的何在？
4. 能否用本实验的方法由乙醇和 2-丁醇制备乙基仲丁基醚？你认为应用什么方法比较合适？

20.3 醛和酮

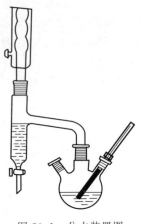

图 20.1 分水装置图

醛和酮都是羰基化合物。工业上，常用催化脱氢的方法将伯醇氧化成醛，或将仲醇氧化成酮；催化烷基苯氧化制取芳醛和芳酮。在实验室中，醇氧化常常使用铬酸（H_2CrO_4）作氧化剂，当需要时可由重铬酸钾或三氧化铬与过量的酸（硫酸或乙酸）反应制得。

反应过程中，铬从 +6 价还原到不稳定的 +4 价状态，+4 价铬和 +6 价铬之间迅速进行歧化作用形成 +5 价铬，同时继续氧化醇，最终生成稳定的深绿色的三价铬。由于颜色的显著变化，可以用此反应来检验伯醇和仲醇的存在。

近年来曾有报道指出铬酸和它的盐具有致癌作用，同时它的价格也较贵，治理费用又高，逐渐被淘汰。近二十年来找到的次氯酸盐是一个好的氧化剂。最近报道在钨酸钠存在下，用硫酸氢甲基三正辛基铵为相转移催化剂，在水溶液中用 30% 过氧化氢氧化伯醇、仲醇制备相应的醛和酮获得成功，转化率、选择性都很高，是一条环境友好的合成路线。

本节安排 2 个实验。

实验十八 环己酮

一、实验目的

1. 熟悉用环己醇制备环己酮的原理和方法。
2. 通过比较不同的氧化剂，选出较好的合成方法。

二、实验提要

氧化反应是有机化学中广泛应用的一个反应。常用的氧化剂有铬酸、高锰酸钾、硝酸和过氧乙酸等。在进行反应时，只要选择适宜的氧化剂就能达到各种氧化目的。例如在温和条件下可以将醇选择性地氧化成羰基化合物，在剧烈的条件下却能使芳香族化合物的烷基侧链氧化成芳香酸。

本实验中我们将选用次氯酸钠为氧化剂使环己醇氧化为环己酮，这是仲醇氧化成酮的一个典型例子。在温和的酸性介质中酮对氧化剂比醛稳定得多，因此在氧化过程中不会发生伯醇氧化时的副反应。

三、反应式

$$\underset{}{\overset{OH}{\bigcirc}} \xrightarrow[HOAc]{NaClO} \underset{}{\overset{O}{\bigcirc}}$$

四、仪器与试剂

仪器：250mL 三口烧瓶；搅拌器；玻璃温度计，0~100℃ 及 0~200℃ 各 1 支；Y 形管；

滴液漏斗；分液漏斗；常压蒸馏装置1套；烧杯；量筒；三角漏斗；锥形瓶。

试剂：环己醇10.4mL（10.0g，0.1mol）；冰醋酸25mL；次氯酸钠水溶液75mL（约1.8mol/L）；碘化钾-淀粉试纸；饱和亚硫酸氢钠溶液5mL；碳酸钠7.0g；氯化钠8g；乙醚25mL；无水硫酸镁。

五、操作步骤

在250mL三口烧瓶中分别装置搅拌器、温度计及Y形管。Y形管的一口装置滴液漏斗，另一口接回流冷凝管。瓶中加入10.4mL环己醇（10.0g，0.1mol）和25mL冰醋酸，在滴液漏斗内放入75mL次氯酸钠水溶液（约1.8mol/L）。开始搅拌，在冰水浴冷却下，逐滴加入次氯酸钠水溶液，使瓶内温度维持在30～35℃之间。当所有次氯酸钠溶液加完后，反应液从无色变为黄绿色，用碘化钾-淀粉试纸检验呈蓝色，否则应补加次氯酸钠溶液直至变色。在室温下继续搅拌15min，然后加入饱和亚硫酸氢钠溶液1～5mL，直至反应液变成无色和对碘化钾-淀粉试纸不显蓝色为止。

反应混合物中加入60mL水进行蒸馏，收集45～50mL馏出液（含有环己酮、水和乙酸）。在搅拌下，分批加入6.5～7.0g碳酸钠中和乙酸到反应液呈中性为止。然后加入约8g氯化钠，使之变成饱和溶液。将混合液倒入分液漏斗，分出环己酮。水层用25mL乙醚萃取，合并环己酮与乙醚萃取液，用无水硫酸镁干燥。蒸馏收集150～155℃馏分。称重，计算收率。

纯环己酮沸点为155℃。

六、附注与注意事项

1.假如混合物用碘化钾-淀粉检验未显正反应，可再加入5mL次氯酸钠溶液，以保证有过量的次氯酸钠存在，使氧化反应完全。

2.加水蒸馏产品实际上是一种简化了的水蒸气蒸馏。水的馏出量不宜过多，否则即使采用盐析，仍不可避免有少量环己酮溶于水中而损失掉。环己酮在水中的溶解度在31℃时为2.4g。

3.次氯酸钠是具有刺激性的强氧化剂，操作时应小心，避免与皮肤接触。实验最好在通风柜内进行。

4.环己酮易燃，应注意防火。

七、思考题

1.制备环己酮时，当反应结束后，为什么要加入草酸，如果不加入草酸有什么不好？
2.盐析的作用是什么？
3.用高锰酸钾的水溶液氧化环己酮，应得到什么产物？
4.如欲将乙醇化成乙醛，应采取哪些措施以避免其进一步氧化成乙酸？

实验十九　苯乙酮

一、实验目的

1.了解Friedel-Crafts酰基化反应的基本原理。
2.掌握Friedel-Crafts酰基化反应法制备芳香酮的原理和方法。

二、实验提要

芳香烃与卤代烷在无水三氯化铝等催化剂作用下，通过亲电取代反应生成烷基芳香烃。同理芳香烃和酰卤或酸酐在相同催化剂作用下可以制得芳香酮类化合物。前者称为Friedel-

Crafts 烷基化反应，后者称为 Friedel-Crafts 酰基化反应。两者统称为 Friedel-Crafts 反应。

$$\text{C}_6\text{H}_6 + CH_3CH_2Cl \xrightarrow{AlCl_3} C_6H_5CH_2CH_3 + HCl$$

$$\text{C}_6\text{H}_6 + (CH_3CO)_2O \xrightarrow{AlCl_3} C_6H_5COCH_3 + CH_3COOH$$

制备反应中，常用酸酐代替酰氯作酰化剂。这是由于与酰氯相比，酸酐原料易得，纯度高，操作方便，无明显的副反应或有害气体放出，符合绿色合成的要求。

在 Friedel-Crafts 反应中由于所用试剂极易发生水解，因此，反应需在无水条件下进行，要求所用仪器必须经过干燥处理。本实验反应中苯需要过量，它不仅是反应物，而且作为反应物的溶剂。

苯乙酮是香料工业的原料和有机合成的中间体，用于合成药物、树脂和染料等。

三、反应式

$$\text{C}_6\text{H}_6 + (CH_3CO)_2O \xrightarrow{AlCl_3} C_6H_5COCH_3 + CH_3COOH$$

四、仪器与试剂

仪器：250mL 三口烧瓶；回流装置 1 套；气体吸收装置 1 套；干燥管；滴液漏斗；分液漏斗；常压蒸馏装置 1 套；玻璃温度计，0～100℃及 0～200℃各 1 支；烧杯；量筒；三角漏斗；锥形瓶。

试剂：无水三氯化铝 20g；无水苯 35mL；乙酸酐 6mL（6.5g，0.063mol）；浓盐酸 50mL；5％氢氧化钠溶液；无水硫酸镁。

五、操作步骤

取 250mL 三口烧瓶，装上搅拌器、回流冷凝管和滴液漏斗。仪器均需预先干燥。在冷凝管的上口接一支装有无水氯化钙的干燥管，并连接氯化氢气体吸收装置（5％氢氧化钠溶液作为吸收剂）。

量取 25mL 无水苯倒入三口烧瓶中，迅速称取 20g 无水三氯化铝，研碎放入三口烧瓶内。在搅拌下从滴液漏斗慢慢滴入 6mL（6.5g，0.063mol）乙酸酐与 10mL 无水苯的混合液。反应开始时放热，反应物颜色变深，并有氯化氢气体逸出。

滴加完毕（约 20min），在水浴中加热回流 30min，直至无氯化氢气体逸出为止。待充分冷却后，在搅拌下将反应物倒入 50mL 浓盐酸与 50g 冰的混合液中。将分成两层的混合液移入分液漏斗，分出苯层，水层用 30mL 苯分两次萃取。合并苯层和苯提取液，依次用 5％氢氧化钠溶液、水各 20mL 洗涤，然后用无水硫酸镁或无水硫酸钠干燥。

将干燥后的粗产物先蒸去苯，再蒸馏收集 198～202℃馏分，产品为无色透明液体。称重，计算收率。

六、附注与注意事项

1. 无水三氯化铝的品质是实验成败的关键之一。研磨，称量，投料都要迅速，避免长时间暴露在空气中。苯需用无水氯化钙干燥过夜后再用。放置时间较长的乙酸酐应蒸馏后再用，收集 137～140℃馏分。

2. 无水乙酸酐的加入不宜过快，以防反应过于剧烈。

3. 三氯化铝和酸酐都是具有强烈腐蚀性和刺激性的物质。前者遇水猛烈分解，放出大量氯化氢气体，故应在通风橱中进行。

4. 反应温度不宜过高，一般控制反应液温度在 60℃左右为宜。反应时间长一些，可以提高产率。

5. 加乙酸酐时，开始慢一些，过快会引起暴沸，反应高峰过后可以加快速度。

6. 反应后的产物应小心地慢慢加入盐酸和冰的溶液中，以免冲出。若冰融完，应酌量补充。

7. 常压蒸馏在低沸点溶剂蒸馏完后，应换空气冷凝管蒸馏苯乙酮。

七、思考题

1. 为何本实验所用仪器药品皆需绝对无水？
2. 反应完成后为什么要倒至浓盐酸和冰的混合液中？

20.4 羧酸和羧酸酯

含有羧基（—COOH）官能团的化合物称为羧酸。制备羧酸的方法很多，氧化反应是其中最常用的方法。制备脂肪族羧酸，可用伯醇或醛为原料，用催化剂催化氧化。芳香族羧酸常用芳香烃的氧化制备。

酯广泛地存在于自然界中，从柳树皮中可以提取出乙酰水杨酸，在蜜蜂的叮刺液中存在着乙酸异戊酯。在人类的日常生活中，大部分酯具有广泛的用途。有些酯可作为食用油、脂肪、塑料以及油漆的溶剂。许多酯具有令人愉快的香味，是廉价的香料，下表列出部分酯的香型。更为奇特的是有的酯是某些昆虫的性引诱剂，有的酯则起着昆虫间传递信息的作用。乙酸异戊酯是蜜蜂响应信息素的成分之一。蜜蜂在叮刺侵犯者时就会分泌出乙酸异戊酯，使其他蜜蜂"闻信"前来群起而攻之。酯的香型见表 20.1。

表 20.1 酯的香型

酯	香型	酯	香型
乙酸异戊酯	香蕉	异戊酸异戊酯	苹果
乙酸辛酯	橘子	月桂酸乙酯	晚香玉
乙酸甲酯	菠萝		

随着有机化学的发展，化学家不仅能复制出存在于植物界中许多具有香味的酯，而且能合成许多适应各种需要的酯。

一般可用羧酸和醇在催化剂存在下直接酯化反应来合成酯。

$$R-\overset{O}{\underset{\|}{C}}-OH + H-O-R' \xrightleftharpoons{H^+} R-\overset{O}{\underset{\|}{C}}-OR' + H_2O$$

这是一个可逆反应，在硫酸、干燥氯化氢等催化下可较快地达到平衡。在酯化反应中，如用等物质的量的有机酸和醇，反应到达平衡后，只能得到理论产量的 67%。为了得到较高产量的酯，根据质量作用定律，可用过量的酸或醇，促使平衡向产物方向移动。至于使用过量的酸还是过量的醇，取决于哪一种原料易得和价廉。有时，我们也可采取把反应生成的酯或水及时地从体系中除去的方法来促使反应趋于完成。这可以通过向反应体系中加入苯形成低沸点共沸物的方法来实现。例如在制备苯甲酸乙酯时，苯、乙醇和水组成一个三元共沸物（bp64.6℃）可以从体系中蒸馏出来，这样酯化的产率就能有所提高。

本节安排 2 个实验。

实验二十 己二酸

一、实验目的
1. 了解己二酸制备的原理和方法
2. 巩固重结晶的操作。

二、实验提要
己二酸（ADA）是最重要的脂肪族二元酸，可与己二胺等多官能团的化合物进行缩合反应。目前国外大多数己二酸生产厂家都采用环己醇和环己酮混合物所组成的 KA 油为原料的硝酸氧化工艺路线。国内外实验室中也大多采用浓硝酸或高锰酸钾直接氧化法制备己二酸。用硝酸作为氧化剂反应非常剧烈，伴有大量二氧化氮毒气放出，既危险又污染环境。因而本实验采用高锰酸钾的碱性溶液将环己酮氧化成己二酸。

己二酸的制备可选用不同的氧化剂、不同的介质条件，学生可查阅资料进行设计性实验，选择较为合理的合成路线与方法。

三、反应式

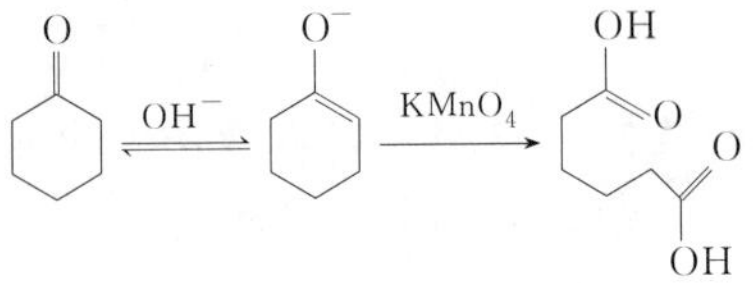

$$\text{环己酮} \xrightleftharpoons{OH^-} \text{烯醇式} \xrightarrow{KMnO_4} \text{己二酸}$$

四、仪器与试剂
仪器：250mL 三口烧瓶；回流装置 1 套；抽滤装置 1 套；0～100℃ 玻璃温度计 1 支；烧杯；三角漏斗；量筒。

试剂：高锰酸钾 12.6g（0.08mol）；0.3mol/L 氢氧化钠溶液 100mL；环己酮 4mL（3.79g，0.039mol）；亚硫酸氢钠；浓盐酸；活性炭。

五、操作步骤
在 250mL 三口烧瓶中分别装置搅拌器、温度计和回流冷凝管。瓶内放入 12.6g 高锰酸钾（0.08mol），100mL 0.3mol/L 氢氧化钠溶液和 4mL 环己酮（3.79g，0.039mol）。注意反应温度，如反应物温度超过 45℃ 时，应用冷水浴适当冷却，然后保持 45℃ 反应 25min，再在石棉网上加热至微沸 5min 使反应完全。取一滴反应混合物放在滤纸上检查高锰酸钾是否还存在，若有未反应的高锰酸钾存在，会在棕色二氧化锰周围出现紫色环。假如有未反应的高锰酸钾存在则可加少量的固体亚硫酸氢钠直至点滴试验呈负性。抽气过滤反应混合物，用水充分洗涤滤饼，滤液置于烧杯中，在石棉网上加热浓缩到 20mL 左右，用浓盐酸酸化使溶液 pH=1～2 后，再多加 2mL 浓盐酸冷却后过滤。用水重结晶时加活性炭脱色，得白色晶体即为己二酸，烘干，称重，计算收率。

纯粹己二酸的熔点为 152℃。

六、附注与注意事项
1. 此反应是放热反应，反应开始后会使混合物超过 45℃，假如在室温下反应开始 5min 后，混合物温度还不能上升至 45℃，则可小心温热至 40℃，使反应开始。
2. 高锰酸钾是强氧化剂，不能将它与醇、醛等易氧化的有机化合物保存在一起。
3. 在石棉网上加热至微沸时，要不断振摇或搅拌，否则溶液极易暴沸冲出容器。

4. 最好是将滤饼移至烧杯中，经搅拌浓缩后再抽滤。

5. 为了提高收率，最好用冰水冷却溶液以降低己二酸在水中的溶解度，己二酸于各种温度下在水中的溶解度（100g 水中溶解的克数）如表 20.2 所示。

表 20.2　己二酸在水中的溶解度

温度/℃	15	34	50	70	87	100
溶解度/(g/100g)	1.44	3.08	8.46	34.1	94.8	100

七、思考题

1. 写出环己酮氧化成己二酸的平衡方程式，并计算出此反应中理论上所需高锰酸钾的用量。

2. 用碱性高锰酸钾氧化 2-甲基环己酮时，预期会得到哪些产物？

3. 除了用环己酮为原料制备己二酸外，能否选用环己醇或环己烯为原料制备己二酸？如果能，请写出反应式，设计你的实验方案。

实验二十一　乙酸正丁酯

一、实验目的

1. 掌握制备乙酸丁酯的原理和方法。
2. 熟悉使用分水器的实验操作。

二、实验提要

酯化反应一般进行得很慢，如果加入少量催化剂（如 0.3% H_2SO_4 等），同时给反应物加热，可以大大加快酯化反应速率。通常采用这两种方法促使反应在较短时间内达到平衡。

根据酯化是可逆反应的特点，常采取增加某一反应物的用量或不断移去生成物来破坏原有的平衡，达到提高另一原料的利用率和酯的产率的目的。工业上生产乙酸正丁酯就是使用了过量的乙酸。

乙酸正丁酯、正丁醇和水三者形成 b.p. 为 90.7℃ 的三元恒沸混合物，其蒸气的组成为正丁醇 27.4%（质量分数），乙酸正丁酯 35.2%（质量分数），水 37.3%（质量分数）。冷凝成液体时分为二层，上层以酯和醇为主，下层以水为主（97%）。

本实验采用乙酸过量，并不断移去反应生成的水以提高反应产率。

三、反应式

$$CH_3COOH + CH_3CH_2CH_2CH_2OH \xrightleftharpoons[\triangle]{H^+} CH_3COOCH_2CH_2CH_2CH_3 + H_2O$$

四、仪器与试剂

仪器：150mL 三口瓶；分水回流装置 1 套；分液漏斗；常压蒸馏装置 1 套；0~200℃ 玻璃温度计 1 支；烧杯；量筒；三角漏斗；锥形瓶。

试剂：正丁醇 13.6mL（11.1g，0.15mol）；乙酸 9.5mL（9.9g，0.165mol）；浓硫酸；饱和碳酸钠溶液；饱和氯化钙溶液；无水硫酸钠。

五、操作步骤

在 150mL 三口瓶中加入 13.6mL（11.1g，0.15mol）正丁醇、9.5mL（9.9g，0.165mol）乙酸和 1 粒沸石。摇匀后，在三口瓶上装上分水器、温度计，分水器上装回流冷凝管，温度计必须插至液面以下。在电热套上加热回流,10min 后观察现象（分水器中液体有无分层？反应温度有无变动），停止加热,稍冷后,打开瓶口,闻一下是什么气味？

把回流冷凝液转回三口瓶内,加入 5 滴浓硫酸和 1 粒沸石,加热回流注意观察现象并与未加浓硫酸前比较。反应温度逐渐上升,在 80℃ 左右加热 15min 后,再提高温度使反应处于回流状态。当回流冷凝液不再有明显水分出时（计算一下应该生成多少水,根据收得的水量粗略地估计酯化完成的程度）,且反应温度达 123℃ 左右不再上升时（为什么？约需 30～45min）则可停止加热。

冷却后,将粗产物转移到烧杯中,慢慢加入 5mL 饱和碳酸钠溶液,不断搅拌至不再有二氧化碳气泡产生（酯层用 pH 试纸检验,应呈中性,先用一滴水润湿试纸,再用一滴酯试验）,转移至分液漏斗中,分去水层,酯层用 15mL 水（为什么）、15mL 饱和氯化钙溶液洗涤,粗产品用无水硫酸钠（或无水硫酸镁）干燥。蒸馏收集 122～127℃ 馏分,称重,计算收率。

六、附注与注意事项

1. 浓硫酸在反应中起催化作用,故只需少量。加入浓硫酸后要振荡均匀,否则易局部过浓,加热后炭化,必要时可用冷水冷却。

2. 本实验利用形成的共沸混合物将生成的水去除。共沸物的沸点：乙酸正丁酯-水沸点为 90.7℃,正丁醇-水沸点为 93℃,乙酸正丁酯-正丁醇沸点为 117.6℃,乙酸正丁酯-正丁醇-水沸点为 90.7℃。

3. 分水器中应预先加入一定量的水,并做好标记。由生成的水量可以判断反应进行的程度。

4. 在反应刚开始时,一定要控制好升温速度,要在 80℃ 左右加热 15min 后再开始加热回流,以防乙酸过早蒸出,影响收率。主要原料及产品的物理常数见表 20.3。

表 20.3　主要原料及产品的物理常数

名称	分子量	物态	相对密度	熔点/℃	沸点/℃	折射率	溶解度		
							水	乙醇	乙醚
乙酸	60	无色液体	1.049	16.6	118.1	1.3718	∞	∞	∞
丁醇	74.12	无色液体	0.8097	−89.2	117.7	1.3993	7.9	∞	∞
乙酸丁酯	130	无色液体	0.883	−77.9	126.5	1.3941	微溶	溶	溶

七、思考题

1. 本实验中,反应液在加入硫酸前后的反应现象有何不同？为什么？
2. 酯化反应有什么特点？本实验如何创造条件促使酯化反应的进行？
3. 粗产品中有哪些杂质？用什么方法除去？
4. 实验中你是如何运用化合物的物理常数来指导操作和分析实验现象的？

20.5　含氮化合物

在有机化合物的主要组成元素中,除碳、氢和氧以外,氮是很重要的一种元素。含氮的有机化合物在自然界存在很广泛,并且包括许多类有机化合物。胺和酰胺是其中最重要的化合物。此外,还有许多其他类的含氮有机化合物,如芳香族硝基化合物、重氮和偶氮化合物以及腈等。

许多有机含氮化合物具有生物活性,如生物碱;有些是生命活动不可缺少的物质,如氨基酸等;不少药物、染料等也都是有机含氮化合物。各类有机含氮化合物的化学性质各不相同。一般都具有碱性,并可还原成胺类化合物。许多有机含氮化合物具有特殊气味,例如吡啶、三乙胺等。有机含氮化合物中有许多属于致癌物质,如芳香胺中的 2-萘胺、联苯胺,偶氮化合物中的邻氨基偶氮甲苯,脂肪胺中的乙烯亚胺、吡咯烷、氮芥,大多数亚硝基胺和亚硝基酰胺。

本节安排 2 个实验。

实验二十二　乙酰苯胺

一、实验目的

1. 了解苯胺乙酰化反应的原理和方法。
2. 熟悉分馏、进一步掌握重结晶等基本操作。

二、实验提要

在水、醇、酚、胺等分子中引入酰基的反应称为酰化反应,可用于制备酯、酸酐、酰胺等,在有机合成上为保护芳伯胺的氨基往往先把它乙酰化变为乙酰苯胺,然后再进行其他反应,最后水解除去乙酰基。乙酰苯胺的制备可通过:①酰卤与芳胺的亲核取代反应;②酸酐与胺的亲核取代反应;③胺与羧酸的脱水反应。这三种方法中酰基化合物的活性顺序为:

$$CH_3COX > (CH_3CO)_2O > CH_3COOH$$

即采用酰氯或酸酐作为酰化剂的优点是反应速率较快,在较短的时间内可使苯胺变成乙酰苯胺。唯一的缺点是原料的价格较贵。

采用苯胺与过量的冰醋酸共煮来制取乙酰苯胺,同时伴有水的生成,而且反应为可逆的。

$$\text{PhNH}_2 + CH_3COOH \xrightleftharpoons{150\sim180℃} \text{PhNHOCCH}_3^+ \xrightarrow{-H_2O} \text{PhNHOOCCH}_3$$

根据反应可逆的特点,为提高产物的收率使其中一个反应物过量(HOAc),使平衡向右移动。

当 $ArNH_2 : HOAc = 1 : 2$ 时,产率为 96.88%;当 $ArNH_2 : HOAc = 1 : 4$ 时,产率为 99.88%。

为防止反应逆转,还可设法使生成的水尽快除去,这样既可提高乙酰苯胺的产量,又可防止生成的乙酰苯胺与未反应稀酸共煮时水解成苯胺与乙酸,用冰醋酸作为酰化试剂,虽然比前两种酰化试剂反应慢些,但因冰醋酸价格低且易挥发,可除去。

三、反应式

$$\text{PhNH}_2 + CH_3COOH \longrightarrow \text{PhNHCOCH}_3 + H_2O$$

四、仪器与试剂

仪器:100mL 圆底烧瓶;分馏装置 1 套;抽滤装置 1 套;0~200℃玻璃温度计 1 支;烧杯;量筒;三角漏斗;锥形瓶。

试剂:新蒸苯胺 10mL(10.2g,0.11mol);冰醋酸 15mL(15.7g,0.26mol);锌粉。

图 20.2　精馏装置图

五、操作步骤

在 100mL 圆底烧瓶中,放置 10mL 新蒸馏过的苯胺（10.2g,0.11mol）,15mL 冰醋酸（15.7g,0.26mol）及少许锌粉（约 0.1g）,装上分馏柱,柱顶插一支温度计,装置如图 20.2 所示,圆底烧瓶放在电热套上加热回流,保持温度计读数于 105℃约 2h,反应生成的水及少量乙酸被蒸出,当温度下降则表示反应已经完成,在搅拌下趁热将反应物倒入盛有 250mL 冰水的烧杯中,冷却后抽滤析出的固体,用冷水洗涤。将粗产品移至 500mL 烧杯中,加入 300mL 水,置烧杯于石棉网上加热使粗产品溶解,稍冷即过滤,滤液冷却,乙酰苯胺结晶析出,抽滤。用少许冷水洗涤,产品烘干后测定其熔点。称重,计算收率。纯乙酰苯胺的熔点为 114℃。

六、附注与注意事项

1. 加锌的目的是防止苯胺在反应中被氧化。
2. 若让反应混合物冷却,则固体析出沾在瓶壁上不易处理。
3. 用 100mL 水溶解乙酰苯胺,100℃时,溶解 5.55g,80℃时,溶解 3.45g；50℃时,溶解 0.84g；20℃时,溶解 0.46g。
4. 若滤液有颜色,则加入活性炭 1～2g,在搅拌下,慢慢加热煮沸趁热过滤,滤渣用 50mL 热水冲洗,洗液并入滤液中,冷却使乙酰苯胺重新结晶析出。注意：不要将活性炭加入沸腾的溶液中,否则沸腾的溶液会溢出容器外。

七、思考题

1. 假设用 8mL 苯胺和 9mL 乙酸酐制备乙酰苯胺,哪种试剂是过量？乙酰苯胺的理论产量是多少？
2. 反应时为什么要控制冷凝管上端的温度在 105℃？
3. 苯胺作原料进行苯环上的一些取代反应时,为什么常常先要进行酰化？

实验二十三　甲基橙

一、实验目的

1. 学习重氮化反应和偶联反应的实验操作。
2. 巩固盐析和重结晶的原理和操作。

二、实验提要

偶氮化合物是重要的染料之一,它是指偶氮基（—N＝N—）连接两个芳环形成的一类化合物。为了改善颜色和提高染色效果,偶氮染料必须含有成盐的基团如酚羟基、氨基、磺酸基和羧基等。

偶氮染料可通过重氮基与酚类化合物或芳胺类化合物发生偶联反应来进行制备,反应速率受溶液的 pH 值影响。重氮盐与芳胺偶联时,在高 pH 值介质中,重氮盐易变成重氮酸盐；而在低 pH 值介质中,游离芳胺则容易转变为铵盐,二者都会降低反应物的浓度。

$$ArN_2^+ + H_2O \rightleftharpoons ArN=N-O^- + 2H^+$$
$$ArNH_2 + H^+ \rightleftharpoons ArNH_3^+$$

只有溶液的 pH 值在某一范围内使两种反应物都能达到足够的浓度时,才能有效地发生偶联反应。胺的偶联反应,通常在中性或弱酸性介质（pH＝4～7）中进行,通过加入缓冲剂乙酸钠来加以调节；酚的偶联反应与胺相似,为了使酚成为更活泼的酚氧基负离子与重氮盐发生偶联，反应需在中性或弱碱性介质（pH=7~9）中进行。

三、反应式

$$H_2N-C_6H_4-SO_3H + NaOH \longrightarrow H_2N-C_6H_4-SO_3Na + H_2O$$

$$H_2N-C_6H_4-SO_3Na \xrightarrow[HCl]{NaNO_2} {}^-ClN_2^+-C_6H_4-SO_3H \xrightarrow[HOAc]{C_6H_5N(CH_3)_2}$$

$$HO_3S-C_6H_4-N=N-C_6H_4-\overset{+}{\underset{H}{N}}(CH_3)_2 AcO^- \xrightarrow{NaOH}$$

$$NaO_3S-C_6H_4-N=N-C_6H_4-N(CH_3)_2 + NaOAc + H_2O$$

四、仪器与试剂

仪器：烧杯；试管；加热装置1套；抽滤装置1套；0~100℃玻璃温度计1支；量筒。

试剂：5%氢氧化钠溶液10mL；对氨基苯磺酸2.1g（0.01mol）；亚硝酸钠0.8g（0.11mol）；N,N-二甲基苯胺1.2g（1.3mL，0.01mol）；冰醋酸1mL；浓盐酸；5%氢氧化钠溶液25mL；淀粉-碘化钾试纸；氢氧化钠；乙醇；乙醚。

五、操作步骤

1. 重氮盐的制备

在烧杯中放置10mL 5%氢氧化钠溶液及2.1g（0.01mol）对氨基苯磺酸晶体，温热使溶。另溶0.8g（0.11mol）亚硝酸钠于6mL水中，加入上述烧杯内，用冰盐浴冷至0~5℃。在不断搅拌下，将3mL浓盐酸与10mL水配成的溶液缓缓滴加到上述混合溶液中，并控制温度在5℃以下。滴加完后用淀粉-碘化钾试纸检验。然后在冰盐浴中放置15min以保证反应完全。

2. 偶联

在试管内混合1.2g（1.3mL，0.01mol）N,N-二甲基苯胺和1mL冰醋酸，在不断搅拌下，将此溶液慢慢加到上述冷却的重氮盐溶液中。加完后，继续搅拌10min，然后慢慢加入25mL 5%氢氧化钠溶液，直至反应物变为橙色，这时反应液呈碱性，粗制的甲基橙呈细粒状沉淀析出。将反应物在沸水浴上加热5min，冷至室温后，再在冰水浴中冷却，使甲基橙晶体析出完全。抽滤收集结晶，依次用少量水、乙醇、乙醚洗涤，压干。

若要得到较纯产品，可用溶有少量氢氧化钠（约0.1~0.2g）的沸水（每克粗产物约需25mL）进行重结晶。待结晶析出完全后，抽滤收集，沉淀依次用少量乙醇、乙醚洗涤。得到橙色的小叶片状甲基橙结晶，称重，计算收率。

产品没有明确的熔点，因此不必测定其熔点。

溶解少许甲基橙于水中，加几滴稀盐酸溶液，接着用稀的氢氧化钠溶液中和，观察颜色变化。

六、附注与注意事项

1. 亚硝酸钠为有毒物质，取用时要注意。对氨基苯磺酸是两性化合物，酸性比碱性强，以酸性内盐存在，所以它能与碱作用成盐而不能与酸作用成盐。

2. 若试纸不显蓝色，尚需补充亚硝酸钠溶液。

3. 在此时往往析出对氨基苯磺酸的重氮盐。这是因为重氮盐在水中可以电离，形成中性内盐 $^-O_3S-C_6H_4-\overset{+}{N}=N$，在低温时难溶于水而形成细小晶体析出。

4. 若反应物中含有未作用的N,N-二甲基苯胺乙酸盐，在加入氢氧化钠后，就会有难溶

于水的 N,N-二甲基苯胺析出，影响产物的纯度。湿的甲基橙在空气中受光的照射后，颜色很快变深，所以一般得紫红色粗产物。

5. 重结晶操作应迅速，否则由于产物呈碱性，在温度高时易使产物变质，颜色变深。用乙醇、乙醚洗涤的目的是使其迅速干燥。

6. $NaO_3S-\!\!\!\!\!\!\!\!\bigcirc\!\!\!\!\!\!\!\!-\underset{H}{N}-N=\!\!\!\!\!\!\!\!\bigcirc\!\!\!\!\!\!\!\!=\overset{+}{N}(CH_3)_2 \longleftrightarrow NaO_3S-\!\!\!\!\!\!\!\!\bigcirc\!\!\!\!\!\!\!\!-\underset{H}{\overset{+}{N}}=N-\!\!\!\!\!\!\!\!\bigcirc\!\!\!\!\!\!\!\!-N(CH_3)_2$ 红色

$HCl \updownarrow NaOH$

$NaO_3S-\!\!\!\!\!\!\!\!\bigcirc\!\!\!\!\!\!\!\!-N=N-\!\!\!\!\!\!\!\!\bigcirc\!\!\!\!\!\!\!\!-N(CH_3)_2$ 黄色

七、思考题

1. 什么叫偶联反应？试结合本实验讨论一下偶联反应的条件。
2. 在本实验中，制备重氮盐时为什么要把对氨基苯磺酸变成钠盐？本实验如改成下列操作步骤，先将对氨基苯磺酸与盐酸混合，再滴加亚硝酸钠溶液进行重氮化反应，可以吗？为什么？
3. 试解释甲基橙在酸碱介质中的变色原因，并用反应式表示。

20.6 杂环化合物

分子环上含有杂原子（碳以外的原子）、具有芳香性的环状化合物称为杂环化合物。杂环化合物在自然界中的分布十分广泛，是有机化合物中数目最庞大的一类。在有机化学各研究领域中，杂环化合物都具有相当重要的地位。杂环化合物具有多种多样的生物活性，如绝大多数的药物分子都含有一个或多个杂环。如具有麻醉和镇静催眠作用的巴比妥类药物，二氢吡啶类的心痛定，头孢类抗生素，红霉素等大环内酯类抗生素等。

同时，杂环化合物也是与生命科学和医药生物学关系密切的一类化合物。如生物体内的各种酶、高等植物进行光合作用必需的叶绿素、高等动物输送氧气的血红素均是极为重要的杂环化合物。许多生物活性的杂环化合物在生物生长、发育、新陈代谢及遗传过程中都起着非常关键的作用。

杂环化合物分为单杂环和稠杂环化合物。其合成方法常使用亲核取代、亲电取代、羟醛缩合、酯缩合、1,3-偶极环加成、Diels-Alder 反应等。

本节安排 2 个实验。

实验二十四 呋喃甲醇和呋喃甲酸

一、实验目的

1. 了解利用呋喃甲醛制备呋喃甲醇和呋喃甲酸的原理和方法，从而加深对 Cannizzaro 反应的认识。
2. 熟悉低沸点物质蒸馏和粗产品的纯化操作。

二、实验提要

制备呋喃甲醇和呋喃甲酸，简便的方法是利用 Cannizzaro 反应。在浓的强碱存在下，不含 α-H 的醛自身进行的氧化还原反应，即一分子被氧化成酸，另一分子被还原成醇。芳香醛、甲醛以及三取代的乙醛都能发生这类反应。

三、反应式

$$\text{furan-CHO} \xrightarrow{\text{浓NaOH}} \text{furan-CH}_2\text{OH} + \text{furan-COONa}$$

$$\text{furan-COONa} \xrightarrow{\text{H}^+} \text{furan-COOH}$$

四、仪器与试剂

仪器：100mL烧杯；滴液漏斗；常压蒸馏装置1套；分液漏斗；抽滤装置1套；玻璃温度计，0～100℃、0～200℃各1支；量筒；三角漏斗；锥形瓶。

试剂：新蒸馏的呋喃甲醛8.2mL（9.6g，0.1mol）；33％NaOH溶液7.5mL；乙醚；25％盐酸；刚果红试纸；无水硫酸镁。

五、操作步骤

量取7.5mL 33％NaOH溶液于100mL烧杯中，冰水浴冷却至约5℃，在不断搅拌下，慢慢滴加8.2mL（9.6g，0.1mol）新蒸馏的呋喃甲醛（约15min内加完），控制反应温度在约8～12℃时搅拌15min、室温搅拌25min后，反应即可完成，得到淡黄色浆状物。

在搅拌下向反应混合物加入约7～8mL水，使浆状物刚好完全溶解。将溶液转入分液漏斗中，用乙醚萃取4次，每次8mL，合并有机相，无水硫酸镁干燥1h以上。过滤，水浴蒸去乙醚（回收），换空气冷凝管再蒸馏收集169～172℃的呋喃甲醇馏分，称重，计算收率。

纯呋喃甲醇的沸点为169.5℃。

在乙醚提取后的水溶液中，边搅拌边滴加25％的盐酸至刚果红试纸变蓝，pH值为2～3，有晶体析出。冷却，抽滤。固体粗产物先用少量水洗涤1～2次后再用水重结晶，得白色针状呋喃甲酸，干燥，称重，计算收率，测熔点。

纯呋喃甲酸熔点为133℃。

六、附注与注意事项

1.本实验也可用人工搅拌。这个反应是在两相间进行的，欲使反应正常进行，必须充分搅拌，也可加入少许相转移催化剂聚乙二醇（1g，分子量为400）。呋喃甲醇和呋喃甲酸的制备也可以在相同的条件下，采用反加的方法，即将氢氧化钠溶液滴加到呋喃甲醛中，两者产率相仿。

2.纯呋喃甲醛为无色或浅黄色液体，但暴露在空气中或久置后颜色易变为红棕色甚至棕褐色。使用前需蒸馏，收集155～162℃馏分。

3.反应温度高于12℃，则反应温度极易上升而难以控制，致使反应物变成深红色，因此应慢慢滴加氢氧化钠；反应温度若低于8℃，则反应太慢，可能积累一些呋喃甲醛。一旦发生反应，则过于猛烈，增加副反应，影响产率及纯度。

4.在反应过程中，会有许多呋喃甲酸钠析出，加水溶解，可使黄色浆状物转为溶液。若加水过多，会导致呋喃甲醇的溶解损失。

5.蒸馏回收乙醚要注意安全。

七、思考题

1.本实验根据什么原理来分离呋喃甲酸和呋喃甲醇？

2.为什么需控制反应温度在8～12℃之间？如何控制？

3.乙醚萃取后的水溶液用盐酸酸化，这一步为什么是影响呋喃甲酸产物收率的关键？如何保证酸化完全？

实验二十五 8-羟基喹啉

一、实验目的
1. 了解合成 8-羟基喹啉的原理和方法。
2. 巩固回流加热和水蒸气蒸馏等基本操作。

二、实验提要

芳香族一级胺用甘油、硫酸和芳香族硝基化合物（通常为硝基苯）处理，得到喹啉的反应称为斯克劳普（Skraup）喹啉合成法。这也是制备喹啉的最通用的方法之一。反应式如下：

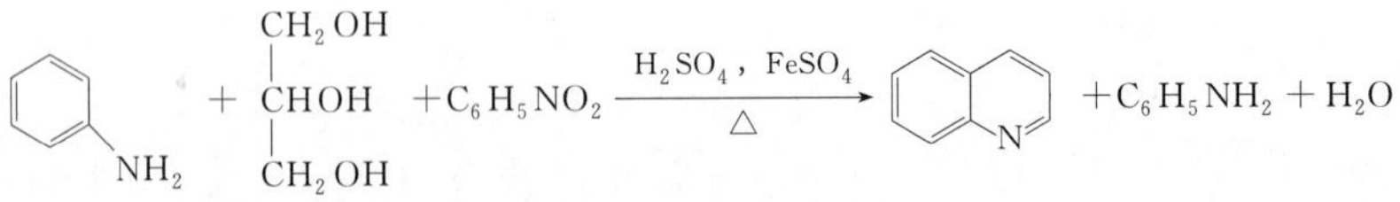

$$\text{C}_6\text{H}_5\text{NH}_2 + \text{CH}_2\text{OH-CHOH-CH}_2\text{OH} + \text{C}_6\text{H}_5\text{NO}_2 \xrightarrow[\Delta]{\text{H}_2\text{SO}_4,\ \text{FeSO}_4} \text{喹啉} + \text{C}_6\text{H}_5\text{NH}_2 + \text{H}_2\text{O}$$

这个反应可分为以下四个步骤：

1. 酸催化脱水

甘油被热的硫酸脱水，生成不饱和的醛（丙烯醛）：

$$\text{H}_2\text{C(OH)-CH(OH)-CH}_2\text{(OH)} \xrightarrow{\text{H}_2\text{SO}_4} \text{H}_2\text{C=CH-CHO} + \text{H}_2\text{O}$$

2. 对 α,β 不饱和羰基化合物的亲核加成反应。苯胺的氨基和丙烯醛的双键发生亲核加成反应，生成 β-苯氨基丙醛：

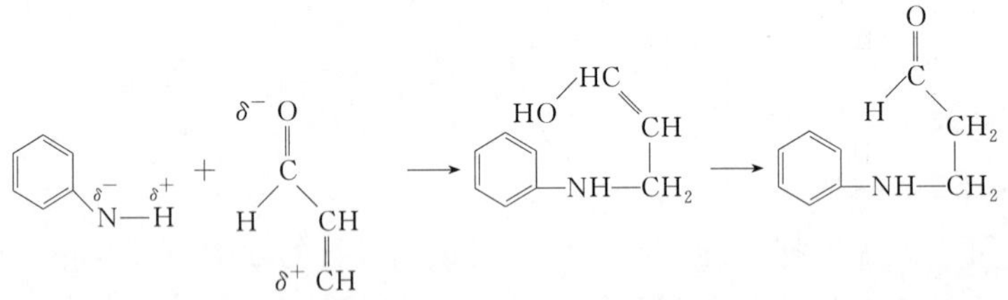

苯胺　　　丙烯醛　　　　　　　　　　　β-苯氨基丙醛

3. β-苯氨基丙醛在硫酸催化下，发生 Friedel-Crafts 反应，缺电子的羰基碳对芳环作亲电进攻，关环，再脱水，生成二氢喹啉系化合物：

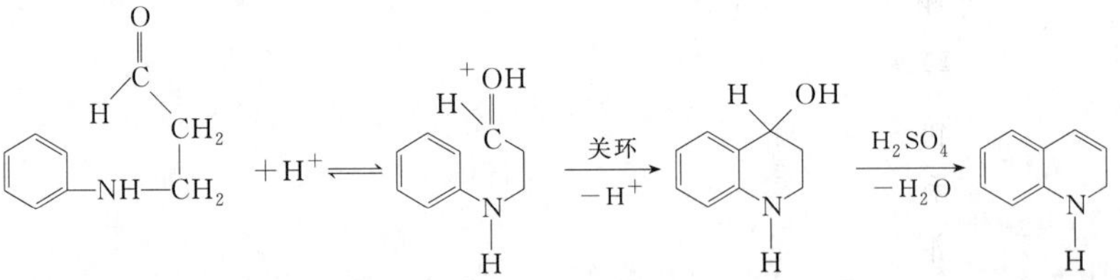

1,2-二氢喹啉

4. 新生成的环经硝基苯之类缓和氧化剂氧化，脱去二个氢原子，生成喹啉化合物。

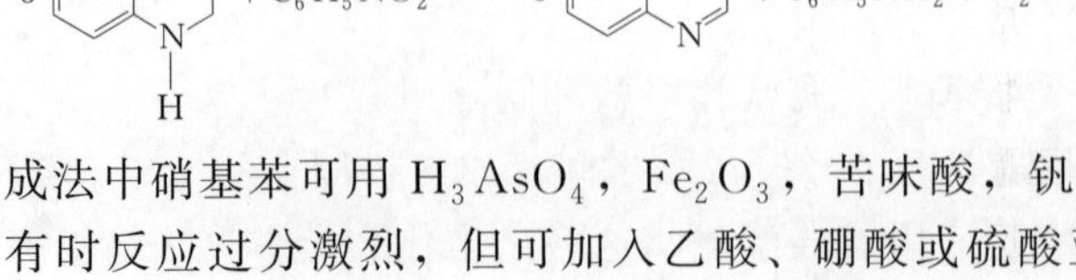

$$3\ \text{(1,2-二氢喹啉)} + \text{C}_6\text{H}_5\text{NO}_2 \xrightarrow{\text{H}^+} 3\ \text{喹啉} + \text{C}_6\text{H}_5\text{NH}_2 + \text{H}_2\text{O}$$

在上述的喹啉合成法中硝基苯可用 H_3AsO_4，Fe_2O_3，苦味酸，钒酸等氧化剂代替。本反应属于放热反应，有时反应过分激烈，但可加入乙酸、硼酸或硫酸亚铁而使反应缓和进行，以提高产率。

三、反应式

$$\underset{\underset{OH\ OH\ OH}{|\ \ \ |\ \ \ |}}{H_2C-CH-CH_2} \xrightarrow{H_2SO_4} H_2C=CH-CHO + H_2O$$

[反应机理示意图：邻氨基苯酚与丙烯醛加成，经环化脱水生成二氢喹啉，再经邻硝基苯酚氧化脱氢得到8-羟基喹啉]

四、仪器与试剂

仪器：250mL 圆底烧瓶；100mL 三口烧瓶；回流装置 1 套；水蒸气蒸馏装置 1 套；分液漏斗；0～100℃玻璃温度计 1 支；烧杯；量筒；三角漏斗；锥形瓶。

试剂：无水甘油 15mL（19g，0.2mol）；邻硝基苯酚 3.6g（0.026mol）；邻氨基苯酚 5.6g（0.05mol）；浓硫酸 9mL；氢氧化钠溶液；饱和碳酸钠溶液；乙醇。

五、操作步骤

在 250mL 圆底烧瓶中加入无水甘油 15mL（19g，0.2mol），邻硝基苯酚 3.6g（0.026mol），邻氨基苯酚 5.6g（0.05mol）剧烈振荡，使之混合。在不断振荡下慢慢滴入 9mL 浓硫酸（约 16g），若瓶内温度较高，可于冷水浴上冷却。装上回流冷凝管，用电热套加热，约 15min 溶液微沸，即移开热源。反应大量放热。待反应缓和后，继续加热，保持反应物微沸回流 2h。冷却后，进行水蒸气蒸馏，除去未反应的邻硝基苯酚（约 35min）。待瓶内液体冷却后，加入 1∶1（质量比）氢氧化钠溶液 13mL，摇匀后，小心滴入饱和碳酸钠溶液，使内容物呈中性，再进行水蒸气蒸馏，蒸出 8-羟基喹啉（约收集馏分 500mL）。待馏出液充分冷却后，抽滤收集析出物，洗涤干燥后得粗产物。

粗产物用 4∶1（体积比）乙醇-水混合溶剂约 55mL 重结晶，得 8-羟基喹啉，称重，计算收率。纯的 8-羟基喹啉熔点 72～74℃。

六、附注与注意事项

1. 浓硫酸是一种腐蚀性很强的酸，使用时必须小心。如万一不慎溅在皮肤上，应立即用大量冷水冲洗。硝基苯和苯胺极毒，谨防与皮肤接触或吸入蒸气。

2. 本实验所用的甘油含水量必须少于 0.5%（$d=1.26$）。如果含水量较多，则 8-羟基喹啉的产量不高。可将普通甘油在通风橱内置于瓷蒸发皿中加热至 180℃，冷至 100℃左右，即可放入盛有硫酸的干燥器中备用。

甘油在常温下是黏稠液体。若用量筒量取时应注意转移中的损失。

3. 邻硝基苯酚在反应中是氧化剂，它被还原为胺后，将与丙烯醛发生相似的变化，所以选用的芳香族硝基化合物必须与所用的芳香伯胺具有相应的结构。

4. 内容物未加浓硫酸时，十分黏稠，难以摇动。浓硫酸加入后，黏度大为降低。

5. 此反应为放热反应，溶液呈微沸时，表示反应已经开始，如继续加热，则反应过于激烈，会使溶液冲出容器。

6.8-羟基喹啉既溶于碱又溶于酸而成盐,且成盐后不被水蒸气蒸馏蒸出,为此必须小心中和,严格控制 pH 值在 7~8 之间。当中和恰当时,瓶内析出的 8-羟基喹啉沉淀最多。

7.由于 8-羟基喹啉难溶于冷水,故于滤液中,慢慢滴入去离子水,即有 8-羟基喹啉不断结晶析出。

8.反应的产率以邻氨基苯酚计算,不考虑邻硝基苯酚部分转化后参与反应的量。

七、思考题

为什么第一次水蒸气蒸馏要在酸性条件下进行,而第二次要在中性条件下进行?

20.7 从植物中提取药物

"植物药"和"大健康"是目前世界上最热门的话题。随着人们生活水平的提高,回归自然的理念也日益增强,食品、医药、保健品和化妆品等行业日益趋向"绿色"、天然、无污染的绿色产品在国内外享有巨大的发展空间和广阔的市场前景。而从植物中提取药物则是专为饲料、食品饮料、营养添加剂、化妆品、日化及医药等行业提供纯天然植物提取物原料的新兴行业。

植物提取药物是以植物的根、茎、叶、花、果实、种子等为原料,经过物理、化学提取分离过程,定向获取和富集植物中的某一种或多种有效成分,而不改变其有效成分结构而形成的产品。

本节安排 1 个实验。

实验二十六 从茶叶中提取咖啡因

一、实验目的

1.了解并掌握从茶叶中提取咖啡因的原理和方法。
2.了解并掌握升华的原理及实验操作技能。
3.掌握索式提取器的原理及使用,进一步熟悉蒸馏、萃取等基本操作。

二、实验提要

茶叶中含有多种生物碱,其中主要成分为咖啡因(caffeine),含量约占 1%~5%(丹宁酸及鞣酸占 11%~12%,色素、纤维素、蛋白质等约为 0.6%)。咖啡因属于嘌呤类的衍生物,是一种略带苦味的天然有机化合物,具有兴奋中枢神经、刺激心脏、兴奋大脑神经和利尿等作用,故可以作为中枢神经兴奋药。它也是复方阿司匹林(A.P.C)等药物的组分之一。但是,大剂量或长期使用咖啡因会对人体造成损害,特别是它也有成瘾性,一旦停用会出现精神委顿、浑身困乏疲软等各种戒断症状。

咖啡因是一种生物碱,它可被生物碱试剂(如鞣酸、碘化汞钾试剂等)沉淀,也能被许多氧化剂氧化。

三、提取原理

咖啡因化学名为 1,3,7-三甲基-2,6-二氧嘌呤,其结构如下图所示:

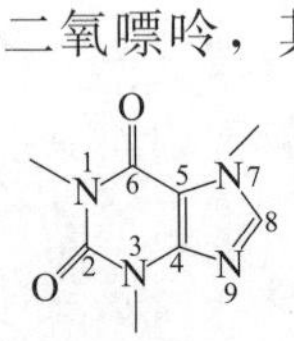

咖啡因是弱碱性化合物,可溶于氯仿、丙醇、乙醇和热水中,难溶于乙醚和苯(冷),

纯品熔点为235~236℃，含结晶水的咖啡因为无色针状晶体，在100℃时失去结晶水，并开始升华，120℃时显著升华，178℃时迅速升华。利用这一性质可纯化咖啡因。

提取咖啡因的方法有碱液提取法和索氏提取器提取法。本实验以乙醇为溶剂，用索氏提取器提取，再经浓缩、中和、升华，得到纯的咖啡因。工业上咖啡因主要是通过人工合成制得。

四、仪器与试剂

仪器：索式提取装置1套，常压蒸馏装置1套，蒸发皿，烧杯，玻璃漏斗。

试剂：茶叶10g；95%乙醇80mL；生石灰（CaO）粉4g；30% H_2O_2；5% HCl；浓氨水；5%鞣酸。

五、操作步骤

1. 咖啡因的抽提

在150mL圆底烧瓶中加入80mL 95%乙醇和2粒沸石，装上索氏提取器。将装有10g茶叶的纸筒套放入索氏提取器中，装上冷凝管，接通冷凝水，加热，连续抽提2h，提取液颜色变浅可终止抽提。待冷凝液刚好虹吸下去时，立即停止加热，冷却。

2. 回收乙醇

装好蒸馏装置，加2粒沸石，加热蒸馏回收大部分乙醇，待剩余液约10mL即可停止蒸馏。残液倒入蒸发皿中，烧瓶用少量乙醇洗涤，洗涤液合并于蒸发皿中。

3. 升华提纯

向盛有浓缩残液的蒸发皿中加入4g生石灰（CaO）粉，在蒸汽浴上搅拌、蒸干、研磨至浅绿色粉末。冷却后，擦去沾在边上的粉末，以免升华时污染产物。

将一张刺有许多小孔的圆形滤纸盖在蒸发皿上，取一只大小合适的玻璃漏斗盖在滤纸上进行升华，漏斗颈部疏松地塞一团棉花。用电热套小心加热蒸发皿，慢慢升高温度，使咖啡因升华。当滤纸上出现大量白色针状晶体时，即可停止加热。冷却后，小心揭开漏斗和滤纸，用小刀仔细地把附着于滤纸及漏斗壁上的咖啡因刮入表面皿中。将蒸发皿内的残渣加以搅拌，重新放好滤纸和漏斗，用较高的温度再加热升华一次。此时，温度也不宜太高，否则蒸发皿内大量冒烟，产品既受污染又会损失。合并两次升华所收集的咖啡因，称重，测定熔点。

六、附注

1. 滤纸筒的直径要略小于抽提筒的内径，方便取放。样品高度不得高于虹吸管，否则无法充分浸泡，影响提取效果。
2. 生石灰主要起吸水、中和茶叶中的丹宁酸作用。
3. 在蒸发皿上覆盖刺有小孔的滤纸是为了避免已升华的咖啡因回落入蒸发皿中，纸上的小孔应保证蒸气通过。漏斗颈塞棉花为防止咖啡因蒸气逸出。
4. 升华初期，漏斗壁上如果有水汽产生，应用棉花擦干。
5. 温度太高，将导致被烘物和滤纸炭化，一些有色物质也会被带出来，影响产品的质量。进行升华时，加热亦应严格控制。
6. 咖啡因可被过氧化氢、氯酸钾等氧化剂氧化，生成四甲基偶嘌呤（将其用水浴蒸干，呈玫瑰色），后者与氨作用即生成紫色的紫脲铵。该反应是嘌呤类生物碱的特性反应。
7. 咖啡因属于嘌呤衍生物，可与生物碱试剂鞣酸生成白色沉淀。

七、思考题

1. 升华操作时的注意事项有哪些？
2. 试述索氏提取器的萃取原理，它与一般的浸泡萃取相比，有哪些优点？

参考文献

[1] 邢其毅，裴伟伟，徐瑞秋，裴坚.基础有机化学.第4版.北京：北京大学出版社，2016.
[2] 胡春，申东升，唐伟方.有机化学.第2版.北京：中国医药科技出版社，2013.
[3] 王礼琛.有机化学.北京：中国医药科技出版社，2006.
[4] 赵凯华，罗蔚茵.新概念物理教程：力学.北京：高等教育出版社，1995.
[5] 贺敏强，赵红，韦正友，黄勤安.有机化学.北京：科学出版社，2010.
[6] 陆阳，申东升，余瑜，顾生玖，李莉，李发胜.有机化学.第2版.北京：科学出版社，2017.
[7] 唐玉海，申东升，靳菊情.有机化学.北京：科学出版社，2010.
[8] 申东升，詹海莺.有机化学实验.北京：中国医药科技出版社，2014.
[9] 李敏谊，申东升，张精安.有机化学实验.北京：中国医药科技出版社，2007.